U0239123

西藏自治区
草原资源与生态统计资料

西藏自治区农牧厅　编

中国农业出版社

图书在版编目（CIP）数据

西藏自治区草原资源与生态统计资料/西藏自治区
农牧厅编．—北京：中国农业出版社，2017.8
ISBN 978-7-109-22891-7

Ⅰ．①西…　Ⅱ．①西…　Ⅲ．①草原资源－统计资料－
研究－西藏　Ⅳ．①S812.8-66

中国版本图书馆 CIP 数据核字（2017）第 094423 号

中国农业出版社出版
（北京市朝阳区麦子店街 18 号楼）
（邮政编码 100125）
责任编辑　吴丽婷　程　燕
———————————————————
北京通州皇家印刷厂印刷　　新华书店北京发行所发行
2017 年 8 月第 1 版　　2017 年 8 月北京第 1 次印刷
———————————————————
开本：787mm×1092mm　1/16　　印张：42.75
字数：1260 千字
定价：90.00 元
（凡本版图书出现印刷、装订错误，请向出版社发行部调换）

西藏自治区草原资源与生态统计资料
编辑委员会

主　　任：次旺多布杰

副 主 任：高巴松　孙金玲　次　真　肖长伟

委　　员：达娃桑珠　蔡　斌　曹仲华　王庆国　高　娃
　　　　　珍　永　陈　锋　琼　达　孔　彪　边巴卓玛
　　　　　陈　峰　加央旦培　贡　觉　巴桑措姆

编写委员会

主　　编：杜　杰

副 主 编：孙金玲　次　真

编写人员：王庆国　高　娃　蔡　斌　曹仲华　毕力格吉夫　杨胜利
　　　　　安卯柱　图力古尔　赵微微　王晓栋　宋向阳　萨仁格日勒
　　　　　旗　河　特古斯　哈　斯　胡　涛　韩海波　杨　勇
　　　　　郑书华　王春兰　池莲春　包　路　晔霜罕　陈喜梅
　　　　　齐晓荣　苏布达　赵键飞　赵璐嘉

前　言

　　草原是人类最基本的生产资料和生存条件之一，准确掌握草原资源的本底状况，是草原合理利用及维护草原生态系统平衡的重要依据。为了更新 20 世纪 80 年代草原本底数据，摸清家底，全面落实草场使用权、划定基本草原、科学保护和管理天然草原，西藏自治区政府决定从 2011 年开始到 2014 年，完成西藏全境草原普查工作任务。

　　本次草原普查由西藏自治区农牧厅和内蒙古自治区农牧业厅共同协作完成，具体由西藏自治区农牧厅畜牧草原水产处和内蒙古草原勘察规划院组织实施，西藏各地区（市）县（区）农牧局积极配合，全国相关科研机构和院校参与给予大力支持。参加单位以内蒙古自治区农牧系统和西藏自治区农牧系统为主，参加单位主要有：内蒙古自治区农牧业科学院、内蒙古草原勘察规划院、中国科学院内蒙古草业中心、中国农业科学院草原研究所、内蒙古农业大学、内蒙古自治区鄂尔多斯市草原勘察设计队、内蒙古自治区乌兰察布市草原工作站、内蒙古自治区锡林郭勒盟职业技术学院、西藏自治区农牧厅畜牧草原水产处、西藏自治区草原监理中心、西藏大学农牧学院、西藏自治区职业技术学院、西藏自治区气象局高原大气环境科学研究所，西藏自治区各地区、市农牧局及下属草原监理站和草原站，西藏自治区各县、区农牧局及下属草原监理站和草原站。

　　2011 年和 2012 年开展了外业普查，参加普查的专业技术、管理及辅助人员共计 820 余人，其中普查队伍及地方业务人员约占到 3/4，各个县参加人员均在 10 人左右；内业工作参加专业技术人员为 63 人。2014 年年底，草原普查的全部图件、统计及文字资料基本完成，各项成果均通过专家验收。

　　西藏草原资源与生态统计资料是全部调查的最主要的部分之一，是在外业调查和内业遥感解译、制图与数据库属性数据处理及计算基础上，编辑而成。本书包括编辑说明和 4 个部分的统计内容，第一部分为西藏自治区草原类型面积及生产力统计资料、第二部分为西藏自治区草原等级统计资料、第三部分为西藏自治区草原退化（含沙化、盐渍化）统计资料、第四部分为西藏自治区草原保护区资源统计资料。书中基本数据均以西藏自治区统一的分类系统为基础，分别按县、地区（市）、自治区三级行政单位进行统计。

　　依据草原法、国际标准、行业标准及相关技术规范，按照可操作性及合理性原则，在《西藏草原资源技术方案》《西藏草原普查外业手册》《西藏草原普查内业手册》指导下，整个普查具有统一的技术路线、操作标准及方法，确保草原普查成果的可靠性和科学性。我国著名植被学家中国科学院昆明植物所武素功先生生前亲赴野外进行指导，并鉴定了部分植物标本；中国农业科学院草原所谷安琳先生亲临阿里地区对野外工作进行指导和帮助，鉴定了部分植物标本，对草原分类系统的制定给予指导；中国农业科学院草原研究所刘起先生、中国科学院青藏高原研究所杨永平先生、云南草地研究所薛世明先生，对本次草原普查内、外业给予指导和帮助。对参与西藏草原普查的所有单位和个人，在此一并表示诚挚的感谢。

本书疏漏及错误之处在所难免，敬请读者指正。

编　者

2017 年 4 月

编 辑 说 明

一、草原资源统计资料计算的依据

西藏草原普查主要根据《中华人民共和国草原法》和《土地利用现状分类》国家标准确定草原与非草原。草原类型调查和草原退化调查，参照《天然草原退化、沙化和盐渍化的分级指标》《草原资源与生态监测技术规程》。草原资源等级评价依据《天然草原等级评定技术规范》。草原合理载畜量计算依据《天然草原合理载畜量的计算》行业标准。

二、资料来源

(1) 20 世纪 80 年代比例尺为 1∶100 万《西藏草原资源类型图》《西藏草原资源调查统计册》，各地区（市）、县（区）1∶50 万草原资源类型图、草原调查报告和统计资料等。

(2) 西藏自治区、地区（市）、县（区）行政区域新勘界及旧勘界线图。

(3) 土地利现状图：2007—2010 年西藏第二次土地调查数据。

(4) 20 世纪 70 年代中国科学院青藏高原综合科学考察队《西藏草原》中相关图形及统计数据。

(5) 全区及各市县有关草原资源与畜牧业方面的图件及统计资料。

(6) 中国科学院地面监测资料及西藏自治区农牧厅草原监测资料。

三、草原载畜量的计算方法和步骤

1. 草原产草量的计算方法　草原产草量分为生物量和可食量两种。生物量是指齐地面刈割下来的地上部分的总量（再生草未计在内）；可食产量是指合理放牧利用的前提下能提供的饲草产量。

可食草产量的换算公式：

$$年可食鲜草产量 = \frac{实测可食鲜草产量}{(1-测定时被采食率\%) \times 月动态系数 \times 丰歉年系数}$$

$$暖季可食干草产量 = 年可食鲜草产量 \times 暖季牧草利用率 \times 干鲜比$$

$$冷季可食干草产量 = 年可食鲜草产量 \times 冷季牧草保存率 \times 冷季牧草利用率 \times 干鲜比$$

2. 草原理论载畜量计算方法　草原载畜量指标是反映草原生产力高低的主要指标，是合理利用、科学管理草原的重要指标。草原理论载畜量是指一定面积的草原，在利用期间内，在适度利用前提下能够满足家畜正常生长和繁殖，草原自身获得良性生态循环，不发生退化所能最大限度承载的家畜数量。草原理论载畜量用草原可利用面积、单位面积草原可食产草量、草原牧草的利用率、家畜的日食量和放牧利用时间进行计算。

（1）日食量标准。家畜在维持正常生长发育和一定生产性能下，每天所需要的饲草数量。西藏全区暖、冷季1只羊单位日食量为1.45千克干草。

（2）羊单位折算标准。成年绵羊＝1个羊单位，牛＝4个羊单位，马、骡＝6个羊单位，驴＝3个羊单位，山羊＝0.8个羊单位。幼畜以2∶1折成年畜。

（3）放牧利用时间。参照西藏自治区春夏秋冬四季气候划分指标，并结合各地（市）畜牧业生产经营季节实际情况，将西藏自治区草原利用时间分为冷、暖两季，不同地区冷、暖利用时间划分如下。

地、市	冷季天数平均（天）	暖季天数平均（天）	冷季天数占全年比例（%）	暖季天数占全年比例（%）
阿里地区	207	158	57	43
那曲地区	242	123	66	34
昌都地区	199	166	54	46
拉萨市	213	152	58	42
日喀则地区	145	220	39	60
山南地区	212	153	58	42
林芝地区	162	203	44	56

（4）载畜能力计算公式。单位为亩*/羊单位

$$暖季一个羊单位需草原面积=\frac{暖季放牧天数×日食量}{暖季单位面积可食干草产量} \tag{a}$$

$$冷季一个羊单位需草原面积=\frac{冷季放牧天数×日食量}{冷季单位面积可食干草产量} \tag{b}$$

全年一个羊单位需草原面积＝式（a）＋式（b）

（5）草原总载畜量的计算公式。表示单位为羊单位

$$暖季总载畜量=\frac{暖季可利用草地面积}{暖季一个羊单位需草地面积}$$

$$冷季总载畜量=\frac{冷季可利用草地面积}{冷季一个羊单位需草地面积}$$

---

* 亩为非法定计量单位，1亩≈667米²，余同。——编者注

$$全年总载畜量 = \frac{可利用草地总面积}{一个羊单位全年需草地面积}$$

暖、冷季可利用面积依据当地草原利用的暖、冷季利用天数比例划分季节可利用草原面积，即冷季和暖季可利用面积，其公式：

$$冷季可利用面积 = 可利用面积 \times 冷季天数比$$
$$暖季可利用面积 = 可利用面积 \times 暖季天数比$$

四、草原分类标准和系统

西藏草原类型分类系统编制是遵循基本涵盖西藏 7 个地区市 74 个县区的主体草原植被类型为原则，参照 20 世纪 80 年代的分类系统框架，按照全国统一使用的分类系统标准进行归并。本次调查表明：全区共有 17 个草原大类，7 个草原亚类，104 草原型。

草原类是草原类型分类的高级单位，即第一级分类，具有相同的以水热为中心的大气候特性和植被特征，具有独特的地带性或隐域性特征的草原，各类之间在自然和经济特性上具有质的差异。

草原亚类是类的补充，是在类的范围内，大地形、土壤基质或高级植被类型差异明显的草原。地形因素在改变了水、热再分配的情况下，造就发育出所处气候带的不同地带性的草原类型。

草原型是指草原亚类的范围内，草群植物优势种或共优种相同，生境条件相似，利用方式一致的草原。草原型是草原资源与生态调查的基本单位。

五、草原等级划分标准

按照《天然草原等级评定技术规范》标准，可将全区草原类型评为五等、八级。

1. 草原等的评价标准　草原等是评定草原质量的指标，反映草原牧草品质的优劣，首先将草原植物按适口性、营养物质、利用率划分为优、良、中、低、劣 5 种具有饲用价值的牧草、不可食牧草及毒害草，再按草原中各等牧草的质量百分比组成进行划分。草原等的划分如下：

一等草原：优等牧草占草原总产量的 60% 以上；

二等草原：良等以上牧草占草原总产量的 60%；

三等草原：中等以上牧草占草原总产量的 60%；

四等草原：低等以上牧草占草原总产量的 60%；

五等草原：劣等牧草占草原总产量的 40%。

2. 草原级的划分标准　草原级是评定草原地上生物产量的数量指标，反映草原牧草产量的高低，按单位面积最高年干草产量将草原划分为 8 级。

1 级草原：亩产干草 266.67 千克以上

2 级草原：亩产干草 200.00～266.67 千克

3 级草原：亩产干草 133.33～200.00 千克

4 级草原：亩产干草 100.00～133.33 千克

5 级草原：亩产干草 66.67～100.00 千克

6 级草原：亩产干草 33.33～66.67 千克

7 级草原：亩产干草 16.67～33.33 千克

8 级草原：亩产干草 16.67 千克以下

六、名词解释和技术规定

1. 草原面积 从草原量算图上量算获得的草原图斑面积。

2. 草原可利用面积 从草原量算图上量算的草原图斑面积，扣除草原图斑内的居民点、道路、水域、冲沟、零星裸地、盐斑、流沙等不能利用的地块面积之和的纯草原面积。各地形按下列利用系数折算。

地　　形	草原面积利用系数（%）	难量算地物占地面积系数（%）
山　　地	80～96	4～20
平原、丘陵	85～98	2～15
沙　　地	60～90	10～40
低　湿　地	80～98	2～20
沼　　泽	75～80	20～25

3. 草原利用率 指草原在适度利用下的放牧强度，即可供利用的草原牧草产量占草原牧草年最高产量的百分比。草原水热条件好，牧草再生力强，耐牧性强，土壤基质条件好的草原，利用率较高。西藏草原利用率规定如下。

草原类型	利用率（%）		草原类型	利用率（%）	
	暖季	冷季		暖季	冷季
温性草甸草原类	50～60	60～70	暖性草丛类	50～60	60～70
温性草原类	45～50	55～65	暖性灌草丛类	50～60	60～70
温性荒漠草原类	40～45	50～60	热性草丛类	55～65	65～75
高寒草甸草原类	45～50	55～65	热性灌草丛类	55～65	65～75
高寒草原类	40～45	50～60	低地草甸类	50～55	60～70
高寒荒漠草原类	35～40	45～55	山地草甸类	55～60	60～70
温性草原化荒漠类	30～35	40～45	高寒草甸类	55～65	60～70
温性荒漠类	30～35	40～45	沼泽类	20～30	40～45
高寒荒漠类	0～5	0			

4. 牧草保存率 牧草在非生长期内经风蚀、雨蚀等自然因素作用后所保存下来的可供利用的饲草量占生长期内牧草最高月产草量的百分数。确定饲草冷季保存率按各地草群成分及定位监测试验资料拟定,其动态范围在55%～87%。

5. 牧草再生率 草原牧草产量达到年最高产量时,进行放牧或割草利用后,牧草继续再生长至秋末停止生长为止,牧草的再生产量占年最高产量的百分比。牧草再生率的计算仅用于热带、亚热带草原,温带、亚寒带草原不予考虑。

6. 轻度退化草原 草原生物产量明显降低,但草原总覆盖度、群落结构无明显变化。

7. 中度退化草原 草原生物产量明显降低,且草原群落结构发生明显变化,草群中不可食草和毒害草明显增多。

8. 重度退化草原 草原总覆盖度明显降低,草原严重侵蚀,草原中出现斑块状裸地,或毒害植物形成景观。

9. 月动态系数 指单位面积草原的测定月牧草产量与最高月牧草产量之比,它反映了草原牧草产量的月际变化动态。

10. 丰歉年系数 指单位面积草原的测定年份牧草产量与正常年景牧草产量之比,它反映了草原牧草产量的年际变化动态。

目　　录

第二部分　西藏自治区草原等级统计资料

第三部分　西藏自治区草原退化（含沙化、盐渍化）统计资料

第四部分　西藏自治区草原保护区资源统计资料

第一部分

西藏自治区草原类型面积及生产力统计资料

一、西藏自治区草原面积、产草量及载畜量统计表

万亩、千克/亩、万千克、万羊单位

行政区划名称	草原面积	草原可利用面积	鲜草单产	鲜草总产	干草单产	干草总产	暖季载畜量	冷季载畜量	全年载畜量
全区合计	132 302.29	115 748.82	67.31	7 790 686.26	24.47	2 832 508.89	3 580.44	2 974.16	3 213.72
拉萨市	3 106.55	3 031.22	141.66	429 396.97	52.41	158 876.88	208.12	180.71	190.46
城关区	47.30	46.14	134.56	6 208.94	49.79	2 297.31	4.06	1.87	2.71
墨竹工卡县	563.04	550.00	150.89	82 991.62	55.83	30 706.90	40.24	36.40	37.93
达孜县	147.76	143.95	141.75	20 404.84	52.45	7 549.79	9.81	8.90	9.26
堆龙德庆县	282.14	276.32	132.85	36 709.90	49.15	13 582.66	17.85	15.00	16.09
曲水县	171.17	167.60	137.12	22 980.84	50.73	8 502.91	10.82	9.94	10.29
尼木县	379.31	369.54	139.75	51 645.11	51.71	19 108.69	24.17	21.97	22.85
当雄县	1 036.39	1 008.55	141.59	142 803.92	52.39	52 837.45	69.55	58.14	61.60
林周县	479.44	469.10	139.95	65 651.80	51.78	24 291.17	31.61	28.50	29.73
昌都市	8 571.98	8 335.07	177.25	1 477 408.07	64.22	535 282.68	700.81	571.94	626.98
左贡县	788.31	767.63	150.76	115 725.82	54.57	41 892.75	54.94	44.76	49.33
芒康县	991.21	962.40	219.82	211 551.14	79.57	76 581.51	100.33	81.83	90.13
洛隆县	440.52	428.35	165.45	70 869.32	60.39	25 867.30	33.61	27.64	30.15
边坝县	411.07	402.58	162.31	65 341.15	59.24	23 849.52	31.45	25.48	28.09
昌都区	834.89	803.51	203.56	163 562.11	73.69	59 209.48	77.05	63.26	69.34
江达县	1 240.80	1 203.86	217.38	261 693.36	78.69	94 733.00	124.30	101.22	110.89
贡觉县	594.73	581.17	223.45	129 863.89	80.89	47 010.73	61.63	50.23	55.01
类乌齐县	514.30	499.91	192.12	96 045.25	69.55	34 768.38	45.73	37.15	40.66
丁青县	1 043.04	1 020.86	121.19	123 717.31	43.87	44 785.66	59.09	47.85	52.11
察雅县	848.69	825.34	201.73	166 492.66	73.09	60 322.67	78.43	64.45	70.61
八宿县	864.42	839.45	86.42	72 546.07	31.28	26 261.68	34.27	28.06	30.67
山南地区	4 832.13	4 365.71	122.93	536 662.59	40.57	177 098.66	229.33	189.23	204.12
乃东县	249.31	239.07	150.30	35 933.89	49.60	11 858.18	15.23	12.67	13.63
扎囊县	233.82	223.85	148.26	33 186.70	48.92	10 951.61	13.80	11.70	12.50
贡嘎县	278.96	267.69	139.48	37 337.15	46.03	12 321.26	15.60	13.17	14.08

（续）

行政区划名称	草原面积	草原可利用面积	鲜草单产	鲜草总产	干草单产	干草总产	暖季载畜量	冷季载畜量	全年载畜量
桑日县	272.74	263.64	159.12	41 950.88	52.51	13 843.79	18.07	14.79	16.01
琼结县	137.63	132.64	129.86	17 225.12	42.85	5 684.29	7.38	6.07	6.56
洛扎县	343.54	331.88	128.46	42 633.63	42.39	14 069.10	18.38	15.03	16.27
加查县	284.50	276.40	152.23	42 077.81	50.24	13 885.68	18.25	14.84	16.07
隆子县	642.19	615.89	103.89	63 982.15	34.28	21 114.11	27.52	22.56	24.40
隆子县难利用区	121.49								
曲松县	253.54	243.43	136.44	33 213.73	45.02	10 960.53	14.17	11.71	12.60
措美县	551.34	530.64	98.92	52 491.15	32.64	17 322.08	22.37	18.51	19.95
错那县	433.15	419.48	135.02	56 640.01	44.56	18 691.20	24.50	19.97	21.65
错那县难利用区	172.69								
浪卡子县	857.24	821.09	97.42	79 990.39	32.15	26 396.83	34.07	28.20	30.39
日喀则市	19 602.10	18 631.93	76.83	1 431 544.12	29.20	543 986.77	674.57	560.28	623.46
桑珠孜区	384.44	366.66	95.49	35 013.47	36.29	13 305.12	16.02	13.78	14.98
南木林县	831.76	799.12	138.19	110 430.19	52.51	41 963.47	52.23	43.55	48.22
江孜县	474.66	454.38	145.83	66 264.52	55.42	25 180.52	31.47	26.03	28.96
定日县	1 335.87	1 289.02	67.52	87 034.71	25.66	33 073.19	41.50	34.27	38.55
萨迦县	680.46	652.50	96.74	63 123.33	36.76	23 986.86	28.52	23.77	26.75
拉孜县	540.72	518.92	95.83	49 730.29	36.42	18 897.51	24.22	20.04	22.52
昂仁县	2 985.20	2 884.42	67.37	194 327.83	25.60	73 844.58	94.13	78.10	86.77
谢通门县	1 256.29	1 217.54	93.04	113 275.48	35.35	43 044.68	56.50	45.82	51.57
白朗县	349.56	331.92	81.68	27 111.14	31.04	10 302.23	12.91	10.79	11.94
仁布县	276.98	271.18	172.02	46 648.92	65.37	17 726.59	22.70	18.79	20.89
康马县	737.48	704.38	75.36	53 081.77	28.64	20 171.07	23.99	20.19	22.38
定结县	564.59	537.94	61.99	33 344.88	23.55	12 671.05	15.03	12.67	13.93
仲巴县	5 442.93	4 995.74	59.66	298 062.60	22.67	113 263.79	135.44	113.22	125.09
亚东县	388.37	374.06	116.03	43 401.86	44.09	16 492.71	20.83	17.12	19.28

（续）

行政区划名称	草原面积	草原可利用面积	鲜草单产	鲜草总产	干草单产	干草总产	暖季载畜量	冷季载畜量	全年载畜量
吉隆县	762.71	737.78	63.61	46 931.93	24.17	17 834.13	22.72	18.72	20.89
聂拉木县	756.55	729.26	61.98	45 200.06	23.55	17 176.02	20.81	17.39	19.53
萨嘎县	1 286.66	1 239.96	72.17	89 488.10	27.42	34 005.48	41.96	34.67	38.62
岗巴县	546.87	527.17	55.15	29 073.02	20.96	11 047.75	13.61	11.38	12.59
那曲地区（含实用区）	54 661.05	48 106.74	51.87	2 495 258.50	18.93	910 769.35	1 158.37	959.63	1 017.65
那曲地区	47 297.72	41 434.68	52.06	2 157 040.61	19.00	787 319.82	999.95	828.44	878.36
申扎县	3 181.41	2 872.98	59.28	170 316.36	21.64	62 165.47	79.23	65.86	69.27
班戈县	3 630.93	3 434.97	59.32	203 751.12	21.65	74 369.16	94.50	78.63	83.30
那曲县	2 086.50	2 019.29	119.55	241 404.03	43.64	88 112.47	115.90	94.06	100.38
聂荣县	1 253.98	1 205.04	124.04	149 477.10	45.28	54 559.14	71.66	58.21	62.10
聂荣实用区	659.94	617.09	95.74	59 077.45	34.94	21 563.27	28.03	22.97	24.44
安多县	5 917.54	5 191.76	48.22	250 361.01	17.60	91 381.77	114.74	95.43	101.10
安多实用区	6 277.29	5 644.26	42.50	239 880.89	15.51	87 556.52	111.54	92.90	98.38
嘉黎县	1 462.81	1 427.09	81.87	116 836.35	29.88	42 645.27	56.40	45.57	49.11
巴青县	1 245.70	1 219.90	116.46	142 073.65	42.51	51 856.88	68.59	55.41	59.72
巴青实用区	426.11	410.71	95.59	39 259.54	34.89	14 329.73	18.84	15.31	16.47
比如县	1 551.58	1 515.15	97.37	147 536.09	35.54	53 850.67	71.17	57.53	61.99
索县	738.08	721.92	132.73	95 824.66	48.45	34 976.00	46.24	37.37	40.27
尼玛县	10 028.23	8 663.71	33.06	286 451.43	12.07	104 554.77	127.34	108.62	113.50
双湖县	16 200.96	13 162.86	26.82	353 008.82	9.79	128 848.22	154.19	131.77	137.63
阿里地区	37 885.45	30 237.94	31.79	961 379.52	12.07	364 912.24	423.21	356.40	377.99
普兰县	1 278.18	1 063.40	50.90	54 125.75	19.34	20 567.78	25.53	22.16	23.43
札达县	2 467.13	1 820.19	34.83	63 405.17	13.24	24 093.96	27.09	23.91	25.08
噶尔县	2 062.65	1 692.77	34.43	58 289.23	13.08	22 149.91	23.17	21.16	21.83
日土县	6 504.98	5 352.38	25.51	136 519.71	9.69	51 877.49	56.19	34.37	40.26
革吉县	5 679.95	4 794.11	32.94	157 939.53	12.43	59 605.04	71.88	62.91	66.05

（续）

行政区划名称	草原面积	草原可利用面积	鲜草单产	鲜草总产	干草单产	干草总产	暖季载畜量	冷季载畜量	全年载畜量
改则县	17 300.97	13 332.97	26.65	355 267.15	10.13	135 001.52	153.34	135.33	141.51
措勤县	2 591.59	2 182.12	62.25	135 832.98	23.65	51 616.53	66.01	56.55	59.84
林芝地区	3 643.04	3 040.21	150.99	459 036.49	46.57	141 582.32	186.04	155.98	173.06
林芝县	381.03	363.16	199.64	72 500.83	59.89	21 750.25	28.49	23.24	25.60
米林县	398.87	374.86	173.82	65 156.72	52.14	19 547.01	25.54	20.89	23.39
朗县	244.05	239.17	199.16	47 631.63	65.72	15 718.44	20.78	18.34	19.90
朗县难利用区	2.12								
工布江达县	811.01	794.78	112.47	89 387.75	36.81	29 258.75	38.67	34.42	37.15
波密县	566.40	547.28	128.98	70 589.24	38.69	21 176.77	27.89	22.63	25.41
察隅县	717.62	694.72	156.86	108 970.81	47.06	32 691.24	42.80	34.93	39.84
察隅县难利用区	352.89								
墨脱县	27.68	26.26	182.78	4 799.52	54.83	1 439.85	1.87	1.54	1.77
墨脱县难利用区	83.67								

二、西藏自治区草原类型面积、产草量及载畜量统计表

万亩、千克/亩、万千克、万羊单位

草原类(亚类)、型	草原等级	草原面积	草原可利用面积	鲜草单产	鲜草总产	暖季载畜量	冷季载畜量	全年载畜量
全区合计		132 302.29	115 748.82	67.31	7 790 686.23	3 580.44	2 974.16	3 213.72
Ⅰ温性草甸草原类		279.52	269.21	200.24	53 907.59	24.97	20.78	22.63
丝颖针茅	Ⅱ6	96.84	92.89	174.04	16 167.42	7.58	6.30	6.86
丝颖针茅、劲直黄芪	Ⅲ6	4.16	4.08	133.83	545.82	0.26	0.23	0.24
细裂叶莲蒿、禾草	Ⅲ5	177.66	171.47	216.48	37 119.75	17.11	14.23	15.50
金露梅、细裂叶莲蒿	Ⅲ7	0.86	0.77	96.52	74.61	0.03	0.02	0.03
Ⅱ温性草原类		2 238.70	2 098.74	137.41	288 379.84	121.05	108.38	114.09
长芒草	Ⅲ6	112.62	110.37	158.71	17 516.53	7.98	7.37	7.62
固沙草	Ⅲ6	84.11	77.87	97.26	7 573.34	2.40	2.22	2.30
藏布三芒草	Ⅲ6	135.26	129.87	129.00	16 752.60	6.81	5.90	6.25
白草	Ⅲ6	374.73	352.23	95.05	33 479.80	15.11	13.00	14.09
草沙蚕	Ⅲ6	38.36	36.94	147.05	5 432.62	1.87	1.97	1.91
毛莲蒿	Ⅲ6	67.88	62.37	145.44	9 071.80	3.56	3.22	3.34
藏沙蒿	Ⅲ6	112.09	109.59	175.15	19 194.89	7.93	7.29	7.57
日喀则蒿	Ⅲ7	226.01	206.51	81.76	16 883.50	6.10	6.07	6.04
藏白蒿、中华草沙蚕	Ⅲ6	9.14	8.96	154.87	1 387.03	0.55	0.49	0.52
砂生槐、蒿、禾草	Ⅲ6	633.89	582.99	115.91	67 573.36	27.64	25.04	26.27
小叶野丁香、毛莲蒿	Ⅲ6	70.86	63.22	144.98	9 164.91	3.70	3.24	3.42
白刺花、细裂叶莲蒿	Ⅳ5	355.96	341.47	239.08	81 638.44	36.30	31.62	33.75
具灌木的毛莲蒿、白草	Ⅲ6	17.80	16.35	165.78	2 711.02	1.10	0.96	1.01
Ⅲ温性荒漠草原类		805.88	637.13	43.95	28 003.12	12.49	10.60	11.28
沙生针茅、固沙草	Ⅲ8	405.23	313.60	26.58	8 335.71	3.59	2.86	3.12
短花针茅	Ⅱ8	28.15	24.79	19.02	471.54	0.21	0.19	0.20
变色锦鸡儿、沙生针茅	Ⅲ7	372.50	298.74	64.26	19 195.87	8.68	7.55	7.96
Ⅳ高寒草甸草原类		5 997.94	5 362.06	56.65	303 773.94	140.16	118.37	126.65
紫花针茅、高山嵩草	Ⅱ7	3 155.13	2 858.17	55.25	157 899.95	74.18	62.17	66.31
丝颖针茅	Ⅱ7	855.63	824.62	76.01	62 677.31	28.62	24.51	26.61

（续）

草原类(亚类)、型	草原等级	草原面积	草原可利用面积	鲜草单产	鲜草总产	暖季载畜量	冷季载畜量	全年载畜量
青藏苔草、高山嵩草	Ⅲ8	636.04	479.15	32.15	15 405.18	7.27	6.05	6.40
金露梅、紫花针茅、高山嵩草	Ⅲ7	1 211.17	1 071.22	52.84	56 601.65	25.56	21.71	23.16
香柏、臭草	Ⅲ7	139.97	128.90	86.81	11 189.85	4.54	3.95	4.17
Ⅴ高寒草原类		58 527.55	48 827.73	37.44	1 828 222.25	815.00	696.44	737.71
紫花针茅	Ⅱ8	13 926.39	11 763.54	30.89	363 405.75	164.82	141.70	148.71
紫花针茅、青藏苔草	Ⅲ8	16 764.74	14 189.74	36.99	524 882.47	237.16	202.73	212.95
紫花针茅、杂类草	Ⅱ8	4 484.59	3 895.20	43.64	169 979.14	77.68	66.57	71.07
昆仑针茅	Ⅱ8	181.83	158.04	27.47	4 341.17	2.03	1.75	1.88
羽柱针茅	Ⅲ8	1 186.68	984.53	19.10	18 801.84	8.59	6.75	7.27
固沙草、紫花针茅	Ⅲ7	2 833.08	2 602.57	47.55	123 759.09	45.51	39.35	42.62
黑穗画眉草、羽柱针茅	Ⅱ8	54.40	49.01	37.78	1 851.49	0.86	0.74	0.81
青藏苔草	Ⅲ8	11 450.33	8 613.98	30.98	266 854.52	122.88	102.85	109.11
藏沙蒿、紫花针茅	Ⅲ7	1 336.72	1 166.16	60.93	71 055.21	30.45	26.36	27.76
藏沙蒿、青藏苔草	Ⅲ7	744.05	695.47	53.44	37 168.29	13.39	11.65	12.67
藏白蒿、禾草	Ⅲ6	399.79	374.76	99.73	37 375.00	14.73	12.90	13.90
冻原白蒿	Ⅲ7	237.42	212.57	78.70	16 730.44	7.79	6.69	7.26
昆仑蒿	Ⅲ8	67.09	58.37	45.63	2 663.45	1.19	1.02	1.07
垫型蒿、紫花针茅	Ⅲ8	1 425.89	1 137.89	37.78	42 991.27	20.02	17.20	18.16
青海刺参、紫花针茅	Ⅲ7	116.54	107.09	69.89	7 484.37	3.36	2.87	3.02
鬼箭锦鸡儿、藏沙蒿	Ⅲ7	31.96	28.27	76.88	2 173.66	1.01	0.87	0.96
变色锦鸡儿、紫花针茅	Ⅱ7	1 821.71	1 490.93	46.26	68 964.93	32.19	27.55	29.44
小叶金露梅、紫花针茅	Ⅱ7	1 272.08	1 116.81	50.86	56 802.24	26.24	22.51	24.29
香柏、藏沙蒿	Ⅲ7	192.26	182.79	59.84	10 937.94	5.10	4.37	4.78
Ⅵ高寒荒漠草原类		10 152.27	8 018.66	22.46	180 118.46	61.64	55.04	56.49
沙生针茅	Ⅲ8	2 280.73	1 934.97	16.59	32 098.19	9.34	8.86	8.89
戈壁针茅	Ⅱ8	383.93	323.12	20.97	6 775.83	2.26	1.83	1.93
青藏苔草、垫状驼绒藜	Ⅲ8	5 727.47	4 471.98	22.61	101 115.29	38.16	33.29	34.53

（续）

草原类（亚类）、型	草原等级	草原面积	草原可利用面积	鲜草单产	鲜草总产	暖季载畜量	冷季载畜量	全年载畜量
垫状驼绒藜、昆仑针茅	Ⅲ8	291.29	213.38	32.83	7 004.32	1.85	1.96	1.90
变色锦鸡儿、驼绒藜、沙生针茅	Ⅲ8	1 468.85	1 075.21	30.81	33 124.84	10.03	9.10	9.24
Ⅶ温性草原化荒漠类		370.15	305.58	31.97	9 768.02	3.51	3.05	3.21
驼绒藜、沙生针茅	Ⅲ6	111.74	109.49	50.87	5 569.56	2.00	1.74	1.83
灌木亚菊、驼绒藜、沙生针茅	Ⅳ8	258.41	196.09	21.41	4 198.46	1.51	1.31	1.38
Ⅷ温性荒漠类		785.58	671.27	17.94	12 044.79	4.09	1.99	2.48
驼绒藜、灌木亚菊	Ⅲ8	733.19	630.06	18.30	11 527.82	3.92	1.91	2.37
灌木亚菊	Ⅲ8	52.39	41.21	12.55	516.97	0.18	0.09	0.11
Ⅸ高寒荒漠类		2 606.32	1 959.33	16.62	32 573.69	4.08	3.11	3.26
垫状驼绒藜	Ⅲ8	2 566.37	1 926.20	16.56	31 903.73	4.02	3.07	3.22
高原芥、燥原荠	Ⅳ8	39.96	33.14	20.22	669.96	0.05	0.03	0.03
Ⅹ暖性草丛类		33.39	29.67	255.87	7 591.56	2.80	2.43	2.64
黑穗画眉草	Ⅱ5	10.61	10.19	223.59	2 277.88	0.84	0.73	0.78
细裂叶莲蒿	Ⅲ5	22.78	19.48	272.75	5 313.68	1.96	1.70	1.86
Ⅺ暖性灌草丛类		131.53	110.93	357.21	39 624.27	17.30	14.34	15.75
白刺花、禾草	Ⅱ3	67.94	53.32	444.02	23 675.95	10.92	8.91	9.84
具灌木的禾草	Ⅲ5	63.60	57.60	276.86	15 948.32	6.38	5.44	5.91
Ⅻ热性草丛类		159.53	10.62	418.36	4 443.97	1.65	1.43	1.56
白茅	Ⅲ3	145.14	0.56	528.64	296.83	0.12	0.10	0.11
蕨、白茅	Ⅳ4	14.39	10.06	412.20	4 147.14	1.53	1.33	1.45
ⅩⅢ热性灌草丛类		31.32	29.21	280.88	8 204.84	3.16	2.63	2.96
小马鞍叶羊蹄甲、扭黄茅	Ⅲ5	31.32	29.21	280.88	8 204.84	3.16	2.63	2.96
ⅩⅣ低地草甸类		319.72	302.00	96.11	29 026.72	13.06	11.58	12.35
（Ⅰ）低湿地草甸亚类		34.88	33.64	199.08	6 696.34	3.17	2.73	2.95
无脉苔草、蕨麻委陵菜	Ⅱ5	21.21	20.44	233.56	4 773.98	2.23	1.95	2.12
秀丽水柏枝、赖草	Ⅲ6	13.67	13.20	145.66	1 922.36	0.94	0.78	0.83
（Ⅱ）低地盐化草甸亚类		242.85	228.84		10 925.78	5.10	4.44	4.80

（续）

草原类(亚类)、型	草原等级	草原面积	草原可利用面积	鲜草单产	鲜草总产	暖季载畜量	冷季载畜量	全年载畜量
芦苇、赖草	Ⅲ7	242.85	228.84	47.75	10 925.78	5.10	4.44	4.80
(Ⅲ)低地沼泽化草甸亚类		41.98	39.53	288.50	11 404.60	4.79	4.41	4.60
芒尖苔草、蕨麻委陵菜	Ⅱ5	41.98	39.53	288.50	11 404.60	4.79	4.41	4.60
ⅩⅤ山地草甸类		1 732.04	1 648.82	211.11	348 089.01	160.63	133.43	145.21
(Ⅰ)山地草甸亚类		236.20	218.35	266.26	58 137.00	26.22	21.38	23.54
中亚早熟禾、苔草	Ⅱ5	121.79	116.18	241.22	28 025.56	12.64	10.32	11.36
黑穗画眉草、林芝苔草	Ⅱ3	2.00	1.34	467.09	627.57	0.24	0.20	0.22
圆穗蓼	Ⅱ5	27.67	21.34	255.17	5 444.73	2.13	1.79	1.98
鬼箭锦鸡儿、垂穗披碱草	Ⅱ2	25.16	24.23	692.07	16 769.65	8.05	6.50	7.19
楔叶绣线菊、中亚早熟禾	Ⅲ6	57.43	53.17	124.79	6 635.36	2.90	2.34	2.54
杜鹃、黑穗画眉草	Ⅲ5	2.15	2.08	305.03	634.13	0.26	0.22	0.24
(Ⅱ)亚高山草甸亚类		1 495.84	1 430.47	202.70	289 952.01	134.41	112.06	121.67
矮生嵩草、杂类草	Ⅱ5	157.63	154.08	191.03	29 435.27	13.97	11.75	12.69
四川嵩草	Ⅱ3	15.40	14.99	404.86	6 070.19	2.82	2.35	2.55
珠牙蓼	Ⅱ5	22.44	21.99	219.28	4 821.28	2.24	1.86	2.03
圆穗蓼、矮生嵩草	Ⅱ5	89.66	87.37	251.10	21 938.39	10.19	8.47	9.21
垂穗披碱草	Ⅱ6	266.84	261.10	138.60	36 187.73	17.01	14.03	15.19
具灌木的矮生嵩草	Ⅱ7	943.87	890.94	214.94	191 499.16	88.18	73.59	80.00
ⅩⅥ高寒草甸类		48 101.94	45 449.93	101.42	4 609 751.30	2 192.02	1 788.89	1 953.48
(Ⅰ)高寒草甸亚类		39 545.24	37 742.13	105.50	3 981 757.96	1 894.81	1 545.00	1 689.85
高山嵩草	Ⅱ7	2 063.18	1 860.85	69.94	130 154.01	64.98	54.57	58.86
高山嵩草、异针茅	Ⅱ7	1 380.61	1 353.31	82.36	111 457.75	53.97	43.60	47.01
高山嵩草、杂类草	Ⅱ6	16 202.17	15 557.55	93.99	1 462 276.90	689.37	560.83	612.47
高山嵩草、青藏苔草	Ⅲ6	5 689.41	5 514.46	93.43	515 224.84	254.70	205.79	230.30
圆穗蓼、高山嵩草	Ⅱ6	4 405.54	4 308.66	122.97	529 851.76	250.43	206.66	223.60
高山嵩草、矮生嵩草	Ⅱ6	2 671.16	2 617.84	127.15	332 855.43	160.74	129.85	140.41
矮生嵩草、青藏苔草	Ⅲ7	1 115.29	1 067.34	84.03	89 684.60	42.60	34.44	38.11

（续）

草原类（亚类）、型	草原等级	草原面积	草原可利用面积	鲜草单产	鲜草总产	暖季载畜量	冷季载畜量	全年载畜量
尼泊尔嵩草	Ⅱ6	124.87	122.37	146.10	17 877.84	8.99	7.26	8.19
高山早熟禾	Ⅰ5	39.31	38.52	227.13	8 749.85	4.28	3.58	3.79
多花地杨梅	Ⅳ6	23.92	15.28	179.70	2 745.91	1.09	0.88	1.02
具锦鸡儿的高山嵩草	Ⅲ6	100.58	98.47	165.63	16 309.88	7.82	6.32	6.98
金露梅、高山嵩草	Ⅲ6	2 696.02	2 528.94	134.90	341 156.31	164.27	133.66	146.58
香柏、高山嵩草	Ⅲ6	539.43	425.56	155.87	66 332.46	30.72	25.17	27.25
雪层杜鹃、高山嵩草	Ⅲ6	2 145.70	1 892.37	154.29	291 972.35	129.23	105.81	116.63
具灌木的高山嵩草	Ⅲ5	348.04	340.61	191.15	65 108.08	31.62	26.58	28.65
（Ⅱ）高寒盐化草甸亚类		2 613.95	2 359.61	41.59	98 128.02	38.36	31.61	33.76
喜马拉雅碱茅	Ⅱ8	1 006.01	983.57	25.38	24 963.03	9.47	8.24	8.58
匍匐水柏枝、青藏苔草	Ⅲ8	43.46	37.51	19.53	732.44	0.29	0.25	0.26
赖草、青藏苔草、碱蓬	Ⅱ7	1 443.40	1 228.71	51.09	62 773.36	24.79	19.80	21.32
三角草	Ⅲ6	121.08	109.82	87.96	9 659.19	3.81	3.32	3.60
（Ⅲ）高寒沼泽化草甸亚类		5 942.75	5 348.19	99.07	529 865.32	258.85	212.29	229.87
藏北嵩草	Ⅱ6	4 033.06	3 642.45	104.66	381 226.65	186.48	153.04	165.79
西藏嵩草	Ⅱ6	555.55	505.52	96.82	48 943.87	23.42	18.99	20.41
藏西嵩草	Ⅱ7	467.90	399.89	78.50	31 390.32	15.78	13.45	14.25
川滇嵩草	Ⅲ4	35.98	32.74	303.49	9 936.91	4.99	4.03	4.58
华扁穗草	Ⅱ7	850.26	767.59	76.04	58 367.56	28.18	22.77	24.84
ⅩⅧ沼泽类		28.90	17.94	399.32	7 162.88	2.83	1.66	1.97
水麦冬	Ⅲ6	12.15	5.96	138.30	823.96	0.33	0.28	0.31
芒尖苔草	Ⅲ2	16.75	11.98	529.14	6 338.92	2.50	1.38	1.67

（一）拉萨市草原类型面积、产草量及载畜量统计表

万亩、千克/亩、万千克、万羊单位

类型号	草原类型名称	草原等级	草原面积	草原可利用面积	鲜草单产	鲜草总产	暖季载畜量	冷季载畜量	全年载畜量
	合 计		3 106.55	3 031.22	141.66	429 396.97	208.12	180.71	190.46
	Ⅰ 温性草甸草原类		4.16	4.08	133.83	545.82	0.26	0.23	0.24
010002	丝颖针茅、劲直黄芪	Ⅲ 6	4.16	4.08	133.83	545.82	0.26	0.23	0.24
	Ⅱ 温性草原类		276.72	269.56	131.25	35 380.42	14.92	14.16	14.47
020008	白草	Ⅲ 6	44.91	44.01	98.97	4 356.02	2.00	1.85	1.91
020005	长芒草	Ⅲ 6	79.80	78.20	163.63	12 796.82	5.88	5.54	5.67
020006	固沙草	Ⅲ 6	11.25	11.03	151.40	1 669.71	0.64	0.62	0.63
020013	藏白蒿、中华草沙蚕	Ⅲ 6	9.14	8.96	154.87	1 387.03	0.55	0.49	0.52
020011	藏沙蒿	Ⅲ 6	74.79	73.30	138.80	10 174.07	3.91	3.79	3.84
020014	砂生槐、蒿、禾草	Ⅲ 6	50.53	48.07	91.31	4 388.69	1.69	1.64	1.66
020015	小叶野丁香、毛莲蒿	Ⅳ 6	5.58	5.30	96.96	514.33	0.20	0.19	0.19
020007	藏布三芒草	Ⅲ 6	0.70	0.69	136.59	93.76	0.06	0.03	0.04
	Ⅳ 高寒草甸草原类		130.25	127.45	127.54	16 254.78	7.73	6.23	6.73
040021	紫花针茅、高山嵩草	Ⅲ 6	85.10	83.20	119.90	15 986.67	4.74	3.76	4.07
040024	金露梅、紫花针茅、高山嵩草	Ⅲ 6	45.15	44.25	141.89	6 278.78	2.98	2.47	2.66
	Ⅴ 高寒草原类		217.84	213.48	101.97	21 769.06	10.35	9.09	9.50
050027	紫花针茅、青藏苔草	Ⅳ 6	186.79	183.06	100.50	18 397.17	8.75	7.60	7.97
050036	藏白蒿、禾草	Ⅳ 6	31.05	30.42	110.83	3 371.89	1.60	1.49	1.53
	ⅩⅣ 低地草甸类		18.95	18.12	183.13	3 317.54	1.62	1.46	1.52
	（Ⅰ）低湿地草甸亚类		3.92	3.84	103.52	397.40	0.19	0.18	0.18
141063	无脉苔草、蕨麻委陵菜	Ⅱ 6	3.92	3.84	103.52	397.40	0.19	0.18	0.18
	（Ⅲ）低地沼泽化草甸亚类		15.03	14.28	204.54	2 920.14	1.43	1.29	1.34
143066	芒尖苔草、蕨麻委陵菜	Ⅲ 5	15.03	14.28	204.54	2 920.14	1.43	1.29	1.34
	ⅩⅤ 山地草甸类		14.93	14.63	397.20	5 811.88	2.84	2.56	2.67
	（Ⅱ）亚高山草甸亚类		14.93	14.63	397.20	5 811.88	2.84	2.56	2.67
152073	矮生嵩草、杂类草	Ⅱ 3	14.93	14.63	397.20	5 811.88	2.84	2.56	2.67

（续）

类型号	草原类型名称	草原等级	草原面积	草原可利用面积	鲜草单产	鲜草总产	暖季载畜量	冷季载畜量	全年载畜量
	ⅩⅥ高寒草甸类		2 441.91	2 383.00	145.24	346 113.35	170.31	146.91	155.24
	（Ⅰ）高寒草甸亚类		2 316.03	2 269.71	137.14	311 272.72	153.26	132.36	139.89
161079	高山嵩草	Ⅲ6	260.43	255.22	130.01	33 180.59	16.24	14.10	14.82
161081	高山嵩草、杂类草	Ⅲ6	595.17	583.27	144.08	84 036.14	41.27	35.93	37.83
161083	圆穗蓼、高山嵩草	Ⅲ6	1 030.80	1 010.18	125.38	126 651.79	62.59	54.16	57.31
161085	矮生嵩草、青藏苔草	Ⅱ5	8.68	8.51	254.74	2 167.45	1.06	0.89	0.94
161087	高山早熟禾	Ⅱ5	39.31	38.52	227.13	8 749.85	4.28	3.58	3.79
161093	具灌木的高山嵩草	Ⅲ6	277.12	271.57	135.91	36 909.16	18.23	15.62	16.62
161089	具锦鸡儿的高山嵩草	Ⅲ6	2.69	2.64	98.81	260.43	0.14	0.11	0.12
161091	香柏、高山嵩草	Ⅲ5	101.83	99.79	193.58	19 317.31	9.45	7.99	8.45
	（Ⅲ）高寒沼泽化草甸亚类		125.89	113.30	307.52	34 840.63	17.05	14.55	15.35
163098	藏北嵩草	Ⅱ4	125.89	113.30	307.52	34 840.63	17.05	14.55	15.35
	ⅩⅧ沼泽类		1.79	0.89	228.19	204.13	0.09	0.07	0.08
170103	水冬麦	Ⅲ5	1.79	0.89	228.19	204.13	0.09	0.07	0.08

1. 城关区草原类型面积、产草量及载畜量统计表

万亩、千克/亩、万千克、万羊单位

类型号	草原类型名称	草原等级	草原面积	草原可利用面积	鲜草单产	鲜草总产	暖季载畜量	冷季载畜量	全年载畜量
	合计		47.30	46.14	134.56	6 208.94	4.06	1.87	2.71
	Ⅰ温性草甸草原类		0.49	0.48	144.70	69.91	0.04	0.02	0.03
010002	丝颖针茅、劲直黄芪	Ⅲ6	0.49	0.48	144.70	69.91	0.04	0.02	0.03
	Ⅱ温性草原类		6.53	6.40	114.68	733.72	0.44	0.21	0.30
020008	白草	Ⅲ6	1.08	1.06	117.33	124.17	0.08	0.04	0.05
020005	长芒草	Ⅲ6	3.10	3.04	122.29	371.61	0.23	0.11	0.16
020013	藏白蒿、中华草沙蚕	Ⅲ7	1.65	1.61	89.29	144.18	0.08	0.04	0.05
020007	藏布三芒草	Ⅲ6	0.70	0.69	136.59	93.76	0.06	0.03	0.04
	ⅩⅥ高寒草甸类		39.84	39.04	137.09	5 352.00	3.55	1.62	2.35
	（Ⅰ）高寒草甸亚类		39.84	39.04	137.09	5 352.00	3.55	1.62	2.35
161081	高山嵩草、杂类草	Ⅲ5	3.96	3.88	213.77	829.96	0.55	0.25	0.36
161083	圆穗蓼、高山嵩草	Ⅲ6	27.19	26.64	130.85	3 485.99	2.31	1.05	1.53
161093	具灌木的高山嵩草	Ⅲ6	8.22	8.06	123.09	992.02	0.66	0.30	0.44
161089	具锦鸡儿的高山嵩草	Ⅲ6	0.47	0.46	96.36	44.03	0.03	0.01	0.02
	ⅩⅧ沼泽类		0.44	0.22	241.04	53.31	0.03	0.01	0.02
170103	水冬麦	Ⅲ5	0.44	0.22	241.04	53.31	0.03	0.01	0.02

2. 墨竹工卡县草原类型面积、产草量及载畜量统计表

万亩、千克/亩、万千克、万羊单位

类型号	草原类型名称	草原等级	草原面积	草原可利用面积	鲜草单产	鲜草总产	暖季载畜量	冷季载畜量	全年载畜量
	合 计		563.04	550.00	150.89	82 991.62	40.24	36.40	37.93
	Ⅰ温性草甸草原类		3.67	3.60	132.37	475.90	0.22	0.21	0.21
010002	丝颖针茅、劲直黄芪	Ⅲ6	3.67	3.60	132.37	475.90	0.22	0.21	0.21
	Ⅱ温性草原类		55.26	53.60	121.20	6 495.76	2.85	2.77	2.80
020008	白草	Ⅲ7	8.11	7.95	87.51	695.43	0.32	0.31	0.31
020005	长芒草	Ⅲ6	28.42	27.85	156.80	4 367.69	1.98	1.93	1.95
020011	藏沙蒿	Ⅲ7	0.13	0.13	89.35	11.53	0.00	0.00	0.00
020014	砂生槐、蒿、禾草	Ⅲ7	13.23	12.57	73.18	919.75	0.35	0.34	0.35
020015	小叶野丁香、毛莲蒿	Ⅳ6	5.37	5.10	98.35	501.37	0.19	0.19	0.19
	Ⅳ高寒草甸草原类		13.51	13.24	138.28	1 830.43	0.87	0.72	0.78
040021	紫花针茅、高山嵩草	Ⅲ6	0.02	0.02	98.61	1.65	0.001	0.001	0.001
040024	金露梅、紫花针茅、高山嵩草	Ⅲ6	13.49	13.22	138.33	1 828.78	0.87	0.72	0.78
	Ⅴ高寒草原类		2.14	2.09	111.09	232.61	0.11	0.10	0.11
050036	藏白蒿、禾草	Ⅳ6	2.14	2.09	111.09	232.61	0.11	0.10	0.11
	ⅩⅣ低地草甸类		16.06	15.29	194.87	2 979.78	1.46	1.31	1.37
	（Ⅰ）低湿地草甸亚类		1.11	1.09	78.67	85.79	0.04	0.04	0.04
141063	无脉苔草、蕨麻委陵菜	Ⅱ7	1.11	1.09	78.67	85.79	0.04	0.04	0.04
	（Ⅲ）低地沼泽化草甸亚类		14.95	14.20	203.79	2 893.99	1.42	1.28	1.33
143066	芒尖苔草、蕨麻委陵菜	Ⅲ5	14.95	14.20	203.79	2 893.99	1.42	1.28	1.33
	ⅩⅤ山地草甸类		6.75	6.61	288.72	1 908.51	0.93	0.84	0.88
	（Ⅱ）亚高山草甸亚类		6.75	6.61	288.72	1 908.51	0.93	0.84	0.88
152073	矮生嵩草、杂类草	Ⅱ4	6.75	6.61	288.72	1 908.51	0.93	0.84	0.88
	ⅩⅥ高寒草甸类		465.66	455.58	151.61	69 068.63	33.80	30.44	31.78
	（Ⅰ）高寒草甸亚类		456.02	446.90	150.44	67 230.04	32.90	29.63	30.94
161081	高山嵩草、杂类草	Ⅲ6	166.84	163.50	137.23	22 437.36	10.98	9.89	10.33
161083	圆穗蓼、高山嵩草	Ⅲ6	225.59	221.08	164.27	36 317.48	17.77	16.01	16.71

（续）

类型号	草原类型名称	草原等级	草原面积	草原可利用面积	鲜草单产	鲜草总产	暖季载畜量	冷季载畜量	全年载畜量
161093	具灌木的高山嵩草	Ⅲ6	58.95	57.78	135.91	7 852.43	3.84	3.46	3.61
161091	香柏、高山嵩草	Ⅲ6	4.63	4.54	137.26	622.77	0.30	0.27	0.29
	（Ⅲ）高寒沼泽化草甸亚类		9.65	8.68	211.78	1 838.58	0.90	0.81	0.85
163098	藏北嵩草	Ⅱ5	9.65	8.68	211.78	1 838.58	0.90	0.81	0.85

3. 达孜县草原类型面积、产草量及载畜量统计表

万亩、千克/亩、万千克、万羊单位

类型号	草原类型名称	草原等级	草原面积	草原可利用面积	鲜草单产	鲜草总产	暖季载畜量	冷季载畜量	全年载畜量
	合 计		147.76	143.95	141.75	20 404.84	9.81	8.90	9.26
	Ⅱ 温性草原类		24.43	23.93	114.91	2 750.19	1.20	1.16	1.18
020008	白草	Ⅲ 7	10.02	9.82	85.85	842.70	0.38	0.37	0.38
020005	长芒草	Ⅲ 6	7.91	7.75	155.68	1 206.23	0.55	0.53	0.54
020006	固沙草	Ⅲ 6	4.32	4.23	125.47	530.70	0.20	0.20	0.20
020014	砂生槐、蒿、禾草	Ⅲ 7	1.97	1.93	81.58	157.60	0.06	0.06	0.06
020015	小叶野丁香、毛莲蒿	Ⅳ 7	0.22	0.21	62.63	12.96	0.005	0.005	0.005
	Ⅳ 高寒草甸草原类		6.48	6.15	121.82	749.49	0.36	0.29	0.32
040021	紫花针茅、高山嵩草	Ⅲ 6	6.48	6.15	121.82	749.49	0.36	0.29	0.32
	ⅩⅣ 低地草甸类		0.08	0.07	116.77	8.72	0.004	0.004	0.004
	（Ⅰ）低湿地草甸亚类		0.08	0.07	116.77	8.72	0.004	0.004	0.004
141063	无脉苔草、蕨麻委陵菜	Ⅱ 6	0.08	0.07	116.77	8.72	0.004	0.004	0.004
	ⅩⅥ 高寒草甸类		115.43	113.12	148.03	16 745.61	8.19	7.38	7.71
	（Ⅰ）高寒草甸亚类		115.43	113.12	148.03	16 745.61	8.19	7.38	7.71
161081	高山嵩草、杂类草	Ⅲ 5	14.80	14.51	235.56	3 416.88	1.67	1.51	1.57
161083	圆穗蓼、高山嵩草	Ⅲ 6	85.88	84.16	133.36	11 223.61	5.49	4.95	5.16
161093	具灌木的高山嵩草	Ⅲ 6	12.63	12.38	153.57	1 901.32	0.93	0.84	0.87
161089	具锦鸡儿的高山嵩草	Ⅲ 6	2.12	2.08	98.21	203.80	0.10	0.09	0.09
	ⅩⅧ 沼泽类		1.35	0.67	223.98	150.82	0.06	0.06	0.06
170103	水冬麦	Ⅲ 5	1.35	0.67	223.98	150.82	0.06	0.06	0.06

4. 堆龙德庆县草原类型面积、产草量及载畜量统计表

万亩、千克/亩、万千克、万羊单位

类型号	草原类型名称	草原等级	草原面积	草原可利用面积	鲜草单产	鲜草总产	暖季载畜量	冷季载畜量	全年载畜量
	合 计		282.14	276.32	132.85	36 709.90	17.85	15.00	16.09
	Ⅱ温性草原类		25.72	25.21	107.07	2 699.14	1.21	1.09	1.13
020008	白草	Ⅲ6	16.82	16.48	97.00	1 598.45	0.73	0.65	0.68
020005	长芒草	Ⅲ6	6.66	6.53	127.00	828.77	0.38	0.34	0.35
020013	藏白蒿、中华草沙蚕	Ⅲ6	2.25	2.20	123.32	271.92	0.10	0.09	0.10
	ⅩⅥ高寒草甸类		256.41	251.12	135.44	34 010.76	16.64	13.91	14.95
	（Ⅰ）高寒草甸亚类		254.29	249.21	133.59	33 292.54	16.29	13.62	14.64
161081	高山嵩草、杂类草	Ⅲ5	12.63	12.38	245.87	3 044.36	1.49	1.25	1.34
161083	圆穗蓼、高山嵩草	Ⅲ6	148.60	145.63	110.33	16 066.59	7.86	6.57	7.06
161093	具灌木的高山嵩草	Ⅲ6	92.95	91.10	155.54	14 168.99	6.93	5.79	6.23
161089	具锦鸡儿的高山嵩草	Ⅲ6	0.11	0.10	121.76	12.60	0.01	0.01	0.01
	（Ⅲ）高寒沼泽化草甸亚类		2.12	1.91	376.53	718.22	0.35	0.29	0.32
163098	藏北嵩草	Ⅱ3	2.12	1.91	376.53	718.22	0.35	0.29	0.32

5. 曲水县草原类型面积、产草量及载畜量统计表

万亩、千克/亩、万千克、万羊单位

类型号	草原类型名称	草原等级	草原面积	草原可利用面积	鲜草单产	鲜草总产	暖季载畜量	冷季载畜量	全年载畜量
	合 计		171.17	167.60	137.12	22 980.84	10.82	9.94	10.29
	II 温性草原类		44.03	43.06	152.39	6 562.46	2.79	2.70	2.74
020008	白草	III 6	0.55	0.54	106.97	57.45	0.03	0.03	0.03
020005	长芒草	III 5	19.84	19.44	191.66	3 726.62	1.69	1.64	1.66
020006	固沙草	III 6	5.49	5.38	170.37	915.94	0.35	0.34	0.35
020011	藏沙蒿	III 6	15.40	15.09	109.22	1 648.25	0.63	0.61	0.62
020014	砂生槐、蒿、禾草	III 7	2.75	2.62	81.88	214.20	0.08	0.08	0.08
	V 高寒草原类		0.04	0.04	88.20	3.26	0.002	0.001	0.001
050027	紫花针茅、青藏苔草	IV 7	0.04	0.04	88.20	3.26	0.002	0.001	0.001
	XIV 低地草甸类		0.14	0.14	62.42	8.61	0.004	0.004	0.004
	(I) 低湿地草甸亚类		0.14	0.14	62.42	8.61	0.004	0.004	0.004
141063	无脉苔草、蕨麻委陵菜	II 7	0.14	0.14	62.42	8.61	0.004	0.004	0.004
	XVI 高寒草甸类		126.97	124.36	131.93	16 406.51	8.03	7.23	7.55
	(I) 高寒草甸亚类		126.16	123.63	131.84	16 300.03	7.98	7.18	7.50
161079	高山嵩草	III 6	7.37	7.22	101.26	731.23	0.36	0.32	0.34
161081	高山嵩草、杂类草	III 5	27.17	26.63	214.18	5 703.21	2.79	2.51	2.62
161083	圆穗蓼、高山嵩草	III 6	74.16	72.68	100.65	7 315.26	3.58	3.22	3.37
161093	具灌木的高山嵩草	III 6	3.65	3.57	96.79	345.84	0.17	0.15	0.16
161091	香柏、高山嵩草	III 6	13.81	13.53	162.91	2 204.48	1.08	0.97	1.01
	(III) 高寒沼泽化草甸亚类		0.81	0.73	146.42	106.48	0.05	0.05	0.05
163098	藏北嵩草	II 6	0.81	0.73	146.42	106.48	0.05	0.05	0.05

6. 尼木县草原类型面积、产草量及载畜量统计表

万亩、千克/亩、万千克、万羊单位

类型号	草原类型名称	草原等级	草原面积	草原可利用面积	鲜草单产	鲜草总产	暖季载畜量	冷季载畜量	全年载畜量
	合 计		379.31	369.54	139.75	51 645.11	24.17	21.97	22.85
	Ⅱ 温性草原类		70.13	68.37	143.24	9 794.04	3.77	3.65	3.70
020013	藏白蒿、中华草沙蚕	Ⅲ5	2.14	2.10	211.81	444.88	0.17	0.17	0.17
020011	藏沙蒿	Ⅲ6	56.19	55.06	147.53	8 123.43	3.12	3.03	3.07
020014	砂生槐、蒿、禾草	Ⅲ6	11.80	11.21	109.34	1 225.73	0.47	0.46	0.46
	Ⅳ高寒草甸草原类		18.69	18.32	150.59	2 758.50	1.31	1.08	1.17
040024	金露梅、紫花针茅、高山嵩草	Ⅲ6	18.69	18.32	150.59	2 758.50	1.31	1.08	1.17
	Ⅴ高寒草原类		23.63	23.16	108.01	2 501.32	1.19	1.10	1.14
050027	紫花针茅、青藏苔草	Ⅳ6	23.63	23.16	108.01	2 501.32	1.19	1.10	1.14
	ⅩⅣ 低地草甸类		1.94	1.90	141.04	267.42	0.13	0.12	0.12
	(Ⅰ)低湿地草甸亚类		1.86	1.82	132.57	241.27	0.11	0.11	0.11
141063	无脉苔草、蕨麻委陵菜	Ⅱ6	1.86	1.82	132.57	241.27	0.11	0.11	0.11
	(Ⅲ)低地沼泽化草甸亚类		0.08	0.08	343.45	26.14	0.01	0.01	0.01
143066	芒尖苔草、蕨麻委陵菜	Ⅲ4	0.08	0.08	343.45	26.14	0.01	0.01	0.01
	ⅩⅤ 山地草甸类		8.19	8.02	486.59	3 903.36	1.91	1.72	1.80
	(Ⅱ)亚高山草甸亚类		8.19	8.02	486.59	3 903.36	1.91	1.72	1.80
152073	矮生嵩草、杂类草	Ⅱ3	8.19	8.02	486.59	3 903.36	1.91	1.72	1.80
	ⅩⅥ 高寒草甸类		256.73	249.78	129.80	32 420.46	15.87	14.29	14.92
	(Ⅰ)高寒草甸亚类		233.95	229.27	110.40	25 311.70	12.39	11.16	11.65
161079	高山嵩草	Ⅲ6	105.21	103.10	143.79	14 824.39	7.25	6.53	6.82
161081	高山嵩草、杂类草	Ⅲ6	6.55	6.42	159.23	1 022.39	0.50	0.45	0.47
161083	圆穗蓼、高山嵩草	Ⅲ7	116.07	113.74	75.70	8 610.00	4.21	3.80	3.96
161093	具灌木的高山嵩草	Ⅲ6	6.13	6.01	142.32	854.91	0.42	0.38	0.39
	(Ⅲ)高寒沼泽化草甸亚类		22.78	20.50	346.71	7 108.76	3.48	3.13	3.27
163098	藏北嵩草	Ⅱ4	22.78	20.50	346.71	7 108.76	3.48	3.13	3.27

7. 当雄县草原类型面积、产草量及载畜量统计表

万亩、千克/亩、万千克、万羊单位

类型号	草原类型名称	草原等级	草原面积	草原可利用面积	鲜草单产	鲜草总产	暖季载畜量	冷季载畜量	全年载畜量
	合　计		1 036.39	1 008.55	141.59	142 803.92	69.55	58.14	61.60
	Ⅱ 温性草原类		7.09	6.95	112.06	778.46	0.35	0.32	0.33
020005	长芒草	Ⅲ 6	7.01	6.87	111.70	767.49	0.35	0.31	0.33
020013	藏白蒿、中华草沙蚕	Ⅲ 6	0.08	0.08	144.11	10.97	0.00	0.00	0.00
	Ⅳ 高寒草甸草原类		53.46	52.39	112.22	5 879.62	2.80	2.15	2.33
040021	紫花针茅、高山嵩草	Ⅲ 6	53.46	52.39	112.22	5 879.62	2.80	2.15	2.33
	Ⅴ 高寒草原类		163.12	159.86	99.42	15 892.58	7.56	6.50	6.83
050027	紫花针茅、青藏苔草	Ⅳ 6	163.12	159.86	99.42	15 892.58	7.56	6.50	6.83
	ⅩⅥ 高寒草甸类		812.71	789.35	152.34	120 253.26	58.85	49.18	52.11
	（Ⅰ）高寒草甸亚类		723.82	709.35	134.64	95 507.10	46.74	39.06	41.39
161079	高山嵩草	Ⅲ 6	135.45	132.74	125.42	16 648.56	8.15	6.81	7.21
161081	高山嵩草、杂类草	Ⅲ 6	239.31	234.52	121.07	28 392.81	13.89	11.61	12.30
161083	圆穗蓼、高山嵩草	Ⅲ 6	203.17	199.11	106.52	21 208.74	10.38	8.67	9.19
161085	矮生嵩草、青藏苔草	Ⅱ 5	8.68	8.51	254.74	2 167.45	1.06	0.89	0.94
161087	高山早熟禾	Ⅱ 5	39.31	38.52	227.13	8 749.85	4.28	3.58	3.79
161093	具灌木的高山嵩草	Ⅲ 6	14.51	14.22	130.09	1 849.63	0.91	0.76	0.80
161091	香柏、高山嵩草	Ⅲ 5	83.39	81.72	201.78	16 490.06	8.07	6.74	7.15
	（Ⅲ）高寒沼泽化草甸亚类		88.89	80.00	309.32	24 746.16	12.11	10.12	10.72
163098	藏北嵩草	Ⅱ 4	88.89	80.00	309.32	24 746.16	12.11	10.12	10.72

8. 林周县草原类型面积、产草量及载畜量统计表

万亩、千克/亩、万千克、万羊单位

类型号	草原类型名称	草原等级	草原面积	草原可利用面积	鲜草单产	鲜草总产	暖季载畜量	冷季载畜量	全年载畜量
	合　计		479.44	469.10	139.95	65 651.80	31.61	28.50	29.73
	Ⅱ温性草原类		43.53	42.04	132.42	5 566.64	2.32	2.25	2.28
020008	白草	Ⅲ6	8.34	8.18	126.91	1 037.83	0.47	0.46	0.46
020005	长芒草	Ⅲ5	6.86	6.72	227.38	1 528.41	0.69	0.67	0.68
020006	固沙草	Ⅲ6	1.45	1.42	156.82	223.07	0.09	0.08	0.08
020013	藏白蒿、中华草沙蚕	Ⅲ6	3.02	2.96	174.01	515.07	0.20	0.19	0.19
020011	藏沙蒿	Ⅲ6	3.08	3.02	129.58	390.86	0.15	0.15	0.15
020014	砂生槐、蒿、禾草	Ⅲ6	20.78	19.74	94.81	1 871.41	0.72	0.70	0.71
	Ⅳ高寒草甸草原类		38.12	37.35	134.84	5 036.74	2.39	1.98	2.14
040021	紫花针茅、高山嵩草	Ⅲ6	25.14	24.64	135.75	3 345.24	1.59	1.32	1.42
040024	金露梅、紫花针茅、高山嵩草	Ⅲ6	12.97	12.71	133.06	1 691.50	0.80	0.67	0.72
	Ⅴ高寒草原类		28.91	28.33	110.81	3 139.28	1.49	1.38	1.43
050036	藏白蒿、禾草	Ⅳ6	28.91	28.33	110.81	3 139.28	1.49	1.38	1.43
	ⅩⅣ低地草甸类		0.73	0.72	74.06	53.02	0.03	0.02	0.02
	（Ⅰ）低湿地草甸亚类		0.73	0.72	74.06	53.02	0.03	0.02	0.02
141063	无脉苔草、蕨麻委陵菜	Ⅱ7	0.73	0.72	74.06	53.02	0.03	0.02	0.02
	ⅩⅥ高寒草甸类		368.15	360.66	143.78	51 856.12	25.38	22.86	23.86
	（Ⅰ）高寒草甸亚类		366.51	359.18	143.47	51 533.69	25.22	22.72	23.72
161079	高山嵩草	Ⅲ7	12.41	12.16	80.31	976.40	0.48	0.43	0.45
161081	高山嵩草、杂类草	Ⅲ6	123.90	121.42	158.04	19 189.17	9.39	8.46	8.83
161083	圆穗蓼、高山嵩草	Ⅲ6	150.14	147.14	152.40	22 424.11	10.97	9.88	10.32
161093	具灌木的高山嵩草	Ⅲ6	80.07	78.46	113.99	8 944.02	4.38	3.94	4.12
	（Ⅲ）高寒沼泽化草甸亚类		1.64	1.48	218.44	322.43	0.16	0.14	0.15
163098	藏北嵩草	Ⅱ5	1.64	1.48	218.44	322.43	0.16	0.14	0.15

(二)昌都地区草原类型面积、产草量及载畜量统计表

万亩、千克/亩、万千克、万羊单位

类型号	草原类型名称	草原等级	草原面积	草原可利用面积	鲜草单产	鲜草总产	暖季载畜量	冷季载畜量	全年载畜量
	合 计		8 571.98	8 335.07	177.25	1 477 408.07	700.81	571.95	626.98
	Ⅰ温性草甸草原类		228.70	222.32	213.27	47 414.11	22.07	18.35	19.95
010001	丝颖针茅	Ⅱ6	80.13	77.48	183.63	14 227.64	6.63	5.51	5.98
010003	细裂叶莲蒿、禾草	Ⅲ5	148.57	144.84	229.12	33 186.48	15.44	12.84	13.97
	Ⅱ温性草原类		417.87	401.91	233.26	93 749.31	41.75	36.32	38.78
020005	长芒草	Ⅲ6	32.82	32.16	146.75	4 719.71	2.10	1.83	1.95
020011	藏沙蒿	Ⅲ5	37.30	36.29	248.57	9 020.82	4.02	3.50	3.73
020016	白刺花、细裂叶莲蒿	Ⅲ5	347.76	333.46	239.93	80 008.78	35.63	30.99	33.10
	Ⅺ暖性灌草丛类		56.97	53.59	453.46	24 303.15	11.64	9.40	10.40
110058	白刺花、禾草	Ⅲ3	43.07	40.52	490.35	19 870.92	9.51	7.69	8.50
110059	具灌木的禾草	Ⅲ4	13.90	13.07	339.10	4 432.23	2.12	1.71	1.90
	ⅩⅤ山地草甸类		1 188.94	1 134.05	244.64	277 437.57	129.56	107.34	116.95
	(Ⅰ)山地草甸亚类		105.38	101.60	347.82	35 340.42	16.95	13.69	15.10
151067	中亚早熟禾、苔草	Ⅱ5	80.21	77.37	240.02	15 986.67	8.90	7.19	7.91
151070	鬼箭锦鸡儿、垂穗披碱草	Ⅱ2	25.16	24.23	692.07	16 769.65	8.05	6.50	7.19
	(Ⅱ)亚高山草甸亚类		1 083.56	1 032.45	234.49	242 097.15	112.61	93.65	101.86
152077	垂穗披碱草	Ⅱ3	71.35	69.52	380.43	26 445.61	12.31	10.23	11.11
152076	圆穗蓼、矮生嵩草	Ⅱ5	88.11	85.88	252.95	21 723.86	10.10	8.40	9.13
152075	珠牙蓼	Ⅱ5	22.44	21.99	219.28	4 821.28	2.24	1.86	2.03
152073	矮生嵩草、杂类草	Ⅱ6	108.94	106.76	169.30	18 074.43	8.41	6.99	7.60
152074	四川嵩草	Ⅱ3	15.40	14.99	404.86	6 070.19	2.82	2.35	2.55
152078	具灌木的高山嵩草	Ⅲ5	777.34	733.31	224.95	164 961.78	76.73	63.81	69.42
	ⅩⅥ高寒草甸类		6 679.50	6 523.18	158.59	1 034 503.92	495.80	400.54	440.90
	(Ⅰ)高寒草甸亚类		6 543.11	6 395.75	156.71	1 002 285.73	480.37	388.07	427.18
161084	高山嵩草、矮生嵩草	Ⅱ6	518.38	508.02	135.54	68 856.02	33.11	26.75	29.46
161081	高山嵩草、杂类草	Ⅲ6	2 909.10	2 850.91	136.12	388 070.91	185.97	150.24	165.16

(续)

类型号	草原类型名称	草原等级	草原面积	草原可利用面积	鲜草单产	鲜草总产	暖季载畜量	冷季载畜量	全年载畜量
161080	高山嵩草、异针茅	Ⅲ6	129.81	127.22	112.13	14 265.26	6.83	5.52	6.08
161082	高山嵩草、青藏苔草	Ⅲ5	645.90	632.98	208.47	131 956.81	63.18	51.04	56.11
161083	圆穗蓼、高山嵩草	Ⅰ6	961.30	942.07	150.16	141 464.29	67.73	54.72	60.30
161085	矮生嵩草、青藏苔草	Ⅲ4	103.38	101.31	349.39	35 398.58	16.95	13.70	15.12
161089	具锦鸡儿的高山嵩草	Ⅱ6	97.89	95.83	167.47	16 049.45	7.68	6.21	6.86
161090	金露梅、高山嵩草	Ⅱ5	542.80	525.82	186.08	97 842.30	46.94	37.92	41.85
161092	雪层杜鹃、高山嵩草	Ⅲ6	513.10	494.47	150.10	74 218.30	35.54	28.71	31.64
161091	香柏、高山嵩草	Ⅲ6	74.28	71.36	145.67	10 394.63	4.99	4.03	4.43
161093	具灌木的高山嵩草	Ⅲ3	47.17	45.75	519.50	23 769.18	11.45	9.25	10.18
	（Ⅲ）高寒沼泽化草甸亚类		136.38	127.44	252.82	32 218.20	15.43	12.47	13.72
163099	西藏嵩草	Ⅱ6	98.81	91.36	124.80	11 401.97	5.47	4.42	4.86
163102	华扁穗草	Ⅱ2	37.58	36.07	577.03	20 816.23	9.97	8.05	8.86

1. 左贡县草原类型面积、产草量及载畜量统计表

万亩、千克/亩、万千克、万羊单位

类型号	草原类型名称	草原等级	草原面积	草原可利用面积	鲜草单产	鲜草总产	暖季载畜量	冷季载畜量	全年载畜量
	合 计		788.31	767.63	150.76	115 725.82	54.94	44.76	49.33
	Ⅰ温性草甸草原类		52.91	51.82	221.43	11 473.80	5.34	4.44	4.85
010001	丝颖针茅	Ⅱ6	3.72	3.61	124.71	450.54	0.21	0.17	0.19
010003	细裂叶莲蒿、禾草	Ⅲ5	49.19	48.20	228.68	11 023.26	5.13	4.26	4.66
	Ⅱ温性草原类		35.48	34.06	166.03	5 655.40	2.51	2.19	2.34
020016	白刺花、细裂叶莲蒿	Ⅲ6	35.48	34.06	166.03	5 655.40	2.51	2.19	2.34
	Ⅺ暖性灌草丛类		8.58	8.07	447.31	3 608.33	1.73	1.40	1.54
110058	白刺花、禾草	Ⅲ3	8.58	8.07	447.31	3 608.33	1.73	1.40	1.54
	ⅩⅤ山地草甸类		83.61	80.33	269.39	21 638.88	10.24	8.37	9.21
	（Ⅰ）山地草甸亚类		29.43	28.40	448.39	12 732.27	6.10	4.92	5.45
151067	中亚早熟禾、苔草	Ⅱ5	14.15	13.72	196.09	2 691.00	1.29	1.04	1.15
151070	鬼箭锦鸡儿、垂穗披碱草	Ⅱ2	15.28	14.67	684.37	10 041.27	4.81	3.88	4.30
	（Ⅱ）亚高山草甸亚类		54.18	51.93	171.51	8 906.61	4.14	3.45	3.76
152077	垂穗披碱草	Ⅱ4	0.86	0.84	343.30	288.03	0.13	0.11	0.12
152075	珠牙蓼	Ⅱ5	14.59	14.30	194.62	2 782.44	1.29	1.08	1.18
152078	具灌木的高山嵩草	Ⅲ6	38.73	36.80	158.61	5 836.14	2.71	2.26	2.46
	ⅩⅥ高寒草甸类		607.73	593.36	123.62	73 349.41	35.12	28.37	31.39
	（Ⅰ）高寒草甸亚类		588.71	575.67	122.30	70 402.83	33.71	27.23	30.13
161084	高山嵩草、矮生嵩草	Ⅱ6	18.03	17.67	125.72	2 221.55	1.06	0.86	0.95
161081	高山嵩草、杂类草	Ⅲ6	218.45	214.09	114.38	24 487.30	11.72	9.47	10.48
161080	高山嵩草、异针茅	Ⅲ6	0.41	0.40	139.52	56.16	0.03	0.02	0.02
161082	高山嵩草、青藏苔草	Ⅲ6	3.36	3.29	133.09	438.22	0.21	0.17	0.19
161083	圆穗蓼、高山嵩草	Ⅰ6	196.18	192.26	128.77	24 757.74	11.85	9.58	10.59
161085	矮生嵩草、青藏苔草	Ⅲ6	2.03	1.99	132.25	263.61	0.13	0.10	0.11
161089	具锦鸡儿的高山嵩草	Ⅱ6	24.20	23.72	170.03	4 032.69	1.93	1.56	1.73
161090	金露梅、高山嵩草	Ⅱ6	32.65	31.67	147.74	4 678.19	2.24	1.81	2.00

（续）

类型号	草原类型名称	草原等级	草原面积	草原可利用面积	鲜草单产	鲜草总产	暖季载畜量	冷季载畜量	全年载畜量
161092	雪层杜鹃、高山嵩草	Ⅲ6	93.39	90.59	104.51	9 467.36	4.53	3.66	4.05
	（Ⅲ）高寒沼泽化草甸亚类		19.02	17.69	166.60	2 946.58	1.41	1.14	1.26
163099	西藏嵩草	Ⅱ6	19.02	17.69	166.60	2 946.58	1.41	1.14	1.26

2. 芒康县草原类型面积、产草量及载畜量统计表

万亩、千克/亩、万千克、万羊单位

类型号	草原类型名称	草原等级	草原面积	草原可利用面积	鲜草单产	鲜草总产	暖季载畜量	冷季载畜量	全年载畜量
	合 计		991.21	962.40	219.82	211 551.14	100.33	81.83	90.13
	Ⅱ温性草原类		116.12	111.48	228.26	25 445.57	11.31	9.84	10.53
020016	白刺花、细裂叶莲蒿	Ⅲ5	116.12	111.48	228.26	25 445.57	11.31	9.84	10.53
	Ⅺ暖性灌草丛类		43.80	41.17	445.10	18 325.52	8.77	7.09	7.84
110058	白刺花、禾草	Ⅲ3	29.89	28.10	494.41	13 893.29	6.65	5.37	5.94
110059	具灌木的禾草	Ⅲ4	13.90	13.07	339.10	4 432.23	2.12	1.71	1.90
	ⅩⅤ山地草甸类		30.99	30.27	213.90	6 473.93	3.01	2.50	2.73
	(Ⅱ)亚高山草甸亚类		30.99	30.27	213.90	6 473.93	3.01	2.50	2.73
152077	垂穗披碱草	Ⅱ5	1.43	1.40	231.90	325.37	0.15	0.13	0.14
152073	矮生嵩草、杂类草	Ⅱ5	26.15	25.63	208.63	5 346.39	2.49	2.07	2.26
152078	具灌木的高山嵩草	Ⅲ5	3.41	3.24	247.80	802.17	0.37	0.31	0.34
	ⅩⅥ高寒草甸类		800.30	779.49	206.94	161 306.11	77.23	62.39	69.02
	(Ⅰ)高寒草甸亚类		799.09	778.33	206.76	160 925.54	77.05	62.25	68.86
161084	高山嵩草、矮生嵩草	Ⅱ5	59.37	58.19	201.53	11 726.30	5.61	4.54	5.02
161081	高山嵩草、杂类草	Ⅲ6	284.49	278.80	181.57	50 620.27	24.24	19.58	21.66
161080	高山嵩草、异针茅	Ⅲ4	15.71	15.40	290.39	4 471.41	2.14	1.73	1.91
161082	高山嵩草、青藏苔草	Ⅲ5	2.57	2.51	239.86	603.11	0.29	0.23	0.26
161083	圆穗蓼、高山嵩草	Ⅰ5	45.64	44.72	219.27	9 806.54	4.70	3.79	4.20
161085	矮生嵩草、青藏苔草	Ⅲ5	11.34	11.12	211.98	2 356.45	1.13	0.91	1.01
161089	具锦鸡儿的高山嵩草	Ⅱ5	38.79	38.01	204.55	7 775.71	3.72	3.01	3.33
161090	金露梅、高山嵩草	Ⅱ5	204.22	198.09	246.85	48 898.87	23.41	18.91	20.92
161092	雪层杜鹃、高山嵩草	Ⅲ5	136.96	131.48	187.60	24 666.89	11.81	9.54	10.56
	(Ⅲ)高寒沼泽化草甸亚类		1.21	1.16	328.19	380.57	0.18	0.15	0.16
163102	华扁穗草	Ⅱ4	1.21	1.16	328.19	380.57	0.18	0.15	0.16

3. 洛隆县草原类型面积、产草量及载畜量统计表

万亩、千克/亩、万千克、万羊单位

类型号	草原类型名称	草原等级	草原面积	草原可利用面积	鲜草单产	鲜草总产	暖季载畜量	冷季载畜量	全年载畜量
	合 计		440.52	428.35	165.45	70 869.32	33.61	27.64	30.15
	Ⅰ 温性草甸草原类		3.76	3.61	317.95	1 146.72	0.54	0.45	0.49
010001	丝颖针茅	Ⅱ4	3.76	3.61	317.95	1 146.72	0.54	0.45	0.49
	Ⅱ 温性草原类		61.56	59.27	275.39	16 323.42	7.32	6.37	6.78
020005	长芒草	Ⅲ5	8.86	8.68	181.52	1 575.52	0.71	0.61	0.65
020016	白刺花、细裂叶莲蒿	Ⅲ4	52.70	50.59	291.49	14 747.90	6.61	5.75	6.13
	ⅩⅤ 山地草甸类		7.79	7.63	235.88	1 800.53	0.84	0.70	0.76
	（Ⅰ）山地草甸亚类		0.01	0.01	235.88	2.26	0.001	0.001	0.001
151067	中亚早熟禾、苔草	Ⅱ5	0.01	0.01	235.88	2.26	0.001	0.001	0.001
	（Ⅱ）亚高山草甸亚类		7.78	7.62	235.88	1 798.27	0.84	0.70	0.76
152077	垂穗披碱草	Ⅱ5	7.78	7.62	235.88	1 798.27	0.84	0.70	0.76
	ⅩⅥ 高寒草甸类		367.42	357.84	144.20	51 598.66	24.91	20.12	22.12
	（Ⅰ）高寒草甸亚类		361.17	352.03	142.20	50 059.49	24.17	19.52	21.46
161084	高山嵩草、矮生嵩草	Ⅱ5	56.12	55.00	196.83	10 825.87	5.23	4.22	4.64
161081	高山嵩草、杂类草	Ⅲ6	112.32	110.07	127.72	14 059.22	6.79	5.48	6.03
161085	矮生嵩草、青藏苔草	Ⅲ5	0.38	0.37	238.84	89.21	0.04	0.03	0.04
161083	圆穗蓼、高山嵩草	Ⅰ3	0.38	0.37	365.75	135.55	0.07	0.05	0.06
161090	金露梅、高山嵩草	Ⅱ6	185.19	179.63	123.67	22 214.62	10.72	8.66	9.52
161092	雪层杜鹃、高山嵩草	Ⅲ4	1.99	1.93	306.23	590.16	0.28	0.23	0.25
161091	香柏、高山嵩草	Ⅲ3	4.79	4.65	461.62	2 144.87	1.04	0.84	0.92
	（Ⅲ）高寒沼泽化草甸亚类		6.25	5.81	264.98	1 539.17	0.74	0.60	0.66
163099	西藏嵩草	Ⅱ5	6.25	5.81	264.98	1 539.17	0.74	0.60	0.66

4. 边坝县草原类型面积、产草量及载畜量统计表

万亩、千克/亩、万千克、万羊单位

类型号	草原类型名称	草原等级	草原面积	草原可利用面积	鲜草单产	鲜草总产	暖季载畜量	冷季载畜量	全年载畜量
	合计		411.07	402.58	162.31	65 341.15	31.45	25.48	28.09
	Ⅰ温性草甸草原类		8.35	8.11	278.73	2 259.12	1.06	0.88	0.96
010001	丝颖针茅	Ⅱ5	7.37	7.15	266.66	1 906.72	0.89	0.74	0.81
010003	细裂叶莲蒿、禾草	Ⅲ3	0.97	0.95	369.19	352.40	0.17	0.14	0.15
	Ⅱ温性草原类		8.62	8.44	225.07	1 900.34	0.85	0.74	0.79
020011	藏沙蒿	Ⅲ5	8.62	8.44	225.07	1 900.34	0.85	0.74	0.79
	ⅩⅤ山地草甸类		10.22	9.85	653.41	6 438.72	3.11	2.51	2.77
	（Ⅰ）山地草甸亚类		10.22	9.85	653.41	6 438.72	3.11	2.51	2.77
151067	中亚早熟禾、苔草	Ⅱ5	4.22	4.09	247.44	1 012.06	0.49	0.39	0.44
151070	鬼箭锦鸡儿、垂穗披碱草	Ⅱ1	6.00	5.76	941.48	5 426.66	2.62	2.12	2.34
	ⅩⅥ高寒草甸类		383.89	376.18	145.52	54 742.97	26.43	21.35	23.57
	（Ⅰ）高寒草甸亚类		383.89	376.18	145.52	54 742.97	26.43	21.35	23.57
161084	高山嵩草、矮生嵩草	Ⅱ6	152.78	149.73	170.28	25 495.91	12.31	9.94	10.98
161081	高山嵩草、杂类草	Ⅲ6	220.27	215.86	124.99	26 981.03	13.03	10.52	11.62
161080	高山嵩草、异针茅	Ⅲ3	0.77	0.75	375.06	282.59	0.14	0.11	0.12
161085	矮生嵩草、青藏苔草	Ⅲ5	6.69	6.55	199.14	1 304.88	0.63	0.51	0.56
161083	圆穗蓼、高山嵩草	Ⅰ5	0.19	0.19	194.30	36.13	0.02	0.01	0.02
161090	金露梅、高山嵩草	Ⅱ5	3.19	3.10	207.35	642.42	0.31	0.25	0.28

5. 卡诺区草原类型面积、产草量及载畜量统计表

万亩、千克/亩、万千克、万羊单位

类型号	草原类型名称	草原等级	草原面积	草原可利用面积	鲜草单产	鲜草总产	暖季载畜量	冷季载畜量	全年载畜量
	合 计		834.89	803.51	203.56	163 562.11	77.05	63.26	69.34
	Ⅰ温性草甸草原类		0.19	0.18	309.09	56.90	0.03	0.02	0.02
010001	丝颖针茅	Ⅱ5	0.11	0.11	217.68	23.10	0.01	0.01	0.01
010003	细裂叶莲蒿、禾草	Ⅲ3	0.08	0.08	433.45	33.81	0.02	0.01	0.01
	Ⅱ温性草原类		29.44	28.39	241.55	6 857.28	3.05	2.65	2.83
020011	藏沙蒿	Ⅲ4	20.94	20.31	291.04	5 910.54	2.63	2.29	2.44
020016	白刺花、细裂叶莲蒿	Ⅲ6	8.51	8.08	117.16	946.74	0.42	0.37	0.39
	Ⅺ暖性灌草丛类		1.82	1.69	566.44	958.87	0.46	0.37	0.41
110058	白刺花、禾草	Ⅲ2	1.82	1.69	566.44	958.87	0.46	0.37	0.41
	ⅩⅤ山地草甸类		377.75	356.15	211.81	75 433.47	35.09	29.18	31.80
	（Ⅰ）山地草甸亚类		0.29	0.28	250.66	70.32	0.03	0.03	0.03
151067	中亚早熟禾、苔草	Ⅱ5	0.29	0.28	250.66	70.32	0.03	0.03	0.03
	（Ⅱ）亚高山草甸亚类		377.46	355.87	211.77	75 363.15	35.05	29.15	31.77
152077	垂穗披碱草	Ⅱ5	2.68	2.60	267.15	694.57	0.32	0.27	0.29
152076	圆穗蓼、矮生嵩草	Ⅱ5	25.77	25.00	266.29	6 656.04	3.10	2.57	2.81
152075	珠牙蓼	Ⅱ4	2.53	2.48	333.22	825.84	0.38	0.32	0.35
152073	矮生嵩草、杂类草	Ⅱ6	0.67	0.66	118.57	77.88	0.04	0.03	0.03
152074	四川嵩草	Ⅱ3	3.78	3.63	376.66	1 368.27	0.64	0.53	0.58
152078	具灌木的高山嵩草	Ⅲ5	342.02	321.50	204.48	65 740.56	30.58	25.43	27.71
	ⅩⅥ高寒草甸类		425.69	417.10	192.41	80 255.59	38.43	31.04	34.27
	（Ⅰ）高寒草甸亚类		425.06	416.53	192.33	80 109.70	38.36	30.99	34.21
161084	高山嵩草、矮生嵩草	Ⅱ6	5.18	5.08	174.75	886.98	0.42	0.34	0.38
161081	高山嵩草、杂类草	Ⅲ6	226.39	221.86	120.77	26 794.76	12.83	10.36	11.44
161082	高山嵩草、青藏苔草	Ⅲ5	1.59	1.56	203.01	316.55	0.15	0.12	0.14
161085	矮生嵩草、青藏苔草	Ⅲ3	73.51	72.04	406.73	29 302.70	14.03	11.33	12.51
161083	圆穗蓼、高山嵩草	Ⅰ5	116.68	114.35	196.65	22 487.37	10.77	8.70	9.60

（续）

类型号	草原类型名称	草原等级	草原面积	草原可利用面积	鲜草单产	鲜草总产	暖季载畜量	冷季载畜量	全年载畜量
161089	具锦鸡儿的高山嵩草	Ⅱ5	0.12	0.12	194.65	23.38	0.01	0.01	0.01
161090	金露梅、高山嵩草	Ⅱ5	0.18	0.17	210.03	36.59	0.02	0.01	0.02
161092	雪层杜鹃、高山嵩草	Ⅲ5	1.39	1.33	192.91	257.42	0.12	0.10	0.11
161093	具灌木的高山嵩草	Ⅲ4	0.01	0.01	321.16	3.95	0.002	0.002	0.002
	（Ⅲ）高寒沼泽化草甸亚类		0.62	0.57	254.12	145.89	0.07	0.06	0.06
163099	西藏嵩草	Ⅱ5	0.62	0.57	254.12	145.89	0.07	0.06	0.06

6. 江达县草原类型面积、产草量及载畜量统计表

万亩、千克/亩、万千克、万羊单位

类型号	草原类型名称	草原等级	草原面积	草原可利用面积	鲜草单产	鲜草总产	暖季载畜量	冷季载畜量	全年载畜量
	合 计		1 240.80	1 203.86	217.38	261 693.36	124.30	101.22	110.89
	Ⅰ 温性草甸草原类		7.78	7.47	326.41	2 439.29	1.13	0.94	1.02
010001	丝颖针茅	Ⅱ4	7.78	7.47	326.41	2 439.29	1.13	0.94	1.02
	ⅩⅤ 山地草甸类		273.55	258.80	298.37	77 217.45	36.01	29.87	32.47
	（Ⅰ）山地草甸亚类		19.91	19.12	348.03	6 653.23	3.19	2.57	2.83
151067	中亚早熟禾、苔草	Ⅱ4	19.91	19.12	348.03	6 653.23	3.19	2.57	2.83
	（Ⅱ）亚高山草甸亚类		253.64	239.68	294.40	70 564.22	32.82	27.29	29.64
152077	垂穗披碱草	Ⅱ4	28.51	27.66	343.56	9 501.24	4.42	3.68	3.99
152076	圆穗蓼、矮生嵩草	Ⅱ3	7.55	7.32	395.35	2 894.85	1.35	1.12	1.22
152073	矮生嵩草、杂类草	Ⅱ3	4.49	4.40	389.49	1 712.79	0.80	0.66	0.72
152074	四川嵩草	Ⅱ3	0.06	0.05	437.55	23.34	0.01	0.01	0.01
152078	具灌木的高山嵩草	Ⅲ4	213.04	200.26	281.80	56 432.00	26.25	21.83	23.70
	ⅩⅥ 高寒草甸类		959.46	937.59	194.15	182 036.62	87.16	70.41	77.40
	（Ⅰ）高寒草甸亚类		959.46	937.59	194.15	182 036.62	87.16	70.41	77.40
161081	高山嵩草、杂类草	Ⅲ5	360.68	353.47	189.07	66 830.53	32.00	25.85	28.42
161080	高山嵩草、异针茅	Ⅲ6	34.51	33.82	118.53	4 008.58	1.92	1.55	1.70
161082	高山嵩草、青藏苔草	Ⅲ5	378.38	370.82	229.32	85 035.53	40.71	32.89	36.16
161083	圆穗蓼、高山嵩草	Ⅰ6	50.58	49.57	176.66	8 756.35	4.19	3.39	3.72
161085	矮生嵩草、青藏苔草	Ⅲ5	1.18	1.16	260.20	300.58	0.14	0.12	0.13
161090	金露梅、高山嵩草	Ⅱ3	4.50	4.32	437.77	1 893.15	0.91	0.73	0.80
161092	雪层杜鹃、高山嵩草	Ⅲ6	60.13	57.73	120.60	6 962.14	3.33	2.69	2.96
161091	香柏、高山嵩草	Ⅲ6	69.49	66.71	123.67	8 249.77	3.95	3.19	3.51

7. 贡觉县草原类型面积、产草量及载畜量统计表

万亩、千克/亩、万千克、万羊单位

类型号	草原类型名称	草原等级	草原面积	草原可利用面积	鲜草单产	鲜草总产	暖季载畜量	冷季载畜量	全年载畜量
	合 计		594.73	581.17	223.45	129 863.89	61.63	50.23	55.01
	Ⅰ温性草甸草原类		12.82	12.57	311.81	3 918.90	1.82	1.52	1.65
010001	丝颖针茅	Ⅱ5	5.27	5.16	202.39	1 045.30	0.49	0.40	0.44
010003	细裂叶莲蒿、禾草	Ⅲ3	7.55	7.40	388.15	2 873.59	1.34	1.11	1.21
	Ⅺ暖性灌草丛类		1.43	1.41	478.51	672.71	0.32	0.26	0.29
110058	白刺花、禾草	Ⅲ3	1.43	1.41	478.51	672.71	0.32	0.26	0.29
	ⅩⅤ山地草甸类		134.21	131.35	321.80	42 269.71	19.75	16.35	17.79
	（Ⅰ）山地草甸亚类		20.73	20.15	316.39	6 374.96	3.05	2.47	2.71
151067	中亚早熟禾、苔草	Ⅱ4	17.02	16.50	310.95	5 132.08	2.46	1.99	2.18
151070	鬼箭锦鸡儿、垂穗披碱草	Ⅱ4	3.72	3.64	341.06	1 242.88	0.60	0.48	0.53
	（Ⅱ）亚高山草甸亚类		113.48	111.21	322.78	35 894.75	16.70	13.88	15.08
152077	垂穗披碱草	Ⅱ2	20.63	20.22	639.01	12 918.11	6.01	5.00	5.43
152076	圆穗蓼、矮生嵩草	Ⅱ5	39.22	38.44	224.95	8 646.82	4.02	3.34	3.63
152075	珠牙蓼	Ⅱ4	3.39	3.32	281.49	935.32	0.44	0.36	0.39
152073	矮生嵩草、杂类草	Ⅱ5	11.46	11.23	208.29	2 339.12	1.09	0.90	0.98
152074	四川嵩草	Ⅱ3	10.49	10.28	416.35	4 280.21	1.99	1.66	1.80
152078	具灌木的高山嵩草	Ⅲ5	28.28	27.72	244.42	6 775.18	3.15	2.62	2.85
	ⅩⅥ高寒草甸类		446.27	435.84	190.44	83 002.58	39.74	32.10	35.29
	（Ⅰ）高寒草甸亚类		417.19	407.93	163.16	66 556.11	31.87	25.74	28.30
161084	高山嵩草、矮生嵩草	Ⅱ6	8.62	8.45	147.62	1 246.85	0.60	0.48	0.53
161081	高山嵩草、杂类草	Ⅲ6	34.07	33.39	123.82	4 134.58	1.98	1.60	1.76
161080	高山嵩草、异针茅	Ⅲ6	3.74	3.67	101.88	373.84	0.18	0.14	0.16
161082	高山嵩草、青藏苔草	Ⅲ5	224.06	219.58	192.81	42 338.16	20.27	16.38	18.00
161083	圆穗蓼、高山嵩草	Ⅰ6	54.65	53.56	160.73	8 608.03	4.12	3.33	3.66
161089	具锦鸡儿的高山嵩草	Ⅱ6	3.82	3.75	109.78	411.44	0.20	0.16	0.17
161090	金露梅、高山嵩草	Ⅱ6	3.78	3.63	177.42	643.56	0.31	0.25	0.27

（续）

类型号	草原类型名称	草原等级	草原面积	草原可利用面积	鲜草单产	鲜草总产	暖季载畜量	冷季载畜量	全年载畜量
161092	雪层杜鹃、高山嵩草	Ⅲ6	84.44	81.91	107.43	8 799.64	4.21	3.40	3.74
	（Ⅲ）高寒沼泽化草甸亚类		29.07	27.91	589.24	16 446.47	7.87	6.36	6.99
163102	华扁穗草	Ⅱ2	29.07	27.91	589.24	16 446.47	7.87	6.36	6.99

8. 类乌齐县草原类型面积、产草量及载畜量统计表

万亩、千克/亩、万千克、万羊单位

类型号	草原类型名称	草原等级	草原面积	草原可利用面积	鲜草单产	鲜草总产	暖季载畜量	冷季载畜量	全年载畜量
	合 计		514.30	499.91	192.12	96 045.25	45.73	37.15	40.66
	Ⅰ 温性草甸草原类		0.04	0.04	275.44	10.55	0.00	0.00	0.00
010003	细裂叶莲蒿、禾草	Ⅲ5	0.04	0.04	275.44	10.55	0.00	0.00	0.00
	ⅩⅤ 山地草甸类		78.02	74.54	251.48	18 743.96	8.72	7.25	7.86
	（Ⅱ）亚高山草甸亚类		78.02	74.54	251.48	18 743.96	8.72	7.25	7.86
152077	垂穗披碱草	Ⅱ2	0.17	0.17	553.47	93.56	0.04	0.04	0.04
152076	圆穗蓼、矮生嵩草	Ⅱ4	10.92	10.59	280.25	2 968.45	1.38	1.15	1.24
152075	珠牙蓼	Ⅱ4	0.22	0.22	350.69	76.93	0.04	0.03	0.03
152073	矮生嵩草、杂类草	Ⅱ6	21.28	20.86	124.79	2 602.51	1.21	1.01	1.09
152078	具灌木的高山嵩草	Ⅲ4	45.43	42.70	304.51	13 002.51	6.05	5.03	5.45
	ⅩⅥ 高寒草甸类		436.24	425.34	181.72	77 290.73	37.01	29.90	32.79
	（Ⅰ）高寒草甸亚类		436.24	425.34	181.72	77 290.73	37.01	29.90	32.79
161084	高山嵩草、矮生嵩草	Ⅱ6	14.58	14.29	154.25	2 203.61	1.06	0.85	0.93
161081	高山嵩草、杂类草	Ⅲ6	304.48	298.39	172.53	51 480.86	24.65	19.91	21.84
161085	矮生嵩草、青藏苔草	Ⅲ6	0.71	0.70	178.05	124.69	0.06	0.05	0.05
161083	圆穗蓼、高山嵩草	Ⅰ6	7.67	7.52	173.72	1 305.91	0.63	0.51	0.55
161090	金露梅、高山嵩草	Ⅱ6	24.85	23.85	158.34	3 777.09	1.81	1.46	1.60
161092	雪层杜鹃、高山嵩草	Ⅲ5	83.95	80.59	228.29	18 398.58	8.81	7.12	7.81

9. 丁青县草原类型面积、产草量及载畜量统计表

万亩、千克/亩、万千克、万羊单位

类型号	草原类型名称	草原等级	草原面积	草原可利用面积	鲜草单产	鲜草总产	暖季载畜量	冷季载畜量	全年载畜量
	合 计		1 043.04	1 020.86	121.19	123 717.31	59.09	47.85	52.11
	Ⅰ温性草甸草原类		18.33	17.96	206.11	3 701.88	1.72	1.43	1.54
010001	丝颖针茅	Ⅱ5	17.00	16.66	201.15	3 352.05	1.56	1.30	1.40
010003	细裂叶莲蒿、禾草	Ⅲ5	1.32	1.30	269.71	349.83	0.16	0.14	0.15
	Ⅱ温性草原类		14.18	13.90	119.23	1 657.01	0.74	0.64	0.68
020005	长芒草	Ⅲ6	10.49	10.28	95.32	979.68	0.44	0.38	0.40
020011	藏沙蒿	Ⅲ5	3.69	3.62	187.12	677.33	0.30	0.26	0.28
	ⅩⅤ山地草甸类		17.27	16.78	189.22	3 175.64	1.48	1.23	1.32
	（Ⅰ）山地草甸亚类		1.38	1.34	111.09	148.34	0.07	0.06	0.06
151067	中亚早熟禾、苔草	Ⅱ6	1.38	1.34	111.09	148.34	0.07	0.06	0.06
	（Ⅱ）亚高山草甸亚类		15.89	15.45	195.97	3 027.30	1.41	1.17	1.26
152077	垂穗披碱草	Ⅱ7	9.28	9.00	91.67	825.19	0.38	0.32	0.34
152075	珠牙蓼	Ⅱ6	1.70	1.67	120.20	200.75	0.09	0.08	0.08
152073	矮生嵩草、杂类草	Ⅱ3	3.49	3.42	458.58	1 568.79	0.73	0.61	0.65
152074	四川嵩草	Ⅱ3	1.07	1.03	387.94	398.36	0.19	0.15	0.17
152078	具灌木的高山嵩草	Ⅲ6	0.35	0.33	104.37	34.21	0.02	0.01	0.01
	ⅩⅥ高寒草甸类		993.27	972.22	118.47	115 182.78	55.15	44.55	48.56
	（Ⅰ）高寒草甸亚类		973.02	953.39	119.44	113 868.96	54.52	44.04	48.01
161084	高山嵩草、矮生嵩草	Ⅱ7	119.17	116.78	62.51	7 299.99	3.50	2.82	3.08
161081	高山嵩草、杂类草	Ⅲ6	564.75	553.46	145.78	80 683.48	38.63	31.21	34.02
161080	高山嵩草、异针茅	Ⅲ8	14.12	13.83	40.67	562.68	0.27	0.22	0.24
161082	高山嵩草、青藏苔草	Ⅲ7	2.74	2.68	55.63	149.14	0.07	0.06	0.06
161083	圆穗蓼、高山嵩草	Ⅰ7	254.90	249.81	75.19	18 782.66	8.99	7.27	7.92
161089	具锦鸡儿的高山嵩草	Ⅱ7	0.30	0.29	70.21	20.27	0.01	0.01	0.01
161090	金露梅、高山嵩草	Ⅱ6	0.003	0.003	98.57	0.29	0.000 1	0.000 1	0.000 1
161092	雪层杜鹃、高山嵩草	Ⅲ7	2.14	2.08	65.56	136.20	0.07	0.05	0.06

（续）

类型号	草原类型名称	草原等级	草原面积	草原可利用面积	鲜草单产	鲜草总产	暖季载畜量	冷季载畜量	全年载畜量
161093	具灌木的高山嵩草	Ⅲ3	14.91	14.46	431.12	6 234.25	2.98	2.41	2.63
	（Ⅲ）高寒沼泽化草甸亚类		20.24	18.83	69.79	1 313.82	0.63	0.51	0.55
163099	西藏嵩草	Ⅱ7	20.24	18.83	69.79	1 313.82	0.63	0.51	0.55

10. 察雅县草原类型面积、产草量及载畜量统计表

万亩、千克/亩、万千克、万羊单位

类型号	草原类型名称	草原等级	草原面积	草原可利用面积	鲜草单产	鲜草总产	暖季载畜量	冷季载畜量	全年载畜量
	合 计		848.69	825.34	201.73	166 492.66	78.43	64.45	70.61
	Ⅰ温性草甸草原类		13.77	13.49	288.36	3 891.39	1.81	1.51	1.64
010003	细裂叶莲蒿、禾草	Ⅲ4	13.77	13.49	288.36	3 891.39	1.81	1.51	1.64
	Ⅱ温性草原类		105.04	100.84	294.48	29 695.73	13.20	11.49	12.27
020011	藏沙蒿	Ⅲ3	0.04	0.04	513.70	19.26	0.01	0.01	0.01
020016	白刺花、细裂叶莲蒿	Ⅲ4	105.00	100.80	294.40	29 676.47	13.19	11.48	12.26
	Ⅺ暖性灌草丛类		1.34	1.26	586.65	737.73	0.35	0.29	0.32
110058	白刺花、禾草	Ⅲ2	1.34	1.26	586.65	737.73	0.35	0.29	0.32
	ⅩⅤ山地草甸类		150.30	144.11	146.82	21 158.63	9.84	8.18	8.92
	（Ⅰ）山地草甸亚类		0.16	0.15	390.47	58.83	0.03	0.02	0.03
151070	鬼箭锦鸡儿、垂穗披碱草	Ⅱ3	0.16	0.15	390.47	58.83	0.03	0.02	0.03
	（Ⅱ）亚高山草甸亚类		150.14	143.96	146.57	21 099.80	9.81	8.16	8.90
152076	圆穗蓼、矮生嵩草	Ⅱ6	2.67	2.61	127.81	333.98	0.16	0.13	0.14
152073	矮生嵩草、杂类草	Ⅱ6	41.40	40.57	109.11	4 426.94	2.06	1.71	1.87
152078	具灌木的高山嵩草	Ⅲ6	106.08	100.77	162.13	16 338.87	7.60	6.32	6.89
	ⅩⅥ高寒草甸类		578.24	565.63	196.26	111 009.18	53.22	42.99	47.46
	（Ⅰ）高寒草甸亚类		570.51	558.23	191.51	106 906.07	51.25	41.41	45.71
161081	高山嵩草、杂类草	Ⅲ6	235.90	231.18	115.08	26 603.71	12.74	10.29	11.36
161080	高山嵩草、异针茅	Ⅲ6	1.83	1.80	166.16	298.52	0.14	0.12	0.13
161082	高山嵩草、青藏苔草	Ⅲ5	2.48	2.43	254.01	616.14	0.30	0.24	0.26
161083	圆穗蓼、高山嵩草	Ⅰ5	213.92	209.64	211.43	44 325.75	21.22	17.14	18.93
161085	矮生嵩草、青藏苔草	Ⅲ5	7.53	7.38	224.48	1 656.45	0.79	0.64	0.71
161089	具锦鸡儿的高山嵩草	Ⅱ6	21.21	20.79	144.62	3 006.23	1.44	1.16	1.28
161090	金露梅、高山嵩草	Ⅱ5	47.68	46.25	250.78	11 598.01	5.55	4.49	4.95
161092	雪层杜鹃、高山嵩草	Ⅲ6	7.89	7.66	177.40	1 358.14	0.65	0.53	0.58
161093	具灌木的高山嵩草	Ⅲ2	32.08	31.11	560.64	17 443.13	8.42	6.80	7.51

（续）

类型号	草原类型名称	草原等级	草原面积	草原可利用面积	鲜草单产	鲜草总产	暖季载畜量	冷季载畜量	全年载畜量
	（Ⅲ）高寒沼泽化草甸亚类		7.73	7.41	553.99	4 103.12	1.96	1.59	1.75
163099	西藏嵩草	Ⅱ4	0.43	0.40	282.80	113.93	0.05	0.04	0.05
163102	华扁穗草	Ⅱ2	7.30	7.00	569.59	3 989.19	1.91	1.54	1.70

11. 八宿县草原类型面积、产草量及载畜量统计表

万亩、千克/亩、万千克、万羊单位

类型号	草原类型名称	草原等级	草原面积	草原可利用面积	鲜草单产	鲜草总产	暖季载畜量	冷季载畜量	全年载畜量
	合 计		864.42	839.45	86.42	72 546.07	34.27	28.06	30.67
	Ⅰ温性草甸草原类		110.75	107.07	172.93	18 515.58	8.61	7.16	7.78
010001	丝颖针茅	Ⅱ6	35.11	33.70	114.65	3 863.92	1.80	1.49	1.62
010003	细裂叶莲蒿、禾草	Ⅲ5	75.64	73.37	199.69	14 651.65	6.81	5.67	6.15
	Ⅱ温性草原类		47.43	45.53	136.49	6 214.57	2.76	2.40	2.56
020005	长芒草	Ⅲ6	13.47	13.20	163.93	2 164.52	0.96	0.84	0.89
020011	藏沙蒿	Ⅲ6	4.01	3.88	132.24	513.36	0.23	0.20	0.21
020016	白刺花、细裂叶莲蒿	Ⅲ6	29.94	28.44	124.34	3 536.69	1.57	1.37	1.46
	ⅩⅤ山地草甸类		25.23	24.24	127.32	3 086.63	1.47	1.19	1.31
	（Ⅰ）山地草甸亚类		23.24	22.31	128.25	2 861.49	1.37	1.11	1.22
151067	中亚早熟禾、苔草	Ⅱ6	23.24	22.31	128.25	2 861.49	1.37	1.11	1.22
	（Ⅱ）亚高山草甸亚类		1.99	1.93	116.66	225.14	0.10	0.09	0.09
152077	垂穗披碱草	Ⅱ6	0.01	0.01	156.50	1.27	0.001	0.000 5	0.001
152076	圆穗蓼、矮生嵩草	Ⅱ6	1.98	1.92	116.48	223.73	0.10	0.09	0.09
152078	具灌木的高山嵩草	Ⅲ6	0.001	0.001	134.34	0.14	0.000 1	0.000 1	0.000 1
	ⅩⅥ高寒草甸类		681.01	662.61	67.50	44 729.29	21.42	17.30	19.02
	（Ⅰ）高寒草甸亚类		628.77	614.55	64.09	39 386.71	18.86	15.23	16.75
161084	高山嵩草、矮生嵩草	Ⅱ7	84.53	82.84	83.88	6 948.94	3.33	2.69	2.95
161081	高山嵩草、杂类草	Ⅲ8	347.30	340.35	45.23	15 395.18	7.37	5.95	6.55
161080	高山嵩草、异针茅	Ⅲ7	58.72	57.54	73.19	4 211.48	2.02	1.63	1.79
161082	高山嵩草、青藏苔草	Ⅲ7	30.73	30.11	81.69	2 459.96	1.18	0.95	1.05
161083	圆穗蓼、高山嵩草	Ⅰ6	20.51	20.10	122.53	2 462.27	1.18	0.95	1.05
161089	具锦鸡儿的高山嵩草	Ⅱ7	9.44	9.16	85.14	779.73	0.37	0.30	0.33
161090	金露梅、高山嵩草	Ⅱ6	36.56	35.10	98.57	3 459.50	1.66	1.34	1.47
161092	雪层杜鹃、高山嵩草	Ⅲ7	40.81	39.18	91.43	3 581.77	1.71	1.39	1.52
161093	具灌木的高山嵩草	Ⅲ3	0.18	0.17	522.79	87.86	0.04	0.03	0.04
	（Ⅲ）高寒沼泽化草甸亚类		52.24	48.06	111.16	5 342.58	2.56	2.07	2.27
163099	西藏嵩草	Ⅱ6	52.24	48.06	111.16	5 342.58	2.56	2.07	2.27

（三）山南地区草原类型面积、产草量及载畜量统计表

万亩、千克/亩、万千克、万羊单位

类型号	草原类型名称	草原等级	草原面积	草原可利用面积	鲜草单产	鲜草总产	暖季载畜量	冷季载畜量	全年载畜量
	合 计		4 832.13	4 365.71	122.93	536 662.59	229.33	189.23	204.12
	Ⅰ温性草甸草原类		10.19	9.38	107.70	1 009.77	0.43	0.36	0.38
010003	细裂叶莲蒿、禾草	Ⅱ6	10.19	9.38	107.70	1 009.77	0.43	0.36	0.38
	Ⅱ温性草原类		582.18	541.18	138.21	74 794.69	30.31	26.37	27.89
020008	白草	Ⅲ6	53.69	45.15	132.98	6 004.44	2.43	2.12	2.24
020006	固沙草	Ⅲ7	17.74	16.80	100.07	1 681.53	0.68	0.59	0.63
020007	藏布三芒草	Ⅲ6	134.56	129.18	128.96	16 658.84	6.75	5.87	6.21
020012	日喀则蒿	Ⅲ7	50.68	48.73	95.37	4 647.64	1.88	1.64	1.73
020010	毛莲蒿	Ⅲ6	48.71	44.73	158.53	7 090.56	2.87	2.50	2.64
020014	砂生槐、蒿、禾草	Ⅲ6	193.71	182.32	150.01	27 350.08	11.08	9.64	10.20
020015	小叶野丁香、毛莲蒿	Ⅲ6	65.28	57.91	149.38	8 650.59	3.51	3.05	3.23
020017	具灌木的毛莲蒿、白草	Ⅲ6	17.80	16.35	165.78	2 711.02	1.10	0.96	1.01
	Ⅳ高寒草甸草原类		330.98	310.44	120.42	37 382.70	15.15	13.18	13.94
040022	丝颖针茅	Ⅱ6	93.83	91.95	114.71	15 986.67	4.28	3.72	3.93
040024	金露梅、紫花针茅、高山嵩草	Ⅳ6	97.19	89.59	174.62	15 644.76	6.34	5.52	5.83
040025	香柏、臭草	Ⅲ7	139.97	128.90	86.81	11 189.85	4.54	3.95	4.17
	Ⅴ高寒草原类		542.47	521.12	85.92	44 772.76	18.15	15.79	16.70
050026	紫花针茅	Ⅲ8	146.37	143.44	47.17	6 765.88	2.74	2.39	2.52
050028	紫花针茅、杂类草	Ⅱ6	26.59	26.06	107.03	2 788.98	1.13	0.98	1.04
050031	固沙草、紫花针茅	Ⅲ7	81.20	77.37	52.94	4 096.25	1.66	1.44	1.53
050034	藏沙蒿、紫花针茅	Ⅳ6	288.31	274.26	113.48	31 121.65	12.61	10.97	11.61
	ⅩⅤ山地草甸类		123.14	113.92	165.42	18 844.64	8.23	6.64	7.23
	（Ⅰ）山地草甸亚类		57.43	53.17	124.79	6 635.36	2.90	2.34	2.54
151071	楔叶绣线菊、中亚早熟禾	Ⅲ6	57.43	53.17	124.79	6 635.36	2.90	2.34	2.54
	（Ⅱ）亚高山草甸亚类		65.70	60.75	200.98	12 209.29	5.33	4.31	4.68
152078	具灌木的矮生嵩草	Ⅱ6	65.70	60.75	200.98	12 209.29	5.33	4.31	4.68

(续)

类型号	草原类型名称	草原等级	草原面积	草原可利用面积	鲜草单产	鲜草总产	暖季载畜量	冷季载畜量	全年载畜量
	ⅩⅥ高寒草甸类		3 136.74	2 869.33	125.35	359 673.37	156.99	126.82	137.91
	（Ⅰ）高寒草甸亚类		2 994.31	2 740.03	121.13	331 888.52	144.86	117.02	127.25
161081	高山嵩草、杂类草	Ⅳ6	1 973.67	1 851.40	109.22	202 207.48	88.26	71.30	77.54
161084	高山嵩草、矮生嵩草	Ⅱ5	21.58	21.15	211.31	4 469.26	1.95	1.58	1.71
161082	高山嵩草、青藏苔草	Ⅳ6	97.78	94.85	103.08	9 776.46	4.27	3.45	3.75
161080	高山嵩草、异针茅	Ⅱ6	1.26	1.24	113.61	140.55	0.06	0.05	0.05
161085	矮生嵩草、青藏苔草	Ⅳ6	189.53	176.81	137.93	24 388.32	10.64	8.60	9.35
161083	圆穗蓼、高山嵩草	Ⅰ7	43.72	42.41	77.72	3 296.01	1.44	1.16	1.26
161090	金露梅、高山嵩草	Ⅲ6	337.94	330.53	167.93	55 506.52	24.23	19.57	21.27
161091	香柏、高山嵩草	Ⅲ6	328.83	221.65	144.84	32 103.92	14.01	11.32	12.31
	（Ⅲ）高寒沼泽化草甸亚类		142.43	129.30	214.89	27 784.85	12.13	9.80	10.65
163098	藏北嵩草	Ⅱ5	118.57	107.82	227.64	24 543.83	10.71	8.65	9.41
163102	华扁穗草	Ⅱ6	23.87	21.48	150.89	3 241.02	1.41	1.14	1.24
	Ⅻ热性草丛类		106.43	0.35	528.29	184.65	0.08	0.07	0.07
120060	白茅	Ⅲ3	106.43	0.35	528.29	184.65	0.08	0.07	0.07

1. 乃东县草原类型面积、产草量及载畜量统计表

万亩、千克/亩、万千克、万羊单位

类型号	草原类型名称	草原等级	草原面积	草原可利用面积	鲜草单产	鲜草总产	暖季载畜量	冷季载畜量	全年载畜量
	合 计		249.31	239.07	150.30	35 933.89	15.23	12.67	13.63
	Ⅱ温性草原类		66.12	62.98	143.63	9 044.84	3.67	3.19	3.37
020008	白草	Ⅲ6	1.12	1.06	146.49	155.56	0.06	0.05	0.06
020006	固沙草	Ⅲ7	4.43	4.21	95.82	402.94	0.16	0.14	0.15
020007	藏布三芒草	Ⅲ6	37.69	36.18	143.93	5 208.15	2.11	1.84	1.94
020012	日喀则蒿	Ⅲ6	0.18	0.17	144.09	24.42	0.01	0.01	0.01
020014	砂生槐、蒿、禾草	Ⅲ6	12.14	11.42	127.08	1 451.04	0.59	0.51	0.54
020015	小叶野丁香、毛莲蒿	Ⅲ6	3.98	3.74	180.28	673.94	0.27	0.24	0.25
020017	具灌木的毛莲蒿、白草	Ⅲ6	6.59	6.20	182.14	1 128.79	0.46	0.40	0.42
	Ⅳ高寒草甸草原类		28.74	27.26	159.39	4 345.39	1.76	1.53	1.62
040022	丝颖针茅	Ⅱ6	13.65	13.38	127.85	1 710.77	0.69	0.60	0.64
040024	金露梅、紫花针茅、高山嵩草	Ⅳ6	15.09	13.88	189.78	2 634.62	1.07	0.93	0.98
	Ⅴ高寒草原类		9.29	8.83	141.67	1 250.62	0.51	0.44	0.47
050031	固沙草、紫花针茅	Ⅲ7	0.12	0.11	89.15	9.78	0.00	0.00	0.00
050034	藏沙蒿、紫花针茅	Ⅳ6	9.18	8.72	142.33	1 240.85	0.50	0.44	0.46
	ⅩⅥ高寒草甸类		145.15	140.01	152.08	21 293.04	9.29	7.51	8.17
	（Ⅰ）高寒草甸亚类		129.86	126.10	149.25	18 819.94	8.21	6.64	7.22
161081	高山嵩草、杂类草	Ⅳ6	111.57	108.22	147.34	15 946.01	6.96	5.62	6.12
161085	矮生嵩草、青藏苔草	Ⅳ6	0.39	0.39	132.65	51.26	0.02	0.02	0.02
161083	圆穗蓼、高山嵩草	Ⅰ7	4.12	3.99	86.31	344.74	0.15	0.12	0.13
161090	金露梅、高山嵩草	Ⅲ6	13.56	13.28	183.75	2 441.15	1.07	0.86	0.94
161091	香柏、高山嵩草	Ⅲ6	0.22	0.21	177.27	36.78	0.02	0.01	0.01
	（Ⅲ）高寒沼泽化草甸亚类		15.29	13.91	177.78	2 473.10	1.08	0.87	0.95
163098	藏北嵩草	Ⅱ6	15.29	13.91	177.78	2 473.10	1.08	0.87	0.95

2. 扎囊县草原类型面积、产草量及载畜量统计表

万亩、千克/亩、万千克、万羊单位

类型号	草原类型名称	草原等级	草原面积	草原可利用面积	鲜草单产	鲜草总产	暖季载畜量	冷季载畜量	全年载畜量
	合 计		233.82	223.85	148.26	33 186.70	13.80	11.70	12.50
	Ⅱ温性草原类		79.85	75.64	186.59	14 112.75	5.72	4.98	5.26
020008	白草	Ⅲ6	23.47	22.30	166.85	3 720.55	1.51	1.31	1.39
020007	藏布三芒草	Ⅲ6	16.97	16.29	197.60	3 219.00	1.30	1.14	1.20
020014	砂生槐、蒿、禾草	Ⅲ6	25.49	23.96	185.91	4 454.23	1.81	1.57	1.66
020015	小叶野丁香、毛莲蒿	Ⅲ5	13.90	13.06	207.78	2 714.00	1.10	0.96	1.01
020017	具灌木的毛莲蒿、白草	Ⅲ6	0.03	0.03	195.11	4.97	0.002	0.002	0.002
	Ⅳ高寒草甸草原类		33.54	31.42	214.83	6 750.19	2.74	2.38	2.52
040022	丝颖针茅	Ⅱ7	9.42	9.23	98.80	912.18	0.37	0.32	0.34
040024	金露梅、紫花针茅、高山嵩草	Ⅳ5	24.07	22.14	263.17	5 827.01	2.36	2.05	2.17
040025	香柏、臭草	Ⅲ5	0.05	0.05	233.06	11.00	0.004	0.004	0.004
	Ⅴ高寒草原类		6.67	6.33	186.72	1 182.68	0.48	0.42	0.44
050031	固沙草、紫花针茅	Ⅲ7	0.004	0.004	85.26	0.31	0.000 1	0.000 1	0.000 1
050034	藏沙蒿、紫花针茅	Ⅳ6	6.66	6.33	186.78	1 182.37	0.48	0.42	0.44
	ⅩⅥ高寒草甸类		113.76	110.45	100.87	11 141.08	4.86	3.93	4.27
	（Ⅰ）高寒草甸亚类		113.07	109.82	99.92	10 973.24	4.79	3.87	4.21
161081	高山嵩草、杂类草	Ⅳ7	97.90	94.97	83.23	7 903.92	3.45	2.79	3.03
161085	矮生嵩草、青藏苔草	Ⅳ7	0.02	0.02	76.48	1.15	0.000 5	0.000 4	0.000 4
161083	圆穗蓼、高山嵩草	Ⅰ6	0.50	0.48	128.63	61.78	0.03	0.02	0.02
161090	金露梅、高山嵩草	Ⅲ5	14.63	14.34	209.44	3 003.65	1.31	1.06	1.15
161091	香柏、高山嵩草	Ⅲ6	0.02	0.02	167.98	2.74	0.00	0.00	0.00
	（Ⅲ）高寒沼泽化草甸亚类		0.70	0.63	265.10	167.84	0.07	0.06	0.06
163098	藏北嵩草	Ⅱ5	0.70	0.63	265.10	167.84	0.07	0.06	0.06

3. 贡嘎县草原类型面积、产草量及载畜量统计表

万亩、千克/亩、万千克、万羊单位

类型号	草原类型名称	草原等级	草原面积	草原可利用面积	鲜草单产	鲜草总产	暖季载畜量	冷季载畜量	全年载畜量
	合 计		278.96	267.69	139.48	37 337.15	15.60	13.17	14.08
	Ⅱ温性草原类		117.51	111.70	138.75	15 498.70	6.28	5.46	5.78
020008	白草	Ⅲ6	0.04	0.04	136.24	5.10	0.00	0.00	0.00
020007	藏布三芒草	Ⅲ6	59.74	57.35	121.69	6 978.42	2.83	2.46	2.60
020012	日喀则蒿	Ⅲ7	2.53	2.42	85.85	208.18	0.08	0.07	0.08
020014	砂生槐、蒿、禾草	Ⅲ6	55.20	51.89	160.08	8 307.01	3.37	2.93	3.10
	Ⅳ高寒草甸草原类		26.09	25.15	117.43	2 953.66	1.20	1.04	1.10
040022	丝颖针茅	Ⅱ6	19.11	18.73	127.47	2 387.11	0.97	0.84	0.89
040024	金露梅、紫花针茅、高山嵩草	Ⅳ7	6.77	6.23	85.66	533.30	0.22	0.19	0.20
040025	香柏、臭草	Ⅲ6	0.22	0.20	166.43	33.24	0.01	0.01	0.01
	Ⅴ高寒草原类		28.03	26.62	147.78	3 934.61	1.59	1.39	1.47
050034	藏沙蒿、紫花针茅	Ⅳ6	28.03	26.62	147.78	3 934.61	1.59	1.39	1.47
	ⅩⅤ山地草甸类		0.48	0.46	81.38	37.80	0.02	0.01	0.01
	(Ⅱ)亚高山草甸亚类		0.48	0.46	81.38	37.80	0.02	0.01	0.01
152078	具灌木的矮生嵩草	Ⅱ7	0.48	0.46	81.38	37.80	0.02	0.01	0.01
	ⅩⅥ高寒草甸类		106.86	103.75	143.74	14 912.37	6.51	5.26	5.72
	(Ⅰ)高寒草甸亚类		104.78	101.86	140.56	14 317.79	6.25	5.05	5.49
161081	高山嵩草、杂类草	Ⅳ6	76.45	74.16	131.41	9 745.19	4.25	3.44	3.74
161085	矮生嵩草、青藏苔草	Ⅳ6	16.62	16.29	142.48	2 320.61	1.01	0.82	0.89
161090	金露梅、高山嵩草	Ⅲ6	9.65	9.45	191.23	1 807.96	0.79	0.64	0.69
161091	香柏、高山嵩草	Ⅲ5	2.06	1.96	226.55	444.03	0.19	0.16	0.17
	(Ⅲ)高寒沼泽化草甸亚类		2.07	1.89	315.39	594.58	0.26	0.21	0.23
163098	藏北嵩草	Ⅱ4	1.91	1.74	320.07	556.81	0.24	0.20	0.21
163102	华扁穗草	Ⅱ5	0.16	0.15	259.42	37.78	0.02	0.01	0.01

4. 桑日县草原类型面积、产草量及载畜量统计表

万亩、千克/亩、万千克、万羊单位

类型号	草原类型名称	草原等级	草原面积	草原可利用面积	鲜草单产	鲜草总产	暖季载畜量	冷季载畜量	全年载畜量
	合　计		272.74	263.64	159.12	41 950.88	18.07	14.79	16.01
	Ⅱ温性草原类		58.49	55.53	123.08	6 834.00	2.77	2.41	2.55
020007	藏布三芒草	Ⅲ7	18.34	17.61	62.42	1 099.13	0.45	0.39	0.41
020010	毛莲蒿	Ⅲ6	8.88	8.52	201.98	1 721.24	0.70	0.61	0.64
020014	砂生槐、蒿、禾草	Ⅲ6	14.67	13.79	198.50	2 737.33	1.11	0.97	1.02
020015	小叶野丁香、毛莲蒿	Ⅲ7	16.58	15.58	81.61	1 271.59	0.52	0.45	0.47
020017	具灌木的毛莲蒿、白草	Ⅲ6	0.03	0.02	197.02	4.71	0.002	0.002	0.002
	Ⅳ高寒草甸草原类		4.00	3.92	194.34	761.50	0.31	0.27	0.28
040022	丝颖针茅	Ⅱ6	4.00	3.92	194.34	761.50	0.31	0.27	0.28
	Ⅴ高寒草原类		0.18	0.17	172.00	28.78	0.01	0.01	0.01
050034	藏沙蒿、紫花针茅	Ⅳ6	0.18	0.17	172.00	28.78	0.01	0.01	0.01
	ⅩⅥ高寒草甸类		210.07	204.03	168.24	34 326.61	14.98	12.10	13.17
	（Ⅰ）高寒草甸亚类		203.25	197.82	164.68	32 577.19	14.22	11.49	12.50
161081	高山嵩草、杂类草	Ⅳ6	136.30	132.21	138.31	18 285.16	7.98	6.45	7.01
161084	高山嵩草、矮生嵩草	Ⅱ5	4.58	4.49	214.69	963.31	0.42	0.34	0.37
161085	矮生嵩草、青藏苔草	Ⅳ6	0.39	0.38	158.29	60.88	0.03	0.02	0.02
161090	金露梅、高山嵩草	Ⅲ5	61.98	60.74	218.44	13 267.85	5.79	4.68	5.09
	（Ⅲ）高寒沼泽化草甸亚类		6.83	6.21	281.56	1 749.41	0.76	0.62	0.67
163098	藏北嵩草	Ⅱ5	6.83	6.21	281.56	1 749.41	0.76	0.62	0.67

5. 琼结县草原类型面积、产草量及载畜量统计表

万亩、千克/亩、万千克、万羊单位

类型号	草原类型名称	草原等级	草原面积	草原可利用面积	鲜草单产	鲜草总产	暖季载畜量	冷季载畜量	全年载畜量
	合 计		137.63	132.64	129.86	17 225.12	7.38	6.07	6.56
	Ⅱ 温性草原类		28.40	26.72	154.03	4 115.93	1.67	1.45	1.54
020006	固沙草	Ⅲ6	0.02	0.02	131.65	2.67	0.001	0.001	0.001
020007	藏布三芒草	Ⅲ7	1.34	1.29	80.71	103.71	0.04	0.04	0.04
020014	砂生槐、蒿、禾草	Ⅲ6	16.17	15.20	146.44	2 225.53	0.90	0.78	0.83
020015	小叶野丁香、毛莲蒿	Ⅲ6	9.39	8.83	171.91	1 517.65	0.62	0.54	0.57
020017	具灌木的毛莲蒿、白草	Ⅲ6	1.48	1.39	191.45	266.38	0.11	0.09	0.10
	Ⅳ 高寒草甸草原类		0.04	0.03	135.20	4.61	0.002	0.002	0.002
040024	金露梅、紫花针茅、高山嵩草	Ⅳ6	0.04	0.03	135.20	4.61	0.002	0.002	0.002
	Ⅴ 高寒草原类		5.70	5.41	66.89	361.93	0.15	0.13	0.13
050026	紫花针茅	Ⅲ7	0.01	0.01	57.96	0.47	0.000 2	0.000 2	0.000 2
050031	固沙草、紫花针茅	Ⅲ7	0.32	0.31	86.81	26.77	0.01	0.01	0.01
050034	藏沙蒿、紫花针茅	Ⅳ7	5.36	5.09	65.69	334.69	0.14	0.12	0.12
	ⅩⅥ 高寒草甸类		103.50	100.48	126.82	12 742.65	5.56	4.49	4.89
	(Ⅰ)高寒草甸亚类		103.34	100.33	126.44	12 685.94	5.54	4.47	4.87
161081	高山嵩草、杂类草	Ⅳ6	94.82	91.99	115.89	10 660.71	4.65	3.76	4.09
161084	高山嵩草、矮生嵩草	Ⅱ1	1.54	1.51	904.68	1 369.62	0.60	0.48	0.53
161085	矮生嵩草、青藏苔草	Ⅳ6	0.96	0.94	120.17	113.35	0.05	0.04	0.04
161090	金露梅、高山嵩草	Ⅲ7	5.58	5.47	86.91	475.01	0.21	0.17	0.18
161091	香柏、高山嵩草	Ⅲ6	0.44	0.42	160.80	67.25	0.03	0.02	0.03
	(Ⅲ)高寒沼泽化草甸亚类		0.16	0.14	397.43	56.71	0.02	0.02	0.02
163098	藏北嵩草	Ⅱ4	0.16	0.14	397.43	56.71	0.02	0.02	0.02

6. 洛扎县草原类型面积、产草量及载畜量统计表

万亩、千克/亩、万千克、万羊单位

类型号	草原类型名称	草原等级	草原面积	草原可利用面积	鲜草单产	鲜草总产	暖季载畜量	冷季载畜量	全年载畜量
	合 计		343.54	331.88	128.46	42 633.63	18.38	15.03	16.27
	Ⅱ温性草原类		37.50	35.45	131.37	4 656.62	1.89	1.64	1.74
020006	固沙草	Ⅲ6	11.54	10.96	103.52	1 134.93	0.46	0.40	0.42
020012	日喀则蒿	Ⅲ6	1.35	1.29	191.56	248.05	0.10	0.09	0.09
020014	砂生槐、蒿、禾草	Ⅲ6	5.20	4.94	131.78	651.58	0.26	0.23	0.24
020015	小叶野丁香、毛莲蒿	Ⅲ6	11.33	10.65	142.65	1 519.42	0.62	0.54	0.57
020017	具灌木的毛莲蒿、白草	Ⅲ6	8.08	7.59	145.24	1 102.64	0.45	0.39	0.41
	Ⅳ高寒草甸草原类		6.11	5.62	147.52	829.27	0.34	0.29	0.31
040024	金露梅、紫花针茅、高山嵩草	Ⅳ6	6.11	5.62	147.52	829.27	0.34	0.29	0.31
	Ⅴ高寒草原类		33.72	33.02	59.00	1 948.02	0.79	0.69	0.73
050026	紫花针茅	Ⅲ7	32.68	32.03	56.95	1 823.95	0.74	0.64	0.68
050028	紫花针茅、杂类草	Ⅱ6	0.15	0.15	176.77	25.73	0.01	0.01	0.01
050034	藏沙蒿、紫花针茅	Ⅳ6	0.89	0.85	116.24	98.34	0.04	0.03	0.04
	ⅩⅤ山地草甸类		2.32	2.22	125.31	278.65	0.12	0.10	0.11
	（Ⅰ）山地草甸亚类		2.32	2.22	125.31	278.65	0.12	0.10	0.11
151071	楔叶绣线菊、中亚早熟禾	Ⅲ6	2.32	2.22	125.31	278.65	0.12	0.10	0.11
	ⅩⅤ山地草甸类		37.12	35.63	240.27	8 561.20	3.74	3.02	3.28
	（Ⅱ）亚高山草甸亚类		37.12	35.63	240.27	8 561.20	3.74	3.02	3.28
152078	具灌木的矮生嵩草	Ⅱ5	37.12	35.63	240.27	8 561.20	3.74	3.02	3.28
	ⅩⅥ高寒草甸类		226.77	219.94	119.85	26 359.86	11.51	9.29	10.11
	（Ⅰ）高寒草甸亚类		225.65	218.91	119.69	26 201.07	11.44	9.24	10.05
161081	高山嵩草、杂类草	Ⅳ6	222.36	215.69	118.89	25 642.62	11.19	9.04	9.84
161084	高山嵩草、矮生嵩草	Ⅱ6	0.01	0.01	112.73	0.69	0.00	0.00	0.000 3
161090	金露梅、高山嵩草	Ⅲ6	3.28	3.21	173.05	556.24	0.24	0.20	0.21
161091	香柏、高山嵩草	Ⅲ6	0.01	0.01	187.20	1.52	0.00	0.00	0.000 6
	（Ⅲ）高寒沼泽化草甸亚类		1.12	1.02	155.47	158.79	0.07	0.06	0.06
163098	藏北嵩草	Ⅱ6	1.12	1.02	155.47	158.79	0.07	0.06	0.06

7. 加查县草原类型面积、产草量及载畜量统计表

万亩、千克/亩、万千克、万羊单位

类型号	草原类型名称	草原等级	草原面积	草原可利用面积	鲜草单产	鲜草总产	暖季载畜量	冷季载畜量	全年载畜量
	合 计		284.50	276.40	152.23	42 077.81	18.25	14.84	16.07
	Ⅰ 温性草甸草原类		0.43	0.40	107.26	42.66	0.02	0.02	0.02
010003	细裂叶莲蒿、禾草	Ⅱ6	0.43	0.40	107.26	42.66	0.02	0.02	0.02
	Ⅱ 温性草原类		20.32	19.14	166.50	3 187.44	1.29	1.12	1.19
020010	毛莲蒿	Ⅲ6	1.14	1.10	154.83	170.07	0.07	0.06	0.06
020014	砂生槐、蒿、禾草	Ⅲ6	19.17	18.05	167.21	3 017.37	1.22	1.06	1.12
	Ⅳ 高寒草甸草原类		1.21	1.12	221.23	247.12	0.10	0.09	0.09
040024	金露梅、紫花针茅、高山嵩草	Ⅳ5	1.21	1.12	221.23	247.12	0.10	0.09	0.09
	Ⅴ 高寒草原类		0.90	0.85	126.25	107.65	0.04	0.04	0.04
050034	藏沙蒿、紫花针茅	Ⅳ6	0.90	0.85	126.25	107.65	0.04	0.04	0.04
	ⅩⅤ 山地草甸类		1.70	1.64	221.32	362.21	0.16	0.13	0.14
	（Ⅰ）山地草甸亚类		1.70	1.64	221.32	362.21	0.16	0.13	0.14
151071	楔叶绣线菊、中亚早熟禾	Ⅲ5	1.70	1.64	221.32	362.21	0.16	0.13	0.14
	ⅩⅥ 高寒草甸类		259.93	253.26	150.56	38 130.73	16.64	13.44	14.59
	（Ⅰ）高寒草甸亚类		259.16	252.55	150.11	37 909.57	16.55	13.37	14.51
161081	高山嵩草、杂类草	Ⅳ6	137.82	133.68	132.58	17 723.95	7.74	6.25	6.78
161084	高山嵩草、矮生嵩草	Ⅱ3	1.19	1.17	414.40	484.59	0.21	0.17	0.19
161082	高山嵩草、青藏苔草	Ⅳ7	1.41	1.37	89.91	123.14	0.05	0.04	0.05
161085	矮生嵩草、青藏苔草	Ⅳ6	1.00	0.98	139.82	137.46	0.06	0.05	0.05
161083	圆穗蓼、高山嵩草	Ⅰ7	2.29	2.22	81.72	181.44	0.08	0.06	0.07
161090	金露梅、高山嵩草	Ⅲ6	115.22	112.92	170.25	19 224.47	8.39	6.78	7.36
161091	香柏、高山嵩草	Ⅲ6	0.22	0.21	163.35	34.52	0.02	0.01	0.01
	（Ⅲ）高寒沼泽化草甸亚类		0.78	0.70	314.37	221.16	0.10	0.08	0.08
163098	藏北嵩草	Ⅱ4	0.60	0.55	366.19	199.95	0.09	0.07	0.08
163102	华扁穗草	Ⅱ6	0.17	0.16	134.68	21.21	0.01	0.01	0.01

8. 隆子县草原类型面积、产草量及载畜量统计表

万亩、千克/亩、万千克、万羊单位

类型号	草原类型名称	草原等级	草原面积	草原可利用面积	鲜草单产	鲜草总产	暖季载畜量	冷季载畜量	全年载畜量
	合 计		763.68	615.89	103.89	63 982.15	27.52	22.56	24.40
	Ⅰ温性草甸草原类		9.76	8.98	107.72	967.11	0.41	0.34	0.37
010003	细裂叶莲蒿、禾草	Ⅱ6	9.76	8.98	107.72	967.11	0.41	0.34	0.37
	Ⅱ温性草原类		85.47	69.71	92.38	6 439.22	2.61	2.27	2.40
020008	白草	Ⅲ7	24.37	17.31	87.45	1 513.47	0.61	0.53	0.56
020012	日喀则蒿	Ⅲ6	7.97	7.65	128.27	981.66	0.40	0.35	0.37
020010	毛莲蒿	Ⅲ7	18.50	15.64	91.38	1 429.51	0.58	0.50	0.53
020014	砂生槐、蒿、禾草	Ⅲ7	28.90	27.16	83.02	2 255.30	0.91	0.80	0.84
020015	小叶野丁香、毛莲蒿	Ⅲ6	5.73	1.94	133.65	259.28	0.11	0.09	0.10
	Ⅳ高寒草甸草原类		25.13	23.83	95.56	2 276.95	0.92	0.80	0.85
040022	丝颖针茅	Ⅱ7	11.73	11.50	83.86	964.40	0.39	0.34	0.36
040024	金露梅、紫花针茅、高山嵩草	Ⅳ7	3.38	3.11	73.34	227.97	0.09	0.08	0.09
040025	香柏、臭草	Ⅲ6	10.02	9.22	117.66	1 084.58	0.44	0.38	0.40
	Ⅴ高寒草原类		47.27	44.97	88.38	3 974.54	1.61	1.40	1.48
050026	紫花针茅	Ⅲ8	2.15	2.11	41.78	88.12	0.04	0.03	0.03
050031	固沙草、紫花针茅	Ⅲ7	0.15	0.14	52.50	7.60	0.00	0.00	0.00
050034	藏沙蒿、紫花针茅	Ⅳ7	44.97	42.72	90.80	3 878.83	1.57	1.37	1.45
	ⅩⅤ山地草甸类		34.25	30.86	107.29	3 310.91	1.45	1.17	1.27
	（Ⅰ）山地草甸亚类		34.19	30.80	107.44	3 309.08	1.44	1.17	1.27
151071	楔叶绣线菊、中亚早熟禾	Ⅲ6	34.19	30.80	107.44	3 309.08	1.44	1.17	1.27
	（Ⅱ）亚高山草甸亚类		0.06	0.06	30.17	1.83	0.001	0.001	0.001
152078	具灌木的矮生嵩草	Ⅱ8	0.06	0.06	30.17	1.83	0.001	0.001	0.001
	ⅩⅥ高寒草甸类		561.79	437.55	107.45	47 013.42	20.52	16.58	18.03
	（Ⅰ）高寒草甸亚类		540.84	418.56	104.27	43 643.94	19.05	15.39	16.74
161081	高山嵩草、杂类草	Ⅳ7	171.30	144.07	74.47	10 729.68	4.68	3.78	4.12
161082	高山嵩草、青藏苔草	Ⅳ6	91.67	88.92	105.65	9 394.67	4.10	3.31	3.60

（续）

类型号	草原类型名称	草原等级	草原面积	草原可利用面积	鲜草单产	鲜草总产	暖季载畜量	冷季载畜量	全年载畜量
161085	矮生嵩草、青藏苔草	Ⅳ7	8.12	7.63	86.11	657.33	0.29	0.23	0.25
161083	圆穗蓼、高山嵩草	Ⅰ7	18.66	18.10	56.96	1 031.21	0.45	0.36	0.40
161090	金露梅、高山嵩草	Ⅲ6	42.06	41.22	113.73	4 687.93	2.05	1.65	1.80
161091	香柏、高山嵩草	Ⅲ6	209.01	118.61	144.53	17 143.11	7.48	6.04	6.58
	（Ⅲ）高寒沼泽化草甸亚类		20.95	18.99	177.41	3 369.48	1.47	1.19	1.29
163098	藏北嵩草	Ⅱ6	20.95	18.99	177.41	3 369.48	1.47	1.19	1.29

9. 曲松县草原类型面积、产草量及载畜量统计表

类型号	草原类型名称	草原等级	草原面积	草原可利用面积	鲜草单产	鲜草总产	暖季载畜量	冷季载畜量	全年载畜量
	合　计		253.54	243.43	136.44	33 213.73	14.17	11.71	12.60
	Ⅱ温性草原类		29.06	27.72	196.10	5 435.38	2.20	1.92	2.02
020008	白草	Ⅲ6	2.73	2.59	152.61	395.78	0.16	0.14	0.15
020007	藏布三芒草	Ⅲ5	0.22	0.21	202.22	42.52	0.02	0.01	0.02
020012	日喀则蒿	Ⅲ5	1.24	1.19	221.20	263.76	0.11	0.09	0.10
020010	毛莲蒿	Ⅲ5	16.59	15.92	210.53	3 352.71	1.36	1.18	1.25
020014	砂生槐、蒿、禾草	Ⅲ6	3.43	3.23	179.64	580.77	0.24	0.20	0.22
020015	小叶野丁香、毛莲蒿	Ⅲ6	4.37	4.11	168.98	694.70	0.28	0.24	0.26
020017	具灌木的毛莲蒿、白草	Ⅲ5	0.48	0.45	232.41	105.14	0.04	0.04	0.04
	Ⅳ高寒草甸草原类		13.88	12.96	173.46	2 247.50	0.91	0.79	0.84
040022	丝颖针茅	Ⅱ6	3.14	3.08	130.28	401.10	0.16	0.14	0.15
040024	金露梅、紫花针茅、高山嵩草	Ⅳ6	10.74	9.88	186.91	1 846.40	0.75	0.65	0.69
	Ⅴ高寒草原类		34.52	32.81	84.79	2 781.93	1.13	0.98	1.04
050026	紫花针茅	Ⅲ7	0.51	0.50	74.73	37.42	0.02	0.01	0.01
050034	藏沙蒿、紫花针茅	Ⅳ7	34.01	32.31	84.95	2 744.51	1.11	0.97	1.02
	ⅩⅤ山地草甸类		0.003	0.003	275.49	0.76	0.000 3	0.000 3	0.000 3
	（Ⅰ）山地草甸亚类		0.003	0.003	275.49	0.76	0.000 3	0.000 3	0.000 3
151071	楔叶绣线菊、中亚早熟禾	Ⅲ5	0.003	0.003	275.49	0.76	0.000 3	0.000 3	0.000 3
	ⅩⅥ高寒草甸类		176.08	169.95	133.85	22 748.16	9.93	8.02	8.71
	（Ⅰ）高寒草甸亚类		167.04	161.73	124.71	20 169.64	8.80	7.11	7.72
161081	高山嵩草、杂类草	Ⅳ6	92.50	89.72	103.35	9 273.30	4.05	3.27	3.55
161082	高山嵩草、青藏苔草	Ⅳ7	0.97	0.94	53.02	49.96	0.02	0.02	0.02
161085	矮生嵩草、青藏苔草	Ⅳ6	0.37	0.37	130.06	47.52	0.02	0.02	0.02
161083	圆穗蓼、高山嵩草	Ⅰ6	0.21	0.20	104.94	21.11	0.01	0.01	0.01
161090	金露梅、高山嵩草	Ⅲ6	38.41	37.64	164.61	6 195.98	2.70	2.18	2.37
161091	香柏、高山嵩草	Ⅲ6	34.58	32.85	139.47	4 581.77	2.00	1.62	1.75
	（Ⅲ）高寒沼泽化草甸亚类		9.03	8.22	313.66	2 578.52	1.13	0.91	0.99
163098	藏北嵩草	Ⅱ4	9.03	8.22	313.66	2 578.52	1.13	0.91	0.99

10. 措美县草原类型面积、产草量及载畜量统计表

万亩、千克/亩、万千克、万羊单位

类型号	草原类型名称	草原等级	草原面积	草原可利用面积	鲜草单产	鲜草总产	暖季载畜量	冷季载畜量	全年载畜量
	合 计		551.34	530.64	98.92	52 491.15	22.37	18.51	19.95
	Ⅱ 温性草原类		10.33	9.59	109.74	1 052.84	0.43	0.37	0.39
020006	固沙草	Ⅲ 7	1.75	1.61	87.33	140.99	0.06	0.05	0.05
020007	藏布三芒草	Ⅲ 7	0.01	0.01	100.16	1.09	0.000 4	0.000 4	0.000 4
020012	日喀则蒿	Ⅲ 6	3.72	3.64	104.40	380.47	0.15	0.13	0.14
020010	毛莲蒿	Ⅲ 6	3.61	3.54	117.92	417.03	0.17	0.15	0.16
020014	砂生槐、蒿、禾草	Ⅲ 6	0.13	0.12	128.72	15.75	0.01	0.01	0.01
020017	具灌木的毛莲蒿、白草	Ⅲ 6	1.11	0.67	146.50	97.51	0.04	0.03	0.04
	Ⅳ 高寒草甸草原类		19.58	18.58	102.17	1 898.52	0.77	0.67	0.71
040022	丝颖针茅	Ⅱ 7	4.40	4.31	77.05	332.35	0.13	0.12	0.12
040024	金露梅、紫花针茅、高山嵩草	Ⅳ 6	8.89	8.36	107.61	899.52	0.36	0.32	0.34
040025	香柏、臭草	Ⅲ 6	6.29	5.91	112.81	666.64	0.27	0.24	0.25
	Ⅴ 高寒草原类		175.48	168.13	86.24	14 499.28	5.88	5.11	5.41
050026	紫花针茅	Ⅲ 8	22.39	21.95	48.40	1 062.09	0.43	0.37	0.40
050028	紫花针茅、杂类草	Ⅱ 6	5.45	5.34	129.72	692.66	0.28	0.24	0.26
050031	固沙草、紫花针茅	Ⅲ 8	55.99	53.41	48.29	2 579.25	1.05	0.91	0.96
050034	藏沙蒿、紫花针茅	Ⅳ 6	91.65	87.43	116.26	10 165.29	4.12	3.58	3.79
	ⅩⅤ 山地草甸类		15.64	15.07	133.07	2 005.62	0.88	0.71	0.77
	（Ⅰ）山地草甸亚类		15.58	15.02	133.20	2 000.10	0.87	0.71	0.77
151071	楔叶绣线菊、中亚早熟禾	Ⅲ 6	15.58	15.02	133.20	2 000.10	0.87	0.71	0.77
	（Ⅱ）亚高山草甸亚类		0.06	0.06	97.46	5.52	0.002	0.002	0.002
152078	具灌木的矮生嵩草	Ⅱ 7	0.06	0.06	97.46	5.52	0.002	0.002	0.002
	ⅩⅥ 高寒草甸类		330.31	319.25	103.48	33 034.89	14.42	11.65	12.67
	（Ⅰ）高寒草甸亚类		308.87	299.74	97.22	29 141.28	12.72	10.28	11.18
161081	高山嵩草、杂类草	Ⅳ 7	228.41	222.47	86.66	19 279.94	8.42	6.80	7.39
161082	高山嵩草、青藏苔草	Ⅳ 6	0.73	0.71	111.06	78.99	0.03	0.03	0.03

(续)

类型号	草原类型名称	草原等级	草原面积	草原可利用面积	鲜草单产	鲜草总产	暖季载畜量	冷季载畜量	全年载畜量
161085	矮生嵩草、青藏苔草	Ⅳ7	2.01	1.98	84.16	166.46	0.07	0.06	0.06
161083	圆穗蓼、高山嵩草	Ⅰ7	0.07	0.07	89.95	6.50	0.00	0.00	0.00
161090	金露梅、高山嵩草	Ⅲ7	14.49	14.26	88.09	1 255.73	0.55	0.44	0.48
161091	香柏、高山嵩草	Ⅲ6	63.15	60.25	138.66	8 353.66	3.65	2.95	3.20
	（Ⅲ）高寒沼泽化草甸亚类		21.45	19.52	199.49	3 893.61	1.70	1.37	1.49
163098	藏北嵩草	Ⅱ6	21.45	19.52	199.49	3 893.61	1.70	1.37	1.49

11. 错那县草原类型面积、产草量及载畜量统计表

万亩、千克/亩、万千克、万羊单位

类型号	草原类型名称	草原等级	草原面积	草原可利用面积	鲜草单产	鲜草总产	暖季载畜量	冷季载畜量	全年载畜量
	合　计		605.83	419.48	135.02	56 640.01	24.50	19.97	21.65
	Ⅱ温性草原类		47.16	45.14	93.70	4 230.03	1.71	1.49	1.58
020008	白草	Ⅲ6	0.37	0.35	131.01	45.79	0.02	0.02	0.02
020012	日喀则蒿	Ⅲ7	33.70	32.35	78.54	2 541.11	1.03	0.90	0.95
020014	砂生槐、蒿、禾草	Ⅲ6	13.09	12.43	132.08	1 642.24	0.67	0.58	0.61
020017	具灌木的毛莲蒿、白草	Ⅲ6	0.01	0.01	167.14	0.89	0.000 4	0.000 3	0.000 3
	Ⅳ高寒草甸草原类		22.55	21.66	110.27	2 387.89	0.97	0.84	0.89
040022	丝颖针茅	Ⅱ6	15.15	14.85	120.78	1 792.95	0.73	0.63	0.67
040024	金露梅、紫花针茅、高山嵩草	Ⅳ7	7.40	6.81	87.36	594.94	0.24	0.21	0.22
	Ⅴ高寒草原类		7.13	6.89	74.68	514.84	0.21	0.18	0.19
050026	紫花针茅	Ⅲ7	4.12	4.04	55.84	225.36	0.09	0.08	0.08
050031	固沙草、紫花针茅	Ⅲ7	1.69	1.60	89.81	143.99	0.06	0.05	0.05
050034	藏沙蒿、紫花针茅	Ⅳ6	1.32	1.25	115.98	145.48	0.06	0.05	0.05
	ⅩⅤ山地草甸类		30.96	27.40	152.69	4 183.68	1.83	1.48	1.60
	（Ⅰ）山地草甸亚类		2.98	2.86	202.82	580.75	0.25	0.20	0.22
151071	楔叶绣线菊、中亚早熟禾	Ⅲ5	2.98	2.86	202.82	580.75	0.25	0.20	0.22
	（Ⅱ）亚高山草甸亚类		27.98	24.54	146.84	3 602.93	1.57	1.27	1.38
152078	具灌木的矮生嵩草	Ⅱ6	27.98	24.54	146.84	3 602.93	1.57	1.27	1.38
	ⅩⅥ高寒草甸类		391.60	318.04	141.93	45 138.92	19.70	15.92	17.31
	（Ⅰ）高寒草甸亚类		377.03	304.78	132.96	40 525.08	17.69	14.29	15.54
161081	高山嵩草、杂类草	Ⅳ6	166.86	119.95	125.16	15 013.07	6.55	5.29	5.76
161084	高山嵩草、矮生嵩草	Ⅱ7	0.91	0.89	85.74	76.70	0.03	0.03	0.03
161082	高山嵩草、青藏苔草	Ⅳ8	2.99	2.90	44.67	129.71	0.06	0.05	0.05
161080	高山嵩草、异针茅	Ⅱ6	1.26	1.24	113.61	140.55	0.06	0.05	0.05
161085	矮生嵩草、青藏苔草	Ⅳ6	159.64	147.83	140.92	20 832.30	9.09	7.35	7.99
161083	圆穗蓼、高山嵩草	Ⅰ7	17.87	17.34	95.13	1 649.23	0.72	0.58	0.63

（续）

类型号	草原类型名称	草原等级	草原面积	草原可利用面积	鲜草单产	鲜草总产	暖季载畜量	冷季载畜量	全年载畜量
161090	金露梅、高山嵩草	Ⅲ6	8.43	7.55	165.46	1 249.61	0.55	0.44	0.48
161091	香柏、高山嵩草	Ⅲ5	19.07	7.08	202.66	1 433.91	0.63	0.51	0.55
	（Ⅲ）高寒沼泽化草甸亚类		14.57	13.26	347.99	4 613.84	2.01	1.63	1.77
163098	藏北嵩草	Ⅱ4	14.57	13.26	347.99	4 613.84	2.01	1.63	1.77
	Ⅻ热性草丛类		106.43	0.35	528.29	184.65	0.08	0.07	0.07
120060	白茅	Ⅲ3	106.43	0.35	528.29	184.65	0.08	0.07	0.07

12. 浪卡子县草原类型面积、产草量及载畜量统计表

万亩、千克/亩、万千克、万羊单位

类型号	草原类型名称	草原等级	草原面积	草原可利用面积	鲜草单产	鲜草总产	暖季载畜量	冷季载畜量	全年载畜量
	合 计		857.24	821.09	97.42	79 990.39	34.07	28.20	30.39
	II 温性草原类		1.96	1.86	100.33	186.95	0.08	0.07	0.07
020008	白草	III 6	1.58	1.50	111.77	168.19	0.07	0.06	0.06
020007	藏布三芒草	III 8	0.25	0.24	28.00	6.81	0.00	0.00	0.00
020014	砂生槐、蒿、禾草	III 6	0.12	0.12	103.72	11.95	0.00	0.00	0.00
	IV 高寒草甸草原类		150.11	138.89	91.30	12 680.11	5.14	4.47	4.73
040022	丝颖针茅	II 7	13.22	12.96	99.23	1 285.74	0.52	0.45	0.48
040024	金露梅、紫花针茅、高山嵩草	IV 6	13.49	12.41	161.12	1 999.98	0.81	0.71	0.75
040025	香柏、臭草	III 7	123.39	113.52	82.75	9 394.39	3.81	3.31	3.50
	V 高寒草原类		193.60	187.08	75.84	14 187.86	5.75	5.00	5.29
050026	紫花针茅	III 8	84.50	82.81	42.61	3 528.47	1.43	1.24	1.32
050028	紫花针茅、杂类草	II 7	20.99	20.57	100.65	2 070.60	0.84	0.73	0.77
050031	固沙草、紫花针茅	III 7	22.93	21.78	60.99	1 328.55	0.54	0.47	0.50
050034	藏沙蒿、紫花针茅	IV 6	65.17	61.91	117.27	7 260.24	2.94	2.56	2.71
	XV 山地草甸类		0.66	0.63	164.35	103.82	0.05	0.04	0.04
	(I) 山地草甸亚类		0.66	0.63	164.35	103.82	0.05	0.04	0.04
151071	楔叶绣线菊、中亚早熟禾	III 6	0.66	0.63	164.35	103.82	0.05	0.04	0.04
	XVI 高寒草甸类		510.92	492.63	107.24	52 831.65	23.06	18.63	20.26
	(I) 高寒草甸亚类		461.43	447.83	100.31	44 923.84	19.61	15.84	17.23
161081	高山嵩草、杂类草	IV 7	437.38	424.26	99.01	42 003.93	18.33	14.81	16.11
161084	高山嵩草、矮生嵩草	II 6	13.35	13.08	120.37	1 574.34	0.69	0.56	0.60
161090	金露梅、高山嵩草	III 6	10.66	10.45	128.37	1 340.92	0.59	0.47	0.51
161091	香柏、高山嵩草	III 6	0.04	0.04	109.32	4.65	0.002	0.002	0.002
	(III) 高寒沼泽化草甸亚类		49.49	44.80	176.52	7 907.81	3.45	2.79	3.03
163098	藏北嵩草	II 6	25.96	23.62	200.05	4 725.77	2.06	1.67	1.81
163102	华扁穗草	II 6	23.53	21.18	150.27	3 182.04	1.39	1.12	1.22

（四）日喀则市草原类型面积、产草量及载畜量统计表

万亩、千克/亩、万千克、万羊单位

类型号	草原类型名称	草原等级	草原面积	草原可利用面积	鲜草单产	鲜草总产	暖季载畜量	冷季载畜量	全年载畜量
	合 计		19 602.10	18 631.93	76.83	1 431 544.12	674.57	560.28	623.46
	Ⅰ 温性草甸草原类		23.78	21.90	139.94	3 064.74	1.50	1.24	1.38
010001	丝颖针茅	Ⅱ6	16.71	15.41	125.84	1 939.78	0.95	0.79	0.87
010003	细裂叶莲蒿、禾草	Ⅱ6	7.07	6.49	173.47	1 124.96	0.55	0.46	0.51
	Ⅱ 温性草原类		937.36	864.91	95.05	82 208.08	33.18	30.73	32.11
020008	白草	Ⅲ6	271.36	258.92	88.33	22 870.33	10.57	8.93	9.84
020006	固沙草	Ⅲ6	43.51	41.02	93.94	3 853.44	0.97	0.92	0.95
020009	草沙蚕	Ⅲ6	38.36	36.94	147.05	5 432.62	1.87	1.97	1.91
020012	日喀则蒿	Ⅲ7	175.33	157.78	77.55	12 235.86	4.22	4.43	4.30
020010	毛莲蒿	Ⅳ6	19.16	17.65	112.27	1 981.24	0.68	0.72	0.70
020014	砂生槐、蒿、禾草	Ⅲ6	389.64	352.61	101.63	35 834.60	14.87	13.76	14.41
	Ⅳ 高寒草甸草原类		1 436.90	1 390.25	69.10	96 072.70	44.84	38.72	42.15
040022	丝颖针茅	Ⅱ7	638.73	622.69	75.05	46 733.35	21.81	18.68	20.45
040021	紫花针茅、高山嵩草	Ⅳ7	631.82	614.28	60.32	15 986.67	17.29	15.04	16.31
040024	金露梅、紫花针茅、高山嵩草	Ⅳ7	166.35	153.28	80.16	12 286.66	5.73	4.99	5.40
	Ⅴ 高寒草原类		6 689.62	6 230.11	57.83	360 292.36	149.45	128.91	140.50
050027	紫花针茅、青藏苔草	Ⅲ8	727.08	709.70	33.33	23 652.12	11.04	9.46	10.37
050028	紫花针茅、杂类草	Ⅱ7	1 149.45	1 056.80	64.49	68 149.32	31.81	27.24	29.80
050029	昆仑针茅	Ⅱ8	71.35	69.73	36.48	2 543.66	1.19	1.02	1.11
050032	黑穗画眉草、羽柱针茅	Ⅱ8	54.40	49.01	37.78	1 851.49	0.86	0.74	0.81
050031	固沙草、紫花针茅	Ⅳ7	2 421.90	2 247.06	49.59	111 432.13	40.00	34.80	37.75
050035	藏沙蒿、青藏苔草	Ⅲ7	740.15	692.21	53.03	36 709.27	13.18	11.47	12.47
050036	藏白蒿、禾草	Ⅴ6	368.74	344.33	98.75	34 003.11	13.12	11.42	12.37
050037	冻原白蒿	Ⅳ7	171.63	156.44	85.90	13 437.93	6.27	5.37	5.87
050042	变色锦鸡儿、紫花针茅	Ⅲ6	127.47	108.57	167.56	18 192.86	8.49	7.27	7.93
050041	鬼箭锦鸡儿、藏沙蒿	Ⅲ7	31.96	28.27	76.88	2 173.66	1.01	0.87	0.96

（续）

类型号	草原类型名称	草原等级	草原面积	草原可利用面积	鲜草单产	鲜草总产	暖季载畜量	冷季载畜量	全年载畜量
050043	小叶金露梅、紫花针茅	Ⅲ7	633.24	585.18	63.58	37 208.88	17.37	14.88	16.28
050044	香柏、藏沙蒿	Ⅲ7	192.26	182.79	59.84	10 937.94	5.10	4.37	4.78
	ⅩⅣ 低地草甸类		249.44	236.66	64.07	15 162.31	7.08	6.16	6.67
	（Ⅰ）低湿地草甸亚类		17.29	16.60	263.64	4 376.58	2.04	1.78	1.93
141063	无脉苔草、蕨麻委陵菜	Ⅱ4	17.29	16.60	263.64	4 376.58	2.04	1.78	1.93
	（Ⅱ）低地盐化草甸亚类		232.14	220.06	49.01	10 785.73	5.03	4.38	4.74
142065	芦苇、赖草	Ⅲ7	232.14	220.06	49.01	10 785.73	5.03	4.38	4.74
	ⅩⅤ 山地草甸类		18.55	17.33	158.35	2 744.33	1.38	1.11	1.26
	（Ⅰ）山地草甸亚类		5.14	4.58	119.49	547.68	0.28	0.22	0.25
151067	中亚早熟禾、苔草	Ⅱ6	5.14	4.58	119.49	547.68	0.28	0.22	0.25
	（Ⅱ）亚高山草甸亚类		13.41	12.75	172.33	2 196.65	1.10	0.89	1.01
152073	矮生嵩草、杂类草	Ⅱ6	13.41	12.75	172.33	2 196.65	1.10	0.89	1.01
	ⅩⅥ 高寒草甸类		10 236.09	9 865.71	88.32	871 379.76	436.91	353.20	399.16
	（Ⅰ）高寒草甸亚类		9 340.19	9 058.10	80.76	731 514.95	367.66	297.02	335.81
161079	高山嵩草	Ⅲ7	633.28	612.97	62.02	38 015.39	19.11	15.44	17.41
161082	高山嵩草、青藏苔草	Ⅱ7	4 575.42	4 427.40	78.77	348 752.64	175.28	141.60	160.06
161081	高山嵩草、杂类草	Ⅲ7	2 220.53	2 173.73	84.78	184 291.85	92.62	74.83	84.69
161084	高山嵩草、矮生嵩草	Ⅱ6	209.19	205.11	94.32	19 345.31	9.72	7.85	8.88
161080	高山嵩草、异针茅	Ⅱ6	118.81	116.76	98.82	11 538.17	5.80	4.68	5.30
161085	矮生嵩草、青藏苔草	Ⅲ8	809.86	777.43	35.43	27 547.02	13.85	11.18	12.61
161090	金露梅、高山嵩草	Ⅲ6	613.74	589.56	135.07	79 630.14	40.02	32.33	36.60
161091	香柏、高山嵩草	Ⅲ6	34.50	32.77	137.82	4 516.59	2.27	1.83	2.07
161086	尼泊尔嵩草	Ⅱ6	124.87	122.37	146.10	17 877.84	8.99	7.26	8.19
	（Ⅱ）高寒盐化草甸亚类		120.82	109.59	88.06	9 650.36	3.81	3.32	3.60
162097	三角草	Ⅲ7	120.82	109.59	88.06	9 650.36	3.81	3.32	3.60
	（Ⅲ）高寒沼泽化草甸亚类		775.08	698.01	186.55	130 214.44	65.45	52.87	59.75
163098	藏北嵩草	Ⅱ5	650.52	587.94	184.42	108 429.82	54.50	44.03	49.75

（续）

类型号	草原类型名称	草原等级	草原面积	草原可利用面积	鲜草单产	鲜草总产	暖季载畜量	冷季载畜量	全年载畜量
163101	川滇嵩草	Ⅲ4	35.98	32.74	303.49	9 936.91	4.99	4.03	4.58
163102	华扁穗草	Ⅱ6	88.58	77.34	153.20	11 847.71	5.95	4.81	5.43
	ⅩⅧ沼泽类		10.36	5.06	122.41	619.83	0.24	0.21	0.23
170103	水麦冬	Ⅲ6	10.36	5.06	122.41	619.83	0.24	0.21	0.23

1. 桑珠孜区县草原类型面积、产草量及载畜量统计表

万亩、千克/亩、万千克、万羊单位

类型号	草原类型名称	草原等级	草原面积	草原可利用面积	鲜草单产	鲜草总产	暖季载畜量	冷季载畜量	全年载畜量
	合 计		384.44	366.66	95.49	35 013.47	16.02	13.78	14.98
	Ⅰ温性草甸草原类		4.78	4.48	130.47	584.12	0.29	0.24	0.26
010001	丝颖针茅	Ⅱ7	2.37	2.19	72.83	159.69	0.08	0.06	0.07
010003	细裂叶莲蒿、禾草	Ⅱ5	2.40	2.28	185.80	424.43	0.21	0.17	0.19
	Ⅱ温性草原类		131.24	121.19	85.67	10 382.38	3.87	3.83	3.85
020008	白草	Ⅲ7	40.20	38.39	68.87	2 643.85	1.23	1.07	1.16
020006	固沙草	Ⅲ7	6.00	5.70	59.41	338.47	0.09	0.08	0.08
020012	日喀则蒿	Ⅲ7	1.81	1.71	77.94	133.61	0.05	0.05	0.05
020010	毛莲蒿	Ⅳ6	3.49	3.23	97.44	314.91	0.11	0.11	0.11
020014	砂生槐、蒿、禾草	Ⅲ6	79.74	72.16	96.33	6 951.53	2.40	2.52	2.44
	Ⅳ高寒草甸草原类		28.86	28.24	112.00	3 162.81	1.48	1.26	1.38
040022	丝颖针茅	Ⅱ6	28.86	28.24	112.00	3 162.81	1.48	1.26	1.38
	Ⅴ高寒草原类		23.35	21.97	96.18	2 113.23	0.96	0.82	0.90
050031	固沙草、紫花针茅	Ⅳ7	3.39	3.34	58.01	193.96	0.07	0.06	0.07
050035	藏沙蒿、青藏苔草	Ⅲ8	4.04	3.86	20.77	80.20	0.03	0.03	0.03
050036	藏白蒿、禾草	Ⅴ6	0.05	0.05	105.36	5.37	0.00	0.00	0.00
050037	冻原白蒿	Ⅳ6	10.62	9.72	102.55	996.69	0.47	0.40	0.44
050043	小叶金露梅、紫花针茅	Ⅲ6	5.23	5.00	167.48	837.01	0.39	0.33	0.37
	ⅩⅤ山地草甸类		1.10	1.05	80.23	83.85	0.04	0.03	0.04
	(Ⅱ)亚高山草甸亚类		1.10	1.05	80.23	83.85	0.04	0.03	0.04
152073	矮生嵩草、杂类草	Ⅱ7	1.10	1.05	80.23	83.85	0.04	0.03	0.04
	ⅩⅥ高寒草甸类		195.13	189.73	98.49	18 687.07	9.39	7.59	8.56
	(Ⅰ)高寒草甸亚类		195.11	189.72	98.48	18 683.35	9.39	7.59	8.56
161082	高山嵩草、青藏苔草	Ⅱ6	133.27	129.94	92.94	12 076.35	6.07	4.90	5.53
161081	高山嵩草、杂类草	Ⅲ6	0.13	0.13	92.86	12.10	0.01	0.00	0.01
161085	矮生嵩草、青藏苔草	Ⅲ8	10.03	9.78	38.64	377.81	0.19	0.15	0.17

（续）

类型号	草原类型名称	草原等级	草原面积	草原可利用面积	鲜草单产	鲜草总产	暖季载畜量	冷季载畜量	全年载畜量
161090	金露梅、高山嵩草	Ⅲ6	51.68	49.87	124.66	6 217.10	3.12	2.52	2.85
	（Ⅲ）高寒沼泽化草甸亚类		0.02	0.01	251.43	3.72	0.002	0.002	0.002
163098	藏北嵩草	Ⅱ5	0.02	0.01	251.43	3.72	0.002	0.002	0.002

2. 南木林县草原类型面积、产草量及载畜量统计表

万亩、千克/亩、万千克、万羊单位

类型号	草原类型名称	草原等级	草原面积	草原可利用面积	鲜草单产	鲜草总产	暖季载畜量	冷季载畜量	全年载畜量
	合　计		831.76	799.12	138.19	110 430.19	52.23	43.55	48.22
	Ⅱ温性草原类		128.03	118.38	122.45	14 495.60	5.53	5.44	5.48
020008	白草	Ⅲ6	41.24	39.17	111.60	4 371.58	2.04	1.77	1.92
020006	固沙草	Ⅲ7	0.01	0.01	87.10	1.18	0.000 3	0.000 3	0.000 3
020009	草沙蚕	Ⅲ6	14.67	13.94	151.31	2 109.28	0.73	0.76	0.74
020012	日喀则蒿	Ⅲ6	25.99	23.39	100.18	2 343.05	0.81	0.85	0.82
020014	砂生槐、蒿、禾草	Ⅲ6	46.13	41.87	135.43	5 670.49	1.95	2.05	1.99
	Ⅳ高寒草甸草原类		50.17	49.11	159.13	7 814.53	3.65	3.12	3.41
040022	丝颖针茅	Ⅱ6	50.17	49.11	159.13	7 814.53	3.65	3.12	3.41
	Ⅴ高寒草原类		75.64	71.86	128.99	9 268.83	3.42	2.97	3.22
050028	紫花针茅、杂类草	Ⅱ7	8.54	8.11	81.97	665.10	0.31	0.27	0.29
050031	固沙草、紫花针茅	Ⅳ7	7.24	6.88	73.03	502.27	0.18	0.16	0.17
050036	藏白蒿、禾草	Ⅴ6	57.72	54.84	144.28	7 911.89	2.84	2.47	2.68
050044	香柏、藏沙蒿	Ⅲ6	2.14	2.03	93.31	189.57	0.09	0.08	0.08
	ⅩⅤ山地草甸类		9.43	8.96	215.83	1 933.21	0.97	0.78	0.89
	（Ⅱ）亚高山草甸亚类		9.43	8.96	215.83	1 933.21	0.97	0.78	0.89
152073	矮生嵩草、杂类草	Ⅱ5	9.43	8.96	215.83	1 933.21	0.97	0.78	0.89
	ⅩⅥ高寒草甸类		568.48	550.81	139.64	76 918.03	38.66	31.23	35.22
	（Ⅰ）高寒草甸亚类		560.12	543.20	136.44	74 114.94	37.25	30.09	33.94
161079	高山嵩草	Ⅲ6	0.45	0.44	89.28	39.20	0.02	0.02	0.02
161082	高山嵩草、青藏苔草	Ⅱ6	289.31	280.63	126.46	35 489.07	17.84	14.41	16.25
161081	高山嵩草、杂类草	Ⅲ6	127.18	124.64	121.91	15 194.54	7.64	6.17	6.96
161084	高山嵩草、矮生嵩草	Ⅱ6	5.62	5.50	140.06	770.80	0.39	0.31	0.35
161085	矮生嵩草、青藏苔草	Ⅲ6	5.90	5.72	54.55	312.05	0.16	0.13	0.14
161090	金露梅、高山嵩草	Ⅲ5	118.86	114.10	176.81	20 173.68	10.14	8.19	9.24
161091	香柏、高山嵩草	Ⅲ5	12.81	12.17	175.47	2 135.60	1.07	0.87	0.98

(续)

类型号	草原类型名称	草原等级	草原面积	草原可利用面积	鲜草单产	鲜草总产	暖季载畜量	冷季载畜量	全年载畜量
	(Ⅲ)高寒沼泽化草甸亚类		8.36	7.61	368.27	2 803.09	1.41	1.14	1.28
163098	藏北嵩草	Ⅱ3	8.36	7.61	368.27	2 803.09	1.41	1.14	1.28

3. 江孜县草原类型面积、产草量及载畜量统计表

万亩、千克/亩、万千克、万羊单位

类型号	草原类型名称	草原等级	草原面积	草原可利用面积	鲜草单产	鲜草总产	暖季载畜量	冷季载畜量	全年载畜量
	合计		474.66	454.38	145.83	66 264.52	31.47	26.03	28.96
	Ⅰ温性草甸草原类		5.72	5.29	174.73	924.30	0.45	0.38	0.42
010001	丝颖针茅	Ⅱ6	5.72	5.29	174.73	924.30	0.45	0.38	0.42
	Ⅱ温性草原类		79.49	73.71	126.50	9 324.45	3.74	3.28	3.52
020008	白草	Ⅲ6	24.75	23.64	108.06	2 554.09	1.19	0.88	1.04
020006	固沙草	Ⅲ6	12.15	11.48	102.67	1 178.67	0.30	0.28	0.29
020009	草沙蚕	Ⅲ5	0.96	0.91	191.67	175.07	0.06	0.06	0.06
020012	日喀则蒿	Ⅲ6	25.18	22.79	121.48	2 768.74	0.95	1.00	0.97
020014	砂生槐、蒿、禾草	Ⅲ5	16.45	14.89	177.82	2 647.89	1.24	1.06	1.16
	Ⅳ高寒草甸草原类		7.07	6.88	152.87	1 051.78	0.49	0.42	0.46
040022	丝颖针茅	Ⅱ6	7.07	6.88	152.87	1 051.78	0.49	0.42	0.46
	Ⅴ高寒草原类		107.99	101.96	132.16	13 474.64	5.96	5.12	5.58
050027	紫花针茅、青藏苔草	Ⅲ7	1.73	1.70	57.75	98.26	0.05	0.04	0.04
050028	紫花针茅、杂类草	Ⅱ6	2.82	2.70	99.68	268.87	0.13	0.11	0.12
050031	固沙草、紫花针茅	Ⅳ6	34.41	32.86	93.05	3 057.53	1.10	0.95	1.03
050035	藏沙蒿、青藏苔草	Ⅲ7	0.25	0.24	66.08	15.68	0.01	0.00	0.01
050036	藏白蒿、禾草	Ⅴ6	30.63	29.56	153.71	4 542.82	2.12	1.82	1.98
050037	冻原白蒿	Ⅳ6	35.79	32.74	161.24	5 279.60	2.46	2.11	2.31
050041	鬼箭锦鸡儿、藏沙蒿	Ⅲ6	2.37	2.17	97.82	211.89	0.10	0.08	0.09
	ⅩⅥ高寒草甸类		273.32	266.01	155.41	41 339.42	20.77	16.78	18.92
	（Ⅰ）高寒草甸亚类		267.02	260.25	149.72	38 964.52	19.58	15.82	17.84
161079	高山嵩草	Ⅲ5	4.07	4.01	261.76	1 049.41	0.53	0.43	0.48
161082	高山嵩草、青藏苔草	Ⅱ6	210.45	204.98	142.73	29 256.68	14.70	11.88	13.40
161081	高山嵩草、杂类草	Ⅲ6	26.66	26.23	135.64	3 557.61	1.79	1.44	1.63
161084	高山嵩草、矮生嵩草	Ⅱ6	6.19	6.09	142.93	870.37	0.44	0.35	0.40
161090	金露梅、高山嵩草	Ⅲ5	19.65	18.94	223.31	4 230.45	2.13	1.72	1.94

(续)

类型号	草原类型名称	草原等级	草原面积	草原可利用面积	鲜草单产	鲜草总产	暖季载畜量	冷季载畜量	全年载畜量
	（Ⅱ）高寒盐化草甸亚类		0.48	0.46	180.92	83.86	0.03	0.03	0.03
162097	三角草	Ⅲ5	0.48	0.46	180.92	83.86	0.03	0.03	0.03
	（Ⅲ）高寒沼泽化草甸亚类		5.81	5.29	433.07	2 291.04	1.15	0.93	1.05
163098	藏北嵩草	Ⅱ3	5.81	5.29	433.07	2 291.04	1.15	0.93	1.05
	ⅩⅧ沼泽类		1.07	0.54	280.13	149.94	0.06	0.05	0.06
170103	水麦冬	Ⅲ4	1.07	0.54	280.13	149.94	0.06	0.05	0.06

4. 定日县草原类型面积、产草量及载畜量统计表

万亩、千克/亩、万千克、万羊单位

类型号	草原类型名称	草原等级	草原面积	草原可利用面积	鲜草单产	鲜草总产	暖季载畜量	冷季载畜量	全年载畜量
	合 计		1 335.87	1 289.02	67.52	87 034.71	41.50	34.27	38.55
	Ⅰ温性草甸草原类		0.83	0.76	89.86	68.34	0.03	0.03	0.03
010001	丝颖针茅	Ⅱ6	0.83	0.76	89.86	68.34	0.03	0.03	0.03
	Ⅱ温性草原类		26.40	24.49	133.14	3 260.95	0.98	0.98	0.98
020006	固沙草	Ⅲ6	15.20	14.29	111.26	1 589.99	0.40	0.38	0.39
020010	毛莲蒿	Ⅳ5	1.41	1.30	196.46	255.06	0.09	0.09	0.09
020014	砂生槐、蒿、禾草	Ⅲ6	9.79	8.90	159.02	1 415.90	0.49	0.51	0.50
	Ⅳ高寒草甸草原类		82.26	79.66	63.42	5 052.00	2.36	2.04	2.23
040022	丝颖针茅	Ⅱ7	35.28	34.37	62.96	2 163.57	1.01	0.86	0.95
040021	紫花针茅、高山嵩草	Ⅳ7	22.18	21.73	81.16	1 763.87	0.82	0.72	0.78
040024	金露梅、紫花针茅、高山嵩草	Ⅳ7	24.80	23.56	47.74	1 124.56	0.52	0.46	0.50
	Ⅴ高寒草原类		255.70	244.42	54.09	13 220.68	5.46	4.71	5.17
050027	紫花针茅、青藏苔草	Ⅲ8	50.04	49.04	35.85	1 758.21	0.82	0.70	0.77
050028	紫花针茅、杂类草	Ⅱ7	65.22	61.96	61.21	3 792.14	1.77	1.52	1.67
050031	固沙草、紫花针茅	Ⅳ7	94.89	90.14	59.10	5 327.57	1.91	1.66	1.81
050035	藏沙蒿、青藏苔草	Ⅲ7	16.28	15.47	79.04	1 222.42	0.44	0.38	0.42
050043	小叶金露梅、紫花针茅	Ⅲ8	16.59	15.76	30.20	475.98	0.22	0.19	0.21
050044	香柏、藏沙蒿	Ⅲ7	12.69	12.05	53.46	644.35	0.30	0.26	0.28
	ⅩⅣ低地草甸类		8.48	8.14	403.49	3 285.92	1.53	1.33	1.46
	(Ⅰ)低湿地草甸亚类		8.48	8.14	403.49	3 285.92	1.53	1.33	1.46
141063	无脉苔草、蕨麻委陵菜	Ⅱ3	8.48	8.14	403.49	3 285.92	1.53	1.33	1.46
	ⅩⅤ山地草甸类		0.05	0.04	278.31	11.22	0.01	0.005	0.01
	(Ⅰ)山地草甸亚类		0.05	0.04	278.31	11.22	0.01	0.005	0.01
151067	中亚早熟禾、苔草	Ⅱ4	0.05	0.04	278.31	11.22	0.01	0.005	0.01
	ⅩⅥ高寒草甸类		962.15	931.50	66.70	62 135.60	31.13	25.17	28.69
	(Ⅰ)高寒草甸亚类		886.33	862.53	59.71	51 505.00	25.89	20.91	23.84

(续)

类型号	草原类型名称	草原等级	草原面积	草原可利用面积	鲜草单产	鲜草总产	暖季载畜量	冷季载畜量	全年载畜量
161079	高山嵩草	Ⅲ7	4.25	4.17	73.72	307.39	0.15	0.12	0.14
161082	高山嵩草、青藏苔草	Ⅱ7	537.59	521.46	58.78	30 651.98	15.41	12.45	14.19
161081	高山嵩草、杂类草	Ⅲ7	309.10	302.91	58.59	17 746.63	8.92	7.21	8.22
161084	高山嵩草、矮生嵩草	Ⅱ7	0.24	0.23	64.14	15.00	0.01	0.01	0.01
161085	矮生嵩草、青藏苔草	Ⅲ8	0.04	0.04	18.93	0.82	0.00	0.00	0.00
161090	金露梅、高山嵩草	Ⅲ7	35.11	33.71	82.57	2 783.18	1.40	1.13	1.29
	(Ⅱ)高寒盐化草甸亚类		14.92	13.58	67.21	912.48	0.36	0.31	0.34
162097	三角草	Ⅲ7	14.92	13.58	67.21	912.48	0.36	0.31	0.34
	(Ⅲ)高寒沼泽化草甸亚类		60.90	55.40	175.42	9 718.12	4.88	3.95	4.50
163098	藏北嵩草	Ⅱ6	44.19	40.22	158.71	6 382.91	3.21	2.59	2.96
163101	川滇嵩草	Ⅲ5	15.87	14.44	225.39	3 254.89	1.64	1.32	1.51
163102	华扁穗草	Ⅱ6	0.83	0.74	108.41	80.32	0.04	0.03	0.04

5. 萨迦县草原类型面积、产草量及载畜量统计表

万亩、千克/亩、万千克、万羊单位

类型号	草原类型名称	草原等级	草原面积	草原可利用面积	鲜草单产	鲜草总产	暖季载畜量	冷季载畜量	全年载畜量
	合计		680.46	652.50	96.74	63 123.33	28.52	23.77	26.75
	Ⅱ温性草原类		111.26	101.76	88.97	9 054.02	4.21	3.62	3.99
020008	白草	Ⅲ7	16.34	15.69	66.71	1 046.71	0.49	0.42	0.47
020009	草沙蚕	Ⅲ6	0.10	0.09	137.87	12.84	0.004	0.005	0.004
020012	日喀则蒿	Ⅲ6	1.87	1.70	89.76	153.02	0.05	0.06	0.05
020014	砂生槐、蒿、禾草	Ⅲ6	92.95	84.27	93.05	7 841.46	3.66	3.13	3.47
	Ⅳ高寒草甸草原类		24.55	24.06	81.60	1 963.18	0.92	0.78	0.87
040022	丝颖针茅	Ⅱ7	24.55	24.06	81.60	1 963.18	0.92	0.78	0.87
	Ⅴ高寒草原类		286.42	274.43	74.20	20 362.46	7.45	6.48	7.10
050028	紫花针茅、杂类草	Ⅱ7	0.89	0.85	81.72	69.74	0.03	0.03	0.03
050031	固沙草、紫花针茅	Ⅳ7	157.40	151.11	70.20	10 607.92	3.81	3.31	3.63
050035	藏沙蒿、青藏苔草	Ⅲ7	114.70	110.11	76.38	8 409.54	3.02	2.63	2.88
050037	冻原白蒿	Ⅳ6	0.16	0.14	128.51	18.60	0.01	0.01	0.01
050041	鬼箭锦鸡儿、藏沙蒿	Ⅲ6	13.28	12.22	102.87	1 256.66	0.59	0.50	0.56
	ⅩⅣ低地草甸类		1.43	1.35	74.15	99.84	0.05	0.04	0.04
	（Ⅱ）低地盐化草甸亚类		1.43	1.35	74.15	99.84	0.05	0.04	0.04
142065	芦苇、赖草	Ⅲ7	1.43	1.35	74.15	99.84	0.05	0.04	0.04
	ⅩⅤ山地草甸类		0.02	0.01	142.40	1.95	0.001	0.001	0.001
	（Ⅰ）山地草甸亚类		0.02	0.01	142.40	1.95	0.001	0.001	0.001
151067	中亚早熟禾、苔草	Ⅱ6	0.02	0.01	142.40	1.95	0.001	0.001	0.001
	ⅩⅥ高寒草甸类		256.78	250.89	126.12	31 641.88	15.89	12.84	14.74
	（Ⅰ）高寒草甸亚类		246.06	241.13	117.13	28 244.54	14.20	11.47	13.16
161079	高山嵩草	Ⅲ7	10.60	10.38	81.57	847.07	0.43	0.34	0.39
161082	高山嵩草、青藏苔草	Ⅱ6	214.59	210.30	122.17	25 693.14	12.91	10.43	11.97
161081	高山嵩草、杂类草	Ⅲ6	8.80	8.62	124.90	1 076.66	0.54	0.44	0.50
161085	矮生嵩草、青藏苔草	Ⅲ7	12.07	11.83	53.05	627.66	0.32	0.25	0.29

(续)

类型号	草原类型名称	草原等级	草原面积	草原可利用面积	鲜草单产	鲜草总产	暖季载畜量	冷季载畜量	全年载畜量
	（Ⅱ）高寒盐化草甸亚类		0.62	0.56	142.40	79.73	0.03	0.03	0.03
162097	三角草	Ⅲ6	0.62	0.56	142.40	79.73	0.03	0.03	0.03
	（Ⅲ）高寒沼泽化草甸亚类		10.11	9.20	360.78	3 317.61	1.67	1.35	1.55
163098	藏北嵩草	Ⅱ3	10.09	9.18	359.89	3 303.41	1.66	1.34	1.54
163101	川滇嵩草	Ⅲ1	0.02	0.02	842.81	14.20	0.01	0.01	0.01

6. 拉孜县草原类型面积、产草量及载畜量统计表

万亩、千克/亩、万千克、万羊单位

类型号	草原类型名称	草原等级	草原面积	草原可利用面积	鲜草单产	鲜草总产	暖季载畜量	冷季载畜量	全年载畜量
	合计		540.72	518.92	95.83	49 730.29	24.22	20.04	22.52
	Ⅱ温性草原类		94.19	87.17	99.23	8 649.56	3.94	3.45	3.75
020008	白草	Ⅲ6	40.16	38.16	89.05	3 397.57	1.59	1.38	1.50
020009	草沙蚕	Ⅲ6	6.00	5.70	91.37	520.50	0.18	0.19	0.18
020012	日喀则蒿	Ⅲ6	2.22	2.00	89.56	178.77	0.06	0.06	0.06
020010	毛莲蒿	Ⅳ7	0.94	0.86	78.16	67.27	0.02	0.02	0.02
020014	砂生槐、蒿、禾草	Ⅲ6	44.88	40.46	110.87	4 485.45	2.09	1.79	1.97
	Ⅴ高寒草原类		113.13	107.50	84.96	9 132.51	4.22	3.62	3.98
050035	藏沙蒿、青藏苔草	Ⅲ7	5.53	5.26	75.46	396.75	0.14	0.12	0.14
050036	藏白蒿、禾草	Ⅴ6	4.48	4.30	107.56	462.85	0.22	0.19	0.20
050041	鬼箭锦鸡儿、藏沙蒿	Ⅲ7	0.48	0.44	80.25	34.94	0.02	0.01	0.02
050043	小叶金露梅、紫花针茅	Ⅲ7	96.35	91.53	84.60	7 743.34	3.61	3.10	3.41
050044	香柏、藏沙蒿	Ⅲ7	6.28	5.97	82.85	494.64	0.23	0.20	0.22
	ⅩⅥ高寒草甸类		333.41	324.26	98.53	31 948.22	16.06	12.97	14.79
	（Ⅰ）高寒草甸亚类		326.50	317.98	95.91	30 497.19	15.33	12.38	14.12
161082	高山嵩草、青藏苔草	Ⅱ6	40.74	39.52	89.78	3 547.78	1.78	1.44	1.64
161081	高山嵩草、杂类草	Ⅲ6	187.71	183.96	88.91	16 355.33	8.22	6.64	7.57
161084	高山嵩草、矮生嵩草	Ⅱ6	18.50	18.13	89.23	1 617.56	0.81	0.66	0.75
161090	金露梅、高山嵩草	Ⅲ6	79.55	76.37	117.54	8 976.52	4.51	3.64	4.16
	（Ⅲ）高寒沼泽化草甸亚类		6.90	6.28	231.03	1 451.03	0.73	0.59	0.67
163098	藏北嵩草	Ⅱ5	6.47	5.89	224.76	1 323.68	0.67	0.54	0.61
163101	川滇嵩草	Ⅲ4	0.43	0.39	325.39	127.35	0.06	0.05	0.06

7. 昂仁县草原类型面积、产草量及载畜量统计表

万亩、千克/亩、万千克、万羊单位

类型号	草原类型名称	草原等级	草原面积	草原可利用面积	鲜草单产	鲜草总产	暖季载畜量	冷季载畜量	全年载畜量
	合计		2 985.20	2 884.42	67.37	194 327.83	94.13	78.10	86.77
	Ⅱ温性草原类		122.57	111.61	63.12	7 044.52	2.61	2.53	2.56
020008	白草	Ⅲ7	25.55	24.27	57.63	1 398.88	0.65	0.48	0.57
020012	日喀则蒿	Ⅲ7	95.16	85.65	64.80	5 549.91	1.91	2.01	1.95
020014	砂生槐、蒿、禾草	Ⅲ7	1.86	1.69	56.69	95.73	0.04	0.04	0.04
	Ⅳ高寒草甸草原类		849.96	832.63	64.63	53 809.66	25.11	21.71	23.60
040022	丝颖针茅	Ⅱ7	348.13	341.17	63.69	21 730.16	10.14	8.69	9.49
040021	紫花针茅、高山嵩草	Ⅳ7	490.80	480.98	64.34	30 945.27	14.44	12.56	13.61
040024	金露梅、紫花针茅、高山嵩草	Ⅳ6	11.03	10.48	108.26	1 134.23	0.53	0.46	0.50
	Ⅴ高寒草原类		175.72	163.64	53.79	8 801.75	3.81	3.27	3.57
050027	紫花针茅、青藏苔草	Ⅲ8	30.84	30.23	15.49	468.14	0.22	0.19	0.20
050028	紫花针茅、杂类草	Ⅱ8	6.49	6.17	36.35	224.31	0.10	0.09	0.10
050031	固沙草、紫花针茅	Ⅳ8	3.67	3.48	24.86	86.61	0.03	0.03	0.03
050035	藏沙蒿、青藏苔草	Ⅲ6	28.92	27.48	97.98	2 692.02	0.97	0.84	0.91
050036	藏白蒿、禾草	Ⅴ7	0.29	0.27	59.08	16.21	0.01	0.01	0.01
050037	冻原白蒿	Ⅳ7	101.15	92.05	56.03	5 157.71	2.41	2.06	2.25
050041	鬼箭锦鸡儿、藏沙蒿	Ⅲ8	4.11	3.74	39.74	148.75	0.07	0.06	0.06
050043	小叶金露梅、紫花针茅	Ⅲ8	0.23	0.22	36.16	7.99	0.004	0.003	0.003
	ⅩⅤ山地草甸类		2.61	2.32	107.45	249.18	0.13	0.10	0.11
	（Ⅰ）山地草甸亚类		2.61	2.32	107.45	249.18	0.13	0.10	0.11
151067	中亚早熟禾、苔草	Ⅱ6	2.61	2.32	107.45	249.18	0.13	0.10	0.11
	ⅩⅥ高寒草甸类		1 834.35	1 774.22	70.13	124 422.73	62.47	50.48	56.93
	（Ⅰ）高寒草甸亚类		1 698.43	1 650.67	62.52	103 201.50	51.87	41.90	47.26
161079	高山嵩草	Ⅲ8	102.53	100.48	13.47	1 353.53	0.68	0.55	0.62
161082	高山嵩草、青藏苔草	Ⅱ7	1 288.04	1 249.40	60.02	74 983.36	37.69	30.45	34.34
161081	高山嵩草、杂类草	Ⅲ7	96.80	94.87	59.87	5 679.66	2.85	2.31	2.60

（续）

类型号	草原类型名称	草原等级	草原面积	草原可利用面积	鲜草单产	鲜草总产	暖季载畜量	冷季载畜量	全年载畜量
161084	高山嵩草、矮生嵩草	Ⅱ7	18.16	17.79	61.65	1 097.02	0.55	0.45	0.50
161080	高山嵩草、异针茅	Ⅱ7	0.12	0.12	56.65	6.65	0.003	0.003	0.003
161085	矮生嵩草、青藏苔草	Ⅲ8	55.36	53.70	22.60	1 213.76	0.61	0.49	0.56
161090	金露梅、高山嵩草	Ⅲ7	2.40	2.31	85.82	197.97	0.10	0.08	0.09
161091	香柏、高山嵩草	Ⅲ7	10.15	9.64	82.14	791.72	0.40	0.32	0.36
161086	尼泊尔嵩草	Ⅱ6	124.87	122.37	146.10	17 877.84	8.99	7.26	8.19
	（Ⅱ）高寒盐化草甸亚类		8.92	8.11	74.00	600.42	0.24	0.21	0.22
162097	三角草	Ⅲ7	8.92	8.11	74.00	600.42	0.24	0.21	0.22
	（Ⅲ）高寒沼泽化草甸亚类		127.01	115.43	178.64	20 620.81	10.36	8.37	9.44
163098	藏北嵩草	Ⅱ5	119.77	108.99	181.75	19 809.17	9.96	8.04	9.07
163102	华扁穗草	Ⅱ6	7.23	6.44	126.07	811.64	0.41	0.33	0.37

8. 谢通门县草原类型面积、产草量及载畜量统计表

万亩、千克/亩、万千克、万羊单位

类型号	草原类型名称	草原等级	草原面积	草原可利用面积	鲜草单产	鲜草总产	暖季载畜量	冷季载畜量	全年载畜量
	合 计		1 256.29	1 217.54	93.04	113 275.48	56.50	45.82	51.57
	Ⅰ 温性草甸草原类		4.05	3.73	138.21	514.86	0.25	0.21	0.23
010001	丝颖针茅	Ⅱ 6	4.05	3.73	138.21	514.86	0.25	0.21	0.23
	Ⅱ 温性草原类		52.76	48.12	42.60	2 049.79	0.91	0.79	0.86
020008	白草	Ⅲ 8	11.40	10.83	19.58	212.15	0.10	0.07	0.09
020009	草沙蚕	Ⅲ 7	0.02	0.02	61.87	1.02	0.000 4	0.000 4	0.000 4
020012	日喀则蒿	Ⅲ 7	9.21	8.29	44.34	367.56	0.13	0.13	0.13
020014	砂生槐、蒿、禾草	Ⅲ 7	32.13	28.98	50.70	1 469.06	0.69	0.59	0.64
	Ⅳ 高寒草甸草原类		3.77	3.69	86.18	318.13	0.15	0.13	0.14
040022	丝颖针茅	Ⅱ 6	3.12	3.06	90.53	276.64	0.13	0.11	0.12
040021	紫花针茅、高山嵩草	Ⅳ 7	0.65	0.64	65.26	41.49	0.02	0.02	0.02
	Ⅴ 高寒草原类		67.09	63.60	73.18	4 654.59	2.05	1.76	1.92
050027	紫花针茅、青藏苔草	Ⅲ 8	8.88	8.70	42.36	368.40	0.17	0.15	0.16
050028	紫花针茅、杂类草	Ⅱ 7	0.13	0.13	74.89	9.45	0.004	0.004	0.004
050032	黑穗画眉草、羽柱针茅	Ⅱ 7	7.55	7.40	67.93	502.47	0.23	0.20	0.22
050031	固沙草、紫花针茅	Ⅳ 7	15.28	14.51	59.61	865.16	0.31	0.27	0.29
050035	藏沙蒿、青藏苔草	Ⅲ 7	3.74	3.55	79.34	281.65	0.10	0.09	0.10
050042	变色锦鸡儿、紫花针茅	Ⅲ 6	12.55	11.30	111.58	1 260.31	0.59	0.50	0.55
050043	小叶金露梅、紫花针茅	Ⅲ 7	5.40	5.13	70.96	363.92	0.17	0.15	0.16
050044	香柏、藏沙蒿	Ⅲ 7	13.57	12.89	77.81	1 003.24	0.47	0.40	0.44
	ⅩⅥ 高寒草甸类		1 128.61	1 098.40	96.27	105 738.11	53.14	42.93	48.42
	（Ⅰ）高寒草甸亚类		1 106.98	1 078.72	92.42	99 693.13	50.11	40.48	45.65
161079	高山嵩草	Ⅲ 6	202.17	198.13	91.60	18 148.28	9.12	7.37	8.31
161082	高山嵩草、青藏苔草	Ⅱ 7	205.97	199.79	84.20	16 822.60	8.46	6.83	7.70
161081	高山嵩草、杂类草	Ⅲ 6	327.94	321.38	98.87	31 775.80	15.97	12.90	14.55
161084	高山嵩草、矮生嵩草	Ⅱ 6	111.35	109.12	103.67	11 312.09	5.69	4.59	5.18

（续）

类型号	草原类型名称	草原等级	草原面积	草原可利用面积	鲜草单产	鲜草总产	暖季载畜量	冷季载畜量	全年载畜量
161085	矮生嵩草、青藏苔草	Ⅲ 8	123.97	120.25	41.81	5 028.00	2.53	2.04	2.30
161090	金露梅、高山嵩草	Ⅲ 6	124.27	119.30	126.04	15 036.71	7.56	6.11	6.89
161091	香柏、高山嵩草	Ⅲ 6	11.31	10.75	146.05	1 569.67	0.79	0.64	0.72
	（Ⅲ）高寒沼泽化草甸亚类		21.63	19.68	307.10	6 044.98	3.04	2.45	2.77
163098	藏北嵩草	Ⅱ 4	21.63	19.68	307.10	6 044.98	3.04	2.45	2.77

9. 白朗县草原类型面积、产草量及载畜量统计表

万亩、千克/亩、万千克、万羊单位

类型号	草原类型名称	草原等级	草原面积	草原可利用面积	鲜草单产	鲜草总产	暖季载畜量	冷季载畜量	全年载畜量
	合计		349.56	331.92	81.68	27 111.14	12.91	10.79	11.94
	Ⅰ温性草甸草原类		5.82	5.31	121.35	644.35	0.31	0.26	0.29
010001	丝颖针茅	Ⅱ7	3.75	3.45	79.10	272.59	0.13	0.11	0.12
010003	细裂叶莲蒿、禾草	Ⅱ5	2.07	1.86	199.51	371.76	0.18	0.15	0.17
	Ⅱ温性草原类		96.01	88.03	73.48	6 468.26	2.87	2.55	2.72
020008	白草	Ⅲ7	25.90	24.60	57.17	1 406.61	0.66	0.57	0.62
020006	固沙草	Ⅲ7	0.31	0.29	53.87	15.50	0.004	0.004	0.004
020012	日喀则蒿	Ⅲ7	8.26	7.44	69.10	514.02	0.18	0.19	0.18
020010	毛莲蒿	Ⅳ7	8.74	8.04	84.14	676.24	0.23	0.25	0.24
020014	砂生槐、蒿、禾草	Ⅲ7	52.80	47.66	80.90	3 855.88	1.80	1.54	1.68
	Ⅳ高寒草甸草原类		18.26	17.71	80.26	1 421.30	0.66	0.57	0.62
040022	丝颖针茅	Ⅱ7	18.26	17.71	80.26	1 421.30	0.66	0.57	0.62
	Ⅴ高寒草原类		62.19	58.66	67.66	3 969.13	1.72	1.48	1.61
050027	紫花针茅、青藏苔草	Ⅲ8	5.09	4.99	37.62	187.57	0.09	0.07	0.08
050028	紫花针茅、杂类草	Ⅱ7	11.25	10.68	70.58	754.10	0.35	0.30	0.33
050031	固沙草、紫花针茅	Ⅳ7	23.00	21.85	55.55	1 213.78	0.44	0.38	0.41
050035	藏沙蒿、青藏苔草	Ⅲ8	0.65	0.62	21.01	13.01	0.00	0.00	0.00
050036	藏白蒿、禾草	Ⅴ7	6.41	6.16	86.74	533.96	0.25	0.21	0.23
050037	冻原白蒿	Ⅳ6	15.27	13.90	88.74	1 233.16	0.58	0.49	0.54
050041	鬼箭锦鸡儿、藏沙蒿	Ⅲ7	0.52	0.47	71.49	33.56	0.02	0.01	0.01
	ⅩⅥ高寒草甸类		167.23	162.18	90.05	14 604.23	7.34	5.93	6.69
	（Ⅰ）高寒草甸亚类		163.85	159.10	86.73	13 799.47	6.94	5.60	6.32
161079	高山嵩草	Ⅲ6	25.72	25.20	103.38	2 605.40	1.31	1.06	1.19
161082	高山嵩草、青藏苔草	Ⅱ7	125.93	122.15	81.32	9 933.29	4.99	4.03	4.55
161081	高山嵩草、杂类草	Ⅲ6	1.79	1.75	90.74	158.78	0.08	0.06	0.07
161090	金露梅、高山嵩草	Ⅲ6	10.42	10.00	110.19	1 102.01	0.55	0.45	0.50

（续）

类型号	草原类型名称	草原等级	草原面积	草原可利用面积	鲜草单产	鲜草总产	暖季载畜量	冷季载畜量	全年载畜量
	（Ⅲ）高寒沼泽化草甸亚类		3.38	3.08	261.59	804.76	0.40	0.33	0.37
163098	藏北嵩草	Ⅱ5	3.38	3.08	261.59	804.76	0.40	0.33	0.37
	ⅩⅧ沼泽类		0.06	0.03	128.75	3.86	0.002	0.001	0.001
170103	水麦冬	Ⅲ6	0.06	0.03	128.75	3.86	0.002	0.001	0.001

10. 仁布县草原类型面积、产草量及载畜量统计表

万亩、千克/亩、万千克、万羊单位

类型号	草原类型名称	草原等级	草原面积	草原可利用面积	鲜草单产	鲜草总产	暖季载畜量	冷季载畜量	全年载畜量
	合 计		276.98	271.18	172.02	46 648.92	22.70	18.79	20.89
	Ⅱ温性草原类		55.96	54.60	153.10	8 360.16	3.51	3.25	3.39
020008	白草	Ⅲ6	35.29	34.58	147.47	5 099.47	2.38	2.07	2.24
020009	草沙蚕	Ⅲ6	16.62	16.28	160.52	2 613.91	0.90	0.95	0.92
020010	毛莲蒿	Ⅳ6	3.93	3.61	172.57	623.63	0.21	0.23	0.22
020014	砂生槐、蒿、禾草	Ⅲ5	0.13	0.13	183.13	23.15	0.01	0.01	0.01
	Ⅳ高寒草甸草原类		11.22	10.99	134.15	1 474.49	0.69	0.59	0.64
040022	丝颖针茅	Ⅱ6	11.22	10.99	134.15	1 474.49	0.69	0.59	0.64
	Ⅴ高寒草原类		0.15	0.14	107.68	15.57	0.01	0.00	0.01
050031	固沙草、紫花针茅	Ⅳ6	0.15	0.14	107.68	15.57	0.01	0.00	0.01
	ⅩⅥ高寒草甸类		209.65	205.44	179.12	36 798.70	18.49	14.94	16.85
	（Ⅰ）高寒草甸亚类		208.94	204.76	178.14	36 477.61	18.33	14.81	16.70
161082	高山嵩草、青藏苔草	Ⅱ5	87.68	85.93	178.70	15 355.62	7.72	6.23	7.03
161081	高山嵩草、杂类草	Ⅲ6	116.03	113.71	174.98	19 895.64	10.00	8.08	9.11
161090	金露梅、高山嵩草	Ⅲ5	5.23	5.13	239.15	1 226.35	0.62	0.50	0.56
	（Ⅲ）高寒沼泽化草甸亚类		0.71	0.68	474.58	321.09	0.16	0.13	0.15
163098	藏北嵩草	Ⅱ3	0.71	0.68	474.58	321.09	0.16	0.13	0.15

11. 康马县草原类型面积、产草量及载畜量统计表

万亩、千克/亩、万千克、万羊单位

类型号	草原类型名称	草原等级	草原面积	草原可利用面积	鲜草单产	鲜草总产	暖季载畜量	冷季载畜量	全年载畜量
	合 计		737.48	704.38	75.36	53 081.77	23.99	20.19	22.38
	Ⅱ温性草原类		0.29	0.27	68.94	18.46	0.01	0.01	0.01
020006	固沙草	Ⅲ7	0.28	0.26	69.03	17.96	0.01	0.01	0.01
020012	日喀则蒿	Ⅲ7	0.01	0.01	65.84	0.50	0.000 2	0.000 2	0.000 2
	Ⅴ高寒草原类		496.20	474.54	71.13	33 753.14	14.47	12.45	13.63
050027	紫花针茅、青藏苔草	Ⅲ7	70.56	69.15	44.84	3 100.55	1.45	1.24	1.36
050028	紫花针茅、杂类草	Ⅱ7	218.95	208.00	80.45	16 733.12	7.81	6.69	7.34
050031	固沙草、紫花针茅	Ⅳ7	15.29	14.52	55.42	804.86	0.29	0.25	0.27
050035	藏沙蒿、青藏苔草	Ⅲ7	161.15	154.26	72.22	11 140.27	4.00	3.48	3.78
050036	藏白蒿、禾草	Ⅴ6	0.05	0.04	114.12	5.06	0.002 4	0.002 0	0.002 2
050037	冻原白蒿	Ⅳ6	3.37	3.07	115.45	353.91	0.17	0.14	0.16
050043	小叶金露梅、紫花针茅	Ⅲ7	2.83	2.69	52.86	142.10	0.07	0.06	0.06
050044	香柏、藏沙蒿	Ⅲ7	24.00	22.80	64.61	1 473.26	0.69	0.59	0.65
	ⅩⅤ山地草甸类		0.01	0.01	51.01	0.40	0.000 2	0.000 2	0.000 2
	（Ⅰ）山地草甸亚类		0.01	0.01	51.01	0.40	0.000 2	0.000 2	0.000 2
151067	中亚早熟禾、苔草	Ⅱ7	0.01	0.01	51.01	0.40	0.000 2	0.000 2	0.000 2
	ⅩⅥ高寒草甸类		240.30	229.22	84.17	19 292.77	9.51	7.73	8.74
	（Ⅰ）高寒草甸亚类		173.28	168.30	69.48	11 693.14	5.88	4.75	5.39
161079	高山嵩草	Ⅲ7	2.11	2.07	47.49	98.14	0.05	0.04	0.05
161082	高山嵩草、青藏苔草	Ⅱ7	138.41	134.26	68.06	9 137.76	4.59	3.71	4.21
161081	高山嵩草、杂类草	Ⅲ7	26.54	26.01	72.02	1 873.11	0.94	0.76	0.86
161090	金露梅、高山嵩草	Ⅲ6	6.00	5.76	98.03	564.55	0.28	0.23	0.26
161091	香柏、高山嵩草	Ⅲ6	0.22	0.21	91.80	19.60	0.01	0.01	0.01
	（Ⅱ）高寒盐化草甸亚类		24.28	22.10	77.93	1 722.19	0.68	0.59	0.64
162097	三角草	Ⅲ7	24.28	22.10	77.93	1 722.19	0.68	0.59	0.64
	（Ⅲ）高寒沼泽化草甸亚类		42.74	38.82	151.40	5 877.43	2.95	2.39	2.71

（续）

类型号	草原类型名称	草原等级	草原面积	草原可利用面积	鲜草单产	鲜草总产	暖季载畜量	冷季载畜量	全年载畜量
163098	藏北嵩草	Ⅱ6	39.08	35.56	154.13	5 480.92	2.75	2.23	2.53
163101	川滇嵩草	Ⅲ5	0.01	0.01	250.15	1.85	0.001	0.001	0.001
163102	华扁穗草	Ⅱ6	3.65	3.25	121.36	394.66	0.20	0.16	0.18
	ⅩⅧ沼泽类		0.68	0.34	49.82	17.00	0.01	0.01	0.01
170103	水麦冬	Ⅲ7	0.68	0.34	49.82	17.00	0.01	0.01	0.01

12. 定结县草原类型面积、产草量及载畜量统计表

万亩、千克/亩、万千克、万羊单位

类型号	草原类型名称	草原等级	草原面积	草原可利用面积	鲜草单产	鲜草总产	暖季载畜量	冷季载畜量	全年载畜量
	合 计		564.59	537.94	61.99	33 344.88	15.03	12.67	13.93
	II 温性草原类		9.04	8.49	84.46	716.74	0.19	0.18	0.18
020006	固沙草	III 7	8.79	8.26	83.01	685.73	0.17	0.16	0.17
020014	砂生槐、蒿、禾草	III 6	0.25	0.23	137.14	31.01	0.01	0.01	0.01
	IV 高寒草甸草原类		1.09	1.07	91.16	97.73	0.05	0.04	0.04
040022	丝颖针茅	II 6	1.09	1.07	91.16	97.73	0.05	0.04	0.04
	V 高寒草原类		316.39	300.45	58.27	17 508.82	7.44	6.41	6.97
050027	紫花针茅、青藏苔草	III 8	22.59	22.14	29.78	659.35	0.31	0.26	0.29
050028	紫花针茅、杂类草	II 7	70.79	67.25	65.43	4 400.60	2.05	1.76	1.92
050031	固沙草、紫花针茅	IV 7	143.07	135.92	48.84	6 638.96	2.38	2.07	2.24
050035	藏沙蒿、青藏苔草	III 7	2.23	2.12	63.39	134.34	0.05	0.04	0.05
050042	变色锦鸡儿、紫花针茅	III 7	15.84	14.26	46.23	659.06	0.31	0.26	0.29
050043	小叶金露梅、紫花针茅	III 7	61.86	58.76	85.37	5 016.52	2.34	2.01	2.19
	XIV 低地草甸类		65.40	61.48	46.06	2 831.72	1.32	1.15	1.24
	(II) 低地盐化草甸亚类		65.40	61.48	46.06	2 831.72	1.32	1.15	1.24
142065	芦苇、赖草	III 7	65.40	61.48	46.06	2 831.72	1.32	1.15	1.24
	XV 山地草甸类		1.61	1.44	109.85	157.86	0.08	0.06	0.07
	(I) 山地草甸亚类		1.61	1.44	109.85	157.86	0.08	0.06	0.07
151067	中亚早熟禾、苔草	II 6	1.61	1.44	109.85	157.86	0.08	0.06	0.07
	XVI 高寒草甸类		171.06	165.02	72.91	12 032.01	5.95	4.83	5.42
	(I) 高寒草甸亚类		147.18	143.29	57.93	8 300.92	4.17	3.37	3.79
161079	高山嵩草	III 6	0.39	0.38	102.72	39.00	0.02	0.02	0.02
161082	高山嵩草、青藏苔草	II 7	0.52	0.50	77.57	38.88	0.02	0.02	0.02
161081	高山嵩草、杂类草	III 6	52.97	51.91	89.89	4 666.39	2.35	1.89	2.13
161085	矮生嵩草、青藏苔草	III 8	92.54	89.76	38.61	3 465.40	1.74	1.41	1.58
161090	金露梅、高山嵩草	III 6	0.77	0.74	123.95	91.25	0.05	0.04	0.04

（续）

类型号	草原类型名称	草原等级	草原面积	草原可利用面积	鲜草单产	鲜草总产	暖季载畜量	冷季载畜量	全年载畜量
	（Ⅱ）高寒盐化草甸亚类		9.80	8.92	97.95	873.80	0.35	0.30	0.32
162097	三角草	Ⅲ6	9.80	8.92	97.95	873.80	0.35	0.30	0.32
	（Ⅲ）高寒沼泽化草甸亚类		14.07	12.81	223.09	2 857.28	1.44	1.16	1.31
163098	藏北嵩草	Ⅱ5	2.35	2.14	250.51	536.19	0.27	0.22	0.25
163101	川滇嵩草	Ⅲ5	11.72	10.67	217.59	2 321.10	1.17	0.94	1.06

13. 仲巴县草原类型面积、产草量及载畜量统计表

万亩、千克/亩、万千克、万羊单位

类型号	草原类型名称	草原等级	草原面积	草原可利用面积	鲜草单产	鲜草总产	暖季载畜量	冷季载畜量	全年载畜量
	合 计		5 442.93	4 995.74	59.66	298 062.60	135.44	113.22	125.09
	Ⅱ温性草原类		16.14	14.38	67.18	966.10	0.32	0.29	0.30
020008	白草	Ⅲ7	10.53	9.58	77.19	739.41	0.24	0.21	0.22
020012	日喀则蒿	Ⅲ7	5.61	4.80	47.21	226.69	0.08	0.08	0.08
	Ⅳ高寒草甸草原类		240.70	220.59	59.14	13 046.26	6.09	5.29	5.72
040022	丝颖针茅	Ⅱ8	41.17	38.27	37.98	1 453.42	0.68	0.58	0.63
040021	紫花针茅、高山嵩草	Ⅳ8	81.74	75.20	31.95	2 402.57	1.12	0.98	1.06
040024	金露梅、紫花针茅、高山嵩草	Ⅳ7	117.79	107.12	85.79	9 190.27	4.29	3.73	4.04
	Ⅴ高寒草原类		2 901.81	2 609.11	53.52	139 639.18	56.91	49.12	53.36
050027	紫花针茅、青藏苔草	Ⅲ8	62.31	57.32	23.64	1 354.89	0.63	0.54	0.59
050028	紫花针茅、杂类草	Ⅱ7	579.78	515.00	59.67	30 731.21	14.34	12.29	13.40
050029	昆仑针茅	Ⅱ8	3.78	3.36	35.41	118.91	0.06	0.05	0.05
050032	黑穗画眉草、羽柱针茅	Ⅱ8	46.85	41.62	32.42	1 349.02	0.63	0.54	0.59
050031	固沙草、紫花针茅	Ⅳ7	1 398.40	1 271.74	45.12	57 377.98	20.60	17.92	19.38
050035	藏沙蒿、青藏苔草	Ⅲ8	336.10	305.85	29.42	8 996.64	3.23	2.81	3.04
050036	藏白蒿、禾草	Ⅴ7	140.37	125.98	81.78	10 302.45	3.70	3.22	3.48
050042	变色锦鸡儿、紫花针茅	Ⅲ5	87.27	71.98	216.86	15 610.87	7.29	6.24	6.81
050041	鬼箭锦鸡儿、藏沙蒿	Ⅲ7	11.21	9.24	52.78	487.86	0.23	0.20	0.21
050043	小叶金露梅、紫花针茅	Ⅲ7	231.40	203.10	64.64	13 129.03	6.13	5.25	5.72
050044	香柏、藏沙蒿	Ⅲ7	4.35	3.91	46.12	180.33	0.08	0.07	0.08
	ⅩⅣ低地草甸类		153.26	145.86	51.34	7 488.61	3.49	3.04	3.29
	(Ⅱ)低地盐化草甸亚类		153.26	145.86	51.34	7 488.61	3.49	3.04	3.29
142065	芦苇、赖草	Ⅲ7	153.26	145.86	51.34	7 488.61	3.49	3.04	3.29
	ⅩⅤ山地草甸类		2.88	2.74	65.43	179.59	0.09	0.07	0.08
	(Ⅱ)亚高山草甸亚类		2.88	2.74	65.43	179.59	0.09	0.07	0.08
152073	矮生嵩草、杂类草	Ⅱ7	2.88	2.74	65.43	179.59	0.09	0.07	0.08

（续）

类型号	草原类型名称	草原等级	草原面积	草原可利用面积	鲜草单产	鲜草总产	暖季载畜量	冷季载畜量	全年载畜量
	ⅩⅥ高寒草甸类		2 119.58	1 998.89	68.18	136 293.83	68.36	55.26	62.17
	（Ⅰ）高寒草甸亚类		1 824.90	1 738.53	54.34	94 472.73	47.48	38.36	43.17
161079	高山嵩草	Ⅲ7	272.16	259.02	48.09	12 457.30	6.26	5.06	5.69
161082	高山嵩草、青藏苔草	Ⅱ7	915.64	871.44	64.75	56 423.68	28.36	22.91	25.78
161081	高山嵩草、杂类草	Ⅲ7	170.96	164.52	63.27	10 409.62	5.23	4.23	4.76
161085	矮生嵩草、青藏苔草	Ⅲ8	457.89	435.79	33.05	14 402.25	7.24	5.85	6.58
161090	金露梅、高山嵩草	Ⅲ6	8.25	7.76	100.48	779.88	0.39	0.32	0.36
	（Ⅱ）高寒盐化草甸亚类		18.76	16.66	77.57	1 292.36	0.51	0.44	0.48
162097	三角草	Ⅲ7	18.76	16.66	77.57	1 292.36	0.51	0.44	0.48
	（Ⅲ）高寒沼泽化草甸亚类		275.92	243.71	166.30	40 528.74	20.37	16.46	18.52
163098	藏北嵩草	Ⅱ6	210.24	186.75	171.34	31 997.59	16.08	12.99	14.62
163102	华扁穗草	Ⅱ6	65.68	56.95	149.79	8 531.15	4.29	3.46	3.90
	ⅩⅧ沼泽类		8.55	4.16	108.02	449.03	0.18	0.15	0.17
170103	水麦冬	Ⅲ6	8.55	4.16	108.02	449.03	0.18	0.15	0.17

14. 亚东县草原类型面积、产草量及载畜量统计表

万亩、千克/亩、万千克、万羊单位

类型号	草原类型名称	草原等级	草原面积	草原可利用面积	鲜草单产	鲜草总产	暖季载畜量	冷季载畜量	全年载畜量
	合 计		388.37	374.06	116.03	43 401.86	20.83	17.12	19.28
	Ⅳ高寒草甸草原类		12.41	12.16	71.26	866.50	0.40	0.35	0.38
040021	紫花针茅、高山嵩草	Ⅳ7	12.41	12.16	71.26	866.50	0.40	0.35	0.38
	Ⅴ高寒草原类		144.65	139.36	65.97	9 193.90	3.90	3.36	3.68
050027	紫花针茅、青藏苔草	Ⅲ7	63.47	62.20	48.09	2 990.88	1.40	1.20	1.31
050028	紫花针茅、杂类草	Ⅱ6	24.47	23.25	88.31	2 052.95	0.96	0.82	0.90
050031	固沙草、紫花针茅	Ⅳ7	22.65	21.52	77.36	1 664.92	0.60	0.52	0.57
050035	藏沙蒿、青藏苔草	Ⅲ7	30.03	28.53	68.05	1 941.28	0.70	0.61	0.66
050036	藏白蒿、禾草	Ⅴ6	3.89	3.73	142.12	530.78	0.25	0.21	0.23
050044	香柏、藏沙蒿	Ⅲ6	0.14	0.13	100.42	13.09	0.01	0.01	0.01
	ⅩⅥ高寒草甸类		231.31	222.54	149.82	33 341.46	16.53	13.40	15.21
	（Ⅰ）高寒草甸亚类		198.88	193.22	129.34	24 991.72	12.56	10.15	11.54
161082	高山嵩草、青藏苔草	Ⅱ6	2.46	2.39	128.85	307.56	0.15	0.12	0.14
161081	高山嵩草、杂类草	Ⅲ6	62.62	61.36	125.66	7 710.98	3.88	3.13	3.56
161080	高山嵩草、异针茅	Ⅱ6	37.43	36.68	129.86	4 762.73	2.39	1.93	2.20
161085	矮生嵩草、青藏苔草	Ⅲ7	27.02	26.21	51.19	1 341.73	0.67	0.54	0.62
161090	金露梅、高山嵩草	Ⅲ6	69.35	66.58	163.24	10 868.72	5.46	4.41	5.02
	（Ⅱ）高寒盐化草甸亚类		14.58	13.27	161.22	2 138.99	0.84	0.73	0.80
162097	三角草	Ⅲ6	14.58	13.27	161.22	2 138.99	0.84	0.73	0.80
	（Ⅲ）高寒沼泽化草甸亚类		17.85	16.05	386.87	6 210.75	3.12	2.52	2.87
163098	藏北嵩草	Ⅱ3	0.33	0.30	361.68	108.76	0.05	0.04	0.05
163101	川滇嵩草	Ⅲ2	7.93	7.22	584.26	4 217.53	2.12	1.71	1.95
163102	华扁穗草	Ⅱ5	9.59	8.53	220.80	1 884.46	0.95	0.77	0.87

15. 吉隆县草原类型面积、产草量及载畜量统计表

万亩、千克/亩、万千克、万羊单位

类型号	草原类型名称	草原等级	草原面积	草原可利用面积	鲜草单产	鲜草总产	暖季载畜量	冷季载畜量	全年载畜量
	合　计		762.71	737.78	63.61	46 931.93	22.72	18.72	20.89
	Ⅰ温性草甸草原类		2.60	2.34	140.66	328.77	0.16	0.13	0.15
010003	细裂叶莲蒿、禾草	Ⅱ6	2.60	2.34	140.66	328.77	0.16	0.13	0.15
	Ⅱ温性草原类		4.79	4.36	61.72	268.83	0.11	0.10	0.11
020006	固沙草	Ⅲ8	0.78	0.73	35.59	25.94	0.01	0.01	0.01
020010	毛莲蒿	Ⅳ7	0.66	0.61	72.82	44.12	0.02	0.02	0.02
020014	砂生槐、蒿、禾草	Ⅲ7	3.36	3.02	65.80	198.77	0.09	0.08	0.09
	Ⅳ高寒草甸草原类		6.78	6.49	51.85	336.47	0.16	0.14	0.15
040022	丝颖针茅	Ⅱ8	2.12	2.06	37.33	76.82	0.04	0.03	0.03
040024	金露梅、紫花针茅、高山嵩草	Ⅳ7	4.67	4.43	58.59	259.65	0.12	0.11	0.11
	Ⅴ高寒草原类		289.24	277.62	43.80	12 159.11	5.45	4.68	5.11
050027	紫花针茅、青藏苔草	Ⅲ8	83.69	82.02	26.52	2 175.25	1.02	0.87	0.95
050028	紫花针茅、杂类草	Ⅱ7	2.67	2.53	44.59	113.03	0.05	0.05	0.05
050031	固沙草、紫花针茅	Ⅳ8	46.87	44.52	42.71	1 901.82	0.68	0.59	0.64
050035	藏沙蒿、青藏苔草	Ⅲ7	2.59	2.50	61.67	154.34	0.06	0.05	0.05
050036	藏白蒿、禾草	Ⅴ7	38.15	36.62	66.24	2 425.76	1.13	0.97	1.06
050037	冻原白蒿	Ⅳ7	0.20	0.18	67.76	12.42	0.01	0.00	0.01
050042	变色锦鸡儿、紫花针茅	Ⅲ7	1.52	1.36	44.75	61.05	0.03	0.02	0.03
050043	小叶金露梅、紫花针茅	Ⅲ7	77.70	73.81	51.57	3 806.43	1.78	1.52	1.66
050044	香柏、藏沙蒿	Ⅲ7	35.86	34.06	44.30	1 509.02	0.70	0.60	0.66
	ⅩⅣ低地草甸类		8.81	8.46	128.97	1 090.66	0.51	0.44	0.48
	（Ⅰ）低湿地草甸亚类		8.81	8.46	128.97	1 090.66	0.51	0.44	0.48
141063	无脉苔草、蕨麻委陵菜	Ⅱ6	8.81	8.46	128.97	1 090.66	0.51	0.44	0.48
	ⅩⅥ高寒草甸类		450.49	438.52	74.68	32 748.09	16.33	13.22	14.89
	（Ⅰ）高寒草甸亚类		410.63	402.24	68.70	27 635.81	13.89	11.22	12.66
161082	高山嵩草、青藏苔草	Ⅱ7	14.96	14.51	62.68	909.42	0.46	0.37	0.42

（续）

类型号	草原类型名称	草原等级	草原面积	草原可利用面积	鲜草单产	鲜草总产	暖季载畜量	冷季载畜量	全年载畜量
161081	高山嵩草、杂类草	Ⅲ7	393.91	386.03	68.90	26 596.13	13.37	10.80	12.18
161080	高山嵩草、异针茅	Ⅱ7	0.40	0.39	58.82	23.22	0.01	0.01	0.01
161090	金露梅、高山嵩草	Ⅲ7	1.36	1.31	81.72	107.04	0.05	0.04	0.05
	（Ⅱ）高寒盐化草甸亚类		18.06	16.44	73.49	1 207.88	0.48	0.41	0.45
162097	三角草	Ⅲ7	18.06	16.44	73.49	1 207.88	0.48	0.41	0.45
	（Ⅲ）高寒沼泽化草甸亚类		21.80	19.84	196.83	3 904.40	1.96	1.59	1.79
163098	藏北嵩草	Ⅱ5	21.80	19.84	196.83	3 904.40	1.96	1.59	1.79

16. 聂拉木县草原类型面积、产草量及载畜量统计表

万亩、千克/亩、万千克、万羊单位

类型号	草原类型名称	草原等级	草原面积	草原可利用面积	鲜草单产	鲜草总产	暖季载畜量	冷季载畜量	全年载畜量
	合 计		756.55	729.26	61.98	45 200.06	20.81	17.39	19.53
	Ⅱ温性草原类		8.92	8.12	139.56	1 132.64	0.39	0.41	0.40
020014	砂生槐、蒿、禾草	Ⅲ6	8.92	8.12	139.56	1 132.64	0.39	0.41	0.40
	Ⅳ高寒草甸草原类		76.90	74.80	59.08	4 419.23	2.06	1.77	1.96
040022	丝颖针茅	Ⅱ7	52.51	50.94	65.24	3 323.27	1.55	1.33	1.47
040021	紫花针茅、高山嵩草	Ⅳ8	23.15	22.68	43.43	985.20	0.46	0.40	0.44
040024	金露梅、紫花针茅、高山嵩草	Ⅳ6	1.24	1.18	94.12	110.76	0.05	0.04	0.05
	Ⅴ高寒草原类		372.74	357.86	46.25	16 552.20	6.77	5.84	6.43
050027	紫花针茅、青藏苔草	Ⅲ8	104.54	102.45	34.91	3 576.61	1.67	1.43	1.58
050028	紫花针茅、杂类草	Ⅱ7	9.72	9.24	60.61	559.87	0.26	0.22	0.25
050029	昆仑针茅	Ⅱ8	15.05	14.75	41.04	605.37	0.28	0.24	0.27
050031	固沙草、紫花针茅	Ⅳ7	173.33	164.67	47.71	7 857.02	2.82	2.45	2.69
050035	藏沙蒿、青藏苔草	Ⅲ7	2.53	2.48	87.52	216.78	0.08	0.07	0.07
050036	藏白蒿、禾草	Ⅴ6	9.22	8.85	89.21	789.94	0.28	0.25	0.27
050043	小叶金露梅、紫花针茅	Ⅲ7	57.90	55.01	53.05	2 918.35	1.36	1.17	1.29
050044	香柏、藏沙蒿	Ⅲ7	0.44	0.42	67.40	28.26	0.01	0.01	0.01
	ⅩⅥ高寒草甸类		297.99	288.48	80.06	23 096.00	11.58	9.36	10.74
	（Ⅰ）高寒草甸亚类		263.28	256.89	69.01	17 728.62	8.91	7.20	8.26
161082	高山嵩草、青藏苔草	Ⅱ7	6.82	6.62	57.15	378.19	0.19	0.15	0.18
161081	高山嵩草、杂类草	Ⅲ7	179.25	175.66	66.01	11 596.13	5.83	4.71	5.40
161084	高山嵩草、矮生嵩草	Ⅱ7	24.41	23.92	63.26	1 513.05	0.76	0.61	0.71
161090	金露梅、高山嵩草	Ⅲ7	52.81	50.69	83.66	4 241.24	2.13	1.72	1.98
	（Ⅱ）高寒盐化草甸亚类		4.05	3.68	64.52	237.56	0.09	0.08	0.09
162097	三角草	Ⅲ7	4.05	3.68	64.52	237.56	0.09	0.08	0.09
	（Ⅲ）高寒沼泽化草甸亚类		30.67	27.91	183.82	5 129.83	2.58	2.08	2.39
163098	藏北嵩草	Ⅱ5	30.67	27.91	183.82	5 129.83	2.58	2.08	2.39

17. 萨嘎县草原类型面积、产草量及载畜量统计表

万亩、千克/亩、万千克、万羊单位

类型号	草原类型名称	草原等级	草原面积	草原可利用面积	鲜草单产	鲜草总产	暖季载畜量	冷季载畜量	全年载畜量
	合 计		1 286.66	1 239.96	72.17	89 488.10	41.96	34.67	38.62
	Ⅳ高寒草甸草原类		9.04	8.67	71.82	622.88	0.29	0.25	0.27
040022	丝颖针茅	Ⅱ7	1.31	1.28	84.33	107.90	0.05	0.04	0.05
040021	紫花针茅、高山嵩草	Ⅳ7	0.89	0.88	54.33	47.79	0.02	0.02	0.02
040024	金露梅、紫花针茅、高山嵩草	Ⅳ7	6.83	6.51	71.72	467.19	0.22	0.19	0.21
	Ⅴ高寒草原类		685.04	657.92	50.81	33 429.69	13.81	11.91	12.96
050027	紫花针茅、青藏苔草	Ⅲ8	113.60	111.78	33.82	3 780.11	1.76	1.51	1.65
050028	紫花针茅、杂类草	Ⅱ7	79.90	76.23	57.19	4 359.62	2.03	1.74	1.90
050029	昆仑针茅	Ⅱ8	37.74	37.14	36.79	1 366.31	0.64	0.55	0.60
050031	固沙草、紫花针茅	Ⅳ7	239.46	228.44	49.75	11 365.41	4.08	3.55	3.84
050035	藏沙蒿、青藏苔草	Ⅲ8	15.57	14.85	34.04	505.60	0.18	0.16	0.17
050036	藏白蒿、禾草	Ⅴ6	53.13	50.69	94.56	4 792.98	1.72	1.50	1.62
050042	变色锦鸡儿、紫花针茅	Ⅲ7	10.29	9.67	62.20	601.58	0.28	0.24	0.26
050043	小叶金露梅、紫花针茅	Ⅲ8	47.45	45.27	33.81	1 530.49	0.71	0.61	0.67
050044	香柏、藏沙蒿	Ⅲ7	87.89	83.84	61.16	5 127.59	2.39	2.05	2.24
	ⅩⅤ山地草甸类		0.86	0.77	166.03	127.07	0.06	0.05	0.06
	（Ⅰ）山地草甸亚类		0.86	0.77	166.03	127.07	0.06	0.05	0.06
151067	中亚早熟禾、苔草	Ⅱ6	0.86	0.77	166.03	127.07	0.06	0.05	0.06
	ⅩⅥ高寒草甸类		591.74	572.60	96.59	55 308.45	27.80	22.46	25.33
	（Ⅰ）高寒草甸亚类		501.09	489.75	86.25	42 240.89	21.23	17.15	19.34
161079	高山嵩草	Ⅲ6	8.83	8.69	123.24	1 070.69	0.54	0.43	0.49
161082	高山嵩草、青藏苔草	Ⅱ7	255.51	248.86	85.69	21 325.33	10.72	8.66	9.77
161081	高山嵩草、杂类草	Ⅲ7	87.20	85.81	86.58	7 429.62	3.73	3.02	3.40
161084	高山嵩草、矮生嵩草	Ⅱ6	24.74	24.32	88.38	2 149.41	1.08	0.87	0.98
161080	高山嵩草、异针茅	Ⅱ7	80.86	79.57	84.78	6 745.57	3.39	2.74	3.09
161085	矮生嵩草、青藏苔草	Ⅲ8	16.16	15.74	32.25	507.68	0.26	0.21	0.23

(续)

类型号	草原类型名称	草原等级	草原面积	草原可利用面积	鲜草单产	鲜草总产	暖季载畜量	冷季载畜量	全年载畜量
161090	金露梅、高山嵩草	Ⅲ6	27.79	26.76	112.56	3 012.60	1.51	1.22	1.38
	（Ⅲ）高寒沼泽化草甸亚类		90.65	82.85	157.73	13 067.56	6.57	5.31	5.98
163098	藏北嵩草	Ⅱ6	90.65	82.85	157.73	13 067.56	6.57	5.31	5.98

18. 岗巴县草原类型面积、产草量及载畜量统计表

万亩、千克/亩、万千克、万羊单位

类型号	草原类型名称	草原等级	草原面积	草原可利用面积	鲜草单产	鲜草总产	暖季载畜量	冷季载畜量	全年载畜量
	合 计		546.87	527.17	55.15	29 073.02	13.61	11.38	12.59
	Ⅱ温性草原类		0.27	0.24	65.15	15.64	0.01	0.01	0.01
020014	砂生槐、蒿、禾草	Ⅲ7	0.27	0.24	65.15	15.64	0.01	0.01	0.01
	Ⅳ高寒草甸草原类		13.86	13.50	45.62	615.75	0.29	0.25	0.27
040022	丝颖针茅	Ⅱ7	13.86	13.50	45.62	615.75	0.29	0.25	0.27
	Ⅴ高寒草原类		316.18	305.05	42.76	13 042.94	5.64	4.90	5.31
050027	紫花针茅、青藏苔草	Ⅲ8	109.74	107.98	29.02	3 133.91	1.46	1.25	1.37
050028	紫花针茅、杂类草	Ⅱ7	67.81	64.69	52.79	3 415.21	1.59	1.37	1.49
050029	昆仑针茅	Ⅱ8	14.78	14.48	31.29	453.07	0.21	0.18	0.20
050031	固沙草、紫花针茅	Ⅳ7	43.40	41.40	47.12	1 950.80	0.70	0.61	0.66
050035	藏沙蒿、青藏苔草	Ⅲ8	15.84	15.05	33.81	508.75	0.18	0.16	0.17
050036	藏白蒿、禾草	Ⅴ7	24.35	23.23	72.46	1 683.05	0.60	0.58	0.59
050037	冻原白蒿	Ⅳ7	5.07	4.64	83.24	385.85	0.18	0.15	0.17
050043	小叶金露梅、紫花针茅	Ⅲ8	30.30	28.91	42.81	1 237.71	0.58	0.49	0.54
050044	香柏、藏沙蒿	Ⅲ7	4.90	4.68	58.71	274.58	0.13	0.11	0.12
	ⅩⅣ低地草甸类		12.05	11.37	32.14	365.56	0.17	0.15	0.16
	（Ⅱ）低地盐化草甸亚类		12.05	11.37	32.14	365.56	0.17	0.15	0.16
142065	芦苇、赖草	Ⅲ8	12.05	11.37	32.14	365.56	0.17	0.15	0.16
	ⅩⅥ高寒草甸类		204.52	197.00	76.31	15 033.13	7.50	6.07	6.84
	（Ⅰ）高寒草甸亚类		161.60	157.81	58.74	9 269.85	4.66	3.76	4.25
161082	高山嵩草、青藏苔草	Ⅱ7	107.53	104.73	61.32	6 421.96	3.23	2.61	2.94
161081	高山嵩草、杂类草	Ⅲ7	44.95	44.23	57.81	2 557.11	1.29	1.04	1.17
161085	矮生嵩草、青藏苔草	Ⅲ8	8.88	8.61	31.34	269.87	0.14	0.11	0.12
161090	金露梅、高山嵩草	Ⅲ6	0.24	0.23	89.16	20.90	0.01	0.01	0.01
	（Ⅱ）高寒盐化草甸亚类		6.36	5.81	86.18	501.10	0.20	0.17	0.19
162097	三角草	Ⅲ7	6.36	5.81	86.18	501.10	0.20	0.17	0.19

（续）

类型号	草原类型名称	草原等级	草原面积	草原可利用面积	鲜草单产	鲜草总产	暖季载畜量	冷季载畜量	全年载畜量
	（Ⅲ）高寒沼泽化草甸亚类		36.55	33.38	157.66	5 262.19	2.64	2.14	2.41
163098	藏北嵩草	Ⅱ6	34.97	31.96	160.11	5 116.73	2.57	2.08	2.34
163102	华扁穗草	Ⅱ6	1.59	1.42	102.58	145.46	0.07	0.06	0.07

(五)那曲地区(含实用区)草原类型面积、产草量及载畜量统计表

万亩、千克/亩、万千克、万羊单位

类型号	草原类型名称	草原等级	草原面积	草原可利用面积	鲜草单产	鲜草总产	暖季载畜量	冷季载畜量	全年载畜量
	合 计		54 661.05	48 106.74	51.87	2 495 258.50	1 158.37	959.63	1 017.65
	Ⅳ高寒草甸草原类		3 724.30	3 266.24	44.02	143 775.39	67.43	56.07	59.35
040021	紫花针茅、高山嵩草	Ⅱ7	2 256.57	2 000.31	51.53	103 070.47	48.34	40.20	42.54
040022	丝颖针茅	Ⅲ7	122.27	109.30	48.97	5 352.40	2.51	2.09	2.21
040023	青藏苔草、高山嵩草	Ⅳ8	442.97	372.54	34.79	12 961.06	6.08	5.05	5.34
040024	金露梅、紫花针茅、高山嵩草	Ⅳ8	902.48	784.10	28.56	22 391.46	10.50	8.73	9.26
	Ⅴ高寒草原类		27 392.72	23 100.35	38.68	893 406.24	400.49	343.08	358.98
050026	紫花针茅	Ⅲ8	6 590.25	5 723.40	41.42	237 070.98	106.27	91.05	95.29
050027	紫花针茅、青藏苔草	Ⅲ8	12 860.66	10 750.59	40.19	432 099.42	193.70	165.93	173.56
050028	紫花针茅、杂类草	Ⅱ8	2 395.44	2 075.40	38.72	80 359.39	36.02	30.86	32.32
050030	羽柱针茅	Ⅲ8	319.84	271.55	36.97	10 038.36	4.50	3.85	4.02
050033	青藏苔草	Ⅲ8	3 991.59	3 228.01	27.88	89 985.06	40.34	34.55	36.15
050039	垫型嵩、紫花针茅	Ⅲ8	103.24	87.04	27.69	2 410.22	1.08	0.93	0.97
050034	藏沙嵩、紫花针茅	Ⅲ8	471.54	401.35	39.83	15 986.67	7.17	6.14	6.41
050038	昆仑嵩	Ⅲ8	67.09	58.37	45.63	2 663.45	1.19	1.02	1.07
050037	冻原白嵩	Ⅲ8	20.56	18.30	39.84	728.87	0.33	0.28	0.29
050043	小叶金露梅、紫花针茅	Ⅱ8	455.98	379.25	38.44	14 579.46	6.54	5.60	5.87
050040	青海刺参、紫花针茅	Ⅲ7	116.54	107.09	69.89	7 484.37	3.36	2.87	3.02
	Ⅵ高寒荒漠草原类		3 379.20	2 723.76	27.76	75 610.32	30.24	26.31	27.36
060047	青藏苔草、垫状驼绒藜	Ⅲ8	3 379.20	2 723.76	27.76	75 610.32	30.24	26.31	27.36
	Ⅸ高寒荒漠类		1 572.32	1 098.67	15.20	16 704.28	3.46	3.01	3.13
090054	垫状驼绒藜	Ⅲ8	1 572.32	1 098.67	15.20	16 704.28	3.46	3.01	3.13
	ⅩⅤ山地草甸类		215.38	211.08	61.78	13 039.79	6.30	5.09	5.46
	(Ⅱ)亚高山草甸亚类		215.38	211.08	61.78	13 039.79	6.30	5.09	5.46
152073	矮生嵩草、杂类草	Ⅱ6	19.89	19.49	169.18	3 297.67	1.59	1.29	1.38
152077	垂穗披碱草	Ⅲ7	195.49	191.58	50.85	9 742.12	4.70	3.80	4.07

（续）

类型号	草原类型名称	草原等级	草原面积	草原可利用面积	鲜草单产	鲜草总产	暖季载畜量	冷季载畜量	全年载畜量
	ⅩⅥ高寒草甸类		18 377.13	17 706.64	76.40	1 352 722.46	650.46	526.07	563.37
	（Ⅰ）高寒草甸亚类		13 317.96	13 051.60	85.46	1 115 381.94	538.46	435.00	466.43
161084	高山嵩草、矮生嵩草	Ⅱ6	1 922.01	1 883.57	127.52	240 184.84	115.95	93.67	100.35
161083	圆穗蓼、高山嵩草	Ⅱ6	1 862.42	1 825.17	97.01	177 052.69	85.47	69.05	74.26
161082	高山嵩草、青藏苔草	Ⅲ7	341.02	334.20	69.83	23 335.78	11.27	9.10	9.74
161081	高山嵩草、杂类草	Ⅲ7	7 025.54	6 885.03	67.72	466 263.79	225.09	181.84	194.89
161080	高山嵩草、异针茅	Ⅱ7	1 130.59	1 107.98	77.17	85 507.21	41.28	33.35	35.58
161090	金露梅、高山嵩草	Ⅲ6	590.49	578.68	100.50	58 160.13	28.08	22.68	24.34
161092	雪层杜鹃、高山嵩草	Ⅲ6	445.89	436.97	148.47	64 877.50	31.32	25.30	27.27
	（Ⅱ）高寒盐化草甸亚类		1 001.28	981.25	25.41	24 937.43	9.46	8.23	8.57
162094	喜马拉雅碱茅	Ⅱ8	992.22	972.38	25.37	24 670.28	9.36	8.14	8.48
162095	匍匐水柏枝、青藏苔草	Ⅲ8	9.05	8.87	30.11	267.15	0.10	0.09	0.09
	（Ⅲ）高寒沼泽化草甸亚类		4 057.90	3 673.79	57.82	212 403.10	102.54	82.84	88.37
163098	藏北嵩草	Ⅱ7	2 906.26	2 632.03	58.28	153 385.79	74.05	59.82	63.82
163099	西藏嵩草	Ⅱ7	451.39	409.06	89.36	36 554.71	17.65	14.26	15.24
163102	华扁穗草	Ⅱ8	700.24	632.70	35.50	22 462.61	10.84	8.76	9.31

1. 那曲地区草原类型面积、产草量及载畜量统计表

类型号	草原类型名称	草原等级	草原面积	草原可利用面积	鲜草单产	鲜草总产	暖季载畜量	冷季载畜量	全年载畜量
	合 计		47 297.72	41 434.68	52.06	2 157 040.61	999.95	828.44	878.36
	Ⅳ高寒草甸草原类		2 301.19	2 037.13	46.57	94 876.63	44.49	37.00	39.14
040021	紫花针茅、高山嵩草	Ⅱ7	1 600.91	1 429.74	51.42	73 511.11	34.47	28.67	30.33
040022	丝颖针茅	Ⅲ7	45.32	41.36	68.31	2 825.46	1.33	1.10	1.17
040023	青藏苔草、高山嵩草	Ⅳ8	391.37	328.16	33.53	11 004.03	5.16	4.29	4.53
040024	金露梅、紫花针茅、高山嵩草	Ⅳ8	263.59	237.87	31.68	7 536.03	3.53	2.94	3.11
	Ⅴ高寒草原类		24 714.51	20 823.55	37.12	772 903.85	346.47	296.80	310.35
050026	紫花针茅	Ⅲ8	6 178.18	5 363.30	39.43	211 496.31	94.81	81.21	84.96
050027	紫花针茅、青藏苔草	Ⅲ8	12 274.29	10 251.98	38.38	393 507.66	176.40	151.11	158.00
050028	紫花针茅、杂类草	Ⅱ8	1 648.39	1 432.90	38.51	55 176.42	24.73	21.19	22.16
050030	羽柱针茅	Ⅲ8	319.84	271.55	36.97	10 038.36	4.50	3.85	4.02
050033	青藏苔草	Ⅲ8	3 200.49	2 571.39	25.27	64 990.11	29.13	24.96	26.07
050039	垫型蒿、紫花针茅	Ⅲ8	54.79	46.34	23.30	1 079.78	0.48	0.41	0.43
050034	藏沙蒿、紫花针茅	Ⅲ8	471.54	401.35	39.83	15 986.67	7.17	6.14	6.41
050038	昆仑蒿	Ⅲ8	67.09	58.37	45.63	2 663.45	1.19	1.02	1.07
050037	冻原白蒿	Ⅲ8	20.56	18.30	39.84	728.87	0.33	0.28	0.29
050043	小叶金露梅、紫花针茅	Ⅱ8	362.81	300.99	32.40	9 751.84	4.37	3.74	3.92
050040	青海刺参、紫花针茅	Ⅲ7	116.54	107.09	69.89	7 484.37	3.36	2.87	3.02
	Ⅵ高寒荒漠草原类		3 379.20	2 723.76	27.76	75 610.32	30.24	26.31	27.36
060047	青藏苔草、垫状驼绒藜	Ⅲ8	3 379.20	2 723.76	27.76	75 610.32	30.24	26.31	27.36
	Ⅸ高寒荒漠类		1 572.32	1 098.67	15.20	16 704.28	3.46	3.01	3.13
090054	垫状驼绒藜	Ⅲ8	1 572.32	1 098.67	15.20	16 704.28	3.46	3.01	3.13
	ⅩⅤ山地草甸类		58.81	57.64	126.59	7 296.37	3.52	2.85	3.06
	（Ⅱ）亚高山草甸亚类		58.81	57.64	126.59	7 296.37	3.52	2.85	3.06
152073	矮生嵩草、杂类草	Ⅱ6	15.69	15.37	181.94	2 796.93	1.35	1.09	1.18
152077	垂穗披碱草	Ⅲ6	43.13	42.26	106.46	4 499.44	2.17	1.75	1.89

(续)

类型号	草原类型名称	草原等级	草原面积	草原可利用面积	鲜草单产	鲜草总产	暖季载畜量	冷季载畜量	全年载畜量
	ⅩⅥ高寒草甸类		15 271.69	14 693.93	80.96	1 189 649.16	571.76	462.48	495.30
	（Ⅰ）高寒草甸亚类		10 604.32	10 392.24	93.40	970 584.76	468.56	378.53	405.96
161084	高山嵩草、矮生嵩草	Ⅱ6	1 867.04	1 829.70	128.79	235 653.16	113.76	91.90	98.46
161083	圆穗蓼、高山嵩草	Ⅱ6	1 442.31	1 413.47	106.52	150 562.01	72.69	58.72	63.20
161082	高山嵩草、青藏苔草	Ⅲ7	295.94	290.02	68.96	20 001.16	9.66	7.80	8.34
161081	高山嵩草、杂类草	Ⅲ7	5 033.80	4 933.13	75.12	370 590.85	178.91	144.53	154.93
161080	高山嵩草、异针茅	Ⅱ7	1 096.80	1 074.86	77.22	83 004.34	40.07	32.37	34.53
161090	金露梅、高山嵩草	Ⅲ6	422.54	414.09	110.84	45 895.74	22.16	17.90	19.23
161092	雪层杜鹃、高山嵩草	Ⅲ6	445.89	436.97	148.47	64 877.50	31.32	25.30	27.27
	（Ⅱ）高寒盐化草甸亚类		992.23	972.39	25.37	24 670.42	9.36	8.14	8.48
162094	喜马拉雅碱茅	Ⅱ8	992.22	972.38	25.37	24 670.28	9.36	8.14	8.48
162095	匍匐水柏枝、青藏苔草	Ⅲ8	0.01	0.01	14.15	0.14	0.00	0.00	0.00
	（Ⅲ）高寒沼泽化草甸亚类		3 675.13	3 329.31	58.39	194 393.98	93.85	75.81	80.86
163098	藏北嵩草	Ⅱ7	2 882.89	2 611.00	58.29	152 192.74	73.47	59.36	63.32
163099	西藏嵩草	Ⅱ6	210.77	192.50	124.35	23 937.92	11.56	9.34	9.98
163102	华扁穗草	Ⅱ8	581.48	525.81	34.73	18 263.32	8.82	7.12	7.56

2. 申扎县草原类型面积、产草量及载畜量统计表

万亩、千克/亩、万千克、万羊单位

类型号	草原类型名称	草原等级	草原面积	草原可利用面积	鲜草单产	鲜草总产	暖季载畜量	冷季载畜量	全年载畜量
	合 计		3 181.41	2 872.98	59.28	170 316.36	79.23	65.86	69.27
	Ⅳ高寒草甸草原类		272.35	236.95	60.46	14 326.65	6.72	5.59	5.88
040021	紫花针茅、高山嵩草	Ⅱ7	266.37	231.75	61.05	14 147.91	6.63	5.52	5.80
040022	丝颖针茅	Ⅲ8	2.64	2.29	31.17	71.50	0.03	0.03	0.03
040024	金露梅、紫花针茅、高山嵩草	Ⅳ8	3.34	2.91	36.88	107.24	0.05	0.04	0.04
	Ⅴ高寒草原类		1 619.23	1 390.59	54.05	75 160.78	33.69	28.86	30.13
050026	紫花针茅	Ⅲ7	296.93	258.33	62.14	16 052.99	7.20	6.16	6.43
050027	紫花针茅、青藏苔草	Ⅲ7	538.06	457.35	66.26	30 303.34	13.58	11.64	12.15
050028	紫花针茅、杂类草	Ⅱ8	698.24	600.49	42.27	25 384.41	11.38	9.75	10.18
050030	羽柱针茅	Ⅲ7	30.85	26.84	50.82	1 364.08	0.61	0.52	0.55
050039	垫型嵩、紫花针茅	Ⅲ8	35.26	30.32	29.67	899.57	0.40	0.35	0.36
050034	藏沙嵩、紫花针茅	Ⅲ7	17.83	15.51	68.18	1 057.70	0.47	0.41	0.42
050043	小叶金露梅、紫花针茅	Ⅱ7	0.25	0.21	46.43	9.97	0.00	0.00	0.00
050040	青海刺参、紫花针茅	Ⅲ7	1.80	1.53	57.83	88.72	0.04	0.03	0.04
	ⅩⅤ山地草甸类		5.30	5.20	29.37	152.67	0.07	0.06	0.06
	(Ⅱ)亚高山草甸亚类		5.30	5.20	29.37	152.67	0.07	0.06	0.06
152077	垂穗披碱草	Ⅲ8	5.30	5.20	29.37	152.67	0.07	0.06	0.06
	ⅩⅥ高寒草甸类		1 284.52	1 240.24	65.05	80 676.27	38.74	31.35	33.20
	(Ⅰ)高寒草甸亚类		1 002.26	982.21	61.05	59 963.27	28.95	23.39	24.78
161084	高山嵩草、矮生嵩草	Ⅱ6	117.75	115.39	92.43	10 665.77	5.15	4.16	4.41
161082	高山嵩草、青藏苔草	Ⅲ6	1.08	1.05	145.67	153.67	0.07	0.06	0.06
161081	高山嵩草、杂类草	Ⅲ7	543.45	532.58	51.73	27 549.87	13.30	10.74	11.39
161080	高山嵩草、异针茅	Ⅱ7	339.99	333.19	64.81	21 593.96	10.42	8.42	8.92
	(Ⅱ)高寒盐化草甸亚类		49.90	48.90	39.99	1 955.46	0.74	0.65	0.67
162094	喜马拉雅碱茅	Ⅱ8	49.90	48.90	39.99	1 955.46	0.74	0.65	0.67
	(Ⅲ)高寒沼泽化草甸亚类		232.37	209.13	89.69	18 757.54	9.06	7.32	7.75

（续）

类型号	草原类型名称	草原等级	草原面积	草原可利用面积	鲜草单产	鲜草总产	暖季载畜量	冷季载畜量	全年载畜量
163098	藏北嵩草	Ⅱ 7	142.59	128.33	87.50	11 229.31	5.42	4.38	4.64
163099	西藏嵩草	Ⅱ 7	0.11	0.10	47.58	4.67	0.002	0.002	0.002
163102	华扁穗草	Ⅱ 6	89.67	80.70	93.23	7 523.57	3.63	2.93	3.11

3. 班戈县草原类型面积、产草量及载畜量统计表

万亩、千克/亩、万千克、万羊单位

类型号	草原类型名称	草原等级	草原面积	草原可利用面积	鲜草单产	鲜草总产	暖季载畜量	冷季载畜量	全年载畜量
	合 计		3 630.93	3 434.97	59.32	203 751.12	94.50	78.63	83.30
	Ⅳ高寒草甸草原类		856.85	786.82	48.40	38 084.18	17.86	14.85	15.74
040021	紫花针茅、高山嵩草	Ⅱ7	708.55	651.87	52.51	34 226.73	16.05	13.35	14.14
040024	金露梅、紫花针茅、高山嵩草	Ⅳ8	148.30	134.95	28.58	3 857.45	1.81	1.50	1.59
	Ⅴ高寒草原类		1 592.35	1 504.88	52.58	79 128.33	35.47	30.39	31.91
050026	紫花针茅	Ⅲ7	846.55	804.22	49.97	40 187.97	18.02	15.43	16.21
050027	紫花针茅、青藏苔草	Ⅲ7	410.68	390.14	59.00	23 016.89	10.32	8.84	9.28
050028	紫花针茅、杂类草	Ⅱ8	220.00	204.60	41.60	8 510.43	3.82	3.27	3.43
050033	青藏苔草	Ⅲ7	0.39	0.36	47.89	17.39	0.01	0.01	0.01
050040	青海刺参、紫花针茅	Ⅲ7	114.74	105.56	70.06	7 395.65	3.32	2.84	2.98
	ⅩⅥ高寒草甸类		1 181.73	1 143.27	75.69	86 538.61	41.17	33.40	35.64
	（Ⅰ）高寒草甸亚类		635.48	622.77	75.43	46 975.92	22.68	18.32	19.58
161083	圆穗蓼、高山嵩草	Ⅱ6	0.64	0.62	95.96	59.75	0.03	0.02	0.02
161082	高山嵩草、青藏苔草	Ⅲ7	143.42	140.55	68.60	9 642.34	4.65	3.76	4.02
161081	高山嵩草、杂类草	Ⅲ7	285.67	279.96	71.66	20 063.07	9.69	7.82	8.36
161080	高山嵩草、异针茅	Ⅱ7	191.23	187.40	88.52	16 589.43	8.01	6.47	6.91
161090	金露梅、高山嵩草	Ⅲ8	14.52	14.23	43.66	621.34	0.30	0.24	0.26
	（Ⅱ）高寒盐化草甸亚类		175.70	172.19	34.19	5 886.62	2.23	1.94	2.03
162094	喜马拉雅碱茅	Ⅱ8	175.70	172.19	34.19	5 886.62	2.23	1.94	2.03
	（Ⅲ）高寒沼泽化草甸亚类		370.55	348.31	96.68	33 676.07	16.26	13.13	14.04
163098	藏北嵩草	Ⅱ6	305.28	286.96	103.67	29 750.60	14.36	11.60	12.40
163099	西藏嵩草	Ⅱ6	3.32	3.12	101.49	316.32	0.15	0.12	0.13
163102	华扁穗草	Ⅱ7	61.95	58.24	61.97	3 609.14	1.74	1.41	1.50

4. 那曲县草原类型面积、产草量及载畜量统计表

万亩、千克/亩、万千克、万羊单位

类型号	草原类型名称	草原等级	草原面积	草原可利用面积	鲜草单产	鲜草总产	暖季载畜量	冷季载畜量	全年载畜量
	合 计		2 086.50	2 019.29	119.55	241 404.03	115.90	94.06	100.38
	Ⅳ高寒草甸草原类		146.21	134.51	63.07	8 483.36	3.98	3.31	3.51
040021	紫花针茅、高山嵩草	Ⅱ7	53.16	48.91	76.51	3 741.70	1.75	1.46	1.55
040022	丝颖针茅	Ⅲ7	34.82	32.04	66.31	2 124.36	1.00	0.83	0.88
040024	金露梅、紫花针茅、高山嵩草	Ⅳ7	58.23	53.57	48.86	2 617.29	1.23	1.02	1.08
	Ⅴ高寒草原类		160.56	147.51	102.50	15 119.18	6.78	5.81	6.10
050026	紫花针茅	Ⅲ6	140.10	128.90	101.90	13 134.51	5.89	5.04	5.30
050028	紫花针茅、杂类草	Ⅱ6	9.99	9.09	93.46	849.81	0.38	0.33	0.34
050043	小叶金露梅、紫花针茅	Ⅱ6	10.46	9.52	119.20	1 134.86	0.51	0.44	0.46
	ⅩⅤ山地草甸类		1.66	1.63	55.78	90.95	0.04	0.04	0.04
	（Ⅱ）亚高山草甸亚类		1.66	1.63	55.78	90.95	0.04	0.04	0.04
152077	垂穗披碱草	Ⅲ7	1.66	1.63	55.78	90.95	0.04	0.04	0.04
	ⅩⅥ高寒草甸类		1 778.06	1 735.64	125.44	217 710.54	105.10	84.91	90.73
	（Ⅰ）高寒草甸亚类		1 606.44	1 574.31	123.14	193 867.32	93.59	75.61	80.80
161084	高山嵩草、矮生嵩草	Ⅱ6	1 041.87	1 021.03	129.80	132 525.93	63.98	51.69	55.23
161083	圆穗蓼、高山嵩草	Ⅱ6	38.07	37.30	134.82	5 029.43	2.43	1.96	2.10
161082	高山嵩草、青藏苔草	Ⅲ6	30.24	29.63	114.53	3 393.95	1.64	1.32	1.41
161081	高山嵩草、杂类草	Ⅲ6	420.66	412.24	109.25	45 038.05	21.74	17.56	18.77
161080	高山嵩草、异针茅	Ⅱ6	40.46	39.65	92.76	3 677.63	1.78	1.43	1.53
161090	金露梅、高山嵩草	Ⅲ6	34.83	34.14	121.61	4 151.46	2.00	1.62	1.73
161092	雪层杜鹃、高山嵩草	Ⅲ6	0.32	0.32	161.45	50.87	0.02	0.02	0.02
	（Ⅲ）高寒沼泽化草甸亚类		171.62	161.33	147.79	23 843.22	11.51	9.30	9.94
163098	藏北嵩草	Ⅱ6	104.65	98.37	172.38	16 956.83	8.19	6.61	7.07
163099	西藏嵩草	Ⅱ6	66.98	62.96	109.38	6 886.38	3.32	2.69	2.87

5. 聂荣县草原类型面积、产草量及载畜量统计表

万亩、千克/亩、万千克、万羊单位

类型号	草原类型名称	草原等级	草原面积	草原可利用面积	鲜草单产	鲜草总产	暖季载畜量	冷季载畜量	全年载畜量
	合 计		1 253.98	1 205.04	124.04	149 477.10	71.66	58.21	62.10
	Ⅳ高寒草甸草原类		11.07	9.82	66.14	649.59	0.30	0.25	0.27
040022	丝颖针茅	Ⅲ7	3.79	3.48	80.81	281.52	0.13	0.11	0.12
040024	金露梅、紫花针茅、高山嵩草	Ⅳ7	7.28	6.34	58.08	368.07	0.17	0.14	0.15
	Ⅴ高寒草原类		103.34	90.91	158.51	14 409.52	6.46	5.53	5.81
050026	紫花针茅	Ⅲ5	69.98	61.58	190.94	11 758.79	5.27	4.52	4.74
050028	紫花针茅、杂类草	Ⅱ7	31.68	27.88	90.73	2 529.55	1.13	0.97	1.02
050033	青藏苔草	Ⅲ8	0.79	0.67	37.22	25.07	0.01	0.01	0.01
050037	冻原白蒿	Ⅲ5	0.42	0.37	215.18	80.16	0.04	0.03	0.03
050043	小叶金露梅、紫花针茅	Ⅱ8	0.46	0.40	40.36	15.95	0.01	0.01	0.01
	ⅩⅤ山地草甸类		1.09	1.07	109.64	117.46	0.06	0.05	0.05
	（Ⅱ）亚高山草甸亚类		1.09	1.07	109.64	117.46	0.06	0.05	0.05
152077	垂穗披碱草	Ⅲ6	1.09	1.07	109.64	117.46	0.06	0.05	0.05
	ⅩⅥ高寒草甸类		1 138.48	1 103.25	121.73	134 300.53	64.83	52.38	55.97
	（Ⅰ）高寒草甸亚类		982.70	963.05	113.08	108 897.53	52.57	42.47	45.38
161084	高山嵩草、矮生嵩草	Ⅱ6	60.87	59.65	165.03	9 844.62	4.75	3.84	4.10
161083	圆穗蓼、高山嵩草	Ⅱ6	123.76	121.28	121.18	14 697.89	7.10	5.73	6.13
161082	高山嵩草、青藏苔草	Ⅲ6	5.50	5.39	123.83	666.96	0.32	0.26	0.28
161081	高山嵩草、杂类草	Ⅲ6	692.21	678.37	101.11	68 591.21	33.11	26.75	28.59
161080	高山嵩草、异针茅	Ⅱ5	44.40	43.52	193.84	8 435.30	4.07	3.29	3.52
161090	金露梅、高山嵩草	Ⅲ6	55.96	54.84	121.48	6 661.57	3.22	2.60	2.78
	（Ⅲ）高寒沼泽化草甸亚类		155.78	140.20	181.19	25 403.00	12.26	9.91	10.59
163098	藏北嵩草	Ⅱ5	50.84	45.76	221.06	10 114.60	4.88	3.94	4.22
163099	西藏嵩草	Ⅱ6	104.94	94.44	161.88	15 288.40	7.38	5.96	6.37

6. 聂荣县实用区草原类型面积、产草量及载畜量统计表

万亩、千克/亩、万千克、万羊单位

类型号	草原类型名称	草原等级	草原面积	草原可利用面积	鲜草单产	鲜草总产	暖季载畜量	冷季载畜量	全年载畜量
	合　计		659.94	617.09	95.74	59 077.45	28.03	22.97	24.44
	Ⅳ高寒草甸草原类		140.49	123.36	43.70	5 390.70	2.53	2.10	2.23
040021	紫花针茅、高山嵩草	Ⅱ6	1.81	1.72	93.09	159.72	0.07	0.06	0.07
040022	丝颖针茅	Ⅲ7	12.40	11.78	48.73	574.13	0.27	0.22	0.24
040024	金露梅、紫花针茅、高山嵩草	Ⅳ8	126.28	109.87	42.39	4 656.84	2.18	1.82	1.92
	Ⅴ高寒草原类		110.84	97.23	122.70	11 930.71	5.35	4.58	4.81
050026	紫花针茅	Ⅲ6	80.21	71.39	121.65	8 684.46	3.89	3.33	3.50
050027	紫花针茅、青藏苔草	Ⅲ6	6.84	6.02	107.37	646.10	0.29	0.25	0.26
050028	紫花针茅、杂类草	Ⅱ8	1.89	1.64	44.01	72.22	0.03	0.03	0.03
050033	青藏苔草	Ⅲ6	21.72	18.03	139.46	2 513.81	1.13	0.97	1.01
050043	小叶金露梅、紫花针茅	Ⅱ7	0.19	0.16	86.61	14.12	0.01	0.01	0.01
	ⅩⅤ山地草甸类		3.53	3.46	94.54	327.22	0.16	0.13	0.14
	（Ⅱ）亚高山草甸亚类		3.53	3.46	94.54	327.22	0.16	0.13	0.14
152077	垂穗披碱草	Ⅲ6	3.53	3.46	94.54	327.22	0.16	0.13	0.14
	ⅩⅥ高寒草甸类		405.07	393.03	105.41	41 428.83	20.00	16.16	17.27
	（Ⅰ）高寒草甸亚类		355.82	348.70	107.79	37 585.78	18.14	14.66	15.66
161084	高山嵩草、矮生嵩草	Ⅱ6	0.01	0.01	101.35	0.58	0.00	0.00	0.00
161083	圆穗蓼、高山嵩草	Ⅱ6	58.18	57.01	100.38	5 723.16	2.76	2.23	2.39
161081	高山嵩草、杂类草	Ⅲ6	296.23	290.30	109.45	31 772.97	15.34	12.39	13.24
161090	金露梅、高山嵩草	Ⅲ7	1.41	1.38	64.59	89.07	0.04	0.03	0.04
	（Ⅲ）高寒沼泽化草甸亚类		49.26	44.33	86.69	3 843.05	1.86	1.50	1.60
163098	藏北嵩草	Ⅱ7	2.40	2.16	66.78	144.36	0.07	0.06	0.06
163099	西藏嵩草	Ⅱ7	46.85	42.17	87.71	3 698.69	1.79	1.44	1.54

7. 安多县草原类型面积、产草量及载畜量统计表

万亩、千克/亩、万千克、万羊单位

类型号	草原类型名称	草原等级	草原面积	草原可利用面积	鲜草单产	鲜草总产	暖季载畜量	冷季载畜量	全年载畜量
	合 计		5 917.54	5 191.76	48.22	250 361.01	114.74	95.43	101.10
	Ⅳ 高寒草甸草原类		674.69	585.17	38.70	22 643.80	10.62	8.83	9.36
040021	紫花针茅、高山嵩草	Ⅱ8	454.59	395.49	41.54	16 428.71	7.70	6.41	6.79
040023	青藏苔草、高山嵩草	Ⅳ8	180.95	155.62	36.67	5 706.40	2.68	2.23	2.36
040024	金露梅、紫花针茅、高山嵩草	Ⅳ8	39.16	34.07	14.93	508.70	0.24	0.20	0.21
	Ⅴ 高寒草原类		2 771.29	2 355.89	44.33	104 428.87	46.81	40.10	42.12
050026	紫花针茅	Ⅲ7	202.49	176.17	50.64	8 921.13	4.00	3.43	3.60
050027	紫花针茅、青藏苔草	Ⅲ8	2 103.37	1 787.87	45.51	81 368.14	36.48	31.25	32.82
050028	紫花针茅、杂类草	Ⅱ8	184.43	158.61	38.18	6 055.17	2.71	2.33	2.44
050033	青藏苔草	Ⅲ8	279.17	231.71	34.68	8 036.51	3.60	3.09	3.24
050043	小叶金露梅、紫花针茅	Ⅱ8	1.82	1.53	31.30	47.92	0.02	0.02	0.02
	Ⅵ 高寒荒漠草原类		114.87	96.49	34.79	3 356.88	1.34	1.17	1.22
060047	青藏苔草、垫状驼绒藜	Ⅲ8	114.87	96.49	34.79	3 356.88	1.34	1.17	1.22
	Ⅸ 高寒荒漠类		472.77	340.40	19.27	6 559.68	1.36	1.18	1.23
090054	垫状驼绒藜	Ⅲ8	472.77	340.40	19.27	6 559.68	1.36	1.18	1.23
	ⅩⅤ 山地草甸类		4.99	4.89	70.66	345.72	0.17	0.13	0.14
	（Ⅱ）亚高山草甸亚类		4.99	4.89	70.66	345.72	0.17	0.13	0.14
152077	垂穗披碱草	Ⅲ7	4.99	4.89	70.66	345.72	0.17	0.13	0.14
	ⅩⅥ 高寒草甸类		1 878.93	1 808.92	62.48	113 026.06	54.44	44.01	47.02
	（Ⅰ）高寒草甸亚类		1 453.95	1 424.87	59.15	84 280.16	40.69	32.87	35.13
161084	高山嵩草、矮生嵩草	Ⅱ7	32.54	31.89	51.88	1 654.53	0.80	0.65	0.69
161083	圆穗蓼、高山嵩草	Ⅱ7	43.18	42.32	68.96	2 918.20	1.41	1.14	1.22
161082	高山嵩草、青藏苔草	Ⅲ7	109.93	107.73	51.69	5 568.30	2.69	2.17	2.32
161081	高山嵩草、杂类草	Ⅲ7	860.90	843.68	54.41	45 901.91	22.16	17.90	19.13
161080	高山嵩草、异针茅	Ⅱ7	365.88	358.56	70.23	25 182.77	12.16	9.82	10.50
161090	金露梅、高山嵩草	Ⅲ7	41.52	40.69	75.07	3 054.46	1.47	1.19	1.27

(续)

类型号	草原类型名称	草原等级	草原面积	草原可利用面积	鲜草单产	鲜草总产	暖季载畜量	冷季载畜量	全年载畜量
	（Ⅱ）高寒盐化草甸亚类		19.58	19.18	60.87	1 167.69	0.44	0.39	0.40
162094	喜马拉雅碱茅	Ⅱ7	19.58	19.18	60.87	1 167.69	0.44	0.39	0.40
	（Ⅲ）高寒沼泽化草甸亚类		405.41	364.87	75.58	27 578.21	13.31	10.76	11.49
163098	藏北嵩草	Ⅱ7	355.26	319.73	83.48	26 690.49	12.89	10.41	11.12
163099	西藏嵩草	Ⅱ8	23.42	21.08	20.21	425.99	0.21	0.17	0.18
163102	华扁穗草	Ⅱ8	26.73	24.06	19.19	461.73	0.22	0.18	0.19

8. 安多县实用区草原类型面积、产草量及载畜量统计表

万亩、千克/亩、万千克、万羊单位

类型号	草原类型名称	草原等级	草原面积	草原可利用面积	鲜草单产	鲜草总产	暖季载畜量	冷季载畜量	全年载畜量
	合 计		6 277.29	5 644.26	42.50	239 880.89	111.54	92.90	98.38
	Ⅳ高寒草甸草原类		1 250.77	1 078.04	39.28	42 344.78	19.86	16.51	17.50
040021	紫花针茅、高山嵩草	Ⅱ7	653.86	568.85	51.68	29 399.63	13.79	11.47	12.15
040022	丝颖针茅	Ⅲ8	64.55	56.16	34.77	1 952.81	0.92	0.76	0.81
040023	青藏苔草、高山嵩草	Ⅳ8	51.60	44.38	44.10	1 957.04	0.92	0.76	0.81
040024	金露梅、紫花针茅、高山嵩草	Ⅳ8	480.76	408.65	22.11	9 035.30	4.24	3.52	3.73
	Ⅴ高寒草原类		2 542.47	2 157.90	49.04	105 821.39	47.44	40.64	42.68
050026	紫花针茅	Ⅲ7	308.48	268.37	52.74	14 153.16	6.34	5.43	5.71
050027	紫花针茅、青藏苔草	Ⅲ7	579.53	492.60	77.03	37 945.66	17.01	14.57	15.30
050028	紫花针茅、杂类草	Ⅱ8	743.65	639.54	39.24	25 097.50	11.25	9.64	10.12
050033	青藏苔草	Ⅲ8	769.38	638.59	35.20	22 481.15	10.08	8.63	9.07
050039	垫型蒿、紫花针茅	Ⅲ8	48.45	40.69	32.69	1 330.43	0.60	0.51	0.54
050043	小叶金露梅、紫花针茅	Ⅱ7	92.98	78.10	61.63	4 813.50	2.16	1.85	1.94
	ⅩⅤ山地草甸类		146.17	143.25	35.46	5 079.89	2.45	1.98	2.12
	（Ⅱ）亚高山草甸亚类		146.17	143.25	35.46	5 079.89	2.45	1.98	2.12
152073	矮生嵩草、杂类草	Ⅱ6	4.20	4.12	121.57	500.74	0.24	0.20	0.21
152077	垂穗披碱草	Ⅲ8	141.97	139.13	32.91	4 579.16	2.21	1.79	1.91
	ⅩⅥ高寒草甸类		2 337.87	2 265.07	38.25	86 634.82	41.80	33.77	36.09
	（Ⅰ）高寒草甸亚类		2 003.18	1 963.12	36.96	72 565.40	35.03	28.30	30.24
161084	高山嵩草、矮生嵩草	Ⅱ7	41.73	40.89	84.92	3 472.54	1.68	1.35	1.45
161083	圆穗蓼、高山嵩草	Ⅱ7	320.12	313.72	47.27	14 828.63	7.16	5.78	6.18
161082	高山嵩草、青藏苔草	Ⅲ8	5.65	5.54	34.65	191.99	0.09	0.07	0.08
161081	高山嵩草、杂类草	Ⅲ8	1 435.34	1 406.63	28.01	39 394.05	19.02	15.36	16.42
161080	高山嵩草、异针茅	Ⅱ7	33.79	33.12	75.57	2 502.87	1.21	0.98	1.04
161090	金露梅、高山嵩草	Ⅲ7	166.54	163.21	74.60	12 175.31	5.88	4.75	5.07
	（Ⅱ）高寒盐化草甸亚类		9.04	8.86	30.12	267.01	0.10	0.09	0.09

类型号	草原类型名称	草原等级	草原面积	草原可利用面积	鲜草单产	鲜草总产	暖季载畜量	冷季载畜量	全年载畜量
162095	匍匐水柏枝、青藏苔草	Ⅲ8	9.04	8.86	30.12	267.01	0.10	0.09	0.09
	（Ⅲ）高寒沼泽化草甸亚类		325.65	293.08	47.09	13 802.41	6.66	5.38	5.75
163098	藏北嵩草	Ⅱ7	17.17	15.45	55.95	864.41	0.42	0.34	0.36
163099	西藏嵩草	Ⅱ7	189.72	170.75	51.18	8 738.72	4.22	3.41	3.64
163102	华扁穗草	Ⅱ8	118.76	106.89	39.29	4 199.28	2.03	1.64	1.75

9. 嘉黎县草原类型面积、产草量及载畜量统计表

万亩、千克/亩、万千克、万羊单位

类型号	草原类型名称	草原等级	草原面积	草原可利用面积	鲜草单产	鲜草总产	暖季载畜量	冷季载畜量	全年载畜量
	合 计		1 462.81	1 427.09	81.87	116 836.35	56.40	45.57	49.11
	ⅩⅤ山地草甸类		15.69	15.37	181.94	2 796.93	1.35	1.09	1.18
	（Ⅱ）亚高山草甸亚类		15.69	15.37	181.94	2 796.93	1.35	1.09	1.18
152073	矮生嵩草、杂类草	Ⅱ6	15.69	15.37	181.94	2 796.93	1.35	1.09	1.18
	ⅩⅥ高寒草甸类		1 447.12	1 411.71	80.78	114 039.42	55.05	44.48	47.93
	（Ⅰ）高寒草甸亚类		1 366.30	1 338.97	76.19	102 013.54	49.25	39.79	42.88
161084	高山嵩草、矮生嵩草	Ⅱ6	221.97	217.53	122.12	26 563.65	12.82	10.36	11.17
161083	圆穗蓼、高山嵩草	Ⅱ7	415.96	407.64	65.35	26 639.27	12.86	10.39	11.20
161082	高山嵩草、青藏苔草	Ⅲ6	5.78	5.67	101.59	575.93	0.28	0.22	0.24
161081	高山嵩草、杂类草	Ⅲ7	551.00	539.98	53.99	29 152.29	14.07	11.37	12.25
161080	高山嵩草、异针茅	Ⅱ6	11.07	10.85	116.32	1 261.80	0.61	0.49	0.53
161090	金露梅、高山嵩草	Ⅲ6	30.36	29.75	131.14	3 901.59	1.88	1.52	1.64
161092	雪层杜鹃、高山嵩草	Ⅲ6	130.16	127.56	109.12	13 919.01	6.72	5.43	5.85
	（Ⅲ）高寒沼泽化草甸亚类		80.82	72.74	165.33	12 025.88	5.81	4.69	5.05
163098	藏北嵩草	Ⅱ6	80.82	72.74	165.33	12 025.88	5.81	4.69	5.05

10. 巴青县草原类型面积、产草量及载畜量统计表

万亩、千克/亩、万千克、万羊单位

类型号	草原类型名称	草原等级	草原面积	草原可利用面积	鲜草单产	鲜草总产	暖季载畜量	冷季载畜量	全年载畜量
	合 计		1 245.70	1 219.90	116.46	142 073.65	68.59	55.41	59.72
	ⅩⅤ山地草甸类		16.34	16.02	148.27	2 374.64	1.15	0.93	1.00
	（Ⅱ）亚高山草甸亚类		16.34	16.02	148.27	2 374.64	1.15	0.93	1.00
152077	垂穗披碱草	Ⅲ6	16.34	16.02	148.27	2 374.64	1.15	0.93	1.00
	ⅩⅥ高寒草甸类		1 229.36	1 203.89	116.04	139 699.01	67.44	54.48	58.72
	（Ⅰ）高寒草甸亚类		1 218.33	1 193.96	116.17	138 708.34	66.96	54.10	58.30
161084	高山嵩草、矮生嵩草	Ⅱ6	171.16	167.74	149.08	25 006.62	12.07	9.75	10.51
161083	圆穗蓼、高山嵩草	Ⅱ6	312.97	306.71	140.16	42 988.01	20.75	16.77	18.07
161081	高山嵩草、杂类草	Ⅲ7	643.47	630.60	89.17	56 227.87	27.14	21.93	23.63
161080	高山嵩草、异针茅	Ⅱ7	11.70	11.47	87.21	999.94	0.48	0.39	0.42
161090	金露梅、高山嵩草	Ⅲ6	77.35	75.80	173.98	13 188.00	6.37	5.14	5.54
161092	雪层杜鹃、高山嵩草	Ⅲ6	1.68	1.64	181.17	297.91	0.14	0.12	0.13
	（Ⅲ）高寒沼泽化草甸亚类		11.03	9.92	99.83	990.67	0.48	0.39	0.42
163098	藏北嵩草	Ⅱ6	0.12	0.11	124.77	13.70	0.01	0.01	0.01
163099	西藏嵩草	Ⅱ6	10.90	9.81	99.55	976.97	0.47	0.38	0.41

11. 巴青县实用区草原类型面积、产草量及载畜量统计表

万亩、千克/亩、万千克、万羊单位

类型号	草原类型名称	草原等级	草原面积	草原可利用面积	鲜草单产	鲜草总产	暖季载畜量	冷季载畜量	全年载畜量
	合 计		426.11	410.71	95.59	39 259.54	18.84	15.31	16.47
	Ⅳ高寒草甸草原类		31.85	27.71	41.98	1 163.29	0.55	0.45	0.48
040024	金露梅、紫花针茅、高山嵩草	Ⅳ8	31.85	27.71	41.98	1 163.29	0.55	0.45	0.48
	Ⅴ高寒草原类		24.90	21.66	126.95	2 750.30	1.23	1.07	1.13
050026	紫花针茅	Ⅲ6	23.39	20.35	134.53	2 737.05	1.23	1.07	1.12
050028	紫花针茅、杂类草	Ⅱ8	1.52	1.32	10.05	13.25	0.01	0.01	0.01
	ⅩⅤ山地草甸类		6.86	6.72	50.01	336.31	0.16	0.13	0.14
	（Ⅱ）亚高山草甸亚类		6.86	6.72	50.01	336.31	0.16	0.13	0.14
152077	垂穗披碱草	Ⅲ7	6.86	6.72	50.01	336.31	0.16	0.13	0.14
	ⅩⅥ高寒草甸类		362.50	354.62	98.73	35 009.65	16.90	13.65	14.71
	（Ⅰ）高寒草甸亚类		354.64	347.54	99.69	34 646.00	16.73	13.51	14.56
161084	高山嵩草、矮生嵩草	Ⅱ7	13.24	12.97	81.61	1 058.57	0.51	0.41	0.44
161083	圆穗蓼、高山嵩草	Ⅱ6	41.81	40.97	144.96	5 938.88	2.87	2.32	2.50
161082	高山嵩草、青藏苔草	Ⅲ7	39.42	38.63	81.35	3 142.62	1.52	1.23	1.32
161081	高山嵩草、杂类草	Ⅲ6	260.17	254.97	96.11	24 505.93	11.83	9.56	10.30
	（Ⅲ）高寒沼泽化草甸亚类		7.86	7.07	51.41	363.65	0.18	0.14	0.15
163098	藏北嵩草	Ⅱ7	3.81	3.43	53.77	184.27	0.09	0.07	0.08
163099	西藏嵩草	Ⅱ7	4.05	3.65	49.19	179.38	0.09	0.07	0.08

12. 比如县草原类型面积、产草量及载畜量统计表

万亩、千克/亩、万千克、万羊单位

类型号	草原类型名称	草原等级	草原面积	草原可利用面积	鲜草单产	鲜草总产	暖季载畜量	冷季载畜量	全年载畜量
	合 计		1 551.58	1 515.15	97.37	147 536.09	71.17	57.53	61.99
	Ⅳ高寒草甸草原类		4.07	3.54	98.20	348.08	0.16	0.14	0.14
040022	丝颖针茅	Ⅲ6	4.07	3.54	98.20	348.08	0.16	0.14	0.14
	Ⅴ高寒草原类		12.46	10.71	143.42	1 536.28	0.69	0.59	0.62
050028	紫花针茅、杂类草	Ⅱ8	0.11	0.10	30.21	2.90	0.00	0.00	0.00
050043	小叶金露梅、紫花针茅	Ⅱ6	12.34	10.62	144.45	1 533.38	0.69	0.59	0.62
	ⅩⅤ山地草甸类		6.45	6.32	87.26	551.27	0.27	0.21	0.23
	（Ⅱ）亚高山草甸亚类		6.45	6.32	87.26	551.27	0.27	0.21	0.23
152077	垂穗披碱草	Ⅲ7	6.45	6.32	87.26	551.27	0.27	0.21	0.23
	ⅩⅥ高寒草甸类		1 528.60	1 494.58	97.08	145 100.46	70.05	56.59	60.99
	（Ⅰ）高寒草甸亚类		1 485.46	1 455.75	95.27	138 696.55	66.96	54.09	58.30
161084	高山嵩草、矮生嵩草	Ⅱ6	216.66	212.32	136.23	28 923.92	13.96	11.28	12.16
161083	圆穗蓼、高山嵩草	Ⅱ6	221.74	217.30	119.73	26 018.51	12.56	10.15	10.94
161081	高山嵩草、杂类草	Ⅲ7	892.94	875.08	75.43	66 006.23	31.87	25.74	27.74
161080	高山嵩草、异针茅	Ⅱ6	30.01	29.41	93.27	2 742.75	1.32	1.07	1.15
161090	金露梅、高山嵩草	Ⅲ6	98.06	96.10	122.88	11 808.14	5.70	4.61	4.96
161092	雪层杜鹃、高山嵩草	Ⅲ6	26.06	25.54	125.17	3 197.00	1.54	1.25	1.34
	（Ⅲ）高寒沼泽化草甸亚类		43.14	38.83	164.93	6 403.91	3.09	2.50	2.69
163098	藏北嵩草	Ⅱ6	42.87	38.58	165.54	6 387.12	3.08	2.49	2.68
163099	西藏嵩草	Ⅱ7	0.27	0.24	68.78	16.79	0.01	0.01	0.01

13. 索县草原类型面积、产草量及载畜量统计表

万亩、千克/亩、万千克、万羊单位

类型号	草原类型名称	草原等级	草原面积	草原可利用面积	鲜草单产	鲜草总产	暖季载畜量	冷季载畜量	全年载畜量
	合 计		738.08	721.92	132.73	95 824.66	46.24	37.37	40.27
	Ⅳ高寒草甸草原类		11.40	9.92	113.67	1 127.32	0.53	0.44	0.47
040021	紫花针茅、高山嵩草	Ⅱ6	11.40	9.92	113.67	1 127.32	0.53	0.44	0.47
	Ⅴ高寒草原类		1.08	0.92	161.20	148.45	0.07	0.06	0.06
050027	紫花针茅、青藏苔草	Ⅲ6	1.08	0.92	161.20	148.45	0.07	0.06	0.06
	ⅩⅤ山地草甸类		7.28	7.14	121.41	866.73	0.42	0.34	0.36
	（Ⅱ）亚高山草甸亚类		7.28	7.14	121.41	866.73	0.42	0.34	0.36
152077	垂穗披碱草	Ⅲ6	7.28	7.14	121.41	866.73	0.42	0.34	0.36
	ⅩⅥ高寒草甸类		718.31	703.95	133.08	93 682.16	45.23	36.54	39.38
	（Ⅰ）高寒草甸亚类		718.31	703.95	133.08	93 682.16	45.23	36.54	39.38
161084	高山嵩草、矮生嵩草	Ⅱ6	1.71	1.68	144.14	241.86	0.12	0.09	0.10
161083	圆穗蓼、高山嵩草	Ⅱ6	286.00	280.28	114.92	32 210.96	15.55	12.56	13.54
161081	高山嵩草、杂类草	Ⅲ6	128.13	125.57	93.20	11 702.98	5.65	4.56	4.92
161080	高山嵩草、异针茅	Ⅱ6	4.80	4.70	159.98	752.65	0.36	0.29	0.32
161090	金露梅、高山嵩草	Ⅲ6	10.00	9.80	138.89	1 360.99	0.66	0.53	0.57
161092	雪层杜鹃、高山嵩草	Ⅲ6	287.67	281.91	168.18	47 412.71	22.89	18.49	19.93

14. 尼玛县草原类型面积、产草量及载畜量统计表

万亩、千克/亩、万千克、万羊单位

类型号	草原类型名称	草原等级	草原面积	草原可利用面积	鲜草单产	鲜草总产	暖季载畜量	冷季载畜量	全年载畜量
	合 计		10 028.23	8 663.71	33.06	286 451.43	127.34	108.62	113.50
	Ⅳ高寒草甸草原类		78.40	68.21	47.05	3 209.69	1.51	1.25	1.32
040021	紫花针茅、高山嵩草	Ⅱ7	78.40	68.21	47.05	3 209.69	1.51	1.25	1.32
	Ⅴ高寒草原类		7 864.46	6 732.21	34.95	235 263.86	105.46	90.34	94.31
050026	紫花针茅	Ⅲ8	2 443.40	2 125.75	32.73	69 576.21	31.19	26.72	27.89
050027	紫花针茅、青藏苔草	Ⅲ8	3 665.19	3 115.41	38.06	118 572.66	53.15	45.53	47.53
050028	紫花针茅、杂类草	Ⅱ8	472.80	406.61	27.76	11 287.66	5.06	4.33	4.52
050030	羽柱针茅	Ⅲ8	121.22	105.46	36.44	3 842.75	1.72	1.48	1.54
050033	青藏苔草	Ⅲ8	793.52	658.62	27.96	18 412.88	8.25	7.07	7.38
050034	藏沙蒿、紫花针茅	Ⅲ8	231.46	201.37	44.52	8 965.43	4.02	3.44	3.59
050038	昆仑蒿	Ⅲ8	67.09	58.37	45.63	2 663.45	1.19	1.02	1.07
050037	冻原白蒿	Ⅲ8	20.14	17.92	36.19	648.71	0.29	0.25	0.26
050043	小叶金露梅、紫花针茅	Ⅱ8	49.64	42.69	30.32	1 294.10	0.58	0.50	0.52
	Ⅵ高寒荒漠草原类		395.09	331.87	27.89	9 256.76	3.70	3.22	3.35
060047	青藏苔草、垫状驼绒藜	Ⅲ8	395.09	331.87	27.89	9 256.76	3.70	3.22	3.35
	Ⅸ高寒荒漠类		264.68	190.57	12.86	2 450.39	0.51	0.44	0.46
090054	垫状驼绒藜	Ⅲ8	264.68	190.57	12.86	2 450.39	0.51	0.44	0.46
	ⅩⅥ高寒草甸类		1 425.60	1 340.84	27.05	36 270.73	16.16	13.36	14.07
	（Ⅰ）高寒草甸亚类		133.06	130.40	26.58	3 466.29	1.67	1.35	1.43
161084	高山嵩草、矮生嵩草	Ⅱ6	2.51	2.46	91.84	226.27	0.11	0.09	0.09
161081	高山嵩草、杂类草	Ⅲ8	15.37	15.06	23.72	357.19	0.17	0.14	0.15
161080	高山嵩草、异针茅	Ⅱ8	57.27	56.12	31.51	1 768.12	0.85	0.69	0.73
161090	金露梅、高山嵩草	Ⅲ8	57.91	56.75	19.64	1 114.71	0.54	0.43	0.46
	（Ⅱ）高寒盐化草甸亚类		589.38	577.59	22.62	13 063.75	4.96	4.31	4.48
162094	喜马拉雅碱茅	Ⅱ8	589.37	577.58	22.62	13 063.60	4.96	4.31	4.48
162095	匍匐水柏枝、青藏苔草	Ⅲ8	0.01	0.01	14.15	0.14	0.000 1	0.000 05	0.000 05

（续）

类型号	草原类型名称	草原等级	草原面积	草原可利用面积	鲜草单产	鲜草总产	暖季载畜量	冷季载畜量	全年载畜量
	（Ⅲ）高寒沼泽化草甸亚类		703.17	632.85	31.19	19 740.69	9.53	7.70	8.16
163098	藏北嵩草	Ⅱ8	596.63	536.97	32.87	17 650.47	8.52	6.88	7.29
163102	华扁穗草	Ⅱ8	106.54	95.88	21.80	2 090.23	1.01	0.82	0.86

15. 双湖县草原类型面积、产草量及载畜量统计表

万亩、千克/亩、万千克、万羊单位

类型号	草原类型名称	草原等级	草原面积	草原可利用面积	鲜草单产	鲜草总产	暖季载畜量	冷季载畜量	全年载畜量
	合计		16 200.96	13 162.86	26.82	353 008.82	154.19	131.77	137.63
	Ⅳ高寒草甸草原类		246.13	202.18	29.70	6 003.96	2.82	2.34	2.46
040021	紫花针茅、高山嵩草	Ⅱ8	28.43	23.60	26.65	629.06	0.30	0.25	0.26
040023	青藏苔草、高山嵩草	Ⅳ8	210.42	172.54	30.70	5 297.63	2.48	2.07	2.17
040024	金露梅、紫花针茅、高山嵩草	Ⅳ8	7.27	6.04	12.80	77.27	0.04	0.03	0.03
	Ⅴ高寒草原类		10 589.75	8 589.93	28.84	247 708.58	111.04	95.12	99.29
050026	紫花针茅	Ⅲ8	2 178.72	1 808.34	28.68	51 864.72	23.25	19.92	20.79
050027	紫花针茅、青藏苔草	Ⅲ8	5 555.90	4 500.28	31.13	140 098.19	62.80	53.80	56.16
050028	紫花针茅、杂类草	Ⅱ8	31.14	25.54	21.79	556.49	0.25	0.21	0.22
050030	羽柱针茅	Ⅲ8	167.77	139.25	34.70	4 831.53	2.17	1.86	1.94
050033	青藏苔草	Ⅲ8	2 126.61	1 680.02	22.92	38 498.26	17.26	14.78	15.43
050039	垫型蒿、紫花针茅	Ⅲ8	19.54	16.02	11.25	180.21	0.08	0.07	0.07
050034	藏沙蒿、紫花针茅	Ⅲ8	222.24	184.46	32.33	5 963.53	2.67	2.29	2.39
050043	小叶金露梅、紫花针茅	Ⅱ8	287.83	236.02	24.22	5 715.65	2.56	2.19	2.29
	Ⅵ高寒荒漠草原类		2 869.24	2 295.39	27.44	62 996.68	25.20	21.92	22.79
060047	青藏苔草、垫状驼绒藜	Ⅲ8	2 869.24	2 295.39	27.44	62 996.68	25.20	21.92	22.79
	Ⅸ高寒荒漠类		834.86	567.71	13.55	7 694.22	1.59	1.38	1.44
090054	垫状驼绒藜	Ⅲ8	834.86	567.71	13.55	7 694.22	1.59	1.38	1.44
	ⅩⅥ高寒草甸类		1 660.97	1 507.65	18.97	28 605.38	13.54	11.00	11.64
	（Ⅰ）高寒草甸亚类		2.04	2.00	16.83	33.67	0.02	0.01	0.01
161081	高山嵩草、杂类草	Ⅲ8	0.01	0.01	23.68	0.18	0.00	0.00	0.00
161090	金露梅、高山嵩草	Ⅲ8	2.03	1.99	16.80	33.49	0.02	0.01	0.01
	（Ⅱ）高寒盐化草甸亚类		157.68	154.53	16.81	2 596.90	0.99	0.86	0.89
162094	喜马拉雅碱茅	Ⅱ8	157.68	154.53	16.81	2 596.90	0.99	0.86	0.89
162095	匍匐水柏枝、青藏苔草	Ⅲ8	0.00	0.00	14.76	0.00	0.00	0.00	0.00
	（Ⅲ）高寒沼泽化草甸亚类		1 501.25	1 351.12	19.22	25 974.80	12.54	10.13	10.73

（续）

类型号	草原类型名称	草原等级	草原面积	草原可利用面积	鲜草单产	鲜草总产	暖季载畜量	冷季载畜量	全年载畜量
163098	藏北嵩草	Ⅱ8	1 203.83	1 083.45	19.73	21 373.75	10.32	8.34	8.83
163099	西藏嵩草	Ⅱ8	0.83	0.74	30.09	22.41	0.01	0.01	0.01
163102	华扁穗草	Ⅱ8	296.59	266.93	17.15	4 578.65	2.21	1.79	1.89

（六）阿里地区草原类型面积、产草量及载畜量统计表

万亩、千克/亩、万千克、万羊单位

类型号	草原类型名称	草原等级	草原面积	草原可利用面积	鲜草单产	鲜草总产	暖季载畜量	冷季载畜量	全年载畜量
	合 计		37 885.45	30 237.94	31.79	961 379.52	423.21	356.40	377.99
	II 温性草原类		16.36	13.17	46.91	617.66	0.21	0.19	0.20
020008	白草	III 7	4.76	4.15	60.05	249.00	0.11	0.09	0.10
020006	固沙草	III 8	11.60	9.02	40.87	368.66	0.11	0.09	0.10
	III 温性荒漠草原类		805.88	637.13	43.95	28 003.12	12.49	10.60	11.28
030018	沙生针茅、固沙草	III 8	405.23	313.60	26.58	8 335.71	3.59	2.86	3.12
030019	短花针茅	II 8	28.15	24.79	19.02	471.54	0.21	0.19	0.20
030020	变色锦鸡儿、沙生针茅	III 7	372.50	298.74	64.26	19 195.87	8.68	7.55	7.96
	IV 高寒草甸草原类		375.51	267.68	38.44	10 288.37	5.02	4.18	4.47
040021	紫花针茅、高山嵩草	II 7	181.64	160.38	48.64	7 800.79	3.81	3.17	3.39
040022	丝颖针茅	II 7	0.80	0.69	63.37	43.47	0.02	0.02	0.02
040023	青藏苔草、高山嵩草	III 8	193.07	106.61	22.92	2 444.12	1.19	0.99	1.06
	V 高寒草原类		23 684.90	18 762.67	27.07	507 981.82	236.57	199.57	212.04
050026	紫花针茅	III 8	7 189.77	5 896.70	20.28	15 986.67	55.80	48.26	50.89
050028	紫花针茅、杂类草	II 8	913.11	736.93	25.35	18 681.46	8.72	7.49	7.92
050027	紫花针茅、青藏苔草	II 8	2 990.21	2 546.39	19.92	50 733.76	23.68	19.74	21.05
050030	羽柱针茅	III 8	866.84	712.98	12.29	8 763.48	4.09	2.89	3.25
050029	昆仑针茅	II 8	110.48	88.32	20.35	1 797.51	0.84	0.73	0.77
050031	固沙草、紫花针茅	III 8	329.98	278.14	29.59	8 230.70	3.84	3.10	3.34
050033	青藏苔草	III 8	7 458.73	5 385.97	32.84	176 869.45	82.54	68.30	72.96
050035	藏沙蒿、青藏苔草	III 6	3.90	3.26	140.79	459.02	0.21	0.19	0.20
050039	垫型蒿、紫花针茅	III 8	1 322.65	1 050.85	38.62	40 581.05	18.94	16.27	17.19
050037	冻原白蒿	III 7	45.23	37.84	67.75	2 563.63	1.20	1.04	1.10
050034	藏沙蒿、紫花针茅	III 7	576.88	490.56	48.82	23 946.89	10.67	9.24	9.75
050042	变色锦鸡儿、紫花针茅	II 8	1 694.25	1 382.36	36.73	50 772.07	23.70	20.28	21.50
050043	小叶金露梅、紫花针茅	II 8	182.87	152.38	32.90	5 013.90	2.34	2.04	2.14

（续）

类型号	草原类型名称	草原等级	草原面积	草原可利用面积	鲜草单产	鲜草总产	暖季载畜量	冷季载畜量	全年载畜量
	Ⅵ 高寒荒漠草原类		6 773.08	5 294.90	19.74	104 508.14	31.39	28.73	29.13
060045	沙生针茅	Ⅲ8	2 280.73	1 934.97	16.59	32 098.19	9.34	8.86	8.89
060046	戈壁针茅	Ⅱ8	383.93	323.12	20.97	6 775.83	2.26	1.83	1.93
060047	青藏苔草、垫状驼绒藜	Ⅲ8	2 348.28	1 748.23	14.59	25 504.97	7.92	6.98	7.16
060048	垫状驼绒藜、昆仑针茅	Ⅲ8	291.29	213.38	32.83	7 004.32	1.85	1.96	1.90
060049	变色锦鸡儿、驼绒藜、沙生针茅	Ⅲ8	1 468.85	1 075.21	30.81	33 124.84	10.03	9.10	9.24
	Ⅶ 温性草原化荒漠类		370.15	305.58	31.97	9 768.02	3.51	3.05	3.21
070050	驼绒藜、沙生针茅	Ⅲ7	111.74	109.49	50.87	5 569.56	2.00	1.74	1.83
070051	灌木亚菊、驼绒藜、沙生针茅	Ⅳ8	258.41	196.09	21.41	4 198.46	1.51	1.31	1.38
	Ⅷ 温性荒漠类		785.58	671.27	17.94	12 044.79	4.09	1.99	2.48
080052	驼绒藜、灌木亚菊	Ⅲ8	733.19	630.06	18.30	11 527.82	3.92	1.91	2.37
080053	灌木亚菊	Ⅲ8	52.39	41.21	12.55	516.97	0.18	0.09	0.11
	Ⅸ 高寒荒漠类		1 034.01	860.66	18.44	15 869.40	0.62	0.10	0.12
090055	高原芥、燥原荠	Ⅳ8	39.96	33.14	20.22	669.96	0.05	0.03	0.03
090054	垫状驼绒藜	Ⅲ8	994.05	827.52	18.37	15 199.44	0.57	0.07	0.09
	ⅩⅣ 低地草甸类		24.39	21.97	93.86	2 062.41	1.01	0.84	0.90
	（Ⅰ）低湿地草甸亚类		13.67	13.20	145.66	1 922.36	0.94	0.78	0.83
141064	秀丽水柏枝、赖草	Ⅲ6	13.67	13.20	145.66	1 922.36	0.94	0.78	0.83
	（Ⅱ）低地盐化草甸亚类		10.71	8.78	15.96	140.05	0.07	0.06	0.06
142065	芦苇、赖草	Ⅲ8	10.71	8.78	15.96	140.05	0.07	0.06	0.06
	ⅩⅥ 高寒草甸类		3 998.85	3 390.94	77.82	263 896.88	125.79	105.78	112.51
	（Ⅰ）高寒草甸亚类		1 807.27	1 520.93	71.63	108 939.74	54.75	46.27	49.21
161079	高山嵩草	Ⅱ7	1 169.47	992.66	59.39	58 958.03	29.63	25.04	26.63
161080	高山嵩草、异针茅	Ⅱ7	0.14	0.12	54.89	6.57	0.00	0.00	0.00
161081	高山嵩草、杂类草	Ⅱ7	4.21	3.61	54.89	198.16	0.10	0.08	0.09
161082	高山嵩草、青藏苔草	Ⅲ7	29.30	25.03	56.06	1 403.15	0.71	0.60	0.63
161085	矮生嵩草、青藏苔草	Ⅲ7	3.83	3.27	56.00	183.22	0.09	0.08	0.08

（续）

类型号	草原类型名称	草原等级	草原面积	草原可利用面积	鲜草单产	鲜草总产	暖季载畜量	冷季载畜量	全年载畜量
161090	金露梅、高山嵩草	Ⅲ6	600.32	496.23	97.11	48 190.62	24.22	20.47	21.77
	（Ⅱ）高寒盐化草甸亚类		1 491.85	1 268.76	50.08	63 540.23	25.09	20.06	21.59
162094	喜马拉雅碱茅	Ⅱ8	13.79	11.19	26.15	292.75	0.12	0.10	0.11
162096	赖草、青藏苔草、碱蓬	Ⅱ7	1 443.40	1 228.71	51.09	62 773.36	24.79	19.80	21.32
162095	匍匐水柏枝、青藏苔草	Ⅲ8	34.41	28.64	16.25	465.28	0.18	0.16	0.17
162097	三角草	Ⅲ8	0.26	0.22	39.63	8.83	0.00	0.00	0.00
	（Ⅲ）高寒沼泽化草甸亚类		699.72	601.26	152.04	91 416.91	45.95	39.44	41.71
163098	藏北嵩草	Ⅱ4	231.82	201.36	298.10	60 026.59	30.17	25.99	27.46
163100	藏西嵩草	Ⅱ7	467.90	399.89	78.50	31 390.32	15.78	13.45	14.25
	ⅩⅧ沼泽类		16.75	11.98	529.14	6 338.92	2.50	1.38	1.67
170104	芒尖苔草	Ⅲ2	16.75	11.98	529.14	6 338.92	2.50	1.38	1.67

1. 普兰县草原类型面积、产草量及载畜量统计表

万亩、千克/亩、万千克、万羊单位

类型号	草原类型名称	草原等级	草原面积	草原可利用面积	鲜草单产	鲜草总产	暖季载畜量	冷季载畜量	全年载畜量
	合 计		1 278.18	1 063.40	50.90	54 125.75	25.53	22.16	23.43
	Ⅱ温性草原类		4.76	4.15	60.05	249.00	0.11	0.09	0.10
020008	白草	Ⅲ7	4.76	4.15	60.05	249.00	0.11	0.09	0.10
	Ⅲ温性荒漠草原类		37.91	33.28	25.34	843.31	0.37	0.31	0.34
030018	沙生针茅、固沙草	Ⅲ8	9.76	8.50	43.75	371.77	0.16	0.13	0.14
030019	短花针茅	Ⅱ8	28.15	24.79	19.02	471.54	0.21	0.19	0.20
	Ⅳ高寒草甸草原类		68.02	51.73	44.86	2 320.51	1.13	0.94	1.01
040021	紫花针茅、高山嵩草	Ⅱ7	34.44	31.34	57.87	1 814.07	0.89	0.74	0.79
040023	青藏苔草、高山嵩草	Ⅲ8	33.57	20.39	24.84	506.44	0.25	0.21	0.22
	Ⅴ高寒草原类		1 036.04	860.61	37.42	32 201.57	15.03	13.07	13.81
050026	紫花针茅	Ⅲ8	129.76	109.07	23.37	2 548.97	1.19	1.03	1.09
050027	紫花针茅、青藏苔草	Ⅱ7	172.14	150.11	54.75	8 217.74	3.84	3.34	3.52
050028	紫花针茅、杂类草	Ⅱ8	66.04	56.20	32.58	1 830.96	0.85	0.74	0.79
050031	固沙草、紫花针茅	Ⅲ8	7.80	6.80	42.38	288.14	0.13	0.12	0.12
050033	青藏苔草	Ⅲ8	236.63	169.06	29.94	5 062.19	2.36	2.06	2.17
050034	藏沙蒿、紫花针茅	Ⅲ7	64.46	56.45	51.94	2 931.65	1.37	1.19	1.26
050039	垫型蒿、紫花针茅	Ⅲ7	9.91	8.33	53.81	448.17	0.21	0.18	0.19
050042	变色锦鸡儿、紫花针茅	Ⅱ8	328.36	286.34	36.70	10 507.79	4.90	4.27	4.51
050043	小叶金露梅、紫花针茅	Ⅱ8	20.94	18.26	20.04	365.96	0.17	0.15	0.16
	Ⅵ高寒荒漠草原类		19.92	16.67	37.64	627.47	0.16	0.18	0.17
060045	沙生针茅	Ⅲ8	12.56	10.93	28.31	309.42	0.08	0.09	0.08
060049	变色锦鸡儿、驼绒藜、沙生针茅	Ⅲ7	7.36	5.74	55.42	318.05	0.08	0.09	0.09
	Ⅶ温性草原化荒漠类		1.17	1.04	67.16	69.88	0.03	0.02	0.02
070050	驼绒藜、沙生针茅	Ⅲ7	1.17	1.04	67.16	69.88	0.03	0.02	0.02
	Ⅷ温性荒漠类		2.69	2.35	62.02	145.47	0.05	0.04	0.05
080052	驼绒藜、灌木亚菊	Ⅲ7	2.69	2.35	62.02	145.47	0.05	0.04	0.05

（续）

类型号	草原类型名称	草原等级	草原面积	草原可利用面积	鲜草单产	鲜草总产	暖季载畜量	冷季载畜量	全年载畜量
	ⅩⅣ低地草甸类		2.81	2.51	139.95	351.17	0.17	0.14	0.15
	（Ⅰ）低湿地草甸亚类		1.38	1.34	244.44	326.33	0.16	0.13	0.14
141064	秀丽水柏枝、赖草	Ⅲ5	1.38	1.34	244.44	326.33	0.16	0.13	0.14
	（Ⅱ）低地盐化草甸亚类		1.43	1.17	21.15	24.84	0.01	0.01	0.01
142065	芦苇、赖草	Ⅲ8	1.43	1.17	21.15	24.84	0.01	0.01	0.01
	ⅩⅥ高寒草甸类		104.86	91.06	190.17	17 317.37	8.48	7.36	7.78
	（Ⅰ）高寒草甸亚类		24.39	21.23	83.08	1 764.13	0.89	0.75	0.80
161079	高山嵩草	Ⅱ7	24.39	21.23	83.08	1 764.13	0.89	0.75	0.80
	（Ⅱ）高寒盐化草甸亚类		36.51	30.67	67.77	2 078.75	0.82	0.71	0.75
162096	赖草、青藏苔草、碱蓬	Ⅱ7	36.51	30.67	67.77	2 078.75	0.82	0.71	0.75
	（Ⅲ）高寒沼泽化草甸亚类		43.96	39.15	344.14	13 474.49	6.77	5.89	6.22
163098	藏北嵩草	Ⅱ3	38.54	34.33	382.15	13 120.00	6.59	5.74	6.06
163100	藏西嵩草	Ⅱ7	5.41	4.82	73.52	354.49	0.18	0.16	0.16

2. 札达县草原类型面积、产草量及载畜量统计表

万亩、千克/亩、万千克、万羊单位

类型号	草原类型名称	草原等级	草原面积	草原可利用面积	鲜草单产	鲜草总产	暖季载畜量	冷季载畜量	全年载畜量
	合 计		2 467.13	1 820.19	34.83	63 405.17	27.09	23.91	25.08
	Ⅱ温性草原类		9.43	7.24	40.91	296.15	0.09	0.07	0.08
020006	固沙草	Ⅲ8	9.43	7.24	40.91	296.15	0.09	0.07	0.08
	Ⅲ温性荒漠草原类		543.65	417.39	32.88	13 722.34	6.05	5.03	5.40
030018	沙生针茅、固沙草	Ⅲ8	376.89	289.36	25.92	7 500.29	3.23	2.58	2.81
030020	变色锦鸡儿、沙生针茅	Ⅲ7	166.76	128.03	48.60	6 222.05	2.81	2.45	2.59
	Ⅳ高寒草甸草原类		60.61	29.50	37.72	1 112.78	0.54	0.45	0.49
040021	紫花针茅、高山嵩草	Ⅱ8	7.30	5.33	36.86	196.52	0.10	0.08	0.09
040023	青藏苔草、高山嵩草	Ⅲ8	53.32	24.17	37.92	916.26	0.45	0.37	0.40
	Ⅴ高寒草原类		1 129.71	857.64	35.76	30 671.72	14.31	12.45	13.16
050026	紫花针茅	Ⅲ8	150.75	112.95	23.92	2 702.25	1.26	1.10	1.16
050027	紫花针茅、青藏苔草	Ⅱ8	15.24	11.70	20.78	243.15	0.11	0.10	0.10
050028	紫花针茅、杂类草	Ⅱ8	100.16	75.05	25.65	1 925.24	0.90	0.78	0.83
050029	昆仑针茅	Ⅱ8	28.80	21.58	16.10	347.44	0.16	0.14	0.15
050033	青藏苔草	Ⅲ8	32.60	20.51	19.07	391.14	0.18	0.16	0.17
050034	藏沙蒿、紫花针茅	Ⅲ8	15.84	12.16	25.04	304.45	0.14	0.12	0.13
050042	变色锦鸡儿、紫花针茅	Ⅱ8	773.16	593.59	41.58	24 679.26	11.52	10.02	10.59
050043	小叶金露梅、紫花针茅	Ⅱ8	13.16	10.10	7.80	78.78	0.04	0.03	0.03
	Ⅵ高寒荒漠草原类		607.36	417.21	25.71	10 727.70	2.70	3.02	2.88
060045	沙生针茅	Ⅲ8	17.68	13.57	42.18	572.45	0.14	0.16	0.15
060047	青藏苔草、垫状驼绒藜	Ⅲ8	3.15	2.16	14.21	30.66	0.01	0.01	0.01
060048	垫状驼绒藜、昆仑针茅	Ⅲ8	6.41	4.39	19.80	86.92	0.02	0.02	0.02
060049	变色锦鸡儿、驼绒藜、沙生针茅	Ⅲ8	580.11	397.09	25.28	10 037.67	2.52	2.82	2.69
	Ⅶ温性草原化荒漠类		3.15	2.18	25.40	55.45	0.02	0.02	0.02
070051	灌木亚菊、驼绒藜、沙生针茅	Ⅳ8	3.15	2.18	25.40	55.45	0.02	0.02	0.02
	ⅩⅣ低地草甸类		3.92	3.81	145.66	554.47	0.27	0.23	0.24

（续）

类型号	草原类型名称	草原等级	草原面积	草原可利用面积	鲜草单产	鲜草总产	暖季载畜量	冷季载畜量	全年载畜量
	（Ⅰ）低湿地草甸亚类		3.92	3.81	145.66	554.47	0.27	0.23	0.24
141064	秀丽水柏枝、赖草	Ⅲ6	3.92	3.81	145.66	554.47	0.27	0.23	0.24
	ⅩⅥ高寒草甸类		109.29	85.23	73.50	6 264.55	3.12	2.65	2.82
	（Ⅰ）高寒草甸亚类		85.10	65.34	80.51	5 260.20	2.64	2.23	2.39
161090	金露梅、高山嵩草	Ⅲ7	85.10	65.34	80.51	5 260.20	2.64	2.23	2.39
	（Ⅱ）高寒盐化草甸亚类		8.10	6.22	45.35	281.94	0.11	0.10	0.10
162096	赖草、青藏苔草、碱蓬	Ⅱ7	8.10	6.22	45.35	281.94	0.11	0.10	0.10
	（Ⅲ）高寒沼泽化草甸亚类		16.09	13.67	52.83	722.41	0.36	0.32	0.33
163098	藏北嵩草	Ⅱ5	0.49	0.42	243.40	101.67	0.05	0.04	0.05
163100	藏西嵩草	Ⅱ7	15.60	13.26	46.83	620.74	0.31	0.27	0.29

3. 噶尔县草原类型面积、产草量及载畜量统计表

万亩、千克/亩、万千克、万羊单位

类型号	草原类型名称	草原等级	草原面积	草原可利用面积	鲜草单产	鲜草总产	暖季载畜量	冷季载畜量	全年载畜量
	合 计		2 062.65	1 692.77	34.43	58 289.23	23.17	21.16	21.83
	Ⅲ温性荒漠草原类		27.13	23.02	55.12	1 268.66	0.57	0.48	0.51
030018	沙生针茅、固沙草	Ⅲ8	13.01	11.04	33.54	370.18	0.16	0.13	0.14
030020	变色锦鸡儿、沙生针茅	Ⅲ7	14.12	11.98	75.01	898.47	0.41	0.35	0.37
	Ⅳ高寒草甸草原类		99.98	68.94	25.85	1 781.98	0.87	0.72	0.77
040021	紫花针茅、高山嵩草	Ⅱ8	31.54	28.37	38.92	1 104.18	0.54	0.45	0.48
040023	青藏苔草、高山嵩草	Ⅲ8	68.44	40.57	16.71	677.80	0.33	0.28	0.29
	Ⅴ高寒草原类		1 033.66	850.55	20.80	17 693.89	8.26	7.18	7.56
050026	紫花针茅	Ⅲ8	303.25	260.36	14.93	3 888.07	1.81	1.58	1.66
050027	紫花针茅、青藏苔草	Ⅱ8	177.79	150.83	17.29	2 608.30	1.22	1.06	1.11
050028	紫花针茅、杂类草	Ⅱ8	19.93	16.91	17.39	293.93	0.14	0.12	0.13
050029	昆仑针茅	Ⅱ8	0.07	0.06	17.99	1.08	0.00	0.00	0.00
050033	青藏苔草	Ⅲ8	411.79	319.88	20.14	6 441.76	3.01	2.62	2.75
050034	藏沙蒿、紫花针茅	Ⅲ8	12.95	10.99	29.67	326.18	0.15	0.13	0.14
050042	变色锦鸡儿、紫花针茅	Ⅱ7	107.88	91.52	45.18	4 134.58	1.93	1.68	1.77
	Ⅵ高寒荒漠草原类		593.02	478.81	35.40	16 950.57	4.26	4.76	4.56
060045	沙生针茅	Ⅲ8	329.10	279.19	25.55	7 133.18	1.79	2.01	1.92
060047	青藏苔草、垫状驼绒藜	Ⅲ8	11.04	8.35	15.00	125.34	0.03	0.04	0.03
060049	变色锦鸡儿、驼绒藜、沙生针茅	Ⅲ7	252.88	191.27	50.67	9 692.05	2.44	2.72	2.61
	Ⅶ温性草原化荒漠类		188.65	168.23	40.52	6 816.54	2.45	2.13	2.24
070050	驼绒藜、沙生针茅	Ⅲ7	110.04	107.97	50.74	5 478.52	1.97	1.71	1.80
070051	灌木亚菊、驼绒藜、沙生针茅	Ⅳ8	78.61	60.26	22.21	1 338.02	0.48	0.42	0.44
	Ⅷ温性荒漠类		11.00	10.56	17.72	187.11	0.01	0.00	0.00
080052	驼绒藜、灌木亚菊	Ⅲ8	11.00	10.56	17.72	187.11	0.01	0.00	0.00
	ⅩⅣ低地草甸类		10.91	9.34	40.25	376.03	0.18	0.15	0.16
	（Ⅰ）低湿地草甸亚类		2.97	2.85	99.04	282.16	0.14	0.11	0.12

(续)

类型号	草原类型名称	草原等级	草原面积	草原可利用面积	鲜草单产	鲜草总产	暖季载畜量	冷季载畜量	全年载畜量
141064	秀丽水柏枝、赖草	Ⅲ6	2.97	2.85	99.04	282.16	0.14	0.11	0.12
	（Ⅱ）低地盐化草甸亚类		7.94	6.49	14.46	93.87	0.05	0.04	0.04
142065	芦苇、赖草	Ⅲ8	7.94	6.49	14.46	93.87	0.05	0.04	0.04
	ⅩⅥ高寒草甸类		98.27	83.30	158.50	13 202.66	6.57	5.72	6.02
	（Ⅰ）高寒草甸亚类		2.77	2.30	85.00	195.22	0.10	0.08	0.09
161090	金露梅、高山嵩草	Ⅲ7	2.77	2.30	85.00	195.22	0.10	0.08	0.09
	（Ⅱ）高寒盐化草甸亚类		14.93	12.64	44.61	563.99	0.22	0.19	0.20
162096	赖草、青藏苔草、碱蓬	Ⅱ7	14.93	12.64	44.61	563.99	0.22	0.19	0.20
	（Ⅲ）高寒沼泽化草甸亚类		80.58	68.36	182.03	12 443.45	6.25	5.44	5.73
163098	藏北嵩草	Ⅱ5	48.66	41.28	257.00	10 608.82	5.33	4.64	4.88
163100	藏西嵩草	Ⅱ7	31.92	27.08	67.75	1 834.64	0.92	0.80	0.84
	ⅩⅧ沼泽类		0.03	0.02	517.44	11.78	0.005	0.004	0.004
170104	芒尖苔草	Ⅲ3	0.03	0.02	517.44	11.78	0.005	0.004	0.004

4. 日土县草原类型面积、产草量及载畜量统计表

万亩、千克/亩、万千克、万羊单位

类型号	草原类型名称	草原等级	草原面积	草原可利用面积	鲜草单产	鲜草总产	暖季载畜量	冷季载畜量	全年载畜量
	合 计		6 504.98	5 352.38	25.51	136 519.71	56.19	34.37	40.26
	Ⅲ温性荒漠草原类		2.83	2.46	16.47	40.45	0.02	0.01	0.01
030018	沙生针茅、固沙草	Ⅲ8	2.83	2.46	16.47	40.45	0.02	0.01	0.01
	Ⅴ高寒草原类		2 774.27	2 228.86	27.28	60 792.90	28.37	18.44	21.30
050026	紫花针茅	Ⅲ8	240.82	201.71	13.95	2 813.03	1.31	0.85	0.99
050027	紫花针茅、青藏苔草	Ⅱ8	517.13	449.00	18.62	8 360.74	3.90	2.54	2.93
050028	紫花针茅、杂类草	Ⅱ8	73.12	61.99	15.17	940.34	0.44	0.29	0.33
050030	羽柱针茅	Ⅲ8	726.38	600.99	10.78	6 478.26	3.02	1.97	2.27
050031	固沙草、紫花针茅	Ⅲ8	93.58	81.25	29.15	2 368.39	1.11	0.72	0.83
050033	青藏苔草	Ⅲ7	910.18	650.80	52.58	34 222.30	15.97	10.38	11.99
050034	藏沙蒿、紫花针茅	Ⅲ8	20.88	18.12	20.55	372.41	0.17	0.11	0.13
050039	垫型蒿、紫花针茅	Ⅲ8	61.23	51.29	38.48	1 973.78	0.92	0.60	0.69
050042	变色锦鸡儿、紫花针茅	Ⅱ8	130.95	113.70	28.70	3 263.65	1.52	0.99	1.14
	Ⅵ高寒荒漠草原类		1 954.35	1 589.18	17.98	28 579.94	12.31	7.39	8.73
060045	沙生针茅	Ⅲ8	620.59	538.82	13.18	7 104.25	3.06	1.84	2.17
060046	戈壁针茅	Ⅱ8	162.54	141.13	21.86	3 084.56	1.33	0.80	0.94
060047	青藏苔草、垫状驼绒藜	Ⅲ8	705.02	547.31	15.34	8 398.24	3.62	2.17	2.56
060048	垫状驼绒藜、昆仑针茅	Ⅲ8	17.97	13.95	35.48	494.99	0.21	0.13	0.15
060049	变色锦鸡儿、驼绒藜、沙生针茅	Ⅲ8	448.24	347.97	27.30	9 497.90	4.09	2.46	2.90
	Ⅶ温性草原化荒漠类		1.83	1.44	24.41	35.23	0.01	0.01	0.01
070050	驼绒藜、沙生针茅	Ⅲ8	0.10	0.10	13.80	1.41	0.00	0.00	0.00
070051	灌木亚菊、驼绒藜、沙生针茅	Ⅳ8	1.73	1.34	25.21	33.82	0.01	0.01	0.01
	Ⅷ温性荒漠类		767.80	654.78	17.77	11 637.55	4.01	1.93	2.40
080052	驼绒藜、灌木亚菊	Ⅲ8	715.41	613.57	18.12	11 120.58	3.83	1.84	2.30
080053	灌木亚菊	Ⅲ8	52.39	41.21	12.55	516.97	0.18	0.09	0.11
	Ⅸ高寒荒漠类		551.32	478.68	18.61	8 906.79	0.32	0.00	0.01

(续)

类型号	草原类型名称	草原等级	草原面积	草原可利用面积	鲜草单产	鲜草总产	暖季载畜量	冷季载畜量	全年载畜量
090054	垫状驼绒藜	Ⅲ8	524.73	455.60	18.45	8 406.39	0.30	0.003	0.005
090055	高原芥、燥原荠	Ⅳ8	26.58	23.08	21.68	500.39	0.02	0.000 2	0.000 3
	ⅩⅣ低地草甸类		1.42	1.38	14.40	19.86	0.01	0.01	0.01
	(Ⅰ)低湿地草甸亚类		1.42	1.38	14.40	19.86	0.01	0.01	0.01
141064	秀丽水柏枝、赖草	Ⅲ8	1.42	1.38	14.40	19.86	0.01	0.01	0.01
	ⅩⅥ高寒草甸类		434.44	383.65	52.60	20 179.88	8.64	5.22	6.13
	(Ⅱ)高寒盐化草甸亚类		366.91	325.02	43.05	13 991.85	5.53	3.04	3.67
162096	赖草、青藏苔草、碱蓬	Ⅱ8	366.91	325.02	43.05	13 991.85	5.53	3.04	3.67
	(Ⅲ)高寒沼泽化草甸亚类		67.53	58.64	105.53	6 188.03	3.11	2.18	2.46
163098	藏北嵩草	Ⅱ5	12.97	11.26	262.82	2 959.14	1.49	1.04	1.18
163100	藏西嵩草	Ⅱ7	54.57	47.38	68.15	3 228.89	1.62	1.14	1.28
	ⅩⅧ沼泽类		16.72	11.96	529.16	6 327.13	2.50	1.37	1.66
170104	芒尖苔草	Ⅲ2	16.72	11.96	529.16	6 327.13	2.50	1.37	1.66

5. 革吉县草原类型面积、产草量及载畜量统计表

万亩、千克/亩、万千克、万羊单位

类型号	草原类型名称	草原等级	草原面积	草原可利用面积	鲜草单产	鲜草总产	暖季载畜量	冷季载畜量	全年载畜量
	合 计		5 679.95	4 794.11	32.94	157 939.53	71.88	62.91	66.05
	Ⅲ温性荒漠草原类		22.83	19.52	88.14	1 720.34	0.78	0.68	0.71
030020	变色锦鸡儿、沙生针茅	Ⅲ6	22.83	19.52	88.14	1 720.34	0.78	0.68	0.71
	Ⅳ高寒草甸草原类		1.92	1.33	22.31	29.71	0.01	0.01	0.01
040021	紫花针茅、高山嵩草	Ⅱ8	0.59	0.53	26.31	14.06	0.01	0.01	0.01
040023	青藏苔草、高山嵩草	Ⅲ8	1.33	0.80	19.63	15.65	0.01	0.01	0.01
	Ⅴ高寒草原类		4 524.65	3 809.90	28.39	108 144.42	49.96	43.47	45.75
050026	紫花针茅	Ⅲ8	1 055.27	924.10	14.98	13 839.15	6.46	5.62	5.91
050027	紫花针茅、青藏苔草	Ⅱ8	805.18	713.39	19.96	14 240.68	6.65	5.78	6.09
050028	紫花针茅、杂类草	Ⅱ8	13.46	11.65	30.40	354.01	0.17	0.14	0.15
050029	昆仑针茅	Ⅱ8	28.99	24.49	40.60	994.10	0.46	0.40	0.42
050030	羽柱针茅	Ⅲ8	41.92	34.98	15.97	558.68	0.26	0.23	0.24
050031	固沙草、紫花针茅	Ⅲ8	70.44	60.23	29.79	1 794.03	0.84	0.73	0.77
050033	青藏苔草	Ⅲ8	2 106.02	1 692.36	38.48	65 129.79	30.40	26.44	27.83
050034	藏沙蒿、紫花针茅	Ⅲ8	213.83	185.05	34.04	7 384.13	2.94	2.56	2.69
050039	垫型蒿、紫花针茅	Ⅲ8	11.94	9.97	42.52	423.79	0.20	0.17	0.18
050042	变色锦鸡儿、紫花针茅	Ⅱ8	145.01	125.49	23.61	2 962.41	1.38	1.20	1.27
050043	小叶金露梅、紫花针茅	Ⅱ8	32.59	28.20	16.44	463.65	0.22	0.19	0.20
	Ⅵ高寒荒漠草原类		744.49	632.44	9.97	6 306.36	1.58	1.77	1.70
060045	沙生针茅	Ⅲ8	699.54	598.17	8.75	5 231.54	1.31	1.47	1.41
060049	变色锦鸡儿、驼绒藜、沙生针茅	Ⅲ8	44.95	34.27	31.36	1 074.82	0.27	0.30	0.29
	Ⅶ温性草原化荒漠类		43.53	35.01	25.17	881.36	0.32	0.28	0.29
070050	驼绒藜、沙生针茅	Ⅲ7	0.43	0.37	53.07	19.75	0.01	0.01	0.01
070051	灌木亚菊、驼绒藜、沙生针茅	Ⅳ8	43.11	34.64	24.87	861.61	0.31	0.27	0.28
	Ⅷ温性荒漠类		4.09	3.58	20.83	74.66	0.03	0.02	0.02
080052	驼绒藜、灌木亚菊	Ⅲ8	4.09	3.58	20.83	74.66	0.03	0.02	0.02

（续）

类型号	草原类型名称	草原等级	草原面积	草原可利用面积	鲜草单产	鲜草总产	暖季载畜量	冷季载畜量	全年载畜量
	Ⅸ高寒荒漠类		25.78	20.28	14.25	289.03	0.06	0.05	0.06
090055	高原芥、燥原荠	Ⅳ8	13.37	10.06	16.86	169.57	0.04	0.03	0.03
090054	垫状驼绒藜	Ⅲ8	12.40	10.22	11.69	119.47	0.03	0.02	0.02
	ⅩⅣ低地草甸类		5.03	4.69	160.80	753.66	0.37	0.31	0.33
	（Ⅰ）低湿地草甸亚类		3.99	3.83	193.18	739.54	0.36	0.30	0.32
141064	秀丽水柏枝、赖草	Ⅲ5	3.99	3.83	193.18	739.54	0.36	0.30	0.32
	（Ⅱ）高寒盐化草甸亚类		1.04	0.86	16.44	14.12	0.01	0.01	0.01
142065	芦苇、赖草	Ⅲ8	1.04	0.86	16.44	14.12	0.01	0.01	0.01
	ⅩⅥ高寒草甸类		307.62	267.35	148.65	39 739.99	18.77	16.33	17.18
	（Ⅰ）高寒草甸亚类		1.36	1.21	76.42	92.26	0.05	0.04	0.04
161079	高山嵩草	Ⅱ7	1.36	1.21	76.42	92.26	0.05	0.04	0.04
	（Ⅱ）高寒盐化草甸亚类		198.59	171.86	65.22	11 207.85	4.43	3.85	4.05
162096	赖草、青藏苔草、碱蓬	Ⅱ7	198.59	171.86	65.22	11 207.85	4.43	3.85	4.05
	（Ⅲ）高寒沼泽化草甸亚类		107.67	94.28	301.64	28 439.87	14.29	12.44	13.09
163098	藏北嵩草	Ⅱ4	107.43	94.08	302.00	28 411.91	14.28	12.42	13.08
163100	藏西嵩草	Ⅱ6	0.23	0.21	136.26	27.97	0.01	0.01	0.01

6. 改则县草原类型面积、产草量及载畜量统计表

万亩、千克/亩、万千克、万羊单位

类型号	草原类型名称	草原等级	草原面积	草原可利用面积	鲜草单产	鲜草总产	暖季载畜量	冷季载畜量	全年载畜量
	合　计		17 300.97	13 332.97	26.65	355 267.15	153.34	135.33	141.51
	Ⅱ温性草原类		2.17	1.78	40.74	72.51	0.02	0.02	0.02
020006	固沙草	Ⅲ8	2.17	1.78	40.74	72.51	0.02	0.02	0.02
	Ⅲ温性荒漠草原类		140.16	115.22	70.25	8 094.89	3.66	3.18	3.35
030018	沙生针茅、固沙草	Ⅲ8	2.74	2.25	23.55	53.02	0.02	0.02	0.02
030020	变色锦鸡儿、沙生针茅	Ⅲ7	137.42	112.97	71.18	8 041.88	3.64	3.16	3.33
	Ⅳ高寒草甸草原类		92.17	69.36	29.94	2 076.78	1.01	0.84	0.90
040021	紫花针茅、高山嵩草	Ⅱ8	55.77	48.67	35.93	1 748.82	0.85	0.71	0.76
040023	青藏苔草、高山嵩草	Ⅲ8	36.40	20.69	15.85	327.96	0.16	0.13	0.14
	Ⅴ高寒草原类		12 056.15	9 215.45	22.80	210 122.78	98.06	85.32	89.79
050026	紫花针茅	Ⅲ8	4 614.52	3 699.79	18.22	67 421.50	31.47	27.37	28.81
050027	紫花针茅、青藏苔草	Ⅱ8	1 272.82	1 046.34	15.39	16 105.01	7.52	6.54	6.88
050028	紫花针茅、杂类草	Ⅱ8	591.81	474.49	26.33	12 492.27	5.83	5.07	5.34
050029	昆仑针茅	Ⅱ8	52.62	42.19	10.78	454.88	0.21	0.18	0.19
050030	羽柱针茅	Ⅲ8	98.54	77.01	22.42	1 726.54	0.81	0.70	0.74
050031	固沙草、紫花针茅	Ⅲ8	106.47	86.95	25.29	2 199.02	1.03	0.89	0.94
050033	青藏苔草	Ⅲ8	3 601.35	2 412.31	24.55	59 221.23	27.64	24.05	25.31
050034	藏沙蒿、紫花针茅	Ⅲ8	174.56	145.27	26.34	3 826.45	1.79	1.55	1.64
050039	垫型蒿、紫花针茅	Ⅲ8	1 239.56	981.27	38.46	37 735.32	17.61	15.32	16.13
050042	变色锦鸡儿、紫花针茅	Ⅱ8	208.89	171.72	30.42	5 224.37	2.44	2.12	2.23
050043	小叶金露梅、紫花针茅	Ⅱ7	95.02	78.12	47.57	3 716.20	1.73	1.51	1.59
	Ⅵ高寒荒漠草原类		2 853.93	2 160.59	19.12	41 316.10	10.38	11.61	11.11
060045	沙生针茅	Ⅲ8	601.27	494.28	23.77	11 747.36	2.95	3.30	3.16
060046	戈壁针茅	Ⅱ8	221.38	181.99	20.28	3 691.26	0.93	1.04	0.99
060047	青藏苔草、垫状驼绒藜	Ⅲ8	1 629.06	1 190.40	14.24	16 950.73	4.26	4.76	4.56
060048	垫状驼绒藜、昆仑针茅	Ⅲ8	266.91	195.04	32.93	6 422.41	1.61	1.81	1.73

（续）

类型号	草原类型名称	草原等级	草原面积	草原可利用面积	鲜草单产	鲜草总产	暖季载畜量	冷季载畜量	全年载畜量
060049	变色锦鸡儿、驼绒藜、沙生针茅	Ⅲ8	135.30	98.87	25.33	2 504.34	0.63	0.70	0.67
	Ⅶ温性草原化荒漠类		131.83	97.67	19.55	1 909.56	0.69	0.60	0.63
070051	灌木亚菊、驼绒藜、沙生针茅	Ⅳ8	131.83	97.67	19.55	1 909.56	0.69	0.60	0.63
	Ⅸ高寒荒漠类		456.91	361.70	18.45	6 673.58	0.24	0.04	0.06
090054	垫状驼绒藜	Ⅲ8	456.91	361.70	18.45	6 673.58	0.24	0.04	0.06
	ⅩⅣ低地草甸类		0.07	0.07	49.48	3.42	0.00	0.00	0.00
	（Ⅱ）低地盐化草甸亚类		0.07	0.07	49.48	3.42	0.00	0.00	0.00
142065	芦苇、赖草	Ⅲ7	0.07	0.07	49.48	3.42	0.00	0.00	0.00
	ⅩⅥ高寒草甸类		1 567.58	1 311.13	64.83	84 997.53	39.27	33.72	35.65
	（Ⅰ）高寒草甸亚类		679.34	572.15	61.86	35 391.96	17.79	15.03	15.98
161079	高山嵩草	Ⅱ7	668.58	563.19	61.72	34 759.95	17.47	14.76	15.70
161082	高山嵩草、青藏苔草	Ⅲ7	5.09	4.29	61.72	264.52	0.13	0.11	0.12
161085	矮生嵩草、青藏苔草	Ⅲ7	0.63	0.53	61.72	32.72	0.02	0.01	0.01
161090	金露梅、高山嵩草	Ⅲ7	5.05	4.15	80.67	334.77	0.17	0.14	0.15
	（Ⅱ）高寒盐化草甸亚类		767.71	637.44	50.28	32 050.78	12.66	11.01	11.59
162094	喜马拉雅碱茅	Ⅱ8	13.75	11.16	26.11	291.51	0.12	0.10	0.11
162095	匍匐水柏枝、青藏苔草	Ⅲ8	34.41	28.64	16.25	465.28	0.18	0.16	0.17
162096	赖草、青藏苔草、碱蓬	Ⅱ7	719.55	597.64	52.36	31 293.99	12.36	10.75	11.32
	（Ⅲ）高寒沼泽化草甸亚类		120.53	101.53	172.90	17 554.78	8.82	7.68	8.08
163098	藏北嵩草	Ⅱ5	23.41	19.72	243.90	4 809.74	2.42	2.10	2.21
163100	藏西嵩草	Ⅱ6	97.12	81.81	155.79	12 745.05	6.41	5.57	5.87

7. 措勤县草原类型面积、产草量及载畜量统计表

万亩、千克/亩、万千克、万羊单位

类型号	草原类型名称	草原等级	草原面积	草原可利用面积	鲜草单产	鲜草总产	暖季载畜量	冷季载畜量	全年载畜量
	合 计		2 591.59	2 182.12	62.25	135 832.98	66.01	56.55	59.84
	Ⅲ温性荒漠草原类		31.37	26.24	88.15	2 313.12	1.05	0.91	0.96
030020	变色锦鸡儿、沙生针茅	Ⅲ6	31.37	26.24	88.15	2 313.12	1.05	0.91	0.96
	Ⅳ高寒草甸草原类		52.81	46.81	63.37	2 966.61	1.45	1.20	1.29
040021	紫花针茅、高山嵩草	Ⅱ7	52.01	46.13	63.37	2 923.14	1.43	1.19	1.27
040022	丝颖针茅	Ⅱ7	0.80	0.69	63.37	43.47	0.02	0.02	0.02
	Ⅴ高寒草原类		1 130.40	939.66	51.46	48 354.54	22.57	19.63	20.66
050026	紫花针茅	Ⅲ7	695.40	588.72	44.77	26 355.93	12.30	10.70	11.26
050027	紫花针茅、青藏苔草	Ⅱ8	29.92	25.03	38.28	958.15	0.45	0.39	0.41
050028	紫花针茅、杂类草	Ⅱ8	48.59	40.65	20.78	844.72	0.39	0.34	0.36
050031	固沙草、紫花针茅	Ⅲ8	51.70	42.91	36.85	1 581.12	0.74	0.64	0.68
050033	青藏苔草	Ⅲ7	160.15	121.05	52.88	6 401.05	2.99	2.60	2.74
050034	藏沙蒿、紫花针茅	Ⅲ6	74.37	62.51	140.79	8 801.62	4.11	3.57	3.76
050035	藏沙蒿、青藏苔草	Ⅲ6	3.90	3.26	140.79	459.02	0.21	0.19	0.20
050037	冻原白蒿	Ⅲ7	45.23	37.84	67.75	2 563.63	1.20	1.04	1.10
050043	小叶金露梅、紫花针茅	Ⅱ8	21.15	17.69	22.00	389.30	0.18	0.16	0.17
	ⅩⅣ低地草甸类		0.22	0.18	21.15	3.80	0.002	0.002	0.002
	（Ⅱ）低地盐化草甸亚类		0.22	0.18	21.15	3.80	0.002	0.002	0.002
142065	芦苇、赖草	Ⅲ8	0.22	0.18	21.15	3.80	0.002	0.002	0.002
	ⅩⅥ高寒草甸类		1 376.79	1 169.23	70.30	82 194.91	40.95	34.80	36.92
	（Ⅰ）高寒草甸亚类		1 014.30	858.69	77.14	66 235.97	33.29	28.13	29.91
161079	高山嵩草	Ⅱ7	475.14	407.04	54.89	22 341.68	11.23	9.49	10.09
161080	高山嵩草、异针茅	Ⅱ7	0.14	0.12	54.89	6.57	0.00	0.00	0.00
161081	高山嵩草、杂类草	Ⅱ7	4.21	3.61	54.89	198.16	0.10	0.08	0.09
161082	高山嵩草、青藏苔草	Ⅲ7	24.22	20.74	54.89	1 138.64	0.57	0.48	0.51
161085	矮生嵩草、青藏苔草	Ⅲ7	3.20	2.74	54.89	150.50	0.08	0.06	0.07

(续)

类型号	草原类型名称	草原等级	草原面积	草原可利用面积	鲜草单产	鲜草总产	暖季载畜量	冷季载畜量	全年载畜量
161090	金露梅、高山嵩草	Ⅲ6	507.40	424.44	99.90	42 400.43	21.31	18.01	19.15
	（Ⅱ）高寒盐化草甸亚类		99.12	84.91	39.63	3 365.06	1.33	1.16	1.22
162094	喜马拉雅碱茅	Ⅱ8	0.04	0.03	39.63	1.25	0.000 5	0.000 4	0.000 5
162096	赖草、青藏苔草、碱蓬	Ⅱ8	98.82	84.66	39.63	3 354.99	1.32	1.15	1.21
162097	三角草	Ⅲ8	0.26	0.22	39.63	8.83	0.00	0.00	0.00
	（Ⅲ）高寒沼泽化草甸亚类		263.37	225.62	55.82	12 593.87	6.33	5.51	5.80
163098	藏北嵩草	Ⅱ7	0.32	0.27	55.82	15.32	0.01	0.01	0.01
163100	藏西嵩草	Ⅱ7	263.05	225.34	55.82	12 578.55	6.32	5.50	5.79

（七）林芝地区草原类型面积、产草量及载畜量统计表

万亩、千克/亩、万千克、万羊单位

类型号	草原类型名称	草原等级	草原面积	草原可利用面积	鲜草单产	鲜草总产	暖季载畜量	冷季载畜量	全年载畜量
	合　计		3 643.04	3 040.21	150.99	459 036.46	186.04	155.98	173.06
	Ⅰ 温性草甸草原类		12.69	11.54	162.34	1 873.14	0.72	0.60	0.67
010003	细裂叶莲蒿、禾草	Ⅲ6	11.83	10.77	167.06	1 798.53	0.69	0.58	0.64
010004	金露梅、细裂叶莲蒿	Ⅲ7	0.86	0.77	96.52	74.61	0.03	0.02	0.03
	Ⅱ 温性草原类		8.20	8.01	203.42	1 629.66	0.67	0.62	0.66
020016	白刺花、细裂叶莲蒿	Ⅳ5	8.20	8.01	203.42	1 629.66	0.67	0.62	0.66
	Ⅹ 暖性草丛类		33.39	29.67	255.87	7 591.56	2.80	2.43	2.64
100056	黑穗画眉草	Ⅱ5	10.61	10.19	223.59	2 277.88	0.84	0.73	0.78
100057	细裂叶莲蒿	Ⅲ5	22.78	19.48	272.75	5 313.68	1.96	1.70	1.86
	Ⅺ 暖性灌草丛类		74.56	57.33	267.24	15 321.12	5.66	4.94	5.35
110058	白刺花、禾草	Ⅱ5	24.87	12.80	297.31	3 805.03	1.40	1.22	1.34
110059	具灌木的禾草	Ⅲ5	49.69	44.53	258.59	11 516.09	4.26	3.72	4.02
	Ⅻ 热性草丛类		53.10	10.27	414.62	4 259.32	1.57	1.37	1.49
120060	白茅	Ⅲ3	38.71	0.21	529.23	112.18	0.04	0.04	0.04
120061	蕨、白茅	Ⅳ4	14.39	10.06	412.20	4 147.14	1.53	1.33	1.45
	ⅩⅢ 热性灌草丛类		31.32	29.21	280.88	8 204.84	3.16	2.63	2.96
130062	小马鞍叶羊蹄甲、扭黄茅	Ⅲ5	31.32	29.21	280.88	8 204.84	3.16	2.63	2.96
	ⅩⅣ 低地草甸类		26.95	25.25	335.97	8 484.46	3.36	3.12	3.26
	（Ⅱ）低地沼泽化草甸亚类		26.95	25.25	335.97	8 484.46	3.36	3.12	3.26
143066	芒尖苔草、蕨麻委陵菜	Ⅱ4	26.95	25.25	335.97	8 484.46	3.36	3.12	3.26
	ⅩⅤ 山地草甸类		171.10	157.81	191.44	30 210.80	12.33	10.69	11.64
	（Ⅰ）山地草甸亚类		68.25	58.99	264.70	15 613.54	6.10	5.13	5.65
151067	中亚早熟禾、苔草	Ⅱ5	36.43	34.23	260.25	8 907.10	3.47	2.91	3.20
151068	黑穗画眉草、林芝苔草	Ⅱ3	2.00	1.34	467.09	627.57	0.24	0.20	0.22
151069	圆穗蓼	Ⅱ5	27.67	21.34	255.17	5 444.73	2.13	1.79	1.98
151072	杜鹃、黑穗画眉草	Ⅲ5	2.15	2.08	305.03	634.13	0.26	0.22	0.24

(续)

类型号	草原类型名称	草原等级	草原面积	草原可利用面积	鲜草单产	鲜草总产	暖季载畜量	冷季载畜量	全年载畜量
	（Ⅱ）亚高山草甸亚类		102.85	98.82	147.72	14 597.26	6.23	5.56	5.99
152073	矮生嵩草、杂类草	Ⅱ6	0.47	0.45	120.26	54.65	0.02	0.02	0.02
152076	圆穗蓼、矮生嵩草	Ⅱ6	1.55	1.49	144.22	214.52	0.08	0.07	0.08
152078	具灌木的矮生嵩草	Ⅱ6	100.83	96.88	147.90	14 328.09	6.12	5.48	5.89
	ⅩⅥ高寒草甸类		3 231.72	2 711.12	140.70	381 461.55	155.76	129.57	144.39
	（Ⅰ）高寒草甸亚类		3 226.37	2 706.02	140.60	380 474.36	155.45	129.25	144.08
161081	高山嵩草、杂类草	Ⅱ6	1 473.94	1 209.60	113.43	137 208.57	56.06	46.62	52.27
161083	圆穗蓼、高山嵩草	Ⅱ6	507.31	488.82	166.50	81 386.98	33.20	27.57	30.46
161090	金露梅、高山嵩草	Ⅲ5	10.73	8.12	225.02	1 826.61	0.78	0.68	0.75
161093	具灌木的高山嵩草	Ⅲ6	23.75	23.28	190.29	4 429.75	1.93	1.71	1.85
161092	雪层杜鹃、高山嵩草	Ⅲ6	1 186.71	960.92	159.09	152 876.55	62.38	51.80	57.73
161088	多花地杨梅	Ⅳ6	23.92	15.28	179.70	2 745.91	1.09	0.88	1.02
	（Ⅲ）高寒沼泽化草甸亚类		5.36	5.10	193.71	987.20	0.31	0.32	0.32
163099	西藏嵩草	Ⅱ6	5.36	5.10	193.71	987.20	0.31	0.32	0.32

1. 林芝县草原类型面积、产草量及载畜量统计表

万亩、千克/亩、万千克、万羊单位

类型号	草原类型名称	草原等级	草原面积	草原可利用面积	鲜草单产	鲜草总产	暖季载畜量	冷季载畜量	全年载畜量
	合 计		381.03	363.16	199.64	72 500.83	28.49	23.24	25.60
	Ⅱ温性草原类		0.49	0.45	204.86	92.06	0.03	0.03	0.03
020016	白刺花、细裂叶莲蒿	Ⅳ6	0.49	0.45	204.86	92.06	0.03	0.03	0.03
	Ⅹ暖性草丛类		10.54	10.12	224.44	2 270.37	0.84	0.73	0.78
100056	黑穗画眉草	Ⅱ5	10.54	10.12	224.44	2 270.37	0.84	0.73	0.78
	Ⅺ暖性灌草丛类		8.27	7.44	349.88	2 604.51	0.96	0.83	0.89
110059	具灌木的禾草	Ⅲ4	8.27	7.44	349.88	2 604.51	0.96	0.83	0.89
	ⅩⅣ低地草甸类		7.23	6.95	248.97	1 729.17	0.64	0.55	0.59
	（Ⅱ）低地沼泽化草甸亚类		7.23	6.95	248.97	1 729.17	0.64	0.55	0.59
143066	芒尖苔草、蕨麻委陵菜	Ⅱ5	7.23	6.95	248.97	1 729.17	0.64	0.55	0.59
	ⅩⅤ山地草甸类		23.01	22.36	332.50	7 434.20	2.87	2.38	2.60
	（Ⅰ）山地草甸亚类		22.03	21.42	340.34	7 291.56	2.81	2.34	2.55
151069	圆穗蓼	Ⅱ5	7.35	7.20	323.81	2 331.57	0.90	0.75	0.82
151067	中亚早熟禾、苔草	Ⅱ4	13.82	13.40	346.67	4 646.73	1.79	1.49	1.63
151072	杜鹃、黑穗画眉草	Ⅲ4	0.86	0.82	382.05	313.25	0.12	0.10	0.11
	（Ⅱ）亚高山草甸亚类		0.98	0.93	152.63	142.64	0.05	0.05	0.05
152078	具灌木的矮生嵩草	Ⅱ6	0.98	0.93	152.63	142.64	0.05	0.05	0.05
	ⅩⅥ高寒草甸类		331.48	315.84	184.81	58 370.53	23.16	18.71	20.70
	（Ⅰ）高寒草甸亚类		331.48	315.84	184.81	58 370.53	23.16	18.71	20.70
161081	高山嵩草、杂类草	Ⅱ7	9.87	9.67	78.17	756.18	0.30	0.24	0.27
161083	圆穗蓼、高山嵩草	Ⅱ6	192.48	184.78	197.42	36 479.31	14.47	11.69	12.94
161090	金露梅、高山嵩草	Ⅲ4	0.14	0.14	356.43	49.95	0.02	0.02	0.02
161092	雪层杜鹃、高山嵩草	Ⅲ6	128.99	121.25	173.90	21 085.09	8.37	6.76	7.48

2. 米林县草原类型面积、产草量及载畜量统计表

万亩、千克/亩、万千克、万羊单位

类型号	草原类型名称	草原等级	草原面积	草原可利用面积	鲜草单产	鲜草总产	暖季载畜量	冷季载畜量	全年载畜量
	合 计		456.58	374.86	173.82	65 156.72	25.54	20.89	23.39
	Ⅰ 温性草甸草原类		5.53	5.03	188.43	948.70	0.37	0.30	0.34
010003	细裂叶莲蒿、禾草	Ⅲ6	5.53	5.03	188.43	948.70	0.37	0.30	0.34
	Ⅹ 暖性草丛类		0.08	0.07	103.77	7.51	0.00	0.00	0.00
100056	黑穗画眉草	Ⅱ7	0.08	0.07	103.77	7.51	0.00	0.00	0.00
	Ⅺ 暖性灌草丛类		35.41	31.51	221.51	6 980.24	2.57	2.24	2.42
110059	具灌木的禾草	Ⅲ6	35.41	31.51	221.51	6 980.24	2.57	2.24	2.42
	ⅩⅣ 低地草甸类		2.41	1.35	293.97	396.64	0.15	0.13	0.14
	(Ⅱ)低地沼泽化草甸亚类		2.41	1.35	293.97	396.64	0.15	0.13	0.14
143066	芒尖苔草、蕨麻委陵菜	Ⅱ5	2.41	1.35	293.97	396.64	0.15	0.13	0.14
	ⅩⅤ 山地草甸类		8.05	5.30	312.76	1 656.32	0.64	0.53	0.59
	(Ⅰ)山地草甸亚类		6.11	5.00	308.99	1 546.03	0.60	0.50	0.55
151069	圆穗蓼	Ⅱ6	0.23	0.22	202.37	44.77	0.02	0.01	0.02
151067	中亚早熟禾、苔草	Ⅱ5	5.88	4.78	313.93	1 501.26	0.58	0.48	0.53
	(Ⅱ)亚高山草甸亚类		1.94	0.29	377.30	110.29	0.04	0.04	0.04
152078	具灌木的矮生嵩草	Ⅱ4	1.94	0.29	377.30	110.29	0.04	0.04	0.04
	ⅩⅥ 高寒草甸类		405.10	331.60	166.37	55 167.30	21.81	17.68	19.90
	(Ⅰ)高寒草甸亚类		400.05	326.79	166.08	54 273.94	21.54	17.40	19.62
161081	高山嵩草、杂类草	Ⅱ7	5.17	5.06	78.90	399.07	0.16	0.13	0.14
161083	圆穗蓼、高山嵩草	Ⅱ6	53.21	50.15	132.23	6 631.62	2.63	2.13	2.40
161092	雪层杜鹃、高山嵩草	Ⅲ6	339.14	269.22	172.85	46 535.92	18.46	14.92	16.82
161088	多花地杨梅	Ⅳ5	2.53	2.36	299.46	707.34	0.28	0.23	0.26
	(Ⅲ)高寒沼泽化草甸亚类		5.06	4.80	185.93	893.36	0.28	0.29	0.28
163099	西藏嵩草	Ⅱ6	5.06	4.80	185.93	893.36	0.28	0.29	0.28

3. 朗县草原类型面积、产草量及载畜量统计表

万亩、千克/亩、万千克、万羊单位

类型号	草原类型名称	草原等级	草原面积	草原可利用面积	鲜草单产	鲜草总产	暖季载畜量	冷季载畜量	全年载畜量
	合 计		246.17	239.17	199.16	47 631.63	20.78	18.34	19.90
	Ⅱ温性草原类		4.96	4.87	192.55	936.81	0.40	0.36	0.38
020016	白刺花、细裂叶莲蒿	Ⅳ6	4.96	4.87	192.55	936.81	0.40	0.36	0.38
	ⅩⅤ山地草甸类		35.19	34.30	196.89	6 753.00	2.95	2.60	2.82
	（Ⅰ）山地草甸亚类		3.28	3.22	310.37	998.16	0.44	0.38	0.42
151069	圆穗蓼	Ⅱ4	1.85	1.81	354.62	641.58	0.28	0.25	0.27
151067	中亚早熟禾、苔草	Ⅱ5	0.15	0.15	241.45	35.70	0.02	0.01	0.01
151072	杜鹃、黑穗画眉草	Ⅲ5	1.28	1.26	254.88	320.88	0.14	0.12	0.13
	（Ⅱ）亚高山草甸亚类		31.91	31.08	185.15	5 754.84	2.51	2.22	2.41
152078	具灌木的矮生嵩草	Ⅱ6	31.91	31.08	185.15	5 754.84	2.51	2.22	2.41
	ⅩⅥ高寒草甸类		206.01	200.00	199.71	39 941.82	17.43	15.38	16.70
	（Ⅰ）高寒草甸亚类		206.01	200.00	199.71	39 941.82	17.43	15.38	16.70
161081	高山嵩草、杂类草	Ⅱ6	62.53	59.56	200.64	11 949.75	5.22	4.60	5.00
161083	圆穗蓼、高山嵩草	Ⅱ6	100.84	98.83	188.43	18 621.31	8.13	7.17	7.78
161090	金露梅、高山嵩草	Ⅲ5	5.40	5.29	281.54	1 490.34	0.65	0.57	0.62
161092	雪层杜鹃、高山嵩草	Ⅲ5	37.24	36.32	216.95	7 880.43	3.44	3.03	3.29

4. 工布江达县草原类型面积、产草量及载畜量统计表

万亩、千克/亩、万千克、万羊单位

类型号	草原类型名称	草原等级	草原面积	草原可利用面积	鲜草单产	鲜草总产	暖季载畜量	冷季载畜量	全年载畜量
	合　计		811.01	794.78	112.47	89 387.75	38.67	34.42	37.15
	Ⅱ温性草原类		2.75	2.70	222.80	600.80	0.24	0.23	0.24
020016	白刺花、细裂叶莲蒿	Ⅳ5	2.75	2.70	222.80	600.80	0.24	0.23	0.24
	Ⅺ暖性灌草丛类		2.05	2.01	232.78	467.06	0.19	0.18	0.19
110059	具灌木的禾草	Ⅲ5	2.05	2.01	232.78	467.06	0.19	0.18	0.19
	ⅩⅣ低地草甸类		17.18	16.84	372.50	6 271.81	2.54	2.41	2.50
	(Ⅱ)低地沼泽化草甸亚类		17.18	16.84	372.50	6 271.81	2.54	2.41	2.50
143066	芒尖苔草、蕨麻委陵菜	Ⅱ4	17.18	16.84	372.50	6 271.81	2.54	2.41	2.50
	ⅩⅤ山地草甸类		65.09	63.78	138.98	8 863.69	3.76	3.41	3.64
	(Ⅰ)山地草甸亚类		2.74	2.67	332.97	890.25	0.38	0.34	0.37
151067	中亚早熟禾、苔草	Ⅱ4	2.70	2.65	333.43	882.33	0.37	0.34	0.36
151068	黑穗画眉草、林芝苔草	Ⅱ5	0.04	0.03	288.64	7.92	0.00	0.00	0.00
	(Ⅱ)亚高山草甸亚类		62.35	61.10	130.49	7 973.45	3.38	3.07	3.27
152078	具灌木的矮生嵩草	Ⅱ6	62.35	61.10	130.49	7 973.45	3.38	3.07	3.27
	ⅩⅥ高寒草甸类		723.94	709.46	103.15	73 184.39	31.93	28.18	30.59
	(Ⅰ)高寒草甸亚类		723.64	709.17	103.06	73 090.55	31.90	28.14	30.55
161081	高山嵩草、杂类草	Ⅱ7	378.18	370.61	78.03	28 918.37	12.62	11.13	12.09
161083	圆穗蓼、高山嵩草	Ⅱ6	36.18	35.46	122.07	4 328.32	1.89	1.67	1.81
161093	具灌木的高山嵩草	Ⅲ6	23.75	23.28	190.29	4 429.75	1.93	1.71	1.85
161092	雪层杜鹃、高山嵩草	Ⅲ6	285.53	279.82	126.56	35 414.11	15.46	13.64	14.80
	(Ⅲ)高寒沼泽化草甸亚类		0.30	0.29	321.80	93.84	0.03	0.04	0.03
163099	西藏嵩草	Ⅱ4	0.30	0.29	321.80	93.84	0.03	0.04	0.03

5. 波密县草原类型面积、产草量及载畜量统计表

万亩、千克/亩、万千克、万羊单位

类型号	草原类型名称	草原等级	草原面积	草原可利用面积	鲜草单产	鲜草总产	暖季载畜量	冷季载畜量	全年载畜量
	合 计		566.40	547.28	128.98	70 589.24	27.89	22.63	25.41
	Ⅰ温性草甸草原类		7.16	6.50	142.14	924.44	0.36	0.30	0.33
010003	细裂叶莲蒿、禾草	Ⅲ6	6.30	5.73	148.29	849.83	0.33	0.27	0.30
010004	金露梅、细裂叶莲蒿	Ⅲ7	0.86	0.77	96.52	74.61	0.03	0.02	0.03
	Ⅹ暖性草丛类		4.51	4.33	260.19	1 125.94	0.41	0.36	0.39
100057	细裂叶莲蒿	Ⅲ5	4.51	4.33	260.19	1 125.94	0.41	0.36	0.39
	Ⅺ暖性灌草丛类		1.12	1.07	187.27	200.37	0.07	0.06	0.07
110058	白刺花、禾草	Ⅱ6	1.04	1.00	184.85	185.44	0.07	0.06	0.06
110059	具灌木的禾草	Ⅲ5	0.07	0.07	223.63	14.93	0.01	0.00	0.01
	Ⅻ热性草丛类		4.99	4.89	408.94	1 999.04	0.74	0.64	0.69
120060	白茅	Ⅲ3	0.22	0.21	529.23	112.18	0.04	0.04	0.04
120061	蕨、白茅	Ⅳ4	4.77	4.68	403.49	1 886.86	0.70	0.60	0.65
	ⅩⅣ低地草甸类		0.13	0.12	711.05	86.84	0.03	0.03	0.03
	(Ⅱ)低地沼泽化草甸亚类		0.13	0.12	711.05	86.84	0.03	0.03	0.03
143066	芒尖苔草、蕨麻委陵菜	Ⅱ2	0.13	0.12	711.05	86.84	0.03	0.03	0.03
	ⅩⅤ山地草甸类		2.88	2.20	365.14	801.51	0.31	0.26	0.28
	(Ⅰ)山地草甸亚类		1.96	1.32	470.81	619.66	0.24	0.20	0.22
151068	黑穗画眉草、林芝苔草	Ⅱ3	1.96	1.32	470.81	619.66	0.24	0.20	0.22
	(Ⅱ)亚高山草甸亚类		0.91	0.88	206.90	181.85	0.07	0.06	0.06
152073	矮生嵩草、杂类草	Ⅱ6	0.47	0.45	120.26	54.65	0.02	0.02	0.02
152076	圆穗蓼、矮生嵩草	Ⅱ5	0.44	0.42	299.63	127.21	0.05	0.04	0.05
	ⅩⅥ高寒草甸类		545.62	528.17	123.92	65 451.09	25.97	20.98	23.61
	(Ⅰ)高寒草甸亚类		545.62	528.17	123.92	65 451.09	25.97	20.98	23.61
161081	高山嵩草、杂类草	Ⅱ7	322.86	316.40	109.27	34 573.16	13.72	11.08	12.47
161083	圆穗蓼、高山嵩草	Ⅱ6	118.52	113.78	128.16	14 581.52	5.79	4.67	5.26
161090	金露梅、高山嵩草	Ⅲ4	0.03	0.03	396.73	13.11	0.01	0.00	0.00
161092	雪层杜鹃、高山嵩草	Ⅲ6	104.21	97.96	166.23	16 283.30	6.46	5.22	5.87

6. 察隅县草原类型面积、产草量及载畜量统计表

万亩、千克/亩、万千克、万羊单位

类型号	草原类型名称	草原等级	草原面积	草原可利用面积	鲜草单产	鲜草总产	暖季载畜量	冷季载畜量	全年载畜量
	合 计		1 070.51	694.72	156.86	108 970.78	42.80	34.93	39.84
	Ⅹ暖性草丛类		18.27	15.15	276.34	4 187.74	1.54	1.34	1.47
100057	细裂叶莲蒿	Ⅲ5	18.27	15.15	276.34	4 187.74	1.54	1.34	1.47
	Ⅺ暖性灌草丛类		15.92	15.05	331.85	4 994.61	1.84	1.60	1.75
110059	具灌木的禾草	Ⅲ4	3.89	3.50	413.64	1 449.35	0.53	0.46	0.51
110058	白刺花、禾草	Ⅱ5	12.03	11.55	307.03	3 545.26	1.31	1.14	1.24
	Ⅻ热性草丛类		13.67	3.21	353.69	1 135.58	0.42	0.36	0.40
120060	白茅	Ⅲ2	6.42	0.00	672.18	0.00	0.00	0.00	0.00
120061	蕨、白茅	Ⅳ4	7.25	3.21	353.69	1 135.58	0.42	0.36	0.40
	ⅩⅢ热性灌草丛类		31.32	29.21	280.88	8 204.84	3.16	2.63	2.96
130062	小马鞍叶羊蹄甲、扭黄茅	Ⅲ5	31.32	29.21	280.88	8 204.84	3.16	2.63	2.96
	ⅩⅤ山地草甸类		33.23	26.42	164.87	4 355.20	1.68	1.40	1.57
	（Ⅰ）山地草甸亚类		32.13	25.35	168.34	4 267.89	1.65	1.37	1.54
151069	圆穗蓼	Ⅱ6	18.25	12.11	200.45	2 426.81	0.94	0.78	0.88
151067	中亚早熟禾、苔草	Ⅱ6	13.88	13.25	138.99	1 841.08	0.71	0.59	0.67
	（Ⅱ）亚高山草甸亚类		1.11	1.06	82.14	87.32	0.03	0.03	0.03
152076	圆穗蓼、矮生嵩草	Ⅱ7	1.11	1.06	82.14	87.32	0.03	0.03	0.03
	ⅩⅥ高寒草甸类		958.09	605.67	142.14	86 092.81	34.16	27.60	31.67
	（Ⅰ）高寒草甸亚类		958.09	605.67	142.14	86 092.81	34.16	27.60	31.67
161081	高山嵩草、杂类草	Ⅱ6	694.61	447.60	135.28	60 551.68	24.03	19.41	22.28
161083	圆穗蓼、高山嵩草	Ⅱ6	6.06	5.82	125.81	731.62	0.29	0.23	0.27
161090	金露梅、高山嵩草	Ⅲ4	0.02	0.00	372.97	0.00	0.00	0.00	0.00
161092	雪层杜鹃、高山嵩草	Ⅲ6	257.39	152.26	162.95	24 809.51	9.84	7.95	9.13
161088	多花地杨梅	Ⅳ5	0.01	0.00	310.48	0.00	0.00	0.00	0.00

7. 墨脱县草原类型面积、产草量及载畜量统计表

万亩、千克/亩、万千克、万羊单位

类型号	草原类型名称	草原等级	草原面积	草原可利用面积	鲜草单产	鲜草总产	暖季载畜量	冷季载畜量	全年载畜量
	合 计		111.35	26.26	182.78	4 799.52	1.87	1.54	1.77
	XI暖性灌草丛类		11.80	0.25	299.51	74.33	0.03	0.02	0.03
110058	白刺花、禾草	II5	11.80	0.25	299.51	74.33	0.03	0.02	0.03
	XII热性草丛类		34.44	2.17	517.36	1 124.69	0.41	0.36	0.40
120060	白茅	III3	32.07	0.00	520.48	0.00	0.00	0.00	0.00
120061	蕨、白茅	IV3	2.37	2.17	517.36	1 124.69	0.41	0.36	0.40
	XV山地草甸类		3.65	3.46	100.15	346.88	0.13	0.11	0.13
	（II）亚高山草甸亚类		3.65	3.46	100.15	346.88	0.13	0.11	0.13
152078	具灌木的矮生嵩草	II7	3.65	3.46	100.15	346.88	0.13	0.11	0.13
	XVI高寒草甸类		61.47	20.37	159.70	3 253.61	1.29	1.04	1.22
	（I）高寒草甸亚类		61.47	20.37	159.70	3 253.61	1.29	1.04	1.22
161081	高山嵩草、杂类草	II7	0.74	0.69	87.14	60.36	0.02	0.02	0.02
161083	圆穗蓼、高山嵩草	II2	0.02	0.02	707.37	13.28	0.01	0.00	0.00
161090	金露梅、高山嵩草	III7	5.13	2.65	103.07	273.22	0.11	0.09	0.10
161092	雪层杜鹃、高山嵩草	III6	34.21	4.09	212.11	868.19	0.34	0.28	0.33
161088	多花地杨梅	IV6	21.38	12.92	157.81	2 038.57	0.81	0.65	0.76

第二部分

西藏自治区草原等级统计资料

一、西藏自治区草原等面积统计表

单位:万亩、%

综合评价		Ⅰ		Ⅱ		Ⅲ		Ⅳ		Ⅴ		等合计	
		面积	比例	面积	比例	面积	比例	面积	比例	面积	比例	面积	比例
西藏自治区	草原面积	1 008.77	0.76	37 205.85	28.12	85 905.96	64.93	7 812.96	5.91	368.74	0.28	132 302.29	100.00
	草原可利用面积	988.09	0.85	33 739.04	29.15	73 501.33	63.50	7 176.04	6.20	344.33	0.30	115 748.82	100.00
拉萨市	草原面积			192.72	0.15	2 690.40	2.03	223.42	0.17			3 106.55	2.35
	草原可利用面积			178.80	0.15	2 633.63	2.28	218.79	0.19			3 031.22	2.62
昌都地区	草原面积	965.05	0.73	1 783.43	1.35	5 823.49	4.40					8 571.98	6.48
	草原可利用面积	945.68	0.82	1 731.72	1.50	5 657.67	4.89					8 335.07	7.20
阿里地区	草原面积			9 816.16	7.42	27 770.92	20.99	298.37	0.23			37 885.45	28.64
	草原可利用面积			8 252.90	7.13	21 755.81	18.80	229.23	0.20			30 237.94	26.12
林芝地区	草原面积			2 217.99	1.68	1 378.53	1.04	46.52	0.04			3 643.04	2.75
	草原可利用面积			1 907.48	1.65	1 099.38	0.95	33.35	0.03			3 040.21	2.63
山南地区	草原面积	43.72	0.03	361.59	0.27	1 780.35	1.35	2 646.47	2.00			4 832.13	3.65
	草原可利用面积	42.41	0.04	339.82	0.29	1 496.58	1.29	2 486.90	2.15			4 365.71	3.77
日喀则市	草原面积			7 740.93	5.85	8 081.57	6.11	3 410.86	2.58	368.74	0.28	19 602.10	14.82
	草原可利用面积			7 390.97	6.39	7 707.92	6.66	3 188.71	2.75	344.33	0.30	18 631.93	16.10
那曲地区	草原面积			15 093.02	11.41	38 380.71	29.01	1 187.32	0.90			54 661.05	41.32
	草原可利用面积			13 937.35	12.04	33 150.33	28.64	1 019.06	0.88			48 106.74	41.56

二、西藏自治区草原级面积统计表

单位:万亩、%

综合评价		1		2		3		4		5		6		7		8		级合计	
		面积	比例	面积	比例	面积	比例	面积	比例	面积	比例	面积	比例	面积	比例	面积	比例	面积	比例
西藏自治区	草原面积	7.57	0.01	138.92	0.10	405.59	0.31	921.16	0.70	4 293.66	3.25	23 753.73	17.95	33 365.86	25.22	69 415.81	52.47	132 302.29	100.00
	草原可利用面积	7.29	0.01	123.35	0.11	253.81	0.22	856.52	0.74	4 090.23	3.53	22 319.13	19.28	30 819.20	26.63	57 279.29	49.49	115 748.82	100.00
拉萨市	草原面积					10.31	0.01	118.50	0.09	246.82	0.19	2 562.36	1.94	168.57	0.13			3 106.55	2.35
	草原可利用面积					9.93	0.01	107.19	0.09	239.67	0.21	2 509.71	2.17	164.71	0.14			3 031.22	2.62
昌都地区	草原面积	6.00	0.00	107.69	0.08	178.68	0.14	582.75	0.44	2 826.86	2.14	3 875.58	2.93	633.00	0.48	361.42	0.27	8 571.98	6.48
	草原可利用面积	5.76	0.00	104.04	0.09	173.10	0.15	555.58	0.48	2 745.56	2.37	3 778.55	3.26	618.30	0.53	354.19	0.31	8 335.07	7.20
阿里地区	草原面积			16.72	0.01	38.58	0.03	107.43	0.08	90.89	0.07	744.10	0.56	5 693.75	4.30	31 193.98	23.58	37 885.45	28.64
	草原可利用面积			11.96	0.01	34.36	0.03	94.08	0.08	77.84	0.07	624.65	0.54	4 660.69	4.03	24 734.37	21.37	30 237.94	26.12
林芝地区	草原面积			6.57	0.00	36.62	0.03	63.03	0.05	163.31	0.12	2 645.88	2.00	727.63	0.55			3 643.04	2.75
	草原可利用面积			0.14	0.00	3.70	0.00	55.11	0.05	141.49	0.12	2 129.31	1.84	710.46	0.61			3 040.21	2.63
山南地区	草原面积	1.54	0.00			107.62	0.08	26.27	0.02	209.57	0.16	2 808.67	2.12	1 510.10	1.14	168.35	0.13	4 832.13	3.65
	草原可利用面积	1.51	0.00			1.52	0.00	23.91	0.02	189.88	0.16	2 560.74	2.21	1 424.66	1.23	163.49	0.14	4 365.71	3.77
日喀则市	草原面积	0.02	0.00	7.93	0.01	33.79	0.03	23.18	0.02	590.57	0.45	4 339.60	3.28	12 329.77	9.32	2 277.25	1.72	19 602.10	14.82
	草原可利用面积	0.02	0.00	7.22	0.01	31.20	0.03	20.65	0.02	544.57	0.47	4 146.69	3.58	11 709.99	10.12	2 171.60	1.88	18 631.93	16.10
那曲地区	草原面积									165.64	0.13	6 777.53	5.12	12 303.06	9.30	35 414.81	26.77	54 661.05	41.32
	草原可利用面积									151.23	0.13	6 569.48	5.68	11 530.39	9.96	29 855.64	25.79	48 106.74	41.56

三、西藏自治区草原等级面积统计表

单位:万亩、%

综合评价		I		II		III		IV		V		等合计	
		面积	比例	面积	比例	面积	比例	面积	比例	面积	比例	面积	比例
西藏自治区	草原面积	1 008.77	0.76	37 205.85	28.12	85 905.96	64.93	7 812.96	5.91	368.74	0.28	132 302.29	100.00
	草原可利用面积	988.09	0.85	33 739.04	29.15	73 501.33	63.50	7 176.04	6.20	344.33	0.30	115 748.82	100.00
拉萨市	草原面积			192.72	0.15	2 690.40	2.03	223.42	0.17			3 106.55	2.35
	草原可利用面积			178.80	0.15	2 633.63	2.28	218.79	0.19			3 031.22	2.62
昌都地区	草原面积	965.05	0.73	1 783.43	1.35	5 823.49	4.40					8 571.98	6.48
	草原可利用面积	945.68	0.82	1 731.72	1.50	5 657.67	4.89					8 335.07	7.20
阿里地区	草原面积			9 816.16	7.42	27 770.92	20.99	298.37	0.23			37 885.45	28.64
	草原可利用面积			8 252.90	7.13	21 755.81	18.80	229.23	0.20			30 237.94	26.12
林芝地区	草原面积			2 217.99	1.68	1 378.53	1.04	46.52	0.04			3 643.04	2.75
	草原可利用面积			1 907.48	1.65	1 099.38	0.95	33.35	0.03			3 040.21	2.63
山南地区	草原面积	43.72	0.03	361.59	0.27	1 780.35	1.35	2 646.47	2.00			4 832.13	3.65
	草原可利用面积	42.41	0.04	339.82	0.29	1 496.58	1.29	2 486.90	2.15			4 365.71	3.77
日喀则市	草原面积			7 740.93	5.85	8 081.57	6.11	3 410.86	2.58	368.74	0.28	19 602.10	14.82
	草原可利用面积			7 390.97	6.39	7 707.92	6.66	3 188.71	2.75	344.33	0.30	18 631.93	16.10
那曲地区	草原面积			15 093.02	11.41	38 380.71	29.01	1 187.32	0.90			54 661.05	41.32
	草原可利用面积			13 937.35	12.04	33 150.33	28.64	1 019.06	0.88			48 106.74	41.56

（一）拉萨市草原等级面积统计表

单位：万亩、%

综合评价		1 面积	1 比例	2 面积	2 比例	3 面积	3 比例	4 面积	4 比例	5 面积	5 比例	6 面积	6 比例	7 面积	7 比例	8 面积	8 比例	合计 面积	合计 比例
级合计	草原面积					10.31	0.33	118.50	3.81	246.82	7.95	2 562.36	82.48	168.57	5.43			3 106.55	100.00
级合计	草原可利用面积					9.93	0.33	107.19	3.54	239.67	7.91	2 509.71	82.80	164.71	5.43			3 031.22	100.00
I	草原面积																		
I	草原可利用面积																		
II	草原面积					10.31	0.33	118.42	3.81	59.28	1.91	2.74	0.09	1.98	0.06			192.72	6.20
II	草原可利用面积					9.93	0.33	107.11	3.53	57.19	1.89	2.62	0.09	1.94	0.06			178.80	5.90
III	草原面积							0.08	0.00	187.54	6.04	2 336.45	75.21	166.33	5.35			2 690.40	86.60
III	草原可利用面积							0.08	0.00	182.48	6.02	2 288.55	75.50	162.52	5.36			2 633.63	86.88
IV	草原面积											223.17	7.18	0.26	0.01			223.42	7.19
IV	草原可利用面积											218.54	7.21	0.24	0.01			218.79	7.22
V	草原面积																		
V	草原可利用面积																		

1. 城关区草原等级面积统计表

单位：万亩、％

综合评价		1		2		3		4		5		6		7		8		合计	
		面积	比例	面积	比例	面积	比例	面积	比例	面积	比例	面积	比例	面积	比例	面积	比例	面积	比例
级合计	草原面积									4.40	9.31	41.25	87.21	1.65	3.48			47.30	100.00
	草原可利用面积									4.10	8.89	40.42	87.61	1.61	3.50			46.14	100.00
Ⅰ	草原面积																		
	草原可利用面积																		
Ⅱ	草原面积																		
	草原可利用面积																		
Ⅲ	草原面积									4.40	9.31	41.25	87.21	1.65	3.48			47.30	100.00
	草原可利用面积									4.10	8.89	40.42	87.61	1.61	3.50			46.14	100.00
Ⅳ	草原面积																		
	草原可利用面积																		
Ⅴ	草原面积																		
	草原可利用面积																		

2. 墨竹工卡县草原等级面积统计表

单位:万亩、%

综合评价		1		2		3		4		5		6		7		8		合计	
		面积	比例	面积	比例	面积	比例	面积	比例	面积	比例	面积	比例	面积	比例	面积	比例	面积	比例
级合计	草原面积							6.75	1.20	24.59	4.37	509.12	90.42	22.58	4.01			563.04	100.00
	草原可利用面积							6.61	1.20	22.88	4.16	498.78	90.69	21.73	3.95			550.00	100.00
Ⅰ	草原面积																		
	草原可利用面积																		
Ⅱ	草原面积							6.75	1.20	9.65	1.71			1.11	0.20			17.50	3.11
	草原可利用面积							6.61	1.20	8.68	1.58			1.09	0.20			16.38	2.98
Ⅲ	草原面积									14.95	2.65	501.62	89.09	21.47	3.81			538.04	95.56
	草原可利用面积									14.20	2.58	491.59	89.38	20.64	3.75			526.43	95.71
Ⅳ	草原面积											7.50	1.33					7.50	1.33
	草原可利用面积											7.19	1.31					7.19	1.31
Ⅴ	草原面积																		
	草原可利用面积																		

3. 达孜县草原等级面积统计表

单位：万亩、%

综合评价		1		2		3		4		5		6		7		8		合计	
		面积	比例	面积	比例	面积	比例	面积	比例	面积	比例	面积	比例	面积	比例	面积	比例	面积	比例
级合计	草原面积									16.15	10.93	119.40	80.81	12.21	8.26			147.76	100.00
	草原可利用面积									15.18	10.54	116.82	81.15	11.95	8.30			143.95	100.00
I	草原面积																		
	草原可利用面积																		
II	草原面积											0.08	0.05					0.08	0.05
	草原可利用面积											0.07	0.05					0.07	0.05
III	草原面积									16.15	10.93	119.33	80.76	11.99	8.11			147.46	99.80
	草原可利用面积									15.18	10.54	116.75	81.10	11.75	8.16			143.67	99.80
IV	草原面积													0.22	0.15			0.22	0.15
	草原可利用面积													0.21	0.14			0.21	0.14
V	草原面积																		
	草原可利用面积																		

4. 堆龙德庆县草原等级面积统计表

单位：万亩、%

综合评价		1		2		3		4		5		6		7		8		合计	
		面积	比例	面积	比例	面积	比例	面积	比例	面积	比例	面积	比例	面积	比例	面积	比例	面积	比例
级合计	草原面积					2.12	0.75	0.00	0.00	12.63	4.48	267.38	94.77					282.14	100.00
	草原可利用面积					1.91	0.69	0.00	0.00	12.38	4.48	262.04	94.83					276.32	100.00
I	草原面积																		
	草原可利用面积																		
II	草原面积					2.12	0.75											2.12	0.75
	草原可利用面积					1.91	0.69											1.91	0.69
III	草原面积									12.63	4.48	267.38	94.77					280.02	99.25
	草原可利用面积									12.38	4.48	262.04	94.83					274.42	99.31
IV	草原面积																		0.00
	草原可利用面积																		0.00
V	草原面积																		
	草原可利用面积																		

5. 曲水县草原等级面积统计表

单位:万亩、%

综合评价		1		2		3		4		5		6		7		8		合计	
		面积	比例	面积	比例	面积	比例	面积	比例	面积	比例	面积	比例	面积	比例	面积	比例	面积	比例
级合计	草原面积									47.01	27.46	121.23	70.82	2.93	1.71			171.17	100.00
	草原可利用面积									46.07	27.49	118.74	70.85	2.79	1.67			167.60	100.00
I	草原面积																		
	草原可利用面积																		
II	草原面积											0.81	0.47	0.14	0.08			0.95	0.55
	草原可利用面积											0.73	0.43	0.14	0.08			0.87	0.52
III	草原面积									47.01	27.46	120.42	70.35	2.75	1.61			170.18	99.42
	草原可利用面积									46.07	27.49	118.01	70.41	2.62	1.56			166.70	99.46
IV	草原面积													0.04	0.02			0.04	0.02
	草原可利用面积													0.04	0.02			0.04	0.02
V	草原面积																		
	草原可利用面积																		

6. 尼木县草原等级面积统计表

单位：万亩、%

综合评价		1		2		3		4		5		6		7		8		合计	
		面积	比例	面积	比例	面积	比例	面积	比例	面积	比例	面积	比例	面积	比例	面积	比例	面积	比例
级合计	草原面积					8.19	2.16	22.86	6.03	2.14	0.57	230.05	60.65	116.07	30.60			379.31	100.00
	草原可利用面积					8.02	2.17	20.58	5.57	2.10	0.57	225.10	60.91	113.74	30.78			369.54	100.00
I	草原面积																		
	草原可利用面积																		
II	草原面积					8.19	2.16	22.78	6.01			1.86	0.49					32.82	8.65
	草原可利用面积					8.02	2.17	20.50	5.55			1.82	0.49					30.35	8.21
III	草原面积							0.08	0.02	2.14	0.57	204.56	53.93	116.07	30.60			322.85	85.12
	草原可利用面积							0.08	0.02	2.10	0.57	200.12	54.15	113.74	30.78			316.04	85.52
IV	草原面积											23.63	6.23					23.63	6.23
	草原可利用面积											23.16	6.27					23.16	6.27
V	草原面积																		
	草原可利用面积																		

7. 当雄县草原等级面积统计表

单位:万亩、%

综合评价		1		2		3		4		5		6		7		8		合计	
		面积	比例	面积	比例	面积	比例	面积	比例	面积	比例	面积	比例	面积	比例	面积	比例	面积	比例
级合计	草原面积							88.89	8.58	131.38	12.68	816.12	78.75					1 036.39	100.00
	草原可利用面积							80.00	7.93	128.75	12.77	799.79	79.30					1 008.55	100.00
I	草原面积																		
	草原可利用面积																		
II	草原面积							88.89	8.58	47.99	4.63							136.88	13.21
	草原可利用面积							80.00	7.93	47.03	4.66							127.03	12.60
III	草原面积									83.39	8.05	652.99	63.01					736.38	71.05
	草原可利用面积									81.72	8.10	639.93	63.45					721.65	71.55
IV	草原面积											163.12	15.74					163.12	15.74
	草原可利用面积											159.86	15.85					159.86	15.85
V	草原面积																		
	草原可利用面积																		

8. 林周县草原等级面积统计表

单位：万亩、％

综合评价		1		2		3		4		5		6		7		8		合计	
		面积	比例	面积	比例	面积	比例	面积	比例	面积	比例	面积	比例	面积	比例	面积	比例	面积	比例
级合计	草原面积									8.50	1.77	457.81	95.49	13.14	2.74			479.44	100.00
	草原可利用面积									8.20	1.75	448.03	95.51	12.87	2.74			469.10	100.00
I	草原面积																		
	草原可利用面积																		
II	草原面积									1.64	0.34			0.73	0.15			2.37	0.49
	草原可利用面积									1.48	0.31			0.72	0.15			2.19	0.47
III	草原面积									6.86	1.43	428.90	89.46	12.41	2.59			448.16	93.48
	草原可利用面积									6.72	1.43	419.70	89.47	12.16	2.59			438.58	93.49
IV	草原面积											28.91	6.03					28.91	6.03
	草原可利用面积											28.33	6.04					28.33	6.04
V	草原面积																		
	草原可利用面积																		

（二）昌都地区草原等级面积统计表

单位:万亩、%

综合评价		1 面积	1 比例	2 面积	2 比例	3 面积	3 比例	4 面积	4 比例	5 面积	5 比例	6 面积	6 比例	7 面积	7 比例	8 面积	8 比例	合计 面积	合计 比例
级合计	草原面积	6.00	0.07	107.69	1.26	178.68	2.08	582.75	6.80	2 826.86	32.98	3 875.58	45.21	633.00	7.38	361.42	4.22	8 571.98	100.00
级合计	草原可利用面积	5.76	0.07	104.04	1.25	173.10	2.07	555.58	6.67	2 745.56	32.94	3 778.55	45.33	618.30	7.42	354.19	4.25	8 335.07	100.00
I	草原面积					0.38		3.76	0.04	376.43	4.39	329.58	3.84	254.90	2.97			965.05	11.25
I	草原可利用面积					0.37		3.61	0.04	368.90	4.43	322.99	3.88	249.81	3.00			945.68	11.34
II	草原面积	6.00	0.07	72.46	0.85	35.59	0.42	96.50	1.13	594.05	6.93	735.87	8.58	242.96	2.83			1 783.43	20.81
II	草原可利用面积	5.76	0.07	69.97	0.84	34.61	0.42	93.41	1.12	578.72	6.94	712.35	8.55	236.90	2.84			1 731.72	20.78
III	草原面积			35.23	0.41	142.71	1.66	482.49	5.63	1 856.37	21.66	2 810.13	32.78	135.13	1.58	361.42	4.22	5 823.49	67.94
III	草原可利用面积			34.06	0.41	138.12	1.66	458.56	5.50	1 797.94	21.57	2 743.21	32.91	131.59	1.58	354.19	4.25	5 657.67	67.88
IV	草原面积																		
IV	草原可利用面积																		
V	草原面积																		
V	草原可利用面积																		

1. 左贡县草原等级面积统计表

单位:万亩、%

综合评价		1		2		3		4		5		6		7		8		合计	
		面积	比例	面积	比例	面积	比例	面积	比例	面积	比例	面积	比例	面积	比例	面积	比例	面积	比例
级合计	草原面积			15.28	1.94	8.58	1.09	0.86	0.11	77.92	9.88	685.67	86.98					788.31	100.00
	草原可利用面积			14.67	1.91	8.07	1.05	0.84	0.11	76.22	9.93	667.83	87.00					767.63	100.00
I	草原面积											196.18	24.89					196.18	24.89
	草原可利用面积											192.26	25.05					192.26	25.05
II	草原面积			15.28	1.94			0.86	0.11	28.74	3.65	97.62	12.38					142.50	18.08
	草原可利用面积			14.67	1.91			0.84	0.11	28.02	3.65	94.35	12.29					137.88	17.96
III	草原面积					8.58	1.09			49.19	6.24	391.87	49.71					449.64	57.04
	草原可利用面积					8.07	1.05			48.20	6.28	381.22	49.66					437.49	56.99
IV	草原面积																		
	草原可利用面积																		
V	草原面积																		
	草原可利用面积																		

2. 芒康县草原等级面积统计表

单位：万亩、%

综合评价		1		2		3		4		5		6		7		8		合计	
		面积	比例	面积	比例	面积	比例	面积	比例	面积	比例	面积	比例	面积	比例	面积	比例	面积	比例
级合计	草原面积					29.89	3.02	30.83	3.11	646.00	65.17	284.49	28.70					991.21	100.00
	草原可利用面积					28.10	2.92	29.63	3.08	625.87	65.03	278.80	28.97					962.40	100.00
I	草原面积									45.64	4.60							45.64	4.60
	草原可利用面积									44.72	4.65							44.72	4.65
II	草原面积							1.21	0.12	329.96	33.29							331.17	33.41
	草原可利用面积							1.16	0.12	321.32	33.39							322.48	33.51
III	草原面积					29.89	3.02	29.62	2.99	270.40	27.28	284.49	28.70					614.40	61.99
	草原可利用面积					28.10	2.92	28.47	2.96	259.83	27.00	278.80	28.97					595.20	61.84
IV	草原面积																		
	草原可利用面积																		
V	草原面积																		
	草原可利用面积																		

3. 洛隆县草原等级面积统计表

单位:万亩、%

综合评价		1		2		3		4		5		6		7		8		合计	
		面积	比例	面积	比例	面积	比例	面积	比例	面积	比例	面积	比例	面积	比例	面积	比例	面积	比例
级合计	草原面积					5.17	1.17	58.45	13.27	79.40	18.02	297.51	67.54					440.52	100.00
	草原可利用面积					5.02	1.17	56.13	13.10	77.50	18.09	289.71	67.63					428.35	100.00
I	草原面积					0.38	0.09	3.76	0.85									4.14	0.94
	草原可利用面积					0.37	0.09	3.61	0.84									3.98	0.93
II	草原面积									70.16	15.93	185.19	42.04					255.35	57.97
	草原可利用面积									68.44	15.98	179.63	41.94					248.08	57.91
III	草原面积					4.79	1.09	54.69	12.41	9.24	2.10	112.32	25.50					181.04	41.10
	草原可利用面积					4.65	1.08	52.52	12.26	9.05	2.11	110.07	25.70					176.30	41.16
IV	草原面积																		
	草原可利用面积																		
V	草原面积																		
	草原可利用面积																		

4. 边坝县草原等级面积统计表

单位：万亩、%

综合评价		1		2		3		4		5		6		7		8		合计	
		面积	比例	面积	比例	面积	比例	面积	比例	面积	比例	面积	比例	面积	比例	面积	比例	面积	比例
级合计	草原面积	6.00	1.46			1.74	0.42			30.27	7.36	373.05	90.75					411.07	100.00
	草原可利用面积	5.76	1.43			1.71	0.42			29.52	7.33	365.59	90.81					402.58	100.00
I	草原面积									0.19	0.05							0.19	0.05
	草原可利用面积									0.19	0.05							0.19	0.05
II	草原面积	6.00	1.46							14.78	3.60	152.78	37.17					173.57	42.22
	草原可利用面积	5.76	1.43							14.34	3.56	149.73	37.19					169.83	42.19
III	草原面积					1.74	0.42			15.30	3.72	220.27	53.58					237.31	57.73
	草原可利用面积					1.71	0.42			15.00	3.72	215.86	53.62					232.56	57.77
IV	草原面积																		
	草原可利用面积																		
V	草原面积																		
	草原可利用面积																		

5. 卡诺区草原等级面积统计表

单位：万亩、%

综合评价		1面积	1比例	2面积	2比例	3面积	3比例	4面积	4比例	5面积	5比例	6面积	6比例	7面积	7比例	8面积	8比例	合计面积	合计比例
级合计	草原面积			1.82	0.22	77.38	9.27	23.48	2.81	491.47	58.87	240.74	28.84					834.89	100.00
级合计	草原可利用面积			1.69	0.21	75.76	9.43	22.80	2.84	467.60	58.19	235.67	29.33					803.51	100.00
I	草原面积									116.68	13.98							116.68	13.98
I	草原可利用面积									114.35	14.23							114.35	14.23
II	草原面积					3.78	0.45	2.53	0.30	29.78	3.57	5.85	0.70					41.94	5.02
II	草原可利用面积					3.63	0.45	2.48	0.31	28.85	3.59	5.73	0.71					40.69	5.06
III	草原面积			1.82	0.22	73.60	8.81	20.95	2.51	345.00	41.32	234.89	28.13					676.26	81.00
III	草原可利用面积			1.69	0.21	72.12	8.98	20.32	2.53	324.40	40.37	229.94	28.62					648.47	80.70
IV	草原面积																		
IV	草原可利用面积																		
V	草原面积																		
V	草原可利用面积																		

6. 江达县草原等级面积统计表

单位:万亩、%

综合评价		1		2		3		4		5		6		7		8		合计	
		面积	比例	面积	比例	面积	比例	面积	比例	面积	比例	面积	比例	面积	比例	面积	比例	面积	比例
级合计	草原面积					16.60	1.34	269.25	21.70	740.24	59.66	214.71	17.30					1 240.80	100.00
	草原可利用面积					16.10	1.34	254.50	21.14	725.44	60.26	207.82	17.26					1 203.86	100.00
I	草原面积											50.58	4.08					50.58	4.08
	草原可利用面积											49.57	4.12					49.57	4.12
II	草原面积					16.60	1.34	56.21	4.53									72.80	5.87
	草原可利用面积					16.10	1.34	54.25	4.51									70.34	5.84
III	草原面积							213.04	17.17	740.24	59.66	164.13	13.23					1 117.41	90.06
	草原可利用面积							200.26	16.63	725.44	60.26	158.26	13.15					1 083.95	90.04
IV	草原面积																		
	草原可利用面积																		
V	草原面积																		
	草原可利用面积																		

7. 贡觉县草原等级面积统计表

单位:万亩、%

综合评价		1 面积	1 比例	2 面积	2 比例	3 面积	3 比例	4 面积	4 比例	5 面积	5 比例	6 面积	6 比例	7 面积	7 比例	8 面积	8 比例	合计 面积	合计 比例
级合计	草原面积			49.70	8.36	19.48	3.28	24.12	4.06	308.30	51.84	193.13	32.47					594.73	100.00
	草原可利用面积			48.13	8.28	19.09	3.28	23.47	4.04	302.13	51.99	188.35	32.41					581.17	100.00
I	草原面积											54.65	9.19					54.65	9.19
	草原可利用面积											53.56	9.22					53.56	9.22
II	草原面积			49.70	8.36	10.49	1.76	24.12	4.06	55.95	9.41	16.22	2.73					156.49	26.31
	草原可利用面积			48.13	8.28	10.28	1.77	23.47	4.04	54.83	9.43	15.82	2.72					152.53	26.25
III	草原面积					8.99	1.51			252.35	42.43	122.26	20.56					383.59	64.50
	草原可利用面积					8.81	1.52			247.30	42.55	118.97	20.47					375.08	64.54
IV	草原面积																		
	草原可利用面积																		
V	草原面积																		
	草原可利用面积																		

8. 类乌齐县草原等级面积统计表

单位:万亩、%

综合评价		1		2		3		4		5		6		7		8		合计	
		面积	比例	面积	比例	面积	比例	面积	比例	面积	比例	面积	比例	面积	比例	面积	比例	面积	比例
级合计	草原面积			0.17	0.03			56.57	11.00	83.99	16.33	373.57	72.64					514.30	100.00
	草原可利用面积			0.17	0.03			53.51	10.70	80.63	16.13	365.60	73.13					499.91	100.00
I	草原面积											7.67	1.49					7.67	1.49
	草原可利用面积											7.52	1.50					7.52	1.50
II	草原面积			0.17	0.03			11.14	2.17			60.71	11.80					72.02	14.00
	草原可利用面积			0.17	0.03			10.81	2.16			59.00	11.80					69.98	14.00
III	草原面积							45.43	8.83	83.99	16.33	305.19	59.34					434.61	84.50
	草原可利用面积							42.70	8.54	80.63	16.13	299.09	59.83					422.42	84.50
IV	草原面积																		
	草原可利用面积																		
V	草原面积																		
	草原可利用面积																		

9. 丁青县草原等级面积统计表

单位：万亩、%

综合评价		1 面积	1 比例	2 面积	2 比例	3 面积	3 比例	4 面积	4 比例	5 面积	5 比例	6 面积	6 比例	7 面积	7 比例	8 面积	8 比例	合计 面积	合计 比例
级合计	草原面积					19.47	1.87			22.02	2.11	578.67	55.48	408.77	39.19	14.12	1.35	1 043.04	100.00
	草原可利用面积					18.91	1.85			21.58	2.11	567.07	55.55	399.47	39.13	13.83	1.36	1 020.86	100.00
Ⅰ	草原面积													254.90	24.44			254.90	24.44
	草原可利用面积													249.81	24.47			249.81	24.47
Ⅱ	草原面积					4.56	0.44			17.00	1.63	3.08	0.30	148.99	14.28			173.64	16.65
	草原可利用面积					4.45	0.44			16.66	1.63	3.01	0.29	144.90	14.19			169.02	16.56
Ⅲ	草原面积					14.91	1.43			5.02	0.48	575.58	55.18	4.88	0.47	14.12	1.35	614.50	58.91
	草原可利用面积					14.46	1.42			4.92	0.48	564.06	55.25	4.76	0.47	13.83	1.36	602.03	58.97
Ⅳ	草原面积																		
	草原可利用面积																		
Ⅴ	草原面积																		
	草原可利用面积																		

10. 察雅县草原等级面积统计表

单位：万亩、％

综合评价		1 面积	1 比例	2 面积	2 比例	3 面积	3 比例	4 面积	4 比例	5 面积	5 比例	6 面积	6 比例	7 面积	7 比例	8 面积	8 比例	合计 面积	合计 比例
级合计	草原面积			40.71	4.80	0.20	0.02	119.21	14.05	271.61	32.00	416.98	49.13					848.69	100.00
级合计	草原可利用面积			39.37	4.77	0.19	0.02	114.70	13.90	265.70	32.19	405.38	49.12					825.34	100.00
I	草原面积									213.92	25.21							213.92	25.21
I	草原可利用面积									209.64	25.40							209.64	25.40
II	草原面积			7.30	0.86	0.16	0.02	0.43	0.05	47.68	5.62	65.28	7.69					120.84	14.24
II	草原可利用面积			7.00	0.85	0.15	0.02	0.40	0.05	46.25	5.60	63.97	7.75					117.78	14.27
III	草原面积			33.41	3.94	0.04	0.00	118.77	13.99	10.00	1.18	351.70	41.44					513.93	60.56
III	草原可利用面积			32.37	3.92	0.04	0.00	114.30	13.85	9.80	1.19	341.40	41.37					497.91	60.33
IV	草原面积																		
IV	草原可利用面积																		
V	草原面积																		
V	草原可利用面积																		

西藏自治区 草原资源与生态统计资料

11. 八宿县草原等级面积统计表

单位：万亩、%

综合评价		1 面积	1 比例	2 面积	2 比例	3 面积	3 比例	4 面积	4 比例	5 面积	5 比例	6 面积	6 比例	7 面积	7 比例	8 面积	8 比例	合计 面积	合计 比例
级合计	草原面积					0.18	0.02			75.64	8.75	217.07	25.11	224.23	25.94	347.30	40.18	864.42	100.00
级合计	草原可利用面积					0.17	0.02			73.37	8.74	206.73	24.63	218.83	26.07	340.35	40.54	839.45	100.00
I	草原面积											20.51	2.37					20.51	2.37
I	草原可利用面积											20.10	2.39					20.10	2.39
II	草原面积											149.14	17.25	93.97	10.87			243.11	28.12
II	草原可利用面积											141.10	16.81	92.00	10.96			233.10	27.77
III	草原面积					0.18	0.02			75.64	8.75	47.43	5.49	130.25	15.07	347.30	40.18	600.80	69.50
III	草原可利用面积					0.17	0.02			73.37	8.74	45.53	5.42	126.83	15.11	340.35	40.54	586.26	69.84
IV	草原面积																		
IV	草原可利用面积																		
V	草原面积																		
V	草原可利用面积																		

（三）山南地区草原等级面积统计表

单位：万亩、%

综合评价		1		2		3		4		5		6		7		8		合计	
		面积	比例	面积	比例	面积	比例	面积	比例	面积	比例	面积	比例	面积	比例	面积	比例	面积	比例
级合计	草原面积	1.54	0.03			107.62	2.23	26.27	0.54	209.57	4.34	2 808.67	58.12	1 510.10	31.25	168.35	3.48	4 832.13	100.00
	草原可利用面积	1.51	0.03			1.52	0.03	23.91	0.55	189.88	4.35	2 560.74	58.66	1 424.66	32.63	163.49	3.74	4 365.71	100.00
I	草原面积											0.70	0.01	43.02	0.89			43.72	0.90
	草原可利用面积											0.68	0.02	41.73	0.96			42.41	0.97
II	草原面积	1.54	0.03			1.19	0.02	26.27	0.54	49.38	1.02	221.91	4.59	61.23	1.27	0.06	0.00	361.59	7.48
	草原可利用面积	1.51	0.03			1.17	0.03	23.91	0.55	47.11	1.08	206.07	4.72	59.99	1.37	0.06	0.00	339.82	7.78
III	草原面积					106.43	2.20			134.91	2.79	1 017.28	21.05	356.44	7.38	165.29	3.42	1 780.35	36.84
	草原可利用面积					0.35	0.01			119.51	2.74	887.23	20.32	328.97	7.54	160.53	3.68	1 496.58	34.28
IV	草原面积									25.28	0.52	1 568.78	32.47	1 049.42	21.72	2.99	0.06	2 646.47	54.77
	草原可利用面积									23.26	0.53	1 466.76	33.60	993.98	22.77	2.90	0.07	2 486.90	56.96
V	草原面积																		
	草原可利用面积																		

1. 乃东县草原等级面积统计表

单位：万亩、%

综合评价		1		2		3		4		5		6		7		8		合计	
		面积	比例	面积	比例	面积	比例	面积	比例	面积	比例	面积	比例	面积	比例	面积	比例	面积	比例
级合计	草原面积											240.65	96.53	8.66	3.47			249.31	100.00
	草原可利用面积											230.77	96.52	8.31	3.48			239.07	100.00
I	草原面积													4.12	1.65			4.12	1.65
	草原可利用面积													3.99	1.67			3.99	1.67
II	草原面积											28.94	11.61					28.94	11.61
	草原可利用面积											27.29	11.42					27.29	11.42
III	草原面积											75.47	30.27	4.54	1.82			80.01	32.09
	草原可利用面积											72.26	30.23	4.31	1.80			76.58	32.03
IV	草原面积											136.23	54.64					136.23	54.64
	草原可利用面积											131.21	54.88					131.21	54.88
V	草原面积																		
	草原可利用面积																		

2. 扎囊县草原等级面积统计表

单位：万亩、％

综合评价		1 面积	1 比例	2 面积	2 比例	3 面积	3 比例	4 面积	4 比例	5 面积	5 比例	6 面积	6 比例	7 面积	7 比例	8 面积	8 比例	合计 面积	合计 比例
级合计	草原面积									53.34	22.81	73.13	31.28	107.34	45.91			233.82	100.00
	草原可利用面积									50.23	22.44	69.40	31.00	104.22	46.56			223.85	100.00
I	草原面积											0.50	0.21					0.50	0.21
	草原可利用面积											0.48	0.21					0.48	0.21
II	草原面积									0.70	0.30			9.42	4.03			10.12	4.33
	草原可利用面积									0.63	0.28			9.23	4.12			9.87	4.41
III	草原面积									28.58	12.22	65.98	28.22	0.00	0.00			94.56	40.44
	草原可利用面积									27.45	12.26	62.59	27.96	0.00	0.00			90.05	40.23
IV	草原面积									24.07	10.29	6.66	2.85	97.92	41.88			128.65	55.02
	草原可利用面积									22.14	9.89	6.33	2.83	94.98	42.43			123.45	55.15
V	草原面积																		
	草原可利用面积																		

3. 贡嘎县草原等级面积统计表

单位：万亩、%

综合评价		1		2		3		4		5		6		7		8		合计	
		面积	比例	面积	比例	面积	比例	面积	比例	面积	比例	面积	比例	面积	比例	面积	比例	面积	比例
级合计	草原面积							1.91	0.69	2.22	0.80	265.05	95.01	9.78	3.50			278.96	100.00
	草原可利用面积							1.74	0.65	2.11	0.79	254.73	95.16	9.12	3.41			267.69	100.00
I	草原面积																		
	草原可利用面积																		
II	草原面积							1.91	0.69	0.16	0.06	19.11	6.85	0.48	0.17			21.67	7.77
	草原可利用面积							1.74	0.65	0.15	0.05	18.73	7.00	0.46	0.17			21.08	7.87
III	草原面积									2.06	0.74	124.84	44.75	2.53	0.91			129.43	46.40
	草原可利用面积									1.96	0.73	118.93	44.43	2.42	0.91			123.31	46.07
IV	草原面积											121.10	43.41	6.77	2.43			127.87	45.84
	草原可利用面积											117.07	43.73	6.23	2.33			123.30	46.06
V	草原面积																		
	草原可利用面积																		

4. 桑日县草原等级面积统计表

单位：万亩、％

综合评价		1		2		3		4		5		6		7		8		合计	
		面积	比例	面积	比例	面积	比例	面积	比例	面积	比例	面积	比例	面积	比例	面积	比例	面积	比例
级合计	草原面积									73.38	26.91	164.43	60.29	34.92	12.80			272.74	100.00
	草原可利用面积									71.44	27.10	159.02	60.31	33.19	12.59			263.64	100.00
Ⅰ	草原面积																		
	草原可利用面积																		
Ⅱ	草原面积									11.41	4.18	4.00	1.47					15.40	5.65
	草原可利用面积									10.70	4.06	3.92	1.49					14.62	5.54
Ⅲ	草原面积									61.98	22.72	23.57	8.64	34.92	12.80			120.47	44.17
	草原可利用面积									60.74	23.04	22.34	8.47	33.19	12.59			116.26	44.10
Ⅳ	草原面积											136.87	50.18					136.87	50.18
	草原可利用面积											132.76	50.36					132.76	50.36
Ⅴ	草原面积																		
	草原可利用面积																		

5. 琼结县草原等级面积统计表

单位：万亩、%

综合评价		1		2		3		4		5		6		7		8		合计	
		面积	比例	面积	比例	面积	比例	面积	比例	面积	比例	面积	比例	面积	比例	面积	比例	面积	比例
级合计	草原面积	1.54	1.12					0.16	0.11			123.32	89.60	12.61	9.16			137.63	100.00
	草原可利用面积	1.51	1.14					0.14	0.11			118.83	89.58	12.16	9.17			132.64	100.00
I	草原面积																		
	草原可利用面积																		
II	草原面积	1.54	1.12					0.16	0.11									1.70	1.24
	草原可利用面积	1.51	1.14					0.14	0.11									1.66	1.25
III	草原面积											27.50	19.98	7.25	5.27			34.75	25.25
	草原可利用面积											25.86	19.49	7.07	5.33			32.92	24.82
IV	草原面积											95.82	69.62	5.36	3.90			101.18	73.52
	草原可利用面积											92.97	70.09	5.09	3.84			98.06	73.93
V	草原面积																		
	草原可利用面积																		

6. 洛扎县草原等级面积统计表

单位:万亩、%

综合评价		1		2		3		4		5		6		7		8		合计	
		面积	比例	面积	比例	面积	比例	面积	比例	面积	比例	面积	比例	面积	比例	面积	比例	面积	比例
级合计	草原面积									37.12	10.80	273.74	79.68	32.68	9.51			343.54	100.00
	草原可利用面积									35.63	10.74	264.22	79.61	32.03	9.65			331.88	100.00
I	草原面积																		
	草原可利用面积																		
II	草原面积									37.12	10.80	1.28	0.37					38.39	11.18
	草原可利用面积									35.63	10.74	1.17	0.35					36.80	11.09
III	草原面积											43.11	12.55	32.68	9.51			75.79	22.06
	草原可利用面积											40.89	12.32	32.03	9.65			72.92	21.97
IV	草原面积											229.36	66.76					229.36	66.76
	草原可利用面积											222.15	66.94					222.15	66.94
V	草原面积																		
	草原可利用面积																		

7. 加查县草原等级面积统计表

单位：万亩、%

综合评价		1		2		3		4		5		6		7		8		合计	
		面积	比例	面积	比例	面积	比例	面积	比例	面积	比例	面积	比例	面积	比例	面积	比例	面积	比例
级合计	草原面积					1.19	0.42	0.60	0.21	2.92	1.03	276.09	97.04	3.70	1.30			284.50	100.00
	草原可利用面积					1.17	0.42	0.55	0.20	2.75	1.00	268.35	97.08	3.59	1.30			276.40	100.00
I	草原面积													2.29	0.80			2.29	0.80
	草原可利用面积													2.22	0.80			2.22	0.80
II	草原面积					1.19	0.42	0.60	0.21			0.61	0.21					2.40	0.84
	草原可利用面积					1.17	0.42	0.55	0.20			0.56	0.20					2.27	0.82
III	草原面积									1.70	0.60	135.76	47.72					137.47	48.32
	草原可利用面积									1.64	0.59	132.27	47.85					133.91	48.45
IV	草原面积									1.21	0.43	139.72	49.11	1.41	0.50			142.34	50.03
	草原可利用面积									1.12	0.40	135.52	49.03	1.37	0.50			138.00	49.93
V	草原面积																		
	草原可利用面积																		

8. 隆子县草原等级面积统计表

单位：万亩、％

综合评价		1		2		3		4		5		6		7		8		合计	
		面积	比例	面积	比例	面积	比例	面积	比例	面积	比例	面积	比例	面积	比例	面积	比例	面积	比例
级合计	草原面积											431.38	56.49	330.09	43.22	2.22	0.29	763.68	100.00
	草原可利用面积											326.33	52.98	287.39	46.66	2.17	0.35	615.89	100.00
I	草原面积													18.66				18.66	2.44
	草原可利用面积													18.10				18.10	2.94
II	草原面积											30.71	4.02	11.73	1.54	0.06	0.01	42.51	5.57
	草原可利用面积											27.97	4.54	11.50	1.87	0.06	0.01	39.53	6.42
III	草原面积											308.99	40.46	71.92	9.42	2.15	0.28	383.07	50.16
	草原可利用面积											209.44	34.01	60.26	9.78	2.11	0.34	271.81	44.13
IV	草原面积											91.67	12.00	227.77	29.83			319.44	41.83
	草原可利用面积											88.92	14.44	197.53	32.07			286.45	46.51
V	草原面积																		
	草原可利用面积																		

9. 曲松县草原等级面积统计表

单位:万亩、%

综合评价		1		2		3		4		5		6		7		8		合计	
		面积	比例	面积	比例	面积	比例	面积	比例	面积	比例	面积	比例	面积	比例	面积	比例	面积	比例
级合计	草原面积							9.03	3.56	18.53	7.31	190.48	75.13	35.49	14.00			253.54	100.00
	草原可利用面积							8.22	3.38	17.78	7.30	183.68	75.45	33.75	13.86			243.43	100.00
I	草原面积											0.21	0.08					0.21	0.08
	草原可利用面积											0.20	0.08					0.20	0.08
II	草原面积							9.03	3.56			3.14	1.24					12.18	4.80
	草原可利用面积							8.22	3.38			3.08	1.26					11.30	4.64
III	草原面积									18.53	7.31	83.52	32.94	0.51	0.20			102.57	40.45
	草原可利用面积									17.78	7.30	80.43	33.04	0.50	0.21			98.71	40.55
IV	草原面积											103.61	40.87	34.98	13.80			138.59	54.66
	草原可利用面积											99.97	41.07	33.25	13.66			133.22	54.72
V	草原面积																		
	草原可利用面积																		

10. 措美县草原等级面积统计表

单位：万亩、％

综合评价		1		2		3		4		5		6		7		8		合计	
		面积	比例	面积	比例	面积	比例	面积	比例	面积	比例	面积	比例	面积	比例	面积	比例	面积	比例
级合计	草原面积											221.75	40.22	251.21	45.56	78.38	14.22	551.34	100.00
	草原可利用面积											210.50	39.67	244.78	46.13	75.36	14.20	530.64	100.00
Ⅰ	草原面积											0.07	0.01					0.07	0.01
	草原可利用面积											0.07	0.01					0.07	0.01
Ⅱ	草原面积											26.90	4.88	4.46	0.81			31.36	5.69
	草原可利用面积											24.86	4.68	4.37	0.82			29.23	5.51
Ⅲ	草原面积											93.58	16.97	16.25	2.95	78.38	14.22	188.21	34.14
	草原可利用面积											89.14	16.80	15.88	2.99	75.36	14.20	180.38	33.99
Ⅳ	草原面积											101.27	18.37	230.42	41.79			331.70	60.16
	草原可利用面积											96.50	18.19	224.45	42.30			320.96	60.49
Ⅴ	草原面积																		
	草原可利用面积																		

11. 错那县草原等级面积统计表

单位：万亩、%

综合评价		1		2		3		4		5		6		7		8		合计	
		面积	比例	面积	比例	面积	比例	面积	比例	面积	比例	面积	比例	面积	比例	面积	比例	面积	比例
级合计	草原面积					106.43	17.57	14.57	2.40	22.05	3.64	394.10	65.05	65.70	10.84	2.99	0.49	605.83	100.00
	草原可利用面积					0.35	0.08	13.26	3.16	9.94	2.37	330.00	78.67	63.03	15.03	2.90	0.69	419.48	100.00
Ⅰ	草原面积													17.87	2.95			17.87	2.95
	草原可利用面积													17.34	4.13			17.34	4.13
Ⅱ	草原面积							14.57	2.40			44.39	7.33	0.91	0.15			59.87	9.88
	草原可利用面积							13.26	3.16			40.62	9.68	0.89	0.21			54.77	13.06
Ⅲ	草原面积					106.43	17.57			22.05	3.64	21.89	3.61	39.51	6.52			189.88	31.34
	草原可利用面积					0.35	0.08			9.94	2.37	20.34	4.85	37.99	9.06			68.62	16.36
Ⅳ	草原面积											327.82	54.11	7.40	1.22	2.99	0.49	338.21	55.83
	草原可利用面积											269.04	64.14	6.81	1.62	2.90	0.69	278.75	66.45
Ⅴ	草原面积																		
	草原可利用面积																		

12. 浪卡子县草原等级面积统计表

单位:万亩、%

综合评价		1		2		3		4		5		6		7		8		合计	
		面积	比例	面积	比例	面积	比例	面积	比例	面积	比例	面积	比例	面积	比例	面积	比例	面积	比例
级合计	草原面积											154.56	18.03	617.92	72.08	84.76	9.89	857.24	100.00
	草原可利用面积											144.94	17.65	593.10	72.23	83.06	10.12	821.09	100.00
I	草原面积																		
	草原可利用面积																		
II	草原面积											62.83	7.33	34.21	3.99			97.05	11.32
	草原可利用面积											57.88	7.05	33.53	4.08			91.41	11.13
III	草原面积											13.07	1.52	146.32	17.07	84.76	9.89	244.15	28.48
	草原可利用面积											12.74	1.55	135.31	16.48	83.06	10.12	231.10	28.15
IV	草原面积											78.66	9.18	437.38	51.02			516.04	60.20
	草原可利用面积											74.32	9.05	424.26	51.67			498.58	60.72
V	草原面积																		
	草原可利用面积																		

(四)日喀则市草原等级面积统计表

单位:万亩、%

综合评价		1		2		3		4		5		6		7		8		合计	
		面积	比例	面积	比例	面积	比例	面积	比例	面积	比例	面积	比例	面积	比例	面积	比例	面积	比例
级合计	草原面积	0.02	0.00	7.93	0.04	33.79	0.17	23.18	0.12	590.57	3.01	4 339.60	22.14	12 329.77	62.90	2 277.25	11.62	19 602.10	100.00
	草原可利用面积	0.02	0.00	7.22	0.04	31.20	0.17	20.65	0.11	544.57	2.92	4 146.69	22.26	11 709.99	62.85	2 171.60	11.66	18 631.93	100.00
I	草原面积																		
	草原可利用面积																		
II	草原面积					33.79	0.17	21.68	0.11	295.63	1.51	1 873.53	9.56	5 348.31	27.28	167.99	0.86	7 740.93	39.49
	草原可利用面积					31.20	0.17	19.72	0.11	275.43	1.48	1 786.49	9.59	5 120.29	27.48	157.84	0.85	7 390.97	39.67
III	草原面积	0.02	0.00	7.93	0.04			1.50	0.01	293.52	1.50	2 187.44	11.16	3 637.32	18.56	1 953.84	9.97	8 081.57	41.23
	草原可利用面积	0.02	0.00	7.22	0.04			0.93	0.00	267.85	1.44	2 097.05	11.26	3 467.00	18.61	1 867.86	10.03	7 707.92	41.37
IV	草原面积									1.41	0.01	119.45	0.61	3 134.57	15.99	155.42	0.79	3 410.86	17.40
	草原可利用面积									1.30	0.01	111.07	0.60	2 930.44	15.73	145.90	0.78	3 188.71	17.11
V	草原面积											159.18	0.81	209.56	1.07			368.74	1.88
	草原可利用面积											152.07	0.82	192.26	1.03			344.33	1.85

1. 桑珠孜区草原等级面积统计表

单位:万亩、％

综合评价		1		2		3		4		5		6		7		8		合计	
		面积	比例	面积	比例	面积	比例	面积	比例	面积	比例	面积	比例	面积	比例	面积	比例	面积	比例
级合计	草原面积									2.42	0.63	313.08	81.44	54.87	14.27	14.07	3.66	384.44	100.00
	草原可利用面积									2.30	0.63	298.34	81.37	52.38	14.29	13.64	3.72	366.66	100.00
I	草原面积																		
	草原可利用面积																		
II	草原面积									2.42	0.63	162.13	42.17	3.47	0.90			168.02	43.70
	草原可利用面积									2.30	0.63	158.18	43.14	3.24	0.88			163.72	44.65
III	草原面积											136.78	35.58	48.01	12.49	14.07	3.66	198.86	51.73
	草原可利用面积											127.16	34.68	45.80	12.49	13.64	3.72	186.60	50.89
IV	草原面积											14.12	3.67	3.39	0.88			17.51	4.55
	草原可利用面积											12.95	3.53	3.34	0.91			16.29	4.44
V	草原面积											0.05	0.01					0.05	0.01
	草原可利用面积											0.05	0.01					0.05	0.01

2. 南木林县草原等级面积统计表

单位:万亩、%

综合评价		1		2		3		4		5		6		7		8		合计	
		面积	比例	面积	比例	面积	比例	面积	比例	面积	比例	面积	比例	面积	比例	面积	比例	面积	比例
级合计	草原面积					8.36	1.01			141.10	16.96	666.50	80.13	15.79	1.90			831.76	100.00
	草原可利用面积					7.61	0.95			135.23	16.92	641.27	80.25	15.00	1.88			799.12	100.00
I	草原面积																		
	草原可利用面积																		
II	草原面积					8.36	1.01			9.43	1.13	345.10	41.49	8.54	1.03			371.43	44.66
	草原可利用面积					7.61	0.95			8.96	1.12	335.24	41.95	8.11	1.02			359.92	45.04
III	草原面积									131.67	15.83	263.68	31.70	0.01	0.00			395.37	47.53
	草原可利用面积									126.27	15.80	251.20	31.43	0.01	0.00			377.48	47.24
IV	草原面积													7.24	0.87			7.24	0.87
	草原可利用面积													6.88	0.86			6.88	0.86
V	草原面积									57.72	6.94							57.72	6.94
	草原可利用面积									54.84	6.86							54.84	6.86

3. 江孜县草原等级面积统计表

单位:万亩、%

综合评价		1 面积	1 比例	2 面积	2 比例	3 面积	3 比例	4 面积	4 比例	5 面积	5 比例	6 面积	6 比例	7 面积	7 比例	8 面积	8 比例	合计 面积	合计 比例
级合计	草原面积					5.81	1.22	1.07	0.23	41.62	8.77	424.18	89.37	1.98	0.42			474.66	100.00
级合计	草原可利用面积					5.29	1.16	0.54	0.12	39.22	8.63	407.40	89.66	1.94	0.43			454.38	100.00
I	草原面积																		
I	草原可利用面积																		
II	草原面积					5.81	1.22					232.26	48.93					238.07	50.16
II	草原可利用面积					5.29	1.16					225.94	49.72					231.23	50.89
III	草原面积							1.07	0.23	41.62	8.77	91.11	19.19	1.98	0.42			135.77	28.60
III	草原可利用面积							0.54	0.12	39.22	8.63	86.30	18.99	1.94	0.43			128.00	28.17
IV	草原面积											70.19	14.79					70.19	14.79
IV	草原可利用面积											65.60	14.44					65.60	14.44
V	草原面积											30.63	6.45					30.63	6.45
V	草原可利用面积											29.56	6.50					29.56	6.50

4. 定日县草原等级面积统计表

单位：万亩、％

综合评价		1 面积	1 比例	2 面积	2 比例	3 面积	3 比例	4 面积	4 比例	5 面积	5 比例	6 面积	6 比例	7 面积	7 比例	8 面积	8 比例	合计 面积	合计 比例
级合计	草原面积					8.48	0.64	0.05	0.00	17.28	1.29	70.84	5.30	1 172.54	87.77	66.68	4.99	1 335.87	100.00
级合计	草原可利用面积					8.14	0.63	0.04	0.00	15.74	1.22	64.91	5.04	1 135.34	88.08	64.84	5.03	1 289.02	100.00
I	草原面积																		
I	草原可利用面积																		
II	草原面积					8.48	0.64	0.05	0.00			45.85	3.43	638.33	47.78			692.71	51.85
II	草原可利用面积					8.14	0.63	0.04	0.00			41.72	3.24	618.02	47.95			667.92	51.82
III	草原面积									15.87	1.19	24.99	1.87	392.35	29.37	66.68	4.99	499.88	37.42
III	草原可利用面积									14.44	1.12	23.19	1.80	381.88	29.63	64.84	5.03	484.36	37.58
IV	草原面积									1.41	0.11			141.86	10.62			143.27	10.73
IV	草原可利用面积									1.30	0.10			135.43	10.51			136.73	10.61
V	草原面积																		0.00
V	草原可利用面积																		0.00

5. 萨迦县草原等级面积统计表

单位:万亩、%

综合评价		1		2		3		4		5		6		7		8		合计	
		面积	比例	面积	比例	面积	比例	面积	比例	面积	比例	面积	比例	面积	比例	面积	比例	面积	比例
级合计	草原面积	0.02	0.00			10.09	1.48					332.37	48.85	337.98	49.67			680.46	100.00
	草原可利用面积	0.02	0.00			9.18	1.41					317.92	48.72	325.38	49.87			652.50	100.00
I	草原面积																		
	草原可利用面积																		
II	草原面积					10.09	1.48					214.60	31.54	25.44	3.74			250.13	36.76
	草原可利用面积					9.18	1.41					210.31	32.23	24.91	3.82			244.40	37.46
III	草原面积	0.02	0.00									117.61	17.28	155.14	22.80			272.77	40.09
	草原可利用面积	0.02	0.00									107.47	16.47	149.36	22.89			256.85	39.36
IV	草原面积											0.16	0.02	157.40	23.13			157.56	23.16
	草原可利用面积											0.14	0.02	151.11	23.16			151.25	23.18
V	草原面积																		0.00
	草原可利用面积																		0.00

6. 拉孜县草原等级面积统计表

单位:万亩、%

综合评价		1 面积	1 比例	2 面积	2 比例	3 面积	3 比例	4 面积	4 比例	5 面积	5 比例	6 面积	6 比例	7 面积	7 比例	8 面积	8 比例	合计 面积	合计 比例
级合计	草原面积							0.43	0.08	6.47	1.20	424.24	78.46	109.58	20.27			540.72	100.00
	草原可利用面积							0.39	0.08	5.89	1.13	408.58	78.74	104.05	20.05			518.92	100.00
Ⅰ	草原面积																		
	草原可利用面积																		
Ⅱ	草原面积									6.47	1.20	59.24	10.96					65.71	12.15
	草原可利用面积									5.89	1.13	57.64	11.11					63.53	12.24
Ⅲ	草原面积							0.43	0.08			360.52	66.67	108.64	20.09			469.60	86.85
	草原可利用面积							0.39	0.08			346.64	66.80	103.19	19.89			450.22	86.76
Ⅳ	草原面积													0.94	0.17			0.94	0.17
	草原可利用面积													0.86	0.17			0.86	0.17
Ⅴ	草原面积											4.48	0.83					4.48	0.83
	草原可利用面积											4.30	0.83					4.30	0.83

7. 昂仁县草原等级面积统计表

单位:万亩、%

综合评价		1		2		3		4		5		6		7		8		合计	
		面积	比例	面积	比例	面积	比例	面积	比例	面积	比例	面积	比例	面积	比例	面积	比例	面积	比例
级合计	草原面积									119.77	4.01	174.66	5.85	2 487.53	83.33	203.24	6.81	2 985.20	100.00
	草原可利用面积									108.99	3.78	169.08	5.86	2 408.32	83.49	198.02	6.87	2 884.42	100.00
Ⅰ	草原面积																		
	草原可利用面积																		
Ⅱ	草原面积									119.77	4.01	134.71	4.51	1 654.45	55.42	6.49	0.22	1 915.43	64.16
	草原可利用面积									108.99	3.78	131.13	4.55	1 608.48	55.76	6.17	0.21	1 854.77	64.30
Ⅲ	草原面积											28.92	0.97	240.84	8.07	193.08	6.47	462.83	15.50
	草原可利用面积											27.48	0.95	226.53	7.85	188.37	6.53	442.38	15.34
Ⅳ	草原面积											11.03	0.37	591.95	19.83	3.67	0.12	606.65	20.32
	草原可利用面积											10.48	0.36	573.03	19.87	3.48	0.12	586.99	20.35
Ⅴ	草原面积													0.29	0.01			0.29	0.01
	草原可利用面积													0.27	0.01			0.27	0.01

8. 谢通门县草原等级面积统计表

单位:万亩、%

综合评价		1 面积	1 比例	2 面积	2 比例	3 面积	3 比例	4 面积	4 比例	5 面积	5 比例	6 面积	6 比例	7 面积	7 比例	8 面积	8 比例	合计 面积	合计 比例
级合计	草原面积							21.63	1.72			796.76	63.42	293.65	23.37	144.24	11.48	1 256.29	100.00
级合计	草原可利用面积							19.68	1.62			776.76	63.80	281.32	23.11	139.78	11.48	1 217.54	100.00
I	草原面积																		
I	草原可利用面积																		
II	草原面积							21.63	1.72			118.51	9.43	213.65	17.01			353.80	28.16
II	草原可利用面积							19.68	1.62			115.90	9.52	207.31	17.03			342.90	28.16
III	草原面积											678.25	53.99	64.07	5.10	144.24	11.48	886.56	70.57
III	草原可利用面积											660.86	54.28	58.86	4.83	139.78	11.48	859.49	70.59
IV	草原面积													15.93	1.27			15.93	1.27
IV	草原可利用面积													15.15	1.24			15.15	1.24
V	草原面积																		0.00
V	草原可利用面积																		0.00

9. 白朗县草原等级面积统计表

单位：万亩、%

综合评价		1		2		3		4		5		6		7		8		合计	
		面积	比例	面积	比例	面积	比例	面积	比例	面积	比例	面积	比例	面积	比例	面积	比例	面积	比例
级合计	草原面积									5.45	1.56	53.25	15.23	285.11	81.56	5.74	1.64	349.56	100.00
	草原可利用面积									4.94	1.49	50.88	15.33	270.50	81.49	5.61	1.69	331.92	100.00
I	草原面积																		
	草原可利用面积																		
II	草原面积									5.45	1.56			159.18	45.54			164.63	47.10
	草原可利用面积									4.94	1.49			153.99	46.39			158.93	47.88
III	草原面积									37.98	10.87	87.79	25.11			5.74	1.64	131.51	37.62
	草原可利用面积									36.98	11.14	80.46	24.24			5.61	1.69	123.05	37.07
IV	草原面积									15.27	4.37	31.74	9.08					47.01	13.45
	草原可利用面积									13.90	3.98	29.89	9.00					43.78	13.19
V	草原面积													6.41	1.83			6.41	1.83
	草原可利用面积													6.16	1.85			6.16	1.85

10. 仁布县草原等级面积统计表

单位：万亩、‰

综合评价		1		2		3		4		5		6		7		8		合计	
		面积	比例	面积	比例	面积	比例	面积	比例	面积	比例	面积	比例	面积	比例	面积	比例	面积	比例
级合计	草原面积					0.71	0.26			93.05	33.59	183.22	66.15					276.98	100.00
	草原可利用面积					0.68	0.25			91.18	33.63	179.32	66.13					271.18	100.00
Ⅰ	草原面积																		
	草原可利用面积																		
Ⅱ	草原面积					0.71	0.26			87.68	31.66	11.22	4.05					99.61	35.96
	草原可利用面积					0.68	0.25			85.93	31.69	10.99	4.05					97.60	35.99
Ⅲ	草原面积									5.37	1.94	167.93	60.63					173.29	62.56
	草原可利用面积									5.25	1.94	164.57	60.69					169.82	62.62
Ⅳ	草原面积											4.08	1.47					4.08	1.47
	草原可利用面积											3.76	1.39					3.76	1.39
Ⅴ	草原面积																		0.00
	草原可利用面积																		0.00

11. 康马县草原等级面积统计表

单位：万亩、%

综合评价		1		2		3		4		5		6		7		8		合计	
		面积	比例	面积	比例	面积	比例	面积	比例	面积	比例	面积	比例	面积	比例	面积	比例	面积	比例
级合计	草原面积									0.01	0.00	52.37	7.10	685.10	92.90			737.48	100.00
	草原可利用面积									0.01	0.00	47.89	6.80	656.48	93.20			704.38	100.00
I	草原面积																		
	草原可利用面积																		
II	草原面积											42.73	5.79	357.37	48.46			400.10	54.25
	草原可利用面积											38.81	5.51	342.27	48.59			381.08	54.10
III	草原面积									0.01	0.00	6.22	0.84	312.45	42.37			318.68	43.21
	草原可利用面积									0.01	0.00	5.97	0.85	299.69	42.55			305.66	43.40
IV	草原面积											3.37	0.46	15.29	2.07			18.65	2.53
	草原可利用面积											3.07	0.44	14.52	2.06			17.59	2.50
V	草原面积											0.05	0.01					0.05	0.01
	草原可利用面积											0.04	0.01					0.04	0.01

12. 定结县草原等级面积统计表

单位:万亩、%

综合评价		1		2		3		4		5		6		7		8		合计	
		面积	比例	面积	比例	面积	比例	面积	比例	面积	比例	面积	比例	面积	比例	面积	比例	面积	比例
级合计	草原面积									14.07	2.49	66.89	11.85	368.50	65.27	115.13	20.39	564.59	100.00
	草原可利用面积									12.81	2.38	64.68	12.02	348.55	64.79	111.90	20.80	537.94	100.00
I	草原面积																		
	草原可利用面积																		
II	草原面积									2.35	0.42	2.71	0.48	71.31	12.63			76.37	13.53
	草原可利用面积									2.14	0.40	2.51	0.47	67.75	12.59			72.40	13.46
III	草原面积									11.72	2.08	64.18	11.37	154.12	27.30	115.13	20.39	345.15	61.13
	草原可利用面积									10.67	1.98	62.17	11.56	144.88	26.93	111.90	20.80	329.62	61.27
IV	草原面积													143.07	25.34			143.07	25.34
	草原可利用面积													135.92	25.27			135.92	25.27
V	草原面积																		0.00
	草原可利用面积																		0.00

13. 仲巴县草原等级面积统计表

单位：万亩、%

综合评价		1		2		3		4		5		6		7		8		合计	
		面积	比例	面积	比例	面积	比例	面积	比例	面积	比例	面积	比例	面积	比例	面积	比例	面积	比例
级合计	草原面积									87.27	1.60	292.71	5.38	4 033.09	74.10	1 029.85	18.92	5 442.93	100.00
	草原可利用面积									71.98	1.44	255.62	5.12	3 710.73	74.28	957.40	19.16	4 995.74	100.00
I	草原面积																		
	草原可利用面积																		
II	草原面积									275.92	5.07	1 498.30	27.53	91.80	1.69	1 866.02	34.28		
	草原可利用面积									243.71	4.88	1 389.18	27.81	83.24	1.67	1 716.13	34.35		
III	草原面积									87.27	1.60	16.79	0.31	878.23	16.14	856.31	15.73	1 838.60	33.78
	草原可利用面积									71.98	1.44	11.92	0.24	816.69	16.35	798.96	15.99	1 699.55	34.02
IV	草原面积													1 516.19	27.86	81.74	1.50	1 597.93	29.36
	草原可利用面积													1 378.86	27.60	75.20	1.51	1 454.07	29.11
V	草原面积													140.37	2.58			140.37	2.58
	草原可利用面积													125.98	2.52			125.98	2.52

14. 亚东县草原等级面积统计表

单位:万亩、%

综合评价		1		2		3		4		5		6		7		8		合计	
		面积	比例	面积	比例	面积	比例	面积	比例	面积	比例	面积	比例	面积	比例	面积	比例	面积	比例
级合计	草原面积			7.93	2.04	0.33	0.09			9.59	2.47	214.94	55.34	155.58	40.06			388.37	100.00
	草原可利用面积			7.22	1.93	0.30	0.08			8.53	2.28	207.39	55.44	150.62	40.27			374.06	100.00
I	草原面积																		
	草原可利用面积																		
II	草原面积					0.33	0.09			9.59	2.47	64.36	16.57					74.28	19.13
	草原可利用面积					0.30	0.08			8.53	2.28	62.31	16.66					71.15	19.02
III	草原面积			7.93	2.04							146.69	37.77	120.52	31.03			275.14	70.84
	草原可利用面积			7.22	1.93							141.34	37.79	116.94	31.26			265.50	70.98
IV	草原面积													35.06	9.03			35.06	9.03
	草原可利用面积													33.68	9.00			33.68	9.00
V	草原面积											3.89	1.00					3.89	1.00
	草原可利用面积											3.73	1.00					3.73	1.00

15. 吉隆县草原等级面积统计表

单位：万亩、%

综合评价		1		2		3		4		5		6		7		8		合计	
		面积	比例	面积	比例	面积	比例	面积	比例	面积	比例	面积	比例	面积	比例	面积	比例	面积	比例
级合计	草原面积									21.80	2.86	11.41	1.50	596.05	78.15	133.45	17.50	762.71	100.00
	草原可利用面积									19.84	2.69	10.79	1.46	577.82	78.32	129.33	17.53	737.78	100.00
I	草原面积																		
	草原可利用面积																		
II	草原面积									21.80	2.86	11.41	1.50	18.03	2.36	2.12	0.28	53.35	6.99
	草原可利用面积									19.84	2.69	10.79	1.46	17.44	2.36	2.06	0.28	50.13	6.79
III	草原面积													534.35	70.06	84.47	11.07	618.82	81.13
	草原可利用面积													518.54	70.28	82.75	11.22	601.29	81.50
IV	草原面积													5.53	0.72	46.87	6.14	52.39	6.87
	草原可利用面积													5.22	0.71	44.52	6.04	49.75	6.74
V	草原面积													38.15	5.00			38.15	5.00
	草原可利用面积													36.62	4.96			36.62	4.96

16. 聂拉木县草原等级面积统计表

单位:万亩、%

综合评价		1 面积	1 比例	2 面积	2 比例	3 面积	3 比例	4 面积	4 比例	5 面积	5 比例	6 面积	6 比例	7 面积	7 比例	8 面积	8 比例	合计 面积	合计 比例
级合计	草原面积									30.67	4.05	19.38	2.56	563.77	74.52	142.74	18.87	756.55	100.00
级合计	草原可利用面积									27.91	3.83	18.15	2.49	543.32	74.50	139.88	19.18	729.26	100.00
I	草原面积																		
I	草原可利用面积																		
II	草原面积									30.67	4.05			93.47	12.35	15.05	1.99	139.19	18.40
II	草原可利用面积									27.91	3.83			90.71	12.44	14.75	2.02	133.37	18.29
III	草原面积											8.92	1.18	296.97	39.25	104.54	13.82	410.42	54.25
III	草原可利用面积											8.12	1.11	287.94	39.48	102.45	14.05	398.50	54.65
IV	草原面积											1.24	0.16	173.33	22.91	23.15	3.06	197.72	26.13
IV	草原可利用面积											1.18	0.16	164.67	22.58	22.68	3.11	188.53	25.85
V	草原面积											9.22	1.22					9.22	1.22
V	草原可利用面积											8.85	1.21					8.85	1.21

17. 萨嘎县草原等级面积统计表

单位:万亩、%

综合评价		1		2		3		4		5		6		7		8		合计	
		面积	比例	面积	比例	面积	比例	面积	比例	面积	比例	面积	比例	面积	比例	面积	比例	面积	比例
级合计	草原面积											205.99	16.01	850.14	66.07	230.53	17.92	1 286.66	100.00
	草原可利用面积											194.07	15.65	821.10	66.22	224.79	18.13	1 239.96	100.00
I	草原面积																		
	草原可利用面积																		
II	草原面积											116.24	9.03	417.59	32.45	37.74	2.93	571.57	44.42
	草原可利用面积											107.93	8.70	405.94	32.74	37.14	3.00	551.01	44.44
III	草原面积											36.62	2.85	185.38	14.41	192.79	14.98	414.78	32.24
	草原可利用面积											35.45	2.86	179.32	14.46	187.65	15.13	402.42	32.45
IV	草原面积											247.18	19.21					247.18	19.21
	草原可利用面积											235.84	19.02					235.84	19.02
V	草原面积											53.13	4.13					53.13	4.13
	草原可利用面积											50.69	4.09					50.69	4.09

18. 岗巴县草原等级面积统计表

单位：万亩、％

综合评价		1		2		3		4		5		6		7		8		合计	
		面积	比例	面积	比例	面积	比例	面积	比例	面积	比例	面积	比例	面积	比例	面积	比例	面积	比例
级合计	草原面积											36.79	6.73	318.50	58.24	191.58	35.03	546.87	100.00
	草原可利用面积											33.61	6.38	307.15	58.26	186.40	35.36	527.17	100.00
I	草原面积																		
	草原可利用面积																		
II	草原面积											36.55	6.68	189.20	34.60	14.78	2.70	240.53	43.98
	草原可利用面积											33.38	6.33	182.92	34.70	14.48	2.75	230.78	43.78
III	草原面积											0.24	0.04	56.49	10.33	176.80	32.33	233.53	42.70
	草原可利用面积											0.23	0.04	54.97	10.43	171.92	32.61	227.12	43.08
IV	草原面积													48.47	8.86			48.47	8.86
	草原可利用面积													46.03	8.73			46.03	8.73
V	草原面积													24.35	4.45			24.35	4.45
	草原可利用面积													23.23	4.41			23.23	4.41

(五)那曲地区(含实用区)草原等级面积统计表

单位:万亩、%

综合评价		1		2		3		4		5		6		7		8		合计	
		面积	比例	面积	比例	面积	比例	面积	比例	面积	比例	面积	比例	面积	比例	面积	比例	面积	比例
级合计	草原面积									165.64	0.30	6 777.53	12.40	12 303.06	22.51	35 414.81	64.79	54 661.05	100.00
	草原可利用面积									151.23	0.31	6 569.48	13.66	11 530.39	23.97	29 855.64	62.06	48 106.74	100.00
I	草原面积																		
	草原可利用面积																		
II	草原面积									95.24	0.17	3 879.43	7.10	4 538.56	8.30	6 579.78	12.04	15 093.02	27.61
	草原可利用面积									89.27	0.19	3 752.06	7.80	4 212.54	8.76	5 883.47	12.23	13 937.35	28.97
III	草原面积									70.40	0.13	2 898.10	5.30	7 698.98	14.08	27 713.22	50.70	38 380.71	70.22
	草原可利用面积									61.96	0.13	2 817.41	5.86	7 257.94	15.09	23 013.02	47.84	33 150.33	68.91
IV	草原面积													65.51	0.12	1 121.81	2.05	1 187.32	2.17
	草原可利用面积													59.91	0.12	959.15	1.99	1 019.06	2.12
V	草原面积																		
	草原可利用面积																		

1. 那曲地区草原等级面积统计表

单位:万亩、%

综合评价		1		2		3		4		5		6		7		8		合计	
		面积	比例	面积	比例	面积	比例	面积	比例	面积	比例	面积	比例	面积	比例	面积	比例	面积	比例
级合计	草原面积									165.64	0.35	5 979.45	12.64	9 768.51	20.65	31 384.11	66.35	47 297.72	100.00
	草原可利用面积									151.23	0.36	5 801.14	14.00	9 262.26	22.35	26 220.04	63.28	41 434.68	100.00
I	草原面积																		
	草原可利用面积																		
II	草原面积									95.24	0.20	3 773.43	7.98	3 118.65	6.59	5 713.97	12.08	12 701.29	26.85
	草原可利用面积									89.27	0.22	3 648.24	8.80	2 927.12	7.06	5 134.08	12.39	11 798.71	28.48
III	草原面积									70.40	0.15	2 206.02	4.66	6 584.34	13.92	25 080.71	53.03	33 941.47	71.76
	草原可利用面积									61.96	0.15	2 152.90	5.20	6 275.24	15.14	20 579.84	49.67	29 069.94	70.16
IV	草原面积													65.51	0.14	589.44	1.25	654.96	1.38
	草原可利用面积													59.91	0.14	506.13	1.22	566.03	1.37
V	草原面积																		
	草原可利用面积																		

2. 申扎县草原等级面积统计表

单位：万亩、%

综合评价		1		2		3		4		5		6		7		8		合计	
		面积	比例	面积	比例	面积	比例	面积	比例	面积	比例	面积	比例	面积	比例	面积	比例	面积	比例
级合计	草原面积											208.49	6.55	2 178.24	68.47	794.68	24.98	3 181.41	100.00
	草原可利用面积											197.15	6.86	1 985.73	69.12	690.11	24.02	2 872.98	100.00
I	草原面积																		
	草原可利用面积																		
II	草原面积											207.42	6.52	749.31	23.55	748.14	23.52	1 704.87	53.59
	草原可利用面积											196.09	6.83	693.58	24.14	649.38	22.60	1 539.06	53.57
III	草原面积											1.08	0.03	1 428.93	44.91	43.20	1.36	1 473.20	46.31
	草原可利用面积											1.05	0.04	1 292.15	44.98	37.81	1.32	1 331.02	46.33
IV	草原面积															3.34	0.11	3.34	0.11
	草原可利用面积															2.91	0.10	2.91	0.10
V	草原面积																		
	草原可利用面积																		

3. 班戈县草原等级面积统计表

单位:万亩、%

综合评价		1		2		3		4		5		6		7		8		合计	
		面积	比例	面积	比例	面积	比例	面积	比例	面积	比例	面积	比例	面积	比例	面积	比例	面积	比例
级合计	草原面积											309.23	8.52	2 763.18	76.10	558.52	15.38	3 630.93	100.00
	草原可利用面积											290.70	8.46	2 618.30	76.22	525.97	15.31	3 434.97	100.00
Ⅰ	草原面积																		
	草原可利用面积																		
Ⅱ	草原面积											309.23	8.52	961.73	26.49	395.70	10.90	1 666.66	45.90
	草原可利用面积											290.70	8.46	897.51	26.13	376.79	10.97	1 564.99	45.56
Ⅲ	草原面积													1 801.45	49.61	14.52	0.40	1 815.97	50.01
	草原可利用面积													1 720.80	50.10	14.23	0.41	1 735.03	50.51
Ⅳ	草原面积															148.30	4.08	148.30	4.08
	草原可利用面积															134.95	3.93	134.95	3.93
Ⅴ	草原面积																		
	草原可利用面积																		

4. 那曲县草原等级面积统计表

单位:万亩、%

综合评价		1 面积	1 比例	2 面积	2 比例	3 面积	3 比例	4 面积	4 比例	5 面积	5 比例	6 面积	6 比例	7 面积	7 比例	8 面积	8 比例	合计 面积	合计 比例
级合计	草原面积											1 938.62	92.91	147.87	7.09			2 086.50	100.00
级合计	草原可利用面积											1 883.15	93.26	136.14	6.74			2 019.29	100.00
I	草原面积																		
I	草原可利用面积																		
II	草原面积											1 312.47	62.90	53.16	2.55			1 365.63	65.45
II	草原可利用面积											1 277.92	63.29	48.91	2.42			1 326.83	65.71
III	草原面积											626.15	30.01	36.49	1.75			662.64	31.76
III	草原可利用面积											605.22	29.97	33.67	1.67			638.89	31.64
IV	草原面积													58.23	2.79			58.23	2.79
IV	草原可利用面积													53.57	2.65			53.57	2.65
V	草原面积																		
V	草原可利用面积																		

5. 聂荣县草原等级面积统计表

单位：万亩、％

综合评价		1 面积	1 比例	2 面积	2 比例	3 面积	3 比例	4 面积	4 比例	5 面积	5 比例	6 面积	6 比例	7 面积	7 比例	8 面积	8 比例	合计 面积	合计 比例
级合计	草原面积									165.64	13.21	1 044.33	83.28	42.75	3.41	1.25	0.10	1 253.98	100.00
级合计	草原可利用面积									151.23	12.55	1 015.05	84.23	37.70	3.13	1.07	0.09	1 205.04	100.00
I	草原面积																		
I	草原可利用面积																		
II	草原面积									95.24	7.60	289.57	23.09	31.68	2.53	0.46	0.04	416.95	33.25
II	草原可利用面积									89.27	7.41	275.38	22.85	27.88	2.31	0.40	0.03	392.93	32.61
III	草原面积									70.40	5.61	754.76	60.19	3.79	0.30	0.79	0.06	829.74	66.17
III	草原可利用面积									61.96	5.14	739.66	61.38	3.48	0.29	0.67	0.06	805.78	66.87
IV	草原面积													7.28	0.58			7.28	0.58
IV	草原可利用面积													6.34	0.53			6.34	0.53
V	草原面积																		
V	草原可利用面积																		

6. 聂荣县实用区草原等级面积统计表

单位：万亩、％

综合评价		1		2		3		4		5		6		7		8		合计	
		面积	比例	面积	比例	面积	比例	面积	比例	面积	比例	面积	比例	面积	比例	面积	比例	面积	比例
级合计	草原面积											468.51	70.99	63.25	9.58	128.17	19.42	659.94	100.00
	草原可利用面积											447.93	72.59	57.65	9.34	111.51	18.07	617.09	100.00
Ⅰ	草原面积																		
	草原可利用面积																		
Ⅱ	草原面积											59.99	9.09	49.45	7.49	1.89	0.29	111.32	16.87
	草原可利用面积											58.74	9.52	44.49	7.21	1.64	0.27	104.87	16.99
Ⅲ	草原面积											408.52	61.90	13.81	2.09	126.28	19.14	548.62	83.13
	草原可利用面积											389.19	63.07	13.16	2.13	109.87	17.80	512.22	83.01
Ⅳ	草原面积																		
	草原可利用面积																		
Ⅴ	草原面积																		
	草原可利用面积																		

7. 安多县草原等级面积统计表

单位:万亩、%

综合评价		1		2		3		4		5		6		7		8		合计	
		面积	比例	面积	比例	面积	比例	面积	比例	面积	比例	面积	比例	面积	比例	面积	比例	面积	比例
级合计	草原面积													2 036.27	34.41	3 881.28	65.59	5 917.54	100.00
	草原可利用面积													1 944.84	37.46	3 246.91	62.54	5 191.76	100.00
I	草原面积																		
	草原可利用面积																		
II	草原面积													816.43	13.80	690.99	11.68	1 507.42	25.47
	草原可利用面积													771.68	14.86	600.76	11.57	1 372.45	26.44
III	草原面积													1 219.83	20.61	2 970.18	50.19	4 190.02	70.81
	草原可利用面积													1 173.16	22.60	2 456.46	47.31	3 629.62	69.91
IV	草原面积															220.11	3.72	220.11	3.72
	草原可利用面积															189.68	3.65	189.68	3.65
V	草原面积																		
	草原可利用面积																		

8. 安多县实用区草原等级面积统计表

单位：万亩、%

综合评价		1		2		3		4		5		6		7		8		合计	
		面积	比例	面积	比例	面积	比例	面积	比例	面积	比例	面积	比例	面积	比例	面积	比例	面积	比例
级合计	草原面积											4.20	0.07	2 403.92	38.30	3 869.17	61.64	6 277.29	100.00
	草原可利用面积											4.12	0.07	2 145.08	38.00	3 495.06	61.92	5 644.26	100.00
Ⅰ	草原面积																		
	草原可利用面积																		
Ⅱ	草原面积											4.20	0.07	1 349.37	21.50	862.42	13.74	2 215.99	35.30
	草原可利用面积											4.12	0.07	1 220.89	21.63	746.43	13.22	1 971.43	34.93
Ⅲ	草原面积													1 054.55	16.80	2 474.39	39.42	3 528.94	56.22
	草原可利用面积													924.19	16.37	2 295.61	40.67	3 219.80	57.05
Ⅳ	草原面积															532.36	8.48	532.36	8.48
	草原可利用面积															453.03	8.03	453.03	8.03
Ⅴ	草原面积																		
	草原可利用面积																		

9. 嘉黎县草原等级面积统计表

单位:万亩、%

综合评价		1		2		3		4		5		6		7		8		合计	
		面积	比例	面积	比例	面积	比例	面积	比例	面积	比例	面积	比例	面积	比例	面积	比例	面积	比例
级合计	草原面积											495.85	33.90	966.96	66.10			1 462.81	100.00
	草原可利用面积											479.46	33.60	947.62	66.40			1 427.09	100.00
I	草原面积																		
	草原可利用面积																		
II	草原面积											329.54	22.53	415.96	28.44			745.50	50.96
	草原可利用面积											316.49	22.18	407.64	28.56			724.13	50.74
III	草原面积											166.30	11.37	551.00	37.67			717.31	49.04
	草原可利用面积											162.98	11.42	539.98	37.84			702.96	49.26
IV	草原面积																		
	草原可利用面积																		
V	草原面积																		
	草原可利用面积																		

10. 巴青县草原等级面积统计表

单位:万亩、%

综合评价		1		2		3		4		5		6		7		8		合计	
		面积	比例	面积	比例	面积	比例	面积	比例	面积	比例	面积	比例	面积	比例	面积	比例	面积	比例
级合计	草原面积											590.53	47.41	655.17	52.59			1 245.70	100.00
	草原可利用面积											577.84	47.37	642.07	52.63			1 219.90	100.00
I	草原面积																		
	草原可利用面积																		
II	草原面积												495.16	39.75	11.70	0.94			506.86	40.69
	草原可利用面积												484.38	39.71	11.47	0.94			495.84	40.65
III	草原面积												95.37	7.66	643.47	51.66			738.84	59.31
	草原可利用面积												93.46	7.66	630.60	51.69			724.06	59.35
IV	草原面积																		
	草原可利用面积																		
V	草原面积																		
	草原可利用面积																		

11. 巴青县实用区草原等级面积统计表

单位:万亩、%

综合评价		1		2		3		4		5		6		7		8		合计	
		面积	比例	面积	比例	面积	比例	面积	比例	面积	比例	面积	比例	面积	比例	面积	比例	面积	比例
级合计	草原面积											325.37	76.36	67.38	15.81	33.36	7.83	426.11	100.00
	草原可利用面积											316.29	77.01	65.40	15.92	29.03	7.07	410.71	100.00
I	草原面积																		
	草原可利用面积																		
II	草原面积												41.81	9.81	21.09	4.95	1.52	0.36	64.42	15.12
	草原可利用面积											40.97	9.98	20.04	4.88	1.32	0.32	62.33	15.18
III	草原面积											283.56	66.55	46.28	10.86	31.85	7.47	361.69	84.88
	草原可利用面积											275.32	67.03	45.36	11.04	27.71	6.75	348.38	84.82
IV	草原面积																		
	草原可利用面积																		
V	草原面积																		
	草原可利用面积																		

12. 比如县草原等级面积统计表

单位：万亩、%

综合评价		1		2		3		4		5		6		7		8		合计	
		面积	比例	面积	比例	面积	比例	面积	比例	面积	比例	面积	比例	面积	比例	面积	比例	面积	比例
级合计	草原面积											651.81	42.01	899.66	57.98	0.11	0.01	1 551.58	100.00
	草原可利用面积											633.41	41.81	881.64	58.19	0.10	0.01	1 515.15	100.00
Ⅰ	草原面积																		
	草原可利用面积																		
Ⅱ	草原面积												523.61	33.75	0.27	0.02	0.11	0.01	524.00	33.77
	草原可利用面积											508.23	33.54	0.24	0.02	0.10	0.01	508.57	33.57
Ⅲ	草原面积											128.20	8.26	899.39	57.97			1 027.58	66.23
	草原可利用面积											125.18	8.26	881.40	58.17			1 006.58	66.43
Ⅳ	草原面积																		
	草原可利用面积																		
Ⅴ	草原面积																		
	草原可利用面积																		

13. 索县草原等级面积统计表

单位：万亩、%

综合评价		1		2		3		4		5		6		7		8		合计	
		面积	比例	面积	比例	面积	比例	面积	比例	面积	比例	面积	比例	面积	比例	面积	比例	面积	比例
级合计	草原面积											738.08	100.00					738.08	100.00
	草原可利用面积											721.92	100.00					721.92	100.00
I	草原面积																		
	草原可利用面积																		
II	草原面积												303.92	41.18					303.92	41.18
	草原可利用面积											296.59	41.08					296.59	41.08
III	草原面积												434.16	58.82					434.16	58.82
	草原可利用面积											425.34	58.92					425.34	58.92
IV	草原面积																		
	草原可利用面积																		
V	草原面积																		
	草原可利用面积																		

14. 尼玛县草原等级面积统计表

单位:万亩、%

综合评价		1 面积	1 比例	2 面积	2 比例	3 面积	3 比例	4 面积	4 比例	5 面积	5 比例	6 面积	6 比例	7 面积	7 比例	8 面积	8 比例	合计 面积	合计 比例
级合计	草原面积											2.51	0.03	78.40	0.78	9 947.32	99.19	10 028.23	100.00
级合计	草原可利用面积											2.46	0.03	68.21	0.79	8 593.03	99.18	8 663.71	100.00
I	草原面积																		
I	草原可利用面积																		
II	草原面积											2.51	0.03	78.40	0.78	1 872.24	18.67	1 953.16	19.48
II	草原可利用面积											2.46	0.03	68.21	0.79	1 715.85	19.80	1 786.52	20.62
III	草原面积															8 075.08	80.52	8 075.08	80.52
III	草原可利用面积															6 877.18	79.38	6 877.18	79.38
IV	草原面积																		
IV	草原可利用面积																		
V	草原面积																		
V	草原可利用面积																		

15. 双湖县草原等级面积统计表

单位：万亩、％

综合评价		1		2		3		4		5		6		7		8		合计	
		面积	比例	面积	比例	面积	比例	面积	比例	面积	比例	面积	比例	面积	比例	面积	比例	面积	比例
级合计	草原面积															16 200.96	100.00	16 200.96	100.00
	草原可利用面积															13 162.86	100.00	13 162.86	100.00
I	草原面积																		
	草原可利用面积																		
II	草原面积															2 006.33	12.38	2 006.33	12.38
	草原可利用面积															1 790.81	13.60	1 790.81	13.60
III	草原面积															13 976.93	86.27	13 976.93	86.27
	草原可利用面积															11 193.47	85.04	11 193.47	85.04
IV	草原面积															217.69	1.34	217.69	1.34
	草原可利用面积															178.58	1.36	178.58	1.36
V	草原面积																		
	草原可利用面积																		

(六)阿里地区草原等级面积统计表

单位:万亩、%

综合评价		1 面积	1 比例	2 面积	2 比例	3 面积	3 比例	4 面积	4 比例	5 面积	5 比例	6 面积	6 比例	7 面积	7 比例	8 面积	8 比例	合计 面积	合计 比例
级合计	草原面积			16.72	0.04	38.58	0.10	107.43	0.28	90.89	0.24	744.10	1.96	5 693.75	15.03	31 193.98	82.34	37 885.45	100.00
级合计	草原可利用面积			11.96	0.04	34.36	0.11	94.08	0.31	77.84	0.26	624.65	2.07	4 660.69	15.41	24 734.37	81.80	30 237.94	100.00
I	草原面积																		
I	草原可利用面积																		
II	草原面积					38.54	0.10	107.43	0.28	85.53	0.23	97.35	0.26	2 984.64	7.88	6 502.66	17.16	9 816.16	25.91
II	草原可利用面积					34.33	0.11	94.08	0.31	72.68	0.24	82.02	0.27	2 531.48	8.37	5 438.32	17.99	8 252.90	27.29
III	草原面积			16.72	0.04	0.03	0.00			5.36	0.01	646.75	1.71	2 709.10	7.15	24 392.95	64.39	27 770.92	73.30
III	草原可利用面积			11.96	0.04	0.02	0.00			5.16	0.02	542.63	1.79	2 129.21	7.04	19 066.82	63.06	21 755.81	71.95
IV	草原面积															298.37	0.79	298.37	0.79
IV	草原可利用面积															229.23	0.76	229.23	0.76
V	草原面积																		
V	草原可利用面积																		

1. 普兰县草原等级面积统计表

单位：万亩、%

综合评价		1		2		3		4		5		6		7		8		合计	
		面积	比例	面积	比例	面积	比例	面积	比例	面积	比例	面积	比例	面积	比例	面积	比例	面积	比例
级合计	草原面积					38.54	3.02			1.38	0.11			363.26	28.42	875.00	68.46	1 278.18	100.00
	草原可利用面积					34.33	3.23			1.34	0.13			316.23	29.74	711.50	66.91	1 063.40	100.00
I	草原面积																		
	草原可利用面积																		
II	草原面积					38.54	3.02							272.90	21.35	443.49	34.70	754.93	59.06
	草原可利用面积					34.33	3.23							238.18	22.40	385.59	36.26	658.10	61.89
III	草原面积									1.38	0.11			90.36	7.07	431.51	33.76	523.25	40.94
	草原可利用面积									1.34	0.13			78.05	7.34	325.91	30.65	405.29	38.11
IV	草原面积																		
	草原可利用面积																		
V	草原面积																		
	草原可利用面积																		

2. 札达县草原等级面积统计表

单位：万亩、%

综合评价		1		2		3		4		5		6		7		8		合计	
		面积	比例	面积	比例	面积	比例	面积	比例	面积	比例	面积	比例	面积	比例	面积	比例	面积	比例
级合计	草原面积									0.49	0.02	3.92	0.16	275.56	11.17	2 187.15	88.65	2 467.13	100.00
	草原可利用面积									0.42	0.02	3.81	0.21	212.84	11.69	1 603.13	88.07	1 820.19	100.00
I	草原面积																		
	草原可利用面积																		
II	草原面积									0.49	0.02			23.69	0.96	937.82	38.01	962.00	38.99
	草原可利用面积									0.42	0.02			19.47	1.07	717.35	39.41	737.24	40.50
III	草原面积											3.92	0.16	251.86	10.21	1 246.19	50.51	1 501.98	60.88
	草原可利用面积											3.81	0.21	193.37	10.62	883.59	48.54	1 080.77	59.38
IV	草原面积															3.15	0.13	3.15	0.13
	草原可利用面积															2.18	0.12	2.18	0.12
V	草原面积																		
	草原可利用面积																		

3. 噶尔县草原等级面积统计表

单位:万亩、%

综合评价		1		2		3		4		5		6		7		8		合计	
		面积	比例	面积	比例	面积	比例	面积	比例	面积	比例	面积	比例	面积	比例	面积	比例	面积	比例
级合计	草原面积					0.03	0.00			48.66	2.36	2.97	0.14	534.54	25.91	1 476.46	71.58	2 062.65	100.00
	草原可利用面积					0.02	0.00			41.28	2.44	2.85	0.17	444.76	26.27	1 203.86	71.12	1 692.77	100.00
Ⅰ	草原面积																		
	草原可利用面积																		
Ⅱ	草原面积									48.66	2.36			154.72	7.50	229.33	11.12	432.72	20.98
	草原可利用面积									41.28	2.44			131.24	7.75	196.17	11.59	368.69	21.78
Ⅲ	草原面积					0.03	0.00					2.97	0.14	379.81	18.41	1 168.52	56.65	1 551.33	75.21
	草原可利用面积					0.02	0.00					2.85	0.17	313.52	18.52	947.44	55.97	1 263.83	74.66
Ⅳ	草原面积															78.61	3.81	78.61	3.81
	草原可利用面积															60.26	3.56	60.26	3.56
Ⅴ	草原面积																		
	草原可利用面积																		

4. 日土县草原等级面积统计表

单位:万亩、%

综合评价		1		2		3		4		5		6		7		8		合计	
		面积	比例	面积	比例	面积	比例	面积	比例	面积	比例	面积	比例	面积	比例	面积	比例	面积	比例
级合计	草原面积			16.72	0.26					12.97	0.20			964.75	14.83	5 510.54	84.71	6 504.98	100.00
	草原可利用面积			11.96	0.22					11.26	0.21			698.18	13.04	4 630.99	86.52	5 352.38	100.00
I	草原面积																		
	草原可利用面积																		
II	草原面积									12.97	0.20			54.57	0.84	1 250.66	19.23	1 318.19	20.26
	草原可利用面积									11.26	0.21			47.38	0.89	1 090.83	20.38	1 149.47	21.48
III	草原面积			16.72	0.26									910.18	13.99	4 231.58	65.05	5 158.48	79.30
	草原可利用面积			11.96	0.22									650.80	12.16	3 515.73	65.69	4 178.49	78.07
IV	草原面积															28.31	0.44	28.31	0.44
	草原可利用面积															24.42	0.46	24.42	0.46
V	草原面积																		
	草原可利用面积																		

5. 革吉县草原等级面积统计表

单位：万亩、％

综合评价		1 面积	1 比例	2 面积	2 比例	3 面积	3 比例	4 面积	4 比例	5 面积	5 比例	6 面积	6 比例	7 面积	7 比例	8 面积	8 比例	合计 面积	合计 比例
级合计	草原面积							107.43	1.89	3.99	0.07	23.06	0.41	200.37	3.53	5 345.09	94.10	5 679.95	100.00
级合计	草原可利用面积							94.08	1.96	3.83	0.08	19.72	0.41	173.44	3.62	4 503.04	93.93	4 794.11	100.00
I	草原面积																		
I	草原可利用面积																		
II	草原面积							107.43	1.89			0.23	0.00	199.95	3.52	1 025.81	18.06	1 333.43	23.48
II	草原可利用面积							94.08	1.96			0.21	0.00	173.06	3.61	903.75	18.85	1 171.10	24.43
III	草原面积									3.99	0.07	22.83	0.40	0.43	0.01	4 262.80	75.05	4 290.03	75.53
III	草原可利用面积									3.83	0.08	19.52	0.41	0.37	0.01	3 554.59	74.15	3 578.31	74.64
IV	草原面积															56.48	0.99	56.48	0.99
IV	草原可利用面积															44.70	0.93	44.70	0.93
V	草原面积																		
V	草原可利用面积																		

6. 改则县草原等级面积统计表

单位:万亩、%

综合评价		1 面积	1 比例	2 面积	2 比例	3 面积	3 比例	4 面积	4 比例	5 面积	5 比例	6 面积	6 比例	7 面积	7 比例	8 面积	8 比例	合计 面积	合计 比例
级合计	草原面积									23.41	0.14	97.12	0.56	1 631.41	9.43	15 549.03	89.87	17 300.97	100.00
级合计	草原可利用面积									19.72	0.15	81.81	0.61	1 360.95	10.21	11 870.49	89.03	13 332.97	100.00
I	草原面积																		
I	草原可利用面积																		
II	草原面积									23.41	0.14	97.12	0.56	1 483.15	8.57	2 417.03	13.97	4 020.70	23.24
II	草原可利用面积									19.72	0.15	81.81	0.61	1 238.95	9.29	1 976.57	14.82	3 317.05	24.88
III	草原面积													148.26	0.86	13 000.18	75.14	13 148.44	76.00
III	草原可利用面积													122.01	0.92	9 796.25	73.47	9 918.25	74.39
IV	草原面积															131.83	0.76	131.83	0.76
IV	草原可利用面积															97.67	0.73	97.67	0.73
V	草原面积																		
V	草原可利用面积																		

7. 措勤县草原等级面积统计表

单位：万亩、％

综合评价		1		2		3		4		5		6		7		8		合计	
		面积	比例	面积	比例	面积	比例	面积	比例	面积	比例	面积	比例	面积	比例	面积	比例	面积	比例
级合计	草原面积											617.03	23.81	1 723.86	66.52	250.70	9.67	2 591.59	100.00
	草原可利用面积											516.46	23.67	1 454.29	66.65	211.37	9.69	2 182.12	100.00
I	草原面积																		
	草原可利用面积																		
II	草原面积													795.67	30.70	198.52	7.66	994.19	38.36
	草原可利用面积													683.20	31.31	168.06	7.70	851.26	39.01
III	草原面积											617.03	23.81	928.19	35.82	52.18	2.01	1 597.40	61.64
	草原可利用面积											516.46	23.67	771.09	35.34	43.31	1.98	1 330.87	60.99
IV	草原面积																		
	草原可利用面积																		
V	草原面积																		
	草原可利用面积																		

(七)林芝地区草原等级面积统计表

单位:万亩、%

综合评价		1		2		3		4		5		6		7		8		合计	
		面积	比例	面积	比例	面积	比例	面积	比例	面积	比例	面积	比例	面积	比例	面积	比例	面积	比例
级合计	草原面积			6.57	0.18	36.62	1.01	63.03	1.73	163.31	4.48	2 645.88	72.63	727.63	19.97			3 643.04	100.00
	草原可利用面积			0.14	0.00	3.70	0.12	55.11	1.81	141.49	4.65	2 129.31	70.04	710.46	23.37			3 040.21	100.00
Ⅰ	草原面积																		
	草原可利用面积																		
Ⅱ	草原面积			0.15	0.00	1.96	0.05	37.78	1.04	57.87	1.59	1 398.59	38.39	721.64	19.81			2 217.99	60.88
	草原可利用面积			0.14	0.00	1.32	0.04	35.28	1.16	42.79	1.41	1 120.92	36.87	707.04	23.26			1 907.48	62.74
Ⅲ	草原面积			6.42	0.18	32.29	0.89	13.23	0.36	100.15	2.75	1 220.46	33.50	5.99	0.16			1 378.53	37.84
	草原可利用面积			0.00	0.00	0.21	0.01	11.94	0.39	93.64	3.08	990.16	32.57	3.42	0.11			1 099.38	36.16
Ⅳ	草原面积					2.37	0.07	12.02	0.33	5.29	0.15	26.83	0.74					46.52	1.28
	草原可利用面积					2.17	0.07	7.89	0.26	5.06	0.17	18.23	0.60					33.35	1.10
Ⅴ	草原面积																		
	草原可利用面积																		

1. 林芝县草原等级面积统计表

单位:万亩、%

综合评价		1		2		3		4		5		6		7		8		合计	
		面积	比例	面积	比例	面积	比例	面积	比例	面积	比例	面积	比例	面积	比例	面积	比例	面积	比例
级合计	草原面积							23.10	6.06	25.12	6.59	322.94	84.76	9.87	2.59			381.03	100.00
	草原可利用面积							21.81	6.01	24.26	6.68	307.41	84.65	9.67	2.66			363.16	100.00
I	草原面积																		
	草原可利用面积																		
II	草原面积							13.82	3.63	25.12	6.59	193.46	50.77	9.87	2.59			242.27	63.58
	草原可利用面积							13.40	3.69	24.26	6.68	185.71	51.14	9.67	2.66			233.05	64.17
III	草原面积							9.28	2.44			128.99	33.85					138.27	36.29
	草原可利用面积							8.40	2.31			121.25	33.39					129.66	35.70
IV	草原面积											0.49	0.13					0.49	0.13
	草原可利用面积											0.45	0.12					0.45	0.12
V	草原面积																		
	草原可利用面积																		

2. 米林县草原等级面积统计表

单位:万亩、%

综合评价		1		2		3		4		5		6		7		8		合计	
		面积	比例	面积	比例	面积	比例	面积	比例	面积	比例	面积	比例	面积	比例	面积	比例	面积	比例
级合计	草原面积							1.94	0.42	10.82	2.37	438.57	96.06	5.24	1.15			456.58	100.00
	草原可利用面积							0.29	0.08	8.49	2.27	360.94	96.29	5.13	1.37			374.86	100.00
I	草原面积																		
	草原可利用面积																		
II	草原面积							1.94	0.42	8.29	1.82	58.50	12.81	5.24	1.15			73.97	16.20
	草原可利用面积							0.29	0.08	6.13	1.64	55.18	14.72	5.13	1.37			66.73	17.80
III	草原面积											380.08	83.25					380.08	83.25
	草原可利用面积											305.77	81.57					305.77	81.57
IV	草原面积									2.53	0.55							2.53	0.55
	草原可利用面积									2.36	0.63							2.36	0.63
V	草原面积																		
	草原可利用面积																		

3. 朗县草原等级面积统计表

单位:万亩、%

综合评价		1		2		3		4		5		6		7		8		合计	
		面积	比例	面积	比例	面积	比例	面积	比例	面积	比例	面积	比例	面积	比例	面积	比例	面积	比例
级合计	草原面积							1.85	0.75	44.08	17.91	200.24	81.34					246.17	100.00
	草原可利用面积							1.81	0.76	43.02	17.99	194.33	81.25					239.17	100.00
Ⅰ	草原面积																		
	草原可利用面积																		
Ⅱ	草原面积							1.85	0.75	0.15	0.06	195.28	79.33					197.28	80.14
	草原可利用面积							1.81	0.76	0.15	0.06	189.47	79.22					191.42	80.04
Ⅲ	草原面积									43.93	17.84							43.93	17.84
	草原可利用面积									42.88	17.93							42.88	17.93
Ⅳ	草原面积											4.96	2.02					4.96	2.02
	草原可利用面积											4.87	2.03					4.87	2.03
Ⅴ	草原面积																		
	草原可利用面积																		

4. 工布江达县草原等级面积统计表

单位:万亩、%

综合评价		1		2		3		4		5		6		7		8		合计	
		面积	比例	面积	比例	面积	比例	面积	比例	面积	比例	面积	比例	面积	比例	面积	比例	面积	比例
级合计	草原面积							20.18	2.49	4.84	0.60	407.82	50.29	378.18	46.63			811.01	100.00
	草原可利用面积							19.78	2.49	4.73	0.60	399.66	50.29	370.61	46.63			794.78	100.00
Ⅰ	草原面积																		
	草原可利用面积																		
Ⅱ	草原面积							20.18	2.49	0.04	0.00	98.53	12.15	378.18	46.63			496.93	61.27
	草原可利用面积							19.78	2.49	0.03	0.00	96.56	12.15	370.61	46.63			486.98	61.27
Ⅲ	草原面积									2.05	0.25	309.29	38.14					311.33	38.39
	草原可利用面积									2.01	0.25	303.10	38.14					305.11	38.39
Ⅳ	草原面积									2.75	0.34							2.75	0.34
	草原可利用面积									2.70	0.34							2.70	0.34
Ⅴ	草原面积																		
	草原可利用面积																		

5. 波密县草原等级面积统计表

单位:万亩、%

综合评价		1		2		3		4		5		6		7		8		合计	
		面积	比例	面积	比例	面积	比例	面积	比例	面积	比例	面积	比例	面积	比例	面积	比例	面积	比例
级合计	草原面积			0.13	0.02	2.18	0.39	4.81	0.85	5.02	0.89	230.54	40.70	323.72	57.15			566.40	100.00
	草原可利用面积			0.12	0.02	1.53	0.28	4.71	0.86	4.82	0.88	218.92	40.00	317.17	57.95			547.28	100.00
I	草原面积																		
	草原可利用面积																		
II	草原面积			0.13	0.02	1.96	0.35			0.44	0.08	120.03	21.19	322.86	57.00			445.42	78.64
	草原可利用面积			0.12	0.02	1.32	0.24			0.42	0.08	115.24	21.06	316.40	57.81			433.50	79.21
III	草原面积					0.22	0.04	0.03	0.01	4.58	0.81	110.51	19.51	0.86	0.15			116.20	20.52
	草原可利用面积					0.21	0.04	0.03	0.01	4.39	0.80	103.69	18.95	0.77	0.14			109.10	19.94
IV	草原面积							4.77	0.84									4.77	0.84
	草原可利用面积							4.68	0.85									4.68	0.85
V	草原面积																		
	草原可利用面积																		

6. 察隅县草原等级面积统计表

单位：万亩、％

综合评价		1		2		3		4		5		6		7		8		合计	
		面积	比例	面积	比例	面积	比例	面积	比例	面积	比例	面积	比例	面积	比例	面积	比例	面积	比例
级合计	草原面积			6.42	0.60			11.16	1.04	61.64	5.76	990.18	92.50	1.11	0.10			1 070.51	100.00
	草原可利用面积							6.71	0.97	55.91	8.05	631.03	90.83	1.06	0.15			694.72	100.00
I	草原面积																		
	草原可利用面积																		
II	草原面积									12.03	1.12	732.79	68.45	1.11	0.10			745.92	69.68
	草原可利用面积									11.55	1.66	478.77	68.92	1.06	0.15			491.38	70.73
III	草原面积			6.42	0.60			3.91	0.37	49.59	4.63	257.39	24.04					317.32	29.64
	草原可利用面积							3.50	0.50	44.37	6.39	152.26	21.92					200.12	28.81
IV	草原面积							7.25	0.68	0.01	0.00							7.26	0.68
	草原可利用面积							3.21	0.46									3.21	0.46
V	草原面积																		
	草原可利用面积																		

7. 墨脱县草原等级面积统计表

单位：万亩、%

<table>
<tr><th rowspan="2" colspan="2">综合评价</th><th colspan="2">1</th><th colspan="2">2</th><th colspan="2">3</th><th colspan="2">4</th><th colspan="2">5</th><th colspan="2">6</th><th colspan="2">7</th><th colspan="2">8</th><th colspan="2">合计</th></tr>
<tr><th>面积</th><th>比例</th><th>面积</th><th>比例</th><th>面积</th><th>比例</th><th>面积</th><th>比例</th><th>面积</th><th>比例</th><th>面积</th><th>比例</th><th>面积</th><th>比例</th><th>面积</th><th>比例</th><th>面积</th><th>比例</th></tr>
<tr><td rowspan="2">级合计</td><td>草原面积</td><td></td><td></td><td>0.02</td><td>0.02</td><td>34.44</td><td>30.93</td><td></td><td></td><td>11.80</td><td>10.59</td><td>55.59</td><td>49.92</td><td>9.51</td><td>8.54</td><td></td><td></td><td>111.35</td><td>100.00</td></tr>
<tr><td>草原
可利用面积</td><td></td><td></td><td>0.02</td><td>0.07</td><td>2.17</td><td>8.28</td><td></td><td></td><td>0.25</td><td>0.95</td><td>17.01</td><td>64.78</td><td>6.81</td><td>25.92</td><td></td><td></td><td>26.26</td><td>100.00</td></tr>
<tr><td rowspan="2">I</td><td>草原面积</td><td></td><td></td><td></td><td></td><td></td><td></td><td></td><td></td><td></td><td></td><td></td><td></td><td></td><td></td><td></td><td></td><td></td><td></td></tr>
<tr><td>草原
可利用面积</td><td></td><td></td><td></td><td></td><td></td><td></td><td></td><td></td><td></td><td></td><td></td><td></td><td></td><td></td><td></td><td></td><td></td><td></td></tr>
<tr><td rowspan="2">II</td><td>草原面积</td><td></td><td></td><td>0.02</td><td>0.02</td><td></td><td></td><td></td><td></td><td>11.80</td><td>10.59</td><td></td><td></td><td>4.39</td><td>3.94</td><td></td><td></td><td>16.20</td><td>14.55</td></tr>
<tr><td>草原
可利用面积</td><td></td><td></td><td>0.02</td><td>0.07</td><td></td><td></td><td></td><td></td><td>0.25</td><td>0.95</td><td></td><td></td><td>4.16</td><td>15.83</td><td></td><td></td><td>4.42</td><td>16.84</td></tr>
<tr><td rowspan="2">III</td><td>草原面积</td><td></td><td></td><td></td><td></td><td>32.07</td><td>28.80</td><td></td><td></td><td></td><td></td><td>34.21</td><td>30.72</td><td>5.13</td><td>4.60</td><td></td><td></td><td>71.40</td><td>64.12</td></tr>
<tr><td>草原
可利用面积</td><td></td><td></td><td></td><td></td><td>0.00</td><td>0.00</td><td></td><td></td><td></td><td></td><td>4.09</td><td>15.59</td><td>2.65</td><td>10.09</td><td></td><td></td><td>6.74</td><td>25.68</td></tr>
<tr><td rowspan="2">IV</td><td>草原面积</td><td></td><td></td><td></td><td></td><td>2.37</td><td>2.13</td><td></td><td></td><td></td><td></td><td>21.38</td><td>19.20</td><td></td><td></td><td></td><td></td><td>23.75</td><td>21.33</td></tr>
<tr><td>草原
可利用面积</td><td></td><td></td><td></td><td></td><td>2.17</td><td>8.28</td><td></td><td></td><td></td><td></td><td>12.92</td><td>49.19</td><td></td><td></td><td></td><td></td><td>15.09</td><td>57.47</td></tr>
<tr><td rowspan="2">V</td><td>草原面积</td><td></td><td></td><td></td><td></td><td></td><td></td><td></td><td></td><td></td><td></td><td></td><td></td><td></td><td></td><td></td><td></td><td></td><td></td></tr>
<tr><td>草原
可利用面积</td><td></td><td></td><td></td><td></td><td></td><td></td><td></td><td></td><td></td><td></td><td></td><td></td><td></td><td></td><td></td><td></td><td></td><td></td></tr>
</table>

第三部分

西藏自治区草原退化(含沙化、盐渍化)统计资料

一、西藏自治区草原退化（含沙化、盐渍化）统计表

单位：万亩、%

行政区划名称	草原面积	退化草原		轻度退化		中度退化		重度退化	
		面积	占草原面积	面积	占草原面积	面积	占草原面积	面积	占草原面积
全区合计	132 302.29	35 333.12	26.71	22 245.26	16.81	10 159.36	7.68	2 928.50	2.21
拉萨市	3 106.55	786.12	25.31	519.99	16.74	234.89	7.56	31.25	1.01
城关区	47.30	18.71	39.55	12.20	25.78	6.30	13.33	0.21	0.44
墨竹工卡县	563.04	93.86	16.67	87.67	15.57	5.76	1.02	0.43	0.08
达孜县	147.76	46.76	31.65	38.75	26.23	8.01	5.42		
堆龙德庆县	282.14	67.19	23.81	46.88	16.62	16.49	5.85	3.82	1.35
曲水县	171.17	62.03	36.24	30.29	17.70	27.79	16.23	3.95	2.31
尼木县	379.31	125.64	33.12	77.09	20.32	34.84	9.19	13.71	3.61
当雄县	1 036.39	265.42	25.61	147.70	14.25	108.86	10.50	8.86	0.85
林周县	479.44	106.52	22.22	79.41	16.56	26.84	5.60	0.27	0.06
昌都市	8 571.98	1 124.10	13.11	970.35	11.32	126.72	1.48	27.03	0.32
左贡县	788.31	164.00	20.80	144.52	18.33	16.56	2.10	2.92	0.37
芒康县	991.21	79.81	8.05	66.29	6.69	10.13	1.02	3.38	0.34
洛隆县	440.52	124.78	28.32	100.99	22.93	19.93	4.52	3.85	0.87
边坝县	411.07	50.35	12.25	34.31	8.35	11.52	2.80	4.52	1.10
昌都区	834.89	110.59	13.25	110.43	13.23	0.16	0.02		
江达县	1 240.80	107.19	8.64	107.19	8.64				
贡觉县	594.73	92.49	15.55	87.09	14.64	5.40	0.91		
类乌齐县	514.30	41.61	8.09	35.41	6.89	4.43	0.86	1.77	0.34
丁青县	1 043.04	54.37	5.21	27.44	2.63	16.90	1.62	10.03	0.96
察雅县	848.69	130.93	15.43	124.04	14.62	6.70	0.79	0.19	0.02

（续）

行政区划名称	草原面积	退化草原		轻度退化		中度退化		重度退化	
		面积	占草原面积	面积	占草原面积	面积	占草原面积	面积	占草原面积
八宿县	864.42	167.99	19.43	132.63	15.34	35.00	4.05	0.36	0.04
山南地区	4 832.13	1 806.57	37.39	1 246.89	25.80	502.08	10.39	57.60	1.19
乃东县	249.31	99.29	39.83	62.28	24.98	26.48	10.62	10.53	4.22
扎囊县	233.82	104.23	44.58	69.88	29.89	26.03	11.13	8.32	3.56
贡嘎县	278.96	124.62	44.67	65.27	23.40	50.00	17.92	9.35	3.35
桑日县	272.74	72.10	26.43	50.07	18.36	20.72	7.60	1.30	0.48
琼结县	137.63	64.92	47.17	50.87	36.96	13.08	9.50	0.97	0.70
洛扎县	343.54	155.61	45.30	90.25	26.27	50.73	14.77	14.62	4.26
加查县	284.50	112.90	39.68	105.95	37.24	5.98	2.10	0.96	0.34
隆子县	763.68	213.64	27.98	106.08	13.89	107.56	14.08		
曲松县	253.54	89.61	35.34	60.47	23.85	28.58	11.27	0.55	0.22
措美县	551.34	192.32	34.88	152.82	27.72	35.04	6.36	4.46	0.81
错那县	605.83	165.06	27.25	153.07	25.27	11.93	1.97	0.06	0.01
浪卡子县	857.24	412.28	48.09	279.86	32.65	125.95	14.69	6.47	0.75
日喀则市	19 602.10	8 365.38	42.68	5 153.30	26.29	2 397.85	12.23	814.23	4.15
桑珠孜区县	384.44	148.52	38.63	87.33	22.72	55.10	14.33	6.09	1.58
南木林县	831.76	250.97	30.17	133.40	16.04	94.55	11.37	23.01	2.77
江孜县	474.66	239.22	50.40	132.84	27.99	83.48	17.59	22.90	4.82
定日县	1 335.87	459.62	34.41	260.28	19.48	163.60	12.25	35.73	2.67
萨迦县	680.46	282.79	41.56	223.39	32.83	53.38	7.85	6.02	0.88
拉孜县	540.72	207.82	38.43	138.08	25.54	23.35	4.32	46.38	8.58
昂仁县	2 985.20	1 404.78	47.06	814.08	27.27	462.89	15.51	127.81	4.28

（续）

行政区划名称	草原面积	退化草原		轻度退化		中度退化		重度退化	
		面积	占草原面积	面积	占草原面积	面积	占草原面积	面积	占草原面积
谢通门县	1 256.29	482.24	38.39	306.24	24.38	124.39	9.90	51.60	4.11
白朗县	349.56	134.50	38.48	100.92	28.87	32.45	9.28	1.12	0.32
仁布县	276.98	110.34	39.84	67.47	24.36	39.75	14.35	3.12	1.13
康马县	737.48	426.96	57.89	194.73	26.40	141.42	19.18	90.80	12.31
定结县	564.59	287.67	50.95	167.49	29.67	76.95	13.63	43.23	7.66
仲巴县	5 442.93	2 222.58	40.83	1 578.42	29.00	444.15	8.16	200.01	3.67
亚东县	388.37	162.11	41.74	98.55	25.38	58.67	15.11	4.89	1.26
吉隆县	762.71	251.99	33.04	139.91	18.34	97.39	12.77	14.69	1.93
聂拉木县	756.55	416.56	55.06	208.66	27.58	143.80	19.01	64.09	8.47
萨嘎县	1 286.66	528.94	41.11	338.91	26.34	178.54	13.88	11.49	0.89
岗巴县	546.87	347.81	63.60	162.61	29.73	123.96	22.67	61.24	11.20
那曲地区	54 661.05	15 147.93	27.71	8 715.84	15.95	5 001.40	9.15	1 430.69	2.62
申扎县	3 181.41	1 466.65	46.10	740.09	23.26	660.97	20.78	65.59	2.06
班戈县	3 630.93	2 103.68	57.94	886.09	24.40	1 023.24	28.18	194.36	5.35
那曲县	2 086.50	732.58	35.11	591.88	28.37	111.18	5.33	29.51	1.41
聂荣县	1 253.98	200.84	16.02	151.47	12.08	26.06	2.08	23.31	1.86
聂荣县实用区	659.94	119.94	18.18	103.69	15.71	15.72	2.38	0.53	0.08
安多县	5 917.54	2 065.56	34.91	1 164.66	19.68	666.74	11.27	234.16	3.96
安多县实用区	6 277.29	1 082.26	17.24	780.27	12.43	266.75	4.25	35.23	0.56
嘉黎县	1 462.81	272.52	18.63	191.68	13.10	65.62	4.49	15.23	1.04
巴青县	1 245.70	248.58	19.95	205.11	16.47	37.27	2.99	6.20	0.50
巴青县实用区	426.11	34.49	8.09	16.80	3.94	15.43	3.62	2.26	0.53

(续)

行政区划名称	草原面积	退化草原		轻度退化		中度退化		重度退化	
		面积	占草原面积	面积	占草原面积	面积	占草原面积	面积	占草原面积
比如县	1 551.58	110.16	7.10	98.89	6.37	10.46	0.67	0.81	0.05
索县	738.08	62.24	8.43	35.17	4.76	22.40	3.04	4.66	0.63
尼玛县	10 028.23	2 596.21	25.89	1 368.15	13.64	917.99	9.15	310.07	3.09
双湖县	16 200.96	4 052.23	25.01	2 381.89	14.70	1 161.56	7.17	508.78	3.14
阿里地区	37 885.45	7 860.24	20.75	5 420.04	14.31	1 874.43	4.95	565.77	1.49
普兰县	1 278.18	347.39	27.18	226.44	17.72	113.67	8.89	7.28	0.57
札达县	2 467.13	240.49	9.75	178.41	7.23	59.44	2.41	2.64	0.11
噶尔县	2 062.65	530.13	25.70	347.72	16.86	136.76	6.63	45.65	2.21
日土县	6 504.98	1 196.16	18.39	788.92	12.13	251.53	3.87	155.70	2.39
革吉县	5 679.95	1 371.04	24.14	1 036.42	18.25	315.22	5.55	19.40	0.34
改则县	17 300.97	3 334.78	19.28	2 254.89	13.03	768.29	4.44	311.59	1.80
措勤县	2 591.59	840.26	32.42	587.24	22.66	229.52	8.86	23.50	0.91
林芝地区	3 643.04	242.78	6.66	218.86	6.01	21.98	0.60	1.94	0.05
林芝县	381.03	37.61	9.87	32.46	8.52	5.15	1.35		
米林县	456.58	43.99	9.64	35.45	7.76	8.34	1.83	0.21	0.05
朗县	246.17	26.32	10.69	18.28	7.43	6.31	2.56	1.73	0.70
工布江达县	811.01	38.45	4.74	38.34	4.73	0.12	0.01		
波密县	566.40	17.41	3.07	15.34	2.71	2.06	0.36		
察隅县	1 070.51	78.79	7.36	78.79	7.36				
墨脱县	111.35	0.20	0.18	0.20	0.18				

（一）西藏自治区草原退化统计表

单位：万亩、％

行政区划名称	退化草原							
	轻度退化		中度退化		重度退化		小 计	
	面积	占草原面积	面积	占草原面积	面积	占草原面积	面积	占草原面积
全区合计	19 551.40	14.78	8 223.36	6.22	1 638.83	1.24	29 413.59	22.23
拉萨市	452.67	14.57	199.70	6.43	29.65	0.95	682.01	21.95
城关区	11.19	23.65	6.24	13.20	0.21	0.44	17.64	37.29
墨竹工卡县	83.67	14.86	4.57	0.81	0.43	0.08	88.67	15.75
达孜县	32.42	21.94	7.29	4.94		0.00	39.71	26.88
堆龙德庆县	39.00	13.82	16.49	5.85	3.82	1.35	59.31	21.02
曲水县	24.20	14.14	17.67	10.32	3.76	2.20	45.63	26.66
尼木县	59.09	15.58	22.52	5.94	12.30	3.24	93.91	24.76
当雄县	139.42	13.45	104.15	10.05	8.86	0.85	252.43	24.36
林周县	63.68	13.28	20.77	4.33	0.27	0.06	84.72	17.67
昌都市	970.35	11.32	126.72	1.48	27.03	0.32	1 124.10	13.11
左贡县	144.52	18.33	16.56	2.10	2.92	0.37	164.00	20.80
芒康县	66.29	6.69	10.13	1.02	3.38	0.34	79.81	8.05
洛隆县	100.99	22.93	19.93	4.52	3.85	0.87	124.78	28.32
边坝县	34.31	8.35	11.52	2.80	4.52	1.10	50.35	12.25
昌都区	110.43	13.23	0.16	0.02		0.00	110.59	13.25
江达县	107.19	8.64				0.00	107.19	8.64
贡觉县	87.09	14.64	5.40	0.91		0.00	92.49	15.55
类乌齐县	35.41	6.89	4.43	0.86	1.77	0.34	41.61	8.09
丁青县	27.44	2.63	16.90	1.62	10.03	0.96	54.37	5.21
察雅县	124.04	14.62	6.70	0.79	0.19	0.02	130.93	15.43

（续）

行政区划名称	退化草原							
	轻度退化		中度退化		重度退化		小　计	
	面积	占草原面积	面积	占草原面积	面积	占草原面积	面积	占草原面积
八宿县	132.63	15.34	35.00	4.05	0.36	0.04	167.99	19.43
山南地区	1 084.68	22.45	399.50	8.27	40.84	0.85	1 525.01	31.56
乃东县	55.84	22.40	20.85	8.36	7.28	2.92	83.97	33.68
扎囊县	37.18	15.90	10.91	4.67	2.54	1.09	50.64	21.66
贡嘎县	49.38	17.70	28.74	10.30	6.92	2.48	85.04	30.48
桑日县	47.87	17.55	10.44	3.83	0.16	0.06	58.47	21.44
琼结县	42.78	31.09	10.41	7.56	0.84	0.61	54.03	39.26
洛扎县	86.60	25.21	44.12	12.84	13.94	4.06	144.66	42.11
加查县	89.81	31.57	2.16	0.76	0.85	0.30	92.82	32.63
隆子县	75.48	9.88	83.18	10.89		0.00	158.66	20.78
曲松县	53.29	21.02	27.84	10.98	0.55	0.22	81.69	32.22
措美县	146.34	26.54	30.83	5.59	1.57	0.28	178.73	32.42
错那县	152.46	25.16	11.57	1.91	0.06	0.01	164.09	27.09
浪卡子县	247.64	28.89	118.45	13.82	6.12	0.71	372.21	43.42
日喀则市	4 320.35	22.04	1 828.08	9.33	389.48	1.99	6 537.91	33.35
桑珠孜区县	74.68	19.42	37.80	9.83	0.39	0.10	112.87	29.36
南木林县	117.93	14.18	73.83	8.88	9.72	1.17	201.49	24.22
江孜县	121.02	25.50	72.90	15.36	18.36	3.87	212.28	44.72
定日县	253.88	19.00	134.76	10.09	24.13	1.81	412.77	30.90
萨迦县	218.28	32.08	42.68	6.27	1.57	0.23	262.53	38.58
拉孜县	129.48	23.95	17.36	3.21	32.06	5.93	178.90	33.08
昂仁县	773.07	25.90	460.74	15.43	115.76	3.88	1 349.56	45.21

（续）

行政区划名称	退化草原							
	轻度退化		中度退化		重度退化		小　计	
	面积	占草原面积	面积	占草原面积	面积	占草原面积	面积	占草原面积
谢通门县	299.91	23.87	107.15	8.53	38.57	3.07	445.63	35.47
白朗县	99.84	28.56	32.10	9.18	1.12	0.32	133.07	38.07
仁布县	52.00	18.77	39.45	14.24	3.12	1.13	94.57	34.14
康马县	164.08	22.25	95.98	13.01	45.69	6.20	305.75	41.46
定结县	104.01	18.42	39.67	7.03	9.80	1.74	153.49	27.19
仲巴县	1 030.16	18.93	191.22	3.51	30.89	0.57	1 252.27	23.01
亚东县	80.63	20.76	29.10	7.49	0.82	0.21	110.54	28.46
吉隆县	133.88	17.55	78.15	10.25	4.76	0.62	216.80	28.42
聂拉木县	199.61	26.38	90.64	11.98	27.32	3.61	317.58	41.98
萨嘎县	326.36	25.36	171.18	13.30	8.08	0.63	505.61	39.30
岗巴县	141.53	25.88	113.37	20.73	17.30	3.16	272.20	49.77
那曲地区	8 188.63	14.98	4 593.42	8.40	1 005.02	1.84	13 787.07	25.22
申扎县	696.53	21.89	645.76	20.30	56.98	1.79	1 399.27	43.98
班戈县	750.31	20.66	923.80	25.44	89.06	2.45	1 763.17	48.56
那曲县	591.88	28.37	111.18	5.33	29.51	1.41	732.58	35.11
聂荣县	151.47	12.08	26.06	2.08	23.31	1.86	200.84	16.02
聂荣县实用区	103.69	15.71	15.72	2.38	0.53	0.08	119.94	18.18
安多县	1 148.42	19.41	666.06	11.26	231.50	3.91	2 045.98	34.57
安多县实用区	775.15	12.35	264.61	4.22	34.59	0.55	1 074.35	17.11
嘉黎县	191.68	13.10	65.62	4.49	15.23	1.04	272.52	18.63
巴青县	205.11	16.47	37.27	2.99	6.20	0.50	248.58	19.95
巴青县实用区	16.80	3.94	15.43	3.62	2.26	0.53	34.49	8.09

（续）

行政区划名称	退化草原							
	轻度退化		中度退化		重度退化		小 计	
	面积	占草原面积	面积	占草原面积	面积	占草原面积	面积	占草原面积
比如县	98.89	6.37	10.46	0.67	0.81	0.05	110.16	7.10
索县	35.17	4.76	22.40	3.04	4.66	0.63	62.24	8.43
尼玛县	1 125.02	11.22	696.01	6.94	127.74	1.27	1 948.77	19.43
双湖县	2 298.52	14.19	1 093.04	6.75	382.63	2.36	3 774.19	23.30
阿里地区	4 315.87	11.39	1 053.95	2.78	144.88	0.38	5 514.70	14.56
普兰县	191.97	15.02	101.09	7.91	4.51	0.35	297.57	23.28
札达县	168.26	6.82	20.59	0.83	2.64	0.11	191.49	7.76
噶尔县	311.78	15.12	108.51	5.26	43.99	2.13	464.27	22.51
日土县	519.98	7.99	74.41	1.14	24.28	0.37	618.67	9.51
革吉县	769.15	13.54	140.04	2.47	12.49	0.22	921.68	16.23
改则县	1 915.64	11.07	414.45	2.40	39.62	0.23	2 369.71	13.70
措勤县	439.09	16.94	194.87	7.52	17.35	0.67	651.31	25.13
林芝地区	218.86	6.01	21.98	0.60	1.94	0.05	242.78	6.66
林芝县	32.46	8.52	5.15	1.35			37.61	9.87
米林县	35.45	7.76	8.34	1.83	0.21	0.05	43.99	9.64
朗县	18.28	7.43	6.31	2.56	1.73	0.70	26.32	10.69
工布江达县	38.34	4.73	0.12	0.01			38.45	4.74
波密县	15.34	2.71	2.06	0.36			17.41	3.07
察隅县	78.79	7.36					78.79	7.36
墨脱县	0.20	0.18					0.20	0.18

(二)西藏自治区草原沙化统计表

单位:万亩、%

行政区划名称	沙化草原							
	轻度沙化		中度沙化		重度沙化		小 计	
	面积	占草原面积	面积	占草原面积	面积	占草原面积	面积	占草原面积
全区合计	1 631.77	1.23	828.27	0.63	511.74	0.39	2 971.77	2.25
拉萨市	65.93	2.12	30.49	0.98	1.60	0.05	98.01	3.16
城关区	1.01	2.13	0.06	0.13			1.07	2.26
墨竹工卡县	4.00	0.71	1.19	0.21			5.19	0.92
达孜县	6.33	4.29	0.72	0.49			7.05	4.77
堆龙德庆县	7.88	2.79					7.88	2.79
曲水县	6.09	3.56	10.12	5.91	0.19	0.11	16.40	9.58
尼木县	17.99	4.74	12.33	3.25	1.41	0.37	31.73	8.36
当雄县	6.90	0.67					6.90	0.67
林周县	15.72	3.28	6.07	1.27			21.79	4.55
昌都市								
左贡县								
芒康县								
洛隆县								
边坝县								
昌都区								
江达县								
贡觉县								
类乌齐县								
丁青县								
察雅县								

（续）

行政区划名称	沙化草原							
	轻度沙化		中度沙化		重度沙化		小 计	
	面积	占草原面积	面积	占草原面积	面积	占草原面积	面积	占草原面积
八宿县								
山南地区	162.20	3.36	102.59	2.12	16.76	0.35	281.55	5.83
乃东县	6.44	2.58	5.63	2.26	3.25	1.31	15.32	6.14
扎囊县	32.70	13.98	15.12	6.46	5.78	2.47	53.59	22.92
贡嘎县	15.89	5.70	21.27	7.62	2.43	0.87	39.59	14.19
桑日县	2.20	0.81	10.28	3.77	1.14	0.42	13.63	5.00
琼结县	8.09	5.88	2.67	1.94	0.13	0.09	10.89	7.91
洛扎县	3.65	1.06	6.61	1.92	0.68	0.20	10.94	3.19
加查县	16.14	5.67	3.82	1.34	0.11	0.04	20.07	7.06
隆子县	30.60	4.01	24.38	3.19			54.98	7.20
曲松县	7.18	2.83	0.74	0.29			7.92	3.12
措美县	6.48	1.18	4.21	0.76	2.89	0.52	13.58	2.46
错那县	0.62	0.10	0.36	0.06			0.97	0.16
浪卡子县	32.22	3.76	7.51	0.88	0.35	0.04	40.07	4.67
日喀则市	679.31	3.47	454.81	2.32	345.12	1.76	1 479.24	7.55
桑珠孜区县	12.65	3.29	17.30	4.50	5.70	1.48	35.66	9.27
南木林县	15.47	1.86	20.72	2.49	13.29	1.60	49.48	5.95
江孜县	11.82	2.49	10.10	2.13	4.54	0.96	26.46	5.57
定日县	5.29	0.40	19.74	1.48	6.89	0.52	31.92	2.39
萨迦县	5.05	0.74	10.65	1.56	3.83	0.56	19.52	2.87
拉孜县	8.61	1.59	6.00	1.11	14.32	2.65	28.93	5.35
昂仁县	40.29	1.35	1.58	0.05	4.43	0.15	46.30	1.55

（续）

行政区划名称	沙化草原							
	轻度沙化		中度沙化		重度沙化		小　计	
	面积	占草原面积	面积	占草原面积	面积	占草原面积	面积	占草原面积
谢通门县	6.33	0.50	17.25	1.37	13.03	1.04	36.61	2.91
白朗县	1.08	0.31	0.35	0.10			1.43	0.41
仁布县	15.47	5.58	0.30	0.11			15.76	5.69
康马县	27.46	3.72	44.06	5.97	25.88	3.51	97.40	13.21
定结县	32.63	5.78	12.74	2.26	14.87	2.63	60.24	10.67
仲巴县	456.32	8.38	190.97	3.51	152.93	2.81	800.22	14.70
亚东县	11.06	2.85	20.43	5.26	3.88	1.00	35.37	9.11
吉隆县	0.21	0.03	12.21	1.60	6.01	0.79	18.44	2.42
聂拉木县	5.00	0.66	53.16	7.03	36.77	4.86	94.93	12.55
萨嘎县	12.55	0.98	7.36	0.57	3.41	0.27	23.32	1.81
岗巴县	12.02	2.20	9.91	1.81	35.34	6.46	57.26	10.47
那曲地区	163.04	0.30	100.38	0.18	98.35	0.18	361.76	0.66
申扎县	12.95	0.41	4.39	0.14	0.14	0.004	17.48	0.55
班戈县	82.61	2.28	54.92	1.51	26.65	0.73	164.18	4.52
那曲县								
聂荣县								
聂荣县实用区								
安多县								
安多县实用区								
嘉黎县								
巴青县								
巴青县实用区								

（续）

行政区划名称	沙化草原							
	轻度沙化		中度沙化		重度沙化		小　计	
	面积	占草原面积	面积	占草原面积	面积	占草原面积	面积	占草原面积
比如县								
索县								
尼玛县	33.87	0.34	20.28	0.20	5.60	0.06	59.74	0.60
双湖县	33.61	0.21	20.79	0.13	65.95	0.41	120.36	0.74
阿里地区	561.29	1.48	140.01	0.37	49.91	0.13	751.20	1.98
普兰县	12.18	0.95	0.24	0.02	1.37	0.11	13.80	1.08
札达县	8.27	0.34	32.63	1.32			40.90	1.66
噶尔县	13.31	0.65	9.74	0.47	1.67	0.08	24.72	1.20
日土县	163.97	2.52	69.45	1.07	30.71	0.47	264.12	4.06
革吉县	167.28	2.95	17.41	0.31	5.54	0.10	190.23	3.35
改则县	110.62	0.64	8.59	0.05	7.23	0.04	126.44	0.73
措勤县	85.65	3.30	1.94	0.08	3.40	0.13	91.00	3.51
林芝地区								
林芝县								
米林县								
朗县								
工布江达县								
波密县								
察隅县								
墨脱县								

（三）西藏自治区草原盐渍化统计表

单位：万亩、%

行政区划名称	盐渍化草原							
	轻度盐渍化		中度盐渍化		重度盐渍化		小　计	
	面积	占草原面积	面积	占草原面积	面积	占草原面积	面积	占草原面积
全区合计	1 062.10	0.80	1 107.73	0.84	777.93	0.59	2 947.76	2.23
拉萨市	1.39	0.04	4.70	0.15			6.09	0.20
城关区								
墨竹工卡县								
达孜县								
堆龙德庆县								
曲水县								
尼木县								
当雄县	1.39	0.13	4.70	0.45			6.09	0.59
林周县								
昌都市								
左贡县								
芒康县								
洛隆县								
边坝县								
昌都区								
江达县								
贡觉县								
类乌齐县								
丁青县								
察雅县								

(续)

行政区划名称	盐渍化草原							
	轻度盐渍化		中度盐渍化		重度盐渍化		小　计	
	面积	占草原面积	面积	占草原面积	面积	占草原面积	面积	占草原面积
八宿县								
山南地区								
乃东县								
扎囊县								
贡嘎县								
桑日县								
琼结县								
洛扎县								
加查县								
隆子县								
曲松县								
措美县								
错那县								
浪卡子县								
日喀则市	153.65	0.78	114.96	0.59	79.62	0.41	348.23	1.78
桑珠孜区县								
南木林县								
江孜县			0.48	0.10			0.48	0.10
定日县	1.11	0.08	9.10	0.68	4.71	0.35	14.92	1.12
萨迦县	0.06	0.01	0.06	0.01	0.62	0.09	0.73	0.11
拉孜县								
昂仁县	0.72	0.02	0.57	0.02	7.62	0.26	8.92	0.30

（续）

行政区划名称	盐渍化草原							
	轻度盐渍化		中度盐渍化		重度盐渍化		小　计	
	面积	占草原面积	面积	占草原面积	面积	占草原面积	面积	占草原面积
谢通门县								
白朗县								
仁布县								
康马县	3.18	0.43	1.39	0.19	19.23	2.61	23.81	3.23
定结县	30.85	5.46	24.54	4.35	18.56	3.29	73.95	13.10
仲巴县	91.94	1.69	61.96	1.14	16.19	0.30	170.09	3.12
亚东县	6.87	1.77	9.14	2.35	0.19	0.05	16.19	4.17
吉隆县	5.81	0.76	7.03	0.92	3.91	0.51	16.75	2.20
聂拉木县	4.05	0.53					4.05	0.53
萨嘎县								
岗巴县	9.06	1.66	0.69	0.13	8.60	1.57	18.35	3.35
那曲地区	364.18	0.67	307.60	0.56	327.32	0.60	999.10	1.83
申扎县	30.62	0.96	10.82	0.34	8.46	0.27	49.90	1.57
班戈县	53.17	1.46	44.52	1.23	78.64	2.17	176.34	4.86
那曲县								
聂荣县								
聂荣县实用区								
安多县	16.24	0.27	0.68	0.01	2.65	0.04	19.58	0.33
安多县实用区	5.13	0.08	2.14	0.03	0.64	0.01	7.91	0.13
嘉黎县								
巴青县								
巴青县实用区								

（续）

行政区划名称	盐渍化草原							
	轻度盐渍化		中度盐渍化		重度盐渍化		小　计	
	面积	占草原面积	面积	占草原面积	面积	占草原面积	面积	占草原面积
比如县								
索县								
尼玛县	209.26	2.09	201.71	2.01	176.73	1.76	587.70	5.86
双湖县	49.76	0.31	47.72	0.29	60.20	0.37	157.68	0.97
阿里地区	542.89	1.43	680.47	1.80	370.98	0.98	1 594.34	4.21
普兰县	22.29	1.74	12.34	0.97	1.40	0.11	36.02	2.82
札达县	1.87	0.08	6.22	0.25			8.10	0.33
噶尔县	22.62	1.10	18.51	0.90			41.13	1.99
日土县	104.98	1.61	107.68	1.66	100.72	1.55	313.37	4.82
革吉县	99.99	1.76	157.77	2.78	1.37	0.02	259.13	4.56
改则县	228.63	1.32	345.25	2.00	264.74	1.53	838.63	4.85
措勤县	62.51	2.41	32.70	1.26	2.75	0.11	97.95	3.78
林芝地区								
林芝县								
米林县								
朗县								
工布江达县								
波密县								
察隅县								
墨脱县								

二、西藏自治区各地区（市）各县（区）草原退化（含沙化、盐渍化）分级统计表

单位：万亩、%

草原类（亚类）、型	退化草原		轻度退化		中度退化		重度退化	
	面积	占草原面积	面积	占草原面积	面积	占草原面积	面积	占草原面积
合 计	35 333.12	26.71	22 245.26	16.81	10 159.36	7.68	2 928.50	2.21
Ⅰ温性草甸草原类	168.81	60.39	101.46	36.30	53.95	19.30	13.40	4.79
丝颖针茅	52.50	54.22	23.25	24.01	19.01	19.63	10.25	10.58
丝颖针茅、劲直黄芪	2.46	59.05	2.31	55.61	0.14	3.43		
细裂叶莲蒿、禾草	113.85	64.08	75.90	42.72	34.80	19.59	3.15	1.77
金露梅、细裂叶莲蒿								
Ⅱ温性草原类	1 634.47	73.01	897.18	40.08	556.68	24.87	180.61	8.07
长芒草	98.09	87.10	56.30	49.99	38.50	34.19	3.29	2.92
固沙草	79.16	94.11	46.96	55.84	27.80	33.06	4.39	5.22
藏布三芒草	99.95	73.89	64.48	47.67	29.90	22.10	5.57	4.12
白草	329.71	87.99	120.08	32.05	128.03	34.17	81.60	21.78
草沙蚕	34.54	90.05	24.97	65.10	9.57	24.95		
毛莲蒿	58.24	85.80	11.01	16.22	43.17	63.60	4.06	5.98
藏沙蒿	89.29	79.65	53.21	47.47	29.22	26.07	6.85	6.11
日喀则蒿	144.12	63.76	89.40	39.55	43.96	19.45	10.77	4.76
藏白蒿、中华草沙蚕	8.19	89.64	5.33	58.27	2.66	29.07	0.21	2.29
砂生槐、蒿、禾草	455.09	71.79	238.85	37.68	155.88	24.59	60.36	9.52
小叶野丁香、毛莲蒿	50.47	71.22	33.13	46.75	16.44	23.21	0.90	1.26
白刺花、细裂叶莲蒿	173.64	48.78	143.65	40.36	27.80	7.81	2.19	0.61
具灌木的毛莲蒿、白草	13.98	78.57	9.81	55.11	3.75	21.05	0.43	2.41
Ⅲ温性荒漠草原类	175.59	21.79	120.21	14.92	52.40	6.50	2.97	0.37
沙生针茅、固沙草	143.39	35.38	95.92	23.67	44.84	11.06	2.63	0.65
短花针茅	17.05	60.58	17.05	60.58				

（续）

草原类（亚类）、型	其中								
	退化草原			沙化草原			盐渍化		
	轻度退化	中度退化	重度退化	轻度沙化	中度沙化	重度沙化	轻度盐渍化	中度盐渍化	重度盐渍化
合　计	19 551.40	8 223.36	1 638.83	1 631.77	828.27	511.74	1 062.10	1 107.73	777.93
Ⅰ 温性草甸草原类	101.46	53.95	13.40						
丝颖针茅	23.25	19.01	10.25						
丝颖针茅、劲直黄芪	2.31	0.14							
细裂叶莲蒿、禾草	75.90	34.80	3.15						
金露梅、细裂叶莲蒿									
Ⅱ 温性草原类	663.92	377.68	109.58	233.26	179.00	71.03			
长芒草	55.97	38.50	3.29	0.33					
固沙草	16.62	12.86	0.06	30.34	14.95	4.33			
藏布三芒草	64.42	29.90	4.92	0.05		0.65			
白草	76.43	73.74	74.80	43.65	54.29	6.80			
草沙蚕	3.95	2.85		21.02	6.72				
毛莲蒿	10.22	43.17	4.06	0.79					
藏沙蒿	34.06	13.31	5.25	19.15	15.91	1.60			
日喀则蒿	89.40	43.25	10.77		0.70				
藏白蒿、中华草沙蚕	4.85	2.42	0.21	0.48	0.24				
砂生槐、蒿、禾草	121.41	70.68	2.71	117.44	85.20	57.65			
小叶野丁香、毛莲蒿	33.13	15.46	0.90		0.98				
白刺花、细裂叶莲蒿	143.65	27.80	2.19						
具灌木的毛莲蒿、白草	9.81	3.75	0.43						
Ⅲ 温性荒漠草原类	114.74	26.51	2.63	5.47	25.89	0.34			
沙生针茅、固沙草	92.58	18.99	2.63	3.34	25.85				
短花针茅	17.05								

（续）

草原类（亚类）、型	退化草原		轻度退化		中度退化		重度退化	
	面积	占草原面积	面积	占草原面积	面积	占草原面积	面积	占草原面积
变色锦鸡儿、沙生针茅	15.15	4.07	7.24	1.94	7.57	2.03	0.34	0.09
Ⅳ 高寒草甸草原类	2 208.76	36.83	1 401.97	23.37	669.94	11.17	136.85	2.28
紫花针茅、高山嵩草	1 262.59	40.02	794.43	25.18	403.81	12.80	64.35	2.04
丝颖针茅	529.42	61.87	297.95	34.82	175.05	20.46	56.43	6.59
青藏苔草、高山嵩草	61.56	9.68	44.34	6.97	9.61	1.51	7.60	1.19
金露梅、紫花针茅、高山嵩草	298.92	24.68	223.22	18.43	67.43	5.57	8.27	0.68
香柏、臭草	56.27	40.20	42.03	30.03	14.03	10.02	0.21	0.15
Ⅴ 高寒草原类	18 030.11	30.81	10 844.36	18.53	5 777.84	9.87	1 407.91	2.41
紫花针茅	6 234.81	44.77	4 124.37	29.62	1 944.38	13.96	166.06	1.19
紫花针茅、青藏苔草	3 193.15	19.05	2 029.54	12.11	926.95	5.53	236.67	1.41
紫花针茅、杂类草	2 397.27	53.46	1 061.78	23.68	1 116.59	24.90	218.89	4.88
昆仑针茅	63.88	35.13	51.73	28.45	11.78	6.48	0.37	0.20
羽柱针茅	371.58	31.31	257.21	21.68	66.79	5.63	47.58	4.01
固沙草、紫花针茅	1 652.94	58.34	838.02	29.58	520.97	18.39	293.94	10.38
黑穗画眉草、羽柱针茅	40.56	74.56	33.58	61.73	5.94	10.92	1.04	1.91
青藏苔草	1 601.64	13.99	840.64	7.34	528.04	4.61	232.97	2.03
藏沙蒿、紫花针茅	714.22	53.43	471.81	35.30	159.75	11.95	82.65	6.18
藏沙蒿、青藏苔草	463.49	62.29	301.41	40.51	109.34	14.69	52.75	7.09
藏白蒿、禾草	203.20	50.83	107.96	27.00	80.09	20.03	15.15	3.79
冻原白蒿	142.18	59.89	33.70	14.19	99.77	42.02	8.71	3.67
昆仑蒿	54.53	81.28	35.32	52.65	17.69	26.37	1.52	2.26
垫型蒿、紫花针茅	129.63	9.09	115.54	8.10	8.59	0.60	5.49	0.39
青海刺参、紫花针茅	87.93	75.45	31.34	26.89	29.94	25.69	26.65	22.87

(续)

草原类(亚类)、型	其中								
	退化草原			沙化草原			盐渍化		
	轻度退化	中度退化	重度退化	轻度沙化	中度沙化	重度沙化	轻度盐渍化	中度盐渍化	重度盐渍化
变色锦鸡儿、沙生针茅	5.12	7.52		2.13	0.04	0.34			
IV 高寒草甸草原类	1 377.04	663.36	136.85	24.83	6.57		0.10	0.01	
紫花针茅、高山嵩草	772.05	400.32	64.35	22.28	3.48		0.10	0.01	
丝颖针茅	297.85	175.05	56.43	0.09					
青藏苔草、高山嵩草	41.90	9.61	7.60	2.45					
金露梅、紫花针茅、高山嵩草	223.21	64.35	8.27	0.01	3.08				
香柏、臭草	42.03	14.03	0.21						
V 高寒草原类	9 745.11	5 171.53	973.61	1 023.36	510.59	408.83	75.88	95.72	25.46
紫花针茅	4 047.22	1 883.46	151.11	50.32	17.46		26.83	43.46	14.94
紫花针茅、青藏苔草	2 005.32	911.06	234.35	22.49	12.95		1.73	2.94	2.32
紫花针茅、杂类草	1 057.06	1 116.01	218.54	4.73	0.44	0.19		0.15	0.16
昆仑针茅	51.73	11.78	0.37						
羽柱针茅	255.65	64.78	44.57	1.56				2.01	3.01
固沙草、紫花针茅	410.59	210.09	12.35	427.09	310.88	281.59	0.34		
黑穗画眉草、羽柱针茅	33.58	5.94	1.04						
青藏苔草	809.36	501.94	232.11	15.37			15.91	26.10	0.86
藏沙蒿、紫花针茅	234.19	101.30	10.05	237.62	55.73	72.60		2.72	
藏沙蒿、青藏苔草	88.59	37.16	26.41	212.82	70.56	26.34		1.61	
藏白蒿、禾草	107.85	77.81	15.15	0.11	2.28				
冻原白蒿	33.70	99.77	8.71						
昆仑蒿	35.32	17.69	1.52						
垫型蒿、紫花针茅	84.48	5.87	1.32	0.15			30.92	2.73	4.18
青海刺参、紫花针茅	2.39	0.31		28.95	29.63	26.65			

（续）

草原类（亚类）、型	退化草原		轻度退化		中度退化		重度退化	
	面积	占草原面积	面积	占草原面积	面积	占草原面积	面积	占草原面积
鬼箭锦鸡儿、藏沙蒿	18.33	57.37	13.49	42.20	3.87	12.12	0.98	3.05
变色锦鸡儿、紫花针茅	151.99	8.34	101.45	5.57	44.17	2.42	6.38	0.35
小叶金露梅、紫花针茅	416.18	32.72	320.89	25.23	85.66	6.73	9.64	0.76
香柏、藏沙蒿	92.58	48.16	74.59	38.80	17.52	9.11	0.47	0.25
Ⅵ高寒荒漠草原类	1 383.24	13.62	1 076.40	10.60	279.03	2.75	27.81	0.27
沙生针茅	1 274.43	55.88	1 003.46	44.00	243.82	10.69	27.15	1.19
戈壁针茅	15.89	4.14	15.02	3.91	0.68	0.18	0.19	0.05
青藏苔草、垫状驼绒藜	64.35	1.12	35.76	0.62	28.13	0.49	0.46	0.01
垫状驼绒藜、昆仑针茅	8.22	2.82	5.98	2.05	2.24	0.77		
变色锦鸡儿、驼绒藜、沙生针茅	20.34	1.38	16.17	1.10	4.17	0.28	0.01	0.00
Ⅶ温性草原化荒漠类	222.49	60.11	83.93	22.67	103.32	27.91	35.25	9.52
驼绒藜、沙生针茅	72.15	64.57	47.62	42.61	18.48	16.54	6.06	5.42
灌木亚菊、驼绒藜、沙生针茅	150.34	58.18	36.31	14.05	84.83	32.83	29.19	11.30
Ⅷ温性荒漠类	233.23	29.69	185.96	23.67	28.49	3.63	18.78	2.39
驼绒藜、灌木亚菊	208.42	28.43	177.47	24.20	22.97	3.13	7.99	1.09
灌木亚菊	24.81	47.35	8.49	16.20	5.52	10.54	10.80	20.61
Ⅸ高寒荒漠类	109.45	4.20	66.56	2.55	40.41	1.55	2.49	0.10
垫状驼绒藜	96.51	3.76	53.79	2.10	40.23	1.57	2.49	0.10
高原芥、燥原荠	12.94	32.39	12.77	31.95	0.18	0.44		
Ⅹ暖性草丛类	31.22	93.48	28.11	84.18	3.10	9.30		
黑穗画眉草	10.55	99.37	7.88	74.21	2.67	25.16		
细裂叶莲蒿	20.67	90.73	20.24	88.83	0.43	1.90		
Ⅺ暖性灌草丛类	71.09	54.05	65.42	49.74	5.62	4.27	0.05	0.03

（续）

草原类(亚类)、型	其中								
	退化草原			沙化草原			盐渍化		
	轻度退化	中度退化	重度退化	轻度沙化	中度沙化	重度沙化	轻度盐渍化	中度盐渍化	重度盐渍化
鬼箭锦鸡儿、藏沙蒿	7.79	2.49		5.70	1.38	0.98			
变色锦鸡儿、紫花针茅	100.24	30.13	6.38	1.15	0.97		0.07	13.07	
小叶金露梅、紫花针茅	320.39	84.70	9.64	0.41			0.08	0.96	
香柏、藏沙蒿	59.69	9.22		14.90	8.30	0.47			
Ⅵ高寒荒漠草原类	734.81	161.34	0.43	316.21	90.55	24.88	25.38	27.14	2.50
沙生针茅	672.76	133.95	0.42	307.07	90.53	24.88	23.64	19.35	1.85
戈壁针茅	5.88	0.59		9.14				0.09	0.19
青藏苔草、垫状驼绒藜	34.95	22.66					0.81	5.46	0.46
垫状驼绒藜、昆仑针茅	5.64						0.35	2.24	
变色锦鸡儿、驼绒藜、沙生针茅	15.58	4.14	0.01		0.03		0.58		
Ⅶ温性草原化荒漠类	76.25	43.36	32.00		0.27		7.67	59.69	3.25
驼绒藜、沙生针茅	47.62	18.44	6.06		0.04				
灌木亚菊、驼绒藜、沙生针茅	28.64	24.92	25.94		0.22		7.67	59.69	3.25
Ⅷ温性荒漠类	178.21	28.28	18.78	3.58	0.21		4.16		
驼绒藜、灌木亚菊	169.72	22.76	7.99	3.58	0.21		4.16		
灌木亚菊	8.49	5.52	10.80						
Ⅸ高寒荒漠类	59.08	25.13	1.78				7.47	15.28	0.71
垫状驼绒藜	47.47	25.13	1.78				6.32	15.10	0.71
高原芥、燥原荠	11.62						1.15	0.18	
Ⅹ暖性草丛类	28.11	3.10							
黑穗画眉草	7.88	2.67							
细裂叶莲蒿	20.24	0.43							
Ⅺ暖性灌草丛类	65.42	5.62	0.05						

（续）

草原类（亚类）、型	退化草原		轻度退化		中度退化		重度退化	
	面积	占草原面积	面积	占草原面积	面积	占草原面积	面积	占草原面积
白刺花、禾草	22.26	32.77	21.68	31.91	0.58	0.85		
具灌木的禾草	48.83	76.78	43.74	68.78	5.04	7.93	0.05	0.07
ⅩⅡ热性草丛类	11.77	7.38	11.48	7.20	0.29	0.18		
白茅	2.24	1.54	2.24	1.54				
蕨、白茅	9.53	66.23	9.24	64.23	0.29	2.00		
ⅩⅢ热性灌草丛类	30.70	98.02	30.70	98.02				
小马鞍叶羊蹄甲、扭黄茅	30.70	98.02	30.70	98.02				
ⅩⅣ低地草甸类	287.12	89.80	172.17	53.85	85.72	26.81	29.24	9.14
（Ⅰ）低湿地草甸亚类	23.28	66.74	15.30	43.87	7.53	21.59	0.45	1.29
无脉苔草、蕨麻委陵菜	9.61	45.30	5.92	27.93	3.36	15.84	0.33	1.53
秀丽水柏枝、赖草	13.67	100.00	9.38	68.58	4.17	30.51	0.12	0.91
（Ⅱ）低地盐化草甸亚类	235.45	96.95	129.96	53.51	76.89	31.66	28.60	11.78
芦苇、赖草	235.45	96.95	129.96	53.51	76.89	31.66	28.60	11.78
（Ⅲ）低地沼泽化草甸亚类	28.39	67.63	26.90	64.08	1.30	3.10	0.19	0.45
芒尖苔草、蕨麻委陵菜	28.39	67.63	26.90	64.08	1.30	3.10	0.19	0.45
ⅩⅤ山地草甸类	429.97	24.82	342.83	19.79	68.02	3.93	19.12	1.10
（Ⅰ）山地草甸亚类	82.45	34.91	68.10	28.83	10.67	4.52	3.69	1.56
中亚早熟禾、苔草	46.75	38.39	37.29	30.62	7.57	6.22	1.89	1.55
黑穗画眉草、林芝苔草	1.67	83.30	0.33	16.41	1.34	66.90		
圆穗蓼	3.22	11.65	3.21	11.60	0.01	0.05		
鬼箭锦鸡儿、垂穗披碱草	9.63	38.28	8.63	34.31	0.39	1.55	0.61	2.42
楔叶绣线菊、中亚早熟禾	20.34	35.42	17.80	31.00	1.35	2.35	1.19	2.07
杜鹃、黑穗画眉草	0.84	38.96	0.84	38.96				

（续）

草原类(亚类)、型	其中								
	退化草原			沙化草原			盐渍化		
	轻度退化	中度退化	重度退化	轻度沙化	中度沙化	重度沙化	轻度盐渍化	中度盐渍化	重度盐渍化
白刺花、禾草	21.68	0.58							
具灌木的禾草	43.74	5.04	0.05						
Ⅻ热性草丛类	11.48	0.29							
白茅	2.24								
蕨、白茅	9.24	0.29							
ⅩⅢ热性灌草丛类	30.70								
小马鞍叶羊蹄甲、扭黄茅	30.70								
ⅩⅣ低地草甸类	39.00	4.86	0.51	0.03			133.14	80.86	28.72
(Ⅰ)低湿地草甸亚类	9.82	3.36	0.33	0.03			5.45	4.17	0.12
无脉苔草、蕨麻委陵菜	5.89	3.36	0.33	0.03					
秀丽水柏枝、赖草	3.92						5.45	4.17	0.12
(Ⅱ)低地盐化草甸亚类	2.27	0.20					127.69	76.69	28.60
芦苇、赖草	2.27	0.20					127.69	76.69	28.60
(Ⅲ)低地沼泽化草甸亚类	26.90	1.30	0.19						
芒尖苔草、蕨麻委陵菜	26.90	1.30	0.19						
ⅩⅤ山地草甸类	342.68	68.02	19.12	0.15					
(Ⅰ)山地草甸亚类	68.10	10.67	3.69						
中亚早熟禾、苔草	37.29	7.57	1.89						
黑穗画眉草、林芝苔草	0.33	1.34							
圆穗蓼	3.21	0.01							
鬼箭锦鸡儿、垂穗披碱草	8.63	0.39	0.61						
楔叶绣线菊、中亚早熟禾	17.80	1.35	1.19						
杜鹃、黑穗画眉草	0.84								

（续）

草原类(亚类)、型	退化草原		轻度退化		中度退化		重度退化	
	面积	占草原面积	面积	占草原面积	面积	占草原面积	面积	占草原面积
（Ⅱ）亚高山草甸亚类	347.52	23.23	274.73	18.37	57.36	3.83	15.43	1.03
矮生嵩草、杂类草	67.45	42.79	58.85	37.33	5.32	3.38	3.28	2.08
四川嵩草	2.94	19.11	2.80	18.20	0.14	0.91		
珠牙蓼	12.22	54.48	12.02	53.56	0.21	0.92		
圆穗蓼、矮生嵩草	24.07	26.85	21.07	23.50	3.00	3.35		
垂穗披碱草	114.19	42.79	70.40	26.38	37.22	13.95	6.57	2.46
具灌木的矮生嵩草	126.64	13.42	109.59	11.61	11.46	1.21	5.58	0.59
ⅩⅥ高寒草甸类	10 292.01	21.40	6 805.83	14.15	2 433.64	5.06	1 052.54	2.19
（Ⅰ）高寒草甸亚类	5 360.80	13.56	4 237.70	10.72	954.03	2.41	169.06	0.43
高山嵩草	231.82	11.24	182.94	8.87	37.10	1.80	11.78	0.57
高山嵩草、异针茅	502.08	36.37	201.11	14.57	241.80	17.51	59.17	4.29
高山嵩草、杂类草	1 649.72	10.18	1 359.08	8.39	258.14	1.59	32.50	0.20
高山嵩草、青藏苔草	939.79	16.52	757.53	13.31	149.78	2.63	32.49	0.57
圆穗蓼、高山嵩草	490.44	11.13	405.18	9.20	73.96	1.68	11.30	0.26
高山嵩草、矮生嵩草	643.39	24.09	592.19	22.17	47.53	1.78	3.67	0.14
矮生嵩草、青藏苔草	224.51	20.13	179.52	16.10	39.37	3.53	5.62	0.50
尼泊尔嵩草	63.79	51.09	53.59	42.91	8.61	6.90	1.59	1.28
高山早熟禾								
多花地杨梅	0.01	0.05	0.01	0.05				
具锦鸡儿的高山嵩草	8.57	8.52	7.54	7.50	1.02	1.02		
金露梅、高山嵩草	437.16	16.22	354.79	13.16	74.78	2.77	7.60	0.28
香柏、高山嵩草	38.48	7.13	34.41	6.38	3.72	0.69	0.34	0.06
雪层杜鹃、高山嵩草	87.98	4.10	72.02	3.36	13.01	0.61	2.95	0.14

(续)

草原类(亚类)、型	其 中								
	退化草原			沙化草原			盐渍化		
	轻度退化	中度退化	重度退化	轻度沙化	中度沙化	重度沙化	轻度盐渍化	中度盐渍化	重度盐渍化
(Ⅱ)亚高山草甸亚类	274.58	57.36	15.43	0.15					
矮生嵩草、杂类草	58.70	5.32	3.28	0.15					
四川嵩草	2.80	0.14							
珠牙蓼	12.02	0.21							
圆穗蓼、矮生嵩草	21.07	3.00							
垂穗披碱草	70.40	37.22	6.57						
具灌木的矮生嵩草	109.59	11.46	5.58						
ⅩⅥ高寒草甸类	5 972.72	1 590.20	329.91	24.82	15.19	6.66	808.29	828.25	715.97
(Ⅰ)高寒草甸亚类	4 216.76	940.38	169.06	20.39	12.84		0.55	0.81	
高山嵩草	181.61	35.73	11.78	0.80	1.15		0.52	0.22	
高山嵩草、异针茅	200.57	237.60	59.17	0.54	4.20				
高山嵩草、杂类草	1 354.96	257.42	32.50	4.12	0.63			0.08	
高山嵩草、青藏苔草	751.56	149.26	32.49	5.97	0.51				
圆穗蓼、高山嵩草	403.36	73.56	11.30	1.82	0.41				
高山嵩草、矮生嵩草	592.19	47.53	3.67						
矮生嵩草、青藏苔草	173.44	39.28	5.62	6.07	0.09				
尼泊尔嵩草	53.59	8.61	1.59						
高山早熟禾									
多花地杨梅	0.01								
具锦鸡儿的高山嵩草	7.54	1.02							
金露梅、高山嵩草	354.79	68.57	7.60		5.85			0.36	
香柏、高山嵩草	34.38	3.57	0.34				0.03	0.15	
雪层杜鹃、高山嵩草	72.02	13.01	2.95						

（续）

草原类（亚类）、型	退化草原		轻度退化		中度退化		重度退化	
	面积	占草原面积	面积	占草原面积	面积	占草原面积	面积	占草原面积
（Ⅲ）高寒沼泽化草甸亚类	2 568.09	43.21	1 756.12	29.55	656.49	11.05	155.49	2.62
藏北嵩草	1 784.12	44.24	1 227.91	30.45	482.88	11.97	73.33	1.82
西藏嵩草	140.74	25.33	136.64	24.59	3.95	0.71	0.15	0.03
藏西嵩草	169.27	36.18	131.90	28.19	30.77	6.58	6.60	1.41
川滇嵩草	20.61	57.27	16.18	44.97	4.14	11.51	0.29	0.80
华扁穗草	453.36	53.32	243.49	28.64	134.75	15.85	75.12	8.83
ⅩⅧ沼泽类	13.11	45.36	10.70	37.03	0.91	3.15	1.50	5.19
水麦冬	10.74	88.40	8.33	68.57	0.91	7.49	1.50	12.35
芒尖苔草	2.37	14.16	2.37	14.16				

（续）

草原类(亚类)、型	其中								
	退化草原			沙化草原			盐渍化		
	轻度退化	中度退化	重度退化	轻度沙化	中度沙化	重度沙化	轻度盐渍化	中度盐渍化	重度盐渍化
(Ⅲ)高寒沼泽化草甸亚类	1 722.15	642.05	155.07	4.37	1.56	0.23	29.60	12.87	0.19
藏北嵩草	1 197.20	475.35	72.92	3.87	1.42	0.23	26.84	6.11	0.19
西藏嵩草	136.64	3.95	0.15						
藏西嵩草	128.73	24.00	6.60	0.41			2.75	6.77	
川滇嵩草	16.18	4.00	0.29		0.14				
华扁穗草	243.40	134.75	75.12	0.09					
ⅩⅧ沼泽类	10.66	0.13	0.18	0.05				0.78	1.32
水麦冬	8.28	0.13	0.18	0.05				0.78	1.32
芒尖苔草	2.37								

（一）拉萨市草原退化（含沙化、盐渍化）分级统计表

单位：万亩、%

草原类（亚类）、型	退化草原		轻度退化		中度退化		重度退化	
	面积	占草原面积	面积	占草原面积	面积	占草原面积	面积	占草原面积
合　计	786.12	25.31	519.99	16.74	234.89	7.56	31.25	1.01
Ⅰ温性草甸草原类	2.46	59.05	2.31	55.61	0.14	3.43		
丝颖针茅、劲直黄芪	2.46	59.05	2.31	55.61	0.14	3.43		
Ⅱ温性草原类	233.18	84.27	136.64	49.38	82.72	29.89	13.82	4.99
白草	42.66	94.99	29.71	66.15	10.90	24.26	2.06	4.58
长芒草	71.15	89.16	36.28	45.46	31.92	40.00	2.95	3.69
固沙草	10.21	90.69	8.42	74.82	1.72	15.32	0.06	0.54
藏白蒿、中华草沙蚕	8.19	89.64	5.33	58.27	2.66	29.07	0.21	2.29
藏沙蒿	61.75	82.56	29.63	39.62	25.98	34.73	6.14	8.21
砂生槐、蒿、禾草	34.46	68.20	24.11	47.72	7.95	15.73	2.40	4.75
小叶野丁香、毛莲蒿	4.06	72.74	3.15	56.33	0.92	16.41		
藏布三芒草	0.70	100.00	0.02	2.84	0.68	97.16		
Ⅳ高寒草甸草原类	50.51	38.78	24.47	18.78	25.76	19.78	0.28	0.21
紫花针茅、高山嵩草	29.58	34.76	17.64	20.73	11.94	14.04		
金露梅、紫花针茅、高山嵩草	20.93	46.35	6.83	15.12	13.82	30.61	0.28	0.62
Ⅴ高寒草原类	136.56	62.69	91.22	41.87	40.94	18.79	4.40	2.02
紫花针茅、青藏苔草	122.06	65.34	80.22	42.94	37.44	20.04	4.40	2.36
藏白蒿、禾草	14.50	46.71	11.00	35.43	3.50	11.28		
ⅩⅣ低地草甸类	6.57	34.67	4.80	25.33	1.60	8.44	0.17	0.90
（Ⅰ）低湿地草甸亚类	1.98	50.61	0.59	15.00	1.25	31.86	0.15	3.75
无脉苔草、蕨麻委陵菜	1.98	50.61	0.59	15.00	1.25	31.86	0.15	3.75
（Ⅱ）低地沼泽化草甸亚类	4.59	30.51	4.21	28.02	0.35	2.33	0.02	0.16
芒尖苔草、蕨麻委陵菜	4.59	30.51	4.21	28.02	0.35	2.33	0.02	0.16

(续)

草原类(亚类)、型	其中								
	退化草原			沙化草原			盐渍化		
	轻度退化	中度退化	重度退化	轻度沙化	中度沙化	重度沙化	轻度盐渍化	中度盐渍化	重度盐渍化
合 计	452.67	199.70	29.65	65.93	30.49	1.60	1.39	4.70	
Ⅰ温性草甸草原类	2.31	0.14							
丝颖针茅、劲直黄芪	2.31	0.14							
Ⅱ温性草原类	81.54	55.57	12.22	55.11	27.15	1.60			
白草	12.33	4.60	2.06	17.38	6.30				
长芒草	35.95	31.92	2.95	0.33					
固沙草	4.42	1.20	0.06	4.00	0.52				
藏白蒿、中华草沙蚕	4.85	2.42	0.21	0.48	0.24				
藏沙蒿	10.48	10.06	4.54	19.15	15.91	1.60			
砂生槐、蒿、禾草	10.34	3.77	2.40	13.77	4.17				
小叶野丁香、毛莲蒿	3.15	0.92							
藏布三芒草	0.02	0.68							
Ⅳ高寒草甸草原类	24.46	23.10	0.28	0.01	2.67				
紫花针茅、高山嵩草	17.64	11.94							
金露梅、紫花针茅、高山嵩草	6.82	11.15	0.28	0.01	2.67				
Ⅴ高寒草原类	91.22	38.63	4.40					2.31	
紫花针茅、青藏苔草	80.22	35.13	4.40					2.31	
藏白蒿、禾草	11.00	3.50							
ⅩⅣ低地草甸类	4.79	1.60	0.17	0.005					
(Ⅰ)低湿地草甸亚类	0.58	1.25	0.15	0.005					
无脉苔草、蕨麻委陵菜	0.58	1.25	0.15	0.005					
(Ⅱ)低地沼泽化草甸亚类	4.21	0.35	0.02						
芒尖苔草、蕨麻委陵菜	4.21	0.35	0.02						

（续）

草原类（亚类）、型	退化草原		轻度退化		中度退化		重度退化	
	面积	占草原面积	面积	占草原面积	面积	占草原面积	面积	占草原面积
ⅩⅤ山地草甸类	11.50	77.00	9.73	65.16	0.20	1.33	1.57	10.51
（Ⅱ）亚高山草甸亚类	11.50	77.00	9.73	65.16	0.20	1.33	1.57	10.51
矮生嵩草、杂类草	11.50	77.00	9.73	65.16	0.20	1.33	1.57	10.51
ⅩⅥ高寒草甸类	343.96	14.09	249.56	10.22	83.40	3.42	11.00	0.45
（Ⅰ）高寒草甸亚类	265.68	11.47	218.06	9.42	41.98	1.81	5.64	0.24
高山嵩草	43.03	16.52	26.86	10.31	14.42	5.54	1.76	0.67
高山嵩草、杂类草	55.37	9.30	47.33	7.95	6.22	1.05	1.83	0.31
圆穗蓼、高山嵩草	123.06	11.94	105.19	10.20	15.86	1.54	2.01	0.20
矮生嵩草、青藏苔草	6.18	71.22	6.18	71.22				
高山早熟禾								
具灌木的高山嵩草	34.45	12.43	29.19	10.53	5.21	1.88	0.05	0.02
具锦鸡儿的高山嵩草	0.08	2.90	0.08	2.90				
香柏、高山嵩草	3.50	3.44	3.23	3.17	0.27	0.27		
（Ⅲ）高寒沼泽化草甸亚类	78.27	62.18	31.50	25.02	41.41	32.90	5.36	4.26
藏北嵩草	78.27	62.18	31.50	25.02	41.41	32.90	5.36	4.26
ⅩⅧ沼泽类	1.39	77.53	1.26	70.36	0.13	7.17		
水冬麦	1.39	77.53	1.26	70.36	0.13	7.17		

（续）

草原类(亚类)、型	其中								
	退化草原			沙化草原			盐渍化		
	轻度退化	中度退化	重度退化	轻度沙化	中度沙化	重度沙化	轻度盐渍化	中度盐渍化	重度盐渍化
ⅩⅤ山地草甸类	9.58	0.20	1.57	0.15					
(Ⅱ)亚高山草甸亚类	9.58	0.20	1.57	0.15					
矮生嵩草、杂类草	9.58	0.20	1.57	0.15					
ⅩⅥ高寒草甸类	237.56	80.34	11.00	10.61	0.67		1.39	2.39	
(Ⅰ)高寒草甸亚类	208.17	41.07	5.64	9.78	0.67		0.11	0.24	
高山嵩草	25.97	14.15	1.76	0.80	0.26		0.08	0.02	
高山嵩草、杂类草	47.30	6.14	1.83	0.02				0.08	
圆穗蓼、高山嵩草	103.37	15.45	2.01	1.82	0.41				
矮生嵩草、青藏苔草	0.11			6.07					
高山早熟禾									
具灌木的高山嵩草	28.14	5.21	0.05	1.05					
具锦鸡儿的高山嵩草	0.08								
香柏、高山嵩草	3.20	0.12					0.03	0.15	
(Ⅲ)高寒沼泽化草甸亚类	29.38	39.27	5.36	0.84			1.28	2.15	
藏北嵩草	29.38	39.27	5.36	0.84			1.28	2.15	
ⅩⅧ沼泽类	1.21	0.13		0.05					
水冬麦	1.21	0.13		0.05					

1. 城关区草原退化（含沙化、盐渍化）分级统计表

单位：万亩、%

草原类(亚类)、型	退化草原		轻度退化		中度退化		重度退化	
	面积	占草原面积	面积	占草原面积	面积	占草原面积	面积	占草原面积
合　计	18.71	39.55	12.20	25.78	6.30	13.33	0.21	0.44
Ⅰ温性草甸草原类	0.47	95.12	0.41	82.36	0.06	12.76		
丝颖针茅、劲直黄芪	0.47	95.12	0.41	82.36	0.06	12.76		
Ⅱ温性草原类	6.41	98.17	2.35	35.97	3.85	58.99	0.21	3.21
白草	1.07	98.88	1.01	93.22	0.06	5.66		
长芒草	3.06	98.77	0.37	11.93	2.48	80.07	0.21	6.77
藏白蒿、中华草沙蚕	1.58	95.80	0.95	57.77	0.63	38.03		
藏布三芒草	0.70	100.00	0.02	2.84	0.68	97.16		
ⅩⅥ高寒草甸类	11.73	29.45	9.34	23.45	2.39	6.00		
（Ⅰ）高寒草甸亚类	11.73	29.45	9.34	23.45	2.39	6.00		
高山嵩草、杂类草								
圆穗蓼、高山嵩草	10.38	38.20	8.37	30.78	2.02	7.41		
具灌木的高山嵩草	1.32	16.08	0.95	11.53	0.37	4.55		
具锦鸡儿的高山嵩草	0.03	5.41	0.03	5.41				
ⅩⅧ沼泽类	0.10	22.29	0.10	22.29				
水冬麦	0.10	22.29	0.10	22.29				

(续)

草原类(亚类)、型	其 中								
	退化草原			沙化草原			盐渍化		
	轻度退化	中度退化	重度退化	轻度沙化	中度沙化	重度沙化	轻度盐渍化	中度盐渍化	重度盐渍化
合 计	11.19	6.24	0.21	1.01	0.06				
Ⅰ温性草甸草原类	0.41	0.06							
丝颖针茅、劲直黄芪	0.41	0.06							
Ⅱ温性草原类	1.34	3.79	0.21	1.01	0.06				
白草				1.01	0.06				
长芒草	0.37	2.48	0.21						
藏白蒿、中华草沙蚕	0.95	0.63							
藏布三芒草	0.02	0.68							
ⅩⅥ高寒草甸类	9.34	2.39							
(Ⅰ)高寒草甸亚类	9.34	2.39							
高山嵩草、杂类草									
圆穗蓼、高山嵩草	8.37	2.02							
具灌木的高山嵩草	0.95	0.37							
具锦鸡儿的高山嵩草	0.03								
ⅩⅧ沼泽类	0.10								
水冬麦	0.10								

2. 墨竹工卡县草原退化(含沙化、盐渍化)分级统计表

单位:万亩、%

草原类(亚类)、型	退化草原		轻度退化		中度退化		重度退化	
	面积	占草原面积	面积	占草原面积	面积	占草原面积	面积	占草原面积
合 计	93.86	16.67	87.67	15.57	5.76	1.02	0.43	0.08
Ⅰ温性草甸草原类	1.99	54.20	1.91	52.02	0.08	2.18		
丝颖针茅、劲直黄芪	1.99	54.20	1.91	52.02	0.08	2.18		
Ⅱ温性草原类	38.75	70.13	34.43	62.30	4.24	7.68	0.09	0.16
白草	7.55	93.07	6.50	80.21	1.04	12.86		
长芒草	23.55	82.85	21.65	76.18	1.81	6.37	0.09	0.30
藏沙蒿	0.13	100.00	0.13	100.00				
砂生槐、蒿、禾草	3.68	27.84	3.21	24.28	0.47	3.56		
小叶野丁香、毛莲蒿	3.84	71.63	2.93	54.55	0.92	17.08		
Ⅳ高寒草甸草原类	0.46	3.43	0.46	3.43				
紫花针茅、高山嵩草								
金露梅、紫花针茅、高山嵩草	0.46	3.43	0.46	3.43				
Ⅴ高寒草原类	1.62	75.70	1.62	75.70				
藏白蒿、禾草	1.62	75.70	1.62	75.70				
ⅩⅣ低地草甸类	4.63	28.83	4.34	27.00	0.29	1.84		
(Ⅰ)低湿地草甸亚类	0.13	11.28	0.13	11.28				
无脉苔草、蕨麻委陵菜	0.13	11.28	0.13	11.28				
(Ⅱ)低地沼泽化草甸亚类	4.51	30.14	4.21	28.17	0.29	1.97		
芒尖苔草、蕨麻委陵菜	4.51	30.14	4.21	28.17	0.29	1.97		
ⅩⅤ山地草甸类	3.67	54.41	3.42	50.70	0.20	2.95	0.05	0.76
(Ⅱ)亚高山草甸亚类	3.67	54.41	3.42	50.70	0.20	2.95	0.05	0.76
矮生嵩草、杂类草	3.67	54.41	3.42	50.70	0.20	2.95	0.05	0.76

(续)

草原类(亚类)、型	其中								
	退化草原			沙化草原			盐渍化		
	轻度退化	中度退化	重度退化	轻度沙化	中度沙化	重度沙化	轻度盐渍化	中度盐渍化	重度盐渍化
合 计	83.67	4.57	0.43	4.00	1.19				
Ⅰ温性草甸草原类	1.91	0.08							
丝颖针茅、劲直黄芪	1.91	0.08							
Ⅱ温性草原类	30.74	3.05	0.09	3.68	1.19				
白草	3.44	0.23		3.06	0.81				
长芒草	21.65	1.81	0.09						
藏沙蒿				0.13					
砂生槐、蒿、禾草	2.72	0.09		0.49	0.38				
小叶野丁香、毛莲蒿	2.93	0.92							
Ⅳ高寒草甸草原类	0.46								
紫花针茅、高山嵩草									
金露梅、紫花针茅、高山嵩草	0.46								
Ⅴ高寒草原类	1.62								
藏白蒿、禾草	1.62								
ⅩⅣ低地草甸类	4.33	0.29		0.00					
(Ⅰ)低湿地草甸亚类	0.12			0.00					
无脉苔草、蕨麻委陵菜	0.12			0.00					
Ⅱ)低地沼泽化草甸亚类	4.21	0.29							
芒尖苔草、蕨麻委陵菜	4.21	0.29							
ⅩⅤ山地草甸类	3.27	0.20	0.05	0.15					
(Ⅱ)亚高山草甸亚类	3.27	0.20	0.05	0.15					
矮生嵩草、杂类草	3.27	0.20	0.05	0.15					

（续）

草原类（亚类）、型	退化草原		轻度退化		中度退化		重度退化	
	面积	占草原面积	面积	占草原面积	面积	占草原面积	面积	占草原面积
ⅩⅥ高寒草甸类	42.74	9.18	41.50	8.91	0.94	0.20	0.29	0.06
（Ⅰ）高寒草甸亚类	40.15	8.80	38.91	8.53	0.94	0.21	0.29	0.06
高山嵩草、杂类草	20.61	12.35	20.36	12.20	0.16	0.10	0.09	0.05
圆穗蓼、高山嵩草	8.59	3.81	7.95	3.52	0.47	0.21	0.17	0.08
具灌木的高山嵩草	9.83	16.67	9.49	16.09	0.31	0.52	0.03	0.05
香柏、高山嵩草	1.12	24.20	1.12	24.20				
（Ⅲ）高寒沼泽化草甸亚类	2.59	26.82	2.59	26.82				
藏北嵩草	2.59	26.82	2.59	26.82				

（续）

草原类（亚类）、型	其 中								
	退化草原			沙化草原			盐渍化		
	轻度退化	中度退化	重度退化	轻度沙化	中度沙化	重度沙化	轻度盐渍化	中度盐渍化	重度盐渍化
ⅩⅥ高寒草甸类	41.34	0.94	0.29	0.16					
（Ⅰ）高寒草甸亚类	38.75	0.94	0.29	0.16					
高山嵩草、杂类草	20.34	0.16	0.09	0.02					
圆穗蓼、高山嵩草	7.95	0.47	0.17						
具灌木的高山嵩草	9.34	0.31	0.03	0.14					
香柏、高山嵩草	1.12								
（Ⅲ）高寒沼泽化草甸亚类	2.59								
藏北嵩草	2.59								

3. 达孜县草原退化（含沙化、盐渍化）分级统计表

单位：万亩、%

草原类（亚类）、型	退化草原		轻度退化		中度退化		重度退化	
	面积	占草原面积	面积	占草原面积	面积	占草原面积	面积	占草原面积
合 计	46.76	31.65	38.75	26.23	8.01	5.42		
Ⅱ 温性草原类	23.03	94.29	16.17	66.19	6.87	28.11		
白草	10.01	99.95	8.23	82.16	1.78	17.79		
长芒草	7.38	93.31	3.01	38.04	4.37	55.27		
固沙草	4.20	97.22	3.79	87.78	0.41	9.44		
砂生槐、蒿、禾草	1.23	62.46	0.92	46.91	0.31	15.55		
小叶野丁香、毛莲蒿	0.22	100.00	0.22	100.00				
Ⅳ 高寒草甸草原类	1.21	18.64	0.75	11.59	0.46	7.05		
紫花针茅、高山嵩草	1.21	18.64	0.75	11.59	0.46	7.05		
ⅩⅣ 低地草甸类	0.08	100.00	0.08	100.00				
（Ⅰ）低湿地草甸亚类	0.08	100.00	0.08	100.00				
无脉苔草、蕨麻委陵菜	0.08	100.00	0.08	100.00				
ⅩⅥ 高寒草甸类	21.16	18.33	20.60	17.84	0.56	0.49		
（Ⅰ）高寒草甸亚类	21.16	18.33	20.60	17.84	0.56	0.49		
高山嵩草、杂类草	0.03	0.21	0.03	0.21				
圆穗蓼、高山嵩草	20.59	23.97	20.02	23.32	0.56	0.66		
具灌木的高山嵩草	0.49	3.87	0.49	3.87				
具锦鸡儿的高山嵩草	0.05	2.49	0.05	2.49				
ⅩⅧ 沼泽类	1.29	95.67	1.16	86.15	0.13	9.53		
水冬麦	1.29	95.67	1.16	86.15	0.13	9.53		

（续）

草原类(亚类)、型	其中								
	退化草原			沙化草原			盐渍化		
	轻度退化	中度退化	重度退化	轻度沙化	中度沙化	重度沙化	轻度盐渍化	中度盐渍化	重度盐渍化
合计	32.42	7.29		6.33	0.72				
Ⅱ温性草原类	9.88	6.15		6.29	0.72				
白草	3.31	1.35		4.92	0.43				
长芒草	2.73	4.37		0.28					
固沙草	3.43	0.41		0.36					
砂生槐、蒿、禾草	0.20	0.02		0.72	0.29				
小叶野丁香、毛莲蒿	0.22								
Ⅳ高寒草甸草原类	0.75	0.46							
紫花针茅、高山嵩草	0.75	0.46							
ⅩⅣ低地草甸类	0.08								
(Ⅰ)低湿地草甸亚类	0.08								
无脉苔草、蕨麻委陵菜	0.08								
ⅩⅥ高寒草甸类	20.60	0.56							
(Ⅰ)高寒草甸亚类	20.60	0.56							
高山嵩草、杂类草	0.03								
圆穗蓼、高山嵩草	20.02	0.56							
具灌木的高山嵩草	0.49								
具锦鸡儿的高山嵩草	0.05								
ⅩⅧ沼泽类	1.11	0.13		0.05					
水冬麦	1.11	0.13		0.05					

4. 堆龙德庆县草原退化（含沙化、盐渍化）分级统计表

单位：万亩、％

草原类（亚类）、型	退化草原		轻度退化		中度退化		重度退化	
	面积	占草原面积	面积	占草原面积	面积	占草原面积	面积	占草原面积
合　计	67.19	23.81	46.88	16.62	16.49	5.85	3.82	1.35
Ⅱ温性草原类	24.10	93.69	14.69	57.09	6.39	24.86	3.02	11.74
白草	15.71	93.43	10.64	63.28	3.01	17.92	2.06	12.24
长芒草	6.39	95.95	2.50	37.59	3.05	45.75	0.84	12.61
藏白蒿、中华草沙蚕	2.00	88.95	1.54	68.60	0.34	14.92	0.12	5.43
ⅩⅥ高寒草甸类	43.09	16.80	32.19	12.56	10.10	3.94	0.80	0.31
（Ⅰ）高寒草甸亚类	40.97	16.11	31.49	12.38	8.77	3.45	0.71	0.28
高山嵩草、杂类草	0.04	0.33					0.04	0.33
圆穗蓼、高山嵩草	35.07	23.60	26.47	17.81	7.95	5.35	0.65	0.44
具灌木的高山嵩草	5.86	6.30	5.02	5.41	0.82	0.88	0.02	0.02
具锦鸡儿的高山嵩草								
（Ⅲ）高寒沼泽化草甸亚类	2.12	100.00	0.70	33.07	1.33	62.78	0.09	4.15
藏北嵩草	2.12	100.00	0.70	33.07	1.33	62.78	0.09	4.15

（续）

草原类（亚类）、型	其 中								
	退化草原			沙化草原			盐渍化		
	轻度退化	中度退化	重度退化	轻度沙化	中度沙化	重度沙化	轻度盐渍化	中度盐渍化	重度盐渍化
合 计	39.00	16.49	3.82	7.88					
Ⅱ温性草原类	7.33	6.39	3.02	7.36					
白草	3.62	3.01	2.06	7.02					
长芒草	2.45	3.05	0.84	0.05					
藏白蒿、中华草沙蚕	1.26	0.34	0.12	0.29					
ⅩⅥ高寒草甸类	31.67	10.10	0.80	0.53					
（Ⅰ）高寒草甸亚类	30.96	8.77	0.71	0.53					
高山嵩草、杂类草				0.04					
圆穗蓼、高山嵩草	25.94	7.95	0.65	0.53					
具灌木的高山嵩草	5.02	0.82	0.02						
具锦鸡儿的高山嵩草									
（Ⅲ）高寒沼泽化草甸亚类	0.70	1.33	0.09						
藏北嵩草	0.70	1.33	0.09						

5. 曲水县草原退化（含沙化、盐渍化）分级统计表

单位:万亩、％

草原类(亚类)、型	退化草原		轻度退化		中度退化		重度退化	
	面积	占草原面积	面积	占草原面积	面积	占草原面积	面积	占草原面积
合　计	62.03	36.24	30.29	17.70	27.79	16.23	3.95	2.31
Ⅱ温性草原类	41.04	93.20	14.17	32.18	24.38	55.36	2.49	5.66
白草	0.55	100.00	0.55	100.00				
长芒草	18.56	93.56	4.84	24.42	12.18	61.38	1.54	7.76
固沙草	5.32	96.97	4.49	81.80	0.77	14.06	0.06	1.11
藏沙蒿	15.37	99.81	3.65	23.71	10.83	70.32	0.89	5.77
砂生槐、蒿、禾草	1.24	44.85	0.64	23.18	0.60	21.68		
Ⅴ高寒草原类								
紫花针茅、青藏苔草								
ⅩⅣ低地草甸类	0.14	100.00	0.08	53.64	0.07	46.36		
(Ⅰ)低湿地草甸亚类	0.14	100.00	0.08	53.64	0.07	46.36		
无脉苔草、蕨麻委陵菜	0.14	100.00	0.08	53.64	0.07	46.36		
ⅩⅥ高寒草甸类	20.85	16.42	16.05	12.64	3.34	2.63	1.46	1.15
(Ⅰ)高寒草甸亚类	20.14	15.96	15.76	12.49	3.20	2.54	1.18	0.93
高山嵩草	4.57	62.05	2.32	31.54	1.68	22.82	0.57	7.69
高山嵩草、杂类草	0.51	1.89	0.33	1.20	0.19	0.69		
圆穗蓼、高山嵩草	14.02	18.91	12.18	16.42	1.23	1.66	0.61	0.83
具灌木的高山嵩草	0.26	7.00	0.20	5.41	0.06	1.60		
香柏、高山嵩草	0.78	5.64	0.73	5.31	0.05	0.33		
(Ⅲ)高寒沼泽化草甸亚类	0.71	87.85	0.29	35.69	0.14	17.30	0.28	34.87
藏北嵩草	0.71	87.85	0.29	35.69	0.14	17.30	0.28	34.87

（续）

草原类（亚类）、型	其中								
	退化草原			沙化草原			盐渍化		
	轻度退化	中度退化	重度退化	轻度沙化	中度沙化	重度沙化	轻度盐渍化	中度盐渍化	重度盐渍化
合　计	24.20	17.67	3.76	6.09	10.12	0.19			
Ⅱ温性草原类	8.08	14.26	2.30	6.09	10.12	0.19			
白草	0.11			0.44					
长芒草	4.84	12.18	1.54						
固沙草	0.85	0.25	0.06	3.63	0.52				
藏沙蒿	1.64	1.23	0.70	2.01	9.60	0.19			
砂生槐、蒿、禾草	0.64	0.60							
Ⅴ高寒草原类									
紫花针茅、青藏苔草									
ⅩⅣ低地草甸类	0.08	0.07							
（Ⅰ）低湿地草甸亚类	0.08	0.07							
无脉苔草、蕨麻委陵菜	0.08	0.07							
ⅩⅥ高寒草甸类	16.04	3.34	1.46	0.00					
（Ⅰ）高寒草甸亚类	15.75	3.20	1.18	0.00					
高山嵩草	2.32	1.68	0.57						
高山嵩草、杂类草	0.33	0.19							
圆穗蓼、高山嵩草	12.18	1.23	0.61						
具灌木的高山嵩草	0.19	0.06		0.00					
香柏、高山嵩草	0.73	0.05							
（Ⅲ）高寒沼泽化草甸亚类	0.29	0.14	0.28						
藏北嵩草	0.29	0.14	0.28						

6. 尼木县草原退化（含沙化、盐渍化）分级统计表

单位：万亩、%

草原类（亚类）、型	退化草原		轻度退化		中度退化		重度退化	
	面积	占草原面积	面积	占草原面积	面积	占草原面积	面积	占草原面积
合 计	125.64	33.12	77.09	20.32	34.84	9.19	13.71	3.61
Ⅱ温性草原类	53.37	76.10	26.56	37.87	19.07	27.19	7.74	11.04
藏白蒿、中华草沙蚕	1.54	71.95	0.78	36.49	0.67	31.38	0.09	4.08
藏沙蒿	43.20	76.88	22.94	40.83	15.01	26.71	5.25	9.35
砂生槐、蒿、禾草	8.63	73.12	2.84	24.05	3.39	28.71	2.40	20.36
Ⅳ高寒草甸草原类	14.78	79.07	4.19	22.43	10.31	55.14	0.28	1.50
金露梅、紫花针茅、高山嵩草	14.78	79.07	4.19	22.43	10.31	55.14	0.28	1.50
Ⅴ高寒草原类	0.98	4.14	0.98	4.14				
紫花针茅、青藏苔草	0.98	4.14	0.98	4.14				
ⅩⅣ低地草甸类	0.99	51.22	0.10	4.96	0.73	37.43	0.17	8.84
（Ⅰ）低湿地草甸亚类	0.91	49.11	0.10	5.17	0.67	36.03	0.15	7.91
无脉苔草、蕨麻委陵菜	0.91	49.11	0.10	5.17	0.67	36.03	0.15	7.91
（Ⅱ）低地沼泽化草甸亚类	0.08	100.00			0.06	69.81	0.02	30.19
芒尖苔草、蕨麻委陵菜	0.08	100.00			0.06	69.81	0.02	30.19
ⅩⅤ山地草甸类	7.83	95.63	6.31	77.08			1.52	18.54
（Ⅱ）亚高山草甸亚类	7.83	95.63	6.31	77.08			1.52	18.54
矮生嵩草、杂类草	7.83	95.63	6.31	77.08			1.52	18.54
ⅩⅥ高寒草甸类	47.69	18.58	38.95	15.17	4.74	1.85	4.00	1.56
（Ⅰ）高寒草甸亚类	32.64	13.95	27.91	11.93	3.49	1.49	1.25	0.53
高山嵩草	17.88	17.00	15.38	14.62	2.00	1.90	0.51	0.48
高山嵩草、杂类草	0.95	14.54	0.79	12.02			0.16	2.52
圆穗蓼、高山嵩草	13.81	11.90	11.74	10.11	1.49	1.29	0.58	0.50
具灌木的高山嵩草								
（Ⅲ）高寒沼泽化草甸亚类	15.05	66.06	11.05	48.49	1.25	5.49	2.75	12.08
藏北嵩草	15.05	66.06	11.05	48.49	1.25	5.49	2.75	12.08

(续)

草原类(亚类)、型	其中								
	退化草原			沙化草原			盐渍化		
	轻度退化	中度退化	重度退化	轻度沙化	中度沙化	重度沙化	轻度盐渍化	中度盐渍化	重度盐渍化
合　计	59.09	22.52	12.30	17.99	12.33	1.41			
Ⅱ温性草原类	10.67	10.08	6.33	15.89	8.99	1.41			
藏白蒿、中华草沙蚕	0.59	0.43	0.09	0.19	0.24				
藏沙蒿	8.38	8.69	3.84	14.56	6.32	1.41			
砂生槐、蒿、禾草	1.70	0.96	2.40	1.14	2.43				
Ⅳ高寒草甸草原类	4.18	7.64	0.28	0.01	2.67				
金露梅、紫花针茅、高山嵩草	4.18	7.64	0.28	0.01	2.67				
Ⅴ高寒草原类	0.98								
紫花针茅、青藏苔草	0.98								
ⅩⅣ低地草甸类	0.10	0.73	0.17						
(Ⅰ)低湿地草甸亚类	0.10	0.67	0.15						
无脉苔草、蕨麻委陵菜	0.10	0.67	0.15						
(Ⅱ)低地沼泽化草甸亚类		0.06	0.02						
芒尖苔草、蕨麻委陵菜		0.06	0.02						
ⅩⅤ山地草甸类	6.31		1.52						
(Ⅱ)亚高山草甸亚类	6.31		1.52						
矮生嵩草、杂类草	6.31		1.52						
ⅩⅥ高寒草甸类	36.85	4.07	4.00	2.10	0.67				
(Ⅰ)高寒草甸亚类	25.82	2.82	1.25	2.09	0.67				
高山嵩草	14.57	1.74	0.51	0.80	0.26				
高山嵩草、杂类草	0.79		0.16						
圆穗蓼、高山嵩草	10.46	1.08	0.58	1.28	0.41				
具灌木的高山嵩草									
(Ⅲ)高寒沼泽化草甸亚类	11.03	1.25	2.75	0.01					
藏北嵩草	11.03	1.25	2.75	0.01					

7. 当雄县草原退化(含沙化、盐渍化)分级统计表

单位：万亩、％

草原类(亚类)、型	退化草原		轻度退化		中度退化		重度退化	
	面积	占草原面积	面积	占草原面积	面积	占草原面积	面积	占草原面积
合　计	265.42	25.61	147.70	14.25	108.86	10.50	8.86	0.85
Ⅱ温性草原类	6.29	88.68	0.19	2.62	6.10	86.06		
长芒草	6.21	88.60	0.11	1.59	6.10	87.01		
藏白蒿、中华草沙蚕	0.07	95.78	0.07	95.78				
Ⅳ高寒草甸草原类	12.79	23.93	3.54	6.61	9.26	17.32		
紫花针茅、高山嵩草	12.79	23.93	3.54	6.61	9.26	17.32		
Ⅴ高寒草原类	121.08	74.23	79.24	48.58	37.44	22.95	4.40	2.70
紫花针茅、青藏苔草	121.08	74.23	79.24	48.58	37.44	22.95	4.40	2.70
ⅩⅥ高寒草甸类	125.26	15.41	64.74	7.97	56.06	6.90	4.45	0.55
（Ⅰ）高寒草甸亚类	69.09	9.54	48.54	6.71	18.34	2.53	2.21	0.31
高山嵩草	20.49	15.13	9.06	6.69	10.74	7.93	0.68	0.50
高山嵩草、杂类草	27.58	11.52	21.56	9.01	4.49	1.87	1.53	0.64
圆穗蓼、高山嵩草	6.28	3.09	6.00	2.95	0.28	0.14		
矮生嵩草、青藏苔草	6.18	71.22	6.18	71.22				
高山早熟禾								
具灌木的高山嵩草	6.95	47.93	4.35	30.00	2.60	17.93		
香柏、高山嵩草	1.60	1.92	1.38	1.65	0.23	0.27		
（Ⅲ）高寒沼泽化草甸亚类	56.17	63.19	16.21	18.23	37.72	42.44	2.24	2.52
藏北嵩草	56.17	63.19	16.21	18.23	37.72	42.44	2.24	2.52

（续）

草原类（亚类）、型	其 中								
	退化草原			沙化草原			盐渍化		
	轻度退化	中度退化	重度退化	轻度沙化	中度沙化	重度沙化	轻度盐渍化	中度盐渍化	重度盐渍化
合 计	139.42	104.15	8.86	6.90			1.39	4.70	
Ⅱ温性草原类	0.19	6.10							
长芒草	0.11	6.10							
藏白蒿、中华草沙蚕	0.07								
Ⅳ高寒草甸草原类	3.54	9.26							
紫花针茅、高山嵩草	3.54	9.26							
Ⅴ高寒草原类	79.24	35.13	4.40					2.31	
紫花针茅、青藏苔草	79.24	35.13	4.40					2.31	
ⅩⅥ高寒草甸类	56.46	53.67	4.45	6.90			1.39	2.39	
（Ⅰ）高寒草甸亚类	42.35	18.09	2.21	6.07			0.11	0.24	
高山嵩草	8.99	10.73	0.68				0.08	0.02	
高山嵩草、杂类草	21.56	4.41	1.53					0.08	
圆穗蓼、高山嵩草	6.00	0.28							
矮生嵩草、青藏苔草	0.11			6.07					
高山早熟禾									
具灌木的高山嵩草	4.35	2.60							
香柏、高山嵩草	1.35	0.08					0.03	0.15	
（Ⅲ）高寒沼泽化草甸亚类	14.10	35.57	2.24	0.82			1.28	2.15	
藏北嵩草	14.10	35.57	2.24	0.82			1.28	2.15	

8. 林周县草原退化(含沙化、盐渍化)分级统计表

单位:万亩、%

草原类(亚类)、型	退化草原		轻度退化		中度退化		重度退化	
	面积	占草原面积	面积	占草原面积	面积	占草原面积	面积	占草原面积
合　计	106.52	22.22	79.41	16.56	26.84	5.60	0.27	0.06
Ⅱ温性草原类	40.19	92.33	28.10	64.55	11.82	27.16	0.27	0.63
白草	7.78	93.22	2.78	33.32	5.00	59.89		
长芒草	6.00	87.43	3.79	55.26	1.93	28.20	0.27	3.97
固沙草	0.69	47.50	0.14	9.92	0.55	37.57		
藏白蒿、中华草沙蚕	3.00	99.19	1.97	65.35	1.02	33.84		
藏沙蒿	3.05	99.00	2.91	94.55	0.14	4.45		
砂生槐、蒿、禾草	19.69	94.74	16.50	79.41	3.19	15.33		
Ⅳ高寒草甸草原类	21.27	55.80	15.52	40.73	5.74	15.07		
紫花针茅、高山嵩草	15.58	61.97	13.35	53.10	2.23	8.87		
金露梅、紫花针茅、高山嵩草	5.69	43.83	2.17	16.75	3.51	27.08		
Ⅴ高寒草原类	12.88	44.57	9.38	32.46	3.50	12.11		
藏白蒿、禾草	12.88	44.57	9.38	32.46	3.50	12.11		
ⅩⅣ低地草甸类	0.73	99.67	0.21	29.33	0.51	70.34		
(Ⅰ)低湿地草甸亚类	0.73	99.67	0.21	29.33	0.51	70.34		
无脉苔草、蕨麻委陵菜	0.73	99.67	0.21	29.33	0.51	70.34		
ⅩⅥ高寒草甸类	31.44	8.54	26.19	7.11	5.26	1.43		
(Ⅰ)高寒草甸亚类	29.80	8.13	25.52	6.96	4.29	1.17		
高山嵩草	0.09	0.73	0.09	0.73				
高山嵩草、杂类草	5.65	4.56	4.26	3.44	1.39	1.12		
圆穗蓼、高山嵩草	14.32	9.54	12.47	8.31	1.85	1.23		
具灌木的高山嵩草	9.74	12.17	8.70	10.86	1.04	1.31		
(Ⅲ)高寒沼泽化草甸亚类	1.64	100.00	0.67	40.84	0.97	59.16		
藏北嵩草	1.64	100.00	0.67	40.84	0.97	59.16		

(续)

草原类(亚类)、型	其 中								
	退化草原			沙化草原			盐渍化		
	轻度退化	中度退化	重度退化	轻度沙化	中度沙化	重度沙化	轻度盐渍化	中度盐渍化	重度盐渍化
合 计	63.68	20.77	0.27	15.72	6.07				
Ⅱ 温性草原类	13.30	5.75	0.27	14.80	6.07				
白草	1.85			0.93	5.00				
长芒草	3.79	1.93	0.27						
固沙草	0.14	0.55		0.01					
藏白蒿、中华草沙蚕	1.97	1.02							
藏沙蒿	0.46	0.14		2.45					
砂生槐、蒿、禾草	5.08	2.11		11.42	1.07				
Ⅳ 高寒草甸草原类	15.52	5.74							
紫花针茅、高山嵩草	13.35	2.23							
金露梅、紫花针茅、高山嵩草	2.17	3.51							
Ⅴ 高寒草原类	9.38	3.50							
藏白蒿、禾草	9.38	3.50							
ⅩⅣ 低地草甸类	0.21	0.51							
(Ⅰ)低湿地草甸亚类	0.21	0.51							
无脉苔草、蕨麻委陵菜	0.21	0.51							
ⅩⅥ 高寒草甸类	25.26	5.26		0.92					
(Ⅰ)高寒草甸亚类	24.59	4.29		0.92					
高山嵩草	0.09								
高山嵩草、杂类草	4.26	1.39							
圆穗蓼、高山嵩草	12.46	1.85		0.01					
具灌木的高山嵩草	7.79	1.04		0.91					
(Ⅲ)高寒沼泽化草甸亚类	0.67	0.97							
藏北嵩草	0.67	0.97							

（二）昌都地区草原退化（含沙化、盐渍化）分级统计表

单位：万亩、％

草原类（亚类）、型	退化草原		轻度退化		中度退化		重度退化	
	面积	占草原面积	面积	占草原面积	面积	占草原面积	面积	占草原面积
合 计	1 124.10	13.11	970.35	11.32	126.72	1.48	27.03	0.32
Ⅰ温性草甸草原类	129.55	56.65	75.12	32.85	46.97	20.54	7.46	3.26
丝颖针茅	38.45	47.99	18.18	22.69	15.75	19.66	4.52	5.65
细裂叶莲蒿、禾草	91.10	61.32	56.94	38.33	31.22	21.01	2.94	1.98
Ⅱ温性草原类	220.33	52.73	182.26	43.62	35.10	8.40	2.98	0.71
长芒草	26.94	82.09	20.02	61.01	6.58	20.04	0.34	1.04
藏沙蒿	27.54	73.84	23.58	63.23	3.25	8.70	0.71	1.91
白刺花、细裂叶莲蒿	165.85	47.69	138.65	39.87	25.28	7.27	1.92	0.55
Ⅺ暖性灌草丛类	16.15	28.35	15.57	27.34	0.58	1.02		
白刺花、禾草	9.35	21.70	8.77	20.36	0.58	1.35		
具灌木的禾草	6.81	48.96	6.81	48.96				
ⅩⅤ山地草甸类	235.29	19.79	212.52	17.87	17.24	1.45	5.53	0.47
（Ⅰ）山地草甸亚类	43.76	41.53	36.54	34.67	4.80	4.55	2.43	2.31
中亚早熟禾、苔草	34.13	42.55	27.90	34.79	4.41	5.49	1.82	2.27
鬼箭锦鸡儿、垂穗披碱草	9.63	38.28	8.63	34.31	0.39	1.55	0.61	2.42
（Ⅱ）亚高山草甸亚类	191.53	17.68	175.98	16.24	12.44	1.15	3.10	0.29
矮生嵩草、杂类草	50.79	46.62	43.96	40.35	5.12	4.70	1.71	1.57
四川嵩草	2.94	19.11	2.80	18.20	0.14	0.91		
珠牙蓼	12.22	54.48	12.02	53.56	0.21	0.92		
圆穗蓼、矮生嵩草	24.07	27.32	21.07	23.91	3.00	3.41		
垂穗披碱草	28.53	39.99	24.67	34.57	2.54	3.55	1.33	1.86
具灌木的高山嵩草	72.97	9.39	71.47	9.19	1.44	0.18	0.06	0.01

（续）

草原类（亚类）、型	其中								
	退化草原			沙化草原			盐渍化		
	轻度退化	中度退化	重度退化	轻度沙化	中度沙化	重度沙化	轻度盐渍化	中度盐渍化	重度盐渍化
合　计	970.35	126.72	27.03						
Ⅰ温性草甸草原类	75.12	46.97	7.46						
丝颖针茅	18.18	15.75	4.52						
细裂叶莲蒿、禾草	56.94	31.22	2.94						
Ⅱ温性草原类	182.26	35.10	2.98						
长芒草	20.02	6.58	0.34						
藏沙蒿	23.58	3.25	0.71						
白刺花、细裂叶莲蒿	138.65	25.28	1.92						
Ⅺ暖性灌草丛类	15.57	0.58							
白刺花、禾草	8.77	0.58							
具灌木的禾草	6.81								
ⅩⅤ山地草甸类	212.52	17.24	5.53						
（Ⅰ）山地草甸亚类	36.54	4.80	2.43						
中亚早熟禾、苔草	27.90	4.41	1.82						
鬼箭锦鸡儿、垂穗披碱草	8.63	0.39	0.61						
（Ⅱ）亚高山草甸亚类	175.98	12.44	3.10						
矮生嵩草、杂类草	43.96	5.12	1.71						
四川嵩草	2.80	0.14							
珠牙蓼	12.02	0.21							
圆穗蓼、矮生嵩草	21.07	3.00							
垂穗披碱草	24.67	2.54	1.33						
具灌木的高山嵩草	71.47	1.44	0.06						

（续）

草原类(亚类)、型	退化草原		轻度退化		中度退化		重度退化	
	面积	占草原面积	面积	占草原面积	面积	占草原面积	面积	占草原面积
ⅩⅥ高寒草甸类	522.78	7.83	484.88	7.26	26.84	0.40	11.06	0.17
（Ⅰ）高寒草甸亚类	485.81	7.42	449.35	6.87	25.40	0.39	11.06	0.17
高山嵩草、异针茅	42.75	32.93	28.32	21.82	4.15	3.20	10.28	7.92
高山嵩草、杂类草	163.23	5.61	148.97	5.12	13.88	0.48	0.37	0.01
高山嵩草、青藏苔草	47.39	7.34	47.28	7.32	0.12	0.02		
圆穗蓼、高山嵩草	73.11	7.61	72.15	7.51	0.91	0.09	0.06	0.01
高山嵩草、矮生嵩草	58.18	11.22	54.99	10.61	2.84	0.55	0.34	0.07
矮生嵩草、青藏苔草	8.02	7.76	8.02	7.76				
具锦鸡儿的高山嵩草	8.49	8.67	7.46	7.62	1.02	1.05		
金露梅、高山嵩草	41.03	7.56	40.27	7.42	0.76	0.14		
香柏、高山嵩草	0.06	0.07	0.06	0.07				
雪层杜鹃、高山嵩草	39.71	7.74	37.98	7.40	1.73	0.34		
具灌木的高山嵩草	3.84	8.15	3.84	8.15				
（Ⅲ）高寒沼泽化草甸亚类	36.97	27.10	35.53	26.05	1.44	1.05		
西藏嵩草	17.16	17.37	15.72	15.91	1.44	1.46		
华扁穗草	19.81	52.71	19.81	52.71				

（续）

草原类（亚类）、型	其中								
	退化草原			沙化草原			盐渍化		
	轻度退化	中度退化	重度退化	轻度沙化	中度沙化	重度沙化	轻度盐渍化	中度盐渍化	重度盐渍化
ⅩⅥ高寒草甸类	484.88	26.84	11.06						
（Ⅰ）高寒草甸亚类	449.35	25.40	11.06						
高山嵩草、异针茅	28.32	4.15	10.28						
高山嵩草、杂类草	148.97	13.88	0.37						
高山嵩草、青藏苔草	47.28	0.12							
圆穗蓼、高山嵩草	72.15	0.91	0.06						
高山嵩草、矮生嵩草	54.99	2.84	0.34						
矮生嵩草、青藏苔草	8.02								
具锦鸡儿的高山嵩草	7.46	1.02							
金露梅、高山嵩草	40.27	0.76							
香柏、高山嵩草	0.06								
雪层杜鹃、高山嵩草	37.98	1.73							
具灌木的高山嵩草	3.84								
（Ⅲ）高寒沼泽化草甸亚类	35.53	1.44							
西藏嵩草	15.72	1.44							
华扁穗草	19.81								

1. 左贡县草原退化(含沙化、盐渍化)分级统计表

单位:万亩、%

草原类(亚类)、型	退化草原		轻度退化		中度退化		重度退化	
	面积	占草原面积	面积	占草原面积	面积	占草原面积	面积	占草原面积
合　计	164.00	20.80	144.52	18.33	16.56	2.10	2.92	0.37
Ⅰ温性草甸草原类	40.28	76.12	25.17	47.56	12.22	23.09	2.89	5.47
丝颖针茅	2.24	60.25	0.84	22.61	1.40	37.64		
细裂叶莲蒿、禾草	38.03	77.32	24.32	49.45	10.81	21.98	2.89	5.89
Ⅱ温性草原类	16.74	47.17	14.53	40.95	2.21	6.22		
白刺花、细裂叶莲蒿	16.74	47.17	14.53	40.95	2.21	6.22		
Ⅺ暖性灌草丛类	5.54	64.60	5.54	64.60				
白刺花、禾草	5.54	64.60	5.54	64.60				
ⅩⅤ山地草甸类	29.24	34.98	28.18	33.71	1.06	1.27		
(Ⅰ)山地草甸亚类	9.88	33.56	9.02	30.66	0.86	2.91		
中亚早熟禾、苔草	5.42	38.29	4.59	32.44	0.83	5.86		
鬼箭锦鸡儿、垂穗披碱草	4.46	29.19	4.43	29.01	0.03	0.18		
(Ⅱ)亚高山草甸亚类	19.36	35.74	19.16	35.36	0.21	0.38		
珠牙蓼	10.68	73.23	10.48	71.82	0.21	1.41		
垂穗披碱草								
具灌木的高山嵩草	8.68	22.41	8.68	22.41				
ⅩⅥ高寒草甸类	72.20	11.88	71.10	11.70	1.07	0.18	0.03	0.00
(Ⅰ)高寒草甸亚类	61.65	10.47	60.56	10.29	1.07	0.18	0.03	0.00
高山嵩草、异针茅	0.25	60.29	0.25	60.29				
高山嵩草、杂类草	20.04	9.17	19.43	8.89	0.61	0.28		
高山嵩草、青藏苔草								
圆穗蓼、高山嵩草	8.27	4.21	8.13	4.14	0.11	0.06	0.03	0.01
高山嵩草、矮生嵩草	2.32	12.87	2.32	12.87				
矮生嵩草、青藏苔草	0.78	38.49	0.78	38.49				
具锦鸡儿的高山嵩草	2.89	11.95	2.89	11.95				

（续）

草原类（亚类）、型	退化草原			沙化草原			盐渍化		
	轻度退化	中度退化	重度退化	轻度沙化	中度沙化	重度沙化	轻度盐渍化	中度盐渍化	重度盐渍化
合　计	144.52	16.56	2.92						
Ⅰ温性草甸草原类	25.17	12.22	2.89						
丝颖针茅	0.84	1.40							
细裂叶莲蒿、禾草	24.32	10.81	2.89						
Ⅱ温性草原类	14.53	2.21							
白刺花、细裂叶莲蒿	14.53	2.21							
Ⅺ暖性灌草丛类	5.54								
白刺花、禾草	5.54								
ⅩⅤ山地草甸类	28.18	1.06							
（Ⅰ）山地草甸亚类	9.02	0.86							
中亚早熟禾、苔草	4.59	0.83							
鬼箭锦鸡儿、垂穗披碱草	4.43	0.03							
（Ⅱ）亚高山草甸亚类	19.16	0.21							
珠牙蓼	10.48	0.21							
垂穗披碱草									
具灌木的高山嵩草	8.68								
ⅩⅥ高寒草甸类	71.10	1.07	0.03						
（Ⅰ）高寒草甸亚类	60.56	1.07	0.03						
高山嵩草、异针茅	0.25								
高山嵩草、杂类草	19.43	0.61							
高山嵩草、青藏苔草									
圆穗蓼、高山嵩草	8.13	0.11	0.03						
高山嵩草、矮生嵩草	2.32								
矮生嵩草、青藏苔草	0.78								
具锦鸡儿的高山嵩草	2.89								

（续）

草原类（亚类）、型	退化草原		轻度退化		中度退化		重度退化	
	面积	占草原面积	面积	占草原面积	面积	占草原面积	面积	占草原面积
金露梅、高山嵩草	4.01	12.27	4.01	12.27				
雪层杜鹃、高山嵩草	23.10	24.74	22.75	24.36	0.35	0.37		
（Ⅲ）高寒沼泽化草甸亚类	10.54	55.43	10.54	55.43				
西藏嵩草	10.54	55.43	10.54	55.43				

（续）

草原类（亚类）、型	其 中								
	退化草原			沙化草原			盐渍化		
	轻度退化	中度退化	重度退化	轻度沙化	中度沙化	重度沙化	轻度盐渍化	中度盐渍化	重度盐渍化
金露梅、高山嵩草	4.01								
雪层杜鹃、高山嵩草	22.75	0.35							
（Ⅲ）高寒沼泽化草甸亚类	10.54								
西藏嵩草	10.54								

2. 芒康县草原退化(含沙化、盐渍化)分级统计表

单位:万亩、%

草原类(亚类)、型	退化草原		轻度退化		中度退化		重度退化	
	面积	占草原面积	面积	占草原面积	面积	占草原面积	面积	占草原面积
合 计	79.81	8.05	66.29	6.69	10.13	1.02	3.38	0.34
Ⅱ温性草原类	26.03	22.42	26.03	22.42				
白刺花、细裂叶莲蒿	26.03	22.42	26.03	22.42				
Ⅺ暖性灌草丛类	7.62	17.40	7.62	17.40				
白刺花、禾草	0.81	2.72	0.81	2.72				
具灌木的禾草	6.81	48.96	6.81	48.96				
ⅩⅤ山地草甸类	11.46	36.97	11.46	36.97				
(Ⅱ)亚高山草甸亚类	11.46	36.97	11.46	36.97				
矮生嵩草、杂类草	11.41	43.62	11.41	43.62				
垂穗披碱草								
具灌木的高山嵩草	0.05	1.52	0.05	1.52				
ⅩⅥ高寒草甸类	34.69	4.34	21.18	2.65	10.13	1.27	3.38	0.42
(Ⅰ)高寒草甸亚类	33.76	4.23	20.25	2.53	10.13	1.27	3.38	0.42
高山嵩草、异针茅	5.66	36.00			2.27	14.46	3.38	21.54
高山嵩草、杂类草	14.20	4.99	10.30	3.62	3.90	1.37		
高山嵩草、青藏苔草								
圆穗蓼、高山嵩草	0.55	1.22	0.30	0.66	0.25	0.55		
高山嵩草、矮生嵩草	3.22	5.42	1.22	2.06	2.00	3.36		
矮生嵩草、青藏苔草								
具锦鸡儿的高山嵩草	0.41	1.07	0.41	1.07				
金露梅、高山嵩草	1.66	0.81	1.06	0.52	0.60	0.30		
雪层杜鹃、高山嵩草	8.06	5.88	6.95	5.08	1.10	0.81		
(Ⅲ)高寒沼泽化草甸亚类	0.93	76.99	0.93	76.99				
华扁穗草	0.93	76.99	0.93	76.99				

（续）

草原类（亚类）、型	其 中								
	退化草原			沙化草原			盐渍化		
	轻度退化	中度退化	重度退化	轻度沙化	中度沙化	重度沙化	轻度盐渍化	中度盐渍化	重度盐渍化
合 计	66.29	10.13	3.38						
Ⅱ温性草原类	26.03								
白刺花、细裂叶莲蒿	26.03								
Ⅺ暖性灌草丛类	7.62								
白刺花、禾草	0.81								
具灌木的禾草	6.81								
ⅩⅤ山地草甸类	11.46								
（Ⅱ）亚高山草甸亚类	11.46								
矮生嵩草、杂类草	11.41								
垂穗披碱草									
具灌木的高山嵩草	0.05								
ⅩⅥ高寒草甸类	21.18	10.13	3.38						
（Ⅰ）高寒草甸亚类	20.25	10.13	3.38						
高山嵩草、异针茅		2.27	3.38						
高山嵩草、杂类草	10.30	3.90							
高山嵩草、青藏苔草									
圆穗蓼、高山嵩草	0.30	0.25							
高山嵩草、矮生嵩草	1.22	2.00							
矮生嵩草、青藏苔草									
具锦鸡儿的高山嵩草	0.41								
金露梅、高山嵩草	1.06	0.60							
雪层杜鹃、高山嵩草	6.95	1.10							
（Ⅲ）高寒沼泽化草甸亚类	0.93								
华扁穗草	0.93								

3. 洛隆县草原退化（含沙化、盐渍化）分级统计表

单位：万亩、%

草原类（亚类）、型	退化草原		轻度退化		中度退化		重度退化	
	面积	占草原面积	面积	占草原面积	面积	占草原面积	面积	占草原面积
合 计	124.78	28.32	100.99	22.93	19.93	4.52	3.85	0.87
Ⅰ温性草甸草原类	3.76	100.00	3.71	98.67	0.05	1.33		
丝颖针茅	3.76	100.00	3.71	98.67	0.05	1.33		
Ⅱ温性草原类	53.02	86.12	38.27	62.17	12.56	20.40	2.19	3.55
长芒草	7.28	82.19	6.72	75.87	0.26	2.95	0.30	3.36
白刺花、细裂叶莲蒿	45.74	86.78	31.55	59.87	12.30	23.33	1.89	3.58
ⅩⅤ山地草甸类	7.02	90.12	4.04	51.82	1.65	21.23	1.33	17.07
（Ⅰ）山地草甸亚类	0.01	100.00	0.01	100.00				
中亚早熟禾、苔草	0.01	100.00	0.01	100.00				
（Ⅱ）亚高山草甸亚类	7.01	90.11	4.03	51.76	1.65	21.26	1.33	17.09
垂穗披碱草	7.01	90.11	4.03	51.76	1.65	21.26	1.33	17.09
ⅩⅥ高寒草甸类	60.98	16.60	54.98	14.96	5.67	1.54	0.34	0.09
（Ⅰ）高寒草甸亚类	60.98	16.89	54.98	15.22	5.67	1.57	0.34	0.09
高山嵩草、杂类草	31.06	27.65	25.05	22.31	5.67	5.05	0.34	0.30
圆穗蓼、高山嵩草								
高山嵩草、矮生嵩草	1.75	3.13	1.75	3.13				
矮生嵩草、青藏苔草	0.38	100.00	0.38	100.00				
金露梅、高山嵩草	27.25	14.71	27.24	14.71	0.003	0.002		
香柏、高山嵩草	0.06	1.16	0.06	1.16				
雪层杜鹃、高山嵩草	0.49	24.61	0.49	24.61				
（Ⅲ）高寒沼泽化草甸亚类								
西藏嵩草								

（续）

草原类（亚类）、型	其 中								
	退化草原			沙化草原			盐渍化		
	轻度退化	中度退化	重度退化	轻度沙化	中度沙化	重度沙化	轻度盐渍化	中度盐渍化	重度盐渍化
合 计	100.99	19.93	3.85						
Ⅰ温性草甸草原类	3.71	0.05							
丝颖针茅	3.71	0.05							
Ⅱ温性草原类	38.27	12.56	2.19						
长芒草	6.72	0.26	0.30						
白刺花、细裂叶莲蒿	31.55	12.30	1.89						
ⅩⅤ山地草甸类	4.04	1.65	1.33						
（Ⅰ）山地草甸亚类	0.01								
中亚早熟禾、苔草	0.01								
（Ⅱ）亚高山草甸亚类	4.03	1.65	1.33						
垂穗披碱草	4.03	1.65	1.33						
ⅩⅥ高寒草甸类	54.98	5.67	0.34						
（Ⅰ）高寒草甸亚类	54.98	5.67	0.34						
高山嵩草、杂类草	25.05	5.67	0.34						
圆穗蓼、高山嵩草									
高山嵩草、矮生嵩草	1.75								
矮生嵩草、青藏苔草	0.38								
金露梅、高山嵩草	27.24	0.003							
香柏、高山嵩草	0.06								
雪层杜鹃、高山嵩草	0.49								
（Ⅲ）高寒沼泽化草甸亚类									
西藏嵩草									

4. 边坝县草原退化(含沙化、盐渍化)分级统计表

单位：万亩、%

草原类(亚类)、型	退化草原		轻度退化		中度退化		重度退化	
	面积	占草原面积	面积	占草原面积	面积	占草原面积	面积	占草原面积
合 计	50.35	12.25	34.31	8.35	11.52	2.80	4.52	1.10
Ⅰ温性草甸草原类	7.66	91.81	1.20	14.38	4.97	59.54	1.49	17.89
丝颖针茅	7.14	96.81	0.67	9.15	4.97	67.41	1.49	20.25
细裂叶莲蒿、禾草	0.53	54.00	0.53	54.00				
Ⅱ温性草原类	8.25	95.76	5.26	61.01	2.52	29.21	0.48	5.54
藏沙蒿	8.25	95.76	5.26	61.01	2.52	29.21	0.48	5.54
ⅩⅤ山地草甸类	8.27	80.94	3.14	30.69	2.71	26.49	2.43	23.77
(Ⅰ)山地草甸亚类	8.27	80.94	3.14	30.69	2.71	26.49	2.43	23.77
中亚早熟禾、苔草	4.22	100.00	0.05	1.19	2.35	55.63	1.82	43.18
鬼箭锦鸡儿、垂穗披碱草	4.06	67.56	3.09	51.40	0.36	6.02	0.61	10.14
ⅩⅥ高寒草甸类	26.16	6.81	24.71	6.44	1.32	0.34	0.13	0.03
(Ⅰ)高寒草甸亚类	26.16	6.81	24.71	6.44	1.32	0.34	0.13	0.03
高山嵩草、异针茅	0.75	97.85			0.75	97.85		
高山嵩草、杂类草	1.28	0.58	1.24	0.56	0.01	0.01	0.03	0.01
圆穗蓼、高山嵩草								
高山嵩草、矮生嵩草	22.70	14.86	22.14	14.49	0.46	0.30	0.10	0.06
矮生嵩草、青藏苔草	1.33	19.87	1.33	19.87				
金露梅、高山嵩草	0.10	3.04			0.10	3.04		

（续）

草原类(亚类)、型	其中								
	退化草原			沙化草原			盐渍化		
	轻度退化	中度退化	重度退化	轻度沙化	中度沙化	重度沙化	轻度盐渍化	中度盐渍化	重度盐渍化
合　计	34.31	11.52	4.52						
Ⅰ温性草甸草原类	1.20	4.97	1.49						
丝颖针茅	0.67	4.97	1.49						
细裂叶莲蒿、禾草	0.53								
Ⅱ温性草原类	5.26	2.52	0.48						
藏沙蒿	5.26	2.52	0.48						
ⅩⅤ山地草甸类	3.14	2.71	2.43						
（Ⅰ)山地草甸亚类	3.14	2.71	2.43						
中亚早熟禾、苔草	0.05	2.35	1.82						
鬼箭锦鸡儿、垂穗披碱草	3.09	0.36	0.61						
ⅩⅥ高寒草甸类	24.71	1.32	0.13						
（Ⅰ)高寒草甸亚类	24.71	1.32	0.13						
高山嵩草、异针茅		0.75							
高山嵩草、杂类草	1.24	0.01	0.03						
圆穗蓼、高山嵩草									
高山嵩草、矮生嵩草	22.14	0.46	0.10						
矮生嵩草、青藏苔草	1.33								
金露梅、高山嵩草		0.10							

5. 卡诺区草原退化(含沙化、盐渍化)分级统计表

单位:万亩、%

草原类(亚类)、型	退化草原		轻度退化		中度退化		重度退化	
	面积	占草原面积	面积	占草原面积	面积	占草原面积	面积	占草原面积
合 计	110.59	13.25	110.43	13.23	0.16	0.02		
Ⅰ温性草甸草原类	0.03	14.07	0.003	1.798	0.02	12.27		
丝颖针茅	0.02	21.19			0.02	21.19		
细裂叶莲蒿、禾草	0.00	4.27	0.003	4.268				
Ⅱ温性草原类	19.80	67.24	19.66	66.77	0.14	0.47		
藏沙蒿	16.84	80.42	16.70	79.76	0.14	0.66		
白刺花、细裂叶莲蒿	2.96	34.79	2.96	34.79				
Ⅺ暖性灌草丛类	1.37	75.18	1.37	75.18				
白刺花、禾草	1.37	75.18	1.37	75.18				
ⅩⅤ山地草甸类	39.71	10.51	39.71	10.51				
(Ⅰ)山地草甸亚类								
中亚早熟禾、苔草								
(Ⅱ)亚高山草甸亚类	39.71	10.52	39.71	10.52				
矮生嵩草、杂类草	0.44	65.67	0.44	65.67				
四川嵩草	0.38	9.92	0.38	9.92				
珠牙蓼	1.25	49.33	1.25	49.33				
圆穗蓼、矮生嵩草	3.45	13.40	3.45	13.40				
垂穗披碱草	1.96	73.14	1.96	73.14				
具灌木的高山嵩草	32.23	9.42	32.23	9.42				
ⅩⅥ高寒草甸类	49.69	11.67	49.69	11.67				
(Ⅰ)高寒草甸亚类	49.42	11.63	49.42	11.63				
高山嵩草、杂类草	19.30	8.53	19.30	8.53				
高山嵩草、青藏苔草								
圆穗蓼、高山嵩草	24.10	20.65	24.10	20.65				
高山嵩草、矮生嵩草	0.73	14.10	0.73	14.10				

(续)

草原类(亚类)、型	其　中								
	退化草原			沙化草原			盐渍化		
	轻度退化	中度退化	重度退化	轻度沙化	中度沙化	重度沙化	轻度盐渍化	中度盐渍化	重度盐渍化
合　计	110.43	0.16							
Ⅰ温性草甸草原类	0.003	0.02							
丝颖针茅		0.02							
细裂叶莲蒿、禾草	0.003								
Ⅱ温性草原类	19.66	0.14							
藏沙蒿	16.70	0.14							
白刺花、细裂叶莲蒿	2.96								
Ⅺ暖性灌草丛类	1.37								
白刺花、禾草	1.37								
ⅩⅤ山地草甸类	39.71								
（Ⅰ）山地草甸亚类									
中亚早熟禾、苔草									
（Ⅱ）亚高山草甸亚类	39.71								
矮生嵩草、杂类草	0.44								
四川嵩草	0.38								
珠牙蓼	1.25								
圆穗蓼、矮生嵩草	3.45								
垂穗披碱草	1.96								
具灌木的高山嵩草	32.23								
ⅩⅥ高寒草甸类	49.69								
（Ⅰ）高寒草甸亚类	49.42								
高山嵩草、杂类草	19.30								
高山嵩草、青藏苔草									
圆穗蓼、高山嵩草	24.10								
高山嵩草、矮生嵩草	0.73								

（续）

草原类(亚类)、型	退化草原		轻度退化		中度退化		重度退化	
	面积	占草原面积	面积	占草原面积	面积	占草原面积	面积	占草原面积
矮生嵩草、青藏苔草	5.29	7.19	5.29	7.19				
具锦鸡儿的高山嵩草								
金露梅、高山嵩草								
雪层杜鹃、高山嵩草	0.000 1	0.01	0.000 1	0.006 2				
具灌木的高山嵩草								
（Ⅲ）高寒沼泽化草甸亚类	0.27	44.01	0.27	44.01				
西藏嵩草	0.27	44.01	0.27	44.01				

（续）

草原类（亚类）、型	其 中								
	退化草原			沙化草原			盐渍化		
	轻度退化	中度退化	重度退化	轻度沙化	中度沙化	重度沙化	轻度盐渍化	中度盐渍化	重度盐渍化
矮生嵩草、青藏苔草	5.29								
具锦鸡儿的高山嵩草									
金露梅、高山嵩草									
雪层杜鹃、高山嵩草	0.000 1								
具灌木的高山嵩草									
（Ⅲ）高寒沼泽化草甸亚类	0.27								
西藏嵩草	0.27								

6. 江达县草原退化(含沙化、盐渍化)分级统计表

单位：万亩、%

草原类(亚类)、型	退化草原		轻度退化		中度退化		重度退化	
	面积	占草原面积	面积	占草原面积	面积	占草原面积	面积	占草原面积
合 计	107.19	8.64	107.19	8.64				
Ⅰ 温性草甸草原类	3.26	41.87	3.26	41.87				
丝颖针茅	3.26	41.87	3.26	41.87				
ⅩⅤ 山地草甸类	31.86	11.65	31.86	11.65				
(Ⅰ)山地草甸亚类	9.27	46.54	9.27	46.54				
中亚早熟禾、苔草	9.27	46.54	9.27	46.54				
(Ⅱ)亚高山草甸亚类	22.59	8.91	22.59	8.91				
矮生嵩草、杂类草	3.57	79.49	3.57	79.49				
四川嵩草								
圆穗蓼、矮生嵩草	2.73	36.20	2.73	36.20				
垂穗披碱草	14.72	51.62	14.72	51.62				
具灌木的高山嵩草	1.58	0.74	1.58	0.74				
ⅩⅥ 高寒草甸类	72.07	7.51	72.07	7.51				
(Ⅰ)高寒草甸亚类	72.07	7.51	72.07	7.51				
高山嵩草、异针茅	26.60	77.09	26.60	77.09				
高山嵩草、杂类草	16.44	4.56	16.44	4.56				
高山嵩草、青藏苔草	19.19	5.07	19.19	5.07				
圆穗蓼、高山嵩草	8.24	16.30	8.24	16.30				
矮生嵩草、青藏苔草								
金露梅、高山嵩草								
香柏、高山嵩草								
雪层杜鹃、高山嵩草	1.60	2.65	1.60	2.65				

（续）

草原类(亚类)、型	其 中								
	退化草原			沙化草原			盐渍化		
	轻度退化	中度退化	重度退化	轻度沙化	中度沙化	重度沙化	轻度盐渍化	中度盐渍化	重度盐渍化
合 计	107.19								
Ⅰ温性草甸草原类	3.26								
丝颖针茅	3.26								
ⅩⅤ山地草甸类	31.86								
（Ⅰ）山地草甸亚类	9.27								
中亚早熟禾、苔草	9.27								
（Ⅱ）亚高山草甸亚类	22.59								
矮生嵩草、杂类草	3.57								
四川嵩草									
圆穗蓼、矮生嵩草	2.73								
垂穗披碱草	14.72								
具灌木的高山嵩草	1.58								
ⅩⅥ高寒草甸类	72.07								
（Ⅰ）高寒草甸亚类	72.07								
高山嵩草、异针茅	26.60								
高山嵩草、杂类草	16.44								
高山嵩草、青藏苔草	19.19								
圆穗蓼、高山嵩草	8.24								
矮生嵩草、青藏苔草									
金露梅、高山嵩草									
香柏、高山嵩草									
雪层杜鹃、高山嵩草	1.60								

7. 贡觉县草原退化（含沙化、盐渍化）分级统计表

单位：万亩、%

草原类(亚类)、型	退化草原		轻度退化		中度退化		重度退化	
	面积	占草原面积	面积	占草原面积	面积	占草原面积	面积	占草原面积
合 计	92.49	15.55	87.09	14.64	5.40	0.91		
Ⅰ温性草甸草原类	6.36	49.58	5.44	42.45	0.91	7.13		
丝颖针茅	3.13	59.35	2.32	43.94	0.81	15.41		
细裂叶莲蒿、禾草	3.23	42.76	3.13	41.41	0.10	1.35		
Ⅺ暖性灌草丛类	0.96	66.72	0.38	26.33	0.58	40.39		
白刺花、禾草	0.96	66.72	0.38	26.33	0.58	40.39		
ⅩⅤ山地草甸类	29.31	21.84	26.10	19.45	3.21	2.39		
（Ⅰ）山地草甸亚类	7.66	36.94	6.99	33.70	0.67	3.24		
中亚早熟禾、苔草	6.55	38.47	5.87	34.52	0.67	3.95		
鬼箭锦鸡儿、垂穗披碱草	1.11	29.97	1.11	29.97				
（Ⅱ）亚高山草甸亚类	21.65	19.08	19.12	16.85	2.53	2.23		
矮生嵩草、杂类草	1.16	10.16	1.16	10.16	0.00	0.00		
四川嵩草	1.50	14.27	1.50	14.27				
珠牙蓼								
圆穗蓼、矮生嵩草	12.17	31.02	11.36	28.95	0.81	2.07		
垂穗披碱草	2.98	14.43	2.69	13.04	0.29	1.40		
具灌木的高山嵩草	3.85	13.60	2.41	8.52	1.44	5.08		
ⅩⅥ高寒草甸类	55.87	12.52	55.17	12.36	0.70	0.16		
（Ⅰ）高寒草甸亚类	39.41	9.45	38.71	9.28	0.70	0.17		
高山嵩草、异针茅	0.21	5.66	0.21	5.61	0.00	0.05		
高山嵩草、杂类草	0.45	1.32	0.45	1.31	0.00	0.00		
高山嵩草、青藏苔草	22.16	9.89	22.05	9.84	0.12	0.05		
圆穗蓼、高山嵩草	7.28	13.31	7.28	13.31				
高山嵩草、矮生嵩草	4.27	49.60	3.90	45.21	0.38	4.38		
具锦鸡儿的高山嵩草	0.04	0.97	0.04	0.97				

（续）

草原类(亚类)、型	其 中								
	退化草原			沙化草原			盐渍化		
	轻度退化	中度退化	重度退化	轻度沙化	中度沙化	重度沙化	轻度盐渍化	中度盐渍化	重度盐渍化
合 计	87.09	5.40							
Ⅰ温性草甸草原类	5.44	0.91							
丝颖针茅	2.32	0.81							
细裂叶莲蒿、禾草	3.13	0.10							
Ⅺ暖性灌草丛类	0.38	0.58							
白刺花、禾草	0.38	0.58							
ⅩⅤ山地草甸类	26.10	3.21							
(Ⅰ)山地草甸亚类	6.99	0.67							
中亚早熟禾、苔草	5.87	0.67							
鬼箭锦鸡儿、垂穗披碱草	1.11								
(Ⅱ)亚高山草甸亚类	19.12	2.53							
矮生嵩草、杂类草	1.16	0.00							
四川嵩草	1.50								
珠牙蓼									
圆穗蓼、矮生嵩草	11.36	0.81							
垂穗披碱草	2.69	0.29							
具灌木的高山嵩草	2.41	1.44							
ⅩⅥ高寒草甸类	55.17	0.70							
(Ⅰ)高寒草甸亚类	38.71	0.70							
高山嵩草、异针茅	0.21	0.00							
高山嵩草、杂类草	0.45	0.00							
高山嵩草、青藏苔草	22.05	0.12							
圆穗蓼、高山嵩草	7.28								
高山嵩草、矮生嵩草	3.90	0.38							
具锦鸡儿的高山嵩草	0.04								

（续）

草原类（亚类）、型	退化草原		轻度退化		中度退化		重度退化	
	面积	占草原面积	面积	占草原面积	面积	占草原面积	面积	占草原面积
金露梅、高山嵩草	0.31	8.30	0.31	8.30				
雪层杜鹃、高山嵩草	4.69	5.55	4.49	5.31	0.20	0.24		
（Ⅲ）高寒沼泽化草甸亚类	16.45	56.59	16.45	56.59				
华扁穗草	16.45	56.59	16.45	56.59				

(续)

草原类(亚类)、型	其 中								
	退化草原			沙化草原			盐渍化		
	轻度退化	中度退化	重度退化	轻度沙化	中度沙化	重度沙化	轻度盐渍化	中度盐渍化	重度盐渍化
金露梅、高山嵩草	0.31								
雪层杜鹃、高山嵩草	4.49	0.20							
(Ⅲ)高寒沼泽化草甸亚类	16.45								
华扁穗草	16.45								

8. 类乌齐县草原退化(含沙化、盐渍化)分级统计表

单位:万亩、%

草原类(亚类)、型	退化草原		轻度退化		中度退化		重度退化	
	面积	占草原面积	面积	占草原面积	面积	占草原面积	面积	占草原面积
合 计	41.61	8.09	35.41	6.89	4.43	0.86	1.77	0.34
Ⅰ温性草甸草原类								
细裂叶莲蒿、禾草								
ⅩⅤ山地草甸类	30.56	39.17	24.49	31.38	4.30	5.51	1.77	2.27
（Ⅱ）亚高山草甸亚类	30.56	39.17	24.49	31.38	4.30	5.51	1.77	2.27
矮生嵩草、杂类草	18.03	84.74	12.23	57.49	4.09	19.22	1.71	8.03
珠牙蓼	0.21	92.86	0.21	92.86				
圆穗蓼、矮生嵩草	2.81	25.71	2.60	23.77	0.21	1.94		
垂穗披碱草								
具灌木的高山嵩草	9.51	20.94	9.45	20.80			0.06	0.14
ⅩⅥ高寒草甸类	11.05	2.53	10.93	2.50	0.12	0.03		
（Ⅰ）高寒草甸亚类	11.05	2.53	10.93	2.50	0.12	0.03		
高山嵩草、杂类草	3.84	1.26	3.84	1.26				
圆穗蓼、高山嵩草	0.01	0.11	0.01	0.11				
高山嵩草、矮生嵩草	4.34	29.75	4.34	29.75				
矮生嵩草、青藏苔草								
金露梅、高山嵩草	1.27	5.11	1.22	4.90	0.05	0.21		
雪层杜鹃、高山嵩草	1.60	1.90	1.52	1.82	0.07	0.09		

(续)

草原类(亚类)、型	退化草原			沙化草原			盐渍化		
	轻度退化	中度退化	重度退化	轻度沙化	中度沙化	重度沙化	轻度盐渍化	中度盐渍化	重度盐渍化
合 计	35.41	4.43	1.77						
Ⅰ温性草甸草原类									
细裂叶莲蒿、禾草									
ⅩⅤ山地草甸类	24.49	4.30	1.77						
(Ⅱ)亚高山草甸亚类	24.49	4.30	1.77						
矮生嵩草、杂类草	12.23	4.09	1.71						
珠牙蓼	0.21								
圆穗蓼、矮生嵩草	2.60	0.21							
垂穗披碱草									
具灌木的高山嵩草	9.45		0.06						
ⅩⅥ高寒草甸类	10.93	0.12							
(Ⅰ)高寒草甸亚类	10.93	0.12							
高山嵩草、杂类草	3.84								
圆穗蓼、高山嵩草	0.01								
高山嵩草、矮生嵩草	4.34								
矮生嵩草、青藏苔草									
金露梅、高山嵩草	1.22	0.05							
雪层杜鹃、高山嵩草	1.52	0.07							

9. 丁青县草原退化（含沙化、盐渍化）分级统计表

单位：万亩、％

草原类（亚类）、型	退化草原		轻度退化		中度退化		重度退化	
	面积	占草原面积	面积	占草原面积	面积	占草原面积	面积	占草原面积
合　计	54.37	5.21	27.44	2.63	16.90	1.62	10.03	0.96
Ⅰ温性草甸草原类	15.98	87.21	3.26	17.77	9.70	52.90	3.03	16.54
丝颖针茅	14.78	86.93	3.26	19.16	8.49	49.95	3.03	17.82
细裂叶莲蒿、禾草	1.20	90.81			1.20	90.81		
Ⅱ温性草原类	9.24	65.14	4.97	35.03	4.27	30.11		
长芒草	7.28	69.41	3.60	34.32	3.68	35.09		
藏沙蒿	1.96	53.02	1.37	37.05	0.59	15.97		
ⅩⅤ山地草甸类	5.77	33.39	4.00	23.15	1.77	10.25		
（Ⅰ）山地草甸亚类								
中亚早熟禾、苔草								
（Ⅱ）亚高山草甸亚类	5.77	36.29	4.00	25.15	1.77	11.13		
矮生嵩草、杂类草	2.75	78.66	1.71	49.04	1.03	29.62		
四川嵩草	1.07	100.00	0.93	86.89	0.14	13.11		
珠牙蓼	0.08	4.93	0.08	4.93				
垂穗披碱草	1.87	20.11	1.27	13.70	0.60	6.41		
具灌木的高山嵩草								
ⅩⅥ高寒草甸类	23.38	2.35	15.22	1.53	1.16	0.12	7.00	0.70
（Ⅰ）高寒草甸亚类	22.68	2.33	14.52	1.49	1.16	0.12	7.00	0.72
高山嵩草、异针茅	7.86	55.69	0.03	0.20	1.12	7.96	6.71	47.53
高山嵩草、杂类草	0.18	0.03	0.12	0.02	0.04	0.01	0.01	0.00
高山嵩草、青藏苔草								
圆穗蓼、高山嵩草	8.01	3.14	7.98	3.13			0.03	0.01
高山嵩草、矮生嵩草	3.13	2.63	2.88	2.42			0.25	0.21
具锦鸡儿的高山嵩草	0.16	52.75	0.16	52.75				
金露梅、高山嵩草	0.00	100.00	0.00	100.00				

(续)

草原类(亚类)、型	其 中								
	退化草原			沙化草原			盐渍化		
	轻度退化	中度退化	重度退化	轻度沙化	中度沙化	重度沙化	轻度盐渍化	中度盐渍化	重度盐渍化
合 计	27.44	16.90	10.03						
Ⅰ温性草甸草原类	3.26	9.70	3.03						
丝颖针茅	3.26	8.49	3.03						
细裂叶莲蒿、禾草		1.20							
Ⅱ温性草原类	4.97	4.27							
长芒草	3.60	3.68							
藏沙蒿	1.37	0.59							
ⅩⅤ山地草甸类	4.00	1.77							
(Ⅰ)山地草甸亚类									
中亚早熟禾、苔草									
(Ⅱ)亚高山草甸亚类	4.00	1.77							
矮生嵩草、杂类草	1.71	1.03							
四川嵩草	0.93	0.14							
珠牙蓼	0.08								
垂穗披碱草	1.27	0.60							
具灌木的高山嵩草									
ⅩⅥ高寒草甸类	15.22	1.16	7.00						
(Ⅰ)高寒草甸亚类	14.52	1.16	7.00						
高山嵩草、异针茅	0.03	1.12	6.71						
高山嵩草、杂类草	0.12	0.04	0.01						
高山嵩草、青藏苔草									
圆穗蓼、高山嵩草	7.98		0.03						
高山嵩草、矮生嵩草	2.88		0.25						
具锦鸡儿的高山嵩草	0.16								
金露梅、高山嵩草	0.00								

（续）

草原类（亚类）、型	退化草原		轻度退化		中度退化		重度退化	
	面积	占草原面积	面积	占草原面积	面积	占草原面积	面积	占草原面积
雪层杜鹃、高山嵩草								
具灌木的高山嵩草	3.34	22.42	3.34	22.42				
（Ⅲ）高寒沼泽化草甸亚类	0.70	3.47	0.70	3.47				
西藏嵩草	0.70	3.47	0.70	3.47				

(续)

草原类(亚类)、型	其 中								
	退化草原			沙化草原			盐渍化		
	轻度退化	中度退化	重度退化	轻度沙化	中度沙化	重度沙化	轻度盐渍化	中度盐渍化	重度盐渍化
雪层杜鹃、高山嵩草									
具灌木的高山嵩草	3.34								
(Ⅲ)高寒沼泽化草甸亚类	0.70								
西藏嵩草	0.70								

10. 察雅县草原退化（含沙化、盐渍化）分级统计表

单位：万亩、%

草原类（亚类）、型	退化草原		轻度退化		中度退化		重度退化	
	面积	占草原面积	面积	占草原面积	面积	占草原面积	面积	占草原面积
合　计	130.93	15.43	124.04	14.62	6.70	0.79	0.19	0.02
Ⅰ温性草甸草原类	6.21	45.10	0.11	0.82	6.10	44.28		
细裂叶莲蒿、禾草	6.21	45.10	0.11	0.82	6.10	44.28		
Ⅱ温性草原类	47.43	45.15	47.39	45.12	0.03	0.03		
藏沙蒿	0.04	100.00	0.04	100.00				
白刺花、细裂叶莲蒿	47.39	45.13	47.35	45.10	0.03	0.03		
Ⅺ暖性灌草丛类	0.66	49.65	0.66	49.65				
白刺花、禾草	0.66	49.65	0.66	49.65				
ⅩⅤ山地草甸类	31.44	20.92	31.44	20.92				
（Ⅰ）山地草甸亚类								
鬼箭锦鸡儿、垂穗披碱草								
（Ⅱ）亚高山草甸亚类	31.44	20.94	31.44	20.94				
矮生嵩草、杂类草	13.43	32.44	13.43	32.44				
圆穗蓼、矮生嵩草	0.93	34.88	0.93	34.88				
具灌木的高山嵩草	17.08	16.10	17.08	16.10				
ⅩⅥ高寒草甸类	45.19	7.82	44.44	7.68	0.57	0.10	0.19	0.03
（Ⅰ）高寒草甸亚类	42.65	7.48	41.89	7.34	0.57	0.10	0.19	0.03
高山嵩草、异针茅	0.19	10.29					0.19	10.29
高山嵩草、杂类草	15.18	6.44	15.15	6.42	0.03	0.01		
高山嵩草、青藏苔草	0.66	26.78	0.66	26.78				
圆穗蓼、高山嵩草	16.65	7.78	16.11	7.53	0.54	0.25		
矮生嵩草、青藏苔草	0.24	3.25	0.24	3.25				
具锦鸡儿的高山嵩草	3.65	17.22	3.65	17.22				
金露梅、高山嵩草	5.39	11.31	5.39	11.31				
雪层杜鹃、高山嵩草	0.18	2.28	0.18	2.28				

（续）

草原类(亚类)、型	其 中								
	退化草原			沙化草原			盐渍化		
	轻度退化	中度退化	重度退化	轻度沙化	中度沙化	重度沙化	轻度盐渍化	中度盐渍化	重度盐渍化
合 计	124.04	6.70	0.19						
Ⅰ温性草甸草原类	0.11	6.10							
细裂叶莲蒿、禾草	0.11	6.10							
Ⅱ温性草原类	47.39	0.03							
藏沙蒿	0.04								
白刺花、细裂叶莲蒿	47.35	0.03							
Ⅺ暖性灌草丛类	0.66								
白刺花、禾草	0.66								
ⅩⅤ山地草甸类	31.44								
（Ⅰ）山地草甸亚类									
鬼箭锦鸡儿、垂穗披碱草									
（Ⅱ）亚高山草甸亚类	31.44								
矮生嵩草、杂类草	13.43								
圆穗蓼、矮生嵩草	0.93								
具灌木的高山嵩草	17.08								
ⅩⅥ高寒草甸类	44.44	0.57	0.19						
（Ⅰ）高寒草甸亚类	41.89	0.57	0.19						
高山嵩草、异针茅			0.19						
高山嵩草、杂类草	15.15	0.03							
高山嵩草、青藏苔草	0.66								
圆穗蓼、高山嵩草	16.11	0.54							
矮生嵩草、青藏苔草	0.24								
具锦鸡儿的高山嵩草	3.65								
金露梅、高山嵩草	5.39								
雪层杜鹃、高山嵩草	0.18								

（续）

草原类(亚类)、型	退化草原		轻度退化		中度退化		重度退化	
	面积	占草原面积	面积	占草原面积	面积	占草原面积	面积	占草原面积
具灌木的高山嵩草	0.50	1.56	0.50	1.56				
（Ⅲ）高寒沼泽化草甸亚类	2.54	32.90	2.54	32.90				
西藏嵩草	0.12	27.42	0.12	27.42				
华扁穗草	2.42	33.23	2.42	33.23				

(续)

草原类(亚类)、型	其　中								
	退化草原			沙化草原			盐渍化		
	轻度退化	中度退化	重度退化	轻度沙化	中度沙化	重度沙化	轻度盐渍化	中度盐渍化	重度盐渍化
具灌木的高山嵩草	0.50								
(Ⅲ)高寒沼泽化草甸亚类	2.54								
西藏嵩草	0.12								
华扁穗草	2.42								

11. 八宿县草原退化(含沙化、盐渍化)分级统计表

单位:万亩、%

草原类(亚类)、型	退化草原		轻度退化		中度退化		重度退化	
	面积	占草原面积	面积	占草原面积	面积	占草原面积	面积	占草原面积
合 计	167.99	19.43	132.63	15.34	35.00	4.05	0.36	0.04
Ⅰ温性草甸草原类	46.02	41.55	32.97	29.77	13.00	11.74	0.05	0.04
丝颖针茅	4.12	11.75	4.12	11.75				
细裂叶莲蒿、禾草	41.89	55.39	28.85	38.13	13.00	17.19	0.05	0.06
Ⅱ温性草原类	39.83	83.99	26.15	55.13	13.37	28.20	0.31	0.66
长芒草	12.38	91.89	9.70	72.03	2.63	19.55	0.04	0.32
藏沙蒿	0.46	11.34	0.22	5.49			0.23	5.84
白刺花、细裂叶莲蒿	27.00	90.17	16.22	54.18	10.74	35.87	0.03	0.11
ⅩⅤ山地草甸类	10.66	42.23	8.12	32.16	2.54	10.07		
(Ⅰ)山地草甸亚类	8.68	37.33	8.12	34.92	0.56	2.41		
中亚早熟禾、苔草	8.68	37.33	8.12	34.92	0.56	2.41		
(Ⅱ)亚高山草甸亚类	1.98	99.52			1.98	99.52		
圆穗蓼、矮生嵩草	1.98	100.00			1.98	100.00		
垂穗披碱草								
具灌木的高山嵩草								
ⅩⅥ高寒草甸类	71.48	10.50	65.40	9.60	6.08	0.89		
(Ⅰ)高寒草甸亚类	65.96	10.49	61.32	9.75	4.65	0.74		
高山嵩草、异针茅	1.23	2.10	1.23	2.10				
高山嵩草、杂类草	41.27	11.88	37.65	10.84	3.62	1.04		
高山嵩草、青藏苔草	5.37	17.48	5.37	17.48				
圆穗蓼、高山嵩草								
高山嵩草、矮生嵩草	15.72	18.59	15.71	18.58	0.01	0.01		
具锦鸡儿的高山嵩草	1.33	14.13	0.31	3.29	1.02	10.85		
金露梅、高山嵩草	1.04	2.83	1.04	2.83				
雪层杜鹃、高山嵩草								

（续）

草原类（亚类）、型	其中								
	退化草原			沙化草原			盐渍化		
	轻度退化	中度退化	重度退化	轻度沙化	中度沙化	重度沙化	轻度盐渍化	中度盐渍化	重度盐渍化
合　计	132.63	35.00	0.36						
Ⅰ温性草甸草原类	32.97	13.00	0.05						
丝颖针茅	4.12								
细裂叶莲蒿、禾草	28.85	13.00	0.05						
Ⅱ温性草原类	26.15	13.37	0.31						
长芒草	9.70	2.63	0.04						
藏沙蒿	0.22		0.23						
白刺花、细裂叶莲蒿	16.22	10.74	0.03						
ⅩⅤ山地草甸类	8.12	2.54							
（Ⅰ）山地草甸亚类	8.12	0.56							
中亚早熟禾、苔草	8.12	0.56							
（Ⅱ）亚高山草甸亚类		1.98							
圆穗蓼、矮生嵩草		1.98							
垂穗披碱草									
具灌木的高山嵩草									
ⅩⅥ高寒草甸类	65.40	6.08							
（Ⅰ）高寒草甸亚类	61.32	4.65							
高山嵩草、异针茅	1.23								
高山嵩草、杂类草	37.65	3.62							
高山嵩草、青藏苔草	5.37								
圆穗蓼、高山嵩草									
高山嵩草、矮生嵩草	15.71	0.01							
具锦鸡儿的高山嵩草	0.31	1.02							
金露梅、高山嵩草	1.04								
雪层杜鹃、高山嵩草									

（续）

草原类(亚类)、型	退化草原		轻度退化		中度退化		重度退化	
	面积	占草原面积	面积	占草原面积	面积	占草原面积	面积	占草原面积
具灌木的高山嵩草								
(Ⅲ)高寒沼泽化草甸亚类	5.52	10.57	4.08	7.82	1.44	2.75		
西藏嵩草	5.52	10.57	4.08	7.82	1.44	2.75		

（续）

草原类（亚类）、型	其中								
	退化草原			沙化草原			盐渍化		
	轻度退化	中度退化	重度退化	轻度沙化	中度沙化	重度沙化	轻度盐渍化	中度盐渍化	重度盐渍化
具灌木的高山嵩草									
（Ⅲ）高寒沼泽化草甸亚类	4.08	1.44							
西藏嵩草	4.08	1.44							

（三）山南地区草原退化（含沙化、盐渍化）分级统计表

单位：万亩、%

草原类（亚类）、型	退化草原		轻度退化		中度退化		重度退化	
	面积	占草原面积	面积	占草原面积	面积	占草原面积	面积	占草原面积
合计	1 806.57	37.39	1 246.89	25.80	502.08	10.39	57.60	1.19
Ⅰ 温性草甸草原类	10.07	98.82	10.07	98.82				
细裂叶莲蒿、禾草	10.07	98.82	10.07	98.82				
Ⅱ 温性草原类	487.54	83.74	263.09	45.19	202.49	34.78	21.95	3.77
固沙草	15.87	89.45	6.73	37.92	7.09	39.95	2.05	11.57
藏布三芒草	99.25	73.76	64.46	47.90	29.22	21.71	5.57	4.14
白草	53.09	98.89	9.80	18.25	38.46	71.64	4.83	8.99
毛莲蒿	45.55	93.51	4.30	8.83	39.69	81.47	1.56	3.21
日喀则蒿	42.59	84.02	30.53	60.23	11.31	22.32	0.75	1.48
砂生槐、蒿、禾草	170.80	88.17	107.49	55.49	57.45	29.66	5.86	3.02
小叶野丁香、毛莲蒿	46.41	71.09	29.98	45.93	15.53	23.79	0.90	1.37
具灌木的毛莲蒿、白草	13.98	78.57	9.81	55.11	3.75	21.05	0.43	2.41
Ⅳ 高寒草甸草原类	172.49	52.12	112.82	34.09	49.17	14.86	10.50	3.17
丝颖针茅	61.61	65.67	32.08	34.19	21.28	22.68	8.26	8.80
金露梅、紫花针茅、高山嵩草	54.61	56.19	38.71	39.83	13.86	14.26	2.04	2.10
香柏、臭草	56.27	40.20	42.03	30.03	14.03	10.02	0.21	0.15
Ⅴ 高寒草原类	330.72	60.97	182.06	33.56	136.08	25.08	12.58	2.32
紫花针茅	97.51	66.62	45.07	30.79	45.94	31.39	6.49	4.44
紫花针茅、杂类草	16.67	62.70	6.77	25.46	9.90	37.24		
固沙草、紫花针茅	38.35	47.22	21.39	26.34	14.45	17.80	2.50	3.08
藏沙蒿、紫花针茅	178.20	61.81	108.83	37.75	65.78	22.82	3.59	1.24
ⅩⅤ 山地草甸类	54.40	44.18	41.96	34.07	7.19	5.84	5.25	4.26
（Ⅰ）山地草甸亚类	20.34	35.42	17.80	31.00	1.35	2.35	1.19	2.07
楔叶绣线菊、中亚早熟禾	20.34	35.42	17.80	31.00	1.35	2.35	1.19	2.07

（续）

草原类（亚类）、型	其中								
	退化草原			沙化草原			盐渍化		
	轻度退化	中度退化	重度退化	轻度沙化	中度沙化	重度沙化	轻度盐渍化	中度盐渍化	重度盐渍化
合计	1 084.68	399.50	40.84	162.20	102.59	16.76			
Ⅰ温性草甸草原类	10.07								
细裂叶莲蒿、禾草	10.07								
Ⅱ温性草原类	170.70	114.12	8.56	92.40	88.38	13.39			
固沙草	0.79			5.94	7.09	2.05			
藏布三芒草	64.40	29.22	4.92	0.05		0.65			
白草	1.84			7.96	38.46	4.83			
毛莲蒿	4.30	39.69	1.56						
日喀则蒿	30.53	11.17	0.75		0.14				
砂生槐、蒿、禾草	29.05	15.74		78.44	41.71	5.86			
小叶野丁香、毛莲蒿	29.98	14.55	0.90		0.98				
具灌木的毛莲蒿、白草	9.81	3.75	0.43						
Ⅳ高寒草甸草原类	112.73	49.17	10.50	0.09					
丝颖针茅	31.98	21.28	8.26	0.09					
金露梅、紫花针茅、高山嵩草	38.71	13.86	2.04						
香柏、臭草	42.03	14.03	0.21						
Ⅴ高寒草原类	112.54	121.91	9.22	69.52	14.16	3.37			
紫花针茅	45.07	45.94	6.49						
紫花针茅、杂类草	6.77	9.90							
固沙草、紫花针茅	8.71	10.49		12.68	3.96	2.50			
藏沙蒿、紫花针茅	51.99	55.58	2.72	56.83	10.21	0.86			
ⅩⅤ山地草甸类	41.96	7.19	5.25						
（Ⅰ）山地草甸亚类	17.80	1.35	1.19						
楔叶绣线菊、中亚早熟禾	17.80	1.35	1.19						

（续）

草原类（亚类）、型	退化草原		轻度退化		中度退化		重度退化	
	面积	占草原面积	面积	占草原面积	面积	占草原面积	面积	占草原面积
（Ⅱ）亚高山草甸亚类	34.05	51.83	24.15	36.76	5.84	8.89	4.06	6.18
具灌木的矮生嵩草	34.05	51.83	24.15	36.76	5.84	8.89	4.06	6.18
ⅩⅥ高寒草甸类	749.34	23.89	634.88	20.24	107.15	3.42	7.31	0.23
（Ⅰ）高寒草甸亚类	668.62	22.33	577.04	19.27	85.49	2.86	6.09	0.20
高山嵩草、异针茅	0.75	59.14	0.75	59.14				
高山嵩草、杂类草	471.48	23.89	394.04	19.96	71.48	3.62	5.96	0.30
高山嵩草、青藏苔草	21.16	21.64	21.16	21.64				
圆穗蓼、高山嵩草	5.73	13.11	5.73	13.11				
高山嵩草、矮生嵩草	15.91	73.73	11.93	55.27	3.99	18.47		
矮生嵩草、青藏苔草	49.42	26.08	44.58	23.52	4.84	2.55		
金露梅、高山嵩草	78.90	23.35	75.68	22.39	3.20	0.95	0.02	0.01
香柏、高山嵩草	25.26	7.68	23.16	7.04	1.98	0.60	0.11	0.03
（Ⅲ）高寒沼泽化草甸亚类	80.73	56.68	57.84	40.61	21.66	15.21	1.22	0.86
藏北嵩草	61.04	51.49	48.32	40.75	12.27	10.35	0.46	0.38
华扁穗草	19.68	82.47	9.53	39.91	9.39	39.34	0.77	3.21
Ⅻ热性草丛类	2.00	1.88	2.00	1.88				
白茅	2.00	1.88	2.00	1.88				

（续）

草原类（亚类）、型	其中								
	退化草原			沙化草原			盐渍化		
	轻度退化	中度退化	重度退化	轻度沙化	中度沙化	重度沙化	轻度盐渍化	中度盐渍化	重度盐渍化
（Ⅱ）亚高山草甸亚类	24.15	5.84	4.06						
具灌木的矮生嵩草	24.15	5.84	4.06						
ⅩⅥ高寒草甸类	634.68	107.11	7.31	0.20	0.05				
（Ⅰ）高寒草甸亚类	576.98	85.44	6.09	0.06	0.05				
高山嵩草、异针茅	0.75								
高山嵩草、杂类草	393.98	71.44	5.96	0.06	0.05				
高山嵩草、青藏苔草	21.16								
圆穗蓼、高山嵩草	5.73								
高山嵩草、矮生嵩草	11.93	3.99							
矮生嵩草、青藏苔草	44.58	4.84							
金露梅、高山嵩草	75.68	3.20	0.02						
香柏、高山嵩草	23.16	1.98	0.11						
（Ⅲ）高寒沼泽化草甸亚类	57.70	21.66	1.22	0.14					
藏北嵩草	48.18	12.27	0.46	0.14					
华扁穗草	9.53	9.39	0.77						
ⅩⅡ热性草丛类	2.00								
白茅	2.00								

1.乃东县草原退化（含沙化、盐渍化）分级统计表

单位:万亩、%

草原类(亚类)、型	退化草原		轻度退化		中度退化		重度退化	
	面积	占草原面积	面积	占草原面积	面积	占草原面积	面积	占草原面积
合计	99.29	39.83	62.28	24.98	26.48	10.62	10.53	4.22
Ⅱ温性草原类	54.88	83.00	32.56	49.25	18.13	27.42	4.19	6.33
固沙草	4.31	97.48	2.42	54.66	0.53	11.89	1.37	30.93
藏布三芒草	29.14	77.31	19.62	52.06	9.00	23.87	0.52	1.39
白草	1.02	90.98	0.49	43.94	0.52	46.41	0.01	0.63
日喀则蒿	0.18	100.00	0.06	32.60	0.12	67.40		
砂生槐、蒿、禾草	11.35	93.48	5.15	42.40	4.32	35.61	1.88	15.46
小叶野丁香、毛莲蒿	3.58	90.06	1.81	45.50	1.64	41.27	0.13	3.29
具灌木的毛莲蒿、白草	5.30	80.39	3.02	45.77	2.00	30.41	0.28	4.21
Ⅳ高寒草甸草原类	24.35	84.72	14.75	51.31	3.82	13.29	5.78	20.11
丝颖针茅	13.07	95.76	7.46	54.66	0.47	3.44	5.14	37.65
金露梅、紫花针茅、高山嵩草	11.28	74.73	7.29	48.29	3.35	22.19	0.64	4.24
Ⅴ高寒草原类	3.51	37.74	3.48	37.50	0.02	0.23		
固沙草、紫花针茅	0.03	27.60	0.03	27.60				
藏沙蒿、紫花针茅	3.47	37.86	3.45	37.63	0.02	0.24		
ⅩⅥ高寒草甸类	16.55	11.40	11.48	7.91	4.51	3.10	0.56	0.39
（Ⅰ）高寒草甸亚类	11.63	8.96	7.50	5.78	3.57	2.75	0.56	0.43
高山嵩草、杂类草	9.73	8.72	5.93	5.32	3.26	2.92	0.55	0.49
圆穗蓼、高山嵩草								
矮生嵩草、青藏苔草	0.11	28.23	0.11	28.00	0.00	0.24		
金露梅、高山嵩草	1.68	12.41	1.36	10.00	0.31	2.29	0.02	0.12
香柏、高山嵩草	0.11	49.22	0.11	49.22				
（Ⅲ）高寒沼泽化草甸亚类	4.91	32.15	3.98	26.02	0.94	6.13		
藏北嵩草	4.91	32.15	3.98	26.02	0.94	6.13		

（续）

草原类(亚类)、型	其中								
	退化草原			沙化草原			盐渍化		
	轻度退化	中度退化	重度退化	轻度沙化	中度沙化	重度沙化	轻度盐渍化	中度盐渍化	重度盐渍化
合计	55.84	20.85	7.28	6.44	5.63	3.25			
Ⅱ温性草原类	26.34	12.50	0.93	6.22	5.63	3.25			
固沙草	0.02			2.40	0.53	1.37			
藏布三芒草	19.62	9.00	0.52						
白草				0.49	0.52	0.01			
日喀则蒿	0.06	0.12							
砂生槐、蒿、禾草	1.82	0.72		3.33	3.60	1.88			
小叶野丁香、毛莲蒿	1.81	0.66	0.13		0.98				
具灌木的毛莲蒿、白草	3.02	2.00	0.28						
Ⅳ高寒草甸草原类	14.75	3.82	5.78						
丝颖针茅	7.46	0.47	5.14						
金露梅、紫花针茅、高山蒿草	7.29	3.35	0.64						
Ⅴ高寒草原类	3.41	0.02		0.08					
固沙草、紫花针茅	0.03								
藏沙蒿、紫花针茅	3.38	0.02		0.08					
ⅩⅥ高寒草甸类	11.34	4.51	0.56	0.14					
（Ⅰ）高寒草甸亚类	7.50	3.57	0.56						
高山蒿草、杂类草	5.93	3.26	0.55						
圆穗蓼、高山蒿草									
矮生蒿草、青藏苔草	0.11	0.00							
金露梅、高山蒿草	1.36	0.31	0.02						
香柏、高山蒿草	0.11								
（Ⅲ）高寒沼泽化草甸亚类	3.84	0.94		0.14					
藏北蒿草	3.84	0.94		0.14					

2. 扎囊县草原退化（含沙化、盐渍化）分级统计表

单位：万亩、％

草原类（亚类）、型	退化草原		轻度退化		中度退化		重度退化	
	面积	占草原面积	面积	占草原面积	面积	占草原面积	面积	占草原面积
合计	104.23	44.58	69.88	29.89	26.03	11.13	8.32	3.56
Ⅱ温性草原类	76.48	95.77	45.09	56.47	23.20	29.06	8.18	10.25
藏布三芒草	16.46	97.01	6.21	36.62	7.82	46.08	2.43	14.31
白草	23.47	100.00	5.13	21.85	13.52	57.61	4.82	20.54
砂生槐、蒿、禾草	25.18	98.78	22.67	88.94	1.57	6.18	0.93	3.66
小叶野丁香、毛莲蒿	11.34	81.59	11.07	79.69	0.26	1.90		
具灌木的毛莲蒿、白草	0.03	100.00	0.00	14.35	0.02	85.65		
Ⅳ高寒草甸草原类	15.43	46.00	12.52	37.32	2.79	8.33	0.11	0.34
丝颖针茅	9.24	98.12	9.24	98.12				
金露梅、紫花针茅、高山嵩草	6.18	25.69	3.27	13.61	2.79	11.61	0.11	0.47
香柏、臭草								
Ⅴ高寒草原类	5.84	87.63	5.80	87.03	0.02	0.27	0.02	0.33
固沙草、紫花针茅								
藏沙蒿、紫花针茅	5.84	87.68	5.80	87.08	0.02	0.27	0.02	0.33
ⅩⅥ高寒草甸类	6.48	5.70	6.47	5.69	0.01	0.01		
（Ⅰ）高寒草甸亚类	6.45	5.71	6.44	5.69	0.01	0.01		
高山嵩草、杂类草	5.60	5.72	5.59	5.71	0.01	0.01		
圆穗蓼、高山嵩草	0.07	13.76	0.07	13.76				
矮生嵩草、青藏苔草								
金露梅、高山嵩草	0.78	5.32	0.78	5.32				
香柏、高山嵩草								
（Ⅲ）高寒沼泽化草甸亚类	0.03	4.48	0.03	4.48				
藏北嵩草	0.03	4.48	0.03	4.48				

(续)

草原类(亚类)、型	其 中								
	退化草原			沙化草原			盐渍化		
	轻度退化	中度退化	重度退化	轻度沙化	中度沙化	重度沙化	轻度盐渍化	中度盐渍化	重度盐渍化
合计	37.18	10.91	2.54	32.70	15.12	5.78			
Ⅱ温性草原类	18.19	8.11	2.43	26.90	15.10	5.75			
藏布三芒草	6.21	7.82	2.43						
白草				5.13	13.52	4.82			
砂生槐、蒿、禾草	0.90			21.77	1.57	0.93			
小叶野丁香、毛莲蒿	11.07	0.26							
具灌木的毛莲蒿、白草	0.00	0.02							
Ⅳ高寒草甸草原类	12.52	2.79	0.11						
丝颖针茅	9.24								
金露梅、紫花针茅、高山嵩草	3.27	2.79	0.11						
香柏、臭草									
Ⅴ高寒草原类				5.80	0.02	0.02			
固沙草、紫花针茅									
藏沙蒿、紫花针茅				5.80	0.02	0.02			
ⅩⅥ高寒草甸类	6.47	0.01							
(Ⅰ)高寒草甸亚类	6.44	0.01							
高山嵩草、杂类草	5.59	0.01							
圆穗蓼、高山嵩草	0.07								
矮生嵩草、青藏苔草									
金露梅、高山嵩草	0.78								
香柏、高山嵩草									
(Ⅲ)高寒沼泽化草甸亚类	0.03								
藏北嵩草	0.03								

3. 贡嘎县草原退化（含沙化、盐渍化）分级统计表

单位：万亩、%

草原类（亚类）、型	退化草原		轻度退化		中度退化		重度退化	
	面积	占草原面积	面积	占草原面积	面积	占草原面积	面积	占草原面积
合计	124.62	44.67	65.27	23.40	50.00	17.92	9.35	3.35
Ⅱ温性草原类	83.26	70.85	41.40	35.24	36.71	31.24	5.14	4.38
藏布三芒草	38.69	64.77	24.81	41.54	11.26	18.84	2.62	4.38
白草	0.04	100.00			0.04	100.00		
日喀则蒿	2.40	95.00	0.11	4.35	1.54	61.01	0.75	29.63
砂生槐、蒿、禾草	42.13	76.31	16.48	29.85	23.87	43.24	1.78	3.22
Ⅳ高寒草甸草原类	10.29	39.43	2.95	11.32	3.44	13.17	3.90	14.93
丝颖针茅	5.10	26.70	1.42	7.43	1.07	5.59	2.61	13.68
金露梅、紫花针茅、高山嵩草	5.11	75.56	1.53	22.67	2.30	33.94	1.28	18.95
香柏、臭草	0.07	33.71			0.07	33.71		
Ⅴ高寒草原类	14.61	52.14	10.94	39.02	3.68	13.12		
藏沙蒿、紫花针茅	14.61	52.14	10.94	39.02	3.68	13.12		
ⅩⅤ山地草甸类	0.41	84.19			0.35	72.39	0.06	11.80
（Ⅱ）亚高山草甸亚类	0.41	84.19			0.35	72.39	0.06	11.80
具灌木的矮生嵩草	0.41	84.19			0.35	72.39	0.06	11.80
ⅩⅥ高寒草甸类	16.06	15.03	9.98	9.34	5.83	5.46	0.25	0.24
（Ⅰ）高寒草甸亚类	15.94	15.22	9.86	9.41	5.83	5.57	0.25	0.24
高山嵩草、杂类草	8.16	10.67	5.01	6.55	3.01	3.94	0.14	0.18
矮生嵩草、青藏苔草	6.45	38.78	4.27	25.67	2.18	13.11		
金露梅、高山嵩草	0.54	5.58	0.41	4.22	0.13	1.33	0.00	0.04
香柏、高山嵩草	0.80	38.75	0.18	8.51	0.51	24.89	0.11	5.35
（Ⅲ）高寒沼泽化草甸亚类	0.12	5.72	0.12	5.72				
藏北嵩草								
华扁穗草	0.12	73.27	0.12	73.27				

(续)

草原类(亚类)、型	其 中								
	退化草原			沙化草原			盐渍化		
	轻度退化	中度退化	重度退化	轻度沙化	中度沙化	重度沙化	轻度盐渍化	中度盐渍化	重度盐渍化
合计	49.38	28.74	6.92	15.89	21.27	2.43			
Ⅱ温性草原类	31.08	16.85	2.71	10.32	19.86	2.43			
藏布三芒草	24.76	11.26	1.97	0.05		0.65			
白草					0.04				
日喀则蒿	0.11	1.40	0.75		0.14				
砂生槐、蒿、禾草	6.21	4.19		10.27	19.68	1.78			
Ⅳ高寒草甸草原类	2.86	3.44	3.90	0.09					
丝颖针茅	1.33	1.07	2.61	0.09					
金露梅、紫花针茅、高山嵩草	1.53	2.30	1.28						
香柏、臭草		0.07							
Ⅴ高寒草原类	5.52	2.27		5.42	1.41				
藏沙蒿、紫花针茅	5.52	2.27		5.42	1.41				
ⅩⅤ山地草甸类		0.35	0.06						
(Ⅱ)亚高山草甸亚类		0.35	0.06						
具灌木的矮生嵩草		0.35	0.06						
ⅩⅥ高寒草甸类	9.92	5.83	0.25	0.06					
(Ⅰ)高寒草甸亚类	9.80	5.83	0.25	0.06					
高山嵩草、杂类草	4.95	3.01	0.14	0.06					
矮生嵩草、青藏苔草	4.27	2.18							
金露梅、高山嵩草	0.41	0.13	0.00						
香柏、高山嵩草	0.18	0.51	0.11						
(Ⅲ)高寒沼泽化草甸亚类	0.12								
藏北嵩草									
华扁穗草	0.12								

4. 桑日县草原退化（含沙化、盐渍化）分级统计表

单位：万亩、%

草原类（亚类）、型	退化草原		轻度退化		中度退化		重度退化	
	面积	占草原面积	面积	占草原面积	面积	占草原面积	面积	占草原面积
合计	72.10	26.43	50.07	18.36	20.72	7.60	1.30	0.48
Ⅱ温性草原类	43.30	74.03	23.61	40.37	18.39	31.44	1.30	2.23
藏布三芒草	13.54	73.80	12.84	70.02	0.69	3.78		
毛莲蒿	6.83	76.93	1.72	19.34	4.95	55.80	0.16	1.79
砂生槐、蒿、禾草	14.65	99.89	3.22	21.97	10.28	70.12	1.14	7.80
小叶野丁香、毛莲蒿	8.26	49.86	5.81	35.04	2.46	14.82		
具灌木的毛莲蒿、白草	0.02	68.16	0.02	68.16				
Ⅳ高寒草甸草原类	2.78	69.52	2.55	63.86	0.23	5.66		
丝颖针茅	2.78	69.52	2.55	63.86	0.23	5.66		
Ⅴ高寒草原类	0.07	39.85	0.07	39.85				
藏沙蒿、紫花针茅	0.07	39.85	0.07	39.85				
ⅩⅥ高寒草甸类	25.95	12.35	23.84	11.35	2.11	1.00		
（Ⅰ）高寒草甸亚类	22.86	11.25	21.20	10.43	1.66	0.82		
高山嵩草、杂类草	12.44	9.12	11.93	8.76	0.50	0.37		
高山嵩草、矮生嵩草	2.54	55.47	1.51	32.91	1.03	22.56		
矮生嵩草、青藏苔草	0.08	19.79	0.08	19.79				
金露梅、高山嵩草	7.81	12.60	7.69	12.40	0.13	0.20		
（Ⅲ）高寒沼泽化草甸亚类	3.08	45.15	2.63	38.56	0.45	6.59		
藏北嵩草	3.08	45.15	2.63	38.56	0.45	6.59		

（续）

草原类(亚类)、型	其中								
	退化草原			沙化草原			盐渍化		
	轻度退化	中度退化	重度退化	轻度沙化	中度沙化	重度沙化	轻度盐渍化	中度盐渍化	重度盐渍化
合计	47.87	10.44	0.16	2.20	10.28	1.14			
Ⅱ温性草原类	21.41	8.10	0.16	2.20	10.28	1.14			
藏布三芒草	12.84	0.69							
毛莲蒿	1.72	4.95	0.16						
砂生槐、蒿、禾草	1.02			2.20	10.28	1.14			
小叶野丁香、毛莲蒿	5.81	2.46							
具灌木的毛莲蒿、白草	0.02								
Ⅳ高寒草甸草原类	2.55	0.23							
丝颖针茅	2.55	0.23							
Ⅴ高寒草原类	0.07								
藏沙蒿、紫花针茅	0.07								
ⅩⅥ高寒草甸类	23.84	2.11							
(Ⅰ)高寒草甸亚类	21.20	1.66							
高山嵩草、杂类草	11.93	0.50							
高山嵩草、矮生嵩草	1.51	1.03							
矮生嵩草、青藏苔草	0.08								
金露梅、高山嵩草	7.69	0.13							
(Ⅲ)高寒沼泽化草甸亚类	2.63	0.45							
藏北嵩草	2.63	0.45							

5. 琼结县草原退化（含沙化、盐渍化）分级统计表

单位：万亩、%

草原类（亚类）、型	退化草原		轻度退化		中度退化		重度退化	
	面积	占草原面积	面积	占草原面积	面积	占草原面积	面积	占草原面积
合计	64.92	47.17	50.87	36.96	13.08	9.50	0.97	0.70
Ⅱ温性草原类	23.04	81.12	14.88	52.39	7.26	25.58	0.90	3.15
固沙草	0.02	100.00	0.02	100.00				
藏布三芒草	1.02	76.09	0.57	42.23	0.45	33.86		
砂生槐、蒿、禾草	13.34	82.50	10.52	65.08	2.69	16.62	0.13	0.80
小叶野丁香、毛莲蒿	7.78	82.87	2.89	30.81	4.12	43.92	0.77	8.15
具灌木的毛莲蒿、白草	0.88	59.14	0.88	59.14				
Ⅳ高寒草甸草原类								
金露梅、紫花针茅、高山嵩草								
Ⅴ高寒草原类	3.59	63.06	3.43	60.23	0.16	2.83		
紫花针茅	0.01	100.00			0.01	100.00		
固沙草、紫花针茅	0.00	0.25	0.00	0.25				
藏沙蒿、紫花针茅	3.58	66.81	3.43	63.96	0.15	2.85		
ⅩⅥ高寒草甸类	38.29	36.99	32.56	31.46	5.65	5.46	0.07	0.07
（Ⅰ）高寒草甸亚类	38.13	36.90	32.41	31.36	5.65	5.47	0.07	0.07
高山嵩草、杂类草	34.86	36.76	29.13	30.73	5.65	5.96	0.07	0.08
高山嵩草、矮生嵩草	1.28	83.17	1.28	83.17				
矮生嵩草、青藏苔草	0.23	24.14	0.23	24.14				
金露梅、高山嵩草	1.72	30.76	1.72	30.76				
香柏、高山嵩草	0.04	9.39	0.04	9.39				
（Ⅲ）高寒沼泽化草甸亚类	0.15	98.20	0.15	98.20				
藏北嵩草	0.15	98.20	0.15	98.20				

(续)

草原类(亚类)、型	退化草原			沙化草原			盐渍化		
	轻度退化	中度退化	重度退化	轻度沙化	中度沙化	重度沙化	轻度盐渍化	中度盐渍化	重度盐渍化
合计	42.78	10.41	0.84	8.09	2.67	0.13			
Ⅱ温性草原类	9.34	4.59	0.77	5.54	2.67	0.13			
固沙草				0.02					
藏布三芒草	0.57	0.45							
砂生槐、蒿、禾草	5.00	0.02		5.52	2.67	0.13			
小叶野丁香、毛莲蒿	2.89	4.12	0.77						
具灌木的毛莲蒿、白草	0.88								
Ⅳ高寒草甸草原类									
金露梅、紫花针茅、高山嵩草									
Ⅴ高寒草原类	0.89	0.16		2.55					
紫花针茅		0.01							
固沙草、紫花针茅				0.00					
藏沙蒿、紫花针茅	0.89	0.15		2.54					
ⅩⅥ高寒草甸类	32.56	5.65	0.07						
(Ⅰ)高寒草甸亚类	32.41	5.65	0.07						
高山嵩草、杂类草	29.13	5.65	0.07						
高山嵩草、矮生嵩草	1.28								
矮生嵩草、青藏苔草	0.23								
金露梅、高山嵩草	1.72								
香柏、高山嵩草	0.04								
(Ⅲ)高寒沼泽化草甸亚类	0.15								
藏北嵩草	0.15								

6. 洛扎县草原退化（含沙化、盐渍化）分级统计表

单位：万亩、％

草原类（亚类）、型	退化草原		轻度退化		中度退化		重度退化	
	面积	占草原面积	面积	占草原面积	面积	占草原面积	面积	占草原面积
合计	155.61	45.30	90.25	26.27	50.73	14.77	14.62	4.26
Ⅱ温性草原类	32.18	85.80	16.68	44.48	14.66	39.10	0.84	2.23
固沙草	10.76	93.25	3.51	30.45	6.56	56.87	0.68	5.93
日喀则蒿	1.35	100.00	0.72	53.10	0.63	46.90		
砂生槐、蒿、禾草	3.24	62.30	3.24	62.30				
小叶野丁香、毛莲蒿	10.13	89.39	4.26	37.57	5.87	51.82		
具灌木的毛莲蒿、白草	6.70	82.91	4.95	61.29	1.59	19.73	0.15	1.88
Ⅳ高寒草甸草原类	4.59	75.08	2.75	45.03	1.84	30.04		
金露梅、紫花针茅、高山嵩草	4.59	75.08	2.75	45.03	1.84	30.04		
Ⅴ高寒草原类	25.25	74.89	6.24	18.49	13.56	40.20	5.46	16.19
紫花针茅	24.79	75.85	5.77	17.67	13.56	41.48	5.46	16.71
紫花针茅、杂类草								
藏沙蒿、紫花针茅	0.46	51.87	0.46	51.87				
ⅩⅤ山地草甸类	2.32	100.00	1.12	48.56	0.00	0.12	1.19	51.32
（Ⅰ）山地草甸亚类	2.32	100.00	1.12	48.56	0.00	0.12	1.19	51.32
楔叶绣线菊、中亚早熟禾	2.32	100.00	1.12	48.56	0.00	0.12	1.19	51.32
ⅩⅤ山地草甸类	19.17	51.65	9.68	26.08	5.49	14.80	4.00	10.78
（Ⅱ）亚高山草甸亚类	19.17	51.65	9.68	26.08	5.49	14.80	4.00	10.78
具灌木的矮生嵩草	19.17	51.65	9.68	26.08	5.49	14.80	4.00	10.78
ⅩⅥ高寒草甸类	72.10	31.79	53.78	23.72	15.18	6.70	3.14	1.38
（Ⅰ）高寒草甸亚类	72.10	31.95	53.78	23.83	15.18	6.73	3.14	1.39
高山嵩草、杂类草	71.09	31.97	52.85	23.77	15.11	6.79	3.14	1.41

（续）

草原类(亚类)、型	其 中								
	退化草原			沙化草原			盐渍化		
	轻度退化	中度退化	重度退化	轻度沙化	中度沙化	重度沙化	轻度盐渍化	中度盐渍化	重度盐渍化
合计	86.60	44.12	13.94	3.65	6.61	0.68			
Ⅱ温性草原类	13.03	8.10	0.15	3.65	6.56	0.68			
固沙草				3.51	6.56	0.68			
日喀则蒿	0.72	0.63							
砂生槐、蒿、禾草	3.11			0.13					
小叶野丁香、毛莲蒿	4.26	5.87							
具灌木的毛莲蒿、白草	4.95	1.59	0.15						
Ⅳ高寒草甸草原类	2.75	1.84							
金露梅、紫花针茅、高山蒿草	2.75	1.84							
Ⅴ高寒草原类	6.23	13.56	5.46	0.00					
紫花针茅	5.77	13.56	5.46						
紫花针茅、杂类草									
藏沙蒿、紫花针茅	0.46			0.00					
ⅩⅤ山地草甸类	1.12	0.00	1.19						
(Ⅰ)山地草甸亚类	1.12	0.00	1.19						
楔叶绣线菊、中亚早熟禾	1.12	0.00	1.19						
ⅩⅤ山地草甸类	9.68	5.49	4.00						
(Ⅱ)亚高山草甸亚类	9.68	5.49	4.00						
具灌木的矮生蒿草	9.68	5.49	4.00						
ⅩⅥ高寒草甸类	53.78	15.14	3.14		0.05				
(Ⅰ)高寒草甸亚类	53.78	15.14	3.14		0.05				
高山蒿草、杂类草	52.85	15.06	3.14		0.05				

（续）

草原类（亚类）、型	退化草原		轻度退化		中度退化		重度退化	
	面积	占草原面积	面积	占草原面积	面积	占草原面积	面积	占草原面积
高山嵩草、矮生嵩草								
金露梅、高山嵩草	1.01	30.75	0.93	28.47	0.08	2.29		
香柏、高山嵩草								
（Ⅲ）高寒沼泽化草甸亚类								
藏北嵩草								

（续）

草原类(亚类)、型	其中								
	退化草原			沙化草原			盐渍化		
	轻度退化	中度退化	重度退化	轻度沙化	中度沙化	重度沙化	轻度盐渍化	中度盐渍化	重度盐渍化
高山嵩草、矮生嵩草									
金露梅、高山嵩草	0.93	0.08							
香柏、高山嵩草									
（Ⅲ）高寒沼泽化草甸亚类									
藏北嵩草									

7. 加查县草原退化（含沙化、盐渍化）分级统计表

单位：万亩、%

草原类（亚类）、型	退化草原		轻度退化		中度退化		重度退化	
	面积	占草原面积	面积	占草原面积	面积	占草原面积	面积	占草原面积
合计	112.90	39.68	105.95	37.24	5.98	2.10	0.96	0.34
Ⅰ温性草甸草原类	0.31	72.60	0.31	72.60				
细裂叶莲蒿、禾草	0.31	72.60	0.31	72.60				
Ⅱ温性草原类	20.32	100.00	16.02	78.83	3.45	16.98	0.85	4.20
毛莲蒿	1.14	100.00			0.29	25.46	0.85	74.54
砂生槐、蒿、禾草	19.17	100.00	16.02	83.53	3.16	16.47		
Ⅳ高寒草甸草原类	1.21	100.00	1.21	100.00				
金露梅、紫花针茅、高山嵩草	1.21	100.00	1.21	100.00				
Ⅴ高寒草原类	0.90	100.00	0.13	14.18	0.66	73.46	0.11	12.35
藏沙蒿、紫花针茅	0.90	100.00	0.13	14.18	0.66	73.46	0.11	12.35
ⅩⅤ山地草甸类								
（Ⅰ）山地草甸亚类								
楔叶绣线菊、中亚早熟禾								
ⅩⅥ高寒草甸类	90.15	34.68	88.28	33.96	1.87	0.72		
（Ⅰ）高寒草甸亚类	89.54	34.55	87.67	33.83	1.87	0.72		
高山嵩草、杂类草	34.68	25.17	34.04	24.70	0.64	0.47		
高山嵩草、青藏苔草								
圆穗蓼、高山嵩草	1.39	60.81	1.39	60.81				
高山嵩草、矮生嵩草	1.03	86.44	0.76	63.57	0.27	22.87		
矮生嵩草、青藏苔草	0.19	19.06	0.19	19.06				
金露梅、高山嵩草	52.24	45.34	51.29	44.51	0.96	0.83		
香柏、高山嵩草								
（Ⅲ）高寒沼泽化草甸亚类	0.61	79.14	0.61	79.14				
藏北嵩草	0.54	89.42	0.54	89.42				
华扁穗草	0.08	43.90	0.08	43.90				

(续)

草原类(亚类)、型	其中								
	退化草原			沙化草原			盐渍化		
	轻度退化	中度退化	重度退化	轻度沙化	中度沙化	重度沙化	轻度盐渍化	中度盐渍化	重度盐渍化
合计	89.81	2.16	0.85	16.14	3.82	0.11			
Ⅰ温性草甸草原类	0.31								
细裂叶莲蒿、禾草	0.31								
Ⅱ温性草原类		0.29	0.85	16.02	3.16				
毛莲蒿		0.29	0.85						
砂生槐、蒿、禾草				16.02	3.16				
Ⅳ高寒草甸草原类	1.21								
金露梅、紫花针茅、高山嵩草	1.21								
Ⅴ高寒草原类				0.13	0.66	0.11			
藏沙蒿、紫花针茅				0.13	0.66	0.11			
ⅩⅤ山地草甸类									
(Ⅰ)山地草甸亚类									
楔叶绣线菊、中亚早熟禾									
ⅩⅥ高寒草甸类	88.28	1.87							
(Ⅰ)高寒草甸亚类	87.67	1.87							
高山嵩草、杂类草	34.04	0.64							
高山嵩草、青藏苔草									
圆穗蓼、高山嵩草	1.39								
高山嵩草、矮生嵩草	0.76	0.27							
矮生嵩草、青藏苔草	0.19								
金露梅、高山嵩草	51.29	0.96							
香柏、高山嵩草									
(Ⅲ)高寒沼泽化草甸亚类	0.61								
藏北嵩草	0.54								
华扁穗草	0.08								

8. 隆子县草原退化（含沙化、盐渍化）分级统计表

单位：万亩、％

草原类（亚类）、型	退化草原		轻度退化		中度退化		重度退化	
	面积	占草原面积	面积	占草原面积	面积	占草原面积	面积	占草原面积
合计	213.64	27.98	106.08	13.89	107.56	14.08		
Ⅰ 温性草甸草原类	9.76	99.99	9.76	99.99				
细裂叶莲蒿、禾草	9.76	99.99	9.76	99.99				
Ⅱ 温性草原类	80.42	94.09	22.00	25.73	58.43	68.36		
白草	24.37	100.00			24.37	100.00		
毛莲蒿	18.49	99.99			18.49	99.99		
日喀则蒿	7.72	96.82	2.76	34.62	4.96	62.21		
砂生槐、蒿、禾草	28.90	100.00	18.42	63.73	10.48	36.27		
小叶野丁香、毛莲蒿	0.94	16.36	0.82	14.31	0.12	2.05		
Ⅳ 高寒草甸草原类	13.29	52.87	2.22	8.82	11.07	44.05		
丝颖针茅	11.27	96.05	0.34	2.93	10.93	93.12		
金露梅、紫花针茅、高山嵩草	1.15	33.90	1.00	29.62	0.14	4.28		
香柏、臭草	0.87	8.69	0.87	8.69				
Ⅴ 高寒草原类	46.29	97.92	12.18	25.77	34.11	72.15		
紫花针茅	1.25	57.90			1.25	57.90		
固沙草、紫花针茅	0.08	50.65			0.08	50.65		
藏沙蒿、紫花针茅	44.97	100.00	12.18	27.09	32.78	72.91		
ⅩⅤ 山地草甸类	11.05	32.27	9.80	28.62	1.25	3.65		
（Ⅰ）山地草甸亚类	10.99	32.14	9.74	28.49	1.25	3.66		
楔叶绣线菊、中亚早熟禾	10.99	32.14	9.74	28.49	1.25	3.66		
（Ⅱ）亚高山草甸亚类	0.06	100.00	0.06	100.00				
具灌木的矮生嵩草	0.06	100.00	0.06	100.00				

(续)

草原类(亚类)、型	退化草原			沙化草原			盐渍化		
	轻度退化	中度退化	重度退化	轻度沙化	中度沙化	重度沙化	轻度盐渍化	中度盐渍化	重度盐渍化
合计	75.48	83.18		30.60	24.38				
Ⅰ温性草甸草原类	9.76								
细裂叶莲蒿、禾草	9.76								
Ⅱ温性草原类	3.58	34.05		18.42	24.37				
白草					24.37				
毛莲蒿		18.49							
日喀则蒿	2.76	4.96							
砂生槐、蒿、禾草		10.48		18.42					
小叶野丁香、毛莲蒿	0.82	0.12							
Ⅳ高寒草甸草原类	2.22	11.07							
丝颖针茅	0.34	10.93							
金露梅、紫花针茅、高山嵩草	1.00	0.14							
香柏、臭草	0.87								
Ⅴ高寒草原类		34.10		12.18	0.01				
紫花针茅		1.25							
固沙草、紫花针茅		0.07			0.01				
藏沙蒿、紫花针茅		32.78		12.18					
ⅩⅤ山地草甸类	9.80	1.25							
(Ⅰ)山地草甸亚类	9.74	1.25							
楔叶绣线菊、中亚早熟禾	9.74	1.25							
(Ⅱ)亚高山草甸亚类	0.06								
具灌木的矮生嵩草	0.06								

（续）

草原类（亚类）、型	退化草原		轻度退化		中度退化		重度退化	
	面积	占草原面积	面积	占草原面积	面积	占草原面积	面积	占草原面积
ⅩⅥ高寒草甸类	52.83	9.40	50.13	8.92	2.70	0.48		
（Ⅰ）高寒草甸亚类	47.97	8.87	45.27	8.37	2.70	0.50		
高山嵩草、杂类草	19.73	11.52	18.25	10.65	1.48	0.86		
高山嵩草、青藏苔草	21.06	22.97	21.06	22.97				
圆穗蓼、高山嵩草								
矮生嵩草、青藏苔草	0.49	5.99	0.44	5.47	0.04	0.53		
金露梅、高山嵩草	3.83	9.10	2.72	6.46	1.11	2.64		
香柏、高山嵩草	2.87	1.37	2.80	1.34	0.07	0.03		
（Ⅲ）高寒沼泽化草甸亚类	4.86	23.19	4.86	23.19				
藏北嵩草	4.86	23.19	4.86	23.19				

（续）

草原类（亚类）、型	其中								
	退化草原			沙化草原			盐渍化		
	轻度退化	中度退化	重度退化	轻度沙化	中度沙化	重度沙化	轻度盐渍化	中度盐渍化	重度盐渍化
ⅩⅥ高寒草甸类	50.13	2.70							
（Ⅰ）高寒草甸亚类	45.27	2.70							
高山嵩草、杂类草	18.25	1.48							
高山嵩草、青藏苔草	21.06								
圆穗蓼、高山嵩草									
矮生嵩草、青藏苔草	0.44	0.04							
金露梅、高山嵩草	2.72	1.11							
香柏、高山嵩草	2.80	0.07							
（Ⅲ）高寒沼泽化草甸亚类	4.86								
藏北嵩草	4.86								

9. 曲松县草原退化（含沙化、盐渍化）分级统计表

单位：万亩、％

草原类（亚类）、型	退化草原		轻度退化		中度退化		重度退化	
	面积	占草原面积	面积	占草原面积	面积	占草原面积	面积	占草原面积
合计	89.61	35.34	60.47	23.85	28.58	11.27	0.55	0.22
Ⅱ温性草原类	28.67	98.66	11.19	38.50	16.93	58.25	0.55	1.90
藏布三芒草	0.19	86.06	0.19	86.06				
白草	2.73	100.00	2.73	100.00				
毛莲蒿	16.25	97.97	1.38	8.33	14.32	86.30	0.55	3.33
日喀则蒿	1.24	100.00	0.74	59.84	0.50	40.16		
砂生槐、蒿、禾草	3.41	99.37	2.47	71.95	0.94	27.43		
小叶野丁香、毛莲蒿	4.37	100.00	3.32	75.96	1.05	24.04		
具灌木的毛莲蒿、白草	0.48	100.00	0.36	74.28	0.12	25.72		
Ⅳ高寒草甸草原类	12.07	86.94	11.00	79.25	1.07	7.70		
丝颖针茅	3.14	100.00	3.14	100.00				
金露梅、紫花针茅、高山嵩草	8.93	83.12	7.86	73.18	1.07	9.95		
Ⅴ高寒草原类	19.15	55.48	11.05	32.01	8.10	23.47		
紫花针茅	0.51	100.00	0.51	100.00				
藏沙蒿、紫花针茅	18.64	54.81	10.54	30.98	8.10	23.83		
ⅩⅤ山地草甸类								
（Ⅰ）山地草甸亚类								
楔叶绣线菊、中亚早熟禾								
ⅩⅥ高寒草甸类	29.72	16.88	27.24	15.47	2.48	1.41		
（Ⅰ）高寒草甸亚类	24.44	14.63	21.96	13.15	2.48	1.49		
高山嵩草、杂类草	12.56	13.58	10.67	11.54	1.89	2.04		
高山嵩草、青藏苔草								
圆穗蓼、高山嵩草								
矮生嵩草、青藏苔草								
金露梅、高山嵩草	5.04	13.13	4.91	12.78	0.13	0.35		

(续)

草原类(亚类)、型	其中								
	退化草原			沙化草原			盐渍化		
	轻度退化	中度退化	重度退化	轻度沙化	中度沙化	重度沙化	轻度盐渍化	中度盐渍化	重度盐渍化
合计	53.29	27.84	0.55	7.18	0.74				
Ⅱ温性草原类	8.06	16.19	0.55	3.13	0.74				
藏布三芒草	0.19								
白草	0.39			2.34					
毛莲蒿	1.38	14.32	0.55						
日喀则蒿	0.74	0.50							
砂生槐、蒿、禾草	1.68	0.20		0.79	0.74				
小叶野丁香、毛莲蒿	3.32	1.05							
具灌木的毛莲蒿、白草	0.36	0.12							
Ⅳ高寒草甸草原类	11.00	1.07							
丝颖针茅	3.14								
金露梅、紫花针茅、高山嵩草	7.86	1.07							
Ⅴ高寒草原类	6.99	8.10		4.05					
紫花针茅	0.51								
藏沙蒿、紫花针茅	6.48	8.10		4.05					
ⅩⅤ山地草甸类									
(Ⅰ)山地草甸亚类									
楔叶绣线菊、中亚早熟禾									
ⅩⅥ高寒草甸类	27.24	2.48							
(Ⅰ)高寒草甸亚类	21.96	2.48							
高山嵩草、杂类草	10.67	1.89							
高山嵩草、青藏苔草									
圆穗蓼、高山嵩草									
矮生嵩草、青藏苔草									
金露梅、高山嵩草	4.91	0.13							

（续）

草原类（亚类）、型	退化草原		轻度退化		中度退化		重度退化	
	面积	占草原面积	面积	占草原面积	面积	占草原面积	面积	占草原面积
香柏、高山嵩草	6.84	19.79	6.38	18.46	0.46	1.33		
（Ⅲ）高寒沼泽化草甸亚类	5.28	58.40	5.28	58.40				
藏北嵩草	5.28	58.40	5.28	58.40				

(续)

草原类(亚类)、型	其中								
	退化草原			沙化草原			盐渍化		
	轻度退化	中度退化	重度退化	轻度沙化	中度沙化	重度沙化	轻度盐渍化	中度盐渍化	重度盐渍化
香柏、高山嵩草	6.38	0.46							
(Ⅲ)高寒沼泽化草甸亚类	5.28								
藏北嵩草	5.28								

10. 措美县草原退化（含沙化、盐渍化）分级统计表

单位：万亩、％

草原类（亚类）、型	退化草原		轻度退化		中度退化		重度退化	
	面积	占草原面积	面积	占草原面积	面积	占草原面积	面积	占草原面积
合计	192.32	34.88	152.82	27.72	35.04	6.36	4.46	0.81
Ⅱ温性草原类	7.97	77.15	5.72	55.40	2.25	21.75		
固沙草	0.77	44.05	0.77	44.05				
藏布三芒草								
毛莲蒿	2.84	78.59	1.20	33.29	1.63	45.30		
日喀则蒿	3.65	98.03	3.16	85.00	0.48	13.03		
砂生槐、蒿、禾草	0.13	100.00			0.13	100.00		
具灌木的毛莲蒿、白草	0.59	52.95	0.59	52.95				
Ⅳ高寒草甸草原类	8.07	41.24	5.76	29.41	2.32	11.83		
丝颖针茅	1.99	45.11	0.96	21.72	1.03	23.39		
金露梅、紫花针茅、高山嵩草	6.01	67.57	4.72	53.10	1.29	14.48		
香柏、臭草	0.08	1.27	0.08	1.27				
Ⅴ高寒草原类	71.87	40.96	44.43	25.32	23.72	13.52	3.73	2.13
紫花针茅	7.65	34.17	3.87	17.28	2.98	13.29	0.81	3.60
紫花针茅、杂类草	3.28	60.20	3.18	58.34	0.10	1.85		
固沙草、紫花针茅	20.65	36.87	8.93	15.96	9.21	16.45	2.50	4.47
藏沙蒿、紫花针茅	40.30	43.97	28.44	31.04	11.43	12.47	0.42	0.46
ⅩⅤ山地草甸类	5.17	33.09	5.08	32.48	0.10	0.61		
（Ⅰ）山地草甸亚类	5.15	33.05	5.05	32.44	0.10	0.61		
楔叶绣线菊、中亚早熟禾	5.15	33.05	5.05	32.44	0.10	0.61		
（Ⅱ）亚高山草甸亚类	0.03	45.01	0.03	45.01				
具灌木的矮生嵩草	0.03	45.01	0.03	45.01				
ⅩⅥ高寒草甸类	99.22	30.04	91.83	27.80	6.66	2.02	0.72	0.22
（Ⅰ）高寒草甸亚类	84.05	27.21	79.28	25.67	4.05	1.31	0.72	0.23
高山嵩草、杂类草	71.37	31.25	67.36	29.49	3.29	1.44	0.72	0.32

（续）

草原类(亚类)、型	其中								
	退化草原			沙化草原			盐渍化		
	轻度退化	中度退化	重度退化	轻度沙化	中度沙化	重度沙化	轻度盐渍化	中度盐渍化	重度盐渍化
合计	146.34	30.83	1.57	6.48	4.21	2.89			
Ⅱ温性草原类	5.72	2.25							
固沙草	0.77								
藏布三芒草									
毛莲蒿	1.20	1.63							
日喀则蒿	3.16	0.48							
砂生槐、蒿、禾草		0.13							
具灌木的毛莲蒿、白草	0.59								
Ⅳ高寒草甸草原类	5.76	2.32							
丝颖针茅	0.96	1.03							
金露梅、紫花针茅、高山嵩草	4.72	1.29							
香柏、臭草	0.08								
Ⅴ高寒草原类	37.95	19.50	0.85	6.48	4.21	2.89			
紫花针茅	3.87	2.98	0.81						
紫花针茅、杂类草	3.18	0.10							
固沙草、紫花针茅	6.50	8.25		2.43	0.96	2.50			
藏沙蒿、紫花针茅	24.40	8.18	0.04	4.05	3.25	0.38			
ⅩⅤ山地草甸类	5.08	0.10							
（Ⅰ）山地草甸亚类	5.05	0.10							
楔叶绣线菊、中亚早熟禾	5.05	0.10							
（Ⅱ）亚高山草甸亚类	0.03								
具灌木的矮生嵩草	0.03								
ⅩⅥ高寒草甸类	91.83	6.66	0.72						
（Ⅰ）高寒草甸亚类	79.28	4.05	0.72						
高山嵩草、杂类草	67.36	3.29	0.72						

（续）

草原类(亚类)、型	退化草原		轻度退化		中度退化		重度退化	
	面积	占草原面积	面积	占草原面积	面积	占草原面积	面积	占草原面积
高山嵩草、青藏苔草	0.11	14.68	0.11	14.68				
圆穗蓼、高山嵩草								
矮生嵩草、青藏苔草	1.78	88.59	1.78	88.59				
金露梅、高山嵩草	2.07	14.31	2.07	14.31				
香柏、高山嵩草	8.72	13.81	7.95	12.60	0.76	1.21		
（Ⅲ）高寒沼泽化草甸亚类	15.17	70.73	12.55	58.53	2.61	12.19		
藏北嵩草	15.17	70.73	12.55	58.53	2.61	12.19		

（续）

草原类(亚类)、型	其中								
	退化草原			沙化草原			盐渍化		
	轻度退化	中度退化	重度退化	轻度沙化	中度沙化	重度沙化	轻度盐渍化	中度盐渍化	重度盐渍化
高山嵩草、青藏苔草	0.11								
圆穗蓼、高山嵩草									
矮生嵩草、青藏苔草	1.78								
金露梅、高山嵩草	2.07								
香柏、高山嵩草	7.95	0.76							
（Ⅲ）高寒沼泽化草甸亚类	12.55	2.61							
藏北嵩草	12.55	2.61							

11. 错那县草原退化（含沙化、盐渍化）**分级统计表**

单位：万亩、%

草原类(亚类)、型	退化草原		轻度退化		中度退化		重度退化	
	面积	占草原面积	面积	占草原面积	面积	占草原面积	面积	占草原面积
合计	165.06	27.25	153.07	25.27	11.93	1.97	0.06	0.01
Ⅱ温性草原类	35.38	75.02	32.30	68.48	3.09	6.54		
白草	0.03	7.76	0.02	5.82	0.01	1.94		
日喀则蒿	26.06	77.32	22.98	68.18	3.08	9.13		
砂生槐、蒿、禾草	9.30	71.04	9.30	71.04				
具灌木的毛莲蒿、白草								
Ⅳ高寒草甸草原类	9.19	40.73	8.38	37.18	0.80	3.55		
丝颖针茅	4.00	26.42	4.00	26.42				
金露梅、紫花针茅、高山嵩草	5.18	70.01	4.38	59.19	0.80	10.82		
Ⅴ高寒草原类	4.38	61.47	4.03	56.54	0.35	4.93		
紫花针茅	3.18	77.32	3.18	77.32				
固沙草、紫花针茅	1.10	65.11	0.75	44.29	0.35	20.82		
藏沙蒿、紫花针茅	0.10	7.40	0.10	7.40				
ⅩⅤ山地草甸类	16.08	51.94	16.08	51.94				
（Ⅰ）山地草甸亚类	1.70	56.87	1.70	56.87				
楔叶绣线菊、中亚早熟禾	1.70	56.87	1.70	56.87				
（Ⅱ）亚高山草甸亚类	14.39	51.41	14.39	51.41				
具灌木的矮生嵩草	14.39	51.41	14.39	51.41				
ⅩⅥ高寒草甸类	98.03	25.03	90.28	23.05	7.69	1.96	0.06	0.02
（Ⅰ）高寒草甸亚类	90.87	24.10	83.98	22.27	6.82	1.81	0.06	0.02
高山嵩草、异针茅	0.75	59.14	0.75	59.14				
高山嵩草、杂类草	39.37	23.60	35.28	21.14	4.03	2.41	0.06	0.04

（续）

草原类（亚类）、型	其中								
	退化草原			沙化草原			盐渍化		
	轻度退化	中度退化	重度退化	轻度沙化	中度沙化	重度沙化	轻度盐渍化	中度盐渍化	重度盐渍化
合计	152.46	11.57	0.06	0.62	0.36				
Ⅱ温性草原类	32.30	3.08			0.01				
白草	0.02				0.01				
日喀则蒿	22.98	3.08							
砂生槐、蒿、禾草	9.30								
具灌木的毛莲蒿、白草									
Ⅳ高寒草甸草原类	8.38	0.80							
丝颖针茅	4.00								
金露梅、紫花针茅、高山嵩草	4.38	0.80							
Ⅴ高寒草原类	3.41			0.62	0.35				
紫花针茅	3.18								
固沙草、紫花针茅	0.14			0.61	0.35				
藏沙蒿、紫花针茅	0.09			0.01					
ⅩⅤ山地草甸类	16.08								
（Ⅰ）山地草甸亚类	1.70								
楔叶绣线菊、中亚早熟禾	1.70								
（Ⅱ）亚高山草甸亚类	14.39								
具灌木的矮生嵩草	14.39								
ⅩⅥ高寒草甸类	90.28	7.69	0.06						
（Ⅰ）高寒草甸亚类	83.98	6.82	0.06						
高山嵩草、异针茅	0.75								
高山嵩草、杂类草	35.28	4.03	0.06						

（续）

草原类（亚类）、型	退化草原		轻度退化		中度退化		重度退化	
	面积	占草原面积	面积	占草原面积	面积	占草原面积	面积	占草原面积
高山嵩草、青藏苔草								
圆穗蓼、高山嵩草	4.27	23.90	4.27	23.90				
高山嵩草、矮生嵩草	0.34	36.81	0.34	36.81				
矮生嵩草、青藏苔草	40.10	25.12	37.48	23.48	2.62	1.64		
金露梅、高山嵩草	0.20	2.37	0.20	2.37				
香柏、高山嵩草	5.84	30.64	5.66	29.70	0.18	0.94		
（Ⅲ）高寒沼泽化草甸亚类	7.16	49.15	6.30	43.22	0.86	5.93		
藏北嵩草	7.16	49.15	6.30	43.22	0.86	5.93		
Ⅻ热性草丛类	2.00	1.88	2.00	1.88				
白茅	2.00	1.88	2.00	1.88				

（续）

草原类（亚类）、型	其中								
	退化草原			沙化草原			盐渍化		
	轻度退化	中度退化	重度退化	轻度沙化	中度沙化	重度沙化	轻度盐渍化	中度盐渍化	重度盐渍化
高山嵩草、青藏苔草									
圆穗蓼、高山嵩草	4.27								
高山嵩草、矮生嵩草	0.34								
矮生嵩草、青藏苔草	37.48	2.62							
金露梅、高山嵩草	0.20								
香柏、高山嵩草	5.66	0.18							
（Ⅲ）高寒沼泽化草甸亚类	6.30	0.86							
藏北嵩草	6.30	0.86							
Ⅻ热性草丛类	2.00								
白茅	2.00								

12. 浪卡子县草原退化(含沙化、盐渍化)分级统计表

单位:万亩、%

草原类(亚类)、型	退化草原		轻度退化		中度退化		重度退化	
	面积	占草原面积	面积	占草原面积	面积	占草原面积	面积	占草原面积
合计	412.28	48.09	279.86	32.65	125.95	14.69	6.47	0.75
Ⅱ温性草原类	1.65	83.94	1.65	83.94				
藏布三芒草	0.21	82.37	0.21	82.37				
白草	1.43	90.25	1.43	90.25				
砂生槐、蒿、禾草	0.01	5.59	0.01	5.59				
Ⅳ高寒草甸草原类	71.23	47.46	48.73	32.46	21.80	14.52	0.71	0.47
丝颖针茅	11.01	83.31	2.95	22.34	7.56	57.17	0.50	3.80
金露梅、紫花针茅、高山嵩草	4.97	36.85	4.69	34.77	0.28	2.08		
香柏、臭草	55.25	44.77	41.08	33.29	13.96	11.31	0.21	0.17
Ⅴ高寒草原类	135.25	69.86	80.29	41.47	51.71	26.71	3.26	1.68
紫花针茅	60.12	71.14	31.73	37.55	28.15	33.32	0.23	0.27
紫花针茅、杂类草	13.39	63.79	3.59	17.10	9.80	46.69		
固沙草、紫花针茅	16.49	71.92	11.68	50.93	4.82	21.00		
藏沙蒿、紫花针茅	45.25	69.44	33.28	51.07	8.94	13.71	3.03	4.65
ⅩⅤ山地草甸类	0.19	29.07	0.19	29.07				
(Ⅰ)山地草甸亚类	0.19	29.07	0.19	29.07				
楔叶绣线菊、中亚早熟禾	0.19	29.07	0.19	29.07				
ⅩⅥ高寒草甸类	203.96	39.92	149.01	29.17	52.45	10.27	2.50	0.49
(Ⅰ)高寒草甸亚类	164.61	35.67	127.68	27.67	35.65	7.73	1.27	0.28
高山嵩草、杂类草	151.88	34.72	117.99	26.98	32.62	7.46	1.27	0.29
高山嵩草、矮生嵩草	10.72	80.33	8.04	60.25	2.68	20.08		
金露梅、高山嵩草	1.98	18.57	1.62	15.21	0.36	3.36		
香柏、高山嵩草	0.03	69.72	0.03	69.72				
(Ⅲ)高寒沼泽化草甸亚类	39.35	79.51	21.33	43.10	16.80	33.94	1.22	2.47
藏北嵩草	19.86	76.51	12.00	46.22	7.41	28.54	0.46	1.76
华扁穗草	19.49	82.82	9.33	39.66	9.39	39.91	0.77	3.26

(续)

草原类(亚类)、型	其中								
	退化草原			沙化草原			盐渍化		
	轻度退化	中度退化	重度退化	轻度沙化	中度沙化	重度沙化	轻度盐渍化	中度盐渍化	重度盐渍化
合计	247.64	118.45	6.12	32.22	7.51	0.35			
Ⅱ温性草原类	1.64			0.00					
藏布三芒草	0.21								
白草	1.43			0.00					
砂生槐、蒿、禾草	0.01								
Ⅳ高寒草甸草原类	48.73	21.80	0.71						
丝颖针茅	2.95	7.56	0.50						
金露梅、紫花针茅、高山嵩草	4.69	0.28							
香柏、臭草	41.08	13.96	0.21						
Ⅴ高寒草原类	48.07	44.20	2.91	32.22	7.51	0.35			
紫花针茅	31.73	28.15	0.23						
紫花针茅、杂类草	3.59	9.80							
固沙草、紫花针茅	2.04	2.18		9.64	2.64				
藏沙蒿、紫花针茅	10.71	4.07	2.68	22.57	4.87	0.35			
ⅩⅤ山地草甸类	0.19								
(Ⅰ)山地草甸亚类	0.19								
楔叶绣线菊、中亚早熟禾	0.19								
ⅩⅥ高寒草甸类	149.01	52.45	2.50						
(Ⅰ)高寒草甸亚类	127.68	35.65	1.27						
高山嵩草、杂类草	117.99	32.62	1.27						
高山嵩草、矮生嵩草	8.04	2.68							
金露梅、高山嵩草	1.62	0.36							
香柏、高山嵩草	0.03								
(Ⅲ)高寒沼泽化草甸亚类	21.33	16.80	1.22						
藏北嵩草	12.00	7.41	0.46						
华扁穗草	9.33	9.39	0.77						

（四）日喀则市草原退化（含沙化、盐渍化）分级统计表

单位：万亩、％

草原类（亚类）、型	退化草原		轻度退化		中度退化		重度退化	
	面积	占草原面积	面积	占草原面积	面积	占草原面积	面积	占草原面积
合计	8 365.38	42.68	5 153.30	26.29	2 397.85	12.23	814.23	4.15
Ⅰ 温性草甸草原类	17.68	74.32	7.24	30.43	4.51	18.95	5.93	24.94
丝颖针茅	14.05	84.07	5.07	30.33	3.26	19.49	5.72	34.25
细裂叶莲蒿、禾草	3.63	51.27	2.17	30.65	1.25	17.69	0.21	2.93
Ⅱ 温性草原类	670.72	71.55	299.26	31.93	231.19	24.66	140.27	14.96
固沙草	41.75	95.96	22.96	52.76	16.52	37.97	2.28	5.23
白草	230.38	84.90	78.51	28.93	78.49	28.93	73.38	27.04
草沙蚕	34.54	90.05	24.97	65.10	9.57	24.95		
毛莲蒿	12.69	66.20	6.71	35.03	3.48	18.15	2.50	13.02
日喀则蒿	101.53	57.91	58.87	33.58	32.64	18.62	10.02	5.71
砂生槐、蒿、禾草	249.83	64.12	107.25	27.52	90.49	23.22	52.10	13.37
Ⅳ 高寒草甸草原类	1 009.61	70.26	574.91	40.01	358.80	24.97	75.90	5.28
紫花针茅、高山嵩草	482.96	76.44	248.90	39.39	192.87	30.53	41.19	6.52
丝颖针茅	424.13	66.40	243.55	38.13	150.50	23.56	30.07	4.71
金露梅、紫花针茅、高山嵩草	102.53	61.63	82.46	49.57	15.43	9.28	4.64	2.79
Ⅴ 高寒草原类	3 982.56	59.53	2 351.18	35.15	1 210.93	18.10	420.44	6.28
紫花针茅、青藏苔草	450.53	61.96	278.03	38.24	144.29	19.84	28.21	3.88
紫花针茅、杂类草	653.55	56.86	461.86	40.18	165.48	14.40	26.20	2.28
昆仑针茅	32.99	46.23	23.34	32.71	9.28	13.01	0.37	0.52
固沙草、紫花针茅	1 499.58	61.92	731.37	30.20	493.88	20.39	274.34	11.33
黑穗画眉草、羽柱针茅	40.56	74.56	33.58	61.73	5.94	10.92	1.04	1.91
藏沙蒿、青藏苔草	463.21	62.58	301.12	40.68	109.34	14.77	52.75	7.13
藏白蒿、禾草	188.70	51.17	96.96	26.29	76.59	20.77	15.15	4.11
冻原白蒿	137.66	80.21	29.17	17.00	99.77	58.13	8.71	5.08
鬼箭锦鸡儿、藏沙蒿	18.33	57.37	13.49	42.20	3.87	12.12	0.98	3.05

(续)

草原类(亚类)、型	其中								
	退化草原			沙化草原			盐渍化		
	轻度退化	中度退化	重度退化	轻度沙化	中度沙化	重度沙化	轻度盐渍化	中度盐渍化	重度盐渍化
合计	4 320.35	1 828.08	389.48	679.31	454.81	345.12	153.65	114.96	79.62
Ⅰ温性草甸草原类	7.24	4.51	5.93						
丝颖针茅	5.07	3.26	5.72						
细裂叶莲蒿、禾草	2.17	1.25	0.21						
Ⅱ温性草原类	220.46	170.37	85.56	78.80	60.82	54.70			
固沙草	7.44	11.65		15.51	4.87	2.28			
白草	62.26	69.14	72.74	16.25	9.36	0.64			
草沙蚕	3.95	2.85		21.02	6.72				
毛莲蒿	5.92	3.48	2.50	0.79					
日喀则蒿	58.87	32.08	10.02		0.56				
砂生槐、蒿、禾草	82.02	51.17	0.31	25.22	39.32	51.79			
Ⅳ高寒草甸草原类	574.91	357.88	75.90	0.00	0.92				
紫花针茅、高山嵩草	248.90	192.36	41.19	0.00	0.51				
丝颖针茅	243.55	150.50	30.07						
金露梅、紫花针茅、高山嵩草	82.46	15.01	4.64		0.41				
Ⅴ高寒草原类	1 756.60	819.82	130.25	594.58	389.50	290.19		1.61	
紫花针茅、青藏苔草	275.51	141.81	28.21	2.52	2.48				
紫花针茅、杂类草	461.73	165.04	26.01	0.13	0.44	0.19			
昆仑针茅	23.34	9.28	0.37						
固沙草、紫花针茅	373.08	189.82	12.14	358.28	304.06	262.20			
黑穗画眉草、羽柱针茅	33.58	5.94	1.04						
藏沙蒿、青藏苔草	88.59	37.16	26.41	212.53	70.56	26.34		1.61	
藏白蒿、禾草	96.85	74.31	15.15	0.11	2.28				
冻原白蒿	29.17	99.77	8.71						
鬼箭锦鸡儿、藏沙蒿	7.79	2.49		5.70	1.38	0.98			

（续）

草原类(亚类)、型	退化草原		轻度退化		中度退化		重度退化	
	面积	占草原面积	面积	占草原面积	面积	占草原面积	面积	占草原面积
变色锦鸡儿、紫花针茅	44.48	34.90	29.64	23.25	9.84	7.72	5.00	3.93
小叶金露梅、紫花针茅	360.38	56.91	278.04	43.91	75.13	11.86	7.22	1.14
香柏、藏沙蒿	92.58	48.16	74.59	38.80	17.52	9.11	0.47	0.25
ⅩⅣ低地草甸类	232.36	93.16	126.41	50.68	77.17	30.94	28.78	11.54
(Ⅰ)低湿地草甸亚类	7.63	44.10	5.34	30.86	2.11	12.20	0.18	1.03
无脉苔草、蕨麻委陵菜	7.63	44.10	5.34	30.86	2.11	12.20	0.18	1.03
(Ⅱ)低地盐化草甸亚类	224.74	96.81	121.08	52.16	75.06	32.34	28.60	12.32
芦苇、赖草	224.74	96.81	121.08	52.16	75.06	32.34	28.60	12.32
ⅩⅤ山地草甸类	5.81	31.34	3.90	21.01	1.85	9.95	0.07	0.37
(Ⅰ)山地草甸亚类	2.93	56.96	1.01	19.73	1.85	35.89	0.07	1.35
中亚早熟禾、苔草	2.93	56.96	1.01	19.73	1.85	35.89	0.07	1.35
(Ⅱ)亚高山草甸亚类	2.88	21.51	2.88	21.51				
矮生嵩草、杂类草	2.88	21.51	2.88	21.51				
ⅩⅥ高寒草甸类	2 437.29	23.81	1 783.33	17.42	512.62	5.01	141.34	1.38
(Ⅰ)高寒草甸亚类	1 825.76	19.55	1 405.60	15.05	358.48	3.84	61.67	0.66
高山嵩草	124.66	19.68	104.05	16.43	14.03	2.22	6.58	1.04
高山嵩草、异针茅	27.78	23.38	17.02	14.33	9.99	8.41	0.77	0.64
高山嵩草、杂类草	404.79	18.23	299.73	13.50	94.97	4.28	10.09	0.45
高山嵩草、青藏苔草	817.99	17.88	644.30	14.08	141.48	3.09	32.20	0.70
高山嵩草、矮生嵩草	59.10	28.25	45.74	21.87	12.88	6.16	0.48	0.23
矮生嵩草、青藏苔草	160.78	19.85	120.72	14.91	34.44	4.25	5.62	0.69
尼泊尔嵩草	63.79	51.09	53.59	42.91	8.61	6.90	1.59	1.28
金露梅、高山嵩草	157.20	25.61	112.48	18.33	40.62	6.62	4.11	0.67
香柏、高山嵩草	9.66	28.00	7.96	23.08	1.47	4.25	0.23	0.67

(续)

草原类(亚类)、型	其 中								
	退化草原			沙化草原			盐渍化		
	轻度退化	中度退化	重度退化	轻度沙化	中度沙化	重度沙化	轻度盐渍化	中度盐渍化	重度盐渍化
变色锦鸡儿、紫花针茅	29.64	9.84	5.00						
小叶金露梅、紫花针茅	277.63	75.13	7.22	0.41					
香柏、藏沙蒿	59.69	9.22		14.90	8.30	0.47			
ⅩⅣ低地草甸类	7.53	2.29	0.18	0.03			118.85	74.88	28.60
(Ⅰ)低湿地草甸亚类	5.31	2.11	0.18	0.03					
无脉苔草、蕨麻委陵菜	5.31	2.11	0.18	0.03					
(Ⅱ)低地盐化草甸亚类	2.22	0.18					118.85	74.88	28.60
芦苇、赖草	2.22	0.18					118.85	74.88	28.60
ⅩⅤ山地草甸类	3.90	1.85	0.07						
(Ⅰ)山地草甸亚类	1.01	1.85	0.07						
中亚早熟禾、苔草	1.01	1.85	0.07						
(Ⅱ)亚高山草甸亚类	2.88								
矮生嵩草、杂类草	2.88								
ⅩⅥ高寒草甸类	1 742.64	471.37	91.41	5.90	3.56	0.23	34.79	37.68	49.71
(Ⅰ)高寒草甸亚类	1 399.83	355.41	61.67	5.77	2.72			0.36	
高山嵩草	104.05	13.14	6.58		0.89				
高山嵩草、异针茅	16.49	9.22	0.77	0.54	0.78				
高山嵩草、杂类草	295.69	94.52	10.09	4.04	0.45				
高山嵩草、青藏苔草	643.12	140.97	32.20	1.19	0.51				
高山嵩草、矮生嵩草	45.74	12.88	0.48						
矮生嵩草、青藏苔草	120.72	34.35	5.62		0.09				
尼泊尔嵩草	53.59	8.61	1.59						
金露梅、高山嵩草	112.48	40.26	4.11					0.36	
香柏、高山嵩草	7.96	1.47	0.23						

（续）

草原类(亚类)、型	退化草原		轻度退化		中度退化		重度退化	
	面积	占草原面积	面积	占草原面积	面积	占草原面积	面积	占草原面积
（Ⅱ）高寒盐化草甸亚类	120.50	99.73	35.18	29.12	35.13	29.07	50.19	41.54
三角草	120.50	99.73	35.18	29.12	35.13	29.07	50.19	41.54
（Ⅲ）高寒沼泽化草甸亚类	491.03	63.35	342.55	44.20	119.01	15.35	29.47	3.80
藏北嵩草	413.08	63.50	276.72	42.54	109.00	16.76	27.36	4.21
川滇嵩草	20.61	57.27	16.18	44.97	4.14	11.51	0.29	0.80
华扁穗草	57.34	64.73	49.65	56.05	5.87	6.62	1.82	2.06
ⅩⅧ沼泽类	9.35	90.28	7.07	68.26	0.78	7.54	1.50	14.48
水麦冬	9.35	90.28	7.07	68.26	0.78	7.54	1.50	14.48

(续)

草原类(亚类)、型	其 中								
	退化草原			沙化草原			盐渍化		
	轻度退化	中度退化	重度退化	轻度沙化	中度沙化	重度沙化	轻度盐渍化	中度盐渍化	重度盐渍化
(Ⅱ)高寒盐化草甸亚类	0.53	0.52	0.67				34.66	34.61	49.52
三角草	0.53	0.52	0.67				34.66	34.61	49.52
(Ⅲ)高寒沼泽化草甸亚类	342.28	115.44	29.06	0.13	0.85	0.23	0.14	2.72	0.19
藏北嵩草	276.45	105.57	26.95	0.13	0.70	0.23	0.14	2.72	0.19
川滇嵩草	16.18	4.00	0.29		0.14				
华扁穗草	49.65	5.87	1.82						
ⅩⅧ沼泽类	7.07		0.18					0.78	1.32
水麦冬	7.07		0.18					0.78	1.32

1. 桑珠孜区草原退化(含沙化、盐渍化)分级统计表

单位:万亩、%

草原类(亚类)、型	退化草原		轻度退化		中度退化		重度退化	
	面积	占草原面积	面积	占草原面积	面积	占草原面积	面积	占草原面积
合计	148.52	38.63	87.33	22.72	55.10	14.33	6.09	1.58
Ⅰ温性草甸草原类	3.27	68.40	2.35	49.30	0.91	19.10		
丝颖针茅	1.15	48.40	0.57	23.96	0.58	24.45		
细裂叶莲蒿、禾草	2.12	88.11	1.79	74.29	0.33	13.82		
Ⅱ温性草原类	100.08	76.26	43.13	32.87	50.98	38.85	5.96	4.54
固沙草	6.00	100.00	2.03	33.90	3.96	66.10		
白草	31.34	77.96	16.55	41.18	13.81	34.37	0.97	2.41
毛莲蒿	2.05	58.68	2.05	58.68				
日喀则蒿	1.39	76.89	1.21	66.79	0.18	10.10		
砂生槐、蒿、禾草	59.30	74.37	21.29	26.70	33.02	41.41	4.99	6.26
Ⅳ高寒草甸草原类	4.10	14.19	4.10	14.19	0.00	0.00		
丝颖针茅	4.10	14.19	4.10	14.19	0.00	0.00		
Ⅴ高寒草原类	9.56	40.96	7.70	32.98	1.79	7.67	0.07	0.31
固沙草、紫花针茅	1.40	41.15	0.66	19.35	0.71	20.79	0.03	1.01
藏沙蒿、青藏苔草	1.28	31.63	1.01	24.88	0.24	5.83	0.04	0.92
藏白蒿、禾草								
冻原白蒿	2.96	27.84	2.96	27.84				
小叶金露梅、紫花针茅	3.93	75.10	3.08	58.87	0.85	16.23		
ⅩⅤ山地草甸类	0.30	27.24	0.30	27.24				
(Ⅱ)亚高山草甸亚类	0.30	27.24	0.30	27.24				
矮生嵩草、杂类草	0.30	27.24	0.30	27.24				
ⅩⅥ高寒草甸类	31.22	16.00	29.75	15.24	1.42	0.73	0.06	0.03
(Ⅰ)高寒草甸亚类	31.22	16.00	29.75	15.25	1.42	0.73	0.06	0.03
高山嵩草、杂类草								
高山嵩草、青藏苔草	17.36	13.03	16.17	12.13	1.13	0.85	0.06	0.04

（续）

草原类(亚类)、型	其中								
	退化草原			沙化草原			盐渍化		
	轻度退化	中度退化	重度退化	轻度沙化	中度沙化	重度沙化	轻度盐渍化	中度盐渍化	重度盐渍化
合计	74.68	37.80	0.39	12.65	17.30	5.70			
Ⅰ温性草甸草原类	2.35	0.91							
丝颖针茅	0.57	0.58							
细裂叶莲蒿、禾草	1.79	0.33							
Ⅱ温性草原类	30.48	33.76	0.33	12.65	17.22	5.63			
固沙草	1.37	1.36		0.66	2.60				
白草	10.42	13.71	0.33	6.14	0.11	0.64			
毛莲蒿	2.05								
日喀则蒿	1.21	0.18							
砂生槐、蒿、禾草	15.43	18.51		5.86	14.51	4.99			
Ⅳ高寒草甸草原类	4.10	0.00							
丝颖针茅	4.10	0.00							
Ⅴ高寒草原类	7.70	1.74			0.05	0.07			
固沙草、紫花针茅	0.66	0.65			0.05	0.03			
藏沙蒿、青藏苔草	1.01	0.24				0.04			
藏白蒿、禾草									
冻原白蒿	2.96								
小叶金露梅、紫花针茅	3.08	0.85							
ⅩⅤ山地草甸类	0.30								
（Ⅱ）亚高山草甸亚类	0.30								
矮生嵩草、杂类草	0.30								
ⅩⅥ高寒草甸类	29.75	1.39	0.06		0.03				
（Ⅰ）高寒草甸亚类	29.75	1.39	0.06		0.03				
高山嵩草、杂类草									
高山嵩草、青藏苔草	16.17	1.10	0.06		0.03				

（续）

草原类（亚类）、型	退化草原		轻度退化		中度退化		重度退化	
	面积	占草原面积	面积	占草原面积	面积	占草原面积	面积	占草原面积
矮生嵩草、青藏苔草	2.23	22.25	2.23	22.25				
金露梅、高山嵩草	11.63	22.51	11.35	21.96	0.28	0.55		
（Ⅲ）高寒沼泽化草甸亚类								
藏北嵩草								

（续）

草原类(亚类)、型	其 中								
	退化草原			沙化草原			盐渍化		
	轻度退化	中度退化	重度退化	轻度沙化	中度沙化	重度沙化	轻度盐渍化	中度盐渍化	重度盐渍化
矮生嵩草、青藏苔草	2.23								
金露梅、高山嵩草	11.35	0.28							
(Ⅲ)高寒沼泽化草甸亚类									
藏北嵩草									

2. 南木林县草原退化(含沙化、盐渍化)分级统计表

单位：万亩、％

草原类(亚类)、型	退化草原		轻度退化		中度退化		重度退化	
	面积	占草原面积	面积	占草原面积	面积	占草原面积	面积	占草原面积
合计	250.97	30.17	133.40	16.04	94.55	11.37	23.01	2.77
Ⅱ温性草原类	107.34	83.84	30.01	23.44	55.15	43.08	22.18	17.32
固沙草	0.01	100.00	0.01	100.00				
白草	36.76	89.15	5.21	12.63	23.70	57.48	7.85	19.05
草沙蚕	12.02	81.92	5.24	35.69	6.78	46.22		
日喀则蒿	21.72	83.57	10.07	38.77	10.61	40.83	1.03	3.97
砂生槐、蒿、禾草	36.83	79.84	9.48	20.55	14.06	30.48	13.29	28.82
Ⅳ高寒草甸草原类	23.60	47.03	21.08	42.01	2.52	5.02		
丝颖针茅	23.60	47.03	21.08	42.01	2.52	5.02		
Ⅴ高寒草原类	43.02	56.87	15.26	20.17	27.21	35.97	0.55	0.72
紫花针茅、杂类草	3.94	46.11	3.94	46.11				
固沙草、紫花针茅	5.46	75.42	5.46	75.42				
藏白蒿、禾草	32.81	56.84	5.05	8.75	27.21	47.14	0.55	0.95
香柏、藏沙蒿	0.81	37.75	0.81	37.75				
ⅩⅤ山地草甸类	2.59	27.42	2.59	27.42				
(Ⅱ)亚高山草甸亚类	2.59	27.42	2.59	27.42				
矮生嵩草、杂类草	2.59	27.42	2.59	27.42				
ⅩⅥ高寒草甸类	74.42	13.09	64.46	11.34	9.67	1.70	0.29	0.05
(Ⅰ)高寒草甸亚类	66.87	11.94	56.91	10.16	9.67	1.73	0.29	0.05
高山嵩草								
高山嵩草、杂类草	14.40	11.32	9.00	7.08	5.38	4.23	0.02	0.02
高山嵩草、青藏苔草	25.99	8.98	24.84	8.58	1.12	0.39	0.04	0.01
高山嵩草、矮生嵩草	4.40	78.41	4.40	78.41				
矮生嵩草、青藏苔草	1.96	33.19	1.96	33.19				
金露梅、高山嵩草	19.19	16.14	16.23	13.66	2.95	2.49		

(续)

草原类(亚类)、型	其中								
	退化草原			沙化草原			盐渍化		
	轻度退化	中度退化	重度退化	轻度沙化	中度沙化	重度沙化	轻度盐渍化	中度盐渍化	重度盐渍化
合计	117.93	73.83	9.72	15.47	20.72	13.29			
Ⅱ温性草原类	20.00	34.43	8.89	10.01	20.72	13.29			
固沙草				0.01					
白草	4.55	17.27	7.85	0.66	6.43				
草沙蚕	0.65	2.46		4.58	4.32				
日喀则蒿	10.07	10.61	1.03						
砂生槐、蒿、禾草	4.73	4.09		4.75	9.97	13.29			
Ⅳ高寒草甸草原类	21.08	2.52							
丝颖针茅	21.08	2.52							
Ⅴ高寒草原类	9.80	27.21	0.55	5.46					
紫花针茅、杂类草	3.94								
固沙草、紫花针茅				5.46					
藏白蒿、禾草	5.05	27.21	0.55						
香柏、藏沙蒿	0.81								
ⅩⅤ山地草甸类	2.59								
(Ⅱ)亚高山草甸亚类	2.59								
矮生嵩草、杂类草	2.59								
ⅩⅥ高寒草甸类	64.46	9.67	0.29						
(Ⅰ)高寒草甸亚类	56.91	9.67	0.29						
高山嵩草									
高山嵩草、杂类草	9.00	5.38	0.02						
高山嵩草、青藏苔草	24.84	1.12	0.04						
高山嵩草、矮生嵩草	4.40								
矮生嵩草、青藏苔草	1.96								
金露梅、高山嵩草	16.23	2.95							

（续）

草原类(亚类)、型	退化草原		轻度退化		中度退化		重度退化	
	面积	占草原面积	面积	占草原面积	面积	占草原面积	面积	占草原面积
香柏、高山嵩草	0.94	7.31	0.48	3.78	0.22	1.72	0.23	1.81
(Ⅲ)高寒沼泽化草甸亚类	7.55	90.27	7.55	90.27				
藏北嵩草	7.55	90.27	7.55	90.27				

(续)

草原类(亚类)、型	其 中								
	退化草原			沙化草原			盐渍化		
	轻度退化	中度退化	重度退化	轻度沙化	中度沙化	重度沙化	轻度盐渍化	中度盐渍化	重度盐渍化
香柏、高山嵩草	0.48	0.22	0.23						
(Ⅲ)高寒沼泽化草甸亚类	7.55								
藏北嵩草	7.55								

3. 江孜县草原退化（含沙化、盐渍化）分级统计表

单位：万亩、%

草原类（亚类）、型	退化草原		轻度退化		中度退化		重度退化	
	面积	占草原面积	面积	占草原面积	面积	占草原面积	面积	占草原面积
合计	239.22	50.40	132.84	27.99	83.48	17.59	22.90	4.82
Ⅰ温性草甸草原类	5.72	100.00	3.49	60.96	0.53	9.24	1.70	29.80
丝颖针茅	5.72	100.00	3.49	60.96	0.53	9.24	1.70	29.80
Ⅱ温性草原类	71.84	90.37	22.20	27.92	30.26	38.06	19.39	24.39
固沙草	12.04	99.09	11.97	98.50	0.07	0.59		
白草	20.92	84.52	2.44	9.86	9.28	37.48	9.20	37.19
草沙蚕	0.96	100.00			0.96	100.00		
日喀则蒿	24.89	98.84	4.95	19.67	14.06	55.82	5.88	23.35
砂生槐、蒿、禾草	13.03	79.19	2.83	17.23	5.89	35.82	4.30	26.15
Ⅳ高寒草甸草原类	6.49	91.73	1.08	15.30	5.41	76.42		
丝颖针茅	6.49	91.73	1.08	15.30	5.41	76.42		
Ⅴ高寒草原类	83.29	77.12	46.51	43.07	34.97	32.39	1.81	1.67
紫花针茅、青藏苔草	1.06	61.24	0.82	47.50	0.24	13.74		
紫花针茅、杂类草	2.14	75.89	1.44	50.94	0.70	24.69	0.01	0.26
固沙草、紫花针茅	29.30	85.16	19.23	55.88	10.01	29.08	0.07	0.20
藏沙蒿、青藏苔草	0.23	92.36			0.04	15.48	0.19	76.89
藏白蒿、禾草	22.76	74.31	14.79	48.28	7.93	25.88	0.05	0.15
冻原白蒿	26.17	73.13	8.61	24.05	16.07	44.90	1.49	4.17
鬼箭锦鸡儿、藏沙蒿	1.63	68.75	1.63	68.75				
ⅩⅥ高寒草甸类	71.06	26.00	58.74	21.49	12.32	4.51		
（Ⅰ）高寒草甸亚类	65.23	24.43	53.85	20.17	11.38	4.26		
高山嵩草	0.30	7.37	0.30	7.37				
高山嵩草、杂类草	7.36	27.59	6.60	24.75	0.76	2.84		
高山嵩草、青藏苔草	47.54	22.59	40.39	19.19	7.15	3.40		
高山嵩草、矮生嵩草	1.10	17.85	0.81	13.08	0.30	4.77		

（续）

草原类（亚类）、型	其　中								
	退化草原			沙化草原			盐渍化		
	轻度退化	中度退化	重度退化	轻度沙化	中度沙化	重度沙化	轻度盐渍化	中度盐渍化	重度盐渍化
合计	121.02	72.90	18.36	11.82	10.10	4.54		0.48	
Ⅰ温性草甸草原类	3.49	0.53	1.70						
丝颖针茅	3.49	0.53	1.70						
Ⅱ温性草原类	10.38	29.23	15.08	11.82	1.03	4.30			
固沙草	1.25			10.71	0.07				
白草	2.43	9.28	9.20	0.01					
草沙蚕					0.96				
日喀则蒿	4.95	14.06	5.88						
砂生槐、蒿、禾草	1.74	5.89		1.10		4.30			
Ⅳ高寒草甸草原类	1.08	5.41							
丝颖针茅	1.08	5.41							
Ⅴ高寒草原类	46.51	25.90	1.57		9.08	0.24			
紫花针茅、青藏苔草	0.82	0.24							
紫花针茅、杂类草	1.44	0.70	0.01						
固沙草、紫花针茅	19.23	0.93			9.08	0.07			
藏沙蒿、青藏苔草		0.04	0.02			0.17			
藏白蒿、禾草	14.79	7.93	0.05						
冻原白蒿	8.61	16.07	1.49						
鬼箭锦鸡儿、藏沙蒿	1.63								
ⅩⅥ高寒草甸类	58.74	11.84						0.48	
（Ⅰ）高寒草甸亚类	53.85	11.38							
高山嵩草	0.30								
高山嵩草、杂类草	6.60	0.76							
高山嵩草、青藏苔草	40.39	7.15							
高山嵩草、矮生嵩草	0.81	0.30							

（续）

草原类(亚类)、型	退化草原		轻度退化		中度退化		重度退化	
	面积	占草原面积	面积	占草原面积	面积	占草原面积	面积	占草原面积
金露梅、高山嵩草	8.93	45.45	5.75	29.27	3.18	16.18		
（Ⅱ）高寒盐化草甸亚类	0.48	100.00			0.48	100.00		
三角草	0.48	100.00			0.48	100.00		
（Ⅲ）高寒沼泽化草甸亚类	5.35	92.10	4.89	84.18	0.46	7.92		
藏北嵩草	5.35	92.10	4.89	84.18	0.46	7.92		
ⅩⅧ沼泽类	0.83	77.36	0.83	77.36				
水麦冬	0.83	77.36	0.83	77.36				

(续)

草原类(亚类)、型	其中								
	退化草原			沙化草原			盐渍化		
	轻度退化	中度退化	重度退化	轻度沙化	中度沙化	重度沙化	轻度盐渍化	中度盐渍化	重度盐渍化
金露梅、高山嵩草	5.75	3.18							
(Ⅱ)高寒盐化草甸亚类								0.48	
三角草								0.48	
(Ⅲ)高寒沼泽化草甸亚类	4.89	0.46							
藏北嵩草	4.89	0.46							
ⅩⅧ沼泽类	0.83								
水麦冬	0.83								

4. 定日县草原退化（含沙化、盐渍化）分级统计表

单位：万亩、%

草原类（亚类）、型	退化草原		轻度退化		中度退化		重度退化	
	面积	占草原面积	面积	占草原面积	面积	占草原面积	面积	占草原面积
合计	459.62	34.41	260.28	19.48	163.60	12.25	35.73	2.67
Ⅰ温性草甸草原类	0.83	100.00	0.51	62.12	0.31	37.88		
丝颖针茅	0.83	100.00	0.51	62.12	0.31	37.88		
Ⅱ温性草原类	23.18	87.81	3.85	14.58	18.87	71.47	0.47	1.77
固沙草	13.73	90.30	3.80	24.97	9.93	65.34		
毛莲蒿	1.13	80.06	0.05	3.75	0.61	43.21	0.47	33.10
砂生槐、蒿、禾草	8.33	85.06			8.33	85.06		
Ⅳ高寒草甸草原类	51.29	62.35	32.61	39.65	15.22	18.50	3.46	4.20
紫花针茅、高山嵩草	16.15	72.83	10.40	46.89	4.25	19.17	1.50	6.77
丝颖针茅	14.80	41.93	6.45	18.29	8.12	23.01	0.22	0.63
金露梅、紫花针茅、高山嵩草	20.34	82.02	15.76	63.56	2.84	11.47	1.73	6.99
Ⅴ高寒草原类	165.22	64.61	77.98	30.50	68.79	26.90	18.44	7.21
紫花针茅、青藏苔草	23.16	46.28	15.59	31.15	3.70	7.39	3.87	7.74
紫花针茅、杂类草	36.89	56.57	20.65	31.66	10.36	15.88	5.89	9.03
固沙草、紫花针茅	79.52	83.81	22.19	23.39	49.02	51.66	8.32	8.77
藏沙蒿、青藏苔草	7.95	48.82	3.23	19.86	4.71	28.95		
小叶金露梅、紫花针茅	10.32	62.22	9.03	54.43	0.93	5.59	0.37	2.20
香柏、藏沙蒿	7.38	58.15	7.29	57.48	0.09	0.67		
ⅩⅣ低地草甸类	5.35	63.02	3.71	43.76	1.46	17.16	0.18	2.10
（Ⅰ）低湿地草甸亚类	5.35	63.02	3.71	43.76	1.46	17.16	0.18	2.10
无脉苔草、蕨麻委陵菜	5.35	63.02	3.71	43.76	1.46	17.16	0.18	2.10
ⅩⅤ山地草甸类	0.05	100.00	0.05	100.00				
（Ⅰ）山地草甸亚类	0.05	100.00	0.05	100.00				
中亚早熟禾、苔草	0.05	100.00	0.05	100.00				

（续）

草原类（亚类）、型	其中								
	退化草原			沙化草原			盐渍化		
	轻度退化	中度退化	重度退化	轻度沙化	中度沙化	重度沙化	轻度盐渍化	中度盐渍化	重度盐渍化
合计	253.88	134.76	24.13	5.29	19.74	6.89	1.11	9.10	4.71
Ⅰ温性草甸草原类	0.51	0.31							
丝颖针茅	0.51	0.31							
Ⅱ温性草原类	3.74	18.74	0.47	0.10	0.12				
固沙草	3.69	9.81		0.10	0.12				
毛莲蒿	0.05	0.61	0.47						
砂生槐、蒿、禾草		8.33							
Ⅳ高寒草甸草原类	32.61	15.22	3.46						
紫花针茅、高山嵩草	10.40	4.25	1.50						
丝颖针茅	6.45	8.12	0.22						
金露梅、紫花针茅、高山嵩草	15.76	2.84	1.73						
Ⅴ高寒草原类	74.14	49.66	11.55	3.84	19.13	6.89			
紫花针茅、青藏苔草	14.14	3.70	3.87	1.45					
紫花针茅、杂类草	20.52	10.36	5.89	0.13					
固沙草、紫花针茅	21.52	29.95	1.42	0.67	19.07	6.89			
藏沙蒿、青藏苔草	1.64	4.69		1.59	0.02				
小叶金露梅、紫花针茅	9.03	0.93	0.37						
香柏、藏沙蒿	7.29	0.04			0.04				
ⅩⅣ低地草甸类	3.69	1.46	0.18	0.03					
（Ⅰ）低湿地草甸亚类	3.69	1.46	0.18	0.03					
无脉苔草、蕨麻委陵菜	3.69	1.46	0.18	0.03					
ⅩⅤ山地草甸类	0.05								
（Ⅰ）山地草甸亚类	0.05								
中亚早熟禾、苔草	0.05								

（续）

草原类(亚类)、型	退化草原		轻度退化		中度退化		重度退化	
	面积	占草原面积	面积	占草原面积	面积	占草原面积	面积	占草原面积
ⅩⅥ高寒草甸类	213.71	22.21	141.57	14.71	58.96	6.13	13.19	1.37
（Ⅰ）高寒草甸亚类	167.63	18.91	116.85	13.18	43.57	4.92	7.21	0.81
高山嵩草	4.25	100.00	3.57	83.84	0.69	16.16		
高山嵩草、杂类草	50.33	16.28	39.25	12.70	8.52	2.76	2.55	0.83
高山嵩草、青藏苔草	104.69	19.47	72.27	13.44	27.77	5.16	4.65	0.87
高山嵩草、矮生嵩草								
矮生嵩草、青藏苔草	0.04	100.00	0.04	100.00				
金露梅、高山嵩草	8.30	23.65	1.71	4.88	6.59	18.78		
（Ⅱ）高寒盐化草甸亚类	14.92	100.00	1.11	7.47	9.10	60.99	4.71	31.54
三角草	14.92	100.00	1.11	7.47	9.10	60.99	4.71	31.54
（Ⅲ）高寒沼泽化草甸亚类	31.16	51.18	23.60	38.76	6.29	10.33	1.27	2.09
藏北嵩草	21.10	47.74	16.08	36.38	4.00	9.04	1.02	2.31
川滇嵩草	9.23	58.18	6.69	42.15	2.29	14.45	0.25	1.57
华扁穗草	0.83	100.00	0.83	100.00				

(续)

草原类(亚类)、型	其中								
	退化草原			沙化草原			盐渍化		
	轻度退化	中度退化	重度退化	轻度沙化	中度沙化	重度沙化	轻度盐渍化	中度盐渍化	重度盐渍化
ⅩⅥ高寒草甸类	139.13	49.38	8.48	1.32	0.48		1.11	9.10	4.71
(Ⅰ)高寒草甸亚类	115.66	43.09	7.21	1.19	0.48				
高山嵩草	3.57	0.69							
高山嵩草、杂类草	39.25	8.52	2.55						
高山嵩草、青藏苔草	71.09	27.28	4.65	1.19	0.48				
高山嵩草、矮生嵩草									
矮生嵩草、青藏苔草	0.04								
金露梅、高山嵩草	1.71	6.59							
(Ⅱ)高寒盐化草甸亚类							1.11	9.10	4.71
三角草							1.11	9.10	4.71
(Ⅲ)高寒沼泽化草甸亚类	23.47	6.29	1.27	0.13					
藏北嵩草	15.94	4.00	1.02	0.13					
川滇嵩草	6.69	2.29	0.25						
华扁穗草	0.83								

5. 萨迦县草原退化（含沙化、盐渍化）分级统计表

单位：万亩、%

草原类(亚类)、型	退化草原		轻度退化		中度退化		重度退化	
	面积	占草原面积	面积	占草原面积	面积	占草原面积	面积	占草原面积
合计	282.79	41.56	223.39	32.83	53.38	7.85	6.02	0.88
Ⅱ温性草原类	39.52	35.52	31.33	28.16	6.75	6.07	1.44	1.29
白草	15.61	95.50	10.15	62.08	4.02	24.62	1.44	8.79
草沙蚕	0.10	100.00			0.10	100.00		
日喀则蒿	1.64	87.37	1.49	79.38	0.15	7.99		
砂生槐、蒿、禾草	22.17	23.86	19.69	21.19	2.48	2.67		
Ⅳ高寒草甸草原类	18.93	77.11	15.92	64.86	3.01	12.26		
丝颖针茅	18.93	77.11	15.92	64.86	3.01	12.26		
Ⅴ高寒草原类	163.68	57.15	118.06	41.22	41.79	14.59	3.83	1.34
紫花针茅、杂类草	0.53	59.49	0.53	59.49				
固沙草、紫花针茅	103.20	65.56	71.52	45.44	28.60	18.17	3.09	1.96
藏沙蒿、青藏苔草	49.70	43.33	40.17	35.03	9.52	8.30	0.001	0.000 5
冻原白蒿								
鬼箭锦鸡儿、藏沙蒿	10.25	77.20	5.84	43.98	3.67	27.62	0.74	5.59
ⅩⅣ低地草甸类	1.07	74.36	0.82	57.53	0.24	16.82		
（Ⅰ）低湿地草甸亚类	1.07	74.36	0.82	57.53	0.24	16.82		
芦苇、赖草	1.07	74.36	0.82	57.53	0.24	16.82		
ⅩⅤ山地草甸类	0.02	100.00	0.01	34.83	0.01	49.34	0.002	15.83
（Ⅰ）山地草甸亚类	0.02	100.00	0.01	34.83	0.01	49.34	0.002	15.83
中亚早熟禾、苔草	0.02	100.00	0.01	34.83	0.01	49.34	0.002	15.83
ⅩⅥ高寒草甸类	59.58	23.20	57.24	22.29	1.59	0.62	0.75	0.29
（Ⅰ）高寒草甸亚类	54.05	21.97	52.95	21.52	1.10	0.45		
高山嵩草	1.25	11.76	1.25	11.76				
高山嵩草、杂类草	0.78	8.86	0.78	8.85	0.00	0.01		
高山嵩草、青藏苔草	42.57	19.84	41.47	19.33	1.10	0.51		

(续)

草原类(亚类)、型	其 中								
	退化草原			沙化草原			盐渍化		
	轻度退化	中度退化	重度退化	轻度沙化	中度沙化	重度沙化	轻度盐渍化	中度盐渍化	重度盐渍化
合计	218.28	42.68	1.57	5.05	10.65	3.83	0.06	0.06	0.62
Ⅱ温性草原类	30.95	6.13	1.44	0.37	0.62				
白草	9.81	3.84	1.44	0.33	0.18				
草沙蚕					0.10				
日喀则蒿	1.49	0.15							
砂生槐、蒿、禾草	19.65	2.14		0.04	0.34				
Ⅳ高寒草甸草原类	15.92	3.01							
丝颖针茅	15.92	3.01							
Ⅴ高寒草原类	113.39	31.76		4.67	10.03	3.83			
紫花针茅、杂类草	0.53								
固沙草、紫花针茅	67.38	21.72		4.14	6.88	3.09			
藏沙蒿、青藏苔草	39.72	7.55		0.45	1.98	0.00			
冻原白蒿									
鬼箭锦鸡儿、藏沙蒿	5.76	2.49		0.08	1.18	0.74			
ⅩⅣ低地草甸类	0.77	0.18					0.06	0.06	
(Ⅰ)低湿地草甸亚类	0.77	0.18					0.06	0.06	
芦苇、赖草	0.77	0.18					0.06	0.06	
ⅩⅤ山地草甸类	0.01	0.01	0.002						
(Ⅰ)山地草甸亚类	0.01	0.01	0.002						
中亚早熟禾、苔草	0.01	0.01	0.002						
ⅩⅥ高寒草甸类	57.24	1.59	0.14						0.62
(Ⅰ)高寒草甸亚类	52.95	1.10							
高山嵩草	1.25								
高山嵩草、杂类草	0.78	0.00							
高山嵩草、青藏苔草	41.47	1.10							

（续）

草原类(亚类)、型	退化草原		轻度退化		中度退化		重度退化	
	面积	占草原面积	面积	占草原面积	面积	占草原面积	面积	占草原面积
矮生嵩草、青藏苔草	9.45	78.26	9.45	78.26				
（Ⅱ）高寒盐化草甸亚类	0.62	100.00					0.62	100.00
三角草	0.62	100.00					0.62	100.00
（Ⅲ）高寒沼泽化草甸亚类	4.92	48.71	4.30	42.52	0.49	4.84	0.14	1.34
藏北嵩草	4.92	48.80	4.30	42.60	0.49	4.85	0.14	1.34
川滇嵩草								

（续）

草原类（亚类）、型	其 中								
	退化草原			沙化草原			盐渍化		
	轻度退化	中度退化	重度退化	轻度沙化	中度沙化	重度沙化	轻度盐渍化	中度盐渍化	重度盐渍化
矮生嵩草、青藏苔草	9.45								
（Ⅱ）高寒盐化草甸亚类									0.62
三角草									0.62
（Ⅲ）高寒沼泽化草甸亚类	4.30	0.49	0.14						
藏北嵩草	4.30	0.49	0.14						
川滇嵩草									

6. 拉孜县草原退化(含沙化、盐渍化)**分级统计表**

单位:万亩、%

草原类(亚类)、型	退化草原		轻度退化		中度退化		重度退化	
	面积	占草原面积	面积	占草原面积	面积	占草原面积	面积	占草原面积
合计	207.82	38.43	138.08	25.54	23.35	4.32	46.38	8.58
Ⅱ 温性草原类	90.64	96.23	39.40	41.83	5.83	6.19	45.42	48.22
白草	39.92	99.39	9.28	23.11	0.48	1.20	30.16	75.09
草沙蚕	5.52	92.11	4.05	67.55	1.47	24.56		
毛莲蒿	0.94	100.00					0.94	100.00
日喀则蒿	2.06	92.88	1.71	77.12	0.35	15.76		
砂生槐、蒿、禾草	42.20	94.05	24.35	54.27	3.53	7.86	14.32	31.92
Ⅴ 高寒草原类	60.22	53.23	43.41	38.37	16.05	14.19	0.76	0.67
藏沙蒿、青藏苔草	5.00	90.28	3.83	69.25	1.16	21.02		
藏白蒿、禾草	4.03	90.00	4.03	90.00				
鬼箭锦鸡儿、藏沙蒿	0.05	11.33	0.05	11.33				
小叶金露梅、紫花针茅	48.58	50.42	32.94	34.19	14.89	15.45	0.76	0.78
香柏、藏沙蒿	2.55	40.58	2.55	40.58				
ⅩⅥ 高寒草甸类	56.96	17.09	55.28	16.58	1.47	0.44	0.21	0.06
(Ⅰ)高寒草甸亚类	52.41	16.05	50.94	15.60	1.25	0.38	0.21	0.07
高山嵩草、杂类草	19.39	10.33	18.12	9.65	1.06	0.57	0.20	0.11
高山嵩草、青藏苔草	14.48	35.55	14.47	35.52			0.01	0.03
高山嵩草、矮生嵩草	8.92	48.22	8.92	48.22				
金露梅、高山嵩草	9.62	12.09	9.43	11.85	0.19	0.24		
(Ⅲ)高寒沼泽化草甸亚类	4.55	65.99	4.33	62.80	0.22	3.19		
藏北嵩草	4.21	65.12	3.99	61.72	0.22	3.40		
川滇嵩草	0.34	79.14	0.34	79.14				

（续）

草原类(亚类)、型	其中								
	退化草原			沙化草原			盐渍化		
	轻度退化	中度退化	重度退化	轻度沙化	中度沙化	重度沙化	轻度盐渍化	中度盐渍化	重度盐渍化
合计	129.48	17.36	32.06	8.61	6.00	14.32			
Ⅱ温性草原类	30.83	0.74	31.09	8.56	5.09	14.32			
白草	9.15		30.16	0.13	0.48				
草沙蚕	2.79	0.39		1.26	1.08				
毛莲蒿			0.94						
日喀则蒿	1.71	0.35							
砂生槐、蒿、禾草	17.18			7.17	3.53	14.32			
Ⅴ高寒草原类	43.37	15.14	0.76	0.04	0.91				
藏沙蒿、青藏苔草	3.81	0.25		0.02	0.91				
藏白蒿、禾草	4.03								
鬼箭锦鸡儿、藏沙蒿	0.04			0.01					
小叶金露梅、紫花针茅	32.94	14.89	0.76						
香柏、藏沙蒿	2.55			0.00					
ⅩⅥ高寒草甸类	55.28	1.47	0.21						
（Ⅰ）高寒草甸亚类	50.94	1.25	0.21						
高山嵩草、杂类草	18.12	1.06	0.20						
高山嵩草、青藏苔草	14.47		0.01						
高山嵩草、矮生嵩草	8.92								
金露梅、高山嵩草	9.43	0.19							
（Ⅲ）高寒沼泽化草甸亚类	4.33	0.22							
藏北嵩草	3.99	0.22							
川滇嵩草	0.34								

7. 昂仁县草原退化（含沙化、盐渍化）分级统计表

单位：万亩、%

草原类（亚类）、型	退化草原		轻度退化		中度退化		重度退化	
	面积	占草原面积	面积	占草原面积	面积	占草原面积	面积	占草原面积
合计	1 404.78	47.06	814.08	27.27	462.89	15.51	127.81	4.28
Ⅱ温性草原类	58.25	47.52	37.50	30.60	1.39	1.14	19.36	15.79
白草	24.91	97.50	8.72	34.14	0.71	2.77	15.48	60.59
日喀则蒿	31.48	33.08	28.78	30.24	0.69	0.72	2.02	2.12
砂生槐、蒿、禾草	1.86	100.00					1.86	100.00
Ⅳ高寒草甸草原类	660.64	77.73	328.17	38.61	267.29	31.45	65.18	7.67
紫花针茅、高山嵩草	413.20	84.19	188.76	38.46	185.01	37.70	39.43	8.03
丝颖针茅	241.56	69.39	135.19	38.83	80.69	23.18	25.67	7.37
金露梅、紫花针茅、高山嵩草	5.88	53.35	4.22	38.25	1.58	14.33	0.08	0.76
Ⅴ高寒草原类	164.48	93.60	72.91	41.49	82.24	46.80	9.34	5.31
紫花针茅、青藏苔草	24.51	79.47	24.19	78.44	0.32	1.03		
紫花针茅、杂类草	6.49	100.00	6.03	92.83	0.47	7.17		
固沙草、紫花针茅	3.67	100.00			1.10	29.90	2.57	70.10
藏沙蒿、青藏苔草	28.92	100.00	28.82	99.64	0.10	0.36		
藏白蒿、禾草	0.01	4.89					0.01	4.89
冻原白蒿	97.91	96.79	11.11	10.99	80.05	79.13	6.75	6.67
鬼箭锦鸡儿、藏沙蒿	2.95	71.83	2.75	66.86	0.20	4.97		
小叶金露梅、紫花针茅								
ⅩⅤ山地草甸类	0.96	36.89			0.96	36.89		
（Ⅰ）山地草甸亚类	0.96	36.89			0.96	36.89		
中亚早熟禾、苔草	0.96	36.89			0.96	36.89		
ⅩⅥ高寒草甸类	520.45	28.37	375.50	20.47	111.02	6.05	33.93	1.85
（Ⅰ）高寒草甸亚类	437.51	25.76	320.63	18.88	92.25	5.43	24.62	1.45
高山嵩草	42.77	41.72	37.22	36.31	5.55	5.41		
高山嵩草、异针茅								

（续）

草原类（亚类）、型	其　中								
	退化草原			沙化草原			盐渍化		
	轻度退化	中度退化	重度退化	轻度沙化	中度沙化	重度沙化	轻度盐渍化	中度盐渍化	重度盐渍化
合计	773.07	460.74	115.76	40.29	1.58	4.43	0.72	0.57	7.62
Ⅱ 温性草原类	28.78	0.12	17.50	8.72	1.27	1.86			
白草			15.48	8.72	0.71				
日喀则蒿	28.78	0.12	2.02		0.56				
砂生槐、蒿、禾草						1.86			
Ⅳ 高寒草甸草原类	328.17	267.29	65.18						
紫花针茅、高山嵩草	188.76	185.01	39.43						
丝颖针茅	135.19	80.69	25.67						
金露梅、紫花针茅、高山嵩草	4.22	1.58	0.08						
Ⅴ 高寒草原类	41.34	81.93	6.76	31.57	0.31	2.57			
紫花针茅、青藏苔草	24.19	0.32							
紫花针茅、杂类草	6.03	0.47							
固沙草、紫花针茅		1.10				2.57			
藏沙蒿、青藏苔草				28.82	0.10				
藏白蒿、禾草			0.01						
冻原白蒿	11.11	80.05	6.75						
鬼箭锦鸡儿、藏沙蒿				2.75	0.20				
小叶金露梅、紫花针茅									
ⅩⅤ 山地草甸类		0.96							
（Ⅰ）山地草甸亚类		0.96							
中亚早熟禾、苔草		0.96							
ⅩⅥ 高寒草甸类	374.78	110.44	26.31				0.72	0.57	7.62
（Ⅰ）高寒草甸亚类	320.63	92.25	24.62						
高山嵩草	37.22	5.55							
高山嵩草、异针茅									

（续）

草原类(亚类)、型	退化草原		轻度退化		中度退化		重度退化	
	面积	占草原面积	面积	占草原面积	面积	占草原面积	面积	占草原面积
高山嵩草、杂类草	38.91	40.20	23.63	24.41	13.30	13.74	1.99	2.05
高山嵩草、青藏苔草	261.92	20.33	183.49	14.25	57.62	4.47	20.81	1.62
高山嵩草、矮生嵩草	1.24	6.83	0.78	4.32	0.22	1.23	0.23	1.28
矮生嵩草、青藏苔草	22.92	41.41	16.96	30.64	5.96	10.77		
尼泊尔嵩草	63.79	51.09	53.59	42.91	8.61	6.90	1.59	1.28
金露梅、高山嵩草	0.89	36.90	0.04	1.60	0.85	35.29		
香柏、高山嵩草	5.05	49.81	4.92	48.49	0.13	1.32		
(Ⅱ)高寒盐化草甸亚类	8.92	100.00	0.72	8.05	0.57	6.45	7.62	85.50
三角草	8.92	100.00	0.72	8.05	0.57	6.45	7.62	85.50
(Ⅲ)高寒沼泽化草甸亚类	74.03	58.29	54.15	42.64	18.19	14.33	1.68	1.32
藏北嵩草	67.27	56.17	50.03	41.77	17.15	14.32	0.09	0.08
华扁穗草	6.76	93.43	4.13	57.05	1.04	14.43	1.59	21.95

（续）

草原类(亚类)、型	其中								
	退化草原			沙化草原			盐渍化		
	轻度退化	中度退化	重度退化	轻度沙化	中度沙化	重度沙化	轻度盐渍化	中度盐渍化	重度盐渍化
高山嵩草、杂类草	23.63	13.30	1.99						
高山嵩草、青藏苔草	183.49	57.62	20.81						
高山嵩草、矮生嵩草	0.78	0.22	0.23						
矮生嵩草、青藏苔草	16.96	5.96							
尼泊尔嵩草	53.59	8.61	1.59						
金露梅、高山嵩草	0.04	0.85							
香柏、高山嵩草	4.92	0.13							
(Ⅱ)高寒盐化草甸亚类							0.72	0.57	7.62
三角草							0.72	0.57	7.62
(Ⅲ)高寒沼泽化草甸亚类	54.15	18.19	1.68						
藏北嵩草	50.03	17.15	0.09						
华扁穗草	4.13	1.04	1.59						

8. 谢通门县草原退化(含沙化、盐渍化)分级统计表

单位：万亩、%

草原类(亚类)、型	退化草原		轻度退化		中度退化		重度退化	
	面积	占草原面积	面积	占草原面积	面积	占草原面积	面积	占草原面积
合计	482.24	38.39	306.24	24.38	124.39	9.90	51.60	4.11
Ⅰ温性草甸草原类	4.05	100.00			0.03	0.72	4.02	99.28
丝颖针茅	4.05	100.00			0.03	0.72	4.02	99.28
Ⅱ温性草原类	51.75	98.09	11.08	20.99	19.91	37.73	20.77	39.37
白草	10.47	91.80	1.92	16.88	1.88	16.52	6.66	58.40
草沙蚕	0.02	100.00			0.02	100.00		
日喀则蒿	9.14	99.22	1.76	19.06	6.30	68.38	1.08	11.77
砂生槐、蒿、禾草	32.13	100.00	7.40	23.02	11.71	36.44	13.03	40.54
Ⅳ高寒草甸草原类	0.85	22.59	0.80	21.29	0.05	1.30		
紫花针茅、高山嵩草								
丝颖针茅	0.85	27.29	0.80	25.72	0.05	1.57		
Ⅴ高寒草原类	45.06	67.16	24.57	36.62	19.75	29.43	0.74	1.11
紫花针茅、青藏苔草	4.63	52.20	1.36	15.29	3.28	36.90		
紫花针茅、杂类草								
固沙草、紫花针茅	11.31	74.01	8.14	53.28	3.17	20.74		
黑穗画眉草、羽柱针茅	3.80	50.30	2.22	29.41	0.89	11.73	0.69	9.16
藏沙蒿、青藏苔草	3.52	94.07	2.33	62.27	1.19	31.80		
变色锦鸡儿、紫花针茅	4.23	33.72	2.66	21.17	1.52	12.13	0.05	0.43
小叶金露梅、紫花针茅	4.20	77.83	2.51	46.43	1.70	31.40		
香柏、藏沙蒿	13.37	98.54	5.36	39.51	8.01	59.03		
ⅩⅥ高寒草甸类	380.52	33.72	269.79	23.90	84.66	7.50	26.07	2.31
(Ⅰ)高寒草甸亚类	362.34	32.73	255.68	23.10	81.45	7.36	25.20	2.28
高山嵩草	59.91	29.63	47.73	23.61	5.60	2.77	6.58	3.26
高山嵩草、杂类草	85.15	25.96	57.53	17.54	24.03	7.33	3.59	1.09
高山嵩草、青藏苔草	57.28	27.81	39.01	18.94	11.70	5.68	6.57	3.19

（续）

草原类（亚类）、型	其 中								
	退化草原			沙化草原			盐渍化		
	轻度退化	中度退化	重度退化	轻度沙化	中度沙化	重度沙化	轻度盐渍化	中度盐渍化	重度盐渍化
合计	299.91	107.15	38.57	6.33	17.25	13.03			
Ⅰ温性草甸草原类		0.03	4.02						
丝颖针茅		0.03	4.02						
Ⅱ温性草原类	4.86	9.47	7.74	6.22	10.43	13.03			
白草	1.92	0.43	6.66		1.46				
草沙蚕					0.02				
日喀则蒿	1.76	6.30	1.08						
砂生槐、蒿、禾草	1.18	2.75		6.22	8.96	13.03			
Ⅳ高寒草甸草原类	0.80	0.05							
紫花针茅、高山嵩草									
丝颖针茅	0.80	0.05							
Ⅴ高寒草原类	24.46	12.98	0.74	0.11	6.77				
紫花针茅、青藏苔草	1.36	3.28							
紫花针茅、杂类草									
固沙草、紫花针茅	8.14	1.59			1.58				
黑穗画眉草、羽柱针茅	2.22	0.89	0.69						
藏沙蒿、青藏苔草	2.21	1.19		0.11					
变色锦鸡儿、紫花针茅	2.66	1.52	0.05						
小叶金露梅、紫花针茅	2.51	1.70							
香柏、藏沙蒿	5.36	2.82			5.19				
ⅩⅥ高寒草甸类	269.79	84.62	26.07		0.05				
（Ⅰ）高寒草甸亚类	255.68	81.45	25.20						
高山嵩草	47.73	5.60	6.58						
高山嵩草、杂类草	57.53	24.03	3.59						
高山嵩草、青藏苔草	39.01	11.70	6.57						

（续）

草原类(亚类)、型	退化草原		轻度退化		中度退化		重度退化	
	面积	占草原面积	面积	占草原面积	面积	占草原面积	面积	占草原面积
高山嵩草、矮生嵩草	30.77	27.64	20.28	18.22	10.24	9.19	0.25	0.23
矮生嵩草、青藏苔草	51.49	41.53	38.34	30.93	9.03	7.29	4.11	3.31
金露梅、高山嵩草	74.08	59.61	50.23	40.42	19.74	15.89	4.11	3.30
香柏、高山嵩草	3.67	32.43	2.56	22.61	1.11	9.83		
(Ⅲ)高寒沼泽化草甸亚类	18.19	84.07	14.11	65.24	3.21	14.84	0.86	3.99
藏北嵩草	18.19	84.07	14.11	65.24	3.21	14.84	0.86	3.99

(续)

草原类(亚类)、型	其 中								
	退化草原			沙化草原			盐渍化		
	轻度退化	中度退化	重度退化	轻度沙化	中度沙化	重度沙化	轻度盐渍化	中度盐渍化	重度盐渍化
高山嵩草、矮生嵩草	20.28	10.24	0.25						
矮生嵩草、青藏苔草	38.34	9.03	4.11						
金露梅、高山嵩草	50.23	19.74	4.11						
香柏、高山嵩草	2.56	1.11							
(Ⅲ)高寒沼泽化草甸亚类	14.11	3.16	0.86		0.05				
藏北嵩草	14.11	3.16	0.86		0.05				

9. 白朗县草原退化（含沙化、盐渍化）分级统计表

单位：万亩、%

草原类（亚类）、型	退化草原		轻度退化		中度退化		重度退化	
	面积	占草原面积	面积	占草原面积	面积	占草原面积	面积	占草原面积
合计	134.50	38.48	100.92	28.87	32.45	9.28	1.12	0.32
Ⅰ温性草甸草原类	3.43	59.04	0.77	13.28	2.45	42.19	0.21	3.56
丝颖针茅	2.31	61.61	0.50	13.38	1.81	48.22		
细裂叶莲蒿、禾草	1.13	54.41	0.27	13.10	0.65	31.29	0.21	10.01
Ⅱ温性草原类	54.96	57.25	42.67	44.45	11.98	12.48	0.31	0.32
固沙草	0.21	70.06	0.00	0.07	0.21	69.99		
白草	17.83	68.85	14.49	55.96	3.34	12.89		
毛莲蒿	3.98	45.60	3.58	40.94	0.41	4.67		
日喀则蒿	3.89	47.09	3.59	43.47	0.30	3.62		
砂生槐、蒿、禾草	29.04	55.00	21.01	39.80	7.72	14.63	0.31	0.58
Ⅳ高寒草甸草原类	14.12	77.32	8.46	46.35	5.65	30.93	0.01	0.04
丝颖针茅	14.12	77.32	8.46	46.35	5.65	30.93	0.01	0.04
Ⅴ高寒草原类	31.65	50.90	24.08	38.72	7.57	12.18		
紫花针茅、青藏苔草	2.96	58.10	2.74	53.93	0.21	4.17		
紫花针茅、杂类草	11.25	100.00	8.07	71.78	3.17	28.22		
固沙草、紫花针茅	7.39	32.11	5.69	24.76	1.69	7.35		
藏沙蒿、青藏苔草	0.02	3.07	0.01	1.67	0.01	1.40		
藏白蒿、禾草	2.49	38.77	2.02	31.47	0.47	7.30		
冻原白蒿	7.21	47.19	5.19	33.97	2.02	13.22		
鬼箭锦鸡儿、藏沙蒿	0.35	68.67	0.35	68.67				
ⅩⅥ高寒草甸类	30.33	18.14	24.93	14.91	4.80	2.87	0.60	0.36
（Ⅰ）高寒草甸亚类	29.00	17.70	24.20	14.77	4.80	2.93		
高山嵩草	10.54	41.00	9.24	35.93	1.30	5.06		
高山嵩草、杂类草	0.05	2.58			0.05	2.58		
高山嵩草、青藏苔草	18.01	14.30	14.56	11.56	3.45	2.74		

(续)

草原类(亚类)、型	其中								
	退化草原			沙化草原			盐渍化		
	轻度退化	中度退化	重度退化	轻度沙化	中度沙化	重度沙化	轻度盐渍化	中度盐渍化	重度盐渍化
合计	99.84	32.10	1.12	1.08	0.35				
Ⅰ温性草甸草原类	0.77	2.45	0.21						
丝颖针茅	0.50	1.81							
细裂叶莲蒿、禾草	0.27	0.65	0.21						
Ⅱ温性草原类	41.83	11.63	0.31	0.84	0.35				
固沙草	0.00				0.21				
白草	14.44	3.34		0.05					
毛莲蒿	2.78	0.41		0.79					
日喀则蒿	3.59	0.30							
砂生槐、蒿、禾草	21.01	7.59	0.31		0.14				
Ⅳ高寒草甸草原类	8.46	5.65	0.01						
丝颖针茅	8.46	5.65	0.01						
Ⅴ高寒草原类	23.85	7.57		0.23					
紫花针茅、青藏苔草	2.74	0.21							
紫花针茅、杂类草	8.07	3.17							
固沙草、紫花针茅	5.57	1.69		0.13					
藏沙蒿、青藏苔草	0.01	0.01							
藏白蒿、禾草	1.91	0.47		0.11					
冻原白蒿	5.19	2.02							
鬼箭锦鸡儿、藏沙蒿	0.35								
ⅩⅥ高寒草甸类	24.93	4.80	0.60						
(Ⅰ)高寒草甸亚类	24.20	4.80							
高山嵩草	9.24	1.30							
高山嵩草、杂类草		0.05							
高山嵩草、青藏苔草	14.56	3.45							

(续)

草原类（亚类）、型	退化草原		轻度退化		中度退化		重度退化	
	面积	占草原面积	面积	占草原面积	面积	占草原面积	面积	占草原面积
金露梅、高山嵩草	0.40	3.83	0.40	3.83				
（Ⅲ）高寒沼泽化草甸亚类	1.33	39.37	0.73	21.59			0.60	17.78
藏北嵩草	1.33	39.37	0.73	21.59			0.60	17.78
ⅩⅧ沼泽类								
水麦冬								

(续)

草原类(亚类)、型	其中								
	退化草原			沙化草原			盐渍化		
	轻度退化	中度退化	重度退化	轻度沙化	中度沙化	重度沙化	轻度盐渍化	中度盐渍化	重度盐渍化
金露梅、高山嵩草	0.40								
(Ⅲ)高寒沼泽化草甸亚类	0.73		0.60						
藏北嵩草	0.73		0.60						
ⅩⅧ沼泽类									
水麦冬									

10. 仁布县草原退化（含沙化、盐渍化）分级统计表

单位：万亩、％

草原类（亚类）、型	退化草原		轻度退化		中度退化		重度退化	
	面积	占草原面积	面积	占草原面积	面积	占草原面积	面积	占草原面积
合计	110.34	39.84	67.47	24.36	39.75	14.35	3.12	1.13
Ⅱ温性草原类	51.20	91.49	26.43	47.23	22.09	39.47	2.68	4.79
白草	31.21	88.46	9.74	27.59	19.89	56.38	1.59	4.49
草沙蚕	15.92	95.84	15.68	94.37	0.24	1.47		
毛莲蒿	3.93	100.00	0.93	23.75	1.90	48.43	1.09	27.81
砂生槐、蒿、禾草	0.13	100.00	0.08	60.75	0.05	39.25		
Ⅳ高寒草甸草原类	1.98	17.67	0.95	8.43	1.02	9.08	0.02	0.16
丝颖针茅	1.98	17.67	0.95	8.43	1.02	9.08	0.02	0.16
Ⅴ高寒草原类								
固沙草、紫花针茅								
ⅩⅥ高寒草甸类	57.15	27.26	40.09	19.12	16.64	7.94	0.42	0.20
（Ⅰ）高寒草甸亚类	56.51	27.05	39.95	19.12	16.29	7.79	0.28	0.13
高山嵩草、杂类草	44.19	38.09	29.88	25.75	14.04	12.10	0.28	0.24
高山嵩草、青藏苔草	11.54	13.16	9.38	10.70	2.15	2.46		
金露梅、高山嵩草	0.79	15.01	0.69	13.20	0.09	1.80		
（Ⅲ）高寒沼泽化草甸亚类	0.64	90.06	0.14	20.08	0.35	49.33	0.15	20.65
藏北嵩草	0.64	90.06	0.14	20.08	0.35	49.33	0.15	20.65

（续）

草原类(亚类)、型	其中								
	退化草原			沙化草原			盐渍化		
	轻度退化	中度退化	重度退化	轻度沙化	中度沙化	重度沙化	轻度盐渍化	中度盐渍化	重度盐渍化
合计	52.00	39.45	3.12	15.47	0.30				
Ⅱ温性草原类	10.96	21.80	2.68	15.47	0.30				
白草	9.53	19.89	1.59	0.21					
草沙蚕	0.50			15.18	0.24				
毛莲蒿	0.93	1.90	1.09						
砂生槐、蒿、禾草				0.08	0.05				
Ⅳ高寒草甸草原类	0.95	1.02	0.02						
丝颖针茅	0.95	1.02	0.02						
Ⅴ高寒草原类									
固沙草、紫花针茅									
ⅩⅥ高寒草甸类	40.09	16.64	0.42						
(Ⅰ)高寒草甸亚类	39.95	16.29	0.28						
高山嵩草、杂类草	29.88	14.04	0.28						
高山嵩草、青藏苔草	9.38	2.15							
金露梅、高山嵩草	0.69	0.09							
(Ⅲ)高寒沼泽化草甸亚类	0.14	0.35	0.15						
藏北嵩草	0.14	0.35	0.15						

11. 康马县草原退化（含沙化、盐渍化）分级统计表

单位：万亩、％

草原类（亚类）、型	退化草原		轻度退化		中度退化		重度退化	
	面积	占草原面积	面积	占草原面积	面积	占草原面积	面积	占草原面积
合计	426.96	57.89	194.73	26.40	141.42	19.18	90.80	12.31
Ⅱ温性草原类	0.29	100.00	0.25	87.87	0.03	12.13		
固沙草	0.28	100.00	0.25	90.55	0.03	9.45		
日喀则蒿	0.01	100.00			0.01	100.00		
Ⅴ高寒草原类	350.53	70.64	168.97	34.05	125.34	25.26	56.22	11.33
紫花针茅、青藏苔草	45.39	64.33	40.65	57.60	4.53	6.42	0.22	0.31
紫花针茅、杂类草	155.87	71.19	83.10	37.95	66.52	30.38	6.24	2.85
固沙草、紫花针茅	14.16	92.63			5.46	35.69	8.70	56.94
藏沙蒿、青藏苔草	118.88	73.77	32.85	20.38	44.97	27.91	41.07	25.48
藏白蒿、禾草								
冻原白蒿	0.08	2.41	0.08	2.38	0.00	0.03		
小叶金露梅、紫花针茅	2.18	77.07	1.69	59.73	0.49	17.33		
香柏、藏沙蒿	13.97	58.22	10.61	44.19	3.37	14.03		
ⅩⅤ山地草甸类								
（Ⅰ）山地草甸亚类								
中亚早熟禾、苔草								
ⅩⅥ高寒草甸类	76.13	31.68	25.50	10.61	16.05	6.68	34.58	14.39
（Ⅰ）高寒草甸亚类	20.72	11.96	13.92	8.03	6.43	3.71	0.37	0.22
高山嵩草								
高山嵩草、杂类草	4.09	15.41	2.14	8.05	1.63	6.13	0.33	1.23
高山嵩草、青藏苔草	16.39	11.84	11.63	8.40	4.72	3.41	0.05	0.03
金露梅、高山嵩草	0.24	4.01	0.15	2.57	0.09	1.44		
香柏、高山嵩草								
（Ⅱ）高寒盐化草甸亚类	24.25	99.88	3.61	14.87	1.41	5.81	19.23	79.20
三角草	24.25	99.88	3.61	14.87	1.41	5.81	19.23	79.20

（续）

草原类(亚类)、型	其中								
	退化草原			沙化草原			盐渍化		
	轻度退化	中度退化	重度退化	轻度沙化	中度沙化	重度沙化	轻度盐渍化	中度盐渍化	重度盐渍化
合计	164.08	95.98	45.69	27.46	44.06	25.88	3.18	1.39	19.23
Ⅱ 温性草原类		0.01		0.25	0.03				
固沙草				0.25	0.03				
日喀则蒿		0.01							
Ⅴ 高寒草原类	141.76	81.31	30.57	27.21	44.03	25.65			
紫花针茅、青藏苔草	40.65	4.53	0.22						
紫花针茅、杂类草	83.10	66.49	6.05		0.03	0.19			
固沙草、紫花针茅					5.46	8.70			
藏沙蒿、青藏苔草	9.03	7.97	24.31	23.81	37.00	16.76			
藏白蒿、禾草									
冻原白蒿	0.08	0.00							
小叶金露梅、紫花针茅	1.69	0.49							
香柏、藏沙蒿	7.21	1.83		3.40	1.54				
ⅩⅤ 山地草甸类									
（Ⅰ）山地草甸亚类									
中亚早熟禾、苔草									
ⅩⅥ 高寒草甸类	22.31	14.66	15.12			0.23	3.18	1.39	19.23
（Ⅰ）高寒草甸亚类	13.92	6.43	0.37						
高山嵩草									
高山嵩草、杂类草	2.14	1.63	0.33						
高山嵩草、青藏苔草	11.63	4.72	0.05						
金露梅、高山嵩草	0.15	0.09							
香柏、高山嵩草									
（Ⅱ）高寒盐化草甸亚类	0.43	0.02					3.18	1.39	19.23
三角草	0.43	0.02					3.18	1.39	19.23

（续）

草原类（亚类）、型	退化草原		轻度退化		中度退化		重度退化	
	面积	占草原面积	面积	占草原面积	面积	占草原面积	面积	占草原面积
（Ⅲ）高寒沼泽化草甸亚类	31.15	72.88	7.96	18.63	8.21	19.21	14.97	35.03
藏北嵩草	29.29	74.95	6.95	17.80	7.45	19.06	14.89	38.10
川滇嵩草								
华扁穗草	1.86	50.90	1.01	27.64	0.76	20.91	0.09	2.35
ⅩⅧ沼泽类	0.01	1.50	0.01	1.50				
水麦冬	0.01	1.50	0.01	1.50				

(续)

草原类(亚类)、型	其中								
	退化草原			沙化草原			盐渍化		
	轻度退化	中度退化	重度退化	轻度沙化	中度沙化	重度沙化	轻度盐渍化	中度盐渍化	重度盐渍化
(Ⅲ)高寒沼泽化草甸亚类	7.96	8.21	14.75			0.23			
藏北嵩草	6.95	7.45	14.66			0.23			
川滇嵩草									
华扁穗草	1.01	0.76	0.09						
ⅩⅧ沼泽类	0.01								
水麦冬	0.01								

12. 定结县草原退化(含沙化、盐渍化)分级统计表

单位:万亩、％

草原类(亚类)、型	退化草原		轻度退化		中度退化		重度退化	
	面积	占草原面积	面积	占草原面积	面积	占草原面积	面积	占草原面积
合计	287.67	50.95	167.49	29.67	76.95	13.63	43.23	7.66
Ⅱ温性草原类	8.70	96.31	4.60	50.88	1.83	20.26	2.28	25.17
固沙草	8.70	99.05	4.60	52.33	1.83	20.82	2.28	25.89
砂生槐、蒿、禾草	0.00	0.44			0.00	0.44		
Ⅳ高寒草甸草原类	1.09	99.81	0.07	6.05	1.03	93.77		
丝颖针茅	1.09	99.81	0.07	6.05	1.03	93.77		
Ⅴ高寒草原类	159.01	50.26	101.71	32.15	36.56	11.56	20.73	6.55
紫花针茅、青藏苔草	20.08	88.87	13.19	58.38	5.90	26.12	0.99	4.37
紫花针茅、杂类草	14.88	21.01	10.73	15.16	2.93	4.14	1.21	1.71
固沙草、紫花针茅	68.55	47.91	38.91	27.20	17.04	11.91	12.59	8.80
藏沙蒿、青藏苔草	0.73	32.61	0.73	32.61				
变色锦鸡儿、紫花针茅	5.93	37.44	2.11	13.31	2.35	14.82	1.48	9.32
小叶金露梅、紫花针茅	48.84	78.96	36.04	58.27	8.34	13.49	4.46	7.21
ⅩⅣ低地草甸类	65.40	100.00	24.51	37.47	24.12	36.89	16.77	25.64
(Ⅰ)低湿地草甸亚类	65.40	100.00	24.51	37.47	24.12	36.89	16.77	25.64
芦苇、赖草	65.40	100.00	24.51	37.47	24.12	36.89	16.77	25.64
ⅩⅤ山地草甸类	1.39	86.33	0.96	59.72	0.36	22.47	0.07	4.14
(Ⅰ)山地草甸亚类	1.39	86.33	0.96	59.72	0.36	22.47	0.07	4.14
中亚早熟禾、苔草	1.39	86.33	0.96	59.72	0.36	22.47	0.07	4.14
ⅩⅥ高寒草甸类	52.07	30.44	35.64	20.84	13.04	7.62	3.39	1.98
(Ⅰ)高寒草甸亚类	32.86	22.32	19.71	13.39	11.63	7.90	1.52	1.03
高山嵩草								
高山嵩草、杂类草	1.72	3.24	1.69	3.20	0.02	0.04	0.00	0.01
高山嵩草、青藏苔草	0.00	0.75	0.00	0.75				
矮生嵩草、青藏苔草	31.14	33.65	18.02	19.47	11.60	12.54	1.52	1.64

（续）

草原类（亚类）、型	其中								
	退化草原			沙化草原			盐渍化		
	轻度退化	中度退化	重度退化	轻度沙化	中度沙化	重度沙化	轻度盐渍化	中度盐渍化	重度盐渍化
合计	104.01	39.67	9.80	32.63	12.74	14.87	30.85	24.54	18.56
Ⅱ温性草原类	0.83			3.77	1.83	2.28			
固沙草	0.83			3.77	1.83	2.28			
砂生槐、蒿、禾草				0.00					
Ⅳ高寒草甸草原类	0.07	1.03							
丝颖针茅	0.07	1.03							
Ⅴ高寒草原类	72.85	25.66	8.13	28.86	10.91	12.59			
紫花针茅、青藏苔草	13.19	5.90	0.99						
紫花针茅、杂类草	10.73	2.93	1.21						
固沙草、紫花针茅	10.05	6.14		28.86	10.91	12.59			
藏沙蒿、青藏苔草	0.73								
变色锦鸡儿、紫花针茅	2.11	2.35	1.48						
小叶金露梅、紫花针茅	36.04	8.34	4.46						
ⅩⅣ低地草甸类	1.26						23.25	24.12	16.77
（Ⅰ）低湿地草甸亚类	1.26						23.25	24.12	16.77
芦苇、赖草	1.26						23.25	24.12	16.77
ⅩⅤ山地草甸类	0.96	0.36	0.07						
（Ⅰ）山地草甸亚类	0.96	0.36	0.07						
中亚早熟禾、苔草	0.96	0.36	0.07						
ⅩⅥ高寒草甸类	28.05	12.62	1.60				7.60	0.41	1.79
（Ⅰ）高寒草甸亚类	19.71	11.63	1.52						
高山嵩草									
高山嵩草、杂类草	1.69	0.02	0.00						
高山嵩草、青藏苔草	0.00								
矮生嵩草、青藏苔草	18.02	11.60	1.52						

（续）

草原类(亚类)、型	退化草原		轻度退化		中度退化		重度退化	
	面积	占草原面积	面积	占草原面积	面积	占草原面积	面积	占草原面积
金露梅、高山嵩草								
(Ⅱ)高寒盐化草甸亚类	9.80	100.00	7.60	77.52	0.41	4.22	1.79	18.26
三角草	9.80	100.00	7.60	77.52	0.41	4.22	1.79	18.26
(Ⅲ)高寒沼泽化草甸亚类	9.41	66.88	8.33	59.21	1.00	7.09	0.08	0.58
藏北嵩草	1.15	48.98	0.56	23.95	0.55	23.20	0.04	1.82
川滇嵩草	8.26	70.47	7.77	66.28	0.45	3.86	0.04	0.33

（续）

草原类(亚类)、型	其 中								
	退化草原			沙化草原			盐渍化		
	轻度退化	中度退化	重度退化	轻度沙化	中度沙化	重度沙化	轻度盐渍化	中度盐渍化	重度盐渍化
金露梅、高山嵩草									
（Ⅱ）高寒盐化草甸亚类							7.60	0.41	1.79
三角草							7.60	0.41	1.79
（Ⅲ）高寒沼泽化草甸亚类	8.33	1.00	0.08						
藏北嵩草	0.56	0.55	0.04						
川滇嵩草	7.77	0.45	0.04						

13. 仲巴县草原退化（含沙化、盐渍化）分级统计表

单位：万亩、%

草原类(亚类)、型	退化草原		轻度退化		中度退化		重度退化	
	面积	占草原面积	面积	占草原面积	面积	占草原面积	面积	占草原面积
合计	2 222.58	40.83	1 578.42	29.00	444.15	8.16	200.01	3.67
Ⅱ温性草原类	6.72	41.62	5.31	32.87	1.38	8.54	0.03	0.21
白草	1.41	13.41			1.38	13.08	0.03	0.33
日喀则蒿	5.31	94.65	5.31	94.65				
Ⅳ高寒草甸草原类	129.37	53.74	104.20	43.29	24.60	10.22	0.56	0.23
紫花针茅、高山嵩草	29.33	35.88	27.79	33.99	1.28	1.56	0.27	0.32
丝颖针茅	29.96	72.78	17.22	41.82	12.75	30.96		
金露梅、紫花针茅、高山嵩草	70.07	59.49	59.20	50.26	10.58	8.98	0.30	0.25
Ⅴ高寒草原类	1 569.80	54.10	1 068.31	36.82	320.13	11.03	181.35	6.25
紫花针茅、青藏苔草	46.58	74.75	35.97	57.72	10.61	17.03		
紫花针茅、杂类草	298.71	51.52	246.71	42.55	40.12	6.92	11.87	2.05
昆仑针茅	2.04	54.07	2.04	53.93	0.01	0.14		
固沙草、紫花针茅	826.73	59.12	450.76	32.23	215.82	15.43	160.15	11.45
黑穗画眉草、羽柱针茅	36.76	78.47	31.36	66.94	5.05	10.79	0.35	0.74
藏沙蒿、青藏苔草	195.48	58.16	164.37	48.91	26.15	7.78	4.95	1.47
藏白蒿、禾草	31.20	22.23	25.50	18.17	5.70	4.06		
鬼箭锦鸡儿、藏沙蒿	3.09	27.60	2.86	25.52			0.23	2.08
变色锦鸡儿、紫花针茅	27.07	31.02	19.50	22.34	4.10	4.69	3.47	3.98
小叶金露梅、紫花针茅	101.21	43.74	88.30	38.16	12.57	5.43	0.34	0.14
香柏、藏沙蒿	0.94	21.51	0.94	21.51	0.00	0.00		
ⅩⅣ低地草甸类	146.22	95.41	91.94	59.99	50.68	33.07	3.60	2.35
（Ⅰ）低湿地草甸亚类	146.22	95.41	91.94	59.99	50.68	33.07	3.60	2.35
芦苇、赖草	146.22	95.41	91.94	59.99	50.68	33.07	3.60	2.35

(续)

草原类(亚类)、型	其中								
	退化草原			沙化草原			盐渍化		
	轻度退化	中度退化	重度退化	轻度沙化	中度沙化	重度沙化	轻度盐渍化	中度盐渍化	重度盐渍化
合计	1 030.16	191.22	30.89	456.32	190.97	152.93	91.94	61.96	16.19
Ⅱ温性草原类	5.31	1.38	0.03						
白草		1.38	0.03						
日喀则蒿	5.31								
Ⅳ高寒草甸草原类	104.20	24.60	0.56	0.00					
紫花针茅、高山嵩草	27.78	1.28	0.27	0.00					
丝颖针茅	17.22	12.75							
金露梅、紫花针茅、高山嵩草	59.20	10.58	0.30						
Ⅴ高寒草原类	612.00	130.06	28.43	456.32	190.08	152.93			
紫花针茅、青藏苔草	35.97	10.61							
紫花针茅、杂类草	246.71	40.12	11.87						
昆仑针茅	2.04	0.01							
固沙草、紫花针茅	139.26	46.75	10.71	311.51	169.08	149.43			
黑穗画眉草、羽柱针茅	31.36	5.05	0.35						
藏沙蒿、青藏苔草	22.43	5.15	1.69	141.95	21.00	3.26			
藏白蒿、禾草	25.50	5.70							
鬼箭锦鸡儿、藏沙蒿				2.86		0.23			
变色锦鸡儿、紫花针茅	19.50	4.10	3.47						
小叶金露梅、紫花针茅	88.30	12.57	0.34						
香柏、藏沙蒿	0.94				0.00				
ⅩⅣ低地草甸类							91.94	50.68	3.60
(Ⅰ)低湿地草甸亚类							91.94	50.68	3.60
芦苇、赖草							91.94	50.68	3.60

（续）

草原类（亚类）、型	退化草原		轻度退化		中度退化		重度退化	
	面积	占草原面积	面积	占草原面积	面积	占草原面积	面积	占草原面积
ⅩⅤ山地草甸类								
（Ⅱ）亚高山草甸亚类								
矮生嵩草、杂类草								
ⅩⅥ高寒草甸类	361.95	17.08	302.43	14.27	46.57	2.20	12.95	0.61
（Ⅰ）高寒草甸亚类	148.21	8.12	142.73	7.82	5.47	0.30		
高山嵩草	4.97	1.83	4.09	1.50	0.89	0.33		
高山嵩草、杂类草	18.05	10.56	17.70	10.35	0.35	0.21		
高山嵩草、青藏苔草	116.88	12.76	113.01	12.34	3.87	0.42		
矮生嵩草、青藏苔草	7.61	1.66	7.61	1.66				
金露梅、高山嵩草	0.70	8.44	0.34	4.11	0.36	4.33		
（Ⅱ）高寒盐化草甸亚类	18.60	99.17	0.10	0.52	7.42	39.56	11.08	59.09
三角草	18.60	99.17	0.10	0.52	7.42	39.56	11.08	59.09
（Ⅲ）高寒沼泽化草甸亚类	195.15	70.73	159.59	57.84	33.68	12.21	1.87	0.68
藏北嵩草	155.77	74.09	122.25	58.15	31.75	15.10	1.77	0.84
华扁穗草	39.37	59.95	37.34	56.85	1.93	2.94	0.11	0.16
ⅩⅧ沼泽类	8.51	99.62	6.23	72.93	0.78	9.14	1.50	17.55
水麦冬	8.51	99.62	6.23	72.93	0.78	9.14	1.50	17.55

草原类(亚类)、型	其中								
	退化草原			沙化草原			盐渍化		
	轻度退化	中度退化	重度退化	轻度沙化	中度沙化	重度沙化	轻度盐渍化	中度盐渍化	重度盐渍化
ⅩⅤ山地草甸类									
(Ⅱ)亚高山草甸亚类									
矮生嵩草、杂类草									
ⅩⅥ高寒草甸类	302.43	35.19	1.69		0.89			10.50	11.27
(Ⅰ)高寒草甸亚类	142.73	4.23			0.89			0.36	
高山嵩草	4.09				0.89				
高山嵩草、杂类草	17.70	0.35							
高山嵩草、青藏苔草	113.01	3.87							
矮生嵩草、青藏苔草	7.61								
金露梅、高山嵩草	0.34							0.36	
(Ⅱ)高寒盐化草甸亚类	0.10							7.42	11.08
三角草	0.10							7.42	11.08
(Ⅲ)高寒沼泽化草甸亚类	159.59	30.96	1.69					2.72	0.19
藏北嵩草	122.25	29.03	1.58					2.72	0.19
华扁穗草	37.34	1.93	0.11						
ⅩⅧ沼泽类	6.23		0.18					0.78	1.32
水麦冬	6.23		0.18					0.78	1.32

14. 亚东县草原退化(含沙化、盐渍化)分级统计表

单位：万亩、％

草原类(亚类)、型	退化草原		轻度退化		中度退化		重度退化	
	面积	占草原面积	面积	占草原面积	面积	占草原面积	面积	占草原面积
合计	162.11	41.74	98.55	25.38	58.67	15.11	4.89	1.26
Ⅳ高寒草甸草原类	9.00	72.57	8.03	64.75	0.97	7.82		
紫花针茅、高山嵩草	9.00	72.57	8.03	64.75	0.97	7.82		
Ⅴ高寒草原类	94.45	65.30	53.42	36.93	37.15	25.68	3.88	2.68
紫花针茅、青藏苔草	41.50	65.39	32.94	51.91	8.56	13.49		
紫花针茅、杂类草	14.44	59.01	7.27	29.72	7.17	29.29		
固沙草、紫花针茅	14.26	62.95	2.27	10.03	9.98	44.04	2.01	8.88
藏沙蒿、青藏苔草	24.00	79.93	10.69	35.60	11.44	38.11	1.87	6.23
藏白蒿、禾草	0.24	6.24	0.24	6.24				
香柏、藏沙蒿								
ⅩⅥ高寒草甸类	58.65	25.36	37.09	16.04	20.55	8.88	1.00	0.43
(Ⅰ)高寒草甸亚类	33.68	16.94	23.40	11.77	9.50	4.78	0.78	0.39
高山嵩草、异针茅	18.48	49.38	11.03	29.48	6.68	17.86	0.77	2.04
高山嵩草、杂类草	1.06	1.69	1.01	1.62	0.03	0.05	0.01	0.02
高山嵩草、青藏苔草								
矮生嵩草、青藏苔草	13.65	50.53	11.06	40.94	2.59	9.59		
金露梅、高山嵩草	0.49	0.71	0.29	0.42	0.20	0.29		
(Ⅱ)高寒盐化草甸亚类	14.58	100.00	6.87	47.10	7.53	51.62	0.19	1.27
三角草	14.58	100.00	6.87	47.10	7.53	51.62	0.19	1.27
(Ⅲ)高寒沼泽化草甸亚类	10.39	58.19	6.82	38.22	3.52	19.74	0.04	0.23
藏北嵩草	0.33	98.75	0.10	29.13	0.23	69.62		
川滇嵩草	2.77	34.97	1.38	17.40	1.39	17.57		
华扁穗草	7.29	76.00	5.35	55.76	1.90	19.81	0.04	0.43

(续)

草原类(亚类)、型	其 中								
	退化草原			沙化草原			盐渍化		
	轻度退化	中度退化	重度退化	轻度沙化	中度沙化	重度沙化	轻度盐渍化	中度盐渍化	重度盐渍化
合计	80.63	29.10	0.82	11.06	20.43	3.88	6.87	9.14	0.19
Ⅳ高寒草甸草原类	8.03	0.46			0.51				
紫花针茅、高山嵩草	8.03	0.46			0.51				
Ⅴ高寒草原类	42.90	16.62		10.52	18.92	3.88		1.61	
紫花针茅、青藏苔草	31.87	7.68		1.07	0.88				
紫花针茅、杂类草	7.27	6.85			0.32				
固沙草、紫花针茅	1.20	0.82		1.07	9.16	2.01			
藏沙蒿、青藏苔草	2.31	1.27		8.38	8.56	1.87		1.61	
藏白蒿、禾草	0.24								
香柏、藏沙蒿									
ⅩⅥ高寒草甸类	29.69	12.02	0.82	0.54	1.01		6.87	7.53	0.19
(Ⅰ)高寒草甸亚类	22.87	8.64	0.78	0.54	0.87				
高山嵩草、异针茅	10.50	5.91	0.77	0.54	0.78				
高山嵩草、杂类草	1.01	0.03	0.01						
高山嵩草、青藏苔草									
矮生嵩草、青藏苔草	11.06	2.50			0.09				
金露梅、高山嵩草	0.29	0.20							
(Ⅱ)高寒盐化草甸亚类							6.87	7.53	0.19
三角草							6.87	7.53	0.19
(Ⅲ)高寒沼泽化草甸亚类	6.82	3.38	0.04		0.14				
藏北嵩草	0.10	0.23							
川滇嵩草	1.38	1.25			0.14				
华扁穗草	5.35	1.90	0.04						

15. 吉隆县草原退化(含沙化、盐渍化)分级统计表

单位:万亩、％

草原类(亚类)、型	退化草原		轻度退化		中度退化		重度退化	
	面积	占草原面积	面积	占草原面积	面积	占草原面积	面积	占草原面积
合计	251.99	33.04	139.91	18.34	97.39	12.77	14.69	1.93
Ⅰ温性草甸草原类	0.38	14.67	0.11	4.23	0.27	10.43		
细裂叶莲蒿、禾草	0.38	14.67	0.11	4.23	0.27	10.43		
Ⅱ温性草原类	4.42	92.20	1.50	31.40	2.91	60.80		
固沙草	0.78	100.00	0.30	38.15	0.48	61.85		
毛莲蒿	0.66	100.00	0.10	15.18	0.56	84.82		
砂生槐、蒿、禾草	2.98	88.87	1.11	33.03	1.87	55.84		
Ⅳ高寒草甸草原类	1.73	25.54	0.44	6.47	0.38	5.57	0.92	13.50
丝颖针茅	1.65	78.02	0.40	18.99	0.33	15.80	0.92	43.22
金露梅、紫花针茅、高山嵩草	0.08	1.71	0.04	0.78	0.04	0.93		
Ⅴ高寒草原类	181.48	62.74	96.76	33.45	77.23	26.70	7.49	2.59
紫花针茅、青藏苔草	58.25	69.60	22.14	26.46	35.05	41.88	1.06	1.27
紫花针茅、杂类草	1.92	71.87	1.53	57.25	0.39	14.62		
固沙草、紫花针茅	37.51	80.03	13.60	29.02	17.89	38.18	6.01	12.83
藏沙蒿、青藏苔草								
藏白蒿、禾草	33.02	86.56	16.59	43.48	16.14	42.31	0.29	0.77
冻原白蒿								
变色锦鸡儿、紫花针茅	1.14	74.90	0.03	2.09	1.10	72.80		
小叶金露梅、紫花针茅	30.30	39.00	24.32	31.30	5.85	7.53	0.13	0.16
香柏、藏沙蒿	19.35	53.96	18.55	51.73	0.80	2.23		
ⅩⅣ低地草甸类	2.28	25.88	1.63	18.45	0.65	7.43		
(Ⅰ)低湿地草甸亚类	2.28	25.88	1.63	18.45	0.65	7.43		
无脉苔草、蕨麻委陵菜	2.28	25.88	1.63	18.45	0.65	7.43		

（续）

草原类（亚类）、型	其 中								
	退化草原			沙化草原			盐渍化		
	轻度退化	中度退化	重度退化	轻度沙化	中度沙化	重度沙化	轻度盐渍化	中度盐渍化	重度盐渍化
合计	133.88	78.15	4.76	0.21	12.21	6.01	5.81	7.03	3.91
Ⅰ温性草甸草原类	0.11	0.27							
细裂叶莲蒿、禾草	0.11	0.27							
Ⅱ温性草原类	1.50	2.91							
固沙草	0.30	0.48							
毛莲蒿	0.10	0.56							
砂生槐、蒿、禾草	1.11	1.87							
Ⅳ高寒草甸草原类	0.44	0.35	0.92		0.03				
丝颖针茅	0.40	0.33	0.92						
金露梅、紫花针茅、高山嵩草	0.04	0.01			0.03				
Ⅴ高寒草原类	96.55	65.60	1.48	0.21	11.63	6.01			
紫花针茅、青藏苔草	22.14	33.45	1.06		1.60				
紫花针茅、杂类草	1.53	0.30			0.09				
固沙草、紫花针茅	13.52	10.19		0.09	7.70	6.01			
藏沙蒿、青藏苔草									
藏白蒿、禾草	16.59	13.90	0.29		2.24				
冻原白蒿									
变色锦鸡儿、紫花针茅	0.03	1.10							
小叶金露梅、紫花针茅	24.32	5.85	0.13						
香柏、藏沙蒿	18.42	0.79		0.13	0.00				
ⅩⅣ低地草甸类	1.63	0.65							
（Ⅰ）低湿地草甸亚类	1.63	0.65							
无脉苔草、蕨麻委陵菜	1.63	0.65							

（续）

草原类(亚类)、型	退化草原		轻度退化		中度退化		重度退化	
	面积	占草原面积	面积	占草原面积	面积	占草原面积	面积	占草原面积
ⅩⅥ高寒草甸类	61.69	13.69	39.47	8.76	15.94	3.54	6.28	1.39
（Ⅰ）高寒草甸亚类	33.72	8.21	27.11	6.60	6.22	1.51	0.39	0.09
高山嵩草、异针茅								
高山嵩草、杂类草	31.58	8.02	26.34	6.69	4.85	1.23	0.39	0.10
高山嵩草、青藏苔草	2.14	14.32	0.77	5.15	1.37	9.17		
金露梅、高山嵩草								
（Ⅱ）高寒盐化草甸亚类	17.93	99.25	5.81	32.18	7.53	41.68	4.59	25.39
三角草	17.93	99.25	5.81	32.18	7.53	41.68	4.59	25.39
（Ⅲ）高寒沼泽化草甸亚类	10.05	46.10	6.55	30.03	2.20	10.07	1.31	6.00
藏北嵩草	10.05	46.10	6.55	30.03	2.20	10.07	1.31	6.00

（续）

草原类（亚类）、型	其 中								
	退化草原			沙化草原			盐渍化		
	轻度退化	中度退化	重度退化	轻度沙化	中度沙化	重度沙化	轻度盐渍化	中度盐渍化	重度盐渍化
ⅩⅥ高寒草甸类	33.66	8.37	2.37		0.54		5.81	7.03	3.91
（Ⅰ）高寒草甸亚类	27.11	6.07	0.39		0.15				
高山嵩草、异针茅									
高山嵩草、杂类草	26.34	4.70	0.39		0.15				
高山嵩草、青藏苔草	0.77	1.37							
金露梅、高山嵩草									
（Ⅱ）高寒盐化草甸亚类		0.50	0.67				5.81	7.03	3.91
三角草		0.50	0.67				5.81	7.03	3.91
（Ⅲ）高寒沼泽化草甸亚类	6.55	1.80	1.31		0.40				
藏北嵩草	6.55	1.80	1.31		0.40				

16. 聂拉木县草原退化（含沙化、盐渍化）分级统计表

单位：万亩、%

草原类（亚类）、型	退化草原		轻度退化		中度退化		重度退化	
	面积	占草原面积	面积	占草原面积	面积	占草原面积	面积	占草原面积
合计	416.56	55.06	208.66	27.58	143.80	19.01	64.09	8.47
Ⅱ温性草原类	1.82	20.43			1.82	20.43		
砂生槐、蒿、禾草	1.82	20.43			1.82	20.43		
Ⅳ高寒草甸草原类	65.36	84.99	38.70	50.32	23.94	31.13	2.72	3.54
紫花针茅、高山嵩草	15.28	66.00	13.92	60.14	1.36	5.86		
丝颖针茅	50.01	95.23	24.70	47.04	22.58	43.01	2.72	5.18
金露梅、紫花针茅、高山嵩草	0.07	5.89	0.07	5.89				
Ⅴ高寒草原类	261.25	70.09	97.14	26.06	103.97	27.89	60.14	16.13
紫花针茅、青藏苔草	70.66	67.59	27.34	26.15	23.14	22.14	20.18	19.31
紫花针茅、杂类草	3.89	39.96	3.35	34.47	0.53	5.49		
昆仑针茅	4.21	27.97	4.01	26.61	0.03	0.21	0.17	1.16
固沙草、紫花针茅	133.05	76.76	31.29	18.05	64.99	37.49	36.77	21.21
藏沙蒿、青藏苔草	2.53	100.00	0.15	6.08	1.99	78.74	0.38	15.17
藏白蒿、禾草	4.45	48.28	1.57	17.00	1.40	15.14	1.49	16.13
小叶金露梅、紫花针茅	42.07	72.66	29.04	50.16	11.89	20.54	1.14	1.96
香柏、藏沙蒿	0.39	88.74	0.39	88.74				
ⅩⅥ高寒草甸类	88.12	29.57	72.82	24.44	14.07	4.72	1.24	0.42
（Ⅰ）高寒草甸亚类	65.67	24.94	58.29	22.14	6.64	2.52	0.74	0.28
高山嵩草、杂类草	51.05	28.48	46.51	25.95	3.81	2.13	0.73	0.41
高山嵩草、青藏苔草	0.14	2.05	0.13	1.90			0.01	0.16
高山嵩草、矮生嵩草	10.30	42.18	8.84	36.22	1.46	5.97		
金露梅、高山嵩草	4.18	7.92	2.81	5.33	1.37	2.59		
（Ⅱ）高寒盐化草甸亚类	4.05	100.00	4.05	100.00				
三角草	4.05	100.00	4.05	100.00				

（续）

草原类（亚类）、型	其中								
	退化草原			沙化草原			盐渍化		
	轻度退化	中度退化	重度退化	轻度沙化	中度沙化	重度沙化	轻度盐渍化	中度盐渍化	重度盐渍化
合计	199.61	90.64	27.32	5.00	53.16	36.77	4.05		
Ⅱ温性草原类					1.82				
砂生槐、蒿、禾草					1.82				
Ⅳ高寒草甸草原类	38.70	23.94	2.72						
紫花针茅、高山嵩草	13.92	1.36							
丝颖针茅	24.70	22.58	2.72						
金露梅、紫花针茅、高山嵩草	0.07								
Ⅴ高寒草原类	96.19	53.20	23.37	0.96	50.78	36.77			
紫花针茅、青藏苔草	27.34	23.14	20.18						
紫花针茅、杂类草	3.35	0.53							
昆仑针茅	4.01	0.03	0.17						
固沙草、紫花针茅	30.84	14.21		0.46	50.78	36.77			
藏沙蒿、青藏苔草	0.15	1.99	0.38						
藏白蒿、禾草	1.57	1.40	1.49						
小叶金露梅、紫花针茅	28.63	11.89	1.14	0.41					
香柏、藏沙蒿	0.30			0.09					
ⅩⅥ高寒草甸类	64.73	13.51	1.24	4.04	0.56		4.05		
（Ⅰ）高寒草甸亚类	54.25	6.34	0.74	4.04	0.30				
高山嵩草、杂类草	42.46	3.51	0.73	4.04	0.30				
高山嵩草、青藏苔草	0.13		0.01						
高山嵩草、矮生嵩草	8.84	1.46							
金露梅、高山嵩草	2.81	1.37							
（Ⅱ）高寒盐化草甸亚类							4.05		
三角草							4.05		

（续）

草原类(亚类)、型	退化草原		轻度退化		中度退化		重度退化	
	面积	占草原面积	面积	占草原面积	面积	占草原面积	面积	占草原面积
（Ⅲ)高寒沼泽化草甸亚类	18.41	60.04	10.49	34.19	7.43	24.23	0.50	1.62
藏北嵩草	18.41	60.04	10.49	34.19	7.43	24.23	0.50	1.62

(续)

草原类(亚类)、型	其中								
	退化草原			沙化草原			盐渍化		
	轻度退化	中度退化	重度退化	轻度沙化	中度沙化	重度沙化	轻度盐渍化	中度盐渍化	重度盐渍化
(Ⅲ)高寒沼泽化草甸亚类	10.49	7.17	0.50		0.26				
藏北嵩草	10.49	7.17	0.50		0.26				

17. 萨嘎县草原退化（含沙化、盐渍化）分级统计表

单位：万亩、％

草原类(亚类)、型	退化草原		轻度退化		中度退化		重度退化	
	面积	占草原面积	面积	占草原面积	面积	占草原面积	面积	占草原面积
合计	528.94	41.11	338.91	26.34	178.54	13.88	11.49	0.89
Ⅳ高寒草甸草原类	7.22	79.90	4.32	47.75	0.38	4.26	2.52	27.90
紫花针茅、高山嵩草								
丝颖针茅	1.14	86.85	1.14	86.85				
金露梅、紫花针茅、高山嵩草	6.08	89.04	3.17	46.47	0.38	5.63	2.52	36.93
Ⅴ高寒草原类	350.51	51.17	230.62	33.66	115.59	16.87	4.31	0.63
紫花针茅、青藏苔草	34.97	30.78	26.84	23.63	8.12	7.15		
紫花针茅、杂类草	46.20	57.81	35.11	43.94	10.95	13.70	0.14	0.17
昆仑针茅	20.95	55.51	15.24	40.39	5.71	15.13		
固沙草、紫花针茅	122.46	51.14	60.84	25.41	58.68	24.51	2.94	1.23
藏沙蒿、青藏苔草	12.32	79.09	5.52	35.43	6.80	43.66		
藏白蒿、禾草	37.91	71.35	26.74	50.33	10.41	19.59	0.76	1.42
变色锦鸡儿、紫花针茅	6.11	59.41	5.34	51.92	0.77	7.50		
小叶金露梅、紫花针茅	40.38	85.11	31.50	66.40	8.88	18.71		
香柏、藏沙蒿	29.20	33.23	23.47	26.70	5.26	5.99	0.47	0.54
ⅩⅤ山地草甸类	0.51	60.22			0.51	60.22		
(Ⅰ)山地草甸亚类	0.51	60.22			0.51	60.22		
中亚早熟禾、苔草	0.51	60.22			0.51	60.22		
ⅩⅥ高寒草甸类	170.69	28.85	103.98	17.57	62.05	10.49	4.66	0.79
(Ⅰ)高寒草甸亚类	128.64	25.67	85.69	17.10	42.95	8.57		
高山嵩草	0.66	7.45	0.66	7.45				
高山嵩草、异针茅	9.30	11.50	5.99	7.41	3.31	4.09		
高山嵩草、杂类草	35.55	40.77	18.41	21.11	17.15	19.66		
高山嵩草、青藏苔草	50.12	19.62	37.68	14.75	12.44	4.87		
高山嵩草、矮生嵩草	2.37	9.57	1.70	6.89	0.66	2.68		

(续)

草原类(亚类)、型	其中								
	退化草原			沙化草原			盐渍化		
	轻度退化	中度退化	重度退化	轻度沙化	中度沙化	重度沙化	轻度盐渍化	中度盐渍化	重度盐渍化
合计	326.36	171.18	8.08	12.55	7.36	3.41			
Ⅳ高寒草甸草原类	4.32		2.52		0.38				
紫花针茅、高山嵩草									
丝颖针茅	1.14								
金露梅、紫花针茅、高山嵩草	3.17		2.52		0.38				
Ⅴ高寒草原类	218.06	108.61	0.89	12.55	6.97	3.41			
紫花针茅、青藏苔草	26.84	8.12							
紫花针茅、杂类草	35.11	10.95	0.14						
昆仑针茅	15.24	5.71							
固沙草、紫花针茅	54.94	53.38		5.90	5.30	2.94			
藏沙蒿、青藏苔草	5.52	6.69		0.00	0.11				
藏白蒿、禾草	26.74	10.37	0.76		0.04				
变色锦鸡儿、紫花针茅	5.34	0.77							
小叶金露梅、紫花针茅	31.50	8.88							
香柏、藏沙蒿	16.81	3.74		6.66	1.52	0.47			
ⅩⅤ山地草甸类		0.51							
(Ⅰ)山地草甸亚类		0.51							
中亚早熟禾、苔草		0.51							
ⅩⅥ高寒草甸类	103.98	62.05	4.66						
(Ⅰ)高寒草甸亚类	85.69	42.95							
高山嵩草	0.66								
高山嵩草、异针茅	5.99	3.31							
高山嵩草、杂类草	18.41	17.15							
高山嵩草、青藏苔草	37.68	12.44							
高山嵩草、矮生嵩草	1.70	0.66							

（续）

草原类(亚类)、型	退化草原		轻度退化		中度退化		重度退化	
	面积	占草原面积	面积	占草原面积	面积	占草原面积	面积	占草原面积
矮生嵩草、青藏苔草	13.11	81.12	8.45	52.26	4.67	28.87		
金露梅、高山嵩草	17.53	63.07	12.80	46.07	4.72	17.00		
(Ⅲ)高寒沼泽化草甸亚类	42.05	46.39	18.29	20.17	19.11	21.08	4.66	5.14
藏北嵩草	42.05	46.39	18.29	20.17	19.11	21.08	4.66	5.14

（续）

草原类（亚类）、型	其中								
	退化草原			沙化草原			盐渍化		
	轻度退化	中度退化	重度退化	轻度沙化	中度沙化	重度沙化	轻度盐渍化	中度盐渍化	重度盐渍化
矮生嵩草、青藏苔草	8.45	4.67							
金露梅、高山嵩草	12.80	4.72							
（Ⅲ）高寒沼泽化草甸亚类	18.29	19.11	4.66						
藏北嵩草	18.29	19.11	4.66						

18. 岗巴县草原退化(含沙化、盐渍化)分级统计表

单位:万亩、%

草原类(亚类)、型	退化草原		轻度退化		中度退化		重度退化	
	面积	占草原面积	面积	占草原面积	面积	占草原面积	面积	占草原面积
合计	347.81	63.60	162.61	29.73	123.96	22.67	61.24	11.20
Ⅱ温性草原类	0.00	1.78			0.00	1.78		
砂生槐、蒿、禾草	0.00	1.78			0.00	1.78		
Ⅳ高寒草甸草原类	13.86	100.00	5.99	43.23	7.35	53.05	0.51	3.71
丝颖针茅	13.86	100.00	5.99	43.23	7.35	53.05	0.51	3.71
Ⅴ高寒草原类	249.35	78.86	103.77	32.82	94.80	29.98	50.78	16.06
紫花针茅、青藏苔草	76.78	69.97	34.26	31.22	40.63	37.02	1.89	1.73
紫花针茅、杂类草	56.42	83.20	33.40	49.25	22.17	32.69	0.85	1.25
昆仑针茅	5.78	39.13	2.05	13.90	3.53	23.92	0.19	1.32
固沙草、紫花针茅	41.61	95.88	0.79	1.83	9.73	22.43	31.08	71.62
藏沙蒿、青藏苔草	12.67	80.00	7.41	46.80	1.00	6.33	4.25	26.86
藏白蒿、禾草	19.77	81.20	0.42	1.74	7.34	30.15	12.01	49.31
冻原白蒿	3.33	65.76	1.23	24.20	1.64	32.34	0.47	9.22
小叶金露梅、紫花针茅	28.36	93.59	19.57	64.60	8.75	28.87	0.04	0.12
香柏、藏沙蒿	4.63	94.35	4.63	94.35				
ⅩⅣ低地草甸类	12.05	100.00	3.81	31.59	0.02	0.13	8.23	68.28
(Ⅰ)低湿地草甸亚类	12.05	100.00	3.81	31.59	0.02	0.13	8.23	68.28
芦苇、赖草	12.05	100.00	3.81	31.59	0.02	0.13	8.23	68.28
ⅩⅥ高寒草甸类	72.55	35.47	49.04	23.98	21.79	10.66	1.71	0.84
(Ⅰ)高寒草甸亚类	39.50	24.45	33.03	20.44	6.48	4.01		
高山嵩草、杂类草	1.15	2.56	1.15	2.56				
高山嵩草、青藏苔草	30.93	28.76	25.03	23.28	5.90	5.49		
矮生嵩草、青藏苔草	7.18	80.92	6.60	74.39	0.58	6.54		
金露梅、高山嵩草	0.24	100.00	0.24	100.00				

（续）

草原类（亚类）、型	其 中								
	退化草原			沙化草原			盐渍化		
	轻度退化	中度退化	重度退化	轻度沙化	中度沙化	重度沙化	轻度盐渍化	中度盐渍化	重度盐渍化
合计	141.53	113.37	17.30	12.02	9.91	35.34	9.06	0.69	8.60
Ⅱ 温性草原类					0.00				
砂生槐、蒿、禾草					0.00				
Ⅳ 高寒草甸草原类	5.99	7.35	0.51						
丝颖针茅	5.99	7.35	0.51						
Ⅴ 高寒草原类	91.75	84.90	15.45	12.02	9.90	35.34			
紫花针茅、青藏苔草	34.26	40.63	1.89						
紫花针茅、杂类草	33.40	22.17	0.85						
昆仑针茅	2.05	3.53	0.19						
固沙草、紫花针茅	0.79	0.70			9.03	31.08			
藏沙蒿、青藏苔草	0.02	0.13		7.39	0.87	4.25			
藏白蒿、禾草	0.42	7.34	12.01						
冻原白蒿	1.23	1.64	0.47						
小叶金露梅、紫花针茅	19.57	8.75	0.04						
香柏、藏沙蒿				4.63					
ⅩⅣ 低地草甸类	0.20						3.61	0.02	8.23
（Ⅰ）低湿地草甸亚类	0.20						3.61	0.02	8.23
芦苇、赖草	0.20						3.61	0.02	8.23
ⅩⅥ 高寒草甸类	43.59	21.12	1.34				5.45	0.67	0.37
（Ⅰ）高寒草甸亚类	33.03	6.48							
高山嵩草、杂类草	1.15								
高山嵩草、青藏苔草	25.03	5.90							
矮生嵩草、青藏苔草	6.60	0.58							
金露梅、高山嵩草	0.24								

（续）

草原类(亚类)、型	退化草原		轻度退化		中度退化		重度退化	
	面积	占草原面积	面积	占草原面积	面积	占草原面积	面积	占草原面积
（Ⅱ）高寒盐化草甸亚类	6.36	100.00	5.32	83.56	0.67	10.59	0.37	5.85
三角草	6.36	100.00	5.32	83.56	0.67	10.59	0.37	5.85
（Ⅲ）高寒沼泽化草甸亚类	26.68	72.99	10.70	29.28	14.64	40.05	1.34	3.66
藏北嵩草	25.46	72.81	9.71	27.77	14.41	41.21	1.34	3.83
华扁穗草	1.22	77.04	0.99	62.54	0.23	14.50		

（续）

草原类(亚类)、型	其　中								
	退化草原			沙化草原			盐渍化		
	轻度退化	中度退化	重度退化	轻度沙化	中度沙化	重度沙化	轻度盐渍化	中度盐渍化	重度盐渍化
（Ⅱ）高寒盐化草甸亚类							5.32	0.67	0.37
三角草							5.32	0.67	0.37
（Ⅲ）高寒沼泽化草甸亚类	10.57	14.64	1.34				0.14		
藏北嵩草	9.58	14.41	1.34				0.14		
华扁穗草	0.99	0.23							

（五）那曲地区（含实用区）草原退化（含沙化、盐渍化）分级统计表

单位：万亩、％

草原类（亚类）、型	退化草原		轻度退化		中度退化		重度退化	
	面积	占草原面积	面积	占草原面积	面积	占草原面积	面积	占草原面积
Ⅳ高寒草甸草原类	872.47	23.43	617.26	16.57	213.23	5.73	41.98	1.13
紫花针茅、高山嵩草	694.05	30.76	489.75	21.70	181.74	8.05	22.56	1.00
丝颖针茅	42.88	35.07	22.32	18.25	2.46	2.01	18.10	14.80
青藏苔草、高山嵩草	14.68	3.31	9.98	2.25	4.71	1.06		
金露梅、紫花针茅、高山嵩草	120.86	13.39	95.21	10.55	24.32	2.70	1.32	0.15
Ⅴ高寒草原类	9605.69	35.07	5 153.52	18.81	3 584.75	13.09	867.42	3.17
紫花针茅	3 666.47	55.63	2 170.10	32.93	1 379.18	20.93	117.19	1.78
紫花针茅、青藏苔草	2 355.26	18.31	1 470.58	11.43	685.30	5.33	199.39	1.55
紫花针茅、杂类草	1 554.03	64.87	529.03	22.09	840.10	35.07	184.90	7.72
羽柱针茅	217.48	68.00	126.46	39.54	49.82	15.58	41.20	12.88
青藏苔草	1 310.63	32.83	603.53	15.12	485.90	12.17	221.20	5.54
垫型嵩、紫花针茅	48.69	47.17	42.14	40.82	5.87	5.68	0.68	0.66
藏沙嵩、紫花针茅	275.53	58.43	121.89	25.85	81.38	17.26	72.27	15.33
昆仑嵩	54.53	81.28	35.32	52.65	17.69	26.37	1.52	2.26
冻原白嵩	2.68	13.05	2.68	13.05				
小叶金露梅、紫花针茅	32.46	7.12	20.46	4.49	9.57	2.10	2.42	0.53
青海刺参、紫花针茅	87.93	75.45	31.34	26.89	29.94	25.69	26.65	22.87
Ⅵ高寒荒漠草原类	24.15	0.71	5.83	0.17	18.30	0.54	0.02	0.00
青藏苔草、垫状驼绒藜	24.15	0.71	5.83	0.17	18.30	0.54	0.02	0.00
Ⅸ高寒荒漠类	4.22	0.27	2.94	0.19	0.39	0.02	0.89	0.06
垫状驼绒藜	4.22	0.27	2.94	0.19	0.39	0.02	0.89	0.06
ⅩⅤ山地草甸类	87.56	40.65	47.64	22.12	34.69	16.10	5.24	2.43
（Ⅱ）亚高山草甸亚类	87.56	40.65	47.64	22.12	34.69	16.10	5.24	2.43
矮生嵩草、杂类草	1.90	9.56	1.90	9.56				

(续)

草原类(亚类)、型	其　中								
	退化草原			沙化草原			盐渍化		
	轻度退化	中度退化	重度退化	轻度沙化	中度沙化	重度沙化	轻度盐渍化	中度盐渍化	重度盐渍化
Ⅳ高寒草甸草原类	594.98	210.26	41.98	22.28	2.98				
紫花针茅、高山嵩草	467.47	178.76	22.56	22.28	2.98				
丝颖针茅	22.32	2.46	18.10						
青藏苔草、高山嵩草	9.98	4.71							
金露梅、紫花针茅、高山嵩草	95.21	24.32	1.32						
Ⅴ高寒草原类	5 019.86	3 496.60	769.07	133.66	87.52	98.35		0.63	
紫花针茅	2 162.80	1 376.59	117.19	7.30	1.96			0.63	
紫花针茅、青藏苔草	1 458.19	674.83	199.39	12.39	10.47				
紫花针茅、杂类草	524.44	840.10	184.90	4.59					
羽柱针茅	126.46	49.82	41.20						
青藏苔草	603.53	485.90	221.20						
垫型嵩、紫花针茅	42.14	5.87	0.68						
藏沙嵩、紫花针茅	41.46	35.92	0.57	80.43	45.46	71.69			
昆仑嵩	35.32	17.69	1.52						
冻原白蒿	2.68								
小叶金露梅、紫花针茅	20.46	9.57	2.42						
青海刺参、紫花针茅	2.39	0.31		28.95	29.63	26.65			
Ⅵ高寒荒漠草原类	5.83	18.30							0.02
青藏苔草、垫状驼绒藜	5.83	18.30							0.02
Ⅸ高寒荒漠类	2.94	0.39	0.89						
垫状驼绒藜	2.94	0.39	0.89						
ⅩⅤ山地草甸类	47.64	34.69	5.24						
(Ⅱ)亚高山草甸亚类	47.64	34.69	5.24						
矮生嵩草、杂类草	1.90								

（续）

草原类（亚类）、型	退化草原		轻度退化		中度退化		重度退化	
	面积	占草原面积	面积	占草原面积	面积	占草原面积	面积	占草原面积
垂穗披碱草	85.66	43.82	45.74	23.40	34.69	17.74	5.24	2.68
ⅩⅥ高寒草甸类	4 553.85	24.78	2 888.66	15.72	1 150.03	6.26	515.16	2.80
（Ⅰ）高寒草甸亚类	1 972.84	14.81	1 465.51	11.00	427.40	3.21	79.93	0.60
高山嵩草、矮生嵩草	510.20	26.54	479.52	24.95	27.83	1.45	2.85	0.15
圆穗蓼、高山嵩草	282.16	15.15	216.12	11.60	56.81	3.05	9.23	0.50
高山嵩草、青藏苔草	52.48	15.39	44.37	13.01	8.10	2.38	0.01	0.00
高山嵩草、杂类草	543.32	7.73	457.48	6.51	71.58	1.02	14.25	0.20
高山嵩草、异针茅	430.80	38.10	155.02	13.71	227.66	20.14	48.12	4.26
金露梅、高山嵩草	122.53	20.75	95.37	16.15	24.63	4.17	2.53	0.43
雪层杜鹃、高山嵩草	31.36	7.03	17.62	3.95	10.79	2.42	2.95	0.66
（Ⅱ）高寒盐化草甸亚类	1 000.13	99.89	364.18	36.37	306.96	30.66	328.99	32.86
喜马拉雅碱茅	992.22	100.00	359.05	36.19	304.82	30.72	328.35	33.09
匍匐水柏枝、青藏苔草	7.91	87.32	5.13	56.60	2.14	23.65	0.64	7.07
（Ⅲ）高寒沼泽化草甸亚类	1 580.88	38.96	1 058.97	26.10	415.66	10.24	106.25	2.62
藏北嵩草	1 100.97	37.88	773.75	26.62	293.66	10.10	33.56	1.15
西藏嵩草	123.38	27.33	120.72	26.74	2.51	0.56	0.15	0.03
华扁穗草	356.53	50.92	164.51	23.49	119.49	17.06	72.53	10.36

草原类(亚类)、型	其中								
	退化草原			沙化草原			盐渍化		
	轻度退化	中度退化	重度退化	轻度沙化	中度沙化	重度沙化	轻度盐渍化	中度盐渍化	重度盐渍化
垂穗披碱草	45.74	34.69	5.24						
ⅩⅥ高寒草甸类	2 517.38	833.19	187.85	7.10	9.88		364.18	306.96	327.31
(Ⅰ)高寒草甸亚类	1 460.72	417.99	79.93	4.78	9.41				
高山嵩草、矮生嵩草	479.52	27.83	2.85						
圆穗蓼、高山嵩草	216.12	56.81	9.23						
高山嵩草、青藏苔草	39.58	8.10	0.01	4.78					
高山嵩草、杂类草	457.48	71.44	14.25		0.14				
高山嵩草、异针茅	155.02	224.24	48.12		3.42				
金露梅、高山嵩草	95.37	18.78	2.53		5.85				
雪层杜鹃、高山嵩草	17.62	10.79	2.95						
(Ⅱ)高寒盐化草甸亚类			1.68				364.18	306.96	327.31
喜马拉雅碱茅			1.68				359.05	304.82	326.67
匍匐水柏枝、青藏苔草							5.13	2.14	0.64
(Ⅲ)高寒沼泽化草甸亚类	1 056.66	415.20	106.25	2.32	0.47				
藏北嵩草	771.52	293.19	33.56	2.23	0.47				
西藏嵩草	120.72	2.51	0.15						
华扁穗草	164.42	119.49	72.53	0.09					

1. 那曲地区草原退化(含沙化、盐渍化)分级统计表

单位:万亩、%

草原类(亚类)、型	退化草原		轻度退化		中度退化		重度退化	
	面积	占草原面积	面积	占草原面积	面积	占草原面积	面积	占草原面积
合计	13 911.24	29.41	7 815.08	16.52	4 703.49	9.94	1 392.67	2.94
Ⅳ高寒草甸草原类	762.49	33.13	529.51	23.01	192.32	8.36	40.66	1.77
紫花针茅、高山嵩草	648.89	40.53	445.65	27.84	180.69	11.29	22.56	1.41
丝颖针茅	32.31	71.28	14.09	31.08	0.12	0.27	18.10	39.93
青藏苔草、高山嵩草	14.59	3.73	9.98	2.55	4.61	1.18		
金露梅、紫花针茅、高山嵩草	66.70	25.30	59.79	22.68	6.90	2.62		
Ⅴ高寒草原类	8 689.01	35.16	4 482.31	18.14	3 364.61	13.61	842.09	3.41
紫花针茅	3 498.25	56.62	2 068.22	33.48	1 312.95	21.25	117.09	1.90
紫花针茅、青藏苔草	2 263.93	18.44	1 409.81	11.49	658.05	5.36	196.07	1.60
紫花针茅、杂类草	1 280.46	77.68	393.83	23.89	722.24	43.81	164.39	9.97
羽柱针茅	217.48	68.00	126.46	39.54	49.82	15.58	41.20	12.88
青藏苔草	938.72	29.33	241.77	7.55	477.09	14.91	219.86	6.87
垫型嵩、紫花针茅	39.20	71.54	32.65	59.58	5.87	10.71	0.68	1.25
藏沙嵩、紫花针茅	275.53	58.43	121.89	25.85	81.38	17.26	72.27	15.33
昆仑嵩	54.53	81.28	35.32	52.65	17.69	26.37	1.52	2.26
冻原白嵩	2.68	13.05	2.68	13.05				
小叶金露梅、紫花针茅	30.30	8.35	18.36	5.06	9.57	2.64	2.36	0.65
青海刺参、紫花针茅	87.93	75.45	31.34	26.89	29.94	25.69	26.65	22.87
Ⅵ高寒荒漠草原类	24.15	0.71	5.83	0.17	18.30	0.54	0.02	0.00
青藏苔草、垫状驼绒藜	24.15	0.71	5.83	0.17	18.30	0.54	0.02	0.00
Ⅸ高寒荒漠类	4.22	0.27	2.94	0.19	0.39	0.02	0.89	0.06
垫状驼绒藜	4.22	0.27	2.94	0.19	0.39	0.02	0.89	0.06
ⅩⅤ山地草甸类	38.15	64.86	25.92	44.08	10.44	17.76	1.78	3.02
(Ⅱ)亚高山草甸亚类	38.15	64.86	25.92	44.08	10.44	17.76	1.78	3.02
矮生嵩草、杂类草	1.90	12.13	1.90	12.13				

(续)

草原类(亚类)、型	其 中								
	退化草原			沙化草原			盐渍化		
	轻度退化	中度退化	重度退化	轻度沙化	中度沙化	重度沙化	轻度盐渍化	中度盐渍化	重度盐渍化
合计	7 292.99	4 297.66	967.64	163.04	100.38	98.35	359.05	305.45	326.68
Ⅳ高寒草甸草原类	507.23	189.35	40.66	22.28	2.98				
紫花针茅、高山嵩草	423.37	177.71	22.56	22.28	2.98				
丝颖针茅	14.09	0.12	18.10						
青藏苔草、高山嵩草	9.98	4.61							
金露梅、紫花针茅、高山嵩草	59.79	6.90							
Ⅴ高寒草原类	4 348.65	3 276.45	743.74	133.66	87.52	98.35		0.63	
紫花针茅	2 060.92	1 310.36	1 17.09	7.30	1.96			0.63	
紫花针茅、青藏苔草	1 397.42	647.58	196.07	12.39	10.47				
紫花针茅、杂类草	389.23	722.24	164.39	4.59					
羽柱针茅	126.46	49.82	41.20						
青藏苔草	241.77	477.09	219.86						
垫型嵩、紫花针茅	32.65	5.87	0.68						
藏沙嵩、紫花针茅	41.46	35.92	0.57	80.43	45.46	71.69			
昆仑嵩	35.32	17.69	1.52						
冻原白嵩	2.68								
小叶金露梅、紫花针茅	18.36	9.57	2.36						
青海刺参、紫花针茅	2.39	0.31		28.95	29.63	26.65			
Ⅵ高寒荒漠草原类	5.83	18.30							0.02
青藏苔草、垫状驼绒藜	5.83	18.30							0.02
Ⅸ高寒荒漠类	2.94	0.39	0.89						
垫状驼绒藜	2.94	0.39	0.89						
ⅩⅤ山地草甸类	25.92	10.44	1.78						
(Ⅱ)亚高山草甸亚类	25.92	10.44	1.78						
矮生嵩草、杂类草	1.90								

（续）

草原类（亚类）、型	退化草原		轻度退化		中度退化		重度退化	
	面积	占草原面积	面积	占草原面积	面积	占草原面积	面积	占草原面积
垂穗披碱草	36.24	84.04	24.02	55.70	10.44	24.21	1.78	4.12
ⅩⅥ高寒草甸类	4 393.24	28.77	2 768.57	18.13	1 117.42	7.32	507.24	3.32
（Ⅰ）高寒草甸亚类	1 844.37	17.39	1 373.59	12.95	397.28	3.75	73.50	0.69
高山嵩草、矮生嵩草	510.20	27.33	479.52	25.68	27.83	1.49	2.85	0.15
圆穗蓼、高山嵩草	274.38	19.02	211.21	14.64	53.95	3.74	9.23	0.64
高山嵩草、青藏苔草	52.32	17.68	44.21	14.94	8.10	2.74	0.01	0.00
高山嵩草、杂类草	426.71	8.48	371.58	7.38	45.94	0.91	9.19	0.18
高山嵩草、异针茅	430.79	39.28	155.01	14.13	227.66	20.76	48.12	4.39
金露梅、高山嵩草	118.61	28.07	94.43	22.35	23.01	5.45	1.17	0.28
雪层杜鹃、高山嵩草	31.36	7.03	17.62	3.95	10.79	2.42	2.95	0.66
（Ⅱ）高寒盐化草甸亚类	992.22	100.00	359.05	36.19	304.82	30.72	328.35	33.09
喜马拉雅碱茅	992.22	100.00	359.05	36.19	304.82	30.72	328.35	33.09
匍匐水柏枝、青藏苔草								
（Ⅲ）高寒沼泽化草甸亚类	1 556.64	42.36	1 035.93	28.19	415.32	11.30	105.39	2.87
藏北嵩草	1 099.72	38.15	773.26	26.82	293.66	10.19	32.81	1.14
西藏嵩草	106.95	50.74	104.72	49.69	2.17	1.03	0.05	0.03
华扁穗草	349.97	60.19	157.95	27.16	119.49	20.55	72.53	12.47

(续)

草原类(亚类)、型	其　中								
	退化草原			沙化草原			盐渍化		
	轻度退化	中度退化	重度退化	轻度沙化	中度沙化	重度沙化	轻度盐渍化	中度盐渍化	重度盐渍化
垂穗披碱草	24.02	10.44	1.78						
ⅩⅥ高寒草甸类	2 402.42	802.72	180.57	7.10	9.88		359.05	304.82	326.67
(Ⅰ)高寒草甸亚类	1 368.81	387.87	73.50	4.78	9.41				
高山嵩草、矮生嵩草	479.52	27.83	2.85						
圆穗蓼、高山嵩草	211.21	53.95	9.23						
高山嵩草、青藏苔草	39.43	8.10	0.01	4.78					
高山嵩草、杂类草	371.58	45.80	9.19		0.14				
高山嵩草、异针茅	155.01	224.24	48.12		3.42				
金露梅、高山嵩草	94.43	17.16	1.17		5.85				
雪层杜鹃、高山嵩草	17.62	10.79	2.95						
(Ⅱ)高寒盐化草甸亚类			1.68				359.05	304.82	326.67
喜马拉雅碱茅			1.68				359.05	304.82	326.67
匍匐水柏枝、青藏苔草									
(Ⅲ)高寒沼泽化草甸亚类	1 033.61	414.86	105.39	2.32	0.47				
藏北嵩草	771.02	293.19	32.81	2.23	0.47				
西藏嵩草	104.72	2.17	0.05						
华扁穗草	157.87	119.49	72.53	0.09					

2. 申扎县草原退化(含沙化、盐渍化)分级统计表

单位：万亩、％

草原类(亚类)、型	退化草原		轻度退化		中度退化		重度退化	
	面积	占草原面积	面积	占草原面积	面积	占草原面积	面积	占草原面积
合计	1 466.65	46.10	740.09	23.26	660.97	20.78	65.59	2.06
Ⅳ高寒草甸草原类	109.44	40.18	93.96	34.50	12.89	4.73	2.59	0.95
紫花针茅、高山嵩草	105.87	39.74	92.98	34.90	12.89	4.84		
丝颖针茅	2.59	98.17					2.59	98.17
金露梅、紫花针茅、高山嵩草	0.98	29.37	0.98	29.37				
Ⅴ高寒草原类	974.41	60.18	371.99	22.97	557.24	34.41	45.18	2.79
紫花针茅	244.84	82.46	113.88	38.35	129.72	43.69	1.24	0.42
紫花针茅、青藏苔草	143.67	26.70	94.98	17.65	45.34	8.43	3.35	0.62
紫花针茅、杂类草	520.85	74.59	130.52	18.69	350.75	50.23	39.57	5.67
羽柱针茅	25.30	82.02	4.26	13.82	20.85	67.58	0.19	0.62
藏沙蒿、紫花针茅	17.48	98.05	12.95	72.62	4.39	24.63	0.14	0.80
垫型蒿、紫花针茅	20.46	58.03	13.91	39.44	5.87	16.65	0.68	1.94
青海刺参、紫花针茅	1.80	100.00	1.50	82.96	0.31	17.04		
小叶金露梅、紫花针茅								
ⅩⅤ山地草甸类	5.12	96.48	5.12	96.48				
(Ⅱ)亚高山草甸亚类	5.12	96.48	5.12	96.48				
垂穗披碱草	5.12	96.48	5.12	96.48				
ⅩⅥ高寒草甸类	377.69	29.40	269.03	20.94	90.85	7.07	17.82	1.39
(Ⅰ)高寒草甸亚类	130.13	12.98	111.48	11.12	13.55	1.35	5.10	0.51
高山嵩草、异针茅	50.33	14.80	36.71	10.80	8.59	2.53	5.03	1.48
高山嵩草、杂类草	28.79	5.30	23.76	4.37	4.96	0.91	0.07	0.01
高山嵩草、青藏苔草	0.58	53.80	0.58	53.80				
高山嵩草、矮生嵩草	50.43	42.83	50.43	42.83				
(Ⅱ)高寒盐化草甸亚类	49.90	100.00	30.62	61.36	10.82	21.68	8.46	16.96
喜马拉雅碱茅	49.90	100.00	30.62	61.36	10.82	21.68	8.46	16.96

（续）

草原类(亚类)、型	其 中								
	退化草原			沙化草原			盐渍化		
	轻度退化	中度退化	重度退化	轻度沙化	中度沙化	重度沙化	轻度盐渍化	中度盐渍化	重度盐渍化
合计	696.53	645.76	56.98	12.95	4.39	0.14	30.62	10.82	8.46
Ⅳ高寒草甸草原类	93.96	12.89	2.59						
紫花针茅、高山嵩草	92.98	12.89							
丝颖针茅			2.59						
金露梅、紫花针茅、高山嵩草	0.98								
Ⅴ高寒草原类	359.04	552.84	45.04	12.95	4.39	0.14			
紫花针茅	113.88	129.72	1.24						
紫花针茅、青藏苔草	94.98	45.34	3.35						
紫花针茅、杂类草	130.52	350.75	39.57						
羽柱针茅	4.26	20.85	0.19						
藏沙蒿、紫花针茅				12.95	4.39	0.14			
垫型蒿、紫花针茅	13.91	5.87	0.68						
青海刺参、紫花针茅	1.50	0.31							
小叶金露梅、紫花针茅									
ⅩⅤ山地草甸类	5.12								
(Ⅱ)亚高山草甸亚类	5.12								
垂穗披碱草	5.12								
ⅩⅥ高寒草甸类	238.41	80.03	9.36				30.62	10.82	8.46
(Ⅰ)高寒草甸亚类	111.48	13.55	5.10						
高山嵩草、异针茅	36.71	8.59	5.03						
高山嵩草、杂类草	23.76	4.96	0.07						
高山嵩草、青藏苔草	0.58								
高山嵩草、矮生嵩草	50.43								
(Ⅱ)高寒盐化草甸亚类							30.62	10.82	8.46
喜马拉雅碱茅							30.62	10.82	8.46

（续）

草原类(亚类)、型	退化草原		轻度退化		中度退化		重度退化	
	面积	占草原面积	面积	占草原面积	面积	占草原面积	面积	占草原面积
（Ⅲ）高寒沼泽化草甸亚类	197.67	85.07	126.93	54.63	66.48	28.61	4.26	1.83
藏北嵩草	114.64	80.40	82.61	57.94	29.13	20.43	2.90	2.03
西藏嵩草	0.11	100.00	0.11	100.00				
华扁穗草	82.92	92.47	44.21	49.30	37.35	41.65	1.36	1.52

（续）

草原类（亚类）、型	其中								
	退化草原			沙化草原			盐渍化		
	轻度退化	中度退化	重度退化	轻度沙化	中度沙化	重度沙化	轻度盐渍化	中度盐渍化	重度盐渍化
（Ⅲ）高寒沼泽化草甸亚类	126.93	66.48	4.26						
藏北嵩草	82.61	29.13	2.90						
西藏嵩草	0.11								
华扁穗草	44.21	37.35	1.36						

3. 班戈县草原退化(含沙化、盐渍化)分级统计表

单位:万亩、%

草原类(亚类)、型	退化草原		轻度退化		中度退化		重度退化	
	面积	占草原面积	面积	占草原面积	面积	占草原面积	面积	占草原面积
合计	2 103.68	57.94	886.09	24.40	1 023.24	28.18	194.36	5.35
Ⅳ高寒草甸草原类	312.31	36.45	222.17	25.93	87.65	10.23	2.49	0.29
紫花针茅、高山嵩草	289.05	40.79	203.26	28.69	83.30	11.76	2.49	0.35
金露梅、紫花针茅、高山嵩草	23.26	15.68	18.91	12.75	4.35	2.93		
Ⅴ高寒草原类	1 276.08	80.14	416.71	26.17	767.85	48.22	91.52	5.75
紫花针茅	743.11	87.78	197.58	23.34	500.22	59.09	45.32	5.35
紫花针茅、青藏苔草	259.37	63.16	107.84	26.26	145.56	35.44	5.97	1.45
紫花针茅、杂类草	187.07	85.03	81.45	37.02	92.31	41.96	13.31	6.05
青藏苔草	0.39	100.00			0.14	34.69	0.26	65.31
青海刺参、紫花针茅	86.13	75.06	29.84	26.01	29.63	25.83	26.65	23.23
ⅩⅥ高寒草甸类	515.29	43.61	247.21	20.92	167.73	14.19	100.35	8.49
（Ⅰ)高寒草甸亚类	119.02	18.73	72.93	11.48	38.89	6.12	7.20	1.13
高山嵩草、异针茅	36.59	19.13	19.47	10.18	14.78	7.73	2.34	1.22
高山嵩草、杂类草	39.08	13.68	24.79	8.68	9.65	3.38	4.64	1.62
高山嵩草、青藏苔草	31.53	21.99	27.68	19.30	3.86	2.69		
圆穗蓼、高山嵩草								
金露梅、高山嵩草	11.82	81.41	0.99	6.85	10.61	73.08	0.21	1.48
（Ⅱ)高寒盐化草甸亚类	175.70	100.00	53.17	30.26	43.89	24.98	78.64	44.76
喜马拉雅碱茅	175.70	100.00	53.17	30.26	43.89	24.98	78.64	44.76
（Ⅲ)高寒沼泽化草甸亚类	220.56	59.52	121.11	32.68	84.95	22.93	14.51	3.91
藏北嵩草	180.84	59.24	103.15	33.79	70.96	23.25	6.72	2.20
西藏嵩草	3.32	100.00	3.24	97.78	0.07	2.22		
华扁穗草	36.41	58.77	14.72	23.76	13.91	22.45	7.78	12.56

（续）

草原类(亚类)、型	其中								
	退化草原			沙化草原			盐渍化		
	轻度退化	中度退化	重度退化	轻度沙化	中度沙化	重度沙化	轻度盐渍化	中度盐渍化	重度盐渍化
合计	750.31	923.80	89.06	82.61	54.92	26.65	53.17	44.52	78.64
Ⅳ高寒草甸草原类	199.89	84.67	2.49	22.28	2.98				
紫花针茅、高山嵩草	180.98	80.32	2.49	22.28	2.98				
金露梅、紫花针茅、高山嵩草	18.91	4.35							
Ⅴ高寒草原类	363.47	725.16	64.87	53.23	42.06	26.65		0.63	
紫花针茅	190.27	497.63	45.32	7.30	1.96			0.63	
紫花针茅、青藏苔草	95.45	135.08	5.97	12.39	10.47				
紫花针茅、杂类草	76.86	92.31	13.31	4.59					
青藏苔草		0.14	0.26						
青海刺参、紫花针茅	0.89			28.95	29.63	26.65			
ⅩⅥ高寒草甸类	186.94	113.96	21.70	7.10	9.88		53.17	43.89	78.64
(Ⅰ)高寒草甸亚类	68.15	29.48	7.20	4.78	9.41				
高山嵩草、异针茅	19.47	11.35	2.34		3.42				
高山嵩草、杂类草	24.79	9.51	4.64		0.14				
高山嵩草、青藏苔草	22.89	3.86		4.78					
圆穗蓼、高山嵩草									
金露梅、高山嵩草	0.99	4.76	0.21		5.85				
(Ⅱ)高寒盐化草甸亚类							53.17	43.89	78.64
喜马拉雅碱茅							53.17	43.89	78.64
(Ⅲ)高寒沼泽化草甸亚类	118.79	84.48	14.51	2.32	0.47				
藏北嵩草	100.92	70.50	6.72	2.23	0.47				
西藏嵩草	3.24	0.07							
华扁穗草	14.63	13.91	7.78	0.09					

4. 那曲县草原退化（含沙化、盐渍化）分级统计表

单位：万亩、%

草原类（亚类）、型	退化草原		轻度退化		中度退化		重度退化	
	面积	占草原面积	面积	占草原面积	面积	占草原面积	面积	占草原面积
合计	732.58	35.11	591.88	28.37	111.18	5.33	29.51	1.41
Ⅳ高寒草甸草原类	101.46	69.39	68.93	47.14	17.91	12.25	14.61	9.99
紫花针茅、高山嵩草	39.11	73.58	23.56	44.32	15.50	29.17	0.05	0.09
丝颖针茅	28.77	82.63	14.09	40.45	0.12	0.35	14.56	41.82
金露梅、紫花针茅、高山嵩草	33.57	57.65	31.29	53.73	2.29	3.93		
Ⅴ高寒草原类	127.08	79.15	58.41	36.38	55.11	34.33	13.56	8.45
紫花针茅	110.79	79.08	53.84	38.43	51.75	36.94	5.20	3.71
紫花针茅、杂类草	9.48	94.84	1.26	12.59			8.22	82.25
小叶金露梅、紫花针茅	6.82	65.16	3.32	31.69	3.36	32.12	0.14	1.36
ⅩⅤ山地草甸类	0.73	43.68	0.67	40.52	0.05	3.16		
（Ⅱ）亚高山草甸亚类	0.73	43.68	0.67	40.52	0.05	3.16		
垂穗披碱草	0.73	43.68	0.67	40.52	0.05	3.16		
ⅩⅥ高寒草甸类	503.31	28.31	463.87	26.09	38.10	2.14	1.34	0.08
（Ⅰ）高寒草甸亚类	426.18	26.53	390.34	24.30	34.50	2.15	1.34	0.08
高山嵩草、异针茅	29.31	72.44	12.26	30.30	17.05	42.14		
高山嵩草、杂类草	84.85	20.17	82.41	19.59	2.45	0.58		
高山嵩草、青藏苔草	8.54	28.25	8.54	28.25				
圆穗蓼、高山嵩草	8.64	22.70	8.64	22.70				
高山嵩草、矮生嵩草	285.11	27.37	268.76	25.80	15.01	1.44	1.34	0.13
金露梅、高山嵩草	9.73	27.92	9.73	27.92				
雪层杜鹃、高山嵩草								
（Ⅲ）高寒沼泽化草甸亚类	77.13	44.94	73.53	42.84	3.60	2.10		
藏北嵩草	56.05	53.56	54.06	51.66	1.99	1.90		
西藏嵩草	21.07	31.46	19.47	29.06	1.61	2.40		

(续)

草原类(亚类)、型	退化草原			沙化草原			盐渍化		
	轻度退化	中度退化	重度退化	轻度沙化	中度沙化	重度沙化	轻度盐渍化	中度盐渍化	重度盐渍化
合计	591.88	111.18	29.51						
Ⅳ高寒草甸草原类	68.93	17.91	14.61						
紫花针茅、高山嵩草	23.56	15.50	0.05						
丝颖针茅	14.09	0.12	14.56						
金露梅、紫花针茅、高山嵩草	31.29	2.29							
Ⅴ高寒草原类	58.41	55.11	13.56						
紫花针茅	53.84	51.75	5.20						
紫花针茅、杂类草	1.26		8.22						
小叶金露梅、紫花针茅	3.32	3.36	0.14						
ⅩⅤ山地草甸类	0.67	0.05							
(Ⅱ)亚高山草甸亚类	0.67	0.05							
垂穗披碱草	0.67	0.05							
ⅩⅥ高寒草甸类	463.87	38.10	1.34						
(Ⅰ)高寒草甸亚类	390.34	34.50	1.34						
高山嵩草、异针茅	12.26	17.05							
高山嵩草、杂类草	82.41	2.45							
高山嵩草、青藏苔草	8.54								
圆穗蓼、高山嵩草	8.64								
高山嵩草、矮生嵩草	268.76	15.01	1.34						
金露梅、高山嵩草	9.73								
雪层杜鹃、高山嵩草									
(Ⅲ)高寒沼泽化草甸亚类	73.53	3.60							
藏北嵩草	54.06	1.99							
西藏嵩草	19.47	1.61							

5. 聂荣县草原退化（含沙化、盐渍化）分级统计表

单位：万亩、%

草原类（亚类）、型	退化草原		轻度退化		中度退化		重度退化	
	面积	占草原面积	面积	占草原面积	面积	占草原面积	面积	占草原面积
合计	200.84	16.02	151.47	12.08	26.06	2.08	23.31	1.86
Ⅳ高寒草甸草原类	5.30	47.91	4.36	39.36			0.95	8.54
丝颖针茅	0.95	24.97					0.95	24.97
金露梅、紫花针茅、高山嵩草	4.36	59.83	4.36	59.83				
Ⅴ高寒草原类	47.61	46.08	6.97	11.36	18.89	27.04	21.75	58.77
紫花针茅	30.75	43.94	6.16	8.80	18.86	26.95	5.73	8.18
紫花针茅、杂类草	16.87	53.23	0.81	2.56	0.03	0.09	16.03	50.59
青藏苔草								
冻原白蒿								
小叶金露梅、紫花针茅								
ⅩⅤ山地草甸类	0.04	4.09	0.01	1.30			0.03	2.79
（Ⅱ）亚高山草甸亚类	0.04	4.09	0.01	1.30			0.03	2.79
垂穗披碱草	0.04	4.09	0.01	1.30			0.03	2.79
ⅩⅥ高寒草甸类	147.88	12.99	140.13	12.31	7.17	0.63	0.57	0.05
（Ⅰ）高寒草甸亚类	89.40	9.10	81.71	8.31	7.11	0.72	0.57	0.06
高山嵩草、异针茅	8.56	19.28	2.29	5.15	6.27	14.13	0.001	0.003
高山嵩草、杂类草	55.73	8.05	55.07	7.96	0.65	0.09		
高山嵩草、青藏苔草								
圆穗蓼、高山嵩草	6.89	5.57	6.71	5.42	0.18	0.15		
高山嵩草、矮生嵩草	13.69	22.49	13.11	21.54			0.57	0.94
金露梅、高山嵩草	4.53	8.10	4.53	8.10				
（Ⅲ）高寒沼泽化草甸亚类	58.48	37.54	58.42	37.50	0.06	0.04		
藏北嵩草	1.01	1.98	0.96	1.88	0.05	0.10		
西藏嵩草	57.47	54.77	57.46	54.76	0.01	0.01		

(续)

草原类（亚类）、型	其 中								
	退化草原			沙化草原			盐渍化		
	轻度退化	中度退化	重度退化	轻度沙化	中度沙化	重度沙化	轻度盐渍化	中度盐渍化	重度盐渍化
合计	151.47	26.06	23.31						
Ⅳ高寒草甸草原类	4.36		0.95						
丝颖针茅			0.95						
金露梅、紫花针茅、高山嵩草	4.36								
Ⅴ高寒草原类	6.97	18.89	21.75						
紫花针茅	6.16	18.86	5.73						
紫花针茅、杂类草	0.81	0.03	16.03						
青藏苔草									
冻原白蒿									
小叶金露梅、紫花针茅									
ⅩⅤ山地草甸类	0.01		0.03						
（Ⅱ）亚高山草甸亚类	0.01		0.03						
垂穗披碱草	0.01		0.03						
ⅩⅥ高寒草甸类	140.13	7.17	0.57						
（Ⅰ）高寒草甸亚类	81.71	7.11	0.57						
高山嵩草、异针茅	2.29	6.27	0.00						
高山嵩草、杂类草	55.07	0.65							
高山嵩草、青藏苔草									
圆穗蓼、高山嵩草	6.71	0.18							
高山嵩草、矮生嵩草	13.11		0.57						
金露梅、高山嵩草	4.53								
（Ⅲ）高寒沼泽化草甸亚类	58.42	0.06							
藏北嵩草	0.96	0.05							
西藏嵩草	57.46	0.01							

6. 聂荣县实用区草原退化(含沙化、盐渍化)分级统计表

单位:万亩、%

草原类(亚类)、型	退化草原		轻度退化		中度退化		重度退化	
	面积	占草原面积	面积	占草原面积	面积	占草原面积	面积	占草原面积
合计	119.94	18.18	103.69	15.71	15.72	2.38	0.53	0.08
Ⅳ高寒草甸草原类	16.42	11.69	15.05	10.71	1.36	0.97	0.000 1	0.000 1
紫花针茅、高山嵩草								
丝颖针茅	0.42	3.36	0.02	0.18	0.39	3.17	0.000 1	0.001 1
金露梅、紫花针茅、高山嵩草	16.00	12.67	15.03	11.90	0.97	0.77		
Ⅴ高寒草原类	52.41	47.29	41.60	37.53	10.66	9.62	0.15	0.13
紫花针茅	44.38	55.32	36.17	45.09	8.21	10.24		
紫花针茅、青藏苔草	6.77	98.96	4.59	67.06	2.03	29.72	0.15	2.18
紫花针茅、杂类草	1.05	55.58	0.63	33.34	0.42	22.24		
青藏苔草	0.22	1.03	0.22	1.03				
小叶金露梅、紫花针茅								
ⅩⅤ山地草甸类	2.05	58.18	0.88	24.83	1.18	33.34		
(Ⅱ)亚高山草甸亚类	2.05	58.18	0.88	24.83	1.18	33.34		
垂穗披碱草	2.05	58.18	0.88	24.83	1.18	33.34		
ⅩⅥ高寒草甸类	49.06	12.11	46.16	11.40	2.52	0.62	0.38	0.09
(Ⅰ)高寒草甸亚类	43.36	12.18	40.79	11.46	2.28	0.64	0.28	0.08
高山嵩草、杂类草	40.52	13.68	37.96	12.81	2.28	0.77	0.28	0.10
圆穗蓼、高山嵩草	2.81	4.84	2.81	4.84				
高山嵩草、矮生嵩草								
金露梅、高山嵩草	0.02	1.43	0.02	1.28	0.002	0.16		
(Ⅲ)高寒沼泽化草甸亚类	5.70	11.58	5.37	10.89	0.24	0.49	0.10	0.20
藏北嵩草								
西藏嵩草	5.70	12.17	5.37	11.45	0.24	0.51	0.10	0.21

(续)

草原类(亚类)、型	其中								
	退化草原			沙化草原			盐渍化		
	轻度退化	中度退化	重度退化	轻度沙化	中度沙化	重度沙化	轻度盐渍化	中度盐渍化	重度盐渍化
合计	103.69	15.72	0.53						
Ⅳ高寒草甸草原类	15.05	1.36	0.000 1						
紫花针茅、高山嵩草									
丝颖针茅	0.02	0.39	0.000 1						
金露梅、紫花针茅、高山嵩草	15.03	0.97							
Ⅴ高寒草原类	41.60	10.66	0.15						
紫花针茅	36.17	8.21							
紫花针茅、青藏苔草	4.59	2.03	0.15						
紫花针茅、杂类草	0.63	0.42							
青藏苔草	0.22								
小叶金露梅、紫花针茅									
ⅩⅤ山地草甸类	0.88	1.18							
(Ⅱ)亚高山草甸亚类	0.88	1.18							
垂穗披碱草	0.88	1.18							
ⅩⅥ高寒草甸类	46.16	2.52	0.38						
(Ⅰ)高寒草甸亚类	40.79	2.28	0.28						
高山嵩草、杂类草	37.96	2.28	0.28						
圆穗蓼、高山嵩草	2.81								
高山嵩草、矮生嵩草									
金露梅、高山嵩草	0.02	0.002							
(Ⅲ)高寒沼泽化草甸亚类	5.37	0.24	0.10						
藏北嵩草									
西藏嵩草	5.37	0.24	0.10						

7. 安多县草原退化（含沙化、盐渍化）分级统计表

单位：万亩、%

草原类（亚类）、型	退化草原		轻度退化		中度退化		重度退化	
	面积	占草原面积	面积	占草原面积	面积	占草原面积	面积	占草原面积
合计	2 065.56	34.91	1 164.66	19.68	666.74	11.27	234.16	3.96
IV高寒草甸草原类	212.74	31.53	128.76	19.08	64.00	9.49	19.98	2.96
紫花针茅、高山嵩草	206.40	45.40	122.42	26.93	64.00	14.08	19.98	4.40
青藏苔草、高山嵩草	2.16	1.19	2.16	1.19				
金露梅、紫花针茅、高山嵩草	4.18	10.68	4.18	10.68				
V高寒草原类	1 093.89	39.47	570.54	20.59	352.65	12.73	170.70	6.16
紫花针茅	166.32	82.14	41.44	20.46	93.21	46.03	31.67	15.64
紫花针茅、青藏苔草	637.77	30.32	377.72	17.96	178.27	8.48	81.77	3.89
紫花针茅、杂类草	173.88	94.28	73.79	40.01	45.26	24.54	54.84	29.73
青藏苔草	115.92	41.52	77.59	27.79	35.92	12.87	2.42	0.87
小叶金露梅、紫花针茅	0.004	0.23	0.00	0.23				
VI高寒荒漠草原类	1.77	1.54	1.77	1.54				
青藏苔草、垫状驼绒藜	1.77	1.54	1.77	1.54				
IX高寒荒漠类	2.04	0.43	0.77	0.16	0.39	0.08	0.88	0.19
垫状驼绒藜	2.04	0.43	0.77	0.16	0.39	0.08	0.88	0.19
XV山地草甸类	4.83	96.68			4.54	91.03	0.28	5.65
（II）亚高山草甸亚类	4.83	96.68			4.54	91.03	0.28	5.65
垂穗披碱草	4.83	96.68			4.54	91.03	0.28	5.65
XVI高寒草甸类	750.28	39.93	462.82	24.63	245.16	13.05	42.31	2.25
（I）高寒草甸亚类	500.64	34.43	263.35	18.11	203.26	13.98	34.02	2.34
高山嵩草、异针茅	278.66	76.16	78.91	21.57	170.92	46.72	28.83	7.88
高山嵩草、杂类草	156.19	18.14	129.64	15.06	22.34	2.60	4.20	0.49
高山嵩草、青藏苔草	10.89	9.90	6.63	6.03	4.25	3.86	0.01	0.01
圆穗蓼、高山嵩草	31.43	72.80	24.70	57.20	5.75	13.32	0.99	2.28
高山嵩草、矮生嵩草	0.96	2.94	0.96	2.94				

（续）

草原类(亚类)、型	退化草原			沙化草原			盐渍化		
	轻度退化	中度退化	重度退化	轻度沙化	中度沙化	重度沙化	轻度盐渍化	中度盐渍化	重度盐渍化
合计	1 148.42	666.06	231.50				16.24	0.68	2.65
Ⅳ高寒草甸草原类	128.76	64.00	19.98						
紫花针茅、高山嵩草	122.42	64.00	19.98						
青藏苔草、高山嵩草	2.16								
金露梅、紫花针茅、高山嵩草	4.18								
Ⅴ高寒草原类	570.54	352.65	170.70						
紫花针茅	41.44	93.21	31.67						
紫花针茅、青藏苔草	377.72	178.27	81.77						
紫花针茅、杂类草	73.79	45.26	54.84						
青藏苔草	77.59	35.92	2.42						
小叶金露梅、紫花针茅	0.004								
Ⅵ高寒荒漠草原类	1.77								
青藏苔草、垫状驼绒藜	1.77								
Ⅸ高寒荒漠类	0.77	0.39	0.88						
垫状驼绒藜	0.77	0.39	0.88						
ⅩⅤ山地草甸类		4.54	0.28						
(Ⅱ)亚高山草甸亚类		4.54	0.28						
垂穗披碱草		4.54	0.28						
ⅩⅥ高寒草甸类	446.57	244.48	39.66				16.24	0.68	2.65
(Ⅰ)高寒草甸亚类	263.35	203.26	34.02						
高山嵩草、异针茅	78.91	170.92	28.83						
高山嵩草、杂类草	129.64	22.34	4.20						
高山嵩草、青藏苔草	6.63	4.25	0.01						
圆穗蓼、高山嵩草	24.70	5.75	0.99						
高山嵩草、矮生嵩草	0.96								

（续）

草原类(亚类)、型	退化草原		轻度退化		中度退化		重度退化	
	面积	占草原面积	面积	占草原面积	面积	占草原面积	面积	占草原面积
金露梅、高山嵩草	22.51	54.23	22.51	54.23				
（Ⅱ）高寒盐化草甸亚类	19.58	100.00	16.24	82.98	0.68	3.47	2.65	13.55
喜马拉雅碱茅	19.58	100.00	16.24	82.98	0.68	3.47	2.65	13.55
（Ⅲ）高寒沼泽化草甸亚类	230.07	56.75	183.22	45.19	41.21	10.17	5.63	1.39
藏北嵩草	199.42	56.13	162.96	45.87	31.58	8.89	4.89	1.38
西藏嵩草	15.92	67.99	15.42	65.85	0.45	1.91	0.05	0.23
华扁穗草	14.72	55.07	4.84	18.11	9.19	34.37	0.69	2.59

（续）

草原类(亚类)、型	其中								
	退化草原			沙化草原			盐渍化		
	轻度退化	中度退化	重度退化	轻度沙化	中度沙化	重度沙化	轻度盐渍化	中度盐渍化	重度盐渍化
金露梅、高山嵩草	22.51								
（Ⅱ）高寒盐化草甸亚类							16.24	0.68	2.65
喜马拉雅碱茅							16.24	0.68	2.65
（Ⅲ）高寒沼泽化草甸亚类	183.22	41.21	5.63						
藏北嵩草	162.96	31.58	4.89						
西藏嵩草	15.42	0.45	0.05						
华扁穗草	4.84	9.19	0.69						

8. 安多县实用区草原退化(含沙化、盐渍化)分级统计表

单位:万亩、%

草原类(亚类)、型	退化草原		轻度退化		中度退化		重度退化	
	面积	占草原面积	面积	占草原面积	面积	占草原面积	面积	占草原面积
合计	1 082.26	17.24	780.27	12.43	266.75	4.25	35.23	0.56
Ⅳ高寒草甸草原类	93.56	7.48	72.70	5.81	19.55	1.56	1.32	0.11
紫花针茅、高山嵩草	45.15	6.91	44.10	6.74	1.05	0.16		
丝颖针茅	10.15	15.73	8.21	12.72	1.95	3.02		
青藏苔草、高山嵩草	0.09	0.18			0.09	0.18		
金露梅、紫花针茅、高山嵩草	38.16	7.94	20.39	4.24	16.45	3.42	1.32	0.27
Ⅴ高寒草原类	860.85	33.86	627.52	24.68	208.21	8.19	25.13	0.99
紫花针茅	121.66	39.44	64.71	20.98	56.90	18.45	0.05	0.02
紫花针茅、青藏苔草	84.57	14.59	56.19	9.69	25.22	4.35	3.17	0.55
紫花针茅、杂类草	271.29	36.48	133.50	17.95	117.28	15.77	20.51	2.76
青藏苔草	371.69	48.31	361.53	46.99	8.81	1.14	1.34	0.17
垫型嵩、紫花针茅	9.49	19.59	9.49	19.59				
小叶金露梅、紫花针茅	2.16	2.32	2.10	2.26			0.06	0.06
ⅩⅤ山地草甸类	44.16	30.21	18.29	12.51	22.42	15.34	3.46	2.37
(Ⅱ)亚高山草甸亚类	44.16	30.21	18.29	12.51	22.42	15.34	3.46	2.37
矮生嵩草、杂类草								
垂穗披碱草	44.16	31.11	18.29	12.88	22.42	15.79	3.46	2.44
ⅩⅥ高寒草甸类	83.68	3.58	61.77	2.64	16.58	0.71	5.33	0.23
(Ⅰ)高寒草甸亚类	57.99	2.89	38.96	1.94	14.34	0.72	4.69	0.23
高山嵩草、异针茅	0.01	0.02	0.01	0.02				
高山嵩草、杂类草	50.08	3.49	36.89	2.57	9.86	0.69	3.33	0.23
高山嵩草、青藏苔草								
圆穗蓼、高山嵩草	4.01	1.25	1.14	0.36	2.87	0.90		
高山嵩草、矮生嵩草								
金露梅、高山嵩草	3.90	2.34	0.92	0.55	1.62	0.97	1.36	0.82

(续)

草原类(亚类)、型	其中								
	退化草原			沙化草原			盐渍化		
	轻度退化	中度退化	重度退化	轻度沙化	中度沙化	重度沙化	轻度盐渍化	中度盐渍化	重度盐渍化
合计	775.15	264.61	34.59				5.13	2.14	0.64
Ⅳ高寒草甸草原类	72.70	19.55	1.32						
紫花针茅、高山嵩草	44.10	1.05							
丝颖针茅	8.21	1.95							
青藏苔草、高山嵩草		0.09							
金露梅、紫花针茅、高山嵩草	20.39	16.45	1.32						
Ⅴ高寒草原类	627.52	208.21	25.13						
紫花针茅	64.71	56.90	0.05						
紫花针茅、青藏苔草	56.19	25.22	3.17						
紫花针茅、杂类草	133.50	117.28	20.51						
青藏苔草	361.53	8.81	1.34						
垫型嵩、紫花针茅	9.49								
小叶金露梅、紫花针茅	2.10		0.06						
ⅩⅤ山地草甸类	18.29	22.42	3.46						
(Ⅱ)亚高山草甸亚类	18.29	22.42	3.46						
矮生嵩草、杂类草									
垂穗披碱草	18.29	22.42	3.46						
ⅩⅥ高寒草甸类	56.64	14.44	4.69				5.13	2.14	0.64
(Ⅰ)高寒草甸亚类	38.96	14.34	4.69						
高山嵩草、异针茅	0.01								
高山嵩草、杂类草	36.89	9.86	3.33						
高山嵩草、青藏苔草									
圆穗蓼、高山嵩草	1.14	2.87							
高山嵩草、矮生嵩草									
金露梅、高山嵩草	0.92	1.62	1.36						

（续）

草原类(亚类)、型	退化草原		轻度退化		中度退化		重度退化	
	面积	占草原面积	面积	占草原面积	面积	占草原面积	面积	占草原面积
（Ⅱ）高寒盐化草甸亚类	7.91	87.42	5.13	56.67	2.14	23.68	0.64	7.07
匍匐水柏枝、青藏苔草	7.91	87.42	5.13	56.67	2.14	23.68	0.64	7.07
（Ⅲ）高寒沼泽化草甸亚类	17.78	5.46	17.68	5.43	0.10	0.03		
藏北嵩草	0.49	2.87	0.49	2.87				
西藏嵩草	10.73	5.66	10.63	5.60	0.10	0.05		
华扁穗草	6.56	5.52	6.56	5.52				

(续)

草原类(亚类)、型	其中								
	退化草原			沙化草原			盐渍化		
	轻度退化	中度退化	重度退化	轻度沙化	中度沙化	重度沙化	轻度盐渍化	中度盐渍化	重度盐渍化
(Ⅱ)高寒盐化草甸亚类							5.13	2.14	0.64
匍匐水柏枝、青藏苔草							5.13	2.14	0.64
(Ⅲ)高寒沼泽化草甸亚类	17.68	0.10							
藏北嵩草	0.49								
西藏嵩草	10.63	0.10							
华扁穗草	6.56								

9. 嘉黎县草原退化(含沙化、盐渍化)分级统计表

单位:万亩、%

草原类(亚类)、型	退化草原		轻度退化		中度退化		重度退化	
	面积	占草原面积	面积	占草原面积	面积	占草原面积	面积	占草原面积
合计	272.52	18.63	191.68	13.10	65.62	4.49	15.23	1.04
ⅩⅤ山地草甸类	1.90	12.13	1.90	12.13				
(Ⅱ)亚高山草甸亚类	1.90	12.13	1.90	12.13				
矮生嵩草、杂类草	1.90	12.13	1.90	12.13				
ⅩⅥ高寒草甸类	270.62	18.70	189.78	13.11	65.62	4.53	15.23	1.05
(Ⅰ)高寒草甸亚类	203.88	14.92	158.64	11.61	30.01	2.20	15.23	1.11
高山嵩草、异针茅	9.28	83.80					9.28	83.80
高山嵩草、杂类草	22.43	4.07	22.43	4.07				
高山嵩草、青藏苔草	0.78	13.54	0.78	13.54				
圆穗蓼、高山嵩草	97.60	23.46	61.64	14.82	30.01	7.22	5.95	1.43
高山嵩草、矮生嵩草	73.01	32.89	73.01	32.89				
金露梅、高山嵩草								
雪层杜鹃、高山嵩草	0.78	0.60	0.78	0.60				
(Ⅲ)高寒沼泽化草甸亚类	66.74	82.58	31.14	38.53	35.60	44.05		
藏北嵩草	66.74	82.58	31.14	38.53	35.60	44.05		

(续)

草原类(亚类)、型	其 中								
	退化草原			沙化草原			盐渍化		
	轻度退化	中度退化	重度退化	轻度沙化	中度沙化	重度沙化	轻度盐渍化	中度盐渍化	重度盐渍化
合计	191.68	65.62	15.23						
ⅩⅤ山地草甸类	1.90								
(Ⅱ)亚高山草甸亚类	1.90								
矮生嵩草、杂类草	1.90								
ⅩⅥ高寒草甸类	189.78	65.62	15.23						
(Ⅰ)高寒草甸亚类	158.64	30.01	15.23						
高山嵩草、异针茅			9.28						
高山嵩草、杂类草	22.43								
高山嵩草、青藏苔草	0.78								
圆穗蓼、高山嵩草	61.64	30.01	5.95						
高山嵩草、矮生嵩草	73.01								
金露梅、高山嵩草									
雪层杜鹃、高山嵩草	0.78								
(Ⅲ)高寒沼泽化草甸亚类	31.14	35.60							
藏北嵩草	31.14	35.60							

10. 巴青县草原退化(含沙化、盐渍化)分级统计表

单位:万亩、%

草原类(亚类)、型	退化草原		轻度退化		中度退化		重度退化	
	面积	占草原面积	面积	占草原面积	面积	占草原面积	面积	占草原面积
合计	248.58	19.95	205.11	16.47	37.27	2.99	6.20	0.50
ⅩⅤ山地草甸类	16.04	98.12	10.64	65.11	3.96	24.25	1.43	8.76
（Ⅱ）亚高山草甸亚类	16.04	98.12	10.64	65.11	3.96	24.25	1.43	8.76
垂穗披碱草	16.04	98.12	10.64	65.11	3.96	24.25	1.43	8.76
ⅩⅥ高寒草甸类	232.54	18.92	194.47	15.82	33.31	2.71	4.76	0.39
（Ⅰ）高寒草甸亚类	224.53	18.43	186.49	15.31	33.28	2.73	4.76	0.39
高山嵩草、异针茅	3.29	28.08	0.70	5.95			2.59	22.12
高山嵩草、杂类草	24.02	3.73	17.90	2.78	5.87	0.91	0.25	0.04
圆穗蓼、高山嵩草	105.23	33.62	92.99	29.71	11.21	3.58	1.03	0.33
高山嵩草、矮生嵩草	52.79	30.84	39.89	23.30	12.00	7.01	0.90	0.53
金露梅、高山嵩草	39.21	50.69	35.01	45.26	4.20	5.42		
雪层杜鹃、高山嵩草								
（Ⅲ）高寒沼泽化草甸亚类	8.01	72.63	7.97	72.32	0.03	0.30		
藏北嵩草								
西藏嵩草	8.01	73.44	7.97	73.13	0.03	0.31		

(续)

草原类(亚类)、型	其 中								
	退化草原			沙化草原			盐渍化		
	轻度退化	中度退化	重度退化	轻度沙化	中度沙化	重度沙化	轻度盐渍化	中度盐渍化	重度盐渍化
合计	205.11	37.27	6.20						
ⅩⅤ山地草甸类	10.64	3.96	1.43						
(Ⅱ)亚高山草甸亚类	10.64	3.96	1.43						
垂穗披碱草	10.64	3.96	1.43						
ⅩⅥ高寒草甸类	194.47	33.31	4.76						
(Ⅰ)高寒草甸亚类	186.49	33.28	4.76						
高山嵩草、异针茅	0.70		2.59						
高山嵩草、杂类草	17.90	5.87	0.25						
圆穗蓼、高山嵩草	92.99	11.21	1.03						
高山嵩草、矮生嵩草	39.89	12.00	0.90						
金露梅、高山嵩草	35.01	4.20							
雪层杜鹃、高山嵩草									
(Ⅲ)高寒沼泽化草甸亚类	7.97	0.03							
藏北嵩草									
西藏嵩草	7.97	0.03							

11. 巴青县实用区草原退化(含沙化、盐渍化)分级统计表

单位:万亩、%

草原类(亚类)、型	退化草原		轻度退化		中度退化		重度退化	
	面积	占草原面积	面积	占草原面积	面积	占草原面积	面积	占草原面积
合计	34.49	8.09	16.80	3.94	15.43	3.62	2.26	0.53
Ⅳ高寒草甸草原类								
金露梅、紫花针茅、高山嵩草								
Ⅴ高寒草原类	3.41	13.71	2.09	8.40	1.28	5.13	0.05	0.19
紫花针茅	2.18	9.31	1.01	4.32	1.12	4.79	0.05	0.20
紫花针茅、杂类草	1.24	81.62	1.08	71.22	0.16	10.39		
ⅩⅤ山地草甸类	3.20	46.59	2.55	37.13	0.65	9.45		
(Ⅱ)亚高山草甸亚类	3.20	46.59	2.55	37.13	0.65	9.45		
垂穗披碱草	3.20	46.59	2.55	37.13	0.65	9.45		
ⅩⅥ高寒草甸类	27.88	7.69	12.16	3.36	13.50	3.73	2.21	0.61
(Ⅰ)高寒草甸亚类	27.12	7.65	12.16	3.43	13.50	3.81	1.46	0.41
高山嵩草、杂类草	26.01	10.00	11.05	4.25	13.50	5.19	1.46	0.56
高山嵩草、青藏苔草	0.15	0.39	0.15	0.39				
圆穗蓼、高山嵩草	0.96	2.29	0.96	2.29				
高山嵩草、矮生嵩草								
(Ⅲ)高寒沼泽化草甸亚类	0.75	9.60					0.75	9.60
藏北嵩草	0.75	19.81					0.75	19.81
西藏嵩草								

（续）

草原类(亚类)、型	其中								
	退化草原			沙化草原			盐渍化		
	轻度退化	中度退化	重度退化	轻度沙化	中度沙化	重度沙化	轻度盐渍化	中度盐渍化	重度盐渍化
合计	16.80	15.43	2.26						
Ⅳ高寒草甸草原类									
金露梅、紫花针茅、高山嵩草									
Ⅴ高寒草原类	2.09	1.28	0.05						
紫花针茅	1.01	1.12	0.05						
紫花针茅、杂类草	1.08	0.16							
ⅩⅤ山地草甸类	2.55	0.65							
(Ⅱ)亚高山草甸亚类	2.55	0.65							
垂穗披碱草	2.55	0.65							
ⅩⅥ高寒草甸类	12.16	13.50	2.21						
(Ⅰ)高寒草甸亚类	12.16	13.50	1.46						
高山嵩草、杂类草	11.05	13.50	1.46						
高山嵩草、青藏苔草	0.15								
圆穗蓼、高山嵩草	0.96								
高山嵩草、矮生嵩草									
(Ⅲ)高寒沼泽化草甸亚类			0.75						
藏北嵩草			0.75						
西藏嵩草									

12. 比如县草原退化(含沙化、盐渍化)分级统计表

单位：万亩、％

草原类(亚类)、型	退化草原		轻度退化		中度退化		重度退化	
	面积	占草原面积	面积	占草原面积	面积	占草原面积	面积	占草原面积
合计	110.16	7.10	98.89	6.37	10.46	0.67	0.81	0.05
Ⅳ高寒草甸草原类								
丝颖针茅								
Ⅴ高寒草原类	3.41	27.34	3.32	26.65			0.09	0.69
紫花针茅、杂类草	0.09	77.20					0.09	77.20
小叶金露梅、紫花针茅	3.32	26.89	3.32	26.89				
ⅩⅤ山地草甸类	4.89	75.79	4.81	74.61	0.08	1.18		
(Ⅱ)亚高山草甸亚类	4.89	75.79	4.81	74.61	0.08	1.18		
垂穗披碱草	4.89	75.79	4.81	74.61	0.08	1.18		
ⅩⅥ高寒草甸类	101.87	6.66	90.76	5.94	10.38	0.68	0.72	0.05
(Ⅰ)高寒草甸亚类	84.16	5.67	73.06	4.92	10.38	0.70	0.72	0.05
高山嵩草、异针茅	10.05	33.51			10.05	33.50	0.001	0.004
高山嵩草、杂类草	13.09	1.47	13.09	1.47				
圆穗蓼、高山嵩草	12.87	5.80	12.15	5.48			0.72	0.33
高山嵩草、矮生嵩草	33.39	15.41	33.06	15.26	0.33	0.15		
金露梅、高山嵩草	14.77	15.06	14.77	15.06				
雪层杜鹃、高山嵩草								
(Ⅲ)高寒沼泽化草甸亚类	17.70	41.03	17.70	41.03				
藏北嵩草	17.49	40.79	17.49	40.79				
西藏嵩草	0.22	80.21	0.22	80.21				

（续）

草原类（亚类）、型	其 中								
	退化草原			沙化草原			盐渍化		
	轻度退化	中度退化	重度退化	轻度沙化	中度沙化	重度沙化	轻度盐渍化	中度盐渍化	重度盐渍化
合计	98.89	10.46	0.81						
Ⅳ高寒草甸草原类									
丝颖针茅									
Ⅴ高寒草原类	3.32		0.09						
紫花针茅、杂类草			0.09						
小叶金露梅、紫花针茅	3.32								
ⅩⅤ山地草甸类	4.81	0.08							
（Ⅱ）亚高山草甸亚类	4.81	0.08							
垂穗披碱草	4.81	0.08							
ⅩⅥ高寒草甸类	90.76	10.38	0.72						
（Ⅰ）高寒草甸亚类	73.06	10.38	0.72						
高山嵩草、异针茅		10.05	0.00						
高山嵩草、杂类草	13.09								
圆穗蓼、高山嵩草	12.15		0.72						
高山嵩草、矮生嵩草	33.06	0.33							
金露梅、高山嵩草	14.77								
雪层杜鹃、高山嵩草									
（Ⅲ）高寒沼泽化草甸亚类	17.70								
藏北嵩草	17.49								
西藏嵩草	0.22								

13. 索县草原退化(含沙化、盐渍化)分级统计表

单位:万亩、%

草原类(亚类)、型	退化草原		轻度退化		中度退化		重度退化	
	面积	占草原面积	面积	占草原面积	面积	占草原面积	面积	占草原面积
合计	62.24	8.43	35.17	4.76	22.40	3.04	4.66	0.63
Ⅳ高寒草甸草原类	4.88	42.82	2.50	21.92	2.35	20.61	0.03	0.29
紫花针茅、高山嵩草	4.88	42.82	2.50	21.92	2.35	20.61	0.03	0.29
Ⅴ高寒草原类	1.08	100.00	0.04	4.11	0.03	3.14	1.00	92.75
紫花针茅、青藏苔草	1.08	100.00	0.04	4.11	0.03	3.14	1.00	92.75
ⅩⅤ山地草甸类	4.61	63.23	2.76	37.96	1.81	24.80	0.03	0.47
(Ⅱ)亚高山草甸亚类	4.61	63.23	2.76	37.96	1.81	24.80	0.03	0.47
垂穗披碱草	4.61	63.23	2.76	37.96	1.81	24.80	0.03	0.47
ⅩⅥ高寒草甸类	51.67	7.19	29.86	4.16	18.21	2.54	3.59	0.50
(Ⅰ)高寒草甸亚类	51.67	7.19	29.86	4.16	18.21	2.54	3.59	0.50
高山嵩草、异针茅	2.07	43.09	2.07	43.09				
高山嵩草、杂类草	2.53	1.98	2.50	1.95	0.01	0.01	0.03	0.02
圆穗蓼、高山嵩草	11.72	4.10	4.39	1.53	6.79	2.37	0.54	0.19
高山嵩草、矮生嵩草	0.82	47.80	0.30	17.30	0.49	28.75	0.03	1.75
金露梅、高山嵩草	3.95	39.48	3.77	37.71	0.14	1.36	0.04	0.42
雪层杜鹃、高山嵩草	30.58	10.63	16.84	5.85	10.79	3.75	2.95	1.02

（续）

草原类（亚类）、型	其 中								
	退化草原			沙化草原			盐渍化		
	轻度退化	中度退化	重度退化	轻度沙化	中度沙化	重度沙化	轻度盐渍化	中度盐渍化	重度盐渍化
合计	35.17	22.40	4.66						
Ⅳ高寒草甸草原类	2.50	2.35	0.03						
紫花针茅、高山嵩草	2.50	2.35	0.03						
Ⅴ高寒草原类	0.04	0.03	1.00						
紫花针茅、青藏苔草	0.04	0.03	1.00						
ⅩⅤ山地草甸类	2.76	1.81	0.03						
（Ⅱ）亚高山草甸亚类	2.76	1.81	0.03						
垂穗披碱草	2.76	1.81	0.03						
ⅩⅥ高寒草甸类	29.86	18.21	3.59						
（Ⅰ）高寒草甸亚类	29.86	18.21	3.59						
高山嵩草、异针茅	2.07								
高山嵩草、杂类草	2.50	0.01	0.03						
圆穗蓼、高山嵩草	4.39	6.79	0.54						
高山嵩草、矮生嵩草	0.30	0.49	0.03						
金露梅、高山嵩草	3.77	0.14	0.04						
雪层杜鹃、高山嵩草	16.84	10.79	2.95						

14. 尼玛县草原退化(含沙化、盐渍化)分级统计表

单位:万亩、%

草原类(亚类)、型	退化草原		轻度退化		中度退化		重度退化	
	面积	占草原面积	面积	占草原面积	面积	占草原面积	面积	占草原面积
合计	2 596.21	25.89	1 368.15	13.64	917.99	9.15	310.07	3.09
Ⅳ高寒草甸草原类	0.74	0.94	0.74	0.94				
紫花针茅、高山嵩草	0.74	0.94	0.74	0.94				
Ⅴ高寒草原类	1 774.12	22.56	1 013.58	12.89	650.99	8.28	109.55	1.39
紫花针茅	994.95	40.72	716.27	29.31	268.34	10.98	10.34	0.42
紫花针茅、青藏苔草	179.68	4.90	90.41	2.47	63.80	1.74	25.47	0.69
紫花针茅、杂类草	346.81	73.35	96.84	20.48	224.89	47.57	25.08	5.30
羽柱针茅	76.66	63.24	8.12	6.70	27.76	22.90	40.78	33.64
青藏苔草	9.71	1.22	7.33	0.92	2.18	0.28	0.19	0.02
藏沙蒿、紫花针茅	106.94	46.20	54.45	23.52	46.32	20.01	6.17	2.67
冻原白蒿	2.68	13.33	2.68	13.33				
昆仑蒿	54.53	81.28	35.32	52.65	17.69	26.37	1.52	2.26
小叶金露梅、紫花针茅	2.17	4.37	2.17	4.37				
Ⅵ高寒荒漠草原类	1.00	0.25			0.99	0.25	0.02	0.00
青藏苔草、垫状驼绒藜	1.00	0.25			0.99	0.25	0.02	0.00
Ⅸ高寒荒漠类	0.11	0.04	0.11	0.04			0.00	0.00
垫状驼绒藜	0.11	0.04	0.11	0.04			0.00	0.00
ⅩⅥ高寒草甸类	820.24	57.54	353.72	24.81	266.01	18.66	200.51	14.06
（Ⅰ）高寒草甸亚类	12.73	9.56	4.92	3.70	6.85	5.15	0.96	0.72
高山嵩草、异针茅	2.66	4.65	2.61	4.56			0.05	0.09
高山嵩草、杂类草								
高山嵩草、矮生嵩草								
金露梅、高山嵩草	10.06	17.38	2.31	3.99	6.85	11.82	0.91	1.57
（Ⅱ）高寒盐化草甸亚类	589.37	100.00	209.26	35.51	201.71	34.22	178.40	30.27
喜马拉雅碱茅	589.37	100.00	209.26	35.51	201.71	34.22	178.40	30.27

（续）

草原类（亚类）、型	其中								
	退化草原			沙化草原			盐渍化		
	轻度退化	中度退化	重度退化	轻度沙化	中度沙化	重度沙化	轻度盐渍化	中度盐渍化	重度盐渍化
合计	1 125.02	696.01	127.74	33.87	20.28	5.60	209.26	201.71	176.73
Ⅳ高寒草甸草原类	0.74								
紫花针茅、高山嵩草	0.74								
Ⅴ高寒草原类	979.72	630.72	103.95	33.87	20.28	5.60			
紫花针茅	716.27	268.34	10.34						
紫花针茅、青藏苔草	90.41	63.80	25.47						
紫花针茅、杂类草	96.84	224.89	25.08						
羽柱针茅	8.12	27.76	40.78						
青藏苔草	7.33	2.18	0.19						
藏沙蒿、紫花针茅	20.58	26.05	0.57	33.87	20.28	5.60			
冻原白蒿	2.68								
昆仑蒿	35.32	17.69	1.52						
小叶金露梅、紫花针茅	2.17								
Ⅵ高寒荒漠草原类		0.99							0.02
青藏苔草、垫状驼绒藜		0.99							0.02
Ⅸ高寒荒漠类	0.11		0.003						
垫状驼绒藜	0.11		0.003						
ⅩⅥ高寒草甸类	144.45	64.31	23.79				209.26	201.71	176.72
（Ⅰ）高寒草甸亚类	4.92	6.85	0.96						
高山嵩草、异针茅	2.61		0.05						
高山嵩草、杂类草									
高山嵩草、矮生嵩草									
金露梅、高山嵩草	2.31	6.85	0.91						
（Ⅱ）高寒盐化草甸亚类			1.68				209.26	201.71	176.72
喜马拉雅碱茅			1.68				209.26	201.71	176.72

（续）

草原类（亚类）、型	退化草原		轻度退化		中度退化		重度退化	
	面积	占草原面积	面积	占草原面积	面积	占草原面积	面积	占草原面积
匍匐水柏枝、青藏苔草								
（Ⅲ）高寒沼泽化草甸亚类	218.14	31.02	139.53	19.84	57.46	8.17	21.15	3.01
藏北嵩草	180.08	30.18	129.44	21.69	41.09	6.89	9.55	1.60
华扁穗草	38.07	35.73	10.10	9.48	16.36	15.36	11.60	10.89

（续）

草原类（亚类）、型	其 中								
	退化草原			沙化草原			盐渍化		
	轻度退化	中度退化	重度退化	轻度沙化	中度沙化	重度沙化	轻度盐渍化	中度盐渍化	重度盐渍化
匍匐水柏枝、青藏苔草									
（Ⅲ）高寒沼泽化草甸亚类	139.53	57.46	21.15						
藏北嵩草	129.44	41.09	9.55						
华扁穗草	10.10	16.36	11.60						

15. 双湖县草原退化(含沙化、盐渍化)分级统计表

单位:万亩、%

草原类(亚类)、型	退化草原		轻度退化		中度退化		重度退化	
	面积	占草原面积	面积	占草原面积	面积	占草原面积	面积	占草原面积
合计	4 052.23	25.01	2 381.89	14.70	1 161.56	7.17	508.78	3.14
Ⅳ高寒草甸草原类	15.62	6.34	8.09	3.29	7.53	3.06		
紫花针茅、高山嵩草	2.84	10.00	0.20	0.69	2.65	9.31		
青藏苔草、高山嵩草	12.43	5.91	7.82	3.71	4.61	2.19		
金露梅、紫花针茅、高山嵩草	0.34	4.72	0.08	1.07	0.27	3.65		
Ⅴ高寒草原类	3 391.33	32.02	2 040.75	19.27	961.84	9.08	388.74	3.67
紫花针茅	1 207.49	55.42	939.06	43.10	250.83	11.51	17.60	0.81
紫花针茅、青藏苔草	1 042.36	18.76	738.81	13.30	225.05	4.05	78.50	1.41
紫花针茅、杂类草	25.43	81.64	9.17	29.43	9.01	28.94	7.25	23.27
羽柱针茅	115.52	68.85	114.07	67.99	1.22	0.73	0.22	0.13
青藏苔草	812.70	38.22	156.85	7.38	438.86	20.64	216.99	10.20
藏沙蒿、紫花针茅	151.10	67.99	54.49	24.52	30.66	13.80	65.95	29.68
垫型蒿、紫花针茅	18.74	95.93	18.74	95.93				
小叶金露梅、紫花针茅	17.99	6.25	9.56	3.32	6.21	2.16	2.22	0.77
Ⅵ高寒荒漠草原类	21.37	0.74	4.05	0.14	17.32	0.60		
青藏苔草、垫状驼绒藜	21.37	0.74	4.05	0.14	17.32	0.60		
Ⅸ高寒荒漠类	2.06	0.25	2.06	0.25				
垫状驼绒藜	2.06	0.25	2.06	0.25				
ⅩⅥ高寒草甸类	621.85	37.44	326.94	19.68	174.88	10.53	120.04	7.23
(Ⅰ)高寒草甸亚类	2.03	99.63	0.81	39.78	1.22	59.85		
高山嵩草、杂类草								
金露梅、高山嵩草	2.03	100.00	0.81	39.93	1.22	60.07		
(Ⅱ)高寒盐化草甸亚类	157.68	100.00	49.76	31.56	47.72	30.27	60.20	38.18
喜马拉雅碱茅	157.68	100.00	49.76	31.56	47.72	30.27	60.20	38.18

(续)

草原类(亚类)、型	其 中								
	退化草原			沙化草原			盐渍化		
	轻度退化	中度退化	重度退化	轻度沙化	中度沙化	重度沙化	轻度盐渍化	中度盐渍化	重度盐渍化
合计	2 298.52	1 093.04	382.63	33.61	20.79	65.95	49.76	47.72	60.20
Ⅳ高寒草甸草原类	8.09	7.53							
紫花针茅、高山嵩草	0.20	2.65							
青藏苔草、高山嵩草	7.82	4.61							
金露梅、紫花针茅、高山嵩草	0.08	0.27							
Ⅴ高寒草原类	2 007.14	941.04	322.79	33.61	20.79	65.95			
紫花针茅	939.06	250.83	17.60						
紫花针茅、青藏苔草	738.81	225.05	78.50						
紫花针茅、杂类草	9.17	9.01	7.25						
羽柱针茅	114.07	1.22	0.22						
青藏苔草	156.85	438.86	216.99						
藏沙蒿、紫花针茅	20.88	9.87		33.61	20.79	65.95			
垫型蒿、紫花针茅	18.74								
小叶金露梅、紫花针茅	9.56	6.21	2.22						
Ⅵ高寒荒漠草原类	4.05	17.32							
青藏苔草、垫状驼绒藜	4.05	17.32							
Ⅸ高寒荒漠类	2.06								
垫状驼绒藜	2.06								
ⅩⅥ高寒草甸类	277.18	127.15	59.84				49.76	47.72	60.20
(Ⅰ)高寒草甸亚类	0.81	1.22							
高山嵩草、杂类草									
金露梅、高山嵩草	0.81	1.22							
(Ⅱ)高寒盐化草甸亚类							49.76	47.72	60.20
喜马拉雅碱茅							49.76	47.72	60.20

（续）

草原类(亚类)、型	退化草原		轻度退化		中度退化		重度退化	
	面积	占草原面积	面积	占草原面积	面积	占草原面积	面积	占草原面积
（Ⅲ）高寒沼泽化草甸亚类	462.14	30.78	276.36	18.41	125.93	8.39	59.84	3.99
藏北嵩草	283.45	23.55	191.45	15.90	83.25	6.92	8.75	0.73
西藏嵩草	0.83	100.00	0.82	99.59	0.003	0.41		
华扁穗草	177.86	59.97	84.09	28.35	42.68	14.39	51.09	17.22

(续)

草原类(亚类)、型	其 中								
	退化草原			沙化草原			盐渍化		
	轻度退化	中度退化	重度退化	轻度沙化	中度沙化	重度沙化	轻度盐渍化	中度盐渍化	重度盐渍化
(Ⅲ)高寒沼泽化草甸亚类	276.36	125.93	59.84						
藏北嵩草	191.45	83.25	8.75						
西藏嵩草	0.82	0.003							
华扁穗草	84.09	42.68	51.09						

(六)阿里地区草原退化(含沙化、盐渍化)分级统计表

单位:万亩、%

草原类(亚类)、型	退化草原		轻度退化		中度退化		重度退化	
	面积	占草原面积	面积	占草原面积	面积	占草原面积	面积	占草原面积
合 计	7 860.24	20.75	5 420.04	14.31	1 874.43	4.95	565.77	1.49
Ⅱ温性草原类	14.90	91.08	10.92	66.74	2.65	16.18	1.33	8.15
白草	3.57	75.02	2.06	43.33	0.18	3.69	1.33	28.00
固沙草	11.33	97.67	8.86	76.36	2.47	21.31		
Ⅲ温性荒漠草原类	175.59	21.79	120.21	14.92	52.40	6.50	2.97	0.37
沙生针茅、固沙草	143.39	35.38	95.92	23.67	44.84	11.06	2.63	0.65
短花针茅	17.05	60.58	17.05	60.58				
变色锦鸡儿、沙生针茅	15.15	4.07	7.24	1.94	7.57	2.03	0.34	0.09
Ⅳ高寒草甸草原类	103.68	27.61	72.51	19.31	22.97	6.12	8.20	2.18
紫花针茅、高山嵩草	56.00	30.83	38.15	21.00	17.26	9.50	0.59	0.33
丝颖针茅	0.80	100.00			0.80	100.00		
青藏苔草、高山嵩草	46.88	24.28	34.37	17.80	4.91	2.54	7.60	3.94
Ⅴ高寒草原类	3 974.58	16.78	3 066.38	12.95	805.14	3.40	103.07	0.44
紫花针茅	2 470.83	34.37	1 909.20	26.55	519.26	7.22	42.37	0.59
紫花针茅、杂类草	173.02	18.95	64.12	7.02	101.11	11.07	7.79	0.85
紫花针茅、青藏苔草	265.30	8.87	200.71	6.71	59.93	2.00	4.66	0.16
羽柱针茅	154.11	17.78	130.76	15.08	16.96	1.96	6.39	0.74
昆仑针茅	30.89	27.96	28.39	25.70	2.50	2.26		
固沙草、紫花针茅	115.01	34.85	85.26	25.84	12.64	3.83	17.10	5.18
青藏苔草	291.01	3.90	237.11	3.18	42.14	0.56	11.77	0.16
藏沙蒿、青藏苔草	0.29	7.35	0.29	7.35				
垫型蒿、紫花针茅	80.94	6.12	73.40	5.55	2.73	0.21	4.81	0.36
冻原白蒿	1.84	4.07	1.84	4.07				
藏沙蒿、紫花针茅	260.49	45.16	241.10	41.79	12.59	2.18	6.80	1.18
变色锦鸡儿、紫花针茅	107.51	6.35	71.81	4.24	34.32	2.03	1.37	0.08

(续)

草原类(亚类)、型	其中								
	退化草原			沙化草原			盐渍化		
	轻度退化	中度退化	重度退化	轻度沙化	中度沙化	重度沙化	轻度盐渍化	中度盐渍化	重度盐渍化
合 计		4 315.87	1 053.95	144.88	561.29	140.01	49.91	542.89	680.47
Ⅱ温性草原类	3.97			6.95	2.65	1.33			
白草				2.06	0.18	1.33			
固沙草	3.97			4.89	2.47				
Ⅲ温性荒漠草原类	114.74	26.51	2.63	5.47	25.89	0.34			
沙生针茅、固沙草	92.58	18.99	2.63	3.34	25.85				
短花针茅	17.05								
变色锦鸡儿、沙生针茅	5.12	7.52		2.13	0.04	0.34			
Ⅳ高寒草甸草原类	69.96	22.96	8.20	2.45			0.10	0.01	
紫花针茅、高山嵩草	38.04	17.25	0.59				0.10	0.01	
丝颖针茅		0.80							
青藏苔草、高山嵩草	31.92	4.91	7.60	2.45					
Ⅴ高寒草原类	2 764.89	694.57	60.67	225.60	19.40	16.93	75.88	91.17	25.46
紫花针茅	1 839.35	460.93	27.43	43.02	15.50		26.83	42.83	14.94
紫花针茅、杂类草	64.12	100.97	7.63					0.15	0.16
紫花针茅、青藏苔草	191.40	59.30	2.34	7.58			1.73	0.63	2.32
羽柱针茅	129.20	14.95	3.37	1.56				2.01	3.01
昆仑针茅	28.39	2.50							
固沙草、紫花针茅	28.80	9.78	0.22	56.12	2.86	16.89	0.34		
青藏苔草	205.83	16.04	10.91	15.37			15.91	26.10	0.86
藏沙蒿、青藏苔草				0.29					
垫型蒿、紫花针茅	42.34		0.63	0.15			30.92	2.73	4.18
冻原白蒿	1.84								
藏沙蒿、紫花针茅	140.74	9.81	6.76	100.36	0.07	0.04		2.72	
变色锦鸡儿、紫花针茅	70.60	20.29	1.37	1.15	0.97		0.07	13.07	

（续）

草原类(亚类)、型	退化草原		轻度退化		中度退化		重度退化	
	面积	占草原面积	面积	占草原面积	面积	占草原面积	面积	占草原面积
小叶金露梅、紫花针茅	23.34	12.77	22.39	12.24	0.96	0.52	0.00	0.00
Ⅵ高寒荒漠草原类	1 359.09	20.07	1 070.57	15.81	260.73	3.85	27.79	0.41
沙生针茅	1 274.43	55.88	1 003.46	44.00	243.82	10.69	27.15	1.19
戈壁针茅	15.89	4.14	15.02	3.91	0.68	0.18	0.19	0.05
青藏苔草、垫状驼绒藜	40.21	1.71	29.94	1.27	9.82	0.42	0.45	0.02
垫状驼绒藜、昆仑针茅	8.22	2.82	5.98	2.05	2.24	0.77		
变色锦鸡儿、驼绒藜、沙生针茅	20.34	1.38	16.17	1.10	4.17	0.28	0.01	0.00
Ⅶ温性草原化荒漠类	222.49	60.11	83.93	22.67	103.32	27.91	35.25	9.52
驼绒藜、沙生针茅	72.15	64.57	47.62	42.61	18.48	16.54	6.06	5.42
灌木亚菊、驼绒藜、沙生针茅	150.34	58.18	36.31	14.05	84.83	32.83	29.19	11.30
Ⅷ温性荒漠类	233.23	29.69	185.96	23.67	28.49	3.63	18.78	2.39
驼绒藜、灌木亚菊	208.42	28.43	177.47	24.20	22.97	3.13	7.99	1.09
灌木亚菊	24.81	47.35	8.49	16.20	5.52	10.54	10.80	20.61
Ⅸ高寒荒漠类	105.23	10.18	63.62	6.15	40.02	3.87	1.60	0.15
高原芥、燥原荠	12.94	32.39	12.77	31.95	0.18	0.44		
垫状驼绒藜	92.29	9.28	50.85	5.12	39.84	4.01	1.60	0.16
ⅩⅣ低地草甸类	24.39	100.00	18.26	74.90	6.00	24.59	0.12	0.51
(Ⅰ)低湿地草甸亚类	13.67	100.00	9.38	68.58	4.17	30.51	0.12	0.91
秀丽水柏枝、赖草	13.67	100.00	9.38	68.58	4.17	30.51	0.12	0.91
(Ⅱ)低地盐化草甸亚类	10.71	100.00	8.89	82.97	1.82	17.03		
芦苇、赖草	10.71	100.00	8.89	82.97	1.82	17.03		
ⅩⅥ高寒草甸类	1 644.69	41.13	725.30	18.14	552.73	13.82	366.66	9.17
(Ⅰ)高寒草甸亚类	102.19	5.65	83.12	4.60	14.39	0.80	4.67	0.26
高山嵩草	64.13	5.48	52.04	4.45	8.65	0.74	3.44	0.29
高山嵩草、异针茅								

（续）

草原类(亚类)、型	其 中								
	退化草原			沙化草原			盐渍化		
	轻度退化	中度退化	重度退化	轻度沙化	中度沙化	重度沙化	轻度盐渍化	中度盐渍化	重度盐渍化
小叶金露梅、紫花针茅	22.31		0.00				0.08	0.96	
Ⅵ高寒荒漠草原类	728.98	143.04	0.43	316.21	90.55	24.88	25.38	27.14	2.48
沙生针茅	672.76	133.95	0.42	307.07	90.53	24.88	23.64	19.35	1.85
戈壁针茅	5.88	0.59		9.14				0.09	0.19
青藏苔草、垫状驼绒藜	29.12	4.36					0.81	5.46	0.45
垫状驼绒藜、昆仑针茅	5.64						0.35	2.24	
变色锦鸡儿、驼绒藜、沙生针茅	15.58	4.14	0.01		0.03		0.58		
Ⅶ温性草原化荒漠类	76.25	43.36	32.00		0.27		7.67	59.69	3.25
驼绒藜、沙生针茅	47.62	18.44	6.06		0.04				
灌木亚菊、驼绒藜、沙生针茅	28.64	24.92	25.94		0.22		7.67	59.69	3.25
Ⅷ温性荒漠类	178.21	28.28	18.78	3.58	0.21		4.16		
驼绒藜、灌木亚菊	169.72	22.76	7.99	3.58	0.21		4.16		
灌木亚菊	8.49	5.52	10.80						
Ⅸ高寒荒漠类	56.15	24.74	0.89				7.47	15.28	0.71
高原芥、燥原荠	11.62						1.15	0.18	
垫状驼绒藜	44.53	24.74	0.89				6.32	15.10	0.71
ⅩⅣ低地草甸类	3.98	0.02					14.29	5.98	0.12
(Ⅰ)低湿地草甸亚类	3.92						5.45	4.17	0.12
秀丽水柏枝、赖草	3.92						5.45	4.17	0.12
(Ⅱ)低地盐化草甸亚类	0.05	0.02					8.83	1.81	
芦苇、赖草	0.05	0.02					8.83	1.81	
ⅩⅥ高寒草甸类	316.36	70.49	21.27	1.01	1.04	6.43	407.93	481.20	338.96
(Ⅰ)高寒草甸亚类	82.68	14.19	4.67				0.45	0.21	
高山嵩草	51.59	8.45	3.44				0.45	0.21	
高山嵩草、异针茅									

（续）

草原类（亚类）、型	退化草原		轻度退化		中度退化		重度退化	
	面积	占草原面积	面积	占草原面积	面积	占草原面积	面积	占草原面积
高山嵩草、杂类草								
高山嵩草、青藏苔草	0.78	2.65	0.42	1.42	0.08	0.26	0.28	0.97
矮生嵩草、青藏苔草	0.09	2.34			0.09	2.34		
金露梅、高山嵩草	37.19	6.20	30.67	5.11	5.57	0.93	0.94	0.16
（Ⅱ）高寒盐化草甸亚类	1 242.49	83.28	412.65	27.66	481.02	32.24	348.81	23.38
喜马拉雅碱茅	13.19	95.68	6.76	49.03	4.21	30.54	2.22	16.11
赖草、青藏苔草、碱蓬	1 203.48	83.38	403.39	27.95	454.14	31.46	345.95	23.97
三角草	0.26	100.00			0.04	17.07	0.22	82.93
匍匐水柏枝、青藏苔草	25.56	74.28	2.50	7.28	22.63	65.76	0.43	1.24
（Ⅲ）高寒沼泽化草甸亚类	300.02	42.88	229.52	32.80	57.31	8.19	13.18	1.88
藏西嵩草	169.27	36.18	131.90	28.19	30.77	6.58	6.60	1.41
藏北嵩草	130.75	56.40	97.62	42.11	26.54	11.45	6.59	2.84
ⅩⅧ沼泽类	2.37	14.16	2.37	14.16				
芒尖苔草	2.37	14.16	2.37	14.16				

（续）

草原类(亚类)、型	其 中								
	退化草原			沙化草原			盐渍化		
	轻度退化	中度退化	重度退化	轻度沙化	中度沙化	重度沙化	轻度盐渍化	中度盐渍化	重度盐渍化
高山嵩草、杂类草									
高山嵩草、青藏苔草	0.42	0.08	0.28						
矮生嵩草、青藏苔草		0.09							
金露梅、高山嵩草	30.67	5.57	0.94						
(Ⅱ)高寒盐化草甸亚类	33.28	7.25	3.42	0.07	0.79	6.43	379.30	472.99	338.96
喜马拉雅碱茅							6.76	4.21	2.22
赖草、青藏苔草、碱蓬	33.13	7.25	3.42	0.07	0.79	6.43	370.20	446.11	336.09
三角草								0.04	0.22
匍匐水柏枝、青藏苔草	0.16						2.35	22.63	0.43
(Ⅲ)高寒沼泽化草甸亚类	200.40	49.05	13.18	0.95	0.25		28.18	8.01	
藏西嵩草	128.73	24.00	6.60	0.41			2.75	6.77	
藏北嵩草	71.67	25.05	6.59	0.53	0.25		25.42	1.24	
ⅩⅧ沼泽类	2.37								
芒尖苔草	2.37								

1. 普兰县草原退化（含沙化、盐渍化）分级统计表

单位：万亩、%

草原类（亚类）、型	退化草原		轻度退化		中度退化		重度退化	
	面积	占草原面积	面积	占草原面积	面积	占草原面积	面积	占草原面积
合　计	347.39	27.18	226.44	17.72	113.67	8.89	7.28	0.57
Ⅱ温性草原类	3.57	75.02	2.06	43.33	0.18	3.69	1.33	28.00
白草	3.57	75.02	2.06	43.33	0.18	3.69	1.33	28.00
Ⅲ温性荒漠草原类	26.48	69.84	26.48	69.84				
沙生针茅、固沙草	9.42	96.55	9.42	96.55				
短花针茅	17.05	60.58	17.05	60.58				
Ⅳ高寒草甸草原类	38.15	56.09	24.89	36.59	13.26	19.50	0.000 2	0.000 3
紫花针茅、高山嵩草	25.30	73.45	12.79	37.14	12.51	36.31		
青藏苔草、高山嵩草	12.85	38.27	12.09	36.03	0.75	2.25	0.000 2	0.000 6
Ⅴ高寒草原类	217.37	20.98	135.44	13.07	78.45	7.57	3.48	0.34
紫花针茅	53.19	40.99	33.90	26.13	18.70	14.41	0.59	0.45
紫花针茅、杂类草	37.80	57.24	14.02	21.23	21.07	31.91	2.71	4.11
紫花针茅、青藏苔草	73.97	42.97	46.57	27.06	27.40	15.92		
固沙草、紫花针茅	2.44	31.30	2.44	31.30			0.000	0.01
青藏苔草	2.27	0.96	2.25	0.95	0.02	0.01		
垫型蒿、紫花针茅								
藏沙蒿、紫花针茅	7.14	11.07	7.04	10.91	0.07	0.10	0.04	0.06
变色锦鸡儿、紫花针茅	40.30	12.27	28.97	8.82	11.20	3.41	0.14	0.04
小叶金露梅、紫花针茅	0.26	1.23	0.25	1.21			0.003	0.01
Ⅵ高寒荒漠草原类	0.34	1.71	0.34	1.71				
沙生针茅								
变色锦鸡儿、驼绒藜、沙生针茅	0.34	4.62	0.34	4.62				
Ⅶ温性草原化荒漠类	1.17	100.00	1.17	100.00				
驼绒藜、沙生针茅	1.17	100.00	1.17	100.00				

（续）

草原类（亚类）、型	其 中								
	退化草原			沙化草原			盐渍化		
	轻度退化	中度退化	重度退化	轻度沙化	中度沙化	重度沙化	轻度盐渍化	中度盐渍化	重度盐渍化
合 计	191.97	101.09	4.51	12.18	0.24	1.37	22.29	12.34	1.40
Ⅱ温性草原类				2.06	0.18	1.33			
白草				2.06	0.18	1.33			
Ⅲ温性荒漠草原类	26.48								
沙生针茅、固沙草	9.42								
短花针茅	17.05								
Ⅳ高寒草甸草原类	24.89	13.26	0.000 2						
紫花针茅、高山嵩草	12.79	12.51							
青藏苔草、高山嵩草	12.09	0.75	0.000 2						
Ⅴ高寒草原类	125.32	78.36	3.44	10.12	0.07	0.04		0.02	
紫花针茅	33.31	18.70	0.59	0.59					
紫花针茅、杂类草	14.02	21.05	2.71					0.02	
紫花针茅、青藏苔草	46.57	27.40							
固沙草、紫花针茅				2.44		0.000 4			
青藏苔草	2.25	0.02							
垫型蒿、紫花针茅									
藏沙蒿、紫花针茅				7.04	0.07	0.04			
变色锦鸡儿、紫花针茅	28.91	11.20	0.14	0.06					
小叶金露梅、紫花针茅	0.25		0.003						
Ⅵ高寒荒漠草原类	0.34								
沙生针茅									
变色锦鸡儿、驼绒藜、沙生针茅	0.34								
Ⅶ温性草原化荒漠类	1.17								
驼绒藜、沙生针茅	1.17								

（续）

草原类(亚类)、型	退化草原		轻度退化		中度退化		重度退化	
	面积	占草原面积	面积	占草原面积	面积	占草原面积	面积	占草原面积
Ⅷ温性荒漠类	1.55	57.36	1.55	57.36				
驼绒藜、灌木亚菊	1.55	57.36	1.55	57.36				
ⅩⅣ低地草甸类	2.81	100.00	0.35	12.59	2.45	87.41		
（Ⅰ）低湿地草甸亚类	2.81	100.00	0.35	12.59	2.45	87.41		
芦苇、赖草	1.43	100.00			1.43	100.00		
秀丽水柏枝、赖草	1.38	100.00	0.35	25.69	1.02	74.31		
ⅩⅥ高寒草甸类	55.96	53.37	34.17	32.59	19.32	18.43	2.47	2.35
（Ⅰ）高寒草甸亚类	0.07	0.31	0.07	0.31				
高山嵩草	0.07	0.31	0.07	0.31				
（Ⅱ）高寒盐化草甸亚类	33.71	92.33	22.31	61.10	10.01	27.41	1.40	3.83
赖草、青藏苔草、碱蓬	33.71	92.33	22.31	61.10	10.01	27.41	1.40	3.83
（Ⅲ）高寒沼泽化草甸亚类	22.18	50.46	11.79	26.83	9.32	21.20	1.07	2.43
藏西嵩草	2.90	53.55	0.19	3.47	1.99	36.73	0.72	13.35
藏北嵩草	19.28	50.02	11.60	30.11	7.33	19.01	0.35	0.90

(续)

草原类(亚类)、型	其 中								
	退化草原			沙化草原			盐渍化		
	轻度退化	中度退化	重度退化	轻度沙化	中度沙化	重度沙化	轻度盐渍化	中度盐渍化	重度盐渍化
Ⅷ温性荒漠类	1.55								
驼绒藜、灌木亚菊	1.55								
ⅩⅣ低地草甸类							0.35	2.45	
(Ⅰ)低湿地草甸亚类							0.35	2.45	
芦苇、赖草								1.43	
秀丽水柏枝、赖草							0.35	1.02	
ⅩⅥ高寒草甸类	12.24	9.46	1.07				21.94	9.86	1.40
(Ⅰ)高寒草甸亚类	0.07								
高山嵩草	0.07								
(Ⅱ)高寒盐化草甸亚类	0.37	0.15					21.94	9.86	1.40
赖草、青藏苔草、碱蓬	0.37	0.15					21.94	9.86	1.40
(Ⅲ)高寒沼泽化草甸亚类	11.79	9.32	1.07						
藏西嵩草	0.19	1.99	0.72						
藏北嵩草	11.60	7.33	0.35						

2. 札达县草原退化（含沙化、盐渍化）分级统计表

单位：万亩、%

草原类（亚类）、型	退化草原		轻度退化		中度退化		重度退化	
	面积	占草原面积	面积	占草原面积	面积	占草原面积	面积	占草原面积
合 计	240.49	9.75	178.41	7.23	59.44	2.41	2.64	0.11
Ⅱ温性草原类	9.16	97.13	6.69	70.92	2.47	26.21		
固沙草	9.16	97.13	6.69	70.92	2.47	26.21		
Ⅲ温性荒漠草原类	130.01	23.91	87.90	16.17	39.47	7.26	2.63	0.48
沙生针茅、固沙草	125.10	33.19	83.00	22.02	39.47	10.47	2.63	0.70
变色锦鸡儿、沙生针茅	4.91	2.94	4.91	2.94				
Ⅳ高寒草甸草原类	1.02	1.69	0.49	0.81	0.53	0.87		
紫花针茅、高山嵩草	1.02	14.02	0.49	6.76	0.53	7.26		
青藏苔草、高山嵩草								
Ⅴ高寒草原类	64.95	5.75	62.09	5.50	2.84	0.25	0.01	0.001
紫花针茅	46.59	30.90	43.90	29.12	2.69	1.78		
紫花针茅、杂类草								
紫花针茅、青藏苔草								
昆仑针茅								
青藏苔草	2.57	7.89	2.56	7.87	0.01	0.02		
藏沙蒿、紫花针茅								
变色锦鸡儿、紫花针茅	15.79	2.04	15.63	2.02	0.15	0.02	0.01	0.001
小叶金露梅、紫花针茅								
Ⅵ高寒荒漠草原类	12.88	2.12	8.57	1.41	4.31	0.71		
沙生针茅	12.88	72.86	8.57	48.48	4.31	24.38		
青藏苔草、垫状驼绒藜								
垫状驼绒藜、昆仑针茅								
变色锦鸡儿、驼绒藜、沙生针茅								
Ⅶ温性草原化荒漠类	3.15	100.00	0.86	27.42	2.28	72.58		
灌木亚菊、驼绒藜、沙生针茅	3.15	100.00	0.86	27.42	2.28	72.58		

(续)

草原类(亚类)、型	其中								
	退化草原			沙化草原			盐渍化		
	轻度退化	中度退化	重度退化	轻度沙化	中度沙化	重度沙化	轻度盐渍化	中度盐渍化	重度盐渍化
合　计	168.26	20.59	2.64	8.27	32.63		1.87	6.22	
Ⅱ温性草原类	1.80			4.89	2.47				
固沙草	1.80			4.89	2.47				
Ⅲ温性荒漠草原类	84.52	13.62	2.63	3.38	25.85				
沙生针茅、固沙草	79.65	13.62	2.63	3.34	25.85				
变色锦鸡儿、沙生针茅	4.87			0.04					
Ⅳ高寒草甸草原类	0.49	0.53							
紫花针茅、高山嵩草	0.49	0.53							
青藏苔草、高山嵩草									
Ⅴ高寒草原类	62.09	2.84	0.01						
紫花针茅	43.90	2.69							
紫花针茅、杂类草									
紫花针茅、青藏苔草									
昆仑针茅									
青藏苔草	2.56	0.01							
藏沙蒿、紫花针茅									
变色锦鸡儿、紫花针茅	15.63	0.15	0.01						
小叶金露梅、紫花针茅									
Ⅵ高寒荒漠草原类	8.57				4.31				
沙生针茅	8.57				4.31				
青藏苔草、垫状驼绒藜									
垫状驼绒藜、昆仑针茅									
变色锦鸡儿、驼绒藜、沙生针茅									
Ⅶ温性草原化荒漠类	0.86	2.28							
灌木亚菊、驼绒藜、沙生针茅	0.86	2.28							

（续）

草原类(亚类)、型	退化草原		轻度退化		中度退化		重度退化	
	面积	占草原面积	面积	占草原面积	面积	占草原面积	面积	占草原面积
ⅩⅣ低地草甸类	3.92	100.00	3.92	100.00				
（Ⅰ）低湿地草甸亚类	3.92	100.00	3.92	100.00				
秀丽水柏枝、赖草	3.92	100.00	3.92	100.00				
ⅩⅥ高寒草甸类	15.40	14.09	7.87	7.20	7.53	6.89		
（Ⅰ）高寒草甸亚类								
金露梅、高山嵩草								
（Ⅱ）高寒盐化草甸亚类	8.10	100.00	1.87	23.14	6.22	76.86		
赖草、青藏苔草、碱蓬	8.10	100.00	1.87	23.14	6.22	76.86		
（Ⅲ）高寒沼泽化草甸亚类	7.30	45.41	6.00	37.29	1.31	8.11		
藏西嵩草	6.93	44.44	5.62	36.07	1.31	8.37		
藏北嵩草	0.37	76.25	0.37	76.25				

(续)

草原类(亚类)、型	其中								
	退化草原			沙化草原			盐渍化		
	轻度退化	中度退化	重度退化	轻度沙化	中度沙化	重度沙化	轻度盐渍化	中度盐渍化	重度盐渍化
ⅩⅣ低地草甸类	3.92								
(Ⅰ)低湿地草甸亚类	3.92								
秀丽水柏枝、赖草	3.92								
ⅩⅥ高寒草甸类	6.00	1.31					1.87	6.22	
(Ⅰ)高寒草甸亚类									
金露梅、高山嵩草									
(Ⅱ)高寒盐化草甸亚类							1.87	6.22	
赖草、青藏苔草、碱蓬							1.87	6.22	
(Ⅲ)高寒沼泽化草甸亚类	6.00	1.31							
藏西嵩草	5.62	1.31							
藏北嵩草	0.37								

3. 噶尔县草原退化(含沙化、盐渍化)分级统计表

单位:万亩、%

草原类(亚类)、型	退化草原		轻度退化		中度退化		重度退化	
	面积	占草原面积	面积	占草原面积	面积	占草原面积	面积	占草原面积
合　计	530.13	25.70	347.72	16.86	136.76	6.63	45.65	2.21
Ⅲ温性荒漠草原类	11.73	43.25	1.16	4.28	10.23	37.72	0.34	1.25
沙生针茅、固沙草	3.69	28.34	0.97	7.49	2.71	20.85		
变色锦鸡儿、沙生针茅	8.05	56.99	0.19	1.33	7.52	53.27	0.34	2.39
Ⅳ高寒草甸草原类	0.77	0.77	0.04	0.04	0.14	0.14	0.59	0.60
紫花针茅、高山嵩草	0.76	2.41	0.04	0.12	0.13	0.41	0.59	1.89
青藏苔草、高山嵩草	0.01	0.02			0.01	0.02		
Ⅴ高寒草原类	154.57	14.95	111.90	10.83	31.63	3.06	11.04	1.07
紫花针茅	108.55	35.80	90.99	30.01	10.07	3.32	7.49	2.47
紫花针茅、杂类草	3.33	16.69	0.90	4.51	0.14	0.72	2.28	11.46
紫花针茅、青藏苔草	1.90	1.07	1.90	1.07				
昆仑针茅								
青藏苔草	1.52	0.37	0.79	0.19	0.05	0.01	0.68	0.16
藏沙蒿、紫花针茅	0.44	3.39	0.44	3.39				
变色锦鸡儿、紫花针茅	38.83	36.00	16.88	15.65	21.36	19.80	0.59	0.55
Ⅵ高寒荒漠草原类	137.81	23.24	101.09	17.05	35.38	5.97	1.33	0.22
沙生针茅	126.56	38.46	94.01	28.57	31.22	9.49	1.33	0.40
青藏苔草、垫状驼绒藜								
变色锦鸡儿、驼绒藜、沙生针茅	11.25	4.45	7.08	2.80	4.17	1.65		
Ⅶ温性草原化荒漠类	141.20	74.85	72.43	38.39	40.42	21.43	28.36	15.03
驼绒藜、沙生针茅	70.67	64.22	46.13	41.92	18.48	16.80	6.06	5.50
灌木亚菊、驼绒藜、沙生针茅	70.54	89.74	26.30	33.46	21.94	27.91	22.30	28.37
Ⅷ温性荒漠类	9.85	89.55	0.36	3.29	7.65	69.56	1.84	16.70
驼绒藜、灌木亚菊	9.85	89.55	0.36	3.29	7.65	69.56	1.84	16.70

（续）

草原类（亚类）、型	其 中								
	退化草原			沙化草原			盐渍化		
	轻度退化	中度退化	重度退化	轻度沙化	中度沙化	重度沙化	轻度盐渍化	中度盐渍化	重度盐渍化
合 计	311.78	108.51	43.99	13.31	9.74	1.67	22.62	18.51	
Ⅲ温性荒漠草原类	1.16	10.23		0.000		0.34			
沙生针茅、固沙草	0.97	2.71							
变色锦鸡儿、沙生针茅	0.19	7.52		0.000		0.34			
Ⅳ高寒草甸草原类	0.04	0.14	0.59						
紫花针茅、高山嵩草	0.04	0.13	0.59						
青藏苔草、高山嵩草		0.01							
Ⅴ高寒草原类	111.90	18.68	11.04	0.002				12.95	
紫花针茅	90.99	10.07	7.49						
紫花针茅、杂类草	0.90	0.14	2.28						
紫花针茅、青藏苔草	1.90								
昆仑针茅									
青藏苔草	0.79	0.05	0.68						
藏沙蒿、紫花针茅	0.44			0.002					
变色锦鸡儿、紫花针茅	16.88	8.41	0.59					12.95	
Ⅵ高寒荒漠草原类	87.78	26.17		13.31	9.21	1.33			
沙生针茅	80.70	22.03		13.31	9.19	1.33			
青藏苔草、垫状驼绒藜									
变色锦鸡儿、驼绒藜、沙生针茅	7.08	4.14			0.03				
Ⅶ温性草原化荒漠类	72.43	40.15	28.36		0.27				
驼绒藜、沙生针茅	46.13	18.44	6.06		0.04				
灌木亚菊、驼绒藜、沙生针茅	26.30	21.71	22.30		0.22				
Ⅷ温性荒漠类	0.36	7.44	1.84		0.21				
驼绒藜、灌木亚菊	0.36	7.44	1.84		0.21				

（续）

草原类（亚类）、型	退化草原		轻度退化		中度退化		重度退化	
	面积	占草原面积	面积	占草原面积	面积	占草原面积	面积	占草原面积
ⅩⅣ低地草甸类	10.91	100.00	10.91	100.00				
（Ⅰ）低湿地草甸亚类	10.91	100.00	10.91	100.00				
芦苇、赖草	7.94	100.00	7.94	100.00				
秀丽水柏枝、赖草	2.97	100.00	2.97	100.00				
ⅩⅥ高寒草甸类	63.25	64.36	49.79	50.67	11.30	11.50	2.15	2.19
（Ⅰ）高寒草甸亚类	0.13	4.72					0.13	4.72
金露梅、高山嵩草	0.13	4.72					0.13	4.72
（Ⅱ）高寒盐化草甸亚类	14.54	97.42	13.13	87.95	1.41	9.47		
赖草、青藏苔草、碱蓬	14.54	97.42	13.13	87.95	1.41	9.47		
（Ⅲ）高寒沼泽化草甸亚类	48.58	60.29	36.67	45.50	9.89	12.27	2.02	2.51
藏西嵩草	24.60	77.07	17.75	55.62	6.04	18.91	0.81	2.55
藏北嵩草	23.98	49.27	18.91	38.87	3.85	7.92	1.21	2.48
ⅩⅧ沼泽类	0.03	100.00	0.03	100.00				
芒尖苔草	0.03	100.00	0.03	100.00				

(续)

草原类(亚类)、型	退化草原			沙化草原			盐渍化		
	轻度退化	中度退化	重度退化	轻度沙化	中度沙化	重度沙化	轻度盐渍化	中度盐渍化	重度盐渍化
ⅩⅣ低地草甸类							10.91		
(Ⅰ)低湿地草甸亚类							10.91		
芦苇、赖草							7.94		
秀丽水柏枝、赖草							2.97		
ⅩⅥ高寒草甸类	38.08	5.69	2.15		0.05		11.71	5.56	
(Ⅰ)高寒草甸亚类			0.13						
金露梅、高山嵩草			0.13						
(Ⅱ)高寒盐化草甸亚类	1.42				0.05		11.71	1.36	
赖草、青藏苔草、碱蓬	1.42				0.05		11.71	1.36	
(Ⅲ)高寒沼泽化草甸亚类	36.67	5.69	2.02					4.20	
藏西嵩草	17.75	1.84	0.81					4.20	
藏北嵩草	18.91	3.85	1.21						
ⅩⅧ沼泽类	0.03								
芒尖苔草	0.03								

4. 日土县草原退化（含沙化、盐渍化）分级统计表

单位：万亩、％

草原类（亚类）、型	退化草原		轻度退化		中度退化		重度退化	
	面积	占草原面积	面积	占草原面积	面积	占草原面积	面积	占草原面积
合 计	1 196.16	18.39	788.92	12.13	251.53	3.87	155.70	2.39
Ⅲ 温性荒漠草原类	2.52	89.16	2.52	89.16				
沙生针茅、固沙草	2.52	89.16	2.52	89.16				
Ⅴ 高寒草原类	218.42	7.87	174.95	6.31	25.08	0.90	18.39	0.66
紫花针茅	29.17	12.11	24.42	10.14	4.76	1.97		
紫花针茅、青藏苔草	3.29	0.64	0.70	0.13	1.45	0.28	1.15	0.22
紫花针茅、杂类草	1.14	1.56	0.73	0.99	0.41	0.57		
羽柱针茅	123.16	16.96	103.45	14.24	14.95	2.06	4.76	0.66
固沙草、紫花针茅	14.01	14.97	1.19	1.27	0.92	0.98	11.91	12.73
青藏苔草	10.61	1.17	7.98	0.88	2.59	0.28	0.04	0.004
藏沙蒿、紫花针茅	0.32	1.54	0.31	1.50			0.01	0.04
垫型蒿、紫花针茅	36.43	59.49	35.90	58.63			0.52	0.86
变色锦鸡儿、紫花针茅	0.29	0.22	0.29	0.22				
Ⅵ 高寒荒漠草原类	375.18	19.20	292.62	14.97	70.19	3.59	12.37	0.63
沙生针茅	339.87	54.77	258.98	41.73	68.53	11.04	12.36	1.99
戈壁针茅	0.19	0.12			0.19	0.12		
青藏苔草、垫状驼绒藜	26.99	3.83	25.51	3.62	1.48	0.21		
垫状驼绒藜、昆仑针茅	0.02	0.12	0.02	0.12				
变色锦鸡儿、驼绒藜、沙生针茅	8.11	1.81	8.10	1.81			0.01	0.002
Ⅶ 温性草原化荒漠类	0.12	6.43	0.11	6.19	0.004	0.24		
驼绒藜、沙生针茅	0.10	95.99	0.10	95.99				
灌木亚菊、驼绒藜、沙生针茅	0.02	1.03	0.01	0.77	0.004	0.26		
Ⅷ 温性荒漠类	218.58	28.47	180.79	23.55	20.84	2.71	16.95	2.21
驼绒藜、灌木亚菊	193.77	27.09	172.30	24.08	15.32	2.14	6.15	0.86
灌木亚菊	24.81	47.35	8.49	16.20	5.52	10.54	10.80	20.61

(续)

草原类(亚类)、型	其中								
	退化草原			沙化草原			盐渍化		
	轻度退化	中度退化	重度退化	轻度沙化	中度沙化	重度沙化	轻度盐渍化	中度盐渍化	重度盐渍化
合　计	519.98	74.41	24.28	163.97	69.45	30.71	104.98	107.68	100.72
Ⅲ温性荒漠草原类	2.52								
沙生针茅、固沙草	2.52								
Ⅴ高寒草原类	171.92	24.16	3.46	3.04	0.92	11.92			3.01
紫花针茅	24.42	4.76							
紫花针茅、青藏苔草	0.70	1.45	1.15						
紫花针茅、杂类草	0.73	0.41							
羽柱针茅	101.89	14.95	1.75	1.56					3.01
固沙草、紫花针茅	0.02			1.17	0.92	11.91			
青藏苔草	7.98	2.59	0.04						
藏沙蒿、紫花针茅				0.31		0.01			
垫型蒿、紫花针茅	35.90		0.52						
变色锦鸡儿、紫花针茅	0.29								
Ⅵ高寒荒漠草原类	134.65	1.66	0.01	157.34	68.53	12.36	0.62		
沙生针茅	101.64			157.34	68.53	12.36			
戈壁针茅		0.19							
青藏苔草、垫状驼绒藜	24.89	1.48					0.62		
垫状驼绒藜、昆仑针茅	0.02								
变色锦鸡儿、驼绒藜、沙生针茅	8.10		0.01						
Ⅶ温性草原化荒漠类	0.11	0.00							
驼绒藜、沙生针茅	0.10								
灌木亚菊、驼绒藜、沙生针茅	0.01	0.00							
Ⅷ温性荒漠类	173.04	20.84	16.95	3.58			4.16		
驼绒藜、灌木亚菊	164.56	15.32	6.15	3.58			4.16		
灌木亚菊	8.49	5.52	10.80						

（续）

草原类（亚类）、型	退化草原		轻度退化		中度退化		重度退化	
	面积	占草原面积	面积	占草原面积	面积	占草原面积	面积	占草原面积
Ⅸ高寒荒漠类	71.23	12.92	30.52	5.54	39.11	7.09	1.60	0.29
垫状驼绒藜	71.23	13.58	30.52	5.82	39.11	7.45	1.60	0.30
高原芥、燥原荠								
ⅩⅣ低地草甸类	1.42	100.00	0.35	24.67	0.94	66.59	0.12	8.74
（Ⅰ）低湿地草甸亚类	1.42	100.00	0.35	24.67	0.94	66.59	0.12	8.74
秀丽水柏枝、赖草	1.42	100.00	0.35	24.67	0.94	66.59	0.12	8.74
ⅩⅥ高寒草甸类	306.34	70.51	104.71	24.10	95.36	21.95	106.27	24.46
（Ⅱ）高寒盐化草甸亚类	292.23	79.65	97.29	26.52	91.63	24.97	103.30	28.16
赖草、青藏苔草、碱蓬	292.23	79.65	97.29	26.52	91.63	24.97	103.30	28.16
（Ⅲ）高寒沼泽化草甸亚类	14.11	20.90	7.42	10.98	3.73	5.52	2.97	4.39
藏北嵩草	1.50	11.54	1.06	8.18			0.44	3.37
藏西嵩草	12.62	23.12	6.36	11.65	3.73	6.83	2.53	4.64
ⅩⅧ沼泽类	2.34	13.99	2.34	13.99				
芒尖苔草	2.34	13.99	2.34	13.99				

（续）

草原类(亚类)、型	其中								
	退化草原			沙化草原			盐渍化		
	轻度退化	中度退化	重度退化	轻度沙化	中度沙化	重度沙化	轻度盐渍化	中度盐渍化	重度盐渍化
Ⅸ高寒荒漠类	24.23	24.01	0.89				6.29	15.10	0.71
垫状驼绒藜	24.23	24.01	0.89				6.29	15.10	0.71
高原芥、燥原荠									
ⅩⅣ低地草甸类							0.35	0.94	0.12
(Ⅰ)低湿地草甸亚类							0.35	0.94	0.12
秀丽水柏枝、赖草							0.35	0.94	0.12
ⅩⅥ高寒草甸类	11.16	3.73	2.97			6.43	93.55	91.63	96.88
(Ⅱ)高寒盐化草甸亚类	3.74					6.43	93.55	91.63	96.88
赖草、青藏苔草、碱蓬	3.74					6.43	93.55	91.63	96.88
(Ⅲ)高寒沼泽化草甸亚类	7.42	3.73	2.97						
藏北嵩草	1.06		0.44						
藏西嵩草	6.36	3.73	2.53						
ⅩⅧ沼泽类	2.34								
芒尖苔草	2.34								

5. 革吉县草原退化(含沙化、盐渍化)分级统计表

单位：万亩、％

草原类(亚类)、型	退化草原		轻度退化		中度退化		重度退化	
	面积	占草原面积	面积	占草原面积	面积	占草原面积	面积	占草原面积
合　计	1 371.04	24.14	1 036.42	18.25	315.22	5.55	19.40	0.34
Ⅲ温性荒漠草原类	1.04	4.57	1.00	4.38	0.04	0.20		
变色锦鸡儿、沙生针茅	1.04	4.57	1.00	4.38	0.04	0.20		
Ⅳ高寒草甸草原类								
紫花针茅、高山嵩草								
青藏苔草、高山嵩草								
Ⅴ高寒草原类	685.28	15.15	551.35	12.19	125.35	2.77	8.57	0.19
紫花针茅	467.53	44.30	360.98	34.21	103.61	9.82	2.94	0.28
紫花针茅、青藏苔草	43.43	5.39	31.56	3.92	10.82	1.34	1.05	0.13
紫花针茅、杂类草	0.00	0.01	0.001	0.01				
昆仑针茅								
羽柱针茅	20.55	49.03	18.22	43.46	0.71	1.69	1.63	3.88
固沙草、紫花针茅	21.71	30.82	18.52	26.29	2.51	3.57	0.68	0.96
青藏苔草	33.95	1.61	30.48	1.45	1.63	0.08	1.83	0.09
藏沙嵩、紫花针茅	90.94	42.53	84.87	39.69	6.06	2.84		
垫型嵩、紫花针茅	4.33	36.25	4.33	36.25				
变色锦鸡儿、紫花针茅	1.53	1.05	1.08	0.75			0.44	0.31
小叶金露梅、紫花针茅	1.31	4.02	1.31	4.02				
Ⅵ高寒荒漠草原类	389.70	52.34	361.34	48.54	23.49	3.16	4.86	0.65
沙生针茅	389.64	55.70	361.29	51.65	23.49	3.36	4.86	0.69
变色锦鸡儿、驼绒藜、沙生针茅	0.05	0.12	0.05	0.12				
Ⅶ温性草原化荒漠类	0.22	0.50	0.22	0.50				
驼绒藜、沙生针茅	0.22	51.71	0.22	51.71				
灌木亚菊、驼绒藜、沙生针茅								

(续)

草原类(亚类)、型	其中								
	退化草原			沙化草原			盐渍化		
	轻度退化	中度退化	重度退化	轻度沙化	中度沙化	重度沙化	轻度盐渍化	中度盐渍化	重度盐渍化
合 计	769.15	140.04	12.49	167.28	17.41	5.54	99.99	157.77	1.37
Ⅲ温性荒漠草原类	0.06			0.94	0.04				
变色锦鸡儿、沙生针茅	0.06			0.94	0.04				
Ⅳ高寒草甸草原类									
紫花针茅、高山嵩草									
青藏苔草、高山嵩草									
Ⅴ高寒草原类	477.32	111.81	7.89	61.35	10.02	0.68	12.68	3.52	
紫花针茅	344.49	93.51	2.94	5.04	10.02		11.45	0.08	
紫花针茅、青藏苔草	31.52	10.82	1.05				0.04		
紫花针茅、杂类草	0.00								
昆仑针茅									
羽柱针茅	18.22		1.63					0.71	
固沙草、紫花针茅	14.32	2.51		3.85		0.68	0.34		
青藏苔草	29.69	1.61	1.83				0.79	0.02	
藏沙蒿、紫花针茅	32.42	3.35		52.45				2.72	
垫型蒿、紫花针茅	4.33								
变色锦鸡儿、紫花针茅	1.02		0.44				0.07		
小叶金露梅、紫花针茅	1.31								
Ⅵ高寒荒漠草原类	242.78	14.48		104.62	7.15	4.86	13.94	1.86	
沙生针茅	242.73	14.48		104.62	7.15	4.86	13.94	1.86	
变色锦鸡儿、驼绒藜、沙生针茅	0.05								
Ⅶ温性草原化荒漠类	0.22								
驼绒藜、沙生针茅	0.22								
灌木亚菊、驼绒藜、沙生针茅									

（续）

草原类（亚类）、型	退化草原		轻度退化		中度退化		重度退化	
	面积	占草原面积	面积	占草原面积	面积	占草原面积	面积	占草原面积
Ⅷ温性荒漠类	3.26	79.54	3.26	79.54				
驼绒藜、灌木亚菊	3.26	79.54	3.26	79.54				
Ⅸ高寒荒漠类	17.87	69.33	17.70	68.65	0.18	0.68		
垫状驼绒藜	4.93	39.75	4.93	39.75				
高原芥、燥原荠	12.94	96.77	12.77	95.47	0.18	1.31		
ⅩⅣ低地草甸类	5.03	100.00	2.45	48.73	2.58	51.27		
（Ⅰ）低湿地草甸亚类	5.03	100.00	2.45	48.73	2.58	51.27		
秀丽水柏枝、赖草	3.99	100.00	1.78	44.70	2.21	55.30		
芦苇、赖草	1.04	100.00	0.67	64.15	0.37	35.85		
ⅩⅥ高寒草甸类	268.65	87.33	99.10	32.22	163.58	53.18	5.97	1.94
（Ⅰ）高寒草甸亚类	1.16	84.86	1.16	84.86				
高山嵩草	1.16	84.86	1.16	84.86				
（Ⅱ）高寒盐化草甸亚类	195.18	98.28	45.23	22.78	148.58	74.82	1.37	0.69
赖草、青藏苔草、碱蓬	195.18	98.28	45.23	22.78	148.58	74.82	1.37	0.69
（Ⅲ）高寒沼泽化草甸亚类	72.31	67.16	52.71	48.96	15.00	13.93	4.60	4.27
藏北嵩草	72.17	67.18	52.58	48.94	15.00	13.96	4.60	4.28
藏西嵩草	0.14	58.78	0.14	58.78				

(续)

草原类（亚类）、型	其中								
	退化草原			沙化草原			盐渍化		
	轻度退化	中度退化	重度退化	轻度沙化	中度沙化	重度沙化	轻度盐渍化	中度盐渍化	重度盐渍化
Ⅷ温性荒漠类	3.26								
驼绒藜、灌木亚菊	3.26								
Ⅸ高寒荒漠类	16.52						1.18	0.18	
垫状驼绒藜	4.90						0.03		
高原芥、燥原荠	11.62						1.15	0.18	
ⅩⅣ低地草甸类							2.45	2.58	
（Ⅰ）低湿地草甸亚类							2.45	2.58	
秀丽水柏枝、赖草							1.78	2.21	
芦苇、赖草							0.67	0.37	
ⅩⅥ高寒草甸类	28.99	13.76	4.60	0.38	0.19		69.73	149.63	1.37
（Ⅰ）高寒草甸亚类	1.11						0.05		
高山嵩草	1.11						0.05		
（Ⅱ）高寒盐化草甸亚类	0.57				0.19		44.66	148.39	1.37
赖草、青藏苔草、碱蓬	0.57				0.19		44.66	148.39	1.37
（Ⅲ）高寒沼泽化草甸亚类	27.31	13.76	4.60	0.38			25.02	1.24	
藏北嵩草	27.17	13.76	4.60	0.38			25.02	1.24	
藏西嵩草	0.14								

6. 改则县草原退化(含沙化、盐渍化)分级统计表

单位：万亩、％

草原类(亚类)、型	退化草原		轻度退化		中度退化		重度退化	
	面积	占草原面积	面积	占草原面积	面积	占草原面积	面积	占草原面积
合 计	3 334.78	19.28	2 254.89	13.03	768.29	4.44	311.59	1.80
Ⅱ温性草原类	2.17	100.00	2.17	100.00				
固沙草	2.17	100.00	2.17	100.00				
Ⅲ温性荒漠草原类	2.65	1.89			2.65	1.89		
沙生针茅、固沙草	2.65	96.80			2.65	96.80		
变色锦鸡儿、沙生针茅								
Ⅳ高寒草甸草原类	43.29	46.97	30.92	33.55	4.77	5.17	7.60	8.25
紫花针茅、高山嵩草	9.27	16.63	8.65	15.51	0.62	1.12		
青藏苔草、高山嵩草	34.02	93.45	22.27	61.19	4.14	11.38	7.60	20.88
Ⅴ高寒草原类	2 078.52	17.24	1 656.08	13.74	376.01	3.12	46.43	0.39
紫花针茅	1 367.19	29.63	1 106.53	23.98	238.75	5.17	21.91	0.47
紫花针茅、青藏苔草	139.07	10.93	116.35	9.14	20.26	1.59	2.47	0.19
紫花针茅、杂类草	89.99	15.21	28.04	4.74	59.16	10.00	2.79	0.47
昆仑针茅	30.89	58.70	28.39	53.95	2.50	4.75		
羽柱针茅	10.39	10.55	9.09	9.23	1.30	1.32		
固沙草、紫花针茅	27.84	26.15	19.46	18.28	7.27	6.83	1.11	1.04
青藏苔草	220.08	6.11	178.14	4.95	35.02	0.97	6.92	0.19
藏沙蒿、紫花针茅	121.10	69.38	107.88	61.80	6.46	3.70	6.76	3.87
垫型蒿、紫花针茅	40.18	3.24	33.17	2.68	2.73	0.22	4.28	0.35
变色锦鸡儿、紫花针茅	10.77	5.16	8.96	4.29	1.62	0.78	0.19	0.09
小叶金露梅、紫花针茅	21.02	22.12	20.07	21.12	0.96	1.01		
Ⅵ高寒荒漠草原类	443.19	15.53	306.61	10.74	127.35	4.46	9.24	0.32
沙生针茅	405.49	67.44	280.61	46.67	116.27	19.34	8.60	1.43
戈壁针茅	15.70	7.09	15.02	6.79	0.49	0.22	0.19	0.08
青藏苔草、垫状驼绒藜	13.22	0.81	4.43	0.27	8.35	0.51	0.45	0.03

(续)

草原类(亚类)、型	其中								
	退化草原			沙化草原			盐渍化		
	轻度退化	中度退化	重度退化	轻度沙化	中度沙化	重度沙化	轻度盐渍化	中度盐渍化	重度盐渍化
合　计	1 915.64	414.45	39.62	110.62	8.59	7.23	228.63	345.25	264.74
Ⅱ 温性草原类	2.17								
固沙草	2.17								
Ⅲ 温性荒漠草原类		2.65							
沙生针茅、固沙草		2.65							
变色锦鸡儿、沙生针茅									
Ⅳ 高寒草甸草原类	28.37	4.75	7.60	2.45			0.10	0.01	
紫花针茅、高山嵩草	8.55	0.61					0.10	0.01	
青藏苔草、高山嵩草	19.82	4.14	7.60	2.45					
Ⅴ 高寒草原类	1 526.29	294.88	23.09	66.59	6.45	0.89	63.20	74.67	22.45
紫花针茅	1 053.76	190.51	6.97	37.39	5.48		15.38	42.75	14.94
紫花针茅、青藏苔草	107.07	19.63	0.15	7.58			1.69	0.63	2.32
紫花针茅、杂类草	28.04	59.03	2.63					0.12	0.16
昆仑针茅	28.39	2.50							
羽柱针茅	9.09							1.30	
固沙草、紫花针茅	14.45	7.27	0.22	5.01		0.89			
青藏苔草	147.65	8.94	6.07	15.37			15.13	26.07	0.86
藏沙蒿、紫花针茅	107.88	6.46	6.76						
垫型蒿、紫花针茅	2.10		0.11	0.15			30.92	2.73	4.18
变色锦鸡儿、紫花针茅	7.87	0.54	0.19	1.09	0.97			0.12	
小叶金露梅、紫花针茅	19.99						0.08	0.96	
Ⅵ 高寒荒漠草原类	254.85	100.72	0.42	40.94	1.35	6.33	10.81	25.28	2.48
沙生针茅	239.12	97.44	0.42	31.80	1.35	6.33	9.70	17.48	1.85
戈壁针茅	5.88	0.40		9.14				0.09	0.19
青藏苔草、垫状驼绒藜	4.23	2.88					0.19	5.46	0.45

（续）

草原类（亚类）、型	退化草原		轻度退化		中度退化		重度退化	
	面积	占草原面积	面积	占草原面积	面积	占草原面积	面积	占草原面积
垫状驼绒藜、昆仑针茅	8.20	3.07	5.96	2.23	2.24	0.84		
变色锦鸡儿、驼绒藜、沙生针茅	0.59	0.43	0.59	0.43				
Ⅶ温性草原化荒漠类	76.63	58.13	9.13	6.93	60.61	45.98	6.89	5.23
灌木亚菊、驼绒藜、沙生针茅	76.63	58.13	9.13	6.93	60.61	45.98	6.89	5.23
Ⅸ高寒荒漠类	16.13	3.53	15.40	3.37	0.73	0.16		
垫状驼绒藜	16.13	3.53	15.40	3.37	0.73	0.16		
ⅩⅣ低地草甸类	0.07	100.00	0.05	74.03	0.02	25.97		
（Ⅱ）低地盐化草甸亚类	0.07	100.00	0.05	74.03	0.02	25.97		
芦苇、赖草	0.07	100.00	0.05	74.03	0.02	25.97		
ⅩⅥ高寒草甸类	672.12	42.88	234.52	14.96	196.17	12.51	241.44	15.40
（Ⅰ）高寒草甸亚类	32.27	4.75	30.88	10.65	0.23	0.03	1.16	0.17
高山嵩草	31.96	4.78	30.57	4.57	0.23	0.03	1.16	0.17
高山嵩草、青藏苔草	0.31	6.07	0.31	6.07				
矮生嵩草、青藏苔草								
金露梅、高山嵩草								
（Ⅱ）高寒盐化草甸亚类	601.00	78.28	170.54	22.21	190.47	24.81	239.99	31.26
喜马拉雅碱茅	13.15	95.66	6.72	48.89	4.21	30.62	2.22	16.15
匍匐水柏枝、青藏苔草	25.56	74.28	2.50	7.28	22.63	65.76	0.43	1.24
赖草、青藏苔草、碱蓬	562.29	78.14	161.32	22.42	163.63	22.74	237.34	32.98
（Ⅲ）高寒沼泽化草甸亚类	38.85	32.24	33.09	27.46	5.47	4.54	0.29	0.24
藏北嵩草	13.20	56.37	12.84	54.84	0.36	1.53		
藏西嵩草	25.66	26.42	20.26	20.86	5.11	5.26	0.29	0.30

（续）

草原类（亚类）、型	其中								
	退化草原			沙化草原			盐渍化		
	轻度退化	中度退化	重度退化	轻度沙化	中度沙化	重度沙化	轻度盐渍化	中度盐渍化	重度盐渍化
垫状驼绒藜、昆仑针茅	5.61						0.35	2.24	
变色锦鸡儿、驼绒藜、沙生针茅	0.005						0.58		
Ⅶ温性草原化荒漠类	1.46	0.92	3.64				7.67	59.69	3.25
灌木亚菊、驼绒藜、沙生针茅	1.46	0.92	3.64				7.67	59.69	3.25
Ⅸ高寒荒漠类	15.40	0.73							
垫状驼绒藜	15.40	0.73							
ⅩⅣ低地草甸类	0.05	0.02							
（Ⅱ）低地盐化草甸亚类	0.05	0.02							
芦苇、赖草	0.05	0.02							
ⅩⅥ高寒草甸类	87.04	9.78	4.87	0.63	0.80		146.84	185.60	236.57
（Ⅰ）高寒草甸亚类	30.48	0.02	1.16				0.40	0.21	
高山嵩草	30.17	0.02	1.16				0.40	0.21	
高山嵩草、青藏苔草	0.31								
矮生嵩草、青藏苔草									
金露梅、高山嵩草									
（Ⅱ）高寒盐化草甸亚类	27.19	7.10	3.42	0.07	0.55		143.29	182.82	236.57
喜马拉雅碱茅							6.72	4.21	2.22
匍匐水柏枝、青藏苔草	0.16						2.35	22.63	0.43
赖草、青藏苔草、碱蓬	27.03	7.10	3.42	0.07	0.55		134.22	155.98	233.92
（Ⅲ）高寒沼泽化草甸亚类	29.37	2.65	0.29	0.57	0.25		3.16	2.57	
藏北嵩草	12.28	0.11		0.16	0.25		0.40		
藏西嵩草	17.09	2.54	0.29	0.41			2.75	2.57	

7. 措勤县草原退化(含沙化、盐渍化)分级统计表

单位：万亩、%

草原类(亚类)、型	退化草原		轻度退化		中度退化		重度退化	
	面积	占草原面积	面积	占草原面积	面积	占草原面积	面积	占草原面积
合 计	840.26	32.42	587.24	22.66	229.52	8.86	23.50	0.91
Ⅲ温性荒漠草原类	1.15	3.66	1.15	3.66				
变色锦鸡儿、沙生针茅	1.15	3.66	1.15	3.66				
Ⅳ高寒草甸草原类	20.45	38.72	16.18	30.63	4.27	8.09		
紫花针茅、高山嵩草	19.65	37.77	16.18	31.10	3.47	6.67		
丝颖针茅	0.80	100.00			0.80	100.00		
Ⅴ高寒草原类	555.48	49.14	374.56	33.14	165.78	14.67	15.14	1.34
紫花针茅	398.61	57.32	248.48	35.73	140.69	20.23	9.44	1.36
紫花针茅、青藏苔草	3.64	12.16	3.64	12.16				
紫花针茅、杂类草	40.76	83.88	20.43	42.05	20.32	41.83		
固沙草、紫花针茅	49.00	94.79	43.65	84.44	1.94	3.76	3.40	6.59
青藏苔草	20.03	12.50	14.91	9.31	2.82	1.76	2.29	1.43
藏沙蒿、紫花针茅	40.56	54.54	40.56	54.54				
藏沙蒿、青藏苔草	0.29	7.35	0.29	7.35				
冻原白蒿	1.84	4.07	1.84	4.07				
小叶金露梅、紫花针茅	0.76	3.57	0.76	3.57				
ⅩⅣ低地草甸类	0.22	100.00	0.22	100.00				
(Ⅱ)低地盐化草甸亚类	0.22	100.00	0.22	100.00				
芦苇、赖草	0.22	100.00	0.22	100.00				
ⅩⅥ高寒草甸类	262.96	19.10	195.14	14.17	59.47	4.32	8.36	0.61
(Ⅰ)高寒草甸亚类	68.55	6.76	51.01	5.03	14.16	1.40	3.38	0.33
高山嵩草	30.93	6.51	20.23	4.26	8.42	1.77	2.28	0.48
高山嵩草、异针茅								
高山嵩草、杂类草								
高山嵩草、青藏苔草	0.47	1.93	0.11	0.44	0.08	0.32	0.28	1.17

(续)

草原类（亚类）、型	其 中								
	退化草原			沙化草原			盐渍化		
	轻度退化	中度退化	重度退化	轻度沙化	中度沙化	重度沙化	轻度盐渍化	中度盐渍化	重度盐渍化
合 计	439.09	194.87	17.35	85.65	1.94	3.40	62.51	32.70	2.75
Ⅲ 温性荒漠草原类				1.15					
变色锦鸡儿、沙生针茅				1.15					
Ⅳ 高寒草甸草原类	16.18	4.27							
紫花针茅、高山嵩草	16.18	3.47							
丝颖针茅		0.80							
Ⅴ 高寒草原类	290.06	163.84	11.73	84.50	1.94	3.40			
紫花针茅	248.48	140.69	9.44						
紫花针茅、青藏苔草	3.64								
紫花针茅、杂类草	20.43	20.32							
固沙草、紫花针茅				43.65	1.94	3.40			
青藏苔草	14.91	2.82	2.29						
藏沙蒿、紫花针茅				40.56					
藏沙蒿、青藏苔草				0.29					
冻原白蒿	1.84								
小叶金露梅、紫花针茅	0.76								
ⅩⅣ 低地草甸类	0.00						0.22		
（Ⅱ）低地盐化草甸亚类	0.00						0.22		
芦苇、赖草	0.00						0.22		
ⅩⅥ 高寒草甸类	132.85	26.77	5.61				62.28	32.70	2.75
（Ⅰ）高寒草甸亚类	51.01	14.16	3.38						
高山嵩草	20.23	8.42	2.28						
高山嵩草、异针茅									
高山嵩草、杂类草									
高山嵩草、青藏苔草	0.11	0.08	0.28						

（续）

草原类（亚类）、型	退化草原		轻度退化		中度退化		重度退化	
	面积	占草原面积	面积	占草原面积	面积	占草原面积	面积	占草原面积
矮生嵩草、青藏苔草	0.09	2.80			0.09	2.80		
金露梅、高山嵩草	37.06	7.30	30.67	6.05	5.57	1.10	0.81	0.16
（Ⅱ）高寒盐化草甸亚类	97.73	98.60	62.28	62.84	32.70	32.99	2.75	2.77
喜马拉雅碱茅	0.04	100.00	0.04	100.00				
赖草、青藏苔草、碱蓬	97.44	98.60	62.25	62.99	32.66	33.04	2.53	2.56
三角草	0.26	100.00			0.04	17.07	0.22	82.93
（Ⅲ）高寒沼泽化草甸亚类	96.68	36.71	81.84	31.07	12.60	4.78	2.24	0.85
藏北嵩草	0.26	80.55	0.26	80.55				
藏西嵩草	96.42	36.66	81.58	31.01	12.60	4.79	2.24	0.85

（续）

草原类(亚类)、型	其中								
	退化草原			沙化草原			盐渍化		
	轻度退化	中度退化	重度退化	轻度沙化	中度沙化	重度沙化	轻度盐渍化	中度盐渍化	重度盐渍化
矮生嵩草、青藏苔草		0.09							
金露梅、高山嵩草	30.67	5.57	0.81						
（Ⅱ)高寒盐化草甸亚类							62.28	32.70	2.75
喜马拉雅碱茅							0.04		
赖草、青藏苔草、碱蓬							62.25	32.66	2.53
三角草								0.04	0.22
（Ⅲ)高寒沼泽化草甸亚类	81.84	12.60	2.24						
藏北嵩草	0.26								
藏西嵩草	81.58	12.60	2.24						

(七)林芝地区草原退化(含沙化、盐渍化)分级统计表

单位:万亩、%

草原类(亚类)、型	退化草原		轻度退化		中度退化		重度退化	
	面积	占草原面积	面积	占草原面积	面积	占草原面积	面积	占草原面积
合计	242.78	6.66	218.86	6.01	21.98	0.60	1.94	0.05
Ⅰ 温性草甸草原类	9.05	71.36	6.72	52.98	2.33	18.38		
细裂叶莲蒿、禾草	9.05	76.54	6.72	56.82	2.33	19.72		
金露梅、细裂叶莲蒿								
Ⅱ 温性草原类	7.79	94.92	5.00	60.99	2.52	30.70	0.26	3.23
白刺花、细裂叶莲蒿	7.79	94.92	5.00	60.99	2.52	30.70	0.26	3.23
Ⅹ 暖性草丛类	31.22	93.48	28.11	84.18	3.10	9.30		
黑穗画眉草	10.55	99.37	7.88	74.21	2.67	25.16		
细裂叶莲蒿	20.67	90.73	20.24	88.83	0.43	1.90		
Ⅺ 暖性灌草丛类	54.93	73.68	49.85	66.85	5.04	6.76	0.05	0.06
白刺花、禾草	12.91	51.93	12.91	51.93				
具灌木的禾草	42.02	84.56	36.93	74.32	5.04	10.15	0.05	0.09
Ⅻ 热性草丛类	9.77	18.39	9.48	17.85	0.29	0.54		
白茅	0.23	0.61	0.23	0.61				
蕨、白茅	9.53	66.23	9.24	64.23	0.29	2.00		
ⅩⅢ 热性灌草丛类	30.70	98.02	30.70	98.02				
小马鞍叶羊蹄甲、扭黄茅	30.70	98.02	30.70	98.02				
ⅩⅣ 低地草甸类	23.80	88.32	22.69	84.19	0.95	3.52	0.16	0.61
(Ⅱ)低地沼泽化草甸亚类	23.80	88.32	22.69	84.19	0.95	3.52	0.16	0.61
芒尖苔草、蕨麻委陵菜	23.80	88.32	22.69	84.19	0.95	3.52	0.16	0.61
ⅩⅤ 山地草甸类	35.41	20.70	27.09	15.83	6.86	4.01	1.46	0.86
(Ⅰ)山地草甸亚类	15.42	22.59	12.74	18.67	2.68	3.92		
中亚早熟禾、苔草	9.69	26.59	8.37	22.97	1.32	3.62		
黑穗画眉草、林芝苔草	1.67	83.30	0.33	16.41	1.34	66.90		
圆穗蓼	3.22	11.65	3.21	11.60	0.01	0.05		

(续)

草原类（亚类）、型	其　中								
	退化草原			沙化草原			盐渍化		
	轻度退化	中度退化	重度退化	轻度沙化	中度沙化	重度沙化	轻度盐渍化	中度盐渍化	重度盐渍化
合计	218.86	21.98	1.94						
Ⅰ温性草甸草原类	6.72	2.33							
细裂叶莲蒿、禾草	6.72	2.33							
金露梅、细裂叶莲蒿									
Ⅱ温性草原类	5.00	2.52	0.26						
白刺花、细裂叶莲蒿	5.00	2.52	0.26						
Ⅹ暖性草丛类	28.11	3.10							
黑穗画眉草	7.88	2.67							
细裂叶莲蒿	20.24	0.43							
Ⅺ暖性灌草丛类	49.85	5.04	0.05						
白刺花、禾草	12.91								
具灌木的禾草	36.93	5.04	0.05						
Ⅻ热性草丛类	9.48	0.29							
白茅	0.23								
蕨、白茅	9.24	0.29							
ⅩⅢ热性灌草丛类	30.70								
小马鞍叶羊蹄甲、扭黄茅	30.70								
ⅩⅣ低地草甸类	22.69	0.95	0.16						
（Ⅱ）低地沼泽化草甸亚类	22.69	0.95	0.16						
芒尖苔草、蕨麻委陵菜	22.69	0.95	0.16						
ⅩⅤ山地草甸类	27.09	6.86	1.46						
（Ⅰ）山地草甸亚类	12.74	2.68							
中亚早熟禾、苔草	8.37	1.32							
黑穗画眉草、林芝苔草	0.33	1.34							
圆穗蓼	3.21	0.01							

（续）

草原类(亚类)、型	退化草原		轻度退化		中度退化		重度退化	
	面积	占草原面积	面积	占草原面积	面积	占草原面积	面积	占草原面积
杜鹃、黑穗画眉草	0.84	38.96	0.84	38.96				
(Ⅱ)亚高山草甸亚类	19.99	19.44	14.34	13.95	4.19	4.07	1.46	1.42
矮生嵩草、杂类草	0.38	80.52	0.38	80.52				
圆穗蓼、矮生嵩草								
具灌木的矮生嵩草	19.62	19.45	13.97	13.85	4.19	4.15	1.46	1.45
ⅩⅥ高寒草甸类	40.11	1.24	39.22	1.21	0.88	0.03		
(Ⅰ)高寒草甸亚类	39.91	1.24	39.03	1.21	0.88	0.03		
高山嵩草、杂类草	11.53	0.78	11.53	0.78				
圆穗蓼、高山嵩草	6.37	1.26	5.99	1.18	0.38	0.08		
金露梅、高山嵩草	0.31	2.92	0.31	2.92				
具灌木的高山嵩草	4.77	20.07	4.77	20.07				
雪层杜鹃、高山嵩草	16.92	1.43	16.42	1.38	0.50	0.04		
多花地杨梅	0.01	0.05	0.01	0.05				
(Ⅲ)高寒沼泽化草甸亚类	0.20	3.72	0.20	3.72				
西藏嵩草	0.20	3.72	0.20	3.72				

草原类(亚类)、型	其中								
	退化草原			沙化草原			盐渍化		
	轻度退化	中度退化	重度退化	轻度沙化	中度沙化	重度沙化	轻度盐渍化	中度盐渍化	重度盐渍化
杜鹃、黑穗画眉草	0.84								
(Ⅱ)亚高山草甸亚类	14.34	4.19	1.46						
矮生嵩草、杂类草	0.38								
圆穗蓼、矮生嵩草									
具灌木的矮生嵩草	13.97	4.19	1.46						
ⅩⅥ高寒草甸类	39.22	0.88							
(Ⅰ)高寒草甸亚类	39.03	0.88							
高山嵩草、杂类草	11.53								
圆穗蓼、高山嵩草	5.99	0.38							
金露梅、高山嵩草	0.31								
具灌木的高山嵩草	4.77								
雪层杜鹃、高山嵩草	16.42	0.50							
多花地杨梅	0.01								
(Ⅲ)高寒沼泽化草甸亚类	0.20								
西藏嵩草	0.20								

1. 林芝县草原退化（含沙化、盐渍化）分级统计表

单位：万亩、%

草原类（亚类）、型	退化草原		轻度退化		中度退化		重度退化	
	面积	占草原面积	面积	占草原面积	面积	占草原面积	面积	占草原面积
合计	37.61	9.87	32.46	8.52	5.15	1.35		
Ⅱ温性草原类	0.49	100.00	0.40	82.18	0.09	17.82		
白刺花、细裂叶莲蒿	0.49	100.00	0.40	82.18	0.09	17.82		
Ⅹ暖性草丛类	10.47	99.37	7.80	74.02	2.67	25.34		
黑穗画眉草	10.47	99.37	7.80	74.02	2.67	25.34		
Ⅺ暖性灌草丛类	6.81	82.36	6.58	79.61	0.23	2.74		
具灌木的禾草	6.81	82.36	6.58	79.61	0.23	2.74		
ⅩⅣ低地草甸类	7.21	99.68	6.53	90.19	0.69	9.49		
（Ⅱ）低地沼泽化草甸亚类	7.21	99.68	6.53	90.19	0.69	9.49		
芒尖苔草、蕨麻委陵菜	7.21	99.68	6.53	90.19	0.69	9.49		
ⅩⅤ山地草甸类	7.48	32.50	6.27	27.25	1.21	5.25		
（Ⅰ）山地草甸亚类	7.48	33.95	6.27	28.47	1.21	5.48		
圆穗蓼	1.57	21.43	1.56	21.25	0.01	0.19		
中亚早熟禾、苔草	5.07	36.67	3.87	28.03	1.19	8.64		
杜鹃、黑穗画眉草	0.84	96.96	0.84	96.96				
（Ⅱ）亚高山草甸亚类								
具灌木的矮生嵩草								
ⅩⅥ高寒草甸类	5.15	1.55	4.88	1.47	0.27	0.08		
（Ⅰ）高寒草甸亚类	5.15	1.55	4.88	1.47	0.27	0.08		
高山嵩草、杂类草	0.18	1.87	0.18	1.87				
圆穗蓼、高山嵩草	3.47	1.81	3.21	1.67	0.27	0.14		
金露梅、高山嵩草								
雪层杜鹃、高山嵩草	1.49	1.16	1.49	1.15	0.005	0.004		

(续)

草原类(亚类)、型	其 中								
	退化草原			沙化草原			盐渍化		
	轻度退化	中度退化	重度退化	轻度沙化	中度沙化	重度沙化	轻度盐渍化	中度盐渍化	重度盐渍化
合计	32.46	5.15							
Ⅱ温性草原类	0.40	0.09							
白刺花、细裂叶莲蒿	0.40	0.09							
Ⅹ暖性草丛类	7.80	2.67							
黑穗画眉草	7.80	2.67							
Ⅺ暖性灌草丛类	6.58	0.23							
具灌木的禾草	6.58	0.23							
ⅩⅣ低地草甸类	6.53	0.69							
(Ⅱ)低地沼泽化草甸亚类	6.53	0.69							
芒尖苔草、蕨麻委陵菜	6.53	0.69							
ⅩⅤ山地草甸类	6.27	1.21							
(Ⅰ)山地草甸亚类	6.27	1.21							
圆穗蓼	1.56	0.01							
中亚早熟禾、苔草	3.87	1.19							
杜鹃、黑穗画眉草	0.84								
(Ⅱ)亚高山草甸亚类									
具灌木的矮生嵩草									
ⅩⅥ高寒草甸类	4.88	0.27							
(Ⅰ)高寒草甸亚类	4.88	0.27							
高山嵩草、杂类草	0.18								
圆穗蓼、高山嵩草	3.21	0.27							
金露梅、高山嵩草									
雪层杜鹃、高山嵩草	1.49	0.005							

2.米林县草原退化(含沙化、盐渍化)分级统计表

单位：万亩、%

草原类(亚类)、型	退化草原		轻度退化		中度退化		重度退化	
	面积	占草原面积	面积	占草原面积	面积	占草原面积	面积	占草原面积
合计	43.99	9.64	35.45	7.76	8.34	1.83	0.21	0.05
Ⅰ温性草甸草原类	5.49	99.27	3.16	57.11	2.33	42.16		
细裂叶莲蒿、禾草	5.49	99.27	3.16	57.11	2.33	42.16		
Ⅹ暖性草丛类	0.08	100.00	0.08	100.00				
黑穗画眉草	0.08	100.00	0.08	100.00				
Ⅺ暖性灌草丛类	29.19	82.46	24.33	68.73	4.82	13.60	0.05	0.13
具灌木的禾草	29.19	82.46	24.33	68.73	4.82	13.60	0.05	0.13
ⅩⅣ低地草甸类	2.33	96.47	1.90	78.78	0.26	10.91	0.16	6.78
(Ⅱ)低地沼泽化草甸亚类	2.33	96.47	1.90	78.78	0.26	10.91	0.16	6.78
芒尖苔草、蕨麻委陵菜	2.33	96.47	1.90	78.78	0.26	10.91	0.16	6.78
ⅩⅤ山地草甸类	3.27	40.60	2.83	35.21	0.43	5.40		
(Ⅰ)山地草甸亚类	2.02	33.08	1.89	31.01	0.13	2.07		
圆穗蓼								
中亚早熟禾、苔草	2.02	34.35	1.89	32.20	0.13	2.15		
(Ⅱ)亚高山草甸亚类	1.25	64.32	0.94	48.44	0.31	15.88		
具灌木的矮生嵩草	1.25	64.32	0.94	48.44	0.31	15.88		
ⅩⅥ高寒草甸类	3.64	0.90	3.14	0.78	0.49	0.12		
(Ⅰ)高寒草甸亚类	3.64	0.91	3.14	0.79	0.49	0.12		
高山嵩草、杂类草								
圆穗蓼、高山嵩草								
雪层杜鹃、高山嵩草	3.64	1.07	3.14	0.93	0.49	0.15		
多花地杨梅								
(Ⅲ)高寒沼泽化草甸亚类								
西藏嵩草								

(续)

草原类(亚类)、型	其 中								
	退化草原			沙化草原			盐渍化		
	轻度退化	中度退化	重度退化	轻度沙化	中度沙化	重度沙化	轻度盐渍化	中度盐渍化	重度盐渍化
合计	35.45	8.34	0.21						
Ⅰ温性草甸草原类	3.16	2.33							
细裂叶莲蒿、禾草	3.16	2.33							
Ⅹ暖性草丛类	0.08								
黑穗画眉草	0.08								
Ⅺ暖性灌草丛类	24.33	4.82	0.05						
具灌木的禾草	24.33	4.82	0.05						
ⅩⅣ低地草甸类	1.90	0.26	0.16						
(Ⅱ)低地沼泽化草甸亚类	1.90	0.26	0.16						
芒尖苔草、蕨麻委陵菜	1.90	0.26	0.16						
ⅩⅤ山地草甸类	2.83	0.43							
(Ⅰ)山地草甸亚类	1.89	0.13							
圆穗蓼									
中亚早熟禾、苔草	1.89	0.13							
(Ⅱ)亚高山草甸亚类	0.94	0.31							
具灌木的矮生嵩草	0.94	0.31							
ⅩⅥ高寒草甸类	3.14	0.49							
(Ⅰ)高寒草甸亚类	3.14	0.49							
高山嵩草、杂类草									
圆穗蓼、高山嵩草									
雪层杜鹃、高山嵩草	3.14	0.49							
多花地杨梅									
(Ⅲ)高寒沼泽化草甸亚类									
西藏嵩草									

3. 朗县草原退化（含沙化、盐渍化）分级统计表

单位：万亩、%

草原类（亚类）、型	退化草原		轻度退化		中度退化		重度退化	
	面积	占草原面积	面积	占草原面积	面积	占草原面积	面积	占草原面积
合计	26.32	10.69	18.28	7.43	6.31	2.56	1.73	0.70
Ⅱ温性草原类	4.91	98.93	2.21	44.61	2.43	48.98	0.26	5.34
白刺花、细裂叶莲蒿	4.91	98.93	2.21	44.61	2.43	48.98	0.26	5.34
ⅩⅤ山地草甸类	14.36	40.80	9.02	25.63	3.88	11.02	1.46	4.16
（Ⅰ）山地草甸亚类	0.36	11.03	0.36	11.03				
圆穗蓼	0.25	13.28	0.25	13.28				
中亚早熟禾、苔草	0.12	77.38	0.12	77.38				
杜鹃、黑穗画眉草								
（Ⅱ）亚高山草甸亚类	14.00	43.86	8.66	27.13	3.88	12.15	1.46	4.59
具灌木的矮生嵩草	14.00	43.86	8.66	27.13	3.88	12.15	1.46	4.59
ⅩⅥ高寒草甸类	7.05	3.42	7.05	3.42	0.000 05	0.000 02		
（Ⅰ）高寒草甸亚类	7.05	3.42	7.05	3.42	0.000 05	0.000 02		
高山嵩草、杂类草	4.19	6.71	4.19	6.71				
圆穗蓼、高山嵩草	1.63	1.61	1.63	1.61				
金露梅、高山嵩草	0.31	5.74	0.31	5.74				
雪层杜鹃、高山嵩草	0.92	2.46	0.92	2.46	0.000 05	0.000 13		

（续）

草原类（亚类）、型	其中								
	退化草原			沙化草原			盐渍化		
	轻度退化	中度退化	重度退化	轻度沙化	中度沙化	重度沙化	轻度盐渍化	中度盐渍化	重度盐渍化
合计	18.28	6.31	1.73						
Ⅱ温性草原类	2.21	2.43	0.26						
白刺花、细裂叶莲蒿	2.21	2.43	0.26						
ⅩⅤ山地草甸类	9.02	3.88	1.46						
（Ⅰ）山地草甸亚类	0.36								
圆穗蓼	0.25								
中亚早熟禾、苔草	0.12								
杜鹃、黑穗画眉草									
（Ⅱ）亚高山草甸亚类	8.66	3.88	1.46						
具灌木的矮生嵩草	8.66	3.88	1.46						
ⅩⅥ高寒草甸类	7.05	0.000 05							
（Ⅰ）高寒草甸亚类	7.05	0.000 05							
高山嵩草、杂类草	4.19								
圆穗蓼、高山嵩草	1.63								
金露梅、高山嵩草	0.31								
雪层杜鹃、高山嵩草	0.92	0.00005							

4. 工布江达县草原退化（含沙化、盐渍化）分级统计表

单位：万亩、%

草原类（亚类）、型	退化草原		轻度退化		中度退化		重度退化	
	面积	占草原面积	面积	占草原面积	面积	占草原面积	面积	占草原面积
合计	38.45	4.74	38.34	4.73	0.12	0.01		
Ⅱ温性草原类	2.39	86.78	2.39	86.78				
白刺花、细裂叶莲蒿	2.39	86.78	2.39	86.78				
Ⅺ暖性灌草丛类	2.05	100.00	2.05	100.00				
具灌木的禾草	2.05	100.00	2.05	100.00				
ⅩⅣ低地草甸类	14.27	83.04	14.27	83.04				
（Ⅱ）低地沼泽化草甸亚类	14.27	83.04	14.27	83.04				
芒尖苔草、蕨麻委陵菜	14.27	83.04	14.27	83.04				
ⅩⅤ山地草甸类	6.85	10.53	6.85	10.53				
（Ⅰ）山地草甸亚类	2.48	90.60	2.48	90.60				
中亚早熟禾、苔草	2.48	91.95	2.48	91.95				
黑穗画眉草、林芝苔草								
（Ⅱ）亚高山草甸亚类	4.37	7.01	4.37	7.01				
具灌木的矮生嵩草	4.37	7.01	4.37	7.01				
ⅩⅥ高寒草甸类	12.90	1.78	12.78	1.77	0.12	0.02		
（Ⅰ）高寒草甸亚类	12.70	1.75	12.58	1.74	0.12	0.02		
高山嵩草、杂类草	2.32	0.61	2.32	0.61				
圆穗蓼、高山嵩草	0.50	1.39	0.39	1.07	0.12	0.32		
具灌木的高山嵩草	4.77	20.07	4.77	20.07				
雪层杜鹃、高山嵩草	5.11	1.79	5.11	1.79				
（Ⅲ）高寒沼泽化草甸亚类	0.20	66.94	0.20	66.94				
西藏嵩草	0.20	66.94	0.20	66.94				

(续)

草原类(亚类)、型	其中								
	退化草原			沙化草原			盐渍化		
	轻度退化	中度退化	重度退化	轻度沙化	中度沙化	重度沙化	轻度盐渍化	中度盐渍化	重度盐渍化
合计	38.34	0.12							
Ⅱ温性草原类	2.39								
白刺花、细裂叶莲蒿	2.39								
Ⅺ暖性灌草丛类	2.05								
具灌木的禾草	2.05								
ⅩⅣ低地草甸类	14.27								
(Ⅱ)低地沼泽化草甸亚类	14.27								
芒尖苔草、蕨麻委陵菜	14.27								
ⅩⅤ山地草甸类	6.85								
(Ⅰ)山地草甸亚类	2.48								
中亚早熟禾、苔草	2.48								
黑穗画眉草、林芝苔草									
(Ⅱ)亚高山草甸亚类	4.37								
具灌木的矮生嵩草	4.37								
ⅩⅥ高寒草甸类	12.78	0.12							
(Ⅰ)高寒草甸亚类	12.58	0.12							
高山嵩草、杂类草	2.32								
圆穗蓼、高山嵩草	0.39	0.12							
具灌木的高山嵩草	4.77								
雪层杜鹃、高山嵩草	5.11								
(Ⅲ)高寒沼泽化草甸亚类	0.20								
西藏嵩草	0.20								

5. 波密县草原退化（含沙化、盐渍化）分级统计表

单位：万亩、％

草原类（亚类）、型	退化草原		轻度退化		中度退化		重度退化	
	面积	占草原面积	面积	占草原面积	面积	占草原面积	面积	占草原面积
合计	17.41	3.07	15.34	2.71	2.06	0.36		
Ⅰ温性草甸草原类	3.56	49.78	3.56	49.78				
细裂叶莲蒿、禾草	3.56	56.57	3.56	56.57				
金露梅、细裂叶莲蒿								
Ⅹ暖性草丛类	3.70	82.11	3.27	72.48	0.43	9.62		
细裂叶莲蒿	3.70	82.11	3.27	72.48	0.43	9.62		
Ⅺ暖性灌草丛类	0.94	84.19	0.94	84.19				
白刺花、禾草	0.87	83.09	0.87	83.09				
具灌木的禾草	0.07	100.00	0.07	100.00				
Ⅻ热性草丛类	4.29	85.91	4.00	80.15	0.29	5.76		
白茅	0.21	94.45	0.21	94.45				
蕨、白茅	4.08	85.52	3.79	79.49	0.29	6.03		
ⅩⅣ低地草甸类								
（Ⅱ）低地沼泽化草甸亚类								
芒尖苔草、蕨麻委陵菜								
ⅩⅤ山地草甸类	2.05	71.21	0.71	24.56	1.34	46.65		
（Ⅰ）山地草甸亚类	1.67	85.01	0.33	16.74	1.34	68.27		
黑穗画眉草、林芝苔草	1.67	85.01	0.33	16.74	1.34	68.27		
（Ⅱ）亚高山草甸亚类	0.38	41.42	0.38	41.42				
矮生蒿草、杂类草	0.38	80.52	0.38	80.52				
圆穗蓼、矮生蒿草								
ⅩⅥ高寒草甸类	2.87	0.53	2.87	0.53				
（Ⅰ）高寒草甸亚类	2.87	0.53	2.87	0.53				
高山蒿草、杂类草	0.04	0.01	0.04	0.01				
圆穗蓼、高山蒿草	0.77	0.65	0.77	0.65				
金露梅、高山蒿草								
雪层杜鹃、高山蒿草	2.06	1.97	2.06	1.97				

（续）

草原类(亚类)、型	其 中								
	退化草原			沙化草原			盐渍化		
	轻度退化	中度退化	重度退化	轻度沙化	中度沙化	重度沙化	轻度盐渍化	中度盐渍化	重度盐渍化
合计	15.34	2.06							
Ⅰ温性草甸草原类	3.56								
细裂叶莲蒿、禾草	3.56								
金露梅、细裂叶莲蒿									
Ⅹ暖性草丛类	3.27	0.43							
细裂叶莲蒿	3.27	0.43							
Ⅺ暖性灌草丛类	0.94								
白刺花、禾草	0.87								
具灌木的禾草	0.07								
Ⅻ热性草丛类	4.00	0.29							
白茅	0.21								
蕨、白茅	3.79	0.29							
ⅩⅣ低地草甸类									
(Ⅱ)低地沼泽化草甸亚类									
芒尖苔草、蕨麻委陵菜									
ⅩⅤ山地草甸类	0.71	1.34							
(Ⅰ)山地草甸亚类	0.33	1.34							
黑穗画眉草、林芝苔草	0.33	1.34							
(Ⅱ)亚高山草甸亚类	0.38								
矮生嵩草、杂类草	0.38								
圆穗蓼、矮生嵩草									
ⅩⅥ高寒草甸类	2.87								
(Ⅰ)高寒草甸亚类	2.87								
高山嵩草、杂类草	0.04								
圆穗蓼、高山嵩草	0.77								
金露梅、高山嵩草									
雪层杜鹃、高山嵩草	2.06								

6. 察隅县草原退化(含沙化、盐渍化)分级统计表

单位：万亩、％

草原类(亚类)、型	退化草原		轻度退化		中度退化		重度退化	
	面积	占草原面积	面积	占草原面积	面积	占草原面积	面积	占草原面积
合计	78.79	7.36	78.79	7.36				
Ⅹ暖性草丛类	16.97	92.86	16.97	92.86				
细裂叶莲蒿	16.97	92.86	16.97	92.86				
Ⅺ暖性灌草丛类	15.78	99.13	15.78	99.13				
具灌木的禾草	3.89	100.00	3.89	100.00				
白刺花、禾草	11.89	98.85	11.89	98.85				
Ⅻ热性草丛类	5.45	39.86	5.45	39.86				
白茅								
蕨、白茅	5.45	75.18	5.45	75.18				
ⅩⅢ热性灌草丛类	30.70	98.02	30.70	98.02				
小马鞍叶羊蹄甲、扭黄茅	30.70	98.02	30.70	98.02				
ⅩⅤ山地草甸类	1.40	4.22	1.40	4.22				
（Ⅰ)山地草甸亚类	1.40	4.36	1.40	4.36				
圆穗蓼	1.40	7.68	1.40	7.68				
中亚早熟禾、苔草								
（Ⅱ)亚高山草甸亚类								
圆穗蓼、矮生嵩草								
ⅩⅥ高寒草甸类	8.49	0.89	8.49	0.89				
（Ⅰ)高寒草甸亚类	8.49	0.89	8.49	0.89				
高山嵩草、杂类草	4.79	0.69	4.79	0.69				
圆穗蓼、高山嵩草								
金露梅、高山嵩草								
雪层杜鹃、高山嵩草	3.70	1.44	3.70	1.44				
多花地杨梅								

（续）

草原类（亚类）、型	其中								
	退化草原			沙化草原			盐渍化		
	轻度退化	中度退化	重度退化	轻度沙化	中度沙化	重度沙化	轻度盐渍化	中度盐渍化	重度盐渍化
合计	78.79								
Ⅹ暖性草丛类	16.97								
细裂叶莲蒿	16.97								
Ⅺ暖性灌草丛类	15.78								
具灌木的禾草	3.89								
白刺花、禾草	11.89								
Ⅻ热性草丛类	5.45								
白茅									
蕨、白茅	5.45								
ⅩⅢ热性灌草丛类	30.70								
小马鞍叶羊蹄甲、扭黄茅	30.70								
ⅩⅤ山地草甸类	1.40								
（Ⅰ）山地草甸亚类	1.40								
圆穗蓼	1.40								
中亚早熟禾、苔草									
（Ⅱ）亚高山草甸亚类									
圆穗蓼、矮生嵩草									
ⅩⅥ高寒草甸类	8.49								
（Ⅰ）高寒草甸亚类	8.49								
高山嵩草、杂类草	4.79								
圆穗蓼、高山嵩草									
金露梅、高山嵩草									
雪层杜鹃、高山嵩草	3.70								
多花地杨梅									

7. 墨脱县草原退化（含沙化、盐渍化）分级统计表

单位:万亩、%

草原类(亚类)、型	退化草原		轻度退化		中度退化		重度退化	
	面积	占草原面积	面积	占草原面积	面积	占草原面积	面积	占草原面积
合计	0.20	0.18	0.20	0.18				
Ⅺ暖性灌草丛类	0.16	1.32	0.16	1.32				
白刺花、禾草	0.16	1.32	0.16	1.32				
Ⅻ热性草丛类	0.03	0.08	0.03	0.08				
白茅	0.03	0.09	0.03	0.09				
蕨、白茅								
ⅩⅤ山地草甸类								
(Ⅱ)亚高山草甸亚类								
具灌木的矮生嵩草								
ⅩⅥ高寒草甸类	0.01	0.02	0.01	0.02				
(Ⅰ)高寒草甸亚类	0.01	0.02	0.01	0.02				
高山嵩草、杂类草								
圆穗蓼、高山嵩草								
金露梅、高山嵩草	0.003	0.05	0.003	0.05				
雪层杜鹃、高山嵩草								
多花地杨梅	0.01	0.06	0.01	0.06				

（续）

草原类（亚类）、型	其 中								
	退化草原			沙化草原			盐渍化		
	轻度退化	中度退化	重度退化	轻度沙化	中度沙化	重度沙化	轻度盐渍化	中度盐渍化	重度盐渍化
合计	0.20								
XI暖性灌草丛类	0.16								
白刺花、禾草	0.16								
XII热性草丛类	0.03								
白茅	0.03								
蕨、白茅									
XV山地草甸类									
（II）亚高山草甸亚类									
具灌木的矮生嵩草									
XVI高寒草甸类	0.01								
（I）高寒草甸亚类	0.01								
高山嵩草、杂类草									
圆穗蓼、高山嵩草									
金露梅、高山嵩草	0.003								
雪层杜鹃、高山嵩草									
多花地杨梅	0.01								

第四部分

西藏自治区草原保护区资源统计资料

一、西藏自治区草原保护区资源统计表

万亩、千克/亩、万千克、万羊单位

草原类型	等级	草原面积	草原可利用面积	鲜草单产	鲜草总产	干草单产	干草总产	暖季总载畜量	冷季总载畜量	全年总载畜量
合　计		47 293.61	38 417.15	40.80	1 567 426.99	15.14	581 661.25	698.16	601.13	640.33
Ⅰ 温性草甸草原类		4.02	3.64	134.17	488.71	49.64	180.81	0.23	0.19	0.21
丝颖针茅	Ⅱ7	1.07	0.98	100.69	98.69	38.26	37.50	0.05	0.04	0.04
细裂叶莲蒿、禾草	Ⅲ6	2.95	2.66	146.49	390.02	53.83	143.31	0.18	0.15	0.17
Ⅱ 温性草原类		235.32	218.28	79.52	17 356.73	29.61	6 462.32	7.63	6.75	7.19
长芒草	Ⅲ6	10.44	10.23	155.45	1 590.85	59.06	604.44	0.74	0.72	0.73
固沙草	Ⅲ7	22.00	20.82	50.06	1 042.37	19.02	396.10	0.32	0.31	0.32
白草	Ⅲ8	34.95	33.25	24.10	801.32	9.11	302.73	0.37	0.29	0.33
草沙蚕	Ⅲ7	4.36	4.14	61.87	256.38	23.51	97.42	0.09	0.09	0.09
毛莲蒿	Ⅲ7	2.15	1.98	73.01	144.34	27.75	54.85	0.05	0.05	0.05
藏沙蒿	Ⅲ6	3.19	3.12	89.35	279.02	33.95	106.03	0.11	0.11	0.11
日喀则蒿	Ⅲ7	9.32	8.39	44.34	371.92	16.85	141.33	0.13	0.13	0.13
藏白蒿、中华草沙蚕	Ⅲ6	1.85	1.81	123.32	223.80	46.86	85.05	0.09	0.09	0.09
砂生槐、蒿、禾草	Ⅲ7	113.15	101.99	54.02	5 509.75	20.53	2 093.70	2.57	2.20	2.41
小叶野丁香、毛莲蒿	Ⅲ6	2.32	2.21	98.35	217.07	37.37	82.49	0.09	0.08	0.08
白刺花、细裂叶莲蒿	Ⅳ5	31.58	30.33	228.17	6 919.91	82.37	2 498.19	3.07	2.67	2.86
Ⅲ 温性荒漠草原类		137.53	112.77	71.15	8 024.11	27.04	3 049.16	3.63	3.16	3.32
沙生针茅、固沙草	Ⅲ8	0.09	0.07	23.55	1.69	8.95	0.64	0.00	0.00	0.00
变色锦鸡儿、沙生针茅	Ⅲ7	137.44	112.70	71.18	8 022.42	27.05	3 048.52	3.63	3.16	3.32
Ⅳ 高寒草甸草原类		1 144.73	1 009.40	45.63	46 056.96	17.07	17 232.17	21.74	18.41	19.64
紫花针茅、高山嵩草	Ⅱ8	517.03	454.86	44.92	20 432.97	16.63	7 565.34	9.62	8.08	8.60
丝颖针茅	Ⅱ7	129.62	121.79	59.00	7 185.81	22.34	2 720.47	3.36	2.91	3.14
青藏苔草、高山嵩草	Ⅲ8	223.83	183.02	36.57	6 692.83	13.90	2 543.27	3.27	2.72	2.91
金露梅、紫花针茅、高山嵩草	Ⅲ8	206.59	187.51	35.17	6 595.09	13.04	2 445.98	3.09	2.61	2.78
香柏、臭草	Ⅲ7	67.65	62.24	82.75	5 150.27	31.45	1 957.10	2.40	2.09	2.21
Ⅴ 高寒草原类		27 223.94	21 468.83	23.34	501 097.95	8.84	189 783.93	230.37	199.93	211.36
紫花针茅	Ⅱ8	6 929.51	5 772.17	19.83	114 434.74	7.49	43 229.42	53.09	46.08	48.47

(续)

草原类型	等级	草原面积	草原可利用面积	鲜草单产	鲜草总产	干草单产	干草总产	暖季总载畜量	冷季总载畜量	全年总载畜量
紫花针茅、青藏苔草	Ⅲ8	8 631.91	7 035.40	16.72	117 642.29	6.34	44 574.79	54.74	47.52	50.17
紫花针茅、杂类草	Ⅱ8	1 119.70	935.02	28.99	27 105.34	10.89	10 178.31	12.50	10.79	11.46
昆仑针茅	Ⅱ8	17.24	16.75	39.85	667.57	15.14	253.68	0.31	0.27	0.30
羽柱针茅	Ⅲ8	712.37	560.45	23.74	13 304.16	8.97	5 024.57	6.17	5.36	5.63
固沙草、紫花针茅	Ⅲ8	552.09	508.73	43.62	22 192.24	16.58	8 433.05	8.28	7.20	7.85
黑穗画眉草、羽柱针茅	Ⅱ7	2.40	2.35	67.93	159.63	25.81	60.66	0.07	0.06	0.07
青藏苔草	Ⅲ8	6 765.80	4 532.23	24.55	111 261.64	9.33	42 278.83	51.92	45.17	47.55
藏沙蒿、紫花针茅	Ⅲ8	265.05	222.65	36.43	8 110.45	13.75	3 062.35	3.76	3.25	3.43
藏沙蒿、青藏苔草	Ⅲ7	21.62	21.18	87.51	1 853.84	33.25	704.46	0.67	0.58	0.63
藏白蒿、禾草	Ⅲ6	72.78	69.62	108.02	7 520.41	41.05	2 857.76	3.07	2.65	2.90
冻原白蒿	Ⅲ8	21.00	18.72	40.13	751.33	15.10	282.67	0.35	0.30	0.32
垫型蒿、紫花针茅	Ⅲ8	1 341.96	1 100.41	37.98	41 791.35	14.43	15 877.45	19.50	16.96	17.85
青海刺参、紫花针茅	Ⅲ7	69.07	63.54	70.06	4 452.04	25.57	1 624.99	2.00	1.71	1.79
鬼箭锦鸡儿、藏沙蒿	Ⅲ8	0.11	0.10	39.74	4.01	15.10	1.52	0.002	0.002	0.002
变色锦鸡儿、紫花针茅	Ⅱ8	128.28	106.86	32.40	3 461.90	12.31	1 315.52	1.62	1.40	1.48
小叶金露梅、紫花针茅	Ⅱ7	514.60	447.12	50.58	22 616.51	19.22	8 591.86	10.55	9.12	9.80
香柏、藏沙蒿	Ⅲ7	58.45	55.53	67.87	3 768.51	25.79	1 432.03	1.76	1.51	1.67
Ⅵ高寒荒漠草原类		7 179.12	5 342.72	16.74	89 428.49	6.36	33 982.83	22.48	25.14	24.05
沙生针茅	Ⅲ8	854.32	702.33	23.76	16 689.44	9.03	6 341.99	4.19	4.69	4.49
戈壁针茅	Ⅱ8	201.81	166.04	20.31	3 371.56	7.72	1 281.19	0.86	0.95	0.91
青藏苔草、垫状驼绒藜	Ⅲ8	5 623.37	4 109.16	14.24	58 512.30	5.41	22 234.67	14.70	16.45	15.73
垫状驼绒藜、昆仑针茅	Ⅲ8	280.25	204.79	32.93	6 743.41	12.51	2 562.50	1.69	1.90	1.81
变色锦鸡儿、驼绒藜、沙生针茅	Ⅲ8	219.37	160.41	25.63	4 111.77	9.74	1 562.47	1.03	1.16	1.11
Ⅶ温性草原化荒漠类		138.61	102.70	19.55	2 007.88	7.43	762.99	0.72	0.63	0.66
灌木亚菊、驼绒藜、沙生针茅	Ⅳ8	138.61	102.70	19.55	2 007.88	7.43	762.99	0.72	0.63	0.66
Ⅷ温性荒漠类		42.21	35.72	17.28	617.38	6.57	234.61	0.21	0.19	0.19
驼绒藜、灌木亚菊	Ⅲ8	35.38	30.34	18.12	549.90	6.89	208.96	0.19	0.16	0.17

（续）

草原类型	等级	草原面积	草原可利用面积	鲜草单产	鲜草总产	干草单产	干草总产	暖季总载畜量	冷季总载畜量	全年总载畜量
灌木亚菊	Ⅲ8	6.84	5.38	12.55	67.48	4.77	25.64	0.02	0.02	0.02
Ⅸ高寒荒漠类		2 594.39	2 252.56	18.48	41 637.51	7.02	15 822.25	1.49	0.26	0.38
垫状驼绒藜	Ⅲ8	2 567.80	2 229.48	18.45	41 137.11	7.01	15 632.10	1.48	0.26	0.38
高原芥、燥原荠	Ⅳ8	26.58	23.08	21.68	500.39	8.24	190.15	0.02	0.00	0.00
Ⅹ暖性草丛类		4.10	3.94	122.00	480.46	36.60	144.14	0.18	0.15	0.17
黑穗画眉草	Ⅱ7	3.62	3.48	103.77	361.08	31.13	108.33	0.13	0.12	0.13
细裂叶莲蒿	Ⅲ5	0.48	0.46	260.19	119.38	78.06	35.81	0.04	0.04	0.04
Ⅺ暖性灌草丛类		21.62	20.60	293.29	6 040.75	95.47	1 966.45	2.50	2.17	2.33
白刺花、禾草	Ⅱ3	5.74	5.40	473.15	2 556.16	170.49	921.08	1.22	0.98	1.09
具灌木的禾草	Ⅲ5	15.88	15.19	229.34	3 484.58	68.80	1 045.37	1.28	1.18	1.24
Ⅻ热性草丛类		4.78	4.68	403.10	1 888.43	120.93	566.53	0.70	0.61	0.65
白茅	Ⅲ3	0.01	0.01	529.23	3.70	158.77	1.11	0.001	0.001	0.001
蕨、白茅	Ⅳ4	4.77	4.68	402.91	1 884.73	120.87	565.42	0.69	0.60	0.65
ⅩⅣ低地草甸类		41.31	39.84	210.33	8 380.08	68.60	2 733.42	3.36	3.09	3.25
（Ⅰ）低湿地草甸亚类		21.80	20.96	119.60	2 506.69	45.45	952.54	1.17	1.02	1.10
无脉苔草、蕨麻委陵菜	Ⅱ6	20.34	19.54	127.07	2 483.20	48.29	943.62	1.16	1.01	1.09
秀丽水柏枝、赖草	Ⅲ8	1.46	1.42	16.58	23.49	6.30	8.93	0.01	0.01	0.01
（Ⅱ）低地盐化草甸亚类		3.56	3.27	42.07	137.49	15.99	52.24	0.06	0.06	0.06
芦苇、赖草	Ⅲ8	3.56	3.27	42.07	137.49	15.99	52.24	0.06	0.06	0.06
（Ⅲ）低地沼泽化草甸亚类		15.95	15.62	367.29	5 735.90	110.69	1 728.63	2.13	2.02	2.09
芒尖苔草、蕨麻委陵菜	Ⅱ4	15.95	15.62	367.29	5 735.90	110.69	1 728.63	2.13	2.02	2.09
ⅩⅤ山地草甸类		67.89	65.53	234.93	15 395.20	77.37	5 070.15	6.52	5.59	6.04
（Ⅰ）山地草甸亚类		21.63	21.13	289.85	6 125.78	87.12	1 841.22	2.37	2.09	2.25
中亚早熟禾、苔草	Ⅱ5	14.96	14.60	329.03	4 802.87	98.95	1 444.34	1.86	1.66	1.78
圆穗蓼	Ⅱ6	6.67	6.54	202.37	1 322.91	60.71	396.87	0.51	0.42	0.47
（Ⅱ）亚高山草甸亚类		46.26	44.40	208.78	9 269.42	72.73	3 228.93	4.15	3.50	3.78
矮生嵩草、杂类草	Ⅱ6	5.69	5.58	173.11	965.58	62.93	351.04	0.45	0.38	0.41

（续）

草原类型	等级	草原面积	草原可利用面积	鲜草单产	鲜草总产	干草单产	干草总产	暖季总载畜量	冷季总载畜量	全年总载畜量
圆穗蓼、矮生嵩草	Ⅱ4	0.50	0.49	280.25	137.24	101.45	49.68	0.06	0.05	0.06
垂穗披碱草	Ⅱ7	3.75	3.67	53.49	196.48	19.45	71.43	0.09	0.08	0.08
具灌木的矮生嵩草	Ⅱ5	36.32	34.66	229.98	7 970.12	79.55	2 756.77	3.54	2.99	3.23
ⅩⅥ高寒草甸类		8 450.02	7 733.19	106.99	827 370.72	39.21	303 230.76	395.95	334.46	360.46
（Ⅰ）高寒草甸亚类		4 651.54	4 478.95	93.38	418 248.83	33.09	148 227.39	196.05	161.84	177.85
高山嵩草	Ⅱ7	495.25	420.26	63.17	26 548.08	24.00	10 088.27	13.34	11.24	12.00
高山嵩草、异针茅	Ⅱ7	180.97	177.35	71.51	12 682.38	26.16	4 639.40	6.14	4.97	5.28
高山嵩草、杂类草	Ⅱ7	1 835.01	1 798.31	84.38	151 749.22	31.00	55 752.10	73.74	59.91	66.43
高山嵩草、青藏苔草	Ⅲ7	672.87	653.66	79.77	52 139.58	30.11	19 681.81	26.03	21.03	23.46
圆穗蓼、高山嵩草	Ⅱ6	328.23	320.98	118.76	38 120.97	38.25	12 277.89	16.24	13.84	15.03
高山嵩草、矮生嵩草	Ⅱ6	258.58	253.41	95.60	24 225.03	35.13	8 903.37	11.78	9.54	10.28
矮生嵩草、青藏苔草	Ⅲ7	50.52	49.12	87.28	4 287.22	32.51	1 597.05	2.11	1.73	1.88
高山早熟禾	Ⅰ5	0.52	0.51	227.13	115.05	84.04	42.57	0.06	0.05	0.05
多花地杨梅	Ⅳ6	14.88	13.98	157.95	2 208.53	47.38	662.56	0.88	0.71	0.83
具锦鸡儿的高山嵩草	Ⅲ6	0.31	0.31	98.21	30.15	37.32	11.46	0.02	0.01	0.01
金露梅、高山嵩草	Ⅲ6	176.90	168.94	128.83	21 765.39	48.35	8 168.74	10.80	8.74	9.81
香柏、高山嵩草	Ⅲ5	7.66	7.51	201.78	1 515.53	74.66	560.74	0.74	0.62	0.66
雪层杜鹃、高山嵩草	Ⅲ6	597.03	582.45	135.97	79 195.95	41.98	24 448.98	32.34	27.96	30.51
具灌木的高山嵩草	Ⅲ6	32.82	32.16	113.99	3 665.77	43.30	1 392.46	1.84	1.49	1.62
（Ⅱ）高寒盐化草甸亚类		1 332.99	1 117.51	41.41	46 274.10	15.71	17 560.79	18.25	15.88	16.70
喜马拉雅碱茅	Ⅱ8	354.61	303.33	23.52	7 132.98	8.86	2 687.16	2.79	2.43	2.55
匍匐水柏枝、青藏苔草	Ⅲ8	106.19	88.38	16.25	1 435.95	6.17	545.66	0.57	0.49	0.52
赖草、青藏苔草、碱蓬	Ⅱ7	872.19	725.81	51.95	37 705.18	19.74	14 327.97	14.89	12.95	13.63
（Ⅲ）高寒沼泽化草甸亚类		2 465.49	2 136.73	169.81	362 847.78	64.32	137 442.59	181.65	156.73	165.90
藏北嵩草	Ⅱ5	1 829.06	1 568.40	211.50	331 712.83	80.21	125 798.95	166.39	143.65	151.99
西藏嵩草	Ⅱ7	47.41	43.09	64.54	2 780.82	21.15	911.17	1.07	1.02	1.01
藏西嵩草	Ⅱ6	108.39	91.55	145.74	13 342.37	55.38	5 070.10	6.71	5.83	6.14

（续）

草原类型	等级	草原面积	草原可利用面积	鲜草单产	鲜草总产	干草单产	干草总产	暖季总载畜量	冷季总载畜量	全年总载畜量
川滇嵩草	Ⅲ5	20.37	18.54	227.12	4 210.80	86.31	1 600.10	2.12	1.71	1.95
华扁穗草	Ⅱ8	460.24	415.16	26.02	10 800.96	9.78	4 062.26	5.37	4.52	4.82
ⅩⅧ沼泽类		4.01	2.74	421.03	1 155.65	159.84	438.72	0.46	0.40	0.42
水麦冬	Ⅲ5	1.55	0.98	227.01	223.00	85.84	84.32	0.09	0.08	0.08
芒尖苔草	Ⅲ2	2.46	1.76	529.16	932.65	201.08	354.41	0.37	0.32	0.34

1. 羌塘国家级草原保护区资源统计表

万亩、千克/亩、万千克、万羊单位

草原类型	等级	草原面积	草原可利用面积	鲜草单产	鲜草总产	干草单产	干草总产	暖季总载畜量	冷季总载畜量	全年总载畜量
合 计		38 336.86	30 043.48	30.88	927 876.54	11.74	352 593.08	404.89	356.26	372.83
Ⅲ温性荒漠草原类		137.53	112.77	71.15	8 024.11	27.04	3 049.16	3.63	3.16	3.32
沙生针茅、固沙草	Ⅲ8	0.09	0.07	23.55	1.69	8.95	0.64	0.00	0.00	0.00
变色锦鸡儿、沙生针茅	Ⅲ7	137.44	112.70	71.18	8 022.42	27.05	3 048.52	3.63	3.16	3.32
Ⅳ高寒草甸草原类		294.97	242.61	37.79	9 168.61	14.36	3 484.07	4.48	3.72	3.98
紫花针茅、高山嵩草	Ⅱ8	72.43	60.12	41.54	2 497.30	15.79	948.97	1.22	1.01	1.08
青藏苔草、高山嵩草	Ⅲ8	221.40	181.55	36.67	6 657.17	13.93	2 529.73	3.25	2.70	2.89
金露梅、紫花针茅、高山嵩草	Ⅲ8	1.14	0.95	14.93	14.13	5.67	5.37	0.01	0.01	0.01
Ⅴ高寒草原类		24 382.99	18 939.81	20.81	394 206.88	7.91	149 798.61	183.98	160.06	168.46
紫花针茅	Ⅲ8	6 270.80	5 204.76	18.22	94 846.63	6.92	36 041.72	44.26	38.51	40.53
紫花针茅、青藏苔草	Ⅱ8	8 047.58	6 518.54	15.39	100 331.29	5.85	38 125.89	46.82	40.74	42.88
紫花针茅、杂类草	Ⅱ8	583.04	478.09	26.33	12 586.97	10.00	4 783.05	5.87	5.11	5.38
昆仑针茅	Ⅱ8	0.26	0.21	10.78	2.26	4.10	0.86	0.001	0.001	0.001
羽柱针茅	Ⅲ8	641.33	501.19	22.42	11 236.79	8.52	4 269.98	5.24	4.56	4.80
固沙草、紫花针茅	Ⅲ8	118.13	96.47	25.29	2 439.94	9.61	927.18	1.14	0.99	1.04
青藏苔草	Ⅲ8	6 763.57	4 530.48	24.55	111 221.34	9.33	42 264.11	51.91	45.16	47.53
藏沙蒿、紫花针茅	Ⅲ8	200.34	166.73	26.34	4 391.69	10.01	1 668.84	2.05	1.78	1.88
冻原白蒿	Ⅲ8	13.80	12.28	36.19	444.58	13.75	168.94	0.21	0.18	0.19
垫型蒿、紫花针茅	Ⅲ8	1 318.40	1 081.09	38.46	41 574.00	14.61	15 798.12	19.40	16.88	17.77
变色锦鸡儿、紫花针茅	Ⅱ8	107.67	88.52	30.42	2 693.02	11.56	1 023.35	1.26	1.09	1.15
小叶金露梅、紫花针茅	Ⅱ7	318.05	261.46	47.57	12 438.37	18.08	4 726.58	5.80	5.05	5.32
Ⅵ高寒荒漠草原类		7 172.76	5 337.43	16.72	89 258.55	6.35	33 918.25	22.43	25.09	24.00
沙生针茅	Ⅲ8	853.06	701.27	23.77	16 666.75	9.03	6 333.36	4.19	4.68	4.48
戈壁针茅	Ⅱ8	198.92	163.53	20.28	3 316.73	7.71	1 260.36	0.83	0.93	0.89
青藏苔草、垫状驼绒藜	Ⅲ8	5 623.37	4 109.16	14.24	58 512.30	5.41	22 234.67	14.70	16.45	15.73
垫状驼绒藜、昆仑针茅	Ⅲ8	280.25	204.79	32.93	6 743.41	12.51	2 562.50	1.69	1.90	1.81
变色锦鸡儿、驼绒藜、沙生针茅	Ⅲ8	217.16	158.68	25.33	4 019.35	9.63	1 527.35	1.01	1.13	1.08

（续）

草原类型	等级	草原面积	草原可利用面积	鲜草单产	鲜草总产	干草单产	干草总产	暖季总载畜量	冷季总载畜量	全年总载畜量
Ⅶ温性草原化荒漠类		138.61	102.70	19.55	2 007.88	7.43	762.99	0.72	0.63	0.66
灌木亚菊、驼绒藜、沙生针茅	Ⅳ8	138.61	102.70	19.55	2 007.88	7.43	762.99	0.72	0.63	0.66
Ⅷ温性荒漠类		33.55	28.30	17.08	483.34	6.49	183.67	0.17	0.14	0.15
驼绒藜、灌木亚菊	Ⅲ8	26.82	23.00	18.12	416.89	6.89	158.42	0.14	0.12	0.13
灌木亚菊	Ⅲ8	6.73	5.30	12.55	66.45	4.77	25.25	0.02	0.02	0.02
Ⅸ高寒荒漠类		2 592.85	2 251.23	18.48	41 612.95	7.02	15 812.92	1.49	0.26	0.38
垫状驼绒藜	Ⅲ8	2 566.27	2 228.15	18.45	41 112.56	7.01	15 622.77	1.48	0.26	0.38
高原芥、燥原荠	Ⅳ8	26.58	23.08	21.68	500.39	8.24	190.15	0.02	0.00	0.00
ⅩⅣ低地草甸类		0.09	0.09	49.48	4.34	18.80	1.65	0.002	0.002	0.002
（Ⅰ）低湿地草甸亚类		0.09	0.09	49.48	4.34	18.80	1.65	0.002	0.002	0.002
秀丽水柏枝、赖草	Ⅲ7	0.09	0.09	49.48	4.34	18.80	1.65	0.00	0.00	0.00
ⅩⅥ高寒草甸类		3 583.12	3 028.27	126.46	382 962.18	48.06	145 525.63	187.94	163.15	171.82
（Ⅰ）高寒草甸亚类		546.31	469.41	61.05	28 655.77	23.20	10 889.19	14.40	12.17	12.94
高山嵩草	Ⅱ7	472.90	398.36	61.72	24 586.84	23.45	9 343.00	12.36	10.44	11.10
高山嵩草、异针茅	Ⅱ7	9.97	9.77	70.23	686.02	26.69	260.69	0.34	0.29	0.31
高山嵩草、杂类草	Ⅱ7	28.89	28.31	54.41	1 540.23	20.67	585.29	0.77	0.65	0.70
高山嵩草、矮生嵩草	Ⅱ7	28.97	28.39	51.88	1 472.66	19.71	559.61	0.74	0.63	0.67
金露梅、高山嵩草	Ⅲ7	5.58	4.59	80.67	370.02	30.65	140.61	0.19	0.16	0.17
（Ⅱ）高寒盐化草甸亚类		1 175.90	971.97	43.33	42 117.10	16.47	16 004.50	16.63	14.47	15.23
喜马拉雅碱茅	Ⅱ8	262.10	212.80	26.11	5 557.23	9.92	2 111.75	2.19	1.91	2.01
匍匐水柏枝、青藏苔草	Ⅲ8	106.19	88.38	16.25	1 435.95	6.17	545.66	0.57	0.49	0.52
赖草、青藏苔草、碱蓬	Ⅱ7	807.61	670.79	52.36	35 123.92	19.90	13 347.09	13.87	12.07	12.70
（Ⅲ）高寒沼泽化草甸亚类		1 860.91	1 586.89	196.73	312 189.31	74.76	118 631.94	156.91	136.51	143.65
藏北嵩草	Ⅱ5	1 430.57	1 205.07	243.90	293 912.35	92.68	111 686.69	147.72	128.52	135.26
藏西嵩草	Ⅱ6	95.15	80.15	155.79	12 486.60	59.20	4 744.91	6.28	5.46	5.75
华扁穗草	Ⅱ8	335.19	301.67	19.19	5 790.35	7.29	2 200.33	2.91	2.53	2.65
ⅩⅧ沼泽类		0.39	0.28	529.16	147.70	201.08	56.13	0.06	0.05	0.05

（续）

草原类型	等级	草原面积	草原可利用面积	鲜草单产	鲜草总产	干草单产	干草总产	暖季总载畜量	冷季总载畜量	全年总载畜量
芒尖苔草	Ⅲ2	0.39	0.28	529.16	147.70	201.08	56.13	0.06	0.05	0.05

2. 色林错黑颈鹤国家级草原保护区资源统计表

万亩、千克/亩、万千克、万羊单位

草原类型	等级	草原面积	草原可利用面积	鲜草单产	鲜草总产	干草单产	干草总产	暖季总载畜量	冷季总载畜量	全年总载畜量
合 计		2 345.33	2 035.13	34.12	69 433.84	12.45	25 343.35	32.29	26.82	28.20
Ⅳ高寒草甸草原类		246.10	204.00	25.89	5 280.91	9.45	1 927.53	2.48	2.06	2.17
紫花针茅、高山嵩草	Ⅱ8	197.90	164.25	26.65	4 378.08	9.73	1 598.00	2.05	1.71	1.80
丝颖针茅	Ⅱ8	26.85	22.02	30.70	675.96	11.21	246.72	0.32	0.26	0.28
金露梅、紫花针茅、高山嵩草	Ⅲ8	21.36	17.73	12.80	226.88	4.67	82.81	0.11	0.09	0.09
Ⅴ高寒草原类		1 299.87	1 069.05	27.60	29 510.30	10.08	10 771.26	13.23	11.33	11.82
紫花针茅	Ⅲ8	439.38	364.68	28.68	10 459.39	10.47	3 817.68	4.69	4.02	4.19
紫花针茅、青藏苔草	Ⅲ8	318.68	258.13	31.13	8 035.79	11.36	2 933.06	3.60	3.09	3.22
紫花针茅、杂类草	Ⅱ8	391.91	321.36	21.79	7 003.20	7.95	2 556.17	3.14	2.69	2.81
羽柱针茅	Ⅲ8	63.62	52.81	34.70	1 832.24	12.66	668.77	0.82	0.70	0.73
青藏苔草	Ⅲ8	2.17	1.71	22.92	39.28	8.36	14.34	0.02	0.02	0.02
藏沙蒿、紫花针茅	Ⅲ8	43.02	35.70	32.33	1 154.28	11.80	421.31	0.52	0.44	0.46
垫型蒿、紫花针茅	Ⅲ8	23.56	19.32	11.25	217.35	4.11	79.33	0.10	0.08	0.09
青海刺参、紫花针茅	Ⅲ7	9.43	8.67	70.06	607.73	25.57	221.82	0.27	0.23	0.24
小叶金露梅、紫花针茅	Ⅱ8	8.11	6.65	24.22	161.04	8.84	58.78	0.07	0.06	0.06
ⅩⅤ山地草甸类		3.58	3.50	29.37	102.91	10.72	37.56	0.05	0.04	0.04
（Ⅱ）亚高山草甸亚类		3.58	3.50	29.37	102.91	10.72	37.56	0.05	0.04	0.04
垂穗披碱草	Ⅲ8	3.58	3.50	29.37	102.91	10.72	37.56	0.05	0.04	0.04
ⅩⅥ高寒草甸类		795.78	758.58	45.53	34 539.71	16.62	12 606.99	16.53	13.39	14.17
（Ⅰ）高寒草甸亚类		446.53	437.60	64.57	28 258.04	23.57	10 314.18	13.64	11.02	11.67
高山嵩草、异针茅	Ⅱ7	124.71	122.21	64.81	7 920.49	23.66	2 890.98	3.82	3.09	3.27
高山嵩草、杂类草	Ⅲ8	158.43	155.26	23.68	3 676.48	8.64	1 341.92	1.77	1.43	1.52
高山嵩草、青藏苔草	Ⅲ6	29.41	28.83	145.67	4 199.15	53.17	1 532.69	2.03	1.64	1.73
圆穗蓼、高山嵩草	Ⅱ6	0.45	0.44	95.96	42.21	35.02	15.41	0.02	0.02	0.02
高山嵩草、矮生嵩草	Ⅱ6	128.28	125.71	92.43	11 619.77	33.74	4 241.21	5.61	4.53	4.80
矮生嵩草、青藏苔草	Ⅱ5	3.06	3.00	254.74	763.81	92.98	278.79	0.37	0.30	0.32
金露梅、高山嵩草	Ⅲ8	2.19	2.15	16.80	36.13	6.13	13.19	0.02	0.01	0.01

（续）

草原类型	等级	草原面积	草原可利用面积	鲜草单产	鲜草总产	干草单产	干草总产	暖季总载畜量	冷季总载畜量	全年总载畜量
（Ⅱ）高寒盐化草甸亚类		83.21	81.55	16.81	1 370.50	6.13	500.23	0.52	0.45	0.47
喜马拉雅碱茅	Ⅱ 8	83.21	81.55	16.81	1 370.50	6.13	500.23	0.52	0.45	0.47
（Ⅲ）高寒沼泽化草甸亚类		266.03	239.43	20.51	4 911.18	7.49	1 792.58	2.37	1.92	2.03
藏北嵩草	Ⅱ 8	136.93	123.24	19.73	2 431.22	7.20	887.39	1.17	0.95	1.00
西藏嵩草	Ⅱ 8	41.84	37.65	30.09	1 132.82	10.98	413.48	0.55	0.44	0.47
华扁穗草	Ⅱ 8	87.26	78.54	17.15	1 347.14	6.26	491.71	0.65	0.53	0.56

3. 珠穆朗玛峰国家级草原保护区资源统计表

万亩、千克/亩、万千克、万羊单位

草原类型	等级	草原面积	草原可利用面积	鲜草单产	鲜草总产	干草单产	干草总产	暖季总载畜量	冷季总载畜量	全年总载畜量
合 计		3 172.43	3 061.82	76.16	233 174.42	28.94	88 606.28	111.90	92.03	102.99
Ⅰ温性草甸草原类		3.42	3.10	128.19	397.11	48.71	150.90	0.19	0.16	0.18
丝颖针茅	Ⅱ6	0.83	0.76	89.86	68.34	34.15	25.97	0.03	0.03	0.03
细裂叶莲蒿、禾草	Ⅲ6	2.60	2.34	140.66	328.77	53.45	124.93	0.16	0.13	0.15
Ⅱ温性草原类		45.57	41.80	53.50	2 236.17	20.33	849.74	0.89	0.79	0.85
固沙草	Ⅲ8	18.58	17.47	35.59	621.56	13.52	236.19	0.16	0.15	0.15
毛莲蒿	Ⅲ7	2.07	1.90	72.82	138.66	27.67	52.69	0.05	0.05	0.05
砂生槐、蒿、禾草	Ⅲ7	24.92	22.43	65.80	1 475.94	25.01	560.86	0.69	0.59	0.64
Ⅳ高寒草甸草原类		170.33	165.06	65.17	10 756.25	24.76	4 087.38	5.02	4.37	4.73
紫花针茅、高山嵩草	Ⅱ7	45.32	44.42	81.16	3 604.82	30.84	1 369.83	1.68	1.46	1.59
丝颖针茅	Ⅱ7	94.31	91.48	62.96	5 759.12	23.92	2 188.47	2.69	2.34	2.53
金露梅、紫花针茅、高山嵩草	Ⅲ7	30.70	29.16	47.74	1 392.31	18.14	529.08	0.65	0.57	0.61
Ⅴ高寒草原类		1 078.95	1 033.31	50.18	51 851.72	19.07	19 703.65	21.48	18.53	20.41
紫花针茅、青藏苔草	Ⅲ8	245.21	240.31	34.91	8 389.58	13.27	3 188.04	3.92	3.35	3.71
紫花针茅、杂类草	Ⅱ7	95.88	91.08	60.61	5 520.70	23.03	2 097.87	2.58	2.21	2.44
昆仑针茅	Ⅱ8	16.42	16.10	41.04	660.51	15.59	250.99	0.31	0.26	0.29
固沙草、紫花针茅	Ⅳ7	424.99	403.74	47.71	19 264.32	18.13	7 320.44	6.92	6.02	6.59
藏沙蒿、青藏苔草	Ⅲ7	21.58	21.15	87.52	1 850.93	33.26	703.35	0.66	0.58	0.63
藏白蒿、禾草	Ⅴ6	47.75	45.84	89.21	4 089.26	33.90	1 553.92	1.47	1.28	1.40
冻原白蒿	Ⅳ7	0.20	0.18	67.76	12.42	25.75	4.72	0.01	0.005	0.01
变色锦鸡儿、紫花针茅	Ⅲ7	13.21	11.89	44.75	532.18	17.01	202.23	0.25	0.21	0.23
小叶金露梅、紫花针茅	Ⅲ7	157.88	149.98	53.05	7 957.32	20.16	3 023.78	3.71	3.18	3.52
香柏、藏沙蒿	Ⅲ7	55.82	53.03	67.40	3 574.50	25.61	1 358.31	1.67	1.43	1.58
ⅩⅣ低地草甸类		22.51	21.55	118.41	2 551.83	45.00	969.70	1.19	1.04	1.12
（Ⅰ）低湿地草甸亚类		19.59	18.81	128.97	2 425.43	49.01	921.66	1.13	0.98	1.07
无脉苔草、蕨麻委陵菜	Ⅱ6	19.59	18.81	128.97	2 425.43	49.01	921.66	1.13	0.98	1.07
（Ⅱ）低地盐化草甸亚类		2.92	2.74	46.06	126.41	17.50	48.03	0.06	0.05	0.06

(续)

草原类型	等级	草原面积	草原可利用面积	鲜草单产	鲜草总产	干草单产	干草总产	暖季总载畜量	冷季总载畜量	全年总载畜量
芦苇、赖草	Ⅲ7	2.92	2.74	46.06	126.41	17.50	48.03	0.06	0.05	0.06
ⅩⅤ山地草甸类		0.45	0.40	109.85	43.56	41.74	16.55	0.02	0.02	0.02
（Ⅰ）山地草甸亚类		0.45	0.40	109.85	43.56	41.74	16.55	0.02	0.02	0.02
中亚早熟禾、苔草	Ⅱ6	0.45	0.40	109.85	43.56	41.74	16.55	0.02	0.02	0.02
ⅩⅥ高寒草甸类		1 851.19	1 796.60	92.03	165 337.78	34.97	62 828.36	83.10	67.13	75.69
（Ⅰ）高寒草甸亚类		1 719.05	1 676.37	86.54	145 078.14	32.89	55 129.69	72.92	58.91	66.31
高山嵩草	Ⅲ6	4.25	4.17	102.72	428.34	39.03	162.77	0.22	0.17	0.20
高山嵩草、异针茅	Ⅱ7	0.40	0.39	58.82	23.22	22.35	8.82	0.01	0.01	0.01
高山嵩草、杂类草	Ⅲ6	966.06	946.74	89.89	85 105.64	34.16	32 340.14	42.77	34.56	38.89
高山嵩草、青藏苔草	Ⅱ7	561.03	544.20	77.57	42 215.80	29.48	16 042.00	21.22	17.14	19.29
高山嵩草、矮生嵩草	Ⅱ7	33.94	33.26	64.14	2 133.44	24.37	810.71	1.07	0.87	0.99
矮生嵩草、青藏苔草	Ⅲ8	37.73	36.60	38.61	1 413.01	14.67	536.94	0.71	0.57	0.65
金露梅、高山嵩草	Ⅲ6	115.62	111.00	123.95	13 758.69	47.10	5 228.30	6.92	5.59	6.29
（Ⅲ）高寒沼泽化草甸亚类		132.14	120.23	168.51	20 259.64	64.03	7 698.66	10.18	8.23	9.38
藏北嵩草	Ⅱ6	111.29	101.27	158.71	16 073.06	60.31	6 107.76	8.08	6.53	7.44
川滇嵩草	Ⅲ5	20.02	18.22	225.39	4 106.26	85.65	1 560.38	2.06	1.67	1.90
华扁穗草	Ⅱ6	0.83	0.74	108.41	80.32	41.20	30.52	0.04	0.03	0.04

4. 雅鲁藏布江中游河谷黑颈鹤国家级草原保护区资源统计表

万亩、千克/亩、万千克、万羊单位

草原类型	等级	草原面积	草原可利用面积	鲜草单产	鲜草总产	干草单产	干草总产	暖季总载畜量	冷季总载畜量	全年总载畜量
合 计		616.36	584.75	93.14	54 461.80	35.39	20 695.48	26.25	22.00	24.07
Ⅰ温性草甸草原类		0.24	0.22	138.21	30.35	52.52	11.53	0.01	0.01	0.01
丝颖针茅	Ⅱ6	0.24	0.22	138.21	30.35	52.52	11.53	0.01	0.01	0.01
Ⅱ温性草原类		156.67	144.68	55.39	8 014.44	21.05	3 045.49	3.58	3.21	3.41
长芒草	Ⅲ6	10.37	10.16	155.68	1 582.28	59.16	601.26	0.74	0.72	0.73
固沙草	Ⅲ6	3.42	3.35	125.47	420.80	47.68	159.90	0.17	0.16	0.16
白草	Ⅲ8	33.52	31.85	19.58	623.68	7.44	237.00	0.29	0.21	0.25
草沙蚕	Ⅲ7	4.36	4.14	61.87	256.38	23.51	97.42	0.09	0.09	0.09
毛莲蒿	Ⅲ7	0.08	0.07	78.16	5.68	29.70	2.16	0.002	0.002	0.002
藏沙蒿	Ⅲ7	3.19	3.12	89.35	279.02	33.95	106.03	0.11	0.11	0.11
日喀则蒿	Ⅲ7	9.32	8.39	44.34	371.92	16.85	141.33	0.13	0.13	0.13
砂生槐、蒿、禾草	Ⅲ6	1.85	1.81	123.32	223.80	46.86	85.05	0.09	0.09	0.09
砂生槐、蒿、禾草	Ⅲ7	88.23	79.57	50.70	4 033.81	19.27	1 532.85	1.88	1.61	1.76
小叶野丁香、毛莲蒿	Ⅲ6	2.32	2.21	98.35	217.07	37.37	82.49	0.09	0.08	0.08
Ⅳ高寒草甸草原类		91.63	85.26	88.71	7 563.77	33.71	2 874.23	3.53	3.07	3.26
紫花针茅、高山嵩草	Ⅱ7	7.57	7.42	65.26	484.14	24.80	183.97	0.23	0.20	0.21
丝颖针茅	Ⅱ6	8.46	8.29	90.53	750.72	34.40	285.28	0.35	0.30	0.33
金露梅、紫花针茅、高山嵩草	Ⅲ6	7.95	7.32	161.12	1 178.63	61.22	447.88	0.55	0.48	0.51
香柏、臭草	Ⅲ7	67.65	62.24	82.75	5 150.27	31.45	1 957.10	2.40	2.09	2.21
Ⅴ高寒草原类		124.28	118.97	89.12	10 603.02	33.87	4 029.15	4.95	4.24	4.60
紫花针茅	Ⅲ8	28.98	28.40	42.61	1 210.22	16.19	459.89	0.56	0.48	0.53
紫花针茅、杂类草	Ⅱ7	8.18	7.77	74.89	581.67	28.46	221.03	0.27	0.23	0.25
固沙草、紫花针茅	Ⅳ7	8.37	7.95	59.61	474.01	22.65	180.12	0.22	0.19	0.21
黑穗画眉草、羽柱针茅	Ⅱ7	2.40	2.35	67.93	159.63	25.81	60.66	0.07	0.06	0.07
藏沙蒿、紫花针茅	Ⅳ6	16.99	16.14	147.78	2 384.92	56.16	906.27	1.11	0.95	1.01
藏沙蒿、青藏苔草	Ⅲ7	0.04	0.04	79.34	2.91	30.15	1.11	0.001	0.001	0.001
藏白蒿、禾草	Ⅴ6	25.03	23.78	144.28	3 431.15	54.83	1 303.84	1.60	1.37	1.50

（续）

草原类型	等级	草原面积	草原可利用面积	鲜草单产	鲜草总产	干草单产	干草总产	暖季总载畜量	冷季总载畜量	全年总载畜量
冻原白蒿	Ⅳ6	1.11	1.02	102.55	104.72	38.97	39.79	0.05	0.04	0.05
小叶金露梅、紫花针茅	Ⅲ7	30.56	29.03	70.96	2 059.78	26.96	782.72	0.96	0.82	0.90
香柏、藏沙蒿	Ⅲ7	2.62	2.49	77.81	194.01	29.57	73.72	0.09	0.08	0.08
ⅩⅣ低地草甸类		1.26	1.22	128.27	156.05	48.74	59.30	0.08	0.07	0.07
（Ⅰ）低湿地草甸亚类		0.75	0.73	78.67	57.77	29.89	21.95	0.03	0.03	0.03
无脉苔草、蕨麻委陵菜	Ⅱ7	0.75	0.73	78.67	57.77	29.89	21.95	0.03	0.03	0.03
（Ⅲ）低地沼泽化草甸亚类		0.51	0.48	203.79	98.28	77.44	37.35	0.05	0.04	0.05
芒尖苔草、蕨麻委陵菜	Ⅲ5	0.51	0.48	203.79	98.28	77.44	37.35	0.05	0.04	0.05
ⅩⅤ山地草甸类		0.30	0.29	288.72	83.52	109.71	31.74	0.04	0.04	0.04
（Ⅱ）亚高山草甸亚类		0.30	0.29	288.72	83.52	109.71	31.74	0.04	0.04	0.04
矮生嵩草、杂类草	Ⅱ4	0.30	0.29	288.72	83.52	109.71	31.74	0.04	0.04	0.04
ⅩⅥ高寒草甸类		240.79	233.31	119.28	27 829.82	45.33	10 575.33	13.99	11.30	12.60
（Ⅰ）高寒草甸亚类		218.30	212.93	107.71	22 934.44	40.93	8 715.09	11.53	9.31	10.35
高山嵩草	Ⅲ6	16.90	16.56	91.60	1 517.16	34.81	576.52	0.76	0.62	0.69
高山嵩草、杂类草	Ⅲ6	49.69	48.69	98.87	4 814.54	37.57	1 829.52	2.42	1.95	2.20
高山嵩草、青藏苔草	Ⅱ7	13.47	13.07	84.20	1 100.19	32.00	418.07	0.55	0.45	0.50
圆穗蓼、高山嵩草	Ⅲ6	52.87	51.81	110.33	5 716.02	41.92	2 172.09	2.87	2.32	2.52
高山嵩草、矮生嵩草	Ⅱ6	8.93	8.75	103.67	907.05	39.39	344.68	0.46	0.37	0.42
矮生嵩草、青藏苔草	Ⅲ8	0.77	0.75	41.81	31.37	15.89	11.92	0.02	0.01	0.01
具锦鸡儿的高山嵩草	Ⅲ6	0.31	0.31	98.21	30.15	37.32	11.46	0.02	0.01	0.01
金露梅、高山嵩草	Ⅲ6	43.02	41.30	126.04	5 206.01	47.90	1 978.29	2.62	2.11	2.38
具灌木的高山嵩草	Ⅲ6	32.33	31.69	113.99	3 611.95	43.32	1 372.54	1.82	1.47	1.60
（Ⅲ）高寒沼泽化草甸亚类		22.49	20.38	240.25	4 895.38	91.29	1 860.24	2.46	1.99	2.25
藏北嵩草	Ⅱ5	13.06	11.88	224.76	2 670.42	85.41	1 014.76	1.34	1.08	1.24
川滇嵩草	Ⅲ4	0.35	0.32	325.39	104.54	123.65	39.73	0.05	0.04	0.05
华扁穗草	Ⅱ5	9.08	8.17	259.42	2 120.41	98.58	805.76	1.07	0.86	0.97
ⅩⅧ沼泽类		1.20	0.81	223.98	180.84	85.11	68.72	0.07	0.06	0.07

(续)

草原类型	等级	草原面积	草原可利用面积	鲜草单产	鲜草总产	干草单产	干草总产	暖季总载畜量	冷季总载畜量	全年总载畜量
水麦冬	Ⅲ5	1.20	0.81	223.98	180.84	85.11	68.72	0.07	0.06	0.07

5. 拉鲁湿地国家级草原保护区资源统计表

万亩、千克/亩、万千克、万羊单位

草原类型	等级	草原面积	草原可利用面积	鲜草单产	鲜草总产	干草单产	干草总产	暖季总载畜量	冷季总载畜量	全年总载畜量
合 计		0.56	0.38	179.35	69.05	66.36	25.55	0.03	0.03	0.03
Ⅱ温性草原类		0.07	0.07	122.29	8.57	45.25	3.17	0.004	0.004	0.004
长芒草	Ⅲ6	0.07	0.07	122.29	8.57	45.25	3.17	0.004	0.004	0.004
ⅩⅥ高寒草甸类		0.14	0.14	130.85	18.32	48.41	6.78	0.01	0.01	0.01
（Ⅰ）高寒草甸亚类		0.14	0.14	130.85	18.32	48.41	6.78	0.01	0.01	0.01
圆穗蓼、高山嵩草	Ⅲ6	0.14	0.14	130.85	18.32	48.41	6.78	0.01	0.01	0.01
ⅩⅧ沼泽类		0.35	0.17	241.04	42.16	89.19	15.60	0.02	0.01	0.02
水麦冬	Ⅲ5	0.35	0.17	241.04	42.16	89.19	15.60	0.02	0.01	0.02

6. 雅鲁藏布江大峡谷国家级草原保护区资源统计表

万亩、千克/亩、万千克、万羊单位

草原类型	等级	草原面积	草原可利用面积	鲜草单产	鲜草总产	干草单产	干草总产	暖季总载畜量	冷季总载畜量	全年总载畜量
合 计		120.27	114.93	163.23	18 760.11	48.97	5 628.03	7.34	6.01	6.74
Ⅹ暖性草丛类		0.48	0.46	260.19	119.38	78.06	35.81	0.04	0.04	0.04
细裂叶莲蒿	Ⅲ5	0.48	0.46	260.19	119.38	78.06	35.81	0.04	0.04	0.04
Ⅺ暖性灌草丛类		6.60	6.09	221.26	1 347.06	66.38	404.12	0.50	0.43	0.47
白刺花、禾草	Ⅱ6	0.39	0.37	184.85	68.57	55.46	20.57	0.03	0.02	0.02
具灌木的禾草	Ⅲ5	6.21	5.72	223.63	1 278.49	67.09	383.55	0.47	0.41	0.44
Ⅻ热性草丛类		4.73	4.63	403.68	1 869.32	121.10	560.80	0.69	0.60	0.65
白茅	Ⅲ3	0.01	0.01	529.23	3.70	158.77	1.11	0.001	0.001	0.001
蕨、白茅	Ⅳ4	4.72	4.62	403.49	1 865.63	121.05	559.69	0.69	0.60	0.65
ⅩⅤ山地草甸类		5.55	5.32	220.22	1 170.52	66.07	351.16	0.45	0.38	0.41
（Ⅰ）山地草甸亚类		1.91	1.85	346.67	641.89	104.00	192.57	0.25	0.21	0.22
中亚早熟禾、苔草	Ⅱ4	1.91	1.85	346.67	641.89	104.00	192.57	0.25	0.21	0.22
（Ⅱ）亚高山草甸亚类		3.65	3.46	152.63	528.64	45.79	158.59	0.20	0.17	0.19
具灌木的矮生嵩草	Ⅱ6	3.65	3.46	152.63	528.64	45.79	158.59	0.20	0.17	0.19
ⅩⅥ高寒草甸类		102.91	98.44	144.80	14 253.82	43.44	4 276.15	5.66	4.57	5.17
（Ⅰ）高寒草甸亚类		102.91	98.44	144.80	14 253.82	43.44	4 276.15	5.66	4.57	5.17
高山嵩草、杂类草	Ⅱ7	23.63	23.16	109.27	2 530.94	32.78	759.28	1.00	0.81	0.91
圆穗蓼、高山嵩草	Ⅱ6	33.92	32.56	128.16	4 172.94	38.45	1 251.88	1.66	1.34	1.51
多花地杨梅	Ⅳ6	14.86	13.97	157.81	2 204.35	47.34	661.31	0.87	0.71	0.83
金露梅、高山嵩草	Ⅲ4	2.54	2.46	396.73	975.81	119.02	292.74	0.39	0.31	0.35
雪层杜鹃、高山嵩草	Ⅲ6	27.97	26.29	166.23	4 369.78	49.87	1 310.93	1.73	1.40	1.58

7. 察隅慈巴沟国家级草原保护区资源统计表

万亩、千克/亩、万千克、万羊单位

草原类型	等级	草原面积	草原可利用面积	鲜草单产	鲜草总产	干草单产	干草总产	暖季总载畜量	冷季总载畜量	全年总载畜量
合 计		26.64	25.73	145.37	3 740.34	43.61	1 122.10	1.48	1.20	1.38
XII热性草丛类		0.06	0.05	353.69	19.11	106.11	5.73	0.01	0.01	0.01
蕨、白茅	IV4	0.06	0.05	353.69	19.11	106.11	5.73	0.01	0.01	0.01
XVI高寒草甸类		26.59	25.68	144.93	3 721.23	43.48	1 116.37	1.48	1.19	1.37
（I）高寒草甸亚类		26.59	25.68	144.93	3 721.23	43.48	1 116.37	1.48	1.19	1.37
高山嵩草、杂类草	II6	17.06	16.72	135.28	2 261.50	40.58	678.45	0.90	0.72	0.83
雪层杜鹃、高山嵩草	III6	9.53	8.96	162.95	1 459.73	48.88	437.92	0.58	0.47	0.54

8. 芒康滇金丝猴国家级草原保护区资源统计表

万亩、千克/亩、万千克、万羊单位

草原类型	等级	草原面积	草原可利用面积	鲜草单产	鲜草总产	干草单产	干草总产	暖季总载畜量	冷季总载畜量	全年总载畜量
合 计		96.97	93.40	221.41	20 679.30	80.15	7 485.91	9.66	8.00	8.75
Ⅱ温性草原类		31.08	29.83	228.26	6 809.93	82.63	2 465.19	3.03	2.63	2.82
白刺花、细裂叶莲蒿	Ⅳ5	31.08	29.83	228.26	6 809.93	82.63	2 465.19	3.03	2.63	2.82
Ⅺ暖性灌草丛类		5.35	5.03	494.41	2 487.59	178.98	900.51	1.19	0.96	1.06
白刺花、禾草	Ⅲ3	5.35	5.03	494.41	2 487.59	178.98	900.51	1.19	0.96	1.06
ⅩⅤ山地草甸类		2.70	2.65	208.63	552.67	75.52	200.07	0.26	0.21	0.23
(Ⅱ)亚高山草甸亚类		2.70	2.65	208.63	552.67	75.52	200.07	0.26	0.21	0.23
矮生嵩草、杂类草	Ⅱ5	2.70	2.65	208.63	552.67	75.52	200.07	0.26	0.21	0.23
ⅩⅥ高寒草甸类		57.83	55.88	193.78	10 829.11	70.15	3 920.14	5.18	4.19	4.63
(Ⅰ)高寒草甸亚类		57.83	55.88	193.78	10 829.11	70.15	3 920.14	5.18	4.19	4.63
高山嵩草、异针茅	Ⅲ4	0.36	0.35	290.39	102.57	105.12	37.13	0.05	0.04	0.04
高山嵩草、杂类草	Ⅲ6	7.93	7.77	181.57	1 411.09	65.73	510.82	0.68	0.55	0.60
圆穗蓼、高山嵩草	Ⅰ5	0.70	0.69	219.27	151.42	79.37	54.81	0.07	0.06	0.06
高山嵩草、矮生嵩草	Ⅱ5	9.22	9.03	201.53	1 819.99	72.95	658.84	0.87	0.70	0.78
金露梅、高山嵩草	Ⅱ5	3.66	3.51	246.85	866.64	89.36	313.72	0.41	0.34	0.37
雪层杜鹃、高山嵩草	Ⅲ5	35.97	34.53	187.60	6 477.39	67.91	2 344.82	3.10	2.51	2.77

9. 纳木错自治区级草原保护区资源统计表

万亩、千克/亩、万千克、万羊单位

草原类型	等级	草原面积	草原可利用面积	鲜草单产	鲜草总产	干草单产	干草总产	暖季总载畜量	冷季总载畜量	全年总载畜量
合 计		1 159.40	1 101.67	66.28	73 020.35	24.21	26 670.90	34.72	28.48	30.27
Ⅳ高寒草甸草原类		329.70	301.87	42.02	12 684.01	15.34	4 629.66	5.95	4.95	5.24
紫花针茅、高山嵩草	Ⅱ7	184.26	169.52	52.51	8 900.90	19.16	3 248.83	4.17	3.47	3.68
金露梅、紫花针茅、高山嵩草	Ⅲ8	145.44	132.35	28.58	3 783.11	10.43	1 380.84	1.77	1.48	1.56
Ⅴ高寒草原类		217.81	204.56	54.56	11 160.70	19.91	4 073.65	5.00	4.29	4.50
紫花针茅	Ⅲ7	122.45	116.33	49.97	5 813.00	18.24	2 121.74	2.61	2.23	2.34
紫花针茅、青藏苔草	Ⅲ7	6.99	6.64	59.00	391.91	21.53	143.05	0.18	0.15	0.16
紫花针茅、杂类草	Ⅱ8	28.73	26.72	41.60	1 111.48	15.18	405.69	0.50	0.43	0.45
青海刺参、紫花针茅	Ⅲ7	59.64	54.87	70.06	3 844.31	25.57	1 403.17	1.72	1.48	1.55
ⅩⅥ高寒草甸类		611.88	595.23	82.62	49 175.64	30.19	17 967.58	23.76	19.25	20.54
（Ⅰ）高寒草甸亚类		501.71	491.67	80.07	39 367.96	29.26	14 387.78	19.03	15.42	16.45
高山嵩草、异针茅	Ⅱ7	45.53	44.62	88.52	3 950.07	32.31	1 441.78	1.91	1.54	1.64
高山嵩草、杂类草	Ⅲ7	327.16	320.62	71.66	22 976.85	26.16	8 386.55	11.09	8.96	9.57
高山嵩草、青藏苔草	Ⅲ7	67.67	66.32	68.60	4 549.50	25.04	1 660.57	2.20	1.77	1.89
圆穗蓼、高山嵩草	Ⅱ6	37.75	36.99	95.96	3 549.53	35.02	1 295.58	1.71	1.38	1.48
高山嵩草、矮生嵩草	Ⅱ6	7.15	7.01	92.43	647.51	33.74	236.34	0.31	0.25	0.27
矮生嵩草、青藏苔草	Ⅱ5	8.27	8.10	254.74	2 063.92	94.25	763.65	1.01	0.84	0.89
高山早熟禾	Ⅱ5	0.52	0.51	227.13	115.05	84.04	42.57	0.06	0.05	0.05
香柏、高山嵩草	Ⅲ5	7.66	7.51	201.78	1 515.53	74.66	560.74	0.74	0.62	0.66
（Ⅲ）高寒沼泽化草甸亚类		110.17	103.56	94.70	9 807.68	34.57	3 579.80	4.73	3.82	4.08
藏北嵩草	Ⅱ6	86.47	81.28	103.67	8 426.90	37.84	3 075.82	4.07	3.29	3.51
华扁穗草	Ⅱ7	23.70	22.28	61.97	1 380.78	22.62	503.98	0.67	0.54	0.57

10. 班公错湿地草原保护区资源统计表

万亩、千克/亩、万千克、万羊单位

草原类型	等级	草原面积	草原可利用面积	鲜草单产	鲜草总产	干草单产	干草总产	暖季总载畜量	冷季总载畜量	全年总载畜量
合　计		36.89	32.02	58.36	1 868.77	22.18	710.13	0.75	0.65	0.69
Ⅴ高寒草原类		0.10	0.08	18.62	1.54	7.08	0.58	0.001	0.001	0.001
紫花针茅、青藏苔草	Ⅱ8	0.10	0.08	18.62	1.54	7.08	0.58	0.001	0.001	0.001
Ⅵ高寒荒漠草原类		3.32	2.87	21.31	61.08	8.10	23.21	0.03	0.02	0.02
沙生针茅	Ⅲ8	0.29	0.25	13.18	3.27	5.01	1.24	0.001	0.001	0.001
戈壁针茅	Ⅱ8	2.89	2.51	21.86	54.83	8.31	20.84	0.02	0.02	0.02
变色锦鸡儿、驼绒藜、沙生针茅	Ⅲ8	0.14	0.11	27.30	2.98	10.37	1.13	0.001	0.001	0.001
Ⅷ温性荒漠类		8.66	7.42	18.06	134.05	6.86	50.94	0.05	0.04	0.04
驼绒藜、灌木亚菊	Ⅲ8	8.56	7.34	18.12	133.01	6.89	50.55	0.05	0.04	0.04
灌木亚菊	Ⅲ8	0.10	0.08	12.55	1.03	4.77	0.39	0.000 4	0.000 3	0.000 3
Ⅸ高寒荒漠类		1.53	1.33	18.45	24.55	7.01	9.33	0.001	0.000 2	0.000 2
垫状驼绒藜	Ⅲ8	1.53	1.33	18.45	24.55	7.01	9.33	0.001	0.000 2	0.000 2
ⅩⅣ低地草甸类		1.37	1.33	14.40	19.15	5.47	7.28	0.01	0.01	0.01
（Ⅰ）低湿地草甸亚类		1.37	1.33	14.40	19.15	5.47	7.28	0.01	0.01	0.01
秀丽水柏枝、赖草	Ⅲ8	1.37	1.33	14.40	19.15	5.47	7.28	0.01	0.01	0.01
ⅩⅥ高寒草甸类		19.85	17.51	48.18	843.46	18.31	320.51	0.36	0.31	0.33
（Ⅱ）高寒盐化草甸亚类		15.73	13.93	43.05	599.79	16.36	227.92	0.24	0.21	0.22
赖草、青藏苔草、碱蓬	Ⅱ8	15.73	13.93	43.05	599.79	16.36	227.92	0.24	0.21	0.22
（Ⅲ）高寒沼泽化草甸亚类		4.12	3.58	68.15	243.67	25.90	92.60	0.12	0.11	0.11
藏西嵩草	Ⅱ7	4.12	3.58	68.15	243.67	25.90	92.60	0.12	0.11	0.11
ⅩⅧ沼泽类		2.07	1.48	529.16	784.95	201.08	298.28	0.31	0.27	0.28
芒尖苔草	Ⅲ2	2.07	1.48	529.16	784.95	201.08	298.28	0.31	0.27	0.28

11. 玛旁雍错湿地草原保护区资源统计表

万亩、千克/亩、万千克、万羊单位

草原类型	等级	草原面积	草原可利用面积	鲜草单产	鲜草总产	干草单产	干草总产	暖季总载畜量	冷季总载畜量	全年总载畜量
合 计		44.90	38.10	79.26	3 019.66	30.12	1 147.47	1.45	1.26	1.33
Ⅳ高寒草甸草原类		5.55	4.37	47.54	207.76	18.06	78.95	0.10	0.08	0.09
紫花针茅、高山嵩草	Ⅱ7	3.30	3.00	57.87	173.78	21.99	66.04	0.08	0.07	0.08
青藏苔草、高山嵩草	Ⅲ8	2.25	1.37	24.84	33.98	9.44	12.91	0.02	0.01	0.01
Ⅴ高寒草原类		29.26	25.09	35.44	889.15	13.47	337.88	0.41	0.36	0.38
紫花针茅	Ⅲ8	9.49	7.98	23.37	186.40	8.88	70.83	0.09	0.08	0.08
紫花针茅、青藏苔草	Ⅱ7	5.78	5.04	54.75	276.01	20.80	104.88	0.13	0.11	0.12
紫花针茅、杂类草	Ⅱ8	6.18	5.26	32.58	171.31	12.38	65.10	0.08	0.07	0.07
藏沙蒿、紫花针茅	Ⅲ7	0.41	0.36	51.94	18.74	19.74	7.12	0.01	0.01	0.01
变色锦鸡儿、紫花针茅	Ⅱ8	7.40	6.45	36.70	236.70	13.94	89.95	0.11	0.10	0.10
Ⅵ高寒荒漠草原类		2.14	1.67	54.50	91.05	20.71	34.60	0.02	0.03	0.02
沙生针茅	Ⅲ8	0.07	0.06	28.31	1.60	10.76	0.61	0.000 4	0.000 5	0.000 4
变色锦鸡儿、驼绒藜、沙生针茅	Ⅲ7	2.07	1.61	55.42	89.44	21.06	33.99	0.02	0.03	0.02
ⅩⅣ低地草甸类		0.64	0.52	21.15	11.08	8.04	4.21	0.01	0.004	0.005
(Ⅱ)低地盐化草甸亚类		0.64	0.52	21.15	11.08	8.04	4.21	0.01	0.004	0.005
芦苇、赖草	Ⅲ8	0.64	0.52	21.15	11.08	8.04	4.21	0.01	0.004	0.005
ⅩⅥ高寒草甸类		7.32	6.45	282.41	1 820.63	107.31	691.84	0.91	0.79	0.83
(Ⅱ)高寒盐化草甸亚类		1.45	1.22	67.77	82.41	25.75	31.32	0.03	0.03	0.03
赖草、青藏苔草、碱蓬	Ⅱ7	1.45	1.22	67.77	82.41	25.75	31.32	0.03	0.03	0.03
(Ⅲ)高寒沼泽化草甸亚类		5.87	5.23	332.30	1 738.22	126.27	660.52	0.87	0.76	0.80
藏北嵩草	Ⅱ3	4.92	4.39	382.15	1 676.11	145.22	636.92	0.84	0.73	0.77
藏西嵩草	Ⅱ7	0.95	0.84	73.52	62.11	27.94	23.60	0.03	0.03	0.03

12. 洞错湿地草原保护区资源统计表

万亩、千克/亩、万千克、万羊单位

草原类型	等级	草原面积	草原可利用面积	鲜草单产	鲜草总产	干草单产	干草总产	暖季总载畜量	冷季总载畜量	全年总载畜量
合 计		41.89	34.59	51.00	1 763.87	19.38	670.27	0.73	0.64	0.67
Ⅳ高寒草甸草原类		0.19	0.11	15.85	1.68	6.02	0.64	0.001	0.001	0.001
青藏苔草、高山蒿草	Ⅲ8	0.19	0.11	15.85	1.68	6.02	0.64	0.001	0.001	0.001
Ⅴ高寒草原类		7.72	6.20	23.55	145.94	8.95	55.46	0.07	0.06	0.06
紫花针茅	Ⅲ8	1.58	1.26	18.22	23.02	6.92	8.75	0.01	0.01	0.01
紫花针茅、杂类草	Ⅱ8	5.22	4.18	26.33	110.17	10.00	41.87	0.05	0.04	0.05
昆仑针茅	Ⅱ8	0.56	0.45	10.78	4.80	4.10	1.82	0.002	0.002	0.002
青藏苔草	Ⅲ8	0.05	0.03	24.55	0.76	9.33	0.29	0.000 4	0.000 3	0.000 3
藏沙蒿、紫花针茅	Ⅲ8	0.33	0.27	26.34	7.18	10.01	2.73	0.003	0.003	0.003
Ⅵ高寒荒漠草原类		0.91	0.75	23.77	17.81	9.03	6.77	0.004	0.01	0.005
沙生针茅	Ⅲ8	0.91	0.75	23.77	17.81	9.03	6.77	0.004	0.01	0.005
ⅩⅥ高寒草甸类		33.07	27.53	58.05	1 598.45	22.06	607.41	0.66	0.57	0.60
(Ⅱ)高寒盐化草甸亚类		30.92	25.72	51.68	1 328.95	19.64	505.00	0.52	0.46	0.48
喜马拉雅碱茅	Ⅱ8	0.83	0.67	26.11	17.55	9.92	6.67	0.01	0.01	0.01
赖草、青藏苔草、碱蓬	Ⅱ7	30.09	25.04	52.36	1 311.41	19.90	498.33	0.52	0.45	0.47
(Ⅲ)高寒沼泽化草甸亚类		2.15	1.82	148.23	269.50	56.33	102.41	0.14	0.12	0.12
藏北蒿草	Ⅱ5	0.08	0.07	243.90	16.28	92.68	6.19	0.01	0.01	0.01
藏西蒿草	Ⅱ6	1.91	1.60	155.79	250.03	59.20	95.01	0.13	0.11	0.12
华扁穗草	Ⅱ8	0.16	0.15	21.80	3.19	8.28	1.21	0.002	0.001	0.001

13. 扎日楠木错湿地草原保护区资源统计表

万亩、千克/亩、万千克、万羊单位

草原类型	等级	草原面积	草原可利用面积	鲜草单产	鲜草总产	干草单产	干草总产	暖季总载畜量	冷季总载畜量	全年总载畜量
合 计		62.68	54.34	46.40	2 521.50	17.63	958.17	1.15	1.00	1.05
Ⅳ高寒草甸草原类		5.28	5.17	64.34	332.87	24.45	126.49	0.16	0.14	0.14
紫花针茅、高山嵩草	Ⅱ7	5.28	5.17	64.34	332.87	24.45	126.49	0.16	0.14	0.14
Ⅴ高寒草原类		32.32	27.71	42.46	1 176.56	16.14	447.09	0.55	0.48	0.50
紫花针茅	Ⅲ7	29.46	24.94	44.77	1 116.63	17.01	424.32	0.52	0.45	0.48
紫花针茅、青藏苔草	Ⅲ8	1.68	1.65	15.49	25.51	5.89	9.70	0.01	0.01	0.01
紫花针茅、杂类草	Ⅱ8	0.57	0.55	36.35	19.83	13.81	7.54	0.01	0.01	0.01
固沙草、紫花针茅	Ⅳ8	0.59	0.56	24.86	13.97	9.45	5.31	0.01	0.004	0.005
青藏苔草	Ⅲ7	0.01	0.00	52.88	0.26	20.09	0.10	0.000 1	0.000 1	0.000 1
冻原白蒿	Ⅳ7	0.01	0.01	56.03	0.35	21.29	0.13	0.000 2	0.000 1	0.000 2
ⅩⅥ高寒草甸类		25.08	21.46	47.17	1 012.08	17.92	384.59	0.45	0.39	0.41
（Ⅰ）高寒草甸亚类		1.50	1.26	99.10	124.47	37.66	47.30	0.06	0.05	0.06
高山嵩草、青藏苔草	Ⅱ7	0.03	0.03	60.02	1.51	22.81	0.57	0.001	0.001	0.001
金露梅、高山嵩草	Ⅲ6	1.47	1.23	99.90	122.96	37.96	46.73	0.06	0.05	0.06
（Ⅱ）高寒盐化草甸亚类		17.31	14.83	39.63	587.65	15.06	223.31	0.23	0.20	0.21
赖草、青藏苔草、碱蓬	Ⅱ8	17.31	14.83	39.63	587.65	15.06	223.31	0.23	0.20	0.21
（Ⅲ）高寒沼泽化草甸亚类		6.27	5.37	55.82	299.96	21.21	113.99	0.15	0.13	0.14
藏西嵩草	Ⅱ7	6.27	5.37	55.82	299.96	21.21	113.99	0.15	0.13	0.14

14. 昂孜错—马尔下错湿地草原保护区资源统计表

万亩、千克/亩、万千克、万羊单位

草原类型	等级	草原面积	草原可利用面积	鲜草单产	鲜草总产	干草单产	干草总产	暖季总载畜量	冷季总载畜量	全年总载畜量
合 计		66.75	59.29	32.39	1 920.03	11.82	701.04	0.85	0.73	0.76
Ⅴ高寒草原类		50.53	43.96	35.22	1 548.14	12.86	565.07	0.69	0.59	0.62
紫花针茅	Ⅲ8	27.37	23.81	32.73	779.45	11.95	284.50	0.35	0.30	0.31
紫花针茅、青藏苔草	Ⅲ8	5.89	5.01	38.06	190.67	13.89	69.59	0.09	0.07	0.08
羽柱针茅	Ⅲ8	7.42	6.45	36.44	235.13	13.30	85.82	0.11	0.09	0.09
藏沙蒿、紫花针茅	Ⅲ8	3.97	3.45	44.52	153.64	16.25	56.08	0.07	0.06	0.06
冻原白蒿	Ⅲ8	5.88	5.23	36.19	189.26	13.21	69.08	0.08	0.07	0.08
ⅩⅥ高寒草甸类		16.22	15.33	24.26	371.90	8.87	135.97	0.16	0.13	0.14
（Ⅰ）高寒草甸亚类		0.69	0.67	22.60	15.11	8.59	5.74	0.01	0.01	0.01
矮生嵩草、青藏苔草	Ⅲ8	0.69	0.67	22.60	15.11	8.59	5.74	0.01	0.01	0.01
（Ⅱ）高寒盐化草甸亚类		8.47	8.30	22.62	187.71	8.26	68.51	0.07	0.06	0.06
喜马拉雅碱茅	Ⅱ8	8.47	8.30	22.62	187.71	8.26	68.51	0.07	0.06	0.06
（Ⅲ）高寒沼泽化草甸亚类		7.07	6.36	26.58	169.08	9.70	61.72	0.08	0.07	0.07
藏北嵩草	Ⅱ8	3.05	2.75	32.87	90.33	12.00	32.97	0.04	0.04	0.04
华扁穗草	Ⅱ8	4.01	3.61	21.80	78.76	7.96	28.75	0.04	0.03	0.03

15. 昂仁搭格架地热间歇喷泉草原保护区资源统计表

万亩、千克/亩、万千克、万羊单位

草原类型	等级	草原面积	草原可利用面积	鲜草单产	鲜草总产	干草单产	干草总产	暖季总载畜量	冷季总载畜量	全年总载畜量
合 计		0.35	0.33	102.91	34.07	39.11	12.95	0.02	0.01	0.02
Ⅳ高寒草甸草原类		0.23	0.22	64.34	14.30	24.45	5.44	0.01	0.01	0.01
紫花针茅、高山嵩草	Ⅱ7	0.23	0.22	64.34	14.30	24.45	5.44	0.01	0.01	0.01
ⅩⅥ高寒草甸类		0.12	0.11	181.75	19.77	69.06	7.51	0.01	0.01	0.01
(Ⅲ)高寒沼泽化草甸亚类		0.12	0.11	181.75	19.77	69.06	7.51	0.01	0.01	0.01
藏北嵩草	Ⅱ5	0.12	0.11	181.75	19.77	69.06	7.51	0.01	0.01	0.01

16. 桑桑湿地草原保护区资源统计表

万亩、千克/亩、万千克、万羊单位

草原类型	等级	草原面积	草原可利用面积	鲜草单产	鲜草总产	干草单产	干草总产	暖季总载畜量	冷季总载畜量	全年总载畜量
合 计		6.63	6.25	110.44	689.74	41.97	262.10	0.34	0.28	0.31
Ⅳ高寒草甸草原类		0.74	0.73	64.35	46.81	24.45	17.79	0.02	0.02	0.02
紫花针茅、高山嵩草	Ⅱ7	0.74	0.73	64.34	46.78	24.45	17.78	0.02	0.02	0.02
金露梅、紫花针茅、高山嵩草	Ⅲ6	0.000 3	0.000 3	108.26	0.03	41.14	0.01	0.000 01	0.000 01	0.000 01
Ⅴ高寒草原类		0.11	0.10	39.74	4.01	15.10	1.52	0.002	0.002	0.002
鬼箭锦鸡儿、藏沙蒿	Ⅲ8	0.11	0.10	39.74	4.01	15.10	1.52	0.002	0.002	0.002
ⅩⅥ高寒草甸类		5.78	5.42	117.95	638.92	44.82	242.79	0.32	0.26	0.29
（Ⅰ）高寒草甸亚类		2.45	2.39	37.28	89.18	14.17	33.89	0.04	0.04	0.04
高山嵩草	Ⅲ8	1.19	1.17	13.47	15.74	5.12	5.98	0.01	0.01	0.01
高山嵩草、青藏苔草	Ⅱ7	1.26	1.22	60.02	73.43	22.81	27.90	0.04	0.03	0.03
（Ⅲ）高寒沼泽化草甸亚类		3.32	3.02	181.75	549.75	69.06	208.90	0.28	0.22	0.25
藏北嵩草	Ⅱ5	3.32	3.02	181.75	549.75	69.06	208.90	0.28	0.22	0.25

17. 热振草原保护区资源统计表

万亩、千克/亩、万千克、万羊单位

草原类型	等级	草原面积	草原可利用面积	鲜草单产	鲜草总产	干草单产	干草总产	暖季总载畜量	冷季总载畜量	全年总载畜量
合 计		13.81	13.53	149.57	2 024.06	55.34	748.90	0.98	0.89	0.93
Ⅱ温性草原类		1.43	1.40	126.91	177.65	46.96	65.73	0.08	0.08	0.08
白草	Ⅲ6	1.43	1.40	126.91	177.65	46.96	65.73	0.08	0.08	0.08
ⅩⅥ高寒草甸类		12.38	12.13	152.18	1 846.41	56.31	683.17	0.90	0.81	0.85
（Ⅰ）高寒草甸亚类		12.38	12.13	152.18	1 846.41	56.31	683.17	0.90	0.81	0.85
高山嵩草、杂类草	Ⅲ6	2.81	2.75	158.04	434.90	58.47	160.91	0.21	0.19	0.20
圆穗蓼、高山嵩草	Ⅲ6	9.09	8.91	152.40	1 357.69	56.39	502.35	0.66	0.60	0.62
具灌木的高山嵩草	Ⅲ6	0.48	0.47	113.99	53.82	42.18	19.91	0.03	0.02	0.02

18. 麦地卡湿地草原保护区资源统计表

万亩、千克/亩、万千克、万羊单位

草原类型	等级	草原面积	草原可利用面积	鲜草单产	鲜草总产	干草单产	干草总产	暖季总载畜量	冷季总载畜量	全年总载畜量
合 计		121.26	115.70	126.07	14 586.12	46.02	5 323.93	7.04	5.69	6.14
ⅩⅥ高寒草甸类		121.26	115.70	126.07	14 586.12	46.02	5 323.93	7.04	5.69	6.14
（Ⅰ）高寒草甸亚类		82.02	80.38	108.73	8 739.47	39.69	3 189.91	4.22	3.41	3.68
高山嵩草、杂类草	Ⅲ7	35.27	34.57	75.43	2 607.52	27.53	951.75	1.26	1.02	1.10
圆穗蓼、高山嵩草	Ⅱ6	5.92	5.80	119.73	694.48	43.70	253.49	0.34	0.27	0.29
高山嵩草、矮生嵩草	Ⅱ6	39.64	38.84	136.23	5 291.44	49.72	1 931.38	2.55	2.06	2.23
雪层杜鹃、高山嵩草	Ⅲ6	1.19	1.17	125.17	146.02	45.69	53.30	0.07	0.06	0.06
（Ⅲ）高寒沼泽化草甸亚类		39.24	35.32	165.54	5 846.65	60.42	2 134.03	2.82	2.28	2.46
藏北嵩草	Ⅱ6	39.24	35.32	165.54	5 846.65	60.42	2 134.03	2.82	2.28	2.46

19. 工布草原保护区资源统计表

万亩、千克/亩、万千克、万羊单位

草原类型	等级	草原面积	草原可利用面积	鲜草单产	鲜草总产	干草单产	干草总产	暖季总载畜量	冷季总载畜量	全年总载畜量
合　计		886.34	868.51	128.55	111 645.23	38.56	33 493.57	43.85	39.03	42.11
Ⅰ 温性草甸草原类		0.36	0.33	188.43	61.25	56.53	18.37	0.02	0.02	0.02
细裂叶莲蒿、禾草	Ⅲ6	0.36	0.33	188.43	61.25	56.53	18.37	0.02	0.02	0.02
Ⅱ 温性草原类		0.50	0.49	222.80	109.98	66.84	33.00	0.04	0.04	0.04
白刺花、细裂叶莲蒿	Ⅳ5	0.50	0.49	222.80	109.98	66.84	33.00	0.04	0.04	0.04
Ⅹ 暖性草丛类		3.62	3.48	103.77	361.08	31.13	108.33	0.13	0.12	0.13
黑穗画眉草	Ⅱ7	3.62	3.48	103.77	361.08	31.13	108.33	0.13	0.12	0.13
Ⅺ 暖性灌草丛类		9.67	9.48	232.78	2 206.10	69.83	661.83	0.81	0.77	0.80
具灌木的禾草	Ⅲ5	9.67	9.48	232.78	2 206.10	69.83	661.83	0.81	0.77	0.80
ⅩⅣ 低地草甸类		15.44	15.13	372.50	5 637.63	111.75	1 691.29	2.08	1.97	2.04
(Ⅲ)低地沼泽化草甸亚类		15.44	15.13	372.50	5 637.63	111.75	1 691.29	2.08	1.97	2.04
芒尖苔草、蕨麻委陵菜	Ⅱ4	15.44	15.13	372.50	5 637.63	111.75	1 691.29	2.08	1.97	2.04
ⅩⅤ 山地草甸类		31.33	30.71	227.40	6 982.80	68.22	2 094.84	2.69	2.41	2.58
(Ⅰ)山地草甸亚类		19.27	18.89	288.06	5 440.32	86.42	1 632.10	2.10	1.87	2.01
中亚早熟禾、苔草	Ⅱ4	12.60	12.35	333.43	4 117.41	100.03	1 235.22	1.59	1.44	1.54
圆穗蓼	Ⅱ6	6.67	6.54	202.37	1 322.91	60.71	396.87	0.51	0.42	0.47
(Ⅱ)亚高山草甸亚类		12.06	11.82	130.49	1 542.47	39.15	462.74	0.59	0.54	0.58
具灌木的矮生嵩草	Ⅱ6	12.06	11.82	130.49	1 542.47	39.15	462.74	0.59	0.54	0.58
ⅩⅥ 高寒草甸类		825.40	808.89	119.03	96 286.40	35.71	28 885.92	38.07	33.70	36.50
(Ⅰ)高寒草甸亚类		820.34	803.94	117.78	94 691.42	35.34	28 407.42	37.57	33.14	35.99
高山嵩草、杂类草	Ⅱ7	131.10	128.47	78.03	10 024.73	23.41	3 007.42	3.98	3.51	3.81
圆穗蓼、高山嵩草	Ⅱ6	187.39	183.64	122.07	22 418.35	36.62	6 725.51	8.90	7.85	8.52
多花地杨梅	Ⅳ5	0.01	0.01	299.46	4.18	89.84	1.25	0.002	0.001	0.002
金露梅、高山嵩草	Ⅲ4	0.01	0.01	356.43	2.88	106.93	0.86	0.001	0.001	0.001
雪层杜鹃、高山嵩草	Ⅲ6	501.83	491.80	126.56	62 241.28	37.97	18 672.39	24.70	21.79	23.65
(Ⅲ)高寒沼泽化草甸亚类		5.06	4.96	321.80	1 594.98	96.54	478.49	0.50	0.56	0.52
西藏嵩草	Ⅱ4	5.06	4.96	321.80	1 594.98	96.54	478.49	0.50	0.56	0.52

20. 类乌齐草原保护区资源统计表

万亩、千克/亩、万千克、万羊单位

草原类型	等级	草原面积	草原可利用面积	鲜草单产	鲜草总产	干草单产	干草总产	暖季总载畜量	冷季总载畜量	全年总载畜量
合 计		133.46	129.49	200.14	25 916.93	72.45	9 381.93	12.32	10.02	10.96
ⅩⅤ山地草甸类		23.98	22.67	284.92	6 459.21	103.14	2 338.23	3.00	2.50	2.71
（Ⅱ)亚高山草甸亚类		23.98	22.67	284.92	6 459.21	103.14	2 338.23	3.00	2.50	2.71
矮生嵩草、杂类草	Ⅱ6	2.69	2.64	124.79	329.39	45.17	119.24	0.15	0.13	0.14
圆穗蓼、矮生嵩草	Ⅱ4	0.50	0.49	280.25	137.24	101.45	49.68	0.06	0.05	0.06
垂穗披碱草	Ⅱ2	0.17	0.17	553.47	93.57	200.36	33.87	0.04	0.04	0.04
具灌木的矮生嵩草	Ⅲ4	20.61	19.37	304.51	5 899.01	110.23	2 135.44	2.74	2.28	2.47
ⅩⅥ高寒草甸类		109.48	106.82	182.15	19 457.72	65.94	7 043.70	9.32	7.53	8.26
（Ⅰ)高寒草甸亚类		109.48	106.82	182.15	19 457.72	65.94	7 043.70	9.32	7.53	8.26
高山嵩草、杂类草	Ⅲ6	84.25	82.56	172.53	14 244.06	62.46	5 156.35	6.82	5.51	6.04
高山嵩草、矮生嵩草	Ⅱ6	1.89	1.85	154.25	285.68	55.84	103.42	0.14	0.11	0.12
金露梅、高山嵩草	Ⅱ6	2.80	2.69	158.34	426.25	57.32	154.30	0.20	0.16	0.18
雪层杜鹃、高山嵩草	Ⅲ5	20.54	19.72	228.29	4 501.74	82.64	1 629.63	2.16	1.74	1.91

21. 然乌湖湿地草原保护区资源统计表

万亩、千克/亩、万千克、万羊单位

草原类型	等级	草原面积	草原可利用面积	鲜草单产	鲜草总产	干草单产	干草总产	暖季总载畜量	冷季总载畜量	全年总载畜量
合 计		3.82	3.71	59.60	221.26	21.57	80.10	0.11	0.09	0.09
ⅩⅥ高寒草甸类		3.82	3.71	59.60	221.26	21.57	80.10	0.11	0.09	0.09
（Ⅰ）高寒草甸亚类		3.30	3.24	52.00	168.23	18.82	60.90	0.08	0.07	0.07
高山嵩草、杂类草	Ⅲ8	2.72	2.67	45.23	120.74	16.37	43.71	0.06	0.05	0.05
高山嵩草、矮生嵩草	Ⅱ7	0.58	0.57	83.88	47.49	30.37	17.19	0.02	0.02	0.02
（Ⅲ）高寒沼泽化草甸亚类		0.52	0.48	111.16	53.03	40.24	19.20	0.03	0.02	0.02
西藏嵩草	Ⅱ6	0.52	0.48	111.16	53.03	40.24	19.20	0.03	0.02	0.02

二、西藏自治区草原核心区资源统计表

万亩、千克/亩、万千克、万羊单位

草原类型	等级	草原面积	草原可利用面积	鲜草单产	鲜草总产	干草单产	干草总产	暖季总载畜量	冷季总载畜量	全年总载畜量
合 计		13 337.45	10 801.11	43.01	464 568.07	15.72	169 792.86	198.37	172.09	182.79
Ⅰ 温性草甸草原类		0.81	0.73	140.66	102.74	53.45	39.04	0.05	0.04	0.05
丝颖针茅	Ⅱ7	0.00	0.00		0.00		0.00	0.00	0.00	0.00
细裂叶莲蒿、禾草	Ⅲ6	0.81	0.73	140.66	102.74	53.45	39.04	0.05	0.04	0.05
Ⅱ 温性草原类		53.06	49.16	84.38	4 148.11	31.09	1 528.70	1.86	1.61	1.74
长芒草	Ⅲ6	0.03	0.03	122.29	3.31	45.25	1.23	0.002	0.001	0.001
固沙草	Ⅲ7	0.17	0.16	43.35	7.13	16.47	2.71	0.002	0.002	0.002
白草	Ⅲ8	12.31	11.71	25.08	293.71	9.46	110.85	0.14	0.11	0.12
草沙蚕	Ⅲ7	1.11	1.05	61.87	65.25	23.51	24.80	0.02	0.02	0.02
毛莲蒿	Ⅲ7	0.00	0.00		0.00		0.00	0.00	0.00	0.00
藏沙蒿	Ⅲ6	0.17	0.17	89.35	15.28	33.95	5.81	0.01	0.01	0.01
日喀则蒿	Ⅲ7	0.82	0.74	44.34	32.79	16.85	12.46	0.01	0.01	0.01
藏白蒿、中华草沙蚕	Ⅲ6	0.00	0.00		0.00		0.00	0.00	0.00	0.00
砂生槐、蒿、禾草	Ⅲ7	27.53	24.81	54.00	1 339.92	20.52	509.17	0.63	0.54	0.59
小叶野丁香、毛莲蒿	Ⅲ6	0.00	0.00		0.00		0.00	0.00	0.00	0.00
白刺花、细裂叶莲蒿	Ⅳ5	10.91	10.48	228.12	2 390.72	82.22	861.69	1.06	0.92	0.99
Ⅲ 温性荒漠草原类		81.02	66.44	71.18	4 729.34	27.05	1 797.15	2.14	1.86	1.96
沙生针茅、固沙草	Ⅲ8	0.00	0.00		0.00		0.00	0.00	0.00	0.00
变色锦鸡儿、沙生针茅	Ⅲ7	81.02	66.44	71.18	4 729.34	27.05	1 797.15	2.14	1.86	1.96
Ⅳ 高寒草甸草原类		214.71	188.50	42.16	7 946.26	15.80	2 978.34	3.77	3.18	3.39
紫花针茅、高山嵩草	Ⅱ8	50.28	44.17	46.41	2 050.17	17.26	762.50	0.97	0.81	0.87
丝颖针茅	Ⅱ7	23.33	21.65	55.93	1 210.99	21.14	457.70	0.57	0.49	0.53
青藏苔草、高山嵩草	Ⅲ8	66.42	54.44	36.66	1 995.40	13.93	758.25	0.97	0.81	0.87
金露梅、紫花针茅、高山嵩草	Ⅲ8	61.49	56.10	30.04	1 685.11	11.02	618.14	0.79	0.66	0.70
香柏、臭草	Ⅲ7	13.20	12.14	82.75	1 004.59	31.45	381.75	0.47	0.41	0.43
Ⅴ 高寒草原类		5 853.19	4 611.57	20.53	94 692.08	7.78	35 893.88	43.91	38.13	40.24
紫花针茅	Ⅱ8	1 574.63	1 309.62	19.27	25 236.23	7.30	9 558.03	11.74	10.20	10.73

（续）

草原类型	等级	草原面积	草原可利用面积	鲜草单产	鲜草总产	干草单产	干草总产	暖季总载畜量	冷季总载畜量	全年总载畜量
紫花针茅、青藏苔草	Ⅲ8	2 423.33	1 971.63	16.22	31 988.95	6.16	12 136.49	14.91	12.95	13.66
紫花针茅、杂类草	Ⅱ8	184.12	152.65	27.07	4 131.67	10.13	1 545.82	1.90	1.64	1.73
昆仑针茅	Ⅱ8	6.92	6.79	41.04	278.48	15.59	105.82	0.13	0.11	0.12
羽柱针茅	Ⅲ8	76.36	60.23	24.35	1 466.66	9.17	552.40	0.68	0.59	0.62
固沙草、紫花针茅	Ⅲ8	64.91	57.86	39.19	2 267.41	14.89	861.62	0.90	0.78	0.84
黑穗画眉草、羽柱针茅	Ⅱ7	0.00	0.00		0.00		0.00	0.00	0.00	0.00
青藏苔草	Ⅲ8	1 338.26	896.67	24.55	22 010.10	9.33	8 363.25	10.27	8.94	9.40
藏沙蒿、紫花针茅	Ⅲ8	18.03	15.46	57.94	895.52	21.86	337.81	0.41	0.36	0.38
藏沙蒿、青藏苔草	Ⅲ7	0.13	0.12	87.52	10.90	33.26	4.14	0.004	0.003	0.004
藏白蒿、禾草	Ⅲ6	4.22	4.02	133.52	536.57	50.74	203.90	0.24	0.21	0.23
冻原白蒿	Ⅲ8	0.27	0.24	36.19	8.61	13.21	3.14	0.004	0.003	0.003
垫型蒿、紫花针茅	Ⅲ8	99.34	81.46	37.55	3 058.78	14.26	1 161.88	1.43	1.24	1.31
青海刺参、紫花针茅	Ⅲ7	5.40	4.97	70.06	348.25	25.57	127.11	0.16	0.13	0.14
鬼箭锦鸡儿、藏沙蒿	Ⅲ8	0.09	0.09	39.74	3.42	15.10	1.30	0.002	0.001	0.001
变色锦鸡儿、紫花针茅	Ⅱ8	8.04	6.66	31.57	210.18	12.00	79.87	0.10	0.09	0.09
小叶金露梅、紫花针茅	Ⅱ7	46.01	40.14	50.81	2 039.26	19.31	774.89	0.95	0.82	0.88
香柏、藏沙蒿	Ⅲ7	3.14	2.98	67.40	201.09	25.61	76.42	0.09	0.08	0.09
Ⅵ高寒荒漠草原类		3 088.87	2 262.06	15.80	35 741.87	6.00	13 581.91	8.98	10.05	9.61
沙生针茅	Ⅲ8	2.43	1.99	23.79	47.45	9.04	18.03	0.01	0.01	0.01
戈壁针茅	Ⅱ8	51.10	42.02	20.29	852.55	7.71	323.97	0.22	0.24	0.23
青藏苔草、垫状驼绒藜	Ⅲ8	2 757.24	2 014.79	14.24	28 689.60	5.41	10 902.05	7.21	8.06	7.71
垫状驼绒藜、昆仑针茅	Ⅲ8	178.38	130.35	32.93	4 292.35	12.51	1 631.09	1.08	1.21	1.15
变色锦鸡儿、驼绒藜、沙生针茅	Ⅲ8	99.73	72.90	25.51	1 859.92	9.69	706.77	0.47	0.52	0.50
Ⅶ温性草原化荒漠类		78.16	57.90	19.55	1 132.14	7.43	430.21	0.41	0.35	0.37
灌木亚菊、驼绒藜、沙生针茅	Ⅳ8	78.16	57.90	19.55	1 132.14	7.43	430.21	0.41	0.35	0.37
Ⅷ温性荒漠类		1.69	1.36	13.70	18.57	5.21	7.06	0.01	0.01	0.01
驼绒藜、灌木亚菊	Ⅲ8	0.33	0.28	18.12	5.09	6.89	1.93	0.002	0.002	0.002

（续）

草原类型	等级	草原面积	草原可利用面积	鲜草单产	鲜草总产	干草单产	干草总产	暖季总载畜量	冷季总载畜量	全年总载畜量
灌木亚菊	Ⅲ8	1.37	1.07	12.55	13.48	4.77	5.12	0.005	0.004	0.004
Ⅸ高寒荒漠类		1 530.91	1 329.20	18.45	24 525.68	7.01	9 319.76	0.88	0.15	0.22
垫状驼绒藜	Ⅲ8	1 530.91	1 329.20	18.45	24 525.68	7.01	9 319.76	0.88	0.15	0.22
高原芥、燥原荠	Ⅳ8	0.00	0.00		0.00		0.00	0.00	0.00	0.00
Ⅹ暖性草丛类		0.00	0.00		0.00		0.00	0.00	0.00	0.00
黑穗画眉草	Ⅱ7	0.00	0.00		0.00		0.00	0.00	0.00	0.00
细裂叶莲蒿	Ⅲ5	0.00	0.00		0.00		0.00	0.00	0.00	0.00
Ⅺ暖性灌草丛类		3.66	3.39	224.13	759.96	67.24	227.99	0.28	0.25	0.26
白刺花、禾草	Ⅱ3	0.05	0.05	184.85	8.64	55.46	2.59	0.003	0.003	0.003
具灌木的禾草	Ⅲ5	3.61	3.34	224.68	751.33	67.40	225.40	0.28	0.24	0.26
Ⅻ热性草丛类		0.43	0.42	397.04	165.77	119.11	49.73	0.06	0.05	0.06
白茅	Ⅲ3	0.00	0.00		0.00		0.00	0.00	0.00	0.00
蕨、白茅	Ⅳ4	0.43	0.42	397.04	165.77	119.11	49.73	0.06	0.05	0.06
ⅩⅣ低地草甸类		9.32	8.99	183.35	1 648.35	62.36	560.67	0.69	0.63	0.66
（Ⅰ）低湿地草甸亚类		6.94	6.67	123.57	824.70	46.96	313.39	0.39	0.34	0.36
无脉苔草、蕨麻委陵菜	Ⅱ6	6.94	6.67	123.57	824.70	46.96	313.39	0.39	0.34	0.36
秀丽水柏枝、赖草	Ⅲ8	0.00	0.00		0.00		0.00	0.00	0.00	0.00
（Ⅱ）低地盐化草甸亚类		0.14	0.11	21.15	2.36	8.04	0.90	0.001	0.001	0.001
芦苇、赖草	Ⅲ8	0.14	0.11	21.15	2.36	8.04	0.90	0.001	0.001	0.001
（Ⅲ）低地沼泽化草甸亚类		2.25	2.20	372.50	821.29	111.75	246.39	0.30	0.29	0.30
芒尖苔草、蕨麻委陵菜	Ⅱ4	2.25	2.20	372.50	821.29	111.75	246.39	0.30	0.29	0.30
ⅩⅤ山地草甸类		22.48	21.69	232.46	5 042.25	74.99	1 626.57	2.09	1.79	1.94
（Ⅰ）山地草甸亚类		9.35	9.17	259.91	2 382.20	77.97	714.66	0.92	0.80	0.87
中亚早熟禾、苔草	Ⅱ5	4.11	4.02	333.43	1 341.77	100.03	402.53	0.52	0.47	0.50
圆穗蓼	Ⅱ6	5.25	5.14	202.37	1 040.43	60.71	312.13	0.40	0.33	0.37
（Ⅱ）亚高山草甸亚类		13.13	12.53	212.38	2 660.06	72.81	911.91	1.17	0.98	1.07
矮生嵩草、杂类草	Ⅱ6	0.85	0.83	124.79	103.61	45.17	37.51	0.05	0.04	0.04

（续）

草原类型	等级	草原面积	草原可利用面积	鲜草单产	鲜草总产	干草单产	干草总产	暖季总载畜量	冷季总载畜量	全年总载畜量
圆穗蓼、矮生嵩草	Ⅱ4	0.000 01	0.000 01	280.25	0.002	101.45	0.001	0.000 001	0.000 001	0.000 001
垂穗披碱草	Ⅱ7	0.27	0.27	29.37	7.80	10.72	2.85	0.004	0.003	0.003
具灌木的矮生嵩草	Ⅱ5	12.01	11.43	222.99	2 548.64	76.26	871.55	1.12	0.94	1.02
ⅩⅥ高寒草甸类		2 398.11	2 198.97	128.95	283 558.11	46.21	101 616.31	133.10	113.87	122.15
（Ⅰ）高寒草甸亚类		1 262.66	1 231.93	108.67	133 878.37	36.48	44 940.68	59.44	49.91	54.76
高山嵩草	Ⅱ7	15.89	13.52	63.80	862.64	24.24	327.80	0.43	0.36	0.39
高山嵩草、异针茅	Ⅱ7	17.12	16.78	65.14	1 092.78	23.78	398.86	0.53	0.43	0.45
高山嵩草、杂类草	Ⅱ7	510.15	499.95	90.18	45 083.82	32.45	16 222.43	21.46	17.55	19.41
高山嵩草、青藏苔草	Ⅲ7	77.91	75.59	79.09	5 978.00	30.00	2 267.97	3.00	2.42	2.72
圆穗蓼、高山嵩草	Ⅱ6	136.13	132.99	123.74	16 456.03	38.49	5 118.56	6.77	5.86	6.37
高山嵩草、矮生嵩草	Ⅱ6	60.90	59.68	105.01	6 267.68	38.50	2 297.95	3.04	2.47	2.66
矮生嵩草、青藏苔草	Ⅲ7	4.43	4.31	84.35	363.27	31.25	134.59	0.18	0.14	0.16
高山早熟禾	Ⅰ5	0.11	0.11	227.13	24.34	84.04	9.01	0.01	0.01	0.01
多花地杨梅	Ⅳ6	4.62	4.35	158.26	687.94	47.48	206.38	0.27	0.22	0.26
具锦鸡儿的高山嵩草	Ⅲ6	0.00	0.00		0.00		0.00	0.00	0.00	0.00
金露梅、高山嵩草	Ⅲ6	35.37	33.96	131.14	4 453.49	49.11	1 667.94	2.21	1.78	2.00
香柏、高山嵩草	Ⅲ5	4.35	4.26	201.78	860.51	74.66	318.39	0.42	0.35	0.37
雪层杜鹃、高山嵩草	Ⅲ6	390.37	381.24	134.18	51 155.95	41.30	15 746.32	20.83	18.07	19.70
具灌木的高山嵩草	Ⅲ6	5.30	5.19	113.99	591.90	43.23	224.47	0.30	0.24	0.26
（Ⅱ）高寒盐化草甸亚类		307.54	257.65	42.16	10 862.32	16.01	4 124.44	4.29	3.73	3.92
喜马拉雅碱茅	Ⅱ8	13.07	12.80	16.94	216.76	6.18	79.13	0.08	0.07	0.07
匍匐水柏枝、青藏苔草	Ⅲ8	71.54	59.54	16.25	967.38	6.17	367.60	0.38	0.33	0.35
赖草、青藏苔草、碱蓬	Ⅱ7	222.93	185.31	52.23	9 678.18	19.85	3 677.71	3.82	3.33	3.50
（Ⅲ）高寒沼泽化草甸亚类		827.91	709.39	195.68	138 817.43	74.08	52 551.19	69.38	60.22	63.46
藏北嵩草	Ⅱ5	669.78	568.64	228.55	129 961.03	86.74	49 323.11	65.24	56.56	59.65
西藏嵩草	Ⅱ7	15.09	13.97	129.14	1 803.90	40.03	559.21	0.61	0.64	0.61
藏西嵩草	Ⅱ6	35.40	29.88	147.98	4 422.08	56.23	1 680.39	2.22	1.93	2.04

（续）

草原类型	等级	草原面积	草原可利用面积	鲜草单产	鲜草总产	干草单产	干草总产	暖季总载畜量	冷季总载畜量	全年总载畜量
川滇嵩草	Ⅲ5	1.95	1.78	225.39	400.08	85.65	152.03	0.20	0.16	0.19
华扁穗草	Ⅱ8	105.69	95.12	23.45	2 230.34	8.79	836.45	1.11	0.92	0.99
ⅩⅧ沼泽类		1.04	0.73	488.61	356.83	185.62	135.56	0.14	0.12	0.13
水麦冬	Ⅲ5	0.15	0.10	226.92	22.23	85.81	8.41	0.01	0.01	0.01
芒尖苔草	Ⅲ2	0.88	0.63	529.16	334.60	201.08	127.15	0.13	0.11	0.12

1. 羌塘国家级草原核心区资源统计表

万亩、千克/亩、万千克、万羊单位

草原类型	等级	草原面积	草原可利用面积	鲜草单产	鲜草总产	干草单产	干草总产	暖季总载畜量	冷季总载畜量	全年总载畜量
合 计		11 292.13	8 869.35	32.60	289 131.42	12.39	109 869.94	120.47	106.36	111.06
Ⅲ温性荒漠草原类		81.02	66.44	71.18	4 729.34	27.05	1 797.15	2.14	1.86	1.96
沙生针茅、固沙草	Ⅲ8		0.00	23.55	0.00	8.95	0.00	0.00	0.00	0.00
变色锦鸡儿、沙生针茅	Ⅲ7	81.02	66.44	71.18	4 729.34	27.05	1 797.15	2.14	1.86	1.96
Ⅳ高寒草甸草原类		78.73	64.68	37.45	2 421.99	14.23	920.36	1.18	0.98	1.05
紫花针茅、高山嵩草	Ⅱ8	12.42	10.31	41.54	428.25	15.79	162.73	0.21	0.17	0.19
青藏苔草、高山嵩草	Ⅲ8	66.31	54.37	36.67	1 993.74	13.93	757.62	0.97	0.81	0.87
金露梅、紫花针茅、高山嵩草	Ⅲ8		0.00	14.93	0.00	5.67	0.00	0.00	0.00	0.00
Ⅴ高寒草原类		5 437.62	4 247.26	19.08	81 037.90	7.25	30 794.40	37.82	32.90	34.63
紫花针茅	Ⅲ8	1 468.16	1 218.57	18.22	22 206.12	6.92	8 438.32	10.36	9.02	9.49
紫花针茅、青藏苔草	Ⅱ8	2 320.77	1 879.82	15.39	28 933.62	5.85	10 994.78	13.50	11.75	12.36
紫花针茅、杂类草	Ⅱ8	80.09	65.68	26.33	1 729.09	10.00	657.06	0.81	0.70	0.74
昆仑针茅	Ⅱ8		0.00	10.78	0.00	4.10	0.00	0.00	0.00	0.00
羽柱针茅	Ⅲ8	64.96	50.76	22.42	1 138.09	8.52	432.47	0.53	0.46	0.49
固沙草、紫花针茅	Ⅲ8	28.55	23.32	25.29	589.75	9.61	224.10	0.28	0.24	0.25
青藏苔草	Ⅲ8	1 336.09	894.96	24.55	21 970.82	9.33	8 348.91	10.25	8.92	9.39
藏沙蒿、紫花针茅	Ⅲ8	7.82	6.51	26.34	171.43	10.01	65.14	0.08	0.07	0.07
冻原白蒿	Ⅲ8		0.00	36.19	0.00	13.75	0.00	0.00	0.00	0.00
垫型蒿、紫花针茅	Ⅲ8	96.03	78.75	38.46	3 028.33	14.61	1 150.77	1.41	1.23	1.29
变色锦鸡儿、紫花针茅	Ⅱ8	7.37	6.06	30.42	184.40	11.56	70.07	0.09	0.07	0.08
小叶金露梅、紫花针茅	Ⅱ7	27.78	22.83	47.57	1 086.24	18.08	412.77	0.51	0.44	0.46
Ⅵ高寒荒漠草原类		3 087.98	2 261.34	15.79	35 711.01	6.00	13 570.18	8.97	10.04	9.60
沙生针茅	Ⅲ8	2.41	1.98	23.77	47.17	9.03	17.93	0.01	0.01	0.01
戈壁针茅	Ⅱ8	50.84	41.80	20.28	847.71	7.71	322.12	0.21	0.24	0.23
青藏苔草、垫状驼绒藜	Ⅲ8	2 757.24	2 014.79	14.24	28 689.60	5.41	10 902.05	7.21	8.06	7.71
垫状驼绒藜、昆仑针茅	Ⅲ8	178.38	130.35	32.93	4 292.35	12.51	1 631.09	1.08	1.21	1.15
变色锦鸡儿、驼绒藜、沙生针茅	Ⅲ8	99.10	72.41	25.33	1 834.18	9.63	696.99	0.46	0.52	0.49

（续）

草原类型	等级	草原面积	草原可利用面积	鲜草单产	鲜草总产	干草单产	干草总产	暖季总载畜量	冷季总载畜量	全年总载畜量
Ⅶ温性草原化荒漠类		78.16	57.90	19.55	1 132.14	7.43	430.21	0.41	0.35	0.37
灌木亚菊、驼绒藜、沙生针茅	Ⅳ8	78.16	57.90	19.55	1 132.14	7.43	430.21	0.41	0.35	0.37
Ⅷ温性荒漠类		1.37	1.07	12.55	13.48	4.77	5.12	0.005	0.004	0.004
驼绒藜、灌木亚菊	Ⅲ8		0.00	18.12	0.00	6.89	0.00	0.00	0.00	0.00
灌木亚菊	Ⅲ8	1.37	1.07	12.55	13.48	4.77	5.12	0.005	0.004	0.004
Ⅸ高寒荒漠类		1 530.65	1 328.98	18.45	24 521.60	7.01	9 318.21	0.88	0.15	0.22
垫状驼绒藜	Ⅲ8	1 530.65	1 328.98	18.45	24 521.60	7.01	9 318.21	0.88	0.15	0.22
高原芥、燥原荠	Ⅳ8		0.00	21.68	0.00	8.24	0.00	0.00	0.00	0.00
ⅩⅣ低地草甸类			0.00		0.00		0.00	0.00	0.00	0.00
（Ⅰ）低湿地草甸亚类			0.00		0.00		0.00	0.00	0.00	0.00
秀丽水柏枝、赖草	Ⅲ7		0.00	49.48	0.00	18.80	0.00	0.00	0.00	0.00
ⅩⅥ高寒草甸类		996.61	841.68	165.82	139 563.96	63.01	53 034.30	69.06	60.06	63.22
（Ⅰ）高寒草甸亚类		30.51	27.84	56.32	1 568.16	21.40	595.90	0.79	0.67	0.71
高山嵩草	Ⅱ7	14.94	12.58	61.72	776.50	23.45	295.07	0.39	0.33	0.35
高山嵩草、异针茅	Ⅱ7		0.00	70.23	0.00	26.69	0.00	0.00	0.00	0.00
高山嵩草、杂类草	Ⅱ7		0.00	54.41	0.00	20.67	0.00	0.00	0.00	0.00
高山嵩草、矮生嵩草	Ⅱ7	15.57	15.26	51.88	791.66	19.71	300.83	0.40	0.34	0.36
金露梅、高山嵩草	Ⅲ7		0.00	80.67	0.00	30.65	0.00	0.00	0.00	0.00
（Ⅱ）高寒盐化草甸亚类		281.20	233.67	43.16	10 085.51	16.40	3 832.49	3.98	3.46	3.65
喜马拉雅碱茅	Ⅱ8		0.00	26.11	0.00	9.92	0.00	0.00	0.00	0.00
匍匐水柏枝、青藏苔草	Ⅲ8	71.54	59.54	16.25	967.38	6.17	367.60	0.38	0.33	0.35
赖草、青藏苔草、碱蓬	Ⅱ7	209.65	174.14	52.36	9 118.13	19.90	3 464.89	3.60	3.13	3.30
（Ⅲ）高寒沼泽化草甸亚类		684.91	580.16	220.47	127 910.29	83.78	48 605.91	64.29	55.93	58.86
藏北嵩草	Ⅱ5	598.14	503.85	243.90	122 887.56	92.68	46 697.27	61.76	53.73	56.55
藏西嵩草	Ⅱ6	30.92	26.05	155.79	4 057.94	59.20	1 542.02	2.04	1.77	1.87
华扁穗草	Ⅱ8	55.85	50.26	19.19	964.78	7.29	366.62	0.48	0.42	0.44
ⅩⅧ沼泽类			0.00		0.00		0.00	0.00	0.00	0.00

（续）

草原类型	等级	草原面积	草原可利用面积	鲜草单产	鲜草总产	干草单产	干草总产	暖季总载畜量	冷季总载畜量	全年总载畜量
芒尖苔草	Ⅲ2		0.00	529.16	0.00	201.08	0.00	0.00	0.00	0.00

2. 色林错黑颈鹤国家级草原核心区资源统计表

万亩、千克/亩、万千克、万羊单位

草原类型	等级	草原面积	草原可利用面积	鲜草单产	鲜草总产	干草单产	干草总产	暖季总载畜量	冷季总载畜量	全年总载畜量
合 计		409.13	352.49	30.79	10 852.12	11.24	3 961.02	5.03	4.19	4.40
Ⅳ高寒草甸草原类		22.18	18.35	27.58	506.01	10.07	184.69	0.24	0.20	0.21
紫花针茅、高山嵩草	Ⅱ8	15.20	12.61	26.65	336.20	9.73	122.71	0.16	0.13	0.14
丝颖针茅	Ⅱ8	6.57	5.39	30.70	165.40	11.21	60.37	0.08	0.06	0.07
金露梅、紫花针茅、高山嵩草	Ⅲ8	0.42	0.35	12.80	4.42	4.67	1.61	0.002	0.002	0.002
Ⅴ高寒草原类		240.79	197.85	26.80	5 301.95	9.78	1 935.21	2.38	2.04	2.12
紫花针茅	Ⅲ8	77.29	64.15	28.68	1 839.83	10.47	671.54	0.82	0.71	0.74
紫花针茅、青藏苔草	Ⅲ8	50.83	41.17	31.13	1 281.67	11.36	467.81	0.57	0.49	0.51
紫花针茅、杂类草	Ⅱ8	89.22	73.16	21.79	1 594.26	7.95	581.90	0.71	0.61	0.64
羽柱针茅	Ⅲ8	11.37	9.44	34.70	327.53	12.66	119.55	0.15	0.13	0.13
青藏苔草	Ⅲ8	2.17	1.71	22.92	39.28	8.36	14.34	0.02	0.02	0.02
藏沙蒿、紫花针茅	Ⅲ8	6.18	5.13	32.33	165.84	11.80	60.53	0.07	0.06	0.07
垫型蒿、紫花针茅	Ⅲ8	3.30	2.71	11.25	30.45	4.11	11.11	0.01	0.01	0.01
青海刺参、紫花针茅	Ⅲ7	0.33	0.30	70.06	20.96	25.57	7.65	0.01	0.01	0.01
小叶金露梅、紫花针茅	Ⅱ8	0.11	0.09	24.22	2.13	8.84	0.78	0.001	0.001	0.001
ⅩⅤ山地草甸类		0.27	0.27	29.37	7.80	10.72	2.85	0.004	0.003	0.003
（Ⅱ）亚高山草甸亚类		0.27	0.27	29.37	7.80	10.72	2.85	0.004	0.003	0.003
垂穗披碱草	Ⅲ8	0.27	0.27	29.37	7.80	10.72	2.85	0.004	0.003	0.003
ⅩⅥ高寒草甸类		145.89	136.03	37.02	5 036.36	13.51	1 838.27	2.41	1.95	2.07
（Ⅰ）高寒草甸亚类		46.31	45.38	72.66	3 297.37	26.52	1 203.54	1.59	1.29	1.36
高山嵩草、异针茅	Ⅱ7	16.88	16.54	64.81	1 072.18	23.66	391.34	0.52	0.42	0.44
高山嵩草、杂类草	Ⅲ8	9.84	9.65	23.68	228.45	8.64	83.38	0.11	0.09	0.09
高山嵩草、青藏苔草	Ⅲ6	1.72	1.68	145.67	244.85	53.17	89.37	0.12	0.10	0.10
圆穗蓼、高山嵩草	Ⅱ6	0.04	0.04	95.96	3.53	35.02	1.29	0.002	0.001	0.001
高山嵩草、矮生嵩草	Ⅱ6	16.99	16.65	92.43	1 539.40	33.74	561.88	0.74	0.60	0.64
矮生嵩草、青藏苔草	Ⅱ5	0.84	0.82	254.74	208.96	92.98	76.27	0.10	0.08	0.09
金露梅、高山嵩草	Ⅲ8	0.00	16.80	0.00	6.13	0.00	0.00	0.00	0.00	0.00

（续）

草原类型	等级	草原面积	草原可利用面积	鲜草单产	鲜草总产	干草单产	干草总产	暖季总载畜量	冷季总载畜量	全年总载畜量
（Ⅱ）高寒盐化草甸亚类		12.79	12.53	16.81	210.58	6.13	76.86	0.08	0.07	0.07
喜马拉雅碱茅	Ⅱ8	12.79	12.53	16.81	210.58	6.13	76.86	0.08	0.07	0.07
（Ⅲ）高寒沼泽化草甸亚类		86.79	78.11	19.57	1 528.41	7.14	557.87	0.74	0.60	0.63
藏北嵩草	Ⅱ8	29.87	26.88	19.73	530.35	7.20	193.58	0.26	0.21	0.22
西藏嵩草	Ⅱ8	10.25	9.23	30.09	277.55	10.98	101.30	0.13	0.11	0.11
华扁穗草	Ⅱ8	46.67	42.01	17.15	720.51	6.26	262.99	0.35	0.28	0.30

3. 珠穆朗玛峰国家级草原核心区资源统计表

万亩、千克/亩、万千克、万羊单位

草原类型	等级	草原面积	草原可利用面积	鲜草单产	鲜草总产	干草单产	干草总产	暖季总载畜量	冷季总载畜量	全年总载畜量
合 计		525.16	509.75	79.66	40 604.80	30.27	15 429.83	19.95	16.31	18.28
Ⅰ温性草甸草原类		0.81	0.73	140.66	102.74	53.45	39.04	0.05	0.04	0.05
丝颖针茅	Ⅱ6		0.00	89.86	0.00	34.15	0.00	0.00	0.00	0.00
细裂叶莲蒿、禾草	Ⅲ6	0.81	0.73	140.66	102.74	53.45	39.04	0.05	0.04	0.05
Ⅱ温性草原类		6.18	5.57	64.99	362.08	24.70	137.59	0.17	0.14	0.16
固沙草	Ⅲ8	0.16	0.15	35.59	5.35	13.52	2.03	0.001	0.001	0.001
毛莲蒿	Ⅲ7		0.00	72.82	0.00	27.67	0.00	0.00	0.00	0.00
砂生槐、蒿、禾草	Ⅲ7	6.02	5.42	65.80	356.74	25.01	135.56	0.17	0.14	0.16
Ⅳ高寒草甸草原类		25.75	24.95	64.42	1 607.06	24.48	610.68	0.75	0.65	0.71
紫花针茅、高山嵩草	Ⅱ7	5.52	5.41	81.16	438.71	30.84	166.71	0.20	0.18	0.19
丝颖针茅	Ⅱ7	15.96	15.48	62.96	974.35	23.92	370.25	0.45	0.40	0.43
金露梅、紫花针茅、高山嵩草	Ⅲ7	4.28	4.06	47.74	193.99	18.14	73.72	0.09	0.08	0.09
Ⅴ高寒草原类		121.79	117.43	44.40	5 214.02	16.87	1 981.33	2.26	1.95	2.15
紫花针茅、青藏苔草	Ⅲ8	51.10	50.08	34.91	1 748.38	13.27	664.39	0.82	0.70	0.77
紫花针茅、杂类草	Ⅱ7	9.95	9.45	60.61	573.01	23.03	217.74	0.27	0.23	0.25
昆仑针茅	Ⅱ8	6.92	6.79	41.04	278.48	15.59	105.82	0.13	0.11	0.12
固沙草、紫花针茅	Ⅳ7	33.27	31.60	47.71	1 507.98	18.13	573.03	0.54	0.47	0.52
藏沙蒿、青藏苔草	Ⅲ7	0.13	0.12	87.52	10.90	33.26	4.14	0.004	0.003	0.004
藏白蒿、禾草	Ⅴ6	0.82	0.79	89.21	70.06	33.90	26.62	0.03	0.02	0.02
冻原白蒿	Ⅳ7		0.00	67.76	0.00	25.75	0.00	0.00	0.00	0.00
变色锦鸡儿、紫花针茅	Ⅲ7	0.54	0.48	44.75	21.55	17.01	8.19	0.01	0.01	0.01
小叶金露梅、紫花针茅	Ⅲ7	15.92	15.13	53.05	802.57	20.16	304.98	0.37	0.32	0.35
香柏、藏沙蒿	Ⅲ7	3.14	2.98	67.40	201.09	25.61	76.42	0.09	0.08	0.09
ⅩⅣ低地草甸类		6.21	5.96	128.97	768.39	49.01	291.99	0.36	0.31	0.34
（Ⅰ）低湿地草甸亚类		6.21	5.96	128.97	768.39	49.01	291.99	0.36	0.31	0.34
无脉苔草、蕨麻委陵菜	Ⅱ6	6.21	5.96	128.97	768.39	49.01	291.99	0.36	0.31	0.34
（Ⅱ）低地盐化草甸亚类			0.00		0.00		0.00	0.00	0.00	0.00

（续）

草原类型	等级	草原面积	草原可利用面积	鲜草单产	鲜草总产	干草单产	干草总产	暖季总载畜量	冷季总载畜量	全年总载畜量
芦苇、赖草	Ⅲ7		0.00	46.06	0.00	17.50	0.00	0.00	0.00	0.00
ⅩⅤ山地草甸类			0.00		0.00		0.00	0.00	0.00	0.00
（Ⅰ）山地草甸亚类			0.00		0.00		0.00	0.00	0.00	0.00
中亚早熟禾、苔草	Ⅱ6		0.00	109.85	0.00	41.74	0.00	0.00	0.00	0.00
ⅩⅥ高寒草甸类		364.42	355.12	91.66	32 550.52	34.83	12 369.20	16.36	13.22	14.88
（Ⅰ）高寒草甸亚类		356.50	347.91	89.93	31 288.38	34.17	11 889.59	15.73	12.70	14.30
高山嵩草	Ⅲ6		0.00	102.72	0.00	39.03	0.00	0.00	0.00	0.00
高山嵩草、异针茅	Ⅱ7		0.00	58.82	0.00	22.35	0.00	0.00	0.00	0.00
高山嵩草、杂类草	Ⅲ6	243.51	238.64	89.89	21 451.74	34.16	8 151.66	10.78	8.71	9.80
高山嵩草、青藏苔草	Ⅱ7	75.99	73.71	77.57	5 717.88	29.48	2 172.79	2.87	2.32	2.61
高山嵩草、矮生嵩草	Ⅱ7	0.74	0.73	64.14	46.82	24.37	17.79	0.02	0.02	0.02
矮生嵩草、青藏苔草	Ⅲ8	2.98	2.89	38.61	111.43	14.67	42.34	0.06	0.05	0.05
金露梅、高山嵩草	Ⅲ6	33.28	31.95	123.95	3 960.51	47.10	1 504.99	1.99	1.61	1.81
（Ⅲ）高寒沼泽化草甸亚类		7.92	7.21	175.14	1 262.14	66.55	479.61	0.63	0.51	0.58
藏北嵩草	Ⅱ6	5.97	5.43	158.71	862.06	60.31	327.58	0.43	0.35	0.40
川滇嵩草	Ⅲ5	1.95	1.78	225.39	400.08	85.65	152.03	0.20	0.16	0.19
华扁穗草	Ⅱ6		0.00	108.41	0.00	41.20	0.00	0.00	0.00	0.00

4. 雅鲁藏布江中游河谷黑颈鹤国家级草原核心区资源统计表

万亩、千克/亩、万千克、万羊单位

草原类型	等级	草原面积	草原可利用面积	鲜草单产	鲜草总产	干草单产	干草总产	暖季总载畜量	冷季总载畜量	全年总载畜量
合　计		102.90	96.87	82.27	7 969.97	31.26	3 028.59	3.83	3.20	3.51
Ⅰ温性草甸草原类		0.00	0.00		0.00		0.00	0.00	0.00	0.00
丝颖针茅	Ⅱ6		0.00	138.21	0.00	52.52	0.00	0.00	0.00	0.00
Ⅱ温性草原类		35.32	32.48	40.51	1 315.90	15.39	500.04	0.60	0.51	0.56
长芒草	Ⅲ6		0.00	155.68	0.00	59.16	0.00	0.00	0.00	0.00
固沙草	Ⅲ6	0.01	0.01	125.47	1.78	47.68	0.68	0.001	0.001	0.001
白草	Ⅲ8	11.70	11.11	19.58	217.61	7.44	82.69	0.10	0.07	0.09
草沙蚕	Ⅲ7	1.11	1.05	61.87	65.25	23.51	24.80	0.02	0.02	0.02
毛莲蒿	Ⅲ7		0.00	78.16	0.00	29.70	0.00	0.00	0.00	0.00
藏沙蒿	Ⅲ7	0.17	0.17	89.35	15.28	33.95	5.81	0.01	0.01	0.01
日喀则蒿	Ⅲ7	0.82	0.74	44.34	32.79	16.85	12.46	0.01	0.01	0.01
砂生槐、蒿、禾草	Ⅲ6		0.00	123.32	0.00	46.86	0.00	0.00	0.00	0.00
砂生槐、蒿、禾草	Ⅲ7	21.50	19.39	50.70	983.18	19.27	373.61	0.46	0.39	0.43
小叶野丁香、毛莲蒿	Ⅲ6		0.00	98.35	0.00	37.37	0.00	0.00	0.00	0.00
Ⅳ高寒草甸草原类		14.96	13.86	82.50	1 143.68	31.35	434.60	0.53	0.46	0.49
紫花针茅、高山嵩草	Ⅱ7	0.88	0.87	65.26	56.59	24.80	21.51	0.03	0.02	0.02
丝颖针茅	Ⅱ6	0.80	0.79	90.53	71.24	34.40	27.07	0.03	0.03	0.03
金露梅、紫花针茅、高山嵩草	Ⅲ6	0.08	0.07	161.12	11.26	61.22	4.28	0.01	0.00	0.00
香柏、臭草	Ⅲ7	13.20	12.14	82.75	1 004.59	31.45	381.75	0.47	0.41	0.43
Ⅴ高寒草原类		26.92	25.94	77.38	2 006.85	29.40	762.60	0.94	0.80	0.87
紫花针茅	Ⅲ8	12.10	11.86	42.61	505.30	16.19	192.01	0.24	0.20	0.22
紫花针茅、杂类草	Ⅱ7	2.33	2.21	74.89	165.78	28.46	63.00	0.08	0.07	0.07
固沙草、紫花针茅	Ⅳ7	2.93	2.78	59.61	165.89	22.65	63.04	0.08	0.07	0.07
黑穗画眉草、羽柱针茅	Ⅱ7		0.00	67.93	0.00	25.81	0.00	0.00	0.00	0.00
藏沙蒿、紫花针茅	Ⅳ6	3.95	3.76	147.78	555.03	56.16	210.91	0.26	0.22	0.24
藏沙蒿、青藏苔草	Ⅲ7		0.00	79.34	0.00	30.15	0.00	0.00	0.00	0.00
藏白蒿、禾草	Ⅴ6	3.40	3.23	144.28	466.51	54.83	177.27	0.22	0.19	0.20

（续）

草原类型	等级	草原面积	草原可利用面积	鲜草单产	鲜草总产	干草单产	干草总产	暖季总载畜量	冷季总载畜量	全年总载畜量
冻原白蒿	Ⅳ6		0.00	102.55	0.00	38.97	0.00	0.00	0.00	0.00
小叶金露梅、紫花针茅	Ⅲ7	2.20	2.09	70.96	148.33	26.96	56.37	0.07	0.06	0.06
香柏、藏沙蒿	Ⅲ7		0.00	77.81	0.00	29.57	0.00	0.00	0.00	0.00
ⅩⅣ低地草甸类		0.73	0.72	78.67	56.32	29.89	21.40	0.03	0.03	0.03
（Ⅰ）低湿地草甸亚类		0.73	0.72	78.67	56.32	29.89	21.40	0.03	0.03	0.03
无脉苔草、蕨麻委陵菜	Ⅱ7	0.73	0.72	78.67	56.32	29.89	21.40	0.03	0.03	0.03
（Ⅲ）低地沼泽化草甸亚类		0.00	0.00		0.00		0.00	0.00	0.00	0.00
芒尖苔草、蕨麻委陵菜	Ⅲ5		0.00	203.79	0.00	77.44	0.00	0.00	0.00	0.00
ⅩⅤ山地草甸类		0.00	0.00		0.00		0.00	0.00	0.00	0.00
（Ⅱ）亚高山草甸亚类		0.00	0.00		0.00		0.00	0.00	0.00	0.00
矮生嵩草、杂类草	Ⅱ4		0.00	288.72	0.00	109.71	0.00	0.00	0.00	0.00
ⅩⅥ高寒草甸类		24.85	23.79	144.13	3 429.06	54.77	1 303.04	1.72	1.39	1.56
（Ⅰ）高寒草甸亚类		17.17	16.83	106.56	1 792.84	40.49	681.28	0.90	0.73	0.80
高山嵩草	Ⅲ6	0.96	0.94	91.60	86.14	34.81	32.73	0.04	0.03	0.04
高山嵩草、杂类草	Ⅲ6	5.27	5.17	98.87	510.94	37.57	194.16	0.26	0.21	0.23
高山嵩草、青藏苔草	Ⅱ7	0.14	0.14	84.20	11.50	32.00	4.37	0.01	0.00	0.01
圆穗蓼、高山嵩草	Ⅲ6	5.55	5.44	110.33	599.66	41.92	227.87	0.30	0.24	0.26
高山嵩草、矮生嵩草	Ⅱ6	0.28	0.27	103.67	28.23	39.39	10.73	0.01	0.01	0.01
矮生嵩草、青藏苔草	Ⅲ8		0.00	41.81	0.00	15.89	0.00	0.00	0.00	0.00
具锦鸡儿的高山嵩草	Ⅲ6		0.00	98.21	0.00	37.32	0.00	0.00	0.00	0.00
金露梅、高山嵩草	Ⅲ6	0.08	0.08	126.04	9.84	47.90	3.74	0.005	0.004	0.005
具灌木的高山嵩草	Ⅲ6	4.89	4.79	113.99	546.53	43.32	207.68	0.27	0.22	0.24
（Ⅲ）高寒沼泽化草甸亚类		7.68	6.97	234.87	1 636.22	89.25	621.76	0.82	0.66	0.75
藏北嵩草	Ⅱ5	5.42	4.93	224.76	1 109.17	85.41	421.48	0.56	0.45	0.51
川滇嵩草	Ⅲ4		0.00	325.39	0.00	123.65	0.00	0.00	0.00	0.00
华扁穗草	Ⅱ5	2.26	2.03	259.42	527.05	98.58	200.28	0.26	0.21	0.24
ⅩⅧ沼泽类		0.12	0.08	223.98	18.16	85.11	6.90	0.01	0.01	0.01

（续）

草原类型	等级	草原面积	草原可利用面积	鲜草单产	鲜草总产	干草单产	干草总产	暖季总载畜量	冷季总载畜量	全年总载畜量
水麦冬	Ⅲ5	0.12	0.08	223.98	18.16	85.11	6.90	0.01	0.01	0.01

5. 拉鲁湿地国家级草原核心区资源统计表

万亩、千克/亩、万千克、万羊单位

草原类型	等级	草原面积	草原可利用面积	鲜草单产	鲜草总产	干草单产	干草总产	暖季总载畜量	冷季总载畜量	全年总载畜量
合 计		0.08	0.06	157.72	9.56	58.36	3.54	0.004	0.004	0.004
Ⅱ温性草原类		0.03	0.03	122.29	3.31	45.25	1.23	0.002	0.001	0.001
长芒草	Ⅲ6	0.03	0.03	122.29	3.31	45.25	1.23	0.002	0.001	0.001
ⅩⅥ高寒草甸类		0.02	0.02	130.85	2.18	48.41	0.81	0.001	0.001	0.001
（Ⅰ）高寒草甸亚类		0.02	0.02	130.85	2.18	48.41	0.81	0.001	0.001	0.001
圆穗蓼、高山嵩草	Ⅲ6	0.02	0.02	130.85	2.18	48.41	0.81	0.001	0.001	0.001
ⅩⅧ沼泽类		0.03	0.02	241.04	4.07	89.19	1.51	0.002	0.001	0.001
水麦冬	Ⅲ5	0.03	0.02	241.04	4.07	89.19	1.51	0.002	0.001	0.001

6. 雅鲁藏布江大峡谷国家级草原核心区资源统计表

万亩、千克/亩、万千克、万羊单位

草原类型	等级	草原面积	草原可利用面积	鲜草单产	鲜草总产	干草单产	干草总产	暖季总载畜量	冷季总载畜量	全年总载畜量
合 计		46.17	43.93	152.91	6 716.86	45.87	2 015.06	2.64	2.15	2.42
Ⅹ暖性草丛类		0.00	0.00		0.00		0.00	0.00	0.00	0.00
细裂叶莲蒿	Ⅲ5		0.00	260.19	0.00	78.06	0.00	0.00	0.00	0.00
Ⅺ暖性灌草丛类		3.27	3.01	223.02	670.51	66.91	201.15	0.25	0.21	0.23
白刺花、禾草	Ⅱ6	0.05	0.05	184.85	8.64	55.46	2.59	0.003	0.003	0.003
具灌木的禾草	Ⅲ5	3.22	2.96	223.63	661.87	67.09	198.56	0.24	0.21	0.23
Ⅻ热性草丛类		0.37	0.36	403.49	146.66	121.05	44.00	0.05	0.05	0.05
白茅	Ⅲ3		0.00	529.23	0.00	158.77	0.00	0.00	0.00	0.00
蕨、白茅	Ⅳ4	0.37	0.36	403.49	146.66	121.05	44.00	0.05	0.05	0.05
ⅩⅤ山地草甸类		3.39	3.22	152.63	491.93	45.79	147.58	0.19	0.16	0.17
（Ⅰ）山地草甸亚类		0.00	0.00	346.67	0.03	104.00	0.01	0.00	0.00	0.00
中亚早熟禾、苔草	Ⅱ4	0.00	0.00	346.67	0.03	104.00	0.01	0.00	0.00	0.00
（Ⅱ）亚高山草甸亚类		3.39	3.22	152.63	491.90	45.79	147.57	0.19	0.16	0.17
具灌木的矮生嵩草	Ⅱ6	3.39	3.22	152.63	491.90	45.79	147.57	0.19	0.16	0.17
ⅩⅥ高寒草甸类		39.14	37.33	144.85	5 407.75	43.45	1 622.33	2.15	1.73	1.96
（Ⅰ）高寒草甸亚类		39.14	37.33	144.85	5 407.75	43.45	1 622.33	2.15	1.73	1.96
高山嵩草、杂类草	Ⅱ7	2.65	2.60	109.27	284.28	32.78	85.28	0.11	0.09	0.10
圆穗蓼、高山嵩草	Ⅱ6	20.82	19.98	128.16	2 561.04	38.45	768.31	1.02	0.82	0.92
多花地杨梅	Ⅳ6	4.61	4.33	157.81	683.76	47.34	205.13	0.27	0.22	0.26
金露梅、高山嵩草	Ⅲ4	0.66	0.64	396.73	253.38	119.02	76.02	0.10	0.08	0.09
雪层杜鹃、高山嵩草	Ⅲ6	10.40	9.78	166.23	1 625.29	49.87	487.59	0.64	0.52	0.59

7. 察隅慈巴沟国家级草原核心区资源统计表

万亩、千克/亩、万千克、万羊单位

草原类型	等级	草原面积	草原可利用面积	鲜草单产	鲜草总产	干草单产	干草总产	暖季总载畜量	冷季总载畜量	全年总载畜量
合 计		17.97	17.37	144.85	2 516.24	43.45	754.87	1.00	0.81	0.93
XII热性草丛类		0.06	0.05	353.69	19.11	106.11	5.73	0.01	0.01	0.01
蕨、白茅	IV4	0.06	0.05	353.69	19.11	106.11	5.73	0.01	0.01	0.01
XVI高寒草甸类		17.91	17.32	144.20	2 497.13	43.26	749.14	0.99	0.80	0.92
（I）高寒草甸亚类		17.91	17.32	144.20	2 497.13	43.26	749.14	0.99	0.80	0.92
高山嵩草、杂类草	II6	11.98	11.74	135.28	1 587.60	40.58	476.28	0.63	0.51	0.58
雪层杜鹃、高山嵩草	III6	5.94	5.58	162.95	909.53	48.88	272.86	0.36	0.29	0.33

8. 芒康滇金丝猴国家级草原核心区资源统计表

万亩、千克/亩、万千克、万羊单位

草原类型	等级	草原面积	草原可利用面积	鲜草单产	鲜草总产	干草单产	干草总产	暖季总载畜量	冷季总载畜量	全年总载畜量
合 计		43.46	41.89	198.94	8 333.18	72.02	3 016.61	3.91	3.22	3.53
Ⅱ温性草原类		10.63	10.21	228.26	2 330.16	82.63	843.52	1.04	0.90	0.96
白刺花、细裂叶莲蒿	Ⅳ5	10.63	10.21	228.26	2 330.16	82.63	843.52	1.04	0.90	0.96
Ⅺ暖性灌草丛类		0.00	0.00		0.00		0.00	0.00	0.00	0.00
白刺花、禾草	Ⅲ3		0.00	494.41	0.00	178.98	0.00	0.00	0.00	0.00
ⅩⅤ山地草甸类		0.00	0.00		0.00		0.00	0.00	0.00	0.00
（Ⅱ）亚高山草甸亚类		0.00	0.00		0.00		0.00	0.00	0.00	0.00
矮生嵩草、杂类草	Ⅱ5		0.00	208.63	0.00	75.52	0.00	0.00	0.00	0.00
ⅩⅥ高寒草甸类		32.83	31.68	189.49	6 003.02	68.60	2 173.09	2.87	2.32	2.57
（Ⅰ）高寒草甸亚类		32.83	31.68	189.49	6 003.02	68.60	2 173.09	2.87	2.32	2.57
高山嵩草、异针茅	Ⅲ4		0.00	290.39	0.00	105.12	0.00	0.00	0.00	0.00
高山嵩草、杂类草	Ⅲ6	3.49	3.42	181.57	621.62	65.73	225.03	0.30	0.24	0.27
圆穗蓼、高山嵩草	Ⅰ5		0.00	219.27	0.00	79.37	0.00	0.00	0.00	0.00
高山嵩草、矮生嵩草	Ⅱ5	4.63	4.54	201.53	914.04	72.95	330.88	0.44	0.35	0.39
金露梅、高山嵩草	Ⅱ5	0.31	0.29	246.85	72.40	89.36	26.21	0.03	0.03	0.03
雪层杜鹃、高山嵩草	Ⅲ5	24.40	23.43	187.60	4 394.96	67.91	1 590.98	2.10	1.70	1.88

9. 纳木错自治区级草原核心区资源统计表

万亩、千克/亩、万千克、万羊单位

草原类型	等级	草原面积	草原可利用面积	鲜草单产	鲜草总产	干草单产	干草总产	暖季总载畜量	冷季总载畜量	全年总载畜量
合 计		196.84	187.27	62.26	11 660.07	22.75	4 260.51	5.58	4.56	4.85
Ⅳ高寒草甸草原类		72.62	66.25	33.87	2 243.52	12.36	818.88	1.05	0.87	0.93
紫花针茅、高山嵩草	Ⅱ7	15.90	14.63	52.51	768.07	19.16	280.35	0.36	0.30	0.32
金露梅、紫花针茅、高山嵩草	Ⅲ8	56.72	51.62	28.58	1 475.45	10.43	538.54	0.69	0.58	0.61
Ⅴ高寒草原类		11.32	10.59	58.45	619.10	21.34	225.97	0.28	0.24	0.25
紫花针茅	Ⅲ7	5.73	5.44	49.97	271.85	18.24	99.23	0.12	0.10	0.11
紫花针茅、青藏苔草	Ⅲ7	0.00		59.00	0.00	21.53	0.00	0.00	0.00	0.00
紫花针茅、杂类草	Ⅱ8	0.52	0.48	41.60	19.96	15.18	7.28	0.01	0.01	0.01
青海刺参、紫花针茅	Ⅲ7	5.08	4.67	70.06	327.29	25.57	119.46	0.15	0.13	0.13
ⅩⅥ高寒草甸类		112.89	110.43	79.67	8 797.46	29.12	3 215.66	4.25	3.45	3.68
（Ⅰ）高寒草甸亚类		107.75	105.59	78.57	8 295.93	28.72	3 032.60	4.01	3.25	3.47
高山嵩草、异针茅	Ⅱ7	0.24	0.23	88.52	20.60	32.31	7.52	0.01	0.01	0.01
高山嵩草、杂类草	Ⅲ7	97.18	95.24	71.66	6 825.01	26.16	2 491.13	3.29	2.66	2.84
高山嵩草、青藏苔草	Ⅲ7	0.00		68.60	0.00	25.04	0.00	0.00	0.00	0.00
圆穗蓼、高山嵩草	Ⅱ6	3.85	3.77	95.96	361.91	35.02	132.10	0.17	0.14	0.15
高山嵩草、矮生嵩草	Ⅱ6	1.89	1.85	92.43	171.38	33.74	62.55	0.08	0.07	0.07
矮生嵩草、青藏苔草	Ⅱ5	0.13	0.13	254.74	32.18	94.25	11.91	0.02	0.01	0.01
高山早熟禾	Ⅱ5	0.11	0.11	227.13	24.34	84.04	9.01	0.01	0.01	0.01
香柏、高山嵩草	Ⅲ5	4.35	4.26	201.78	860.51	74.66	318.39	0.42	0.35	0.37
（Ⅲ）高寒沼泽化草甸亚类		5.15	4.84	103.67	501.53	37.84	183.06	0.24	0.20	0.21
藏北嵩草	Ⅱ6	5.15	4.84	103.67	501.49	37.84	183.04	0.24	0.20	0.21
华扁穗草	Ⅱ7	0.00	0.00	61.97	0.04	22.62	0.02	0.00	0.00	0.00

10. 班公错湿地草原核心区资源统计表

万亩、千克/亩、万千克、万羊单位

草原类型	等级	草原面积	草原可利用面积	鲜草单产	鲜草总产	干草单产	干草总产	暖季总载畜量	冷季总载畜量	全年总载畜量
合 计		3.26	2.70	155.81	420.16	59.21	159.66	0.17	0.15	0.15
V 高寒草原类		0.00	0.00		0.00		0.00	0.00	0.00	0.00
紫花针茅、青藏苔草	Ⅱ8		0.00	18.62	0.00	7.08	0.00	0.00	0.00	0.00
Ⅵ 高寒荒漠草原类		0.32	0.27	22.86	6.21	8.69	2.36	0.003	0.002	0.002
沙生针茅	Ⅲ8		0.00	13.18	0.00	5.01	0.00	0.00	0.00	0.00
戈壁针茅	Ⅱ8	0.26	0.22	21.86	4.85	8.31	1.84	0.002	0.002	0.002
变色锦鸡儿、驼绒藜、沙生针茅	Ⅲ8	0.06	0.05	27.30	1.37	10.37	0.52	0.001	0.001	0.001
Ⅷ 温性荒漠类		0.33	0.28	18.12	5.09	6.89	1.93	0.002	0.002	0.002
驼绒藜、灌木亚菊	Ⅲ8	0.33	0.28	18.12	5.09	6.89	1.93	0.002	0.002	0.002
灌木亚菊	Ⅲ8		0.00	12.55	0.00	4.77	0.00	0.00	0.00	0.00
Ⅸ 高寒荒漠类		0.25	0.22	18.45	4.08	7.01	1.55	0.000 1	0.000 03	0.000 04
垫状驼绒藜	Ⅲ8	0.25	0.22	18.45	4.08	7.01	1.55	0.000 1	0.000 03	0.000 04
ⅩⅣ 低地草甸类		0.00	0.00		0.00		0.00	0.00	0.00	0.00
（Ⅰ）低湿地草甸亚类		0.00	0.00		0.00		0.00	0.00	0.00	0.00
秀丽水柏枝、赖草	Ⅲ8		0.00	14.40	0.00	5.47	0.00	0.00	0.00	0.00
ⅩⅥ 高寒草甸类		1.47	1.29	54.37	70.19	20.66	26.67	0.03	0.03	0.03
（Ⅱ）高寒盐化草甸亚类		0.80	0.71	43.05	30.51	16.36	11.59	0.01	0.01	0.01
赖草、青藏苔草、碱蓬	Ⅱ8	0.80	0.71	43.05	30.51	16.36	11.59	0.01	0.01	0.01
（Ⅲ）高寒沼泽化草甸亚类		0.67	0.58	68.15	39.68	25.90	15.08	0.02	0.02	0.02
藏西嵩草	Ⅱ7	0.67	0.58	68.15	39.68	25.90	15.08	0.02	0.02	0.02
ⅩⅧ 沼泽类		0.88	0.63	529.16	334.60	201.08	127.15	0.13	0.11	0.12
芒尖苔草	Ⅲ2	0.88	0.63	529.16	334.60	201.08	127.15	0.13	0.11	0.12

11. 玛旁雍错湿地草原核心区资源统计表

万亩、千克/亩、万千克、万羊单位

草原类型	等级	草原面积	草原可利用面积	鲜草单产	鲜草总产	干草单产	干草总产	暖季总载畜量	冷季总载畜量	全年总载畜量
合 计		6.46	5.53	165.41	914.75	62.85	347.61	0.44	0.39	0.41
Ⅳ高寒草甸草原类		0.13	0.09	32.94	2.91	12.52	1.11	0.00	0.00	0.00
紫花针茅、高山蒿草	Ⅱ7	0.02	0.02	57.87	1.25	21.99	0.48	0.00	0.00	0.00
青藏苔草、高山蒿草	Ⅲ8	0.11	0.07	24.84	1.66	9.44	0.63	0.00	0.00	0.00
Ⅴ高寒草原类		1.83	1.57	35.89	56.21	13.64	21.36	0.03	0.02	0.02
紫花针茅	Ⅲ8	0.51	0.43	23.37	9.98	8.88	3.79	0.005	0.004	0.004
紫花针茅、青藏苔草	Ⅱ7	0.39	0.34	54.75	18.47	20.80	7.02	0.01	0.01	0.01
紫花针茅、杂类草	Ⅱ8	0.74	0.63	32.58	20.42	12.38	7.76	0.01	0.01	0.01
藏沙蒿、紫花针茅	Ⅲ7	0.07	0.06	51.94	3.12	19.74	1.18	0.001	0.001	0.001
变色锦鸡儿、紫花针茅	Ⅱ8	0.13	0.12	36.70	4.22	13.94	1.60	0.002	0.002	0.002
Ⅵ高寒荒漠草原类		0.57	0.45	54.88	24.63	20.85	9.36	0.01	0.01	0.01
沙生针茅	Ⅲ8	0.01	0.01	28.31	0.26	10.76	0.10	0.000 1	0.000 1	0.000 1
变色锦鸡儿、驼绒藜、沙生针茅	Ⅲ7	0.56	0.44	55.42	24.37	21.06	9.26	0.01	0.01	0.01
ⅩⅣ低地草甸类		0.14	0.11	21.15	2.36	8.04	0.90	0.001	0.001	0.001
（Ⅱ）低地盐化草甸亚类		0.14	0.11	21.15	2.36	8.04	0.90	0.001	0.001	0.001
芦苇、赖草	Ⅲ8	0.14	0.11	21.15	2.36	8.04	0.90	0.001	0.001	0.001
ⅩⅥ高寒草甸类		3.79	3.32	249.95	828.65	94.98	314.89	0.41	0.36	0.38
（Ⅱ）高寒盐化草甸亚类		1.13	0.95	67.77	64.11	25.75	24.36	0.03	0.02	0.02
赖草、青藏苔草、碱蓬	Ⅱ7	1.13	0.95	67.77	64.11	25.75	24.36	0.03	0.02	0.02
（Ⅲ）高寒沼泽化草甸亚类		2.66	2.37	322.68	764.53	122.62	290.52	0.38	0.33	0.35
藏北蒿草	Ⅱ3	2.15	1.91	382.15	730.97	145.22	277.77	0.37	0.32	0.34
藏西蒿草	Ⅱ7	0.51	0.46	73.52	33.56	27.94	12.75	0.02	0.01	0.02

12. 洞错湿地草原核心区资源统计表

万亩、千克/亩、万千克、万羊单位

草原类型	等级	草原面积	草原可利用面积	鲜草单产	鲜草总产	干草单产	干草总产	暖季总载畜量	冷季总载畜量	全年总载畜量
合 计		11.33	9.40	63.84	600.33	24.26	228.13	0.26	0.23	0.24
Ⅳ高寒草甸草原类		0.00	0.00		0.00		0.00	0.00	0.00	0.00
青藏苔草、高山蒿草	Ⅲ8		0.00	15.85	0.00	6.02	0.00	0.00	0.00	0.00
Ⅴ高寒草原类		1.38	1.10	24.71	27.27	9.39	10.36	0.01	0.01	0.01
紫花针茅	Ⅲ8	0.27	0.22	18.22	4.02	6.92	1.53	0.002	0.002	0.002
紫花针茅、杂类草	Ⅱ8	1.10	0.88	26.33	23.25	10.00	8.83	0.01	0.01	0.01
昆仑针茅	Ⅱ8		0.00	10.78	0.00	4.10	0.00	0.00	0.00	0.00
青藏苔草	Ⅲ8		0.00	24.55	0.00	9.33	0.00	0.00	0.00	0.00
藏沙蒿、紫花针茅	Ⅲ8		0.00	26.34	0.00	10.01	0.00	0.00	0.00	0.00
Ⅵ高寒荒漠草原类		0.00	0.00	23.77	0.02	9.03	0.01	0.00	0.00	0.00
沙生针茅	Ⅲ8	0.00	0.00	23.77	0.02	9.03	0.01	0.00	0.00	0.00
ⅩⅥ高寒草甸类		9.95	8.30	69.05	573.04	26.24	217.76	0.25	0.22	0.23
（Ⅱ）高寒盐化草甸亚类		8.35	6.95	52.22	362.95	19.84	137.92	0.14	0.12	0.13
喜马拉雅碱茅	Ⅱ8	0.05	0.04	26.11	0.97	9.92	0.37	0.000 4	0.000 3	0.000 3
赖草、青藏苔草、碱蓬	Ⅱ7	8.31	6.91	52.36	361.98	19.90	137.55	0.14	0.12	0.13
（Ⅲ）高寒沼泽化草甸亚类		1.60	1.35	155.79	210.10	59.20	79.84	0.11	0.09	0.10
藏北蒿草	Ⅱ5		0.00	243.90	0.00	92.68	0.00	0.00	0.00	0.00
藏西嵩草	Ⅱ6	1.60	1.35	155.79	210.10	59.20	79.84	0.11	0.09	0.10
华扁穗草	Ⅱ8		0.00	21.80	0.00	8.28	0.00	0.00	0.00	0.00

13. 扎日楠木错湿地草原核心区资源统计表

万亩、千克/亩、万千克、万羊单位

草原类型	等级	草原面积	草原可利用面积	鲜草单产	鲜草总产	干草单产	干草总产	暖季总载畜量	冷季总载畜量	全年总载畜量
合　计		15.82	13.52	44.91	607.12	17.07	230.71	0.28	0.24	0.25
Ⅳ高寒草甸草原类		0.26	0.25	64.34	16.30	24.45	6.19	0.01	0.01	0.01
紫花针茅、高山嵩草	Ⅱ7	0.26	0.25	64.34	16.30	24.45	6.19	0.01	0.01	0.01
Ⅴ高寒草原类		10.81	9.20	44.09	405.41	16.75	154.06	0.19	0.16	0.17
紫花针茅	Ⅲ7	10.41	8.82	44.77	394.73	17.01	150.00	0.18	0.16	0.17
紫花针茅、青藏苔草	Ⅲ8	0.06	0.06	15.49	0.99	5.89	0.37	0.000 5	0.000 4	0.000 4
紫花针茅、杂类草	Ⅱ8	0.17	0.16	36.35	5.91	13.81	2.24	0.003	0.002	0.003
固沙草、紫花针茅	Ⅳ8	0.16	0.15	24.86	3.79	9.45	1.44	0.001	0.001	0.001
青藏苔草	Ⅲ7	0.00	0.00	52.88	0.00	20.09	0.00	0.00	0.00	0.00
冻原白蒿	Ⅳ7	0.00	0.00	56.03	0.00	21.29	0.00	0.00	0.00	0.00
ⅩⅥ高寒草甸类		4.75	4.07	45.56	185.41	17.31	70.46	0.08	0.07	0.08
（Ⅰ）高寒草甸亚类		0.01	0.01	99.90	1.17	37.96	0.44	0.001	0.000 5	0.001
高山嵩草、青藏苔草	Ⅱ7	0.00	0.00	60.02	0.00	22.81	0.00	0.00	0.00	0.00
金露梅、高山嵩草	Ⅲ6	0.01	0.01	99.90	1.17	37.96	0.44	0.001	0.000 5	0.001
（Ⅱ）高寒盐化草甸亚类		3.05	2.61	39.63	103.44	15.06	39.31	0.04	0.04	0.04
赖草、青藏苔草、碱蓬	Ⅱ8	3.05	2.61	39.63	103.44	15.06	39.31	0.04	0.04	0.04
（Ⅲ）高寒沼泽化草甸亚类		1.69	1.45	55.82	80.81	21.21	30.71	0.04	0.04	0.04
藏西嵩草	Ⅱ7	1.69	1.45	55.82	80.81	21.21	30.71	0.04	0.04	0.04

14. 昂孜错—马尔下错湿地草原核心区资源统计表

万亩、千克/亩、万千克、万羊单位

草原类型	等级	草原面积	草原可利用面积	鲜草单产	鲜草总产	干草单产	干草总产	暖季总载畜量	冷季总载畜量	全年总载畜量
合 计		3.31	3.01	28.01	84.37	10.28	30.96	0.04	0.03	0.03
Ⅴ高寒草原类		0.64	0.56	35.91	19.96	13.11	7.28	0.01	0.01	0.01
紫花针茅	Ⅲ8	0.15	0.13	32.73	4.40	11.95	1.61	0.002	0.002	0.002
紫花针茅、青藏苔草	Ⅲ8	0.18	0.15	38.06	5.82	13.89	2.12	0.003	0.002	0.002
羽柱针茅	Ⅲ8	0.03	0.03	36.44	1.04	13.30	0.38	0.000 5	0.000 4	0.000 4
藏沙蒿、紫花针茅	Ⅲ8	0.00	0.00	44.52	0.09	16.25	0.03	0.000 04	0.000 03	0.000 04
冻原白蒿	Ⅲ8	0.27	0.24	36.19	8.61	13.21	3.14	0.004	0.003	0.003
ⅩⅥ高寒草甸类		2.67	2.46	26.22	64.42	9.64	23.67	0.03	0.02	0.03
（Ⅰ）高寒草甸亚类		0.49	0.47	22.60	10.70	8.59	4.07	0.01	0.004	0.005
矮生嵩草、青藏苔草	Ⅲ8	0.49	0.47	22.60	10.70	8.59	4.07	0.01	0.004	0.005
（Ⅱ）高寒盐化草甸亚类		0.24	0.23	22.62	5.21	8.26	1.90	0.002	0.002	0.002
喜马拉雅碱茅	Ⅱ8	0.24	0.23	22.62	5.21	8.26	1.90	0.002	0.002	0.002
（Ⅲ)高寒沼泽化草甸亚类		1.95	1.75	27.67	48.50	10.10	17.70	0.02	0.02	0.02
藏北嵩草	Ⅱ8	1.03	0.93	32.87	30.55	12.00	11.15	0.01	0.01	0.01
华扁穗草	Ⅱ8	0.91	0.82	21.80	17.95	7.96	6.55	0.01	0.01	0.01

15. 昂仁搭格架地热间歇喷泉草原核心区资源统计表

万亩、千克/亩、万千克、万羊单位

草原类型	等级	草原面积	草原可利用面积	鲜草单产	鲜草总产	干草单产	干草总产	暖季总载畜量	冷季总载畜量	全年总载畜量
合 计		0.11	0.11	107.89	11.75	41.00	4.47	0.01	0.005	0.01
Ⅳ高寒草甸草原类		0.07	0.07	64.34	4.41	24.45	1.67	0.002	0.002	0.002
紫花针茅、高山嵩草	Ⅱ7	0.07	0.07	64.34	4.41	24.45	1.67	0.002	0.002	0.002
ⅩⅥ高寒草甸类		0.04	0.04	181.75	7.34	69.06	2.79	0.004	0.003	0.003
(Ⅲ)高寒沼泽化草甸亚类		0.04	0.04	181.75	7.34	69.06	2.79	0.004	0.003	0.003
藏北嵩草	Ⅱ5	0.04	0.04	181.75	7.34	69.06	2.79	0.004	0.003	0.003

16. 桑桑湿地草原核心区资源统计表

万亩、千克/亩、万千克、万羊单位

草原类型	等级	草原面积	草原可利用面积	鲜草单产	鲜草总产	干草单产	干草总产	暖季总载畜量	冷季总载畜量	全年总载畜量
合 计		1.53	1.39	166.96	232.58	63.45	88.38	0.12	0.09	0.11
Ⅳ高寒草甸草原类		0.01	0.01	64.34	0.39	24.45	0.15	0.000 2	0.000 2	0.000 2
紫花针茅、高山嵩草	Ⅱ7	0.01	0.01	64.34	0.39	24.45	0.15	0.000 2	0.000 2	0.000 2
金露梅、紫花针茅、高山嵩草	Ⅲ6		0.00	108.26	0.00	41.14	0.00	0.00	0.00	0.00
Ⅴ高寒草原类		0.09	0.09	39.74	3.42	15.10	1.30	0.002	0.001	0.001
鬼箭锦鸡儿、藏沙嵩	Ⅲ8	0.09	0.09	39.74	3.42	15.10	1.30	0.002	0.001	0.001
ⅩⅥ高寒草甸类		1.43	1.30	175.86	228.77	66.83	86.93	0.11	0.09	0.10
（Ⅰ）高寒草甸亚类		0.06	0.06	60.02	3.78	22.81	1.44	0.002	0.002	0.002
高山嵩草	Ⅲ8		0.00	13.47	0.00	5.12	0.00	0.00	0.00	0.00
高山嵩草、青藏苔草	Ⅱ7	0.06	0.06	60.02	3.78	22.81	1.44	0.002	0.002	0.002
（Ⅲ）高寒沼泽化草甸亚类		1.36	1.24	181.75	225.00	69.06	85.50	0.11	0.09	0.10
藏北嵩草	Ⅱ5	1.36	1.24	181.75	225.00	69.06	85.50	0.11	0.09	0.10

17. 热振草原核心区资源统计表

万亩、千克/亩、万千克、万羊单位

草原类型	等级	草原面积	草原可利用面积	鲜草单产	鲜草总产	干草单产	干草总产	暖季总载畜量	冷季总载畜量	全年总载畜量
合 计		12.72	12.47	151.15	1 884.87	55.92	697.40	0.92	0.83	0.87
Ⅱ温性草原类		0.61	0.60	126.91	76.10	46.96	28.16	0.03	0.03	0.03
白草	Ⅲ6	0.61	0.60	126.91	76.10	46.96	28.16	0.03	0.03	0.03
ⅩⅥ高寒草甸类		12.11	11.87	152.37	1 808.78	56.38	669.25	0.89	0.80	0.83
（Ⅰ）高寒草甸亚类		12.11	11.87	152.37	1 808.78	56.38	669.25	0.89	0.80	0.83
高山嵩草、杂类草	Ⅲ6	2.71	2.65	158.04	419.47	58.47	155.21	0.21	0.18	0.19
圆穗蓼、高山嵩草	Ⅲ6	9.00	8.82	152.40	1 343.93	56.39	497.25	0.66	0.59	0.62
具灌木的高山嵩草	Ⅲ6	0.41	0.40	113.99	45.37	42.18	16.79	0.02	0.02	0.02

18. 麦地卡湿地草原核心区资源统计表

万亩、千克/亩、万千克、万羊单位

草原类型	等级	草原面积	草原可利用面积	鲜草单产	鲜草总产	干草单产	干草总产	暖季总载畜量	冷季总载畜量	全年总载畜量
合 计		59.72	56.87	128.61	7 314.57	46.94	2 669.82	3.53	2.85	3.08
ⅩⅥ高寒草甸类		59.72	56.87	128.61	7 314.57	46.94	2 669.82	3.53	2.85	3.08
（Ⅰ）高寒草甸亚类		39.07	38.29	110.69	4 238.04	40.40	1 546.89	2.05	1.65	1.78
高山嵩草、杂类草	Ⅲ7	15.77	15.45	75.43	1 165.44	27.53	425.39	0.56	0.45	0.49
圆穗蓼、高山嵩草	Ⅱ6	2.07	2.03	119.73	242.96	43.70	88.68	0.12	0.09	0.10
高山嵩草、矮生嵩草	Ⅱ6	20.77	20.36	136.23	2 773.01	49.72	1 012.15	1.34	1.08	1.17
雪层杜鹃、高山嵩草	Ⅲ6	0.46	0.45	125.17	56.64	45.69	20.67	0.03	0.02	0.02
（Ⅲ）高寒沼泽化草甸亚类		20.65	18.59	165.54	3 076.53	60.42	1 122.93	1.49	1.20	1.29
藏北嵩草	Ⅱ6	20.65	18.59	165.54	3 076.53	60.42	1 122.93	1.49	1.20	1.29

19. 工布草原核心区资源统计表

万亩、千克/亩、万千克、万羊单位

草原类型	等级	草原面积	草原可利用面积	鲜草单产	鲜草总产	干草单产	干草总产	暖季总载畜量	冷季总载畜量	全年总载畜量
合 计		540.06	529.26	123.33	65 271.51	37.00	19 581.45	25.71	22.82	24.66
Ⅰ温性草甸草原类		0.00	0.00		0.00		0.00	0.00	0.00	0.00
细裂叶莲蒿、禾草	Ⅲ6		0.00	188.43	0.00	56.53	0.00	0.00	0.00	0.00
Ⅱ温性草原类		0.28	0.27	222.80	60.56	66.84	18.17	0.02	0.02	0.02
白刺花、细裂叶莲蒿	Ⅳ5	0.28	0.27	222.80	60.56	66.84	18.17	0.02	0.02	0.02
Ⅹ暖性草丛类		0.00	0.00		0.00		0.00	0.00	0.00	0.00
黑穗画眉草	Ⅱ7		0.00	103.77	0.00	31.13	0.00	0.00	0.00	0.00
Ⅺ暖性灌草丛类		0.39	0.38	232.78	89.45	69.83	26.84	0.03	0.03	0.03
具灌木的禾草	Ⅲ5	0.39	0.38	232.78	89.45	69.83	26.84	0.03	0.03	0.03
ⅩⅣ低地草甸类		2.25	2.20	372.50	821.29	111.75	246.39	0.30	0.29	0.30
（Ⅲ）低地沼泽化草甸亚类		2.25	2.20	372.50	821.29	111.75	246.39	0.30	0.29	0.30
芒尖苔草、蕨麻委陵菜	Ⅱ4	2.25	2.20	372.50	821.29	111.75	246.39	0.30	0.29	0.30
ⅩⅤ山地草甸类		11.95	11.71	231.82	2 713.74	69.55	814.12	1.05	0.92	0.99
（Ⅰ）山地草甸亚类		9.35	9.17	259.91	2 382.16	77.97	714.65	0.92	0.80	0.87
中亚早熟禾、苔草	Ⅱ4	4.11	4.02	333.43	1 341.74	100.03	402.52	0.52	0.47	0.50
圆穗蓼	Ⅱ6	5.25	5.14	202.37	1 040.43	60.71	312.13	0.40	0.33	0.37
（Ⅱ）亚高山草甸亚类		2.59	2.54	130.49	331.58	39.15	99.47	0.13	0.12	0.12
具灌木的矮生嵩草	Ⅱ6	2.59	2.54	130.49	331.58	39.15	99.47	0.13	0.12	0.12
ⅩⅥ高寒草甸类		525.20	514.69	119.66	61 586.46	35.90	18 475.94	24.31	21.56	23.32
（Ⅰ）高寒草甸亚类		520.36	509.95	117.78	60 060.10	35.33	18 018.03	23.83	21.02	22.82
高山嵩草、杂类草	Ⅱ7	85.47	83.76	78.03	6 535.40	23.41	1 960.62	2.59	2.29	2.48
圆穗蓼、高山嵩草	Ⅱ6	94.80	92.90	122.07	11 340.83	36.62	3 402.25	4.50	3.97	4.31
多花地杨梅	Ⅳ5	0.01	0.01	299.46	4.18	89.84	1.25	0.002	0.001	0.002
金露梅、高山嵩草	Ⅲ4		0.00	356.43	0.00	106.93	0.00	0.00	0.00	0.00
雪层杜鹃、高山嵩草	Ⅲ6	340.08	333.28	126.56	42 179.69	37.97	12 653.91	16.74	14.76	16.03
（Ⅲ）高寒沼泽化草甸亚类		4.84	4.74	321.80	1 526.35	96.54	457.91	0.48	0.53	0.49
西藏嵩草	Ⅱ4	4.84	4.74	321.80	1 526.35	96.54	457.91	0.48	0.53	0.49

20. 类乌齐草原核心区资源统计表

万亩、千克/亩、万千克、万羊单位

草原类型	等级	草原面积	草原可利用面积	鲜草单产	鲜草总产	干草单产	干草总产	暖季总载畜量	冷季总载畜量	全年总载畜量
合　计		49.25	47.82	197.20	9 429.96	71.39	3 413.64	4.49	3.65	3.99
ⅩⅤ山地草甸类		6.87	6.50	281.54	1 828.78	101.92	662.02	0.85	0.71	0.77
（Ⅱ）亚高山草甸亚类		6.87	6.50	281.54	1 828.78	101.92	662.02	0.85	0.71	0.77
矮生嵩草、杂类草	Ⅱ6	0.85	0.83	124.79	103.61	45.17	37.51	0.05	0.04	0.04
圆穗蓼、矮生嵩草	Ⅱ4	0.00	0.00	280.25	0.00	101.45	0.00	0.00	0.00	0.00
垂穗披碱草	Ⅱ2		0.00	553.47	0.00	200.36	0.00	0.00	0.00	0.00
具灌木的矮生嵩草	Ⅲ4	6.03	5.67	304.51	1 725.17	110.23	624.51	0.80	0.67	0.72
ⅩⅥ高寒草甸类		42.37	41.32	183.94	7 601.18	66.59	2 751.63	3.64	2.94	3.23
（Ⅰ）高寒草甸亚类		42.37	41.32	183.94	7 601.18	66.59	2 751.63	3.64	2.94	3.23
高山嵩草、杂类草	Ⅲ6	32.25	31.60	172.53	5 452.10	62.46	1 973.66	2.61	2.11	2.31
高山嵩草、矮生嵩草	Ⅱ6	0.02	0.02	154.25	3.05	55.84	1.10	0.001	0.001	0.001
金露梅、高山嵩草	Ⅱ6	1.03	0.99	158.34	156.19	57.32	56.54	0.07	0.06	0.07
雪层杜鹃、高山嵩草	Ⅲ5	9.08	8.72	228.29	1 989.84	82.64	720.32	0.95	0.77	0.84

21. 然乌湖湿地草原核心区资源统计表

万亩、千克/亩、万千克、万羊单位

草原类型	等级	草原面积	草原可利用面积	鲜草单产	鲜草总产	干草单产	干草总产	暖季总载畜量	冷季总载畜量	全年总载畜量
合 计		0.04	0.04	46.20	1.85	16.72	0.67	0.001	0.001	0.001
ⅩⅥ高寒草甸类		0.04	0.04	46.20	1.85	16.72	0.67	0.001	0.001	0.001
（Ⅰ）高寒草甸亚类		0.04	0.04	46.20	1.85	16.72	0.67	0.001	0.001	0.001
高山嵩草、杂类草	Ⅲ8	0.04	0.04	45.23	1.77	16.37	0.64	0.001	0.001	0.001
高山嵩草、矮生嵩草	Ⅱ7	0.00	0.00	83.88	0.08	30.37	0.03	0.00	0.00	0.00
（Ⅲ）高寒沼泽化草甸亚类		0.00	0.00		0.00		0.00	0.00	0.00	0.00
西藏嵩草	Ⅱ6		0.00	111.16	0.00	40.24	0.00	0.00	0.00	0.00

三、西藏自治区草原缓冲区资源统计表

万亩、千克/亩、万千克、万羊单位

草原类型	等级	草原面积	草原可利用面积	鲜草单产	鲜草总产	干草单产	干草总产	暖季总载畜量	冷季总载畜量	全年总载畜量
合　计		20 890.22	16 555.18	35.86	593 654.20	13.46	222 906.59	266.40	231.15	243.86
Ⅰ 温性草甸草原类		1.08	0.97	143.77	139.27	53.65	51.97	0.07	0.06	0.06
丝颖针茅	Ⅱ 7	0.00	0.00		0.00		0.00	0.00	0.00	0.00
细裂叶莲蒿、禾草	Ⅲ 6	1.08	0.97	143.77	139.27	53.65	51.97	0.07	0.06	0.06
Ⅱ 温性草原类		74.73	69.89	96.48	6 743.34	35.74	2 498.03	2.99	2.65	2.82
长芒草	Ⅲ 6	4.87	4.78	155.38	742.24	59.03	282.00	0.35	0.34	0.34
固沙草	Ⅲ 7	1.67	1.59	56.81	90.15	21.59	34.26	0.03	0.03	0.03
白草	Ⅲ 8	12.87	12.23	20.87	255.12	7.91	96.76	0.12	0.09	0.10
草沙蚕	Ⅲ 7	2.29	2.18	61.87	134.58	23.51	51.14	0.05	0.05	0.05
毛莲蒿	Ⅲ 7	0.00	0.00		0.00		0.00	0.00	0.00	0.00
藏沙蒿	Ⅲ 6	2.90	2.85	89.35	254.25	33.95	96.62	0.10	0.10	0.10
日喀则蒿	Ⅲ 7	2.30	2.07	44.34	91.65	16.85	34.83	0.03	0.03	0.03
藏白蒿、中华草沙蚕	Ⅲ 6	1.85	1.81	123.32	223.80	46.86	85.05	0.09	0.09	0.09
砂生槐、蒿、禾草	Ⅲ 7	29.65	26.73	53.02	1 417.30	20.15	538.57	0.66	0.57	0.62
小叶野丁香、毛莲蒿	Ⅲ 6	0.34	0.32	98.35	31.87	37.37	12.11	0.01	0.01	0.01
白刺花、细裂叶莲蒿	Ⅳ 5	15.98	15.35	228.23	3 502.37	82.54	1 266.70	1.56	1.35	1.45
Ⅲ 温性荒漠草原类		56.50	46.33	71.11	3 294.77	27.02	1 252.01	1.49	1.30	1.36
沙生针茅、固沙草	Ⅲ 8	0.09	0.07	23.55	1.69	8.95	0.64	0.001	0.001	0.001
变色锦鸡儿、沙生针茅	Ⅲ 7	56.42	46.26	71.18	3 293.08	27.05	1 251.37	1.49	1.30	1.36
Ⅳ 高寒草甸草原类		402.92	345.84	39.95	13 815.19	14.90	5 152.70	6.53	5.51	5.84
紫花针茅、高山嵩草	Ⅱ 8	185.30	158.38	35.04	5 548.96	12.86	2 037.46	2.60	2.18	2.30
丝颖针茅	Ⅱ 7	12.43	10.54	39.95	421.01	14.81	156.14	0.20	0.17	0.18
青藏苔草、高山嵩草	Ⅲ 8	98.04	80.23	36.60	2 936.42	13.91	1 115.84	1.43	1.19	1.27
金露梅、紫花针茅、高山嵩草	Ⅲ 8	70.03	62.55	33.31	2 083.51	12.30	769.65	0.98	0.82	0.87
香柏、臭草	Ⅲ 7	37.11	34.14	82.75	2 825.30	31.45	1 073.61	1.32	1.15	1.21
Ⅴ 高寒草原类		13 134.63	10 172.90	23.02	234 139.19	8.71	88 656.22	108.68	94.39	99.40
紫花针茅	Ⅱ 8	2 627.28	2 185.24	19.78	43 228.87	7.46	16 311.77	20.03	17.38	18.27

（续）

草原类型	等级	草原面积	草原可利用面积	鲜草单产	鲜草总产	干草单产	干草总产	暖季总载畜量	冷季总载畜量	全年总载畜量
紫花针茅、青藏苔草	Ⅲ8	3 994.44	3 241.68	16.45	53 326.95	6.23	20 183.60	24.79	21.53	22.66
紫花针茅、杂类草	Ⅱ8	510.96	420.69	25.06	10 540.69	9.35	3 934.40	4.83	4.17	4.39
昆仑针茅	Ⅱ8	1.56	1.52	39.95	60.77	15.18	23.09	0.03	0.02	0.03
羽柱针茅	Ⅲ8	331.84	260.86	23.60	6 155.23	8.92	2 326.10	2.86	2.48	2.61
固沙草、紫花针茅	Ⅲ8	80.47	70.27	36.15	2 540.12	13.74	965.25	1.03	0.90	0.97
黑穗画眉草、羽柱针茅	Ⅱ7	0.00	0.00		0.00		0.00	0.00	0.00	0.00
青藏苔草	Ⅲ8	3 998.64	2 678.43	24.55	65 754.28	9.33	24 986.63	30.69	26.70	28.10
藏沙蒿、紫花针茅	Ⅲ8	122.36	102.71	36.85	3 785.28	13.88	1 425.25	1.75	1.51	1.59
藏沙蒿、青藏苔草	Ⅲ7	1.74	1.70	87.35	148.55	33.19	56.45	0.05	0.05	0.05
藏白蒿、禾草	Ⅲ6	6.80	6.50	115.83	752.76	44.02	286.05	0.32	0.27	0.30
冻原白蒿	Ⅲ8	14.78	13.16	36.79	484.16	13.95	183.61	0.23	0.20	0.21
垫型蒿、紫花针茅	Ⅲ8	1 234.59	1 012.37	38.18	38 652.61	14.51	14 686.26	18.04	15.69	16.51
青海刺参、紫花针茅	Ⅲ7	20.16	18.55	70.06	1 299.63	25.57	474.36	0.58	0.50	0.52
鬼箭锦鸡儿、藏沙蒿	Ⅲ8	0.01	0.01	39.74	0.30	15.10	0.11	0.000 1	0.000 1	0.000 1
变色锦鸡儿、紫花针茅	Ⅱ8	33.18	27.37	30.83	843.78	11.72	320.64	0.39	0.34	0.36
小叶金露梅、紫花针茅	Ⅱ7	149.77	126.12	48.79	6 153.46	18.52	2 336.19	2.87	2.49	2.64
香柏、藏沙蒿	Ⅲ7	6.03	5.72	71.93	411.73	27.33	156.46	0.19	0.16	0.18
Ⅵ高寒荒漠草原类		3 165.78	2 341.75	15.72	36 815.96	5.97	13 990.07	9.26	10.35	9.90
沙生针茅	Ⅲ8	158.36	130.18	23.77	3 094.19	9.03	1 175.79	0.78	0.87	0.83
戈壁针茅	Ⅱ8	150.65	123.96	20.31	2 517.74	7.72	956.74	0.64	0.71	0.68
青藏苔草、垫状驼绒藜	Ⅲ8	2 736.41	1 999.57	14.24	28 472.85	5.41	10 819.68	7.16	8.00	7.66
垫状驼绒藜、昆仑针茅	Ⅲ8	83.89	61.30	32.93	2 018.70	12.51	767.10	0.51	0.57	0.54
变色锦鸡儿、驼绒藜、沙生针茅	Ⅲ8	36.48	26.73	26.65	712.49	10.13	270.75	0.18	0.20	0.19
Ⅶ温性草原化荒漠类		45.57	33.76	19.55	660.14	7.43	250.85	0.24	0.21	0.22
灌木亚菊、驼绒藜、沙生针茅	Ⅳ8	45.57	33.76	19.55	660.14	7.43	250.85	0.24	0.21	0.22
Ⅷ温性荒漠类		4.57	3.92	18.12	71.03	6.89	26.99	0.02	0.02	0.02
驼绒藜、灌木亚菊	Ⅲ8	4.57	3.92	18.12	71.03	6.89	26.99	0.02	0.02	0.02

（续）

草原类型	等级	草原面积	草原可利用面积	鲜草单产	鲜草总产	干草单产	干草总产	暖季总载畜量	冷季总载畜量	全年总载畜量
灌木亚菊	Ⅲ8	0.00	0.00		0.00		0.00	0.00	0.00	0.00
Ⅸ高寒荒漠类		969.74	841.97	18.54	15 608.66	7.04	5 931.29	0.56	0.10	0.14
垫状驼绒藜	Ⅲ8	943.69	819.35	18.45	15 118.26	7.01	5 744.94	0.54	0.09	0.14
高原芥、燥原荠	Ⅳ8	26.05	22.62	21.68	490.40	8.24	186.35	0.02	0.003	0.004
Ⅹ暖性草丛类		0.02	0.02	103.77	2.08	31.13	0.62	0.001	0.001	0.001
黑穗画眉草	Ⅱ7	0.02	0.02	103.77	2.08	31.13	0.62	0.001	0.001	0.001
细裂叶莲蒿	Ⅲ5	0.00	0.00		0.00		0.00	0.00	0.00	0.00
Ⅺ暖性灌草丛类		2.63	2.50	420.26	1 052.75	148.04	370.85	0.49	0.40	0.44
白刺花、禾草	Ⅱ3	1.91	1.80	494.41	887.49	178.98	321.27	0.42	0.34	0.38
具灌木的禾草	Ⅲ5	0.72	0.71	232.78	165.25	69.83	49.58	0.06	0.06	0.06
Ⅻ热性草丛类		0.00	0.00		0.00		0.00	0.00	0.00	0.00
白茅	Ⅲ3	0.00	0.00		0.00		0.00	0.00	0.00	0.00
蕨、白茅	Ⅳ4	0.00	0.00		0.00		0.00	0.00	0.00	0.00
ⅩⅣ低地草甸类		3.30	3.12	199.98	623.75	65.51	204.33	0.25	0.23	0.24
（Ⅰ）低湿地草甸亚类		1.65	1.58	126.89	200.83	48.22	76.32	0.09	0.08	0.09
无脉苔草、蕨麻委陵菜	Ⅱ6	1.62	1.55	128.97	200.42	49.01	76.16	0.09	0.08	0.09
秀丽水柏枝、赖草	Ⅲ8	0.03	0.03	14.40	0.41	5.47	0.16	0.000 2	0.000 2	0.000 2
（Ⅱ）低地盐化草甸亚类		0.50	0.41	21.15	8.72	8.04	3.31	0.004	0.004	0.004
芦苇、赖草	Ⅲ8	0.50	0.41	21.15	8.72	8.04	3.31	0.004	0.004	0.004
（Ⅲ）低地沼泽化草甸亚类		1.15	1.12	368.48	414.20	110.93	124.69	0.15	0.15	0.15
芒尖苔草、蕨麻委陵菜	Ⅱ4	1.15	1.12	368.48	414.20	110.93	124.69	0.15	0.15	0.15
ⅩⅤ山地草甸类		14.53	14.14	205.97	2 911.70	65.93	931.98	1.20	1.05	1.12
（Ⅰ）山地草甸亚类		5.65	5.53	305.08	1 688.43	91.52	506.53	0.65	0.58	0.62
中亚早熟禾、苔草	Ⅱ5	4.41	4.32	333.82	1 443.55	100.15	433.06	0.56	0.50	0.54
圆穗蓼	Ⅱ6	1.23	1.21	202.37	244.88	60.71	73.46	0.09	0.08	0.09
（Ⅱ）亚高山草甸亚类		8.88	8.60	142.21	1 223.28	49.46	425.45	0.55	0.46	0.50
矮生嵩草、杂类草	Ⅱ6	0.81	0.79	124.79	98.56	45.17	35.68	0.05	0.04	0.04

（续）

草原类型	等级	草原面积	草原可利用面积	鲜草单产	鲜草总产	干草单产	干草总产	暖季总载畜量	冷季总载畜量	全年总载畜量
圆穗蓼、矮生嵩草	Ⅱ4	0.08	0.08	280.25	22.83	101.45	8.26	0.01	0.01	0.01
垂穗披碱草	Ⅱ7	3.27	3.20	32.28	103.45	11.77	37.73	0.05	0.04	0.04
具灌木的矮生嵩草	Ⅱ5	4.72	4.53	220.60	998.44	75.95	343.78	0.44	0.38	0.41
ⅩⅥ高寒草甸类		3 012.78	2 677.11	103.63	277 427.80	38.64	103 456.50	134.48	114.77	122.16
（Ⅰ）高寒草甸亚类		1 293.38	1 213.61	79.40	96 363.31	28.63	34 743.88	45.95	37.99	41.23
高山嵩草	Ⅱ7	377.37	318.50	62.13	19 787.66	23.61	7 519.31	9.95	8.40	8.94
高山嵩草、异针茅	Ⅱ7	105.95	103.83	67.59	7 018.35	24.67	2 561.71	3.39	2.74	2.90
高山嵩草、杂类草	Ⅱ7	404.56	396.46	66.08	26 200.27	24.30	9 633.74	12.74	10.32	11.31
高山嵩草、青藏苔草	Ⅲ7	63.51	61.78	84.63	5 228.07	31.74	1 960.97	2.59	2.10	2.32
圆穗蓼、高山嵩草	Ⅱ6	74.68	73.18	115.70	8 467.31	37.90	2 773.88	3.67	3.12	3.38
高山嵩草、矮生嵩草	Ⅱ6	83.33	81.67	90.34	7 377.79	33.31	2 719.88	3.60	2.92	3.14
矮生嵩草、青藏苔草	Ⅲ7	17.21	16.72	68.82	1 150.46	25.63	428.41	0.57	0.46	0.50
高山早熟禾	Ⅰ5	0.41	0.40	227.13	90.71	84.04	33.56	0.04	0.04	0.04
多花地杨梅	Ⅳ6	0.04	0.04	157.81	6.57	47.34	1.97	0.003	0.002	0.002
具锦鸡儿的高山嵩草	Ⅲ6	0.00	0.00		0.00		0.00	0.00	0.00	0.00
金露梅、高山嵩草	Ⅲ6	61.10	58.15	125.80	7 315.77	47.64	2 770.74	3.66	2.97	3.33
香柏、高山嵩草	Ⅲ5	0.69	0.68	201.78	136.59	74.66	50.54	0.07	0.06	0.06
雪层杜鹃、高山嵩草	Ⅲ6	93.18	91.08	135.22	12 315.83	41.80	3 807.43	5.04	4.37	4.76
具灌木的高山嵩草	Ⅲ6	11.35	11.12	113.99	1 267.93	43.31	481.73	0.64	0.52	0.56
（Ⅱ）高寒盐化草甸亚类		647.29	539.85	40.44	21 828.80	15.35	8 285.26	8.61	7.49	7.88
喜马拉雅碱茅	Ⅱ8	233.24	195.72	24.47	4 790.16	9.25	1 810.58	1.88	1.64	1.72
匍匐水柏枝、青藏苔草	Ⅲ8	31.58	26.28	16.25	427.07	6.17	162.29	0.17	0.15	0.15
赖草、青藏苔草、碱蓬	Ⅱ7	382.46	317.84	52.26	16 611.57	19.86	6 312.40	6.56	5.71	6.01
（Ⅲ）高寒沼泽化草甸亚类		1 072.11	923.65	172.40	159 235.69	65.42	60 427.35	79.92	69.28	73.04
藏北嵩草	Ⅱ5	792.44	674.11	219.13	147 714.71	83.19	56 079.81	74.17	64.36	67.83
西藏嵩草	Ⅱ7	15.80	14.24	34.77	495.04	12.38	176.21	0.23	0.19	0.20
藏西嵩草	Ⅱ6	47.28	39.88	151.98	6 060.72	57.75	2 303.08	3.05	2.65	2.79

（续）

草原类型	等级	草原面积	草原可利用面积	鲜草单产	鲜草总产	干草单产	干草总产	暖季总载畜量	冷季总载畜量	全年总载畜量
川滇嵩草	Ⅲ5	2.84	2.59	225.39	583.43	85.65	221.70	0.29	0.24	0.27
华扁穗草	Ⅱ8	213.75	192.84	22.72	4 381.79	8.54	1 646.55	2.18	1.85	1.95
ⅩⅧ沼泽类		1.43	0.95	366.67	348.58	139.04	132.18	0.14	0.12	0.13
水麦冬	Ⅲ5	0.82	0.51	227.80	116.76	86.02	44.09	0.05	0.04	0.04
芒尖苔草	Ⅲ2	0.61	0.44	529.16	231.82	201.08	88.09	0.09	0.08	0.08

1. 羌塘国家级草原缓冲区资源统计表

万亩、千克/亩、万千克、万羊单位

草原类型	等级	草原面积	草原可利用面积	鲜草单产	鲜草总产	干草单产	干草总产	暖季总载畜量	冷季总载畜量	全年总载畜量
合 计		18 336.34	14 243.29	32.01	455 917.30	12.16	173 248.57	202.72	177.96	186.45
Ⅲ温性荒漠草原类		56.50	46.33	71.11	3 294.77	27.02	1 252.01	1.49	1.30	1.36
沙生针茅、固沙草	Ⅲ8	0.09	0.07	23.55	1.69	8.95	0.64	0.001	0.001	0.001
变色锦鸡儿、沙生针茅	Ⅲ7	56.42	46.26	71.18	3 293.08	27.05	1 251.37	1.49	1.30	1.36
Ⅳ高寒草甸草原类		101.27	83.08	36.86	3 062.69	14.01	1 163.82	1.50	1.24	1.33
紫花针茅、高山嵩草	Ⅱ8	3.99	3.31	41.54	137.65	15.79	52.31	0.07	0.06	0.06
青藏苔草、高山嵩草	Ⅲ8	97.28	79.77	36.67	2 925.05	13.93	1 111.52	1.43	1.19	1.27
金露梅、紫花针茅、高山嵩草	Ⅲ8	0.00		14.93	0.00	5.67	0.00	0.00	0.00	0.00
Ⅴ高寒草原类		12 112.85	9 308.24	22.03	205 065.76	8.37	77 924.99	95.70	83.26	87.63
紫花针茅	Ⅲ8	2 313.53	1 920.23	18.22	34 992.45	6.92	13 297.13	16.33	14.21	14.95
紫花针茅、青藏苔草	Ⅱ8	3 744.95	3 033.41	15.39	46 689.23	5.85	17 741.91	21.79	18.96	19.95
紫花针茅、杂类草	Ⅱ8	239.01	195.99	26.33	5 159.98	10.00	1 960.79	2.41	2.10	2.21
昆仑针茅	Ⅱ8		0.00	10.78	0.00	4.10	0.00	0.00	0.00	0.00
羽柱针茅	Ⅲ8	302.27	236.21	22.42	5 295.99	8.52	2 012.48	2.47	2.15	2.26
固沙草、紫花针茅	Ⅲ8	46.31	37.82	25.29	956.55	9.61	363.49	0.45	0.39	0.41
青藏苔草	Ⅲ8	3 998.64	2 678.43	24.55	65 754.28	9.33	24 986.63	30.69	26.70	28.10
藏沙蒿、紫花针茅	Ⅲ8	81.54	67.86	26.34	1 787.37	10.01	679.20	0.83	0.73	0.76
冻原白蒿	Ⅲ8	13.80	12.28	36.19	444.58	13.75	168.94	0.21	0.18	0.19
垫型蒿、紫花针茅	Ⅲ8	1 222.10	1 002.13	38.46	38 537.41	14.61	14 644.22	17.99	15.65	16.47
变色锦鸡儿、紫花针茅	Ⅱ8	31.61	25.98	30.42	790.52	11.56	300.40	0.37	0.32	0.34
小叶金露梅、紫花针茅	Ⅱ7	119.09	97.90	47.57	4 657.39	18.08	1 769.81	2.17	1.89	1.99
Ⅵ高寒荒漠草原类		3 161.51	2 338.18	15.70	36 697.87	5.96	13 945.19	9.22	10.32	9.87
沙生针茅	Ⅲ8	158.21	130.06	23.77	3 091.10	9.03	1 174.62	0.78	0.87	0.83
戈壁针茅	Ⅱ8	148.08	121.73	20.28	2 469.02	7.71	938.23	0.62	0.69	0.66
青藏苔草、垫状驼绒藜	Ⅲ8	2 736.41	1 999.57	14.24	28 472.85	5.41	10 819.68	7.16	8.00	7.66
垫状驼绒藜、昆仑针茅	Ⅲ8	83.89	61.30	32.93	2 018.70	12.51	767.10	0.51	0.57	0.54
变色锦鸡儿、驼绒藜、沙生针茅	Ⅲ8	34.91	25.51	25.33	646.21	9.63	245.56	0.16	0.18	0.17

（续）

草原类型	等级	草原面积	草原可利用面积	鲜草单产	鲜草总产	干草单产	干草总产	暖季总载畜量	冷季总载畜量	全年总载畜量
Ⅶ温性草原化荒漠类		45.57	33.76	19.55	660.14	7.43	250.85	0.24	0.21	0.22
灌木亚菊、驼绒藜、沙生针茅	Ⅳ8	45.57	33.76	19.55	660.14	7.43	250.85	0.24	0.21	0.22
Ⅷ温性荒漠类		0.00	0.00		0.00		0.00	0.00	0.00	0.00
驼绒藜、灌木亚菊	Ⅲ8		0.00	18.12	0.00	6.89	0.00	0.00	0.00	0.00
灌木亚菊	Ⅲ8		0.00	12.55	0.00	4.77	0.00	0.00	0.00	0.00
Ⅸ高寒荒漠类		969.35	841.63	18.54	15 602.41	7.04	5 928.92	0.56	0.10	0.14
垫状驼绒藜	Ⅲ8	943.30	819.01	18.45	15 112.01	7.01	5 742.56	0.54	0.09	0.14
高原芥、燥原荠	Ⅳ8	26.05	22.62	21.68	490.40	8.24	186.35	0.02	0.003	0.004
ⅩⅣ低地草甸类		0.00	0.00		0.00		0.00	0.00	0.00	0.00
（Ⅰ）低湿地草甸亚类		0.00	0.00		0.00		0.00	0.00	0.00	0.00
秀丽水柏枝、赖草	Ⅲ7		0.00	49.48	0.00	18.80	0.00	0.00	0.00	0.00
ⅩⅥ高寒草甸类		1 889.06	1 591.89	120.26	191 446.46	45.70	72 749.65	93.98	81.51	85.87
（Ⅰ）高寒草甸亚类		389.82	330.15	61.50	20 302.66	23.37	7 715.01	10.20	8.62	9.17
高山嵩草	Ⅱ7	372.88	314.10	61.72	19 386.53	23.45	7 366.88	9.74	8.23	8.75
高山嵩草、异针茅	Ⅱ7		0.00	70.23	0.00	26.69	0.00	0.00	0.00	0.00
高山嵩草、杂类草	Ⅱ7		0.00	54.41	0.00	20.67	0.00	0.00	0.00	0.00
高山嵩草、矮生嵩草	Ⅱ7	13.40	13.13	51.88	681.00	19.71	258.78	0.34	0.29	0.31
金露梅、高山嵩草	Ⅲ7	3.55	2.91	80.67	235.13	30.65	89.35	0.12	0.10	0.11
（Ⅱ）高寒盐化草甸亚类		600.11	494.85	42.03	20 800.06	15.97	7 904.02	8.21	7.15	7.52
喜马拉雅碱茅	Ⅱ8	195.30	158.57	26.11	4 140.95	9.92	1 573.56	1.64	1.42	1.50
匍匐水柏枝、青藏苔草	Ⅲ8	31.58	26.28	16.25	427.07	6.17	162.29	0.17	0.15	0.15
赖草、青藏苔草、碱蓬	Ⅱ7	373.23	310.00	52.36	16 232.05	19.90	6 168.18	6.41	5.58	5.87
（Ⅲ）高寒沼泽化草甸亚类		899.12	766.90	196.04	150 343.73	74.50	57 130.62	75.56	65.74	69.18
藏北嵩草	Ⅱ5	689.11	580.48	243.90	141 578.14	92.68	53 799.69	71.16	61.91	65.16
藏西嵩草	Ⅱ6	45.08	37.98	155.79	5 916.49	59.20	2 248.27	2.97	2.59	2.72
华扁穗草	Ⅱ8	164.93	148.43	19.19	2 849.10	7.29	1 082.66	1.43	1.25	1.30
ⅩⅧ沼泽类		0.23	0.16	529.16	87.19	201.08	33.13	0.03	0.03	0.03

（续）

草原类型	等级	草原面积	草原可利用面积	鲜草单产	鲜草总产	干草单产	干草总产	暖季总载畜量	冷季总载畜量	全年总载畜量
芒尖苔草	Ⅲ2	0.23	0.16	529.16	87.19	201.08	33.13	0.03	0.03	0.03

2. 色林错黑颈鹤国家级草原缓冲区资源统计表

万亩、千克/亩、万千克、万羊单位

草原类型	等级	草原面积	草原可利用面积	鲜草单产	鲜草总产	干草单产	干草总产	暖季总载畜量	冷季总载畜量	全年总载畜量
合 计		1 414.21	1 222.93	32.23	39 416.67	11.76	14 387.09	18.29	15.23	16.00
Ⅳ高寒草甸草原类		162.01	134.37	25.59	3 438.26	9.34	1 254.97	1.61	1.34	1.41
紫花针茅、高山嵩草	Ⅱ8	136.44	113.25	26.65	3 018.55	9.73	1 101.77	1.42	1.18	1.24
丝颖针茅	Ⅱ8	10.18	8.35	30.70	256.28	11.21	93.54	0.12	0.10	0.11
金露梅、紫花针茅、高山嵩草	Ⅲ8	15.39	12.77	12.80	163.43	4.67	59.65	0.08	0.06	0.07
Ⅴ高寒草原类		817.61	672.16	27.53	18 505.73	10.05	6 754.59	8.30	7.11	7.41
紫花针茅	Ⅲ8	265.40	220.28	28.68	6 317.83	10.47	2 306.01	2.83	2.43	2.53
紫花针茅、青藏苔草	Ⅲ8	211.60	171.39	31.13	5 335.62	11.36	1 947.50	2.39	2.05	2.14
紫花针茅、杂类草	Ⅱ8	255.84	209.79	21.79	4 571.76	7.95	1 668.69	2.05	1.76	1.83
羽柱针茅	Ⅲ8	26.99	22.40	34.70	777.31	12.66	283.72	0.35	0.30	0.31
青藏苔草	Ⅲ8		0.00	22.92	0.00	8.36	0.00	0.00	0.00	0.00
藏沙蒿、紫花针茅	Ⅲ8	32.26	26.77	32.33	865.61	11.80	315.95	0.39	0.33	0.35
垫型蒿、紫花针茅	Ⅲ8	12.49	10.24	11.25	115.20	4.11	42.05	0.05	0.04	0.05
青海刺参、紫花针茅	Ⅲ7	5.91	5.44	70.06	380.87	25.57	139.02	0.17	0.15	0.15
小叶金露梅、紫花针茅	Ⅱ8	7.13	5.84	24.22	141.52	8.84	51.66	0.06	0.05	0.06
ⅩⅤ山地草甸类		3.25	3.19	29.37	93.60	10.72	34.16	0.05	0.04	0.04
（Ⅱ）亚高山草甸亚类		3.25	3.19	29.37	93.60	10.72	34.16	0.05	0.04	0.04
垂穗披碱草	Ⅲ8	3.25	3.19	29.37	93.60	10.72	34.16	0.05	0.04	0.04
ⅩⅥ高寒草甸类		431.34	413.21	42.06	17 379.08	15.35	6 343.36	8.33	6.74	7.14
（Ⅰ）高寒草甸亚类		278.98	273.40	53.60	14 654.16	19.56	5 348.77	7.07	5.72	6.05
高山嵩草、异针茅	Ⅱ7	93.49	91.62	64.81	5 937.98	23.66	2 167.36	2.87	2.32	2.45
高山嵩草、杂类草	Ⅲ8	131.25	128.62	23.68	3 045.68	8.64	1 111.67	1.47	1.19	1.26
高山嵩草、青藏苔草	Ⅲ6	7.70	7.55	145.67	1 099.82	53.17	401.43	0.53	0.43	0.45
圆穗蓼、高山嵩草	Ⅱ6	0.41	0.40	95.96	38.67	35.02	14.12	0.02	0.02	0.02
高山嵩草、矮生嵩草	Ⅱ6	43.91	43.03	92.43	3 977.15	33.74	1 451.66	1.92	1.55	1.64
矮生嵩草、青藏苔草	Ⅱ5	2.22	2.18	254.74	554.85	92.98	202.52	0.27	0.22	0.23
金露梅、高山嵩草	Ⅲ8		0.00	16.80	0.00	6.13	0.00	0.00	0.00	0.00

（续）

草原类型	等级	草原面积	草原可利用面积	鲜草单产	鲜草总产	干草单产	干草总产	暖季总载畜量	冷季总载畜量	全年总载畜量
（Ⅱ）高寒盐化草甸亚类		33.63	32.95	16.81	553.79	6.13	202.13	0.21	0.18	0.19
喜马拉雅碱茅	Ⅱ8	33.63	32.95	16.81	553.79	6.13	202.13	0.21	0.18	0.19
（Ⅲ）高寒沼泽化草甸亚类		118.73	106.86	20.32	2 171.13	7.42	792.46	1.05	0.85	0.90
藏北嵩草	Ⅱ8	68.01	61.21	19.73	1 207.50	7.20	440.74	0.58	0.47	0.50
西藏嵩草	Ⅱ8	15.52	13.97	30.09	420.23	10.98	153.38	0.20	0.16	0.17
华扁穗草	Ⅱ8	35.20	31.68	17.15	543.40	6.26	198.34	0.26	0.21	0.22

3. 珠穆朗玛峰国家级草原缓冲区资源统计表

万亩、千克/亩、万千克、万羊单位

草原类型	等级	草原面积	草原可利用面积	鲜草单产	鲜草总产	干草单产	干草总产	暖季总载畜量	冷季总载畜量	全年总载畜量
合 计		334.19	323.06	79.89	25 808.19	30.36	9 807.11	12.57	10.28	11.53
Ⅰ温性草甸草原类		1.01	0.91	140.66	127.36	53.45	48.40	0.06	0.05	0.06
丝颖针茅	Ⅱ6		0.00	89.86	0.00	34.15	0.00	0.00	0.00	0.00
细裂叶莲蒿、禾草	Ⅲ6	1.01	0.91	140.66	127.36	53.45	48.40	0.06	0.05	0.06
Ⅱ温性草原类		5.86	5.33	58.93	313.85	22.39	119.26	0.14	0.12	0.13
固沙草	Ⅲ8	1.29	1.21	35.59	43.14	13.52	16.39	0.01	0.01	0.01
毛莲蒿	Ⅲ7		0.00	72.82	0.00	27.67	0.00	0.00	0.00	0.00
砂生槐、蒿、禾草	Ⅲ7	4.57	4.11	65.80	270.72	25.01	102.87	0.13	0.11	0.12
Ⅳ高寒草甸草原类		7.01	6.85	76.48	523.50	29.06	198.93	0.24	0.21	0.23
紫花针茅、高山嵩草	Ⅱ7	5.44	5.33	81.16	432.50	30.84	164.35	0.20	0.18	0.19
丝颖针茅	Ⅱ7	1.26	1.22	62.96	77.04	23.92	29.27	0.04	0.03	0.03
金露梅、紫花针茅、高山嵩草	Ⅲ7	0.31	0.29	47.74	13.96	18.14	5.31	0.01	0.01	0.01
Ⅴ高寒草原类		95.50	91.90	47.10	4 328.41	17.90	1 644.80	1.82	1.57	1.73
紫花针茅、青藏苔草	Ⅲ8	35.56	34.85	34.91	1 216.60	13.27	462.31	0.57	0.49	0.54
紫花针茅、杂类草	Ⅱ7	4.81	4.57	60.61	276.92	23.03	105.23	0.13	0.11	0.12
昆仑针茅	Ⅱ8	1.50	1.47	41.04	60.18	15.59	22.87	0.03	0.02	0.03
固沙草、紫花针茅	Ⅳ7	30.83	29.29	47.71	1 397.38	18.13	531.01	0.50	0.44	0.48
藏沙蒿、青藏苔草	Ⅲ7	1.70	1.66	87.52	145.64	33.26	55.34	0.05	0.05	0.05
藏白蒿、禾草	Ⅴ6	3.50	3.36	89.21	299.49	33.90	113.81	0.11	0.09	0.10
冻原白蒿	Ⅳ7	0.16	0.14	67.76	9.72	25.75	3.69	0.005	0.004	0.004
变色锦鸡儿、紫花针茅	Ⅲ7	0.35	0.32	44.75	14.15	17.01	5.38	0.01	0.01	0.01
小叶金露梅、紫花针茅	Ⅲ7	13.70	13.01	53.05	690.35	20.16	262.33	0.32	0.28	0.31
香柏、藏沙蒿	Ⅲ7	3.40	3.23	67.40	217.97	25.61	82.83	0.10	0.09	0.10
ⅩⅣ低地草甸类		1.62	1.55	128.97	200.42	49.01	76.16	0.09	0.08	0.09
（Ⅰ）低湿地草甸亚类		1.62	1.55	128.97	200.42	49.01	76.16	0.09	0.08	0.09
无脉苔草、蕨麻委陵菜	Ⅱ6	1.62	1.55	128.97	200.42	49.01	76.16	0.09	0.08	0.09
（Ⅱ）低地盐化草甸亚类			0.00		0.00		0.00	0.00	0.00	0.00

草原类型	等级	草原面积	草原可利用面积	鲜草单产	鲜草总产	干草单产	干草总产	暖季总载畜量	冷季总载畜量	全年总载畜量
芦苇、赖草	Ⅲ7		0.00	46.06	0.00	17.50	0.00	0.00	0.00	0.00
ⅩⅤ山地草甸类			0.00		0.00		0.00	0.00	0.00	0.00
（Ⅰ）山地草甸亚类			0.00		0.00		0.00	0.00	0.00	0.00
中亚早熟禾、苔草	Ⅱ6		0.00	109.85	0.00	41.74	0.00	0.00	0.00	0.00
ⅩⅥ高寒草甸类		223.20	216.53	93.82	20 314.65	35.65	7 719.57	10.21	8.25	9.30
（Ⅰ）高寒草甸亚类		211.32	205.71	89.57	18 425.51	34.04	7 001.70	9.26	7.48	8.42
高山嵩草	Ⅲ6		0.00	102.72	0.00	39.03	0.00	0.00	0.00	0.00
高山嵩草、异针茅	Ⅱ7	0.01	0.01	58.82	0.65	22.35	0.25	0.000 3	0.000 3	0.000 3
高山嵩草、杂类草	Ⅲ6	108.46	106.29	89.89	9 554.86	34.16	3 630.85	4.80	3.88	4.37
高山嵩草、青藏苔草	Ⅱ7	43.30	42.00	77.57	3 258.45	29.48	1 238.21	1.64	1.32	1.49
高山嵩草、矮生嵩草	Ⅱ7	5.00	4.90	64.14	314.20	24.37	119.40	0.16	0.13	0.15
矮生嵩草、青藏苔草	Ⅲ8	14.63	14.19	38.61	547.88	14.67	208.20	0.28	0.22	0.25
金露梅、高山嵩草	Ⅲ6	39.91	38.32	123.95	4 749.47	47.10	1 804.80	2.39	1.93	2.17
（Ⅲ）高寒沼泽化草甸亚类		11.89	10.82	174.67	1 889.14	66.38	717.87	0.95	0.77	0.87
藏北嵩草	Ⅱ6	9.04	8.23	158.71	1 305.71	60.31	496.17	0.66	0.53	0.60
川滇嵩草	Ⅲ5	2.84	2.59	225.39	583.43	85.65	221.70	0.29	0.24	0.27
华扁穗草	Ⅱ6		0.00	108.41	0.00	41.20	0.00	0.00	0.00	0.00

4. 雅鲁藏布江中游河谷黑颈鹤国家级草原缓冲区资源统计表

万亩、千克/亩、万千克、万羊单位

草原类型	等级	草原面积	草原可利用面积	鲜草单产	鲜草总产	干草单产	干草总产	暖季总载畜量	冷季总载畜量	全年总载畜量
合 计		212.13	201.02	91.15	18 323.83	34.64	6 963.06	8.78	7.40	8.06
I 温性草甸草原类		0.00	0.00		0.00		0.00	0.00	0.00	0.00
丝颖针茅	II 6		0.00	138.21	0.00	52.52	0.00	0.00	0.00	0.00
II 温性草原类		52.69	49.03	59.21	2 903.31	22.50	1 103.26	1.29	1.17	1.23
长芒草	III 6	4.83	4.73	155.68	736.98	59.16	280.05	0.34	0.33	0.34
固沙草	III 6	0.38	0.37	125.47	47.02	47.68	17.87	0.02	0.02	0.02
白草	III 8	12.72	12.08	19.58	236.57	7.44	89.90	0.11	0.08	0.10
草沙蚕	III 7	2.29	2.18	61.87	134.58	23.51	51.14	0.05	0.05	0.05
毛莲蒿	III 7		0.00	78.16	0.00	29.70	0.00	0.00	0.00	0.00
藏沙蒿	III 7	2.90	2.85	89.35	254.25	33.95	96.62	0.10	0.10	0.10
日喀则蒿	III 7	2.30	2.07	44.34	91.65	16.85	34.83	0.03	0.03	0.03
砂生槐、蒿、禾草	III 6	1.85	1.81	123.32	223.80	46.86	85.05	0.09	0.09	0.09
砂生槐、蒿、禾草	III 7	25.08	22.62	50.70	1 146.58	19.27	435.70	0.54	0.46	0.50
小叶野丁香、毛莲蒿	III 6	0.34	0.32	98.35	31.87	37.37	12.11	0.01	0.01	0.01
IV 高寒草甸草原类		44.81	41.44	88.84	3 681.97	33.76	1 399.15	1.72	1.49	1.58
紫花针茅、高山嵩草	II 7	2.68	2.63	65.26	171.39	24.80	65.13	0.08	0.07	0.08
丝颖针茅	II 6	0.99	0.97	90.53	87.69	34.40	33.32	0.04	0.04	0.04
金露梅、紫花针茅、高山嵩草	III 6	4.03	3.71	161.12	597.59	61.22	227.08	0.28	0.24	0.26
香柏、臭草	III 7	37.11	34.14	82.75	2 825.30	31.45	1 073.61	1.32	1.15	1.21
V 高寒草原类		40.37	38.64	84.97	3 282.95	32.29	1 247.52	1.53	1.31	1.42
紫花针茅	III 8	9.41	9.22	42.61	392.79	16.19	149.26	0.18	0.16	0.17
紫花针茅、杂类草	II 7	3.98	3.78	74.89	282.89	28.46	107.50	0.13	0.11	0.12
固沙草、紫花针茅	IV 7	3.26	3.09	59.61	184.34	22.65	70.05	0.09	0.07	0.08
黑穗画眉草、羽柱针茅	II 7		0.00	67.93	0.00	25.81	0.00	0.00	0.00	0.00
藏沙蒿、紫花针茅	IV 6	7.86	7.47	147.78	1 103.63	56.16	419.38	0.52	0.44	0.47
藏沙蒿、青藏苔草	III 7	0.04	0.04	79.34	2.91	30.15	1.11	0.001	0.001	0.001
藏白蒿、禾草	V 6	3.31	3.14	144.28	453.27	54.83	172.24	0.21	0.18	0.20

（续）

草原类型	等级	草原面积	草原可利用面积	鲜草单产	鲜草总产	干草单产	干草总产	暖季总载畜量	冷季总载畜量	全年总载畜量
冻原白蒿	Ⅳ6	0.05	0.05	102.55	5.15	38.97	1.96	0.002	0.002	0.002
小叶金露梅、紫花针茅	Ⅲ7	9.85	9.36	70.96	664.20	26.96	252.40	0.31	0.27	0.29
香柏、藏沙蒿	Ⅲ7	2.62	2.49	77.81	193.76	29.57	73.63	0.09	0.08	0.08
ⅩⅣ低地草甸类		0.03	0.03	203.79	5.45	77.44	2.07	0.003	0.002	0.003
（Ⅰ）低湿地草甸亚类		0.00	0.00		0.00		0.00	0.00	0.00	0.00
无脉苔草、蕨麻委陵菜	Ⅱ7		0.00	78.67	0.00	29.89	0.00	0.00	0.00	0.00
（Ⅲ）低地沼泽化草甸亚类		0.03	0.03	203.79	5.45	77.44	2.07	0.003	0.002	0.003
芒尖苔草、蕨麻委陵菜	Ⅲ5	0.03	0.03	203.79	5.45	77.44	2.07	0.003	0.002	0.003
ⅩⅤ山地草甸类		0.00	0.00		0.00		0.00	0.00	0.00	0.00
（Ⅱ）亚高山草甸亚类		0.00	0.00		0.00		0.00	0.00	0.00	0.00
矮生嵩草、杂类草	Ⅱ4		0.00	288.72	0.00	109.71	0.00	0.00	0.00	0.00
ⅩⅥ高寒草甸类		73.63	71.48	116.96	8 361.10	44.45	3 177.22	4.20	3.39	3.79
（Ⅰ）高寒草甸亚类		68.81	67.10	109.34	7 336.71	41.55	2 787.95	3.69	2.98	3.31
高山嵩草	Ⅲ6	4.47	4.38	91.60	400.82	34.81	152.31	0.20	0.16	0.18
高山嵩草、杂类草	Ⅲ6	11.71	11.48	98.87	1 134.83	37.57	431.23	0.57	0.46	0.52
高山嵩草、青藏苔草	Ⅱ7	2.54	2.46	84.20	207.06	32.00	78.68	0.10	0.08	0.09
圆穗蓼、高山嵩草	Ⅲ6	15.11	14.81	110.33	1 633.68	41.92	620.80	0.82	0.66	0.72
高山嵩草、矮生嵩草	Ⅱ6	8.65	8.48	103.67	878.82	39.39	333.95	0.44	0.36	0.40
矮生嵩草、青藏苔草	Ⅲ8		0.00	41.81	0.00	15.89	0.00	0.00	0.00	0.00
具锦鸡儿的高山嵩草	Ⅲ6		0.00	98.21		37.32		0.00	0.00	0.00
金露梅、高山嵩草	Ⅲ6	15.06	14.46	126.04	1 822.00	47.90	692.36	0.92	0.74	0.83
具灌木的高山嵩草	Ⅲ6	11.27	11.05	113.99	1 259.50	43.32	478.61	0.63	0.51	0.56
（Ⅲ）高寒沼泽化草甸亚类		4.83	4.38	233.79	1 024.39	88.84	389.27	0.51	0.42	0.47
藏北嵩草	Ⅱ5	3.56	3.24	224.76	728.37	85.41	276.78	0.37	0.30	0.34
川滇嵩草	Ⅲ4		0.00	325.39	0.00	123.65	0.00	0.00	0.00	0.00
华扁穗草	Ⅱ5	1.27	1.14	259.42	296.02	98.58	112.49	0.15	0.12	0.14
ⅩⅧ沼泽类		0.59	0.40	223.98	89.06	85.11	33.84	0.04	0.03	0.03

（续）

草原类型	等级	草原面积	草原可利用面积	鲜草单产	鲜草总产	干草单产	干草总产	暖季总载畜量	冷季总载畜量	全年总载畜量
水麦冬	Ⅲ 5	0.59	0.40	223.98	89.06	85.11	33.84	0.04	0.03	0.03

5. 拉鲁湿地国家级草原缓冲区资源统计表

万亩、千克/亩、万千克、万羊单位

草原类型	等级	草原面积	草原可利用面积	鲜草单产	鲜草总产	干草单产	干草总产	暖季总载畜量	冷季总载畜量	全年总载畜量
合 计		0.40	0.28	174.56	49.10	64.59	18.17	0.02	0.02	0.02
Ⅱ温性草原类		0.04	0.04	122.29	5.26	45.25	1.95	0.002	0.002	0.002
长芒草	Ⅲ6	0.04	0.04	122.29	5.26	45.25	1.95	0.002	0.002	0.002
ⅩⅥ高寒草甸类		0.13	0.12	130.85	16.14	48.41	5.97	0.01	0.01	0.01
（Ⅰ）高寒草甸亚类		0.13	0.12	130.85	16.14	48.41	5.97	0.01	0.01	0.01
圆穗蓼、高山嵩草	Ⅲ6	0.13	0.12	130.85	16.14	48.41	5.97	0.01	0.01	0.01
ⅩⅧ沼泽类		0.23	0.11	241.04	27.70	89.19	10.25	0.01	0.01	0.01
水麦冬	Ⅲ5	0.23	0.11	241.04	27.70	89.19	10.25	0.01	0.01	0.01

6. 雅鲁藏布江大峡谷国家级草原缓冲区资源统计表

万亩、千克/亩、万千克、万羊单位

草原类型	等级	草原面积	草原可利用面积	鲜草单产	鲜草总产	干草单产	干草总产	暖季总载畜量	冷季总载畜量	全年总载畜量
合 计		0.48	0.45	205.40	93.34	61.62	28.00	0.04	0.03	0.03
Ⅹ暖性草丛类		0.00	0.00		0.00		0.00	0.00	0.00	0.00
细裂叶莲蒿	Ⅲ5		0.00	260.19	0.00	78.06	0.00	0.00	0.00	0.00
Ⅺ暖性灌草丛类		0.00	0.00		0.00		0.00	0.00	0.00	0.00
白刺花、禾草	Ⅱ6		0.00	184.85	0.00	55.46	0.00	0.00	0.00	0.00
具灌木的禾草	Ⅲ5		0.00	223.63	0.00	67.09	0.00	0.00	0.00	0.00
Ⅻ热性草丛类		0.00	0.00		0.00		0.00	0.00	0.00	0.00
白茅	Ⅲ3		0.00	529.23	0.00	158.77	0.00	0.00	0.00	0.00
蕨、白茅	Ⅳ4		0.00	403.49	0.00	121.05	0.00	0.00	0.00	0.00
ⅩⅤ山地草甸类		0.13	0.13	346.67	45.03	104.00	13.51	0.02	0.01	0.02
（Ⅰ）山地草甸亚类		0.13	0.13	346.67	45.03	104.00	13.51	0.02	0.01	0.02
中亚早熟禾、苔草	Ⅱ4	0.13	0.13	346.67	45.03	104.00	13.51	0.02	0.01	0.02
（Ⅱ）亚高山草甸亚类		0.00	0.00		0.00		0.00	0.00	0.00	0.00
具灌木的矮生嵩草	Ⅱ6		0.00	152.63	0.00	45.79	0.00	0.00	0.00	0.00
ⅩⅥ高寒草甸类		0.34	0.32	148.85	48.30	44.65	14.49	0.02	0.02	0.02
（Ⅰ）高寒草甸亚类		0.34	0.32	148.85	48.30	44.65	14.49	0.02	0.02	0.02
高山嵩草、杂类草	Ⅱ7		0.00	109.27	0.00	32.78	0.00	0.00	0.00	0.00
圆穗蓼、高山嵩草	Ⅱ6	0.14	0.14	128.16	17.80	38.45	5.34	0.01	0.01	0.01
多花地杨梅	Ⅳ6	0.04	0.04	157.81	6.57	47.34	1.97	0.003	0.002	0.002
金露梅、高山嵩草	Ⅲ4		0.00	396.73	0.00	119.02	0.00	0.00	0.00	0.00
雪层杜鹃、高山嵩草	Ⅲ6	0.15	0.14	166.23	23.92	49.87	7.18	0.01	0.01	0.01

7. 察隅慈巴沟国家级草原缓冲区资源统计表

万亩、千克/亩、万千克、万羊单位

草原类型	等级	草原面积	草原可利用面积	鲜草单产	鲜草总产	干草单产	干草总产	暖季总载畜量	冷季总载畜量	全年总载畜量
合 计		3.55	3.42	146.18	499.86	43.85	149.96	0.20	0.16	0.18
Ⅻ热性草丛类		0.00	0.00		0.00		0.00	0.00	0.00	0.00
蕨、白茅	Ⅳ4		0.00	353.69	0.00	106.11	0.00	0.00	0.00	0.00
ⅩⅥ高寒草甸类		3.55	3.42	146.18	499.86	43.85	149.96	0.20	0.16	0.18
（Ⅰ）高寒草甸亚类		3.55	3.42	146.18	499.86	43.85	149.96	0.20	0.16	0.18
高山嵩草、杂类草	Ⅱ6	2.11	2.07	135.28	280.38	40.58	84.11	0.11	0.09	0.10
雪层杜鹃、高山嵩草	Ⅲ6	1.43	1.35	162.95	219.49	48.88	65.85	0.09	0.07	0.08

8. 芒康滇金丝猴国家级草原缓冲区资源统计表

万亩、千克/亩、万千克、万羊单位

草原类型	等级	草原面积	草原可利用面积	鲜草单产	鲜草总产	干草单产	干草总产	暖季总载畜量	冷季总载畜量	全年总载畜量
合 计		27.32	26.29	236.42	6 214.97	85.59	2 249.82	2.86	2.40	2.61
Ⅱ温性草原类		15.90	15.26	228.26	3 483.75	82.63	1 261.12	1.55	1.35	1.44
白刺花、细裂叶莲蒿	Ⅳ5	15.90	15.26	228.26	3 483.75	82.63	1 261.12	1.55	1.35	1.44
Ⅺ暖性灌草丛类		1.91	1.80	494.41	887.49	178.98	321.27	0.42	0.34	0.38
白刺花、禾草	Ⅲ3	1.91	1.80	494.41	887.49	178.98	321.27	0.42	0.34	0.38
ⅩⅤ山地草甸类		0.00	0.00		0.00		0.00	0.00	0.00	0.00
（Ⅱ）亚高山草甸亚类		0.00	0.00		0.00		0.00	0.00	0.00	0.00
矮生嵩草、杂类草	Ⅱ5		0.00	208.63	0.00	75.52	0.00	0.00	0.00	0.00
ⅩⅥ高寒草甸类		9.52	9.23	199.75	1 843.73	72.31	667.43	0.88	0.71	0.79
（Ⅰ）高寒草甸亚类		9.52	9.23	199.75	1 843.73	72.31	667.43	0.88	0.71	0.79
高山嵩草、异针茅	Ⅲ4		0.00	290.39	0.00	105.12	0.00	0.00	0.00	0.00
高山嵩草、杂类草	Ⅲ6	2.33	2.28	181.57	413.80	65.73	149.80	0.20	0.16	0.18
圆穗蓼、高山嵩草	Ⅰ5	0.70	0.69	219.27	151.42	79.37	54.81	0.07	0.06	0.06
高山嵩草、矮生嵩草	Ⅱ5	1.74	1.70	201.53	343.13	72.95	124.21	0.16	0.13	0.15
金露梅、高山嵩草	Ⅱ5	1.41	1.36	246.85	334.50	89.36	121.09	0.16	0.13	0.14
雪层杜鹃、高山嵩草	Ⅲ5	3.34	3.20	187.60	600.87	67.91	217.52	0.29	0.23	0.26

9. 纳木错自治区级草原缓冲区资源统计表

万亩、千克/亩、万千克、万羊单位

草原类型	等级	草原面积	草原可利用面积	鲜草单产	鲜草总产	干草单产	干草总产	暖季总载畜量	冷季总载畜量	全年总载畜量
合 计		311.36	296.75	64.42	19 117.65	23.52	6 979.30	9.11	7.45	7.92
Ⅳ高寒草甸草原类		86.01	78.62	38.58	3 033.04	14.08	1 107.06	1.42	1.18	1.25
紫花针茅、高山嵩草	Ⅱ7	35.70	32.84	52.51	1 724.52	19.16	629.45	0.81	0.67	0.71
金露梅、紫花针茅、高山嵩草	Ⅲ8	50.31	45.78	28.58	1 308.52	10.43	477.61	0.61	0.51	0.54
Ⅴ高寒草原类		41.23	38.65	55.93	2 161.66	20.41	789.00	0.97	0.83	0.87
紫花针茅	Ⅲ7	22.67	21.53	49.97	1 076.08	18.24	392.77	0.48	0.41	0.43
紫花针茅、青藏苔草	Ⅲ7	0.02	0.01	59.00	0.85	21.53	0.31	0.000 4	0.000 3	0.000 3
紫花针茅、杂类草	Ⅱ8	4.29	3.99	41.60	165.97	15.18	60.58	0.07	0.06	0.07
青海刺参、紫花针茅	Ⅲ7	14.25	13.11	70.06	918.76	25.57	335.35	0.41	0.35	0.37
ⅩⅥ高寒草甸类		184.12	179.48	77.57	13 922.96	28.32	5 083.23	6.72	5.44	5.80
（Ⅰ）高寒草甸亚类		160.07	156.87	76.73	12 036.51	28.01	4 394.68	5.81	4.70	5.01
高山嵩草、异针茅	Ⅱ7	12.45	12.20	88.52	1 079.72	32.31	394.10	0.52	0.42	0.45
高山嵩草、杂类草	Ⅲ7	118.21	115.85	71.66	8 301.95	26.16	3 030.21	4.01	3.24	3.46
高山嵩草、青藏苔草	Ⅲ7	9.13	8.94	68.60	613.54	25.04	223.94	0.30	0.24	0.26
圆穗蓼、高山嵩草	Ⅱ6	13.76	13.49	95.96	1 294.12	35.02	472.36	0.62	0.50	0.54
高山嵩草、矮生嵩草	Ⅱ6	5.26	5.15	92.43	476.13	33.74	173.79	0.23	0.19	0.20
矮生嵩草、青藏苔草	Ⅱ5	0.18	0.17	254.74	43.75	94.25	16.19	0.02	0.02	0.02
高山早熟禾	Ⅱ5	0.41	0.40	227.13	90.71	84.04	33.56	0.04	0.04	0.04
香柏、高山嵩草	Ⅲ5	0.69	0.68	201.78	136.59	74.66	50.54	0.07	0.06	0.06
（Ⅲ）高寒沼泽化草甸亚类		24.05	22.61	83.44	1 886.44	30.46	688.55	0.91	0.74	0.79
藏北嵩草	Ⅱ6	12.38	11.64	103.67	1 206.70	37.84	440.45	0.58	0.47	0.50
华扁穗草	Ⅱ7	11.67	10.97	61.97	679.74	22.62	248.11	0.33	0.27	0.28

10. 班公错湿地草原缓冲区资源统计表

万亩、千克/亩、万千克、万羊单位

草原类型	等级	草原面积	草原可利用面积	鲜草单产	鲜草总产	干草单产	干草总产	暖季总载畜量	冷季总载畜量	全年总载畜量
合　计		11.44	9.87	43.06	424.86	16.36	161.45	0.17	0.15	0.16
Ⅴ 高寒草原类		0.10	0.08	18.62	1.54	7.08	0.58	0.001	0.001	0.001
紫花针茅、青藏苔草	Ⅱ8	0.10	0.08	18.62	1.54	7.08	0.58	0.001	0.001	0.001
Ⅵ 高寒荒漠草原类		2.62	2.27	21.96	49.93	8.35	18.97	0.02	0.02	0.02
沙生针茅	Ⅲ8		0.00	13.18	0.00	5.01	0.00	0.00	0.00	0.00
戈壁针茅	Ⅱ8	2.57	2.23	21.86	48.72	8.31	18.51	0.02	0.02	0.02
变色锦鸡儿、驼绒藜、沙生针茅	Ⅲ8	0.06	0.04	27.30	1.21	10.37	0.46	0.001	0.000 5	0.000 5
Ⅷ 温性荒漠类		4.57	3.92	18.12	71.03	6.89	26.99	0.02	0.02	0.02
驼绒藜、灌木亚菊	Ⅲ8	4.57	3.92	18.12	71.03	6.89	26.99	0.02	0.02	0.02
灌木亚菊	Ⅲ8		0.00	12.55	0.00	4.77	0.00	0.00	0.00	0.00
Ⅸ 高寒荒漠类		0.39	0.34	18.45	6.25	7.01	2.37	0.000 2	0.000 04	0.000 1
垫状驼绒藜	Ⅲ8	0.39	0.34	18.45	6.25	7.01	2.37	0.000 2	0.000 04	0.000 1
ⅩⅣ 低地草甸类		0.03	0.03	14.40	0.41	5.47	0.16	0.000 2	0.000 2	0.000 2
（Ⅰ）低湿地草甸亚类		0.03	0.03	14.40	0.41	5.47	0.16	0.000 2	0.000 2	0.000 2
秀丽水柏枝、赖草	Ⅲ8	0.03	0.03	14.40	0.41	5.47	0.16	0.000 2	0.000 2	0.000 2
ⅩⅥ 高寒草甸类		3.35	2.95	51.19	151.08	19.45	57.41	0.07	0.06	0.06
（Ⅱ）高寒盐化草甸亚类		2.25	1.99	43.05	85.86	16.36	32.63	0.03	0.03	0.03
赖草、青藏苔草、碱蓬	Ⅱ8	2.25	1.99	43.05	85.86	16.36	32.63	0.03	0.03	0.03
（Ⅲ）高寒沼泽化草甸亚类		1.10	0.96	68.15	65.21	25.90	24.78	0.03	0.03	0.03
藏西嵩草	Ⅱ7	1.10	0.96	68.15	65.21	25.90	24.78	0.03	0.03	0.03
ⅩⅧ 沼泽类		0.38	0.27	529.16	144.63	201.08	54.96	0.06	0.05	0.05
芒尖苔草	Ⅲ2	0.38	0.27	529.16	144.63	201.08	54.96	0.06	0.05	0.05

11. 玛旁雍错湿地草原缓冲区资源统计表

万亩、千克/亩、万千克、万羊单位

草原类型	等级	草原面积	草原可利用面积	鲜草单产	鲜草总产	干草单产	干草总产	暖季总载畜量	冷季总载畜量	全年总载畜量
合 计		13.39	11.18	71.95	804.72	27.34	305.79	0.38	0.33	0.35
Ⅳ高寒草甸草原类		0.91	0.61	33.68	20.50	12.80	7.79	0.01	0.01	0.01
紫花针茅、高山嵩草	Ⅱ7	0.18	0.16	57.87	9.42	21.99	3.58	0.005	0.004	0.004
青藏苔草、高山嵩草	Ⅲ8	0.73	0.45	24.84	11.07	9.44	4.21	0.01	0.004	0.005
Ⅴ高寒草原类		8.48	7.24	32.79	237.28	12.46	90.17	0.11	0.10	0.10
紫花针茅	Ⅲ8	3.29	2.77	23.37	64.68	8.88	24.58	0.03	0.03	0.03
紫花针茅、青藏苔草	Ⅱ7	0.87	0.76	54.75	41.42	20.80	15.74	0.02	0.02	0.02
紫花针茅、杂类草	Ⅱ8	2.76	2.35	32.58	76.45	12.38	29.05	0.04	0.03	0.03
藏沙蒿、紫花针茅	Ⅲ7	0.34	0.30	51.94	15.62	19.74	5.94	0.01	0.01	0.01
变色锦鸡儿、紫花针茅	Ⅱ8	1.22	1.07	36.70	39.11	13.94	14.86	0.02	0.02	0.02
Ⅵ高寒荒漠草原类		1.56	1.22	54.37	66.42	20.66	25.24	0.02	0.02	0.02
沙生针茅	Ⅲ8	0.05	0.05	28.31	1.35	10.76	0.51	0.000 3	0.000 4	0.000 4
变色锦鸡儿、驼绒藜、沙生针茅	Ⅲ7	1.51	1.17	55.42	65.07	21.06	24.73	0.02	0.02	0.02
ⅩⅣ低地草甸类		0.50	0.41	21.15	8.72	8.04	3.31	0.004	0.004	0.004
（Ⅱ）低地盐化草甸亚类		0.50	0.41	21.15	8.72	8.04	3.31	0.004	0.004	0.004
芦苇、赖草	Ⅲ8	0.50	0.41	21.15	8.72	8.04	3.31	0.004	0.004	0.004
ⅩⅥ高寒草甸类		1.93	1.70	276.74	471.80	105.16	179.29	0.24	0.20	0.22
（Ⅱ）高寒盐化草甸亚类		0.27	0.23	67.77	15.55	25.75	5.91	0.01	0.01	0.01
赖草、青藏苔草、碱蓬	Ⅱ7	0.27	0.23	67.77	15.55	25.75	5.91	0.01	0.01	0.01
（Ⅲ）高寒沼泽化草甸亚类		1.66	1.48	309.22	456.26	117.50	173.38	0.23	0.20	0.21
藏北嵩草	Ⅱ3	1.27	1.13	382.15	430.63	145.22	163.64	0.22	0.19	0.20
藏西嵩草	Ⅱ7	0.39	0.35	73.52	25.63	27.94	9.74	0.01	0.01	0.01

12. 洞错湿地草原缓冲区资源统计表

万亩、千克/亩、万千克、万羊单位

草原类型	等级	草原面积	草原可利用面积	鲜草单产	鲜草总产	干草单产	干草总产	暖季总载畜量	冷季总载畜量	全年总载畜量
合 计		6.69	5.54	50.92	282.08	19.35	107.19	0.12	0.10	0.11
Ⅳ高寒草甸草原类		0.03	0.02	15.85	0.30	6.02	0.11	0.000 1	0.000 1	0.000 1
青藏苔草、高山嵩草	Ⅲ8	0.03	0.02	15.85	0.30	6.02	0.11	0.000 1	0.000 1	0.000 1
Ⅴ高寒草原类		0.86	0.69	20.07	13.80	7.63	5.24	0.01	0.01	0.01
紫花针茅	Ⅲ8	0.53	0.43	18.22	7.78	6.92	2.96	0.004	0.003	0.003
紫花针茅、杂类草	Ⅱ8	0.19	0.15	26.33	4.02	10.00	1.53	0.002	0.002	0.002
昆仑针茅	Ⅱ8	0.07	0.05	10.78	0.59	4.10	0.22	0.000 3	0.000 2	0.000 3
青藏苔草	Ⅲ8		0.00	24.55	0.00	9.33	0.00	0.00	0.00	0.00
藏沙蒿、紫花针茅	Ⅲ8	0.06	0.05	26.34	1.41	10.01	0.54	0.001	0.001	0.001
Ⅵ高寒荒漠草原类		0.09	0.07	23.77	1.74	9.03	0.66	0.000 4	0.000 5	0.000 5
沙生针茅	Ⅲ8	0.09	0.07	23.77	1.74	9.03	0.66	0.000 4	0.000 5	0.000 5
ⅩⅥ高寒草甸类		5.72	4.76	55.93	266.24	21.25	101.17	0.11	0.09	0.10
（Ⅱ）高寒盐化草甸亚类		5.40	4.49	51.50	231.24	19.57	87.87	0.09	0.08	0.08
喜马拉雅碱茅	Ⅱ8	0.18	0.15	26.11	3.87	9.92	1.47	0.00	0.00	0.00
赖草、青藏苔草、碱蓬	Ⅱ7	5.22	4.34	52.36	227.37	19.90	86.40	0.09	0.08	0.08
（Ⅲ）高寒沼泽化草甸亚类		0.32	0.27	129.72	35.00	49.29	13.30	0.02	0.02	0.02
藏北嵩草	Ⅱ5	0.01	0.01	243.90	2.28	92.68	0.87	0.001	0.001	0.001
藏西嵩草	Ⅱ6	0.24	0.20	155.79	31.44	59.20	11.95	0.02	0.01	0.01
华扁穗草	Ⅱ8	0.07	0.06	21.80	1.28	8.28	0.49	0.001	0.001	0.001

13. 扎日楠木错湿地草原缓冲区资源统计表

万亩、千克/亩、万千克、万羊单位

草原类型	等级	草原面积	草原可利用面积	鲜草单产	鲜草总产	干草单产	干草总产	暖季总载畜量	冷季总载畜量	全年总载畜量
合 计		5.35	4.67	46.23	215.89	17.57	82.04	0.10	0.09	0.09
Ⅳ高寒草甸草原类		0.64	0.63	64.34	40.21	24.45	15.28	0.02	0.02	0.02
紫花针茅、高山嵩草	Ⅱ7	0.64	0.63	64.34	40.21	24.45	15.28	0.02	0.02	0.02
Ⅴ高寒草原类		2.69	2.32	42.11	97.49	16.00	37.05	0.05	0.04	0.04
紫花针茅	Ⅲ7	2.40	2.03	44.77	90.81	17.01	34.51	0.04	0.04	0.04
紫花针茅、青藏苔草	Ⅲ8	0.14	0.14	15.49	2.14	5.89	0.81	0.001	0.001	0.001
紫花针茅、杂类草	Ⅱ8	0.08	0.07	36.35	2.69	13.81	1.02	0.001	0.001	0.001
固沙草、紫花针茅	Ⅳ8	0.08	0.07	24.86	1.84	9.45	0.70	0.001	0.001	0.001
青藏苔草	Ⅲ7		0.00	52.88	0.00	20.09	0.00	0.00	0.00	0.00
冻原白蒿	Ⅳ7		0.00	56.03	0.00	21.29	0.00	0.00	0.00	0.00
ⅩⅥ高寒草甸类		2.02	1.73	45.19	78.19	17.17	29.71	0.03	0.03	0.03
（Ⅰ）高寒草甸亚类		0.07	0.06	96.95	5.50	36.84	2.09	0.003	0.002	0.002
高山嵩草、青藏苔草	Ⅱ7	0.00	0.00	60.02	0.25	22.81	0.10	0.00	0.00	0.00
金露梅、高山嵩草	Ⅲ6	0.06	0.05	99.90	5.25	37.96	2.00	0.00	0.00	0.00
（Ⅱ）高寒盐化草甸亚类		1.49	1.28	39.63	50.74	15.06	19.28	0.02	0.02	0.02
赖草、青藏苔草、碱蓬	Ⅱ8	1.49	1.28	39.63	50.74	15.06	19.28	0.02	0.02	0.02
（Ⅲ）高寒沼泽化草甸亚类		0.46	0.39	55.82	21.94	21.21	8.34	0.01	0.01	0.01
藏西嵩草	Ⅱ7	0.46	0.39	55.82	21.94	21.21	8.34	0.01	0.01	0.01

14. 昂孜错—马尔下错湿地草原缓冲区资源统计表

万亩、千克/亩、万千克、万羊单位

草原类型	等级	草原面积	草原可利用面积	鲜草单产	鲜草总产	干草单产	干草总产	暖季总载畜量	冷季总载畜量	全年总载畜量
合 计		20.84	18.65	31.15	580.87	11.37	212.08	0.26	0.22	0.23
Ⅴ高寒草原类		14.93	12.98	34.22	444.27	12.49	162.16	0.20	0.17	0.18
紫花针茅	Ⅲ8	10.06	8.75	32.73	286.44	11.95	104.55	0.13	0.11	0.11
紫花针茅、青藏苔草	Ⅲ8	1.22	1.04	38.06	39.55	13.89	14.44	0.02	0.02	0.02
羽柱针茅	Ⅲ8	2.58	2.25	36.44	81.93	13.30	29.90	0.04	0.03	0.03
藏沙蒿、紫花针茅	Ⅲ8	0.30	0.26	44.52	11.64	16.25	4.25	0.01	0.004	0.005
冻原白蒿	Ⅲ8	0.77	0.68	36.19	24.71	13.21	9.02	0.01	0.01	0.01
ⅩⅥ高寒草甸类		5.91	5.66	24.13	136.61	8.82	49.92	0.06	0.05	0.05
（Ⅰ）高寒草甸亚类		0.18	0.18	22.60	3.97	8.59	1.51	0.002	0.002	0.002
矮生嵩草、青藏苔草	Ⅲ8	0.18	0.18	22.60	3.97	8.59	1.51	0.002	0.002	0.002
（Ⅱ）高寒盐化草甸亚类		4.13	4.05	22.62	91.55	8.26	33.42	0.03	0.03	0.03
喜马拉雅碱茅	Ⅱ8	4.13	4.05	22.62	91.55	8.26	33.42	0.03	0.03	0.03
（Ⅲ）高寒沼泽化草甸亚类		1.60	1.44	28.55	41.09	10.42	15.00	0.02	0.02	0.02
藏北嵩草	Ⅱ8	0.98	0.88	32.87	28.85	12.00	10.53	0.01	0.01	0.01
华扁穗草	Ⅱ8	0.62	0.56	21.80	12.24	7.96	4.47	0.01	0.005	0.01

15. 昂仁搭格架地热间歇喷泉草原缓冲区资源统计表

草原类型	等级	草原面积	草原可利用面积	鲜草单产	鲜草总产	干草单产	干草总产	暖季总载畜量	冷季总载畜量	全年总载畜量
合 计		0.23	0.22	100.47	22.32	38.18	8.48	0.01	0.01	0.01
Ⅳ高寒草甸草原类		0.16	0.15	64.34	9.90	24.45	3.76	0.005	0.004	0.004
紫花针茅、高山嵩草	Ⅱ7	0.16	0.15	64.34	9.90	24.45	3.76	0.005	0.004	0.004
ⅩⅥ高寒草甸类		0.08	0.07	181.75	12.43	69.06	4.72	0.01	0.01	0.01
（Ⅲ）高寒沼泽化草甸亚类		0.08	0.07	181.75	12.43	69.06	4.72	0.01	0.01	0.01
藏北嵩草	Ⅱ5	0.08	0.07	181.75	12.43	69.06	4.72	0.01	0.01	0.01

16. 桑桑湿地草原缓冲区资源统计表

万亩、千克/亩、万千克、万羊单位

草原类型	等级	草原面积	草原可利用面积	鲜草单产	鲜草总产	干草单产	干草总产	暖季总载畜量	冷季总载畜量	全年总载畜量
合 计		2.19	2.05	126.67	259.82	48.14	98.73	0.13	0.11	0.12
Ⅳ高寒草甸草原类		0.08	0.07	64.39	4.83	24.47	1.84	0.002	0.002	0.002
紫花针茅、高山嵩草	Ⅱ7	0.08	0.07	64.34	4.82	24.45	1.83	0.002	0.002	0.002
金露梅、紫花针茅、高山嵩草	Ⅲ6	0.00	0.00	108.26	0.01	41.14	0.00	0.00	0.00	0.00
Ⅴ高寒草原类		0.01	0.01	39.74	0.30	15.10	0.11	0.0001	0.0001	0.0001
鬼箭锦鸡儿、藏沙蒿	Ⅲ8	0.01	0.01	39.74	0.30	15.10	0.11	0.0001	0.0001	0.0001
ⅩⅥ高寒草甸类		2.11	1.97	129.38	254.69	49.16	96.78	0.13	0.10	0.12
（Ⅰ）高寒草甸亚类		0.86	0.84	58.76	49.25	22.33	18.72	0.02	0.02	0.02
高山嵩草	Ⅲ8	0.02	0.02	13.47	0.31	5.12	0.12	0.0002	0.0001	0.0001
高山嵩草、青藏苔草	Ⅱ7	0.84	0.82	60.02	48.95	22.81	18.60	0.02	0.02	0.02
（Ⅲ）高寒沼泽化草甸亚类		1.24	1.13	181.75	205.44	69.06	78.07	0.10	0.08	0.09
藏北嵩草	Ⅱ5	1.24	1.13	181.75	205.44	69.06	78.07	0.10	0.08	0.09

17. 热振草原缓冲区资源统计表

万亩、千克/亩、万千克、万羊单位

草原类型	等级	草原面积	草原可利用面积	鲜草单产	鲜草总产	干草单产	干草总产	暖季总载畜量	冷季总载畜量	全年总载畜量
合 计		0.37	0.36	135.02	48.73	49.96	18.03	0.02	0.02	0.02
Ⅱ温性草原类		0.15	0.15	126.91	18.55	46.96	6.86	0.01	0.01	0.01
白草	Ⅲ6	0.15	0.15	126.91	18.55	46.96	6.86	0.01	0.01	0.01
ⅩⅥ高寒草甸类		0.22	0.21	140.54	30.18	52.00	11.17	0.01	0.01	0.01
（Ⅰ）高寒草甸亚类		0.22	0.21	140.54	30.18	52.00	11.17	0.01	0.01	0.01
高山嵩草、杂类草	Ⅲ6	0.05	0.05	158.04	8.24	58.47	3.05	0.004	0.004	0.004
圆穗蓼、高山嵩草	Ⅲ6	0.09	0.09	152.40	13.51	56.39	5.00	0.01	0.01	0.01
具灌木的高山嵩草	Ⅲ6	0.08	0.07	113.99	8.43	42.18	3.12	0.004	0.004	0.004

18. 麦地卡湿地草原缓冲区资源统计表

万亩、千克/亩、万千克、万羊单位

草原类型	等级	草原面积	草原可利用面积	鲜草单产	鲜草总产	干草单产	干草总产	暖季总载畜量	冷季总载畜量	全年总载畜量
合　计		16.29	15.42	132.64	2 045.03	48.41	746.44	0.99	0.80	0.86
ⅩⅥ高寒草甸类		16.29	15.42	132.64	2 045.03	48.41	746.44	0.99	0.80	0.86
（Ⅰ）高寒草甸亚类		9.51	9.32	111.14	1 036.36	40.57	378.27	0.50	0.40	0.44
高山嵩草、杂类草	Ⅲ7	3.74	3.67	75.43	276.45	27.53	100.91	0.13	0.11	0.12
圆穗蓼、高山嵩草	Ⅱ6	0.64	0.63	119.73	75.40	43.70	27.52	0.04	0.03	0.03
高山嵩草、矮生嵩草	Ⅱ6	5.07	4.97	136.23	677.01	49.72	247.11	0.33	0.26	0.28
雪层杜鹃、高山嵩草	Ⅲ6	0.06	0.06	125.17	7.49	45.69	2.73	0.004	0.003	0.003
（Ⅲ）高寒沼泽化草甸亚类		6.77	6.09	165.54	1 008.67	60.42	368.16	0.49	0.39	0.42
藏北嵩草	Ⅱ6	6.77	6.09	165.54	1 008.67	60.42	368.16	0.49	0.39	0.42

19. 工布草原缓冲区资源统计表

万亩、千克/亩、万千克、万羊单位

草原类型	等级	草原面积	草原可利用面积	鲜草单产	鲜草总产	干草单产	干草总产	暖季总载畜量	冷季总载畜量	全年总载畜量
合 计		149.17	146.18	130.44	19 067.62	39.13	5 720.28	7.52	6.67	7.21
Ⅰ 温性草甸草原类		0.07	0.06	188.43	11.91	56.53	3.57	0.005	0.004	0.004
细裂叶莲蒿、禾草	Ⅲ6	0.07	0.06	188.43	11.91	56.53	3.57	0.005	0.004	0.004
Ⅱ 温性草原类		0.09	0.08	222.80	18.62	66.84	5.59	0.01	0.01	0.01
白刺花、细裂叶莲蒿	Ⅳ5	0.09	0.08	222.80	18.62	66.84	5.59	0.01	0.01	0.01
Ⅹ 暖性草丛类		0.02	0.02	103.77	2.08	31.13	0.62	0.001	0.001	0.001
黑穗画眉草	Ⅱ7	0.02	0.02	103.77	2.08	31.13	0.62	0.001	0.001	0.001
Ⅺ 暖性灌草丛类		0.72	0.71	232.78	165.25	69.83	49.58	0.06	0.06	0.06
具灌木的禾草	Ⅲ5	0.72	0.71	232.78	165.25	69.83	49.58	0.06	0.06	0.06
ⅩⅣ 低地草甸类		1.12	1.10	372.50	408.75	111.75	122.63	0.15	0.14	0.15
（Ⅲ）低地沼泽化草甸亚类		1.12	1.10	372.50	408.75	111.75	122.63	0.15	0.14	0.15
芒尖苔草、蕨麻委陵菜	Ⅱ4	1.12	1.10	372.50	408.75	111.75	122.63	0.15	0.14	0.15
ⅩⅤ 山地草甸类		7.74	7.59	254.15	1 928.19	76.24	578.46	0.74	0.67	0.72
（Ⅰ）山地草甸亚类		5.51	5.40	304.08	1 643.39	91.22	493.02	0.63	0.57	0.61
中亚早熟禾、苔草	Ⅱ4	4.28	4.19	333.43	1 398.51	100.03	419.55	0.54	0.49	0.52
圆穗蓼	Ⅱ6	1.23	1.21	202.37	244.88	60.71	73.46	0.09	0.08	0.09
（Ⅱ）亚高山草甸亚类		2.23	2.18	130.49	284.80	39.15	85.44	0.11	0.10	0.11
具灌木的矮生嵩草	Ⅱ6	2.23	2.18	130.49	284.80	39.15	85.44	0.11	0.10	0.11
ⅩⅥ 高寒草甸类		139.41	136.62	121.01	16 532.82	36.30	4 959.85	6.55	5.79	6.28
（Ⅰ）高寒草甸亚类		139.19	136.41	120.70	16 464.19	36.21	4 939.26	6.53	5.76	6.26
高山嵩草、杂类草	Ⅱ7	12.81	12.55	78.03	979.40	23.41	293.82	0.39	0.34	0.37
圆穗蓼、高山嵩草	Ⅱ6	43.69	42.81	122.07	5 226.55	36.62	1 567.97	2.07	1.83	1.99
多花地杨梅	Ⅳ5		0.00	299.46	0.00	89.84	0.00	0.00	0.00	0.00
金露梅、高山嵩草	Ⅲ4	0.01	0.01	356.43	2.88	106.93	0.86	0.001	0.001	0.001
雪层杜鹃、高山嵩草	Ⅲ6	82.69	81.03	126.56	10 255.36	37.97	3 076.61	4.07	3.59	3.90
（Ⅲ）高寒沼泽化草甸亚类		0.22	0.21	321.80	68.63	96.54	20.59	0.02	0.02	0.02
西藏嵩草	Ⅱ4	0.22	0.21	321.80	68.63	96.54	20.59	0.02	0.02	0.02

20. 类乌齐草原缓冲区资源统计表

万亩、千克/亩、万千克、万羊单位

草原类型	等级	草原面积	草原可利用面积	鲜草单产	鲜草总产	干草单产	干草总产	暖季总载畜量	冷季总载畜量	全年总载畜量
合 计		22.81	22.13	198.13	4 383.59	71.72	1 586.86	2.09	1.70	1.86
ⅩⅤ山地草甸类		3.40	3.23	261.36	844.88	94.61	305.85	0.39	0.33	0.35
（Ⅱ）亚高山草甸亚类		3.40	3.23	261.36	844.88	94.61	305.85	0.39	0.33	0.35
矮生嵩草、杂类草	Ⅱ6	0.81	0.79	124.79	98.56	45.17	35.68	0.05	0.04	0.04
圆穗蓼、矮生嵩草	Ⅱ4	0.08	0.08	280.25	22.83	101.45	8.26	0.01	0.01	0.01
垂穗披碱草	Ⅱ2	0.02	0.02	553.47	9.85	200.36	3.57	0.005	0.004	0.004
具灌木的矮生嵩草	Ⅲ4	2.49	2.34	304.51	713.65	110.23	258.34	0.33	0.28	0.30
ⅩⅥ高寒草甸类		19.41	18.89	187.31	3 538.71	67.80	1 281.01	1.69	1.37	1.50
（Ⅰ）高寒草甸亚类		19.41	18.89	187.31	3 538.71	67.80	1 281.01	1.69	1.37	1.50
高山嵩草、杂类草	Ⅲ6	12.74	12.48	172.53	2 153.95	62.46	779.73	1.03	0.83	0.91
高山嵩草、矮生嵩草	Ⅱ6	0.06	0.06	154.25	9.54	55.84	3.45	0.005	0.004	0.004
金露梅、高山嵩草	Ⅱ6	1.10	1.05	158.34	166.54	57.32	60.29	0.08	0.06	0.07
雪层杜鹃、高山嵩草	Ⅲ5	5.52	5.29	228.29	1 208.69	82.64	437.55	0.58	0.47	0.51

21. 然乌湖湿地草原缓冲区资源统计表

万亩、千克/亩、万千克、万羊单位

草原类型	等级	草原面积	草原可利用面积	鲜草单产	鲜草总产	干草单产	干草总产	暖季总载畜量	冷季总载畜量	全年总载畜量
合　计		1.46	1.43	54.53	77.74	19.74	28.14	0.04	0.03	0.03
ⅩⅥ高寒草甸类		1.46	1.43	54.53	77.74	19.74	28.14	0.04	0.03	0.03
（Ⅰ）高寒草甸亚类		1.40	1.37	52.23	71.55	18.91	25.90	0.03	0.03	0.03
高山嵩草、杂类草	Ⅲ8	1.14	1.12	45.23	50.74	16.37	18.37	0.02	0.02	0.02
高山嵩草、矮生嵩草	Ⅱ7	0.25	0.25	83.88	20.81	30.37	7.53	0.01	0.01	0.01
（Ⅲ）高寒沼泽化草甸亚类		0.06	0.06	111.16	6.19	40.24	2.24	0.003	0.002	0.003
西藏嵩草	Ⅱ6	0.06	0.06	111.16	6.19	40.24	2.24	0.003	0.002	0.003

四、西藏自治区草原实验区资源统计表

万亩、千克/亩、万千克、万羊单位

草原类型	等级	草原面积	草原可利用面积	鲜草单产	鲜草总产	干草单产	干草总产	暖季总载畜量	冷季总载畜量	全年总载畜量
合 计		13 065.93	11 060.86	46.04	509 204.72	17.08	188 961.80	233.39	197.89	213.68
Ⅰ 温性草甸草原类		2.13	1.94	126.94	246.70	46.21	89.80	0.12	0.10	0.11
丝颖针茅	Ⅱ7	1.07	0.98	100.69	98.69	38.26	37.50	0.05	0.04	0.04
细裂叶莲蒿、禾草	Ⅲ6	1.07	0.96	153.64	148.02	54.29	52.30	0.07	0.06	0.06
Ⅱ 温性草原类		107.54	99.22	65.16	6 465.28	24.55	2 435.59	2.77	2.49	2.64
长芒草	Ⅲ6	5.54	5.43	155.68	845.30	59.16	321.21	0.39	0.38	0.39
固沙草	Ⅲ7	20.16	19.07	49.56	945.09	18.83	359.13	0.29	0.28	0.28
白草	Ⅲ8	9.78	9.31	27.12	252.49	10.22	95.12	0.12	0.09	0.11
草沙蚕	Ⅲ7	0.96	0.91	61.87	56.55	23.51	21.49	0.02	0.02	0.02
毛莲蒿	Ⅲ7	2.15	1.98	73.01	144.34	27.75	54.85	0.05	0.05	0.05
藏沙蒿	Ⅲ6	0.11	0.11	89.35	9.49	33.95	3.61	0.004	0.004	0.004
日喀则蒿	Ⅲ7	6.20	5.58	44.34	247.48	16.85	94.04	0.09	0.09	0.09
藏白蒿、中华草沙蚕	Ⅲ6	0.00	0.00		0.00		0.00	0.00	0.00	0.00
砂生槐、蒿、禾草	Ⅲ7	55.97	50.45	54.56	2 752.53	20.73	1 045.96	1.28	1.10	1.20
小叶野丁香、毛莲蒿	Ⅲ6	1.98	1.88	98.35	185.20	37.37	70.37	0.07	0.07	0.07
白刺花、细裂叶莲蒿	Ⅳ5	4.69	4.50	228.09	1 026.82	82.15	369.80	0.45	0.40	0.42
Ⅲ 温性荒漠草原类		0.00	0.00		0.00		0.00	0.00	0.00	0.00
沙生针茅、固沙草	Ⅲ8	0.00	0.00		0.00		0.00	0.00	0.00	0.00
变色锦鸡儿、沙生针茅	Ⅲ7	0.00	0.00		0.00		0.00	0.00	0.00	0.00
Ⅳ 高寒草甸草原类		527.10	475.07	51.14	24 295.51	19.16	9 101.13	11.44	9.72	10.40
紫花针茅、高山嵩草	Ⅱ8	281.45	252.30	50.87	12 833.84	18.89	4 765.39	6.05	5.09	5.43
丝颖针茅	Ⅱ7	93.86	89.60	61.99	5 553.80	23.51	2 106.63	2.59	2.25	2.43
青藏苔草、高山嵩草	Ⅲ8	59.37	48.35	36.42	1 761.01	13.84	669.18	0.86	0.72	0.76
金露梅、紫花针茅、高山嵩草	Ⅲ8	75.07	68.86	41.05	2 826.47	15.37	1 058.19	1.32	1.13	1.21
香柏、臭草	Ⅲ7	17.34	15.96	82.75	1 320.38	31.45	501.75	0.62	0.54	0.57
Ⅴ 高寒草原类		8 236.12	6 684.36	25.77	172 266.68	9.76	65 233.84	77.77	67.41	71.72
紫花针茅	Ⅱ8	2 727.59	2 277.31	20.19	45 969.63	7.62	17 359.63	21.32	18.50	19.46

（续）

草原类型	等级	草原面积	草原可利用面积	鲜草单产	鲜草总产	干草单产	干草总产	暖季总载畜量	冷季总载畜量	全年总载畜量
紫花针茅、青藏苔草	Ⅲ8	2 214.14	1 822.10	17.74	32 326.39	6.73	12 254.70	15.05	13.05	13.84
紫花针茅、杂类草	Ⅱ8	424.63	361.67	34.38	12 432.97	12.99	4 698.09	5.77	4.98	5.34
昆仑针茅	Ⅱ8	8.75	8.44	38.89	328.32	14.78	124.76	0.15	0.13	0.15
羽柱针茅	Ⅲ8	304.17	239.35	23.74	5 682.28	8.97	2 146.07	2.64	2.29	2.40
固沙草、紫花针茅	Ⅲ8	406.70	380.60	45.68	17 384.71	17.36	6 606.19	6.35	5.52	6.04
黑穗画眉草、羽柱针茅	Ⅱ7	2.40	2.35	67.93	159.63	25.81	60.66	0.07	0.06	0.07
青藏苔草	Ⅲ8	1 428.90	957.13	24.55	23 497.26	9.33	8 928.96	10.97	9.54	10.04
藏沙蒿、紫花针茅	Ⅲ8	124.66	104.48	32.82	3 429.66	12.44	1 299.30	1.60	1.38	1.46
藏沙蒿、青藏苔草	Ⅲ7	19.75	19.36	87.52	1 694.39	33.26	643.87	0.61	0.53	0.58
藏白蒿、禾草	Ⅲ6	61.76	59.10	105.43	6 231.08	40.06	2 367.81	2.51	2.17	2.37
冻原白蒿	Ⅲ8	5.95	5.33	48.55	258.56	18.01	95.91	0.12	0.10	0.11
垫型蒿、紫花针茅	Ⅲ8	8.03	6.59	12.14	79.96	4.45	29.31	0.04	0.03	0.03
青海刺参、紫花针茅	Ⅲ7	43.50	40.02	70.06	2 804.16	25.57	1 023.52	1.26	1.08	1.13
鬼箭锦鸡儿、藏沙蒿	Ⅲ8	0.01	0.01	39.74	0.28	15.10	0.11	0.000 1	0.000 1	0.000 1
变色锦鸡儿、紫花针茅	Ⅱ8	87.06	72.83	33.06	2 407.94	12.56	915.02	1.12	0.97	1.03
小叶金露梅、紫花针茅	Ⅱ7	318.82	280.87	51.35	14 423.78	19.51	5 480.78	6.73	5.81	6.27
香柏、藏沙蒿	Ⅲ7	49.28	46.82	67.40	3 155.69	25.61	1 199.16	1.47	1.26	1.40
Ⅵ高寒荒漠草原类		924.47	738.91	22.83	16 870.66	8.68	6 410.85	4.24	4.74	4.54
沙生针茅	Ⅲ8	693.54	570.15	23.76	13 547.80	9.03	5 148.16	3.41	3.81	3.64
戈壁针茅	Ⅱ8	0.07	0.06	21.86	1.27	8.31	0.48	0.001	0.000 5	0.001
青藏苔草、垫状驼绒藜	Ⅲ8	129.73	94.80	14.24	1 349.86	5.41	512.95	0.34	0.38	0.36
垫状驼绒藜、昆仑针茅	Ⅲ8	17.97	13.13	32.93	432.37	12.51	164.30	0.11	0.12	0.12
变色锦鸡儿、驼绒藜、沙生针茅	Ⅲ8	83.17	60.77	25.33	1 539.37	9.63	584.96	0.39	0.43	0.41
Ⅶ温性草原化荒漠类		14.88	11.03	19.55	215.59	7.43	81.92	0.08	0.07	0.07
灌木亚菊、驼绒藜、沙生针茅	Ⅳ8	14.88	11.03	19.55	215.59	7.43	81.92	0.08	0.07	0.07
Ⅷ温性荒漠类		35.95	30.45	17.34	527.79	6.59	200.56	0.18	0.16	0.17
驼绒藜、灌木亚菊	Ⅲ8	30.48	26.14	18.12	473.78	6.89	180.04	0.16	0.14	0.15

（续）

草原类型	等级	草原面积	草原可利用面积	鲜草单产	鲜草总产	干草单产	干草总产	暖季总载畜量	冷季总载畜量	全年总载畜量
灌木亚菊	Ⅲ 8	5.47	4.30	12.55	54.00	4.77	20.52	0.02	0.02	0.02
Ⅸ高寒荒漠类		93.74	81.39	18.47	1 503.17	7.02	571.20	0.05	0.01	0.01
垫状驼绒藜	Ⅲ 8	93.21	80.92	18.45	1 493.18	7.01	567.41	0.05	0.01	0.01
高原芥、燥原荠	Ⅳ 8	0.53	0.46	21.68	9.99	8.24	3.80	0.000 4	0.000 1	0.000 1
Ⅹ暖性草丛类		4.08	3.92	122.09	478.39	36.63	143.52	0.18	0.15	0.17
黑穗画眉草	Ⅱ 7	3.60	3.46	103.77	359.01	31.13	107.70	0.13	0.12	0.12
细裂叶莲蒿	Ⅲ 5	0.48	0.46	260.19	119.38	78.06	35.81	0.04	0.04	0.04
Ⅺ暖性灌草丛类		15.33	14.70	287.60	4 228.04	93.03	1 367.62	1.73	1.52	1.63
白刺花、禾草	Ⅱ 3	3.78	3.56	466.22	1 660.03	167.73	597.22	0.79	0.64	0.71
具灌木的禾草	Ⅲ 5	11.55	11.14	230.51	2 568.00	69.15	770.40	0.95	0.88	0.92
Ⅻ热性草丛类		4.35	4.27	403.69	1 722.66	121.11	516.80	0.63	0.55	0.60
白茅	Ⅲ 3	0.01	0.01	529.23	3.70	158.77	1.11	0.001	0.001	0.001
蕨、白茅	Ⅳ 4	4.35	4.26	403.49	1 718.96	121.05	515.69	0.63	0.55	0.60
ⅩⅣ低地草甸类		28.69	27.73	220.23	6 107.97	70.98	1 968.42	2.42	2.24	2.35
（Ⅰ）低湿地草甸亚类		13.21	12.70	116.61	1 481.15	44.31	562.84	0.69	0.60	0.65
无脉苔草、蕨麻委陵菜	Ⅱ 6	11.78	11.31	128.88	1 458.08	48.98	554.07	0.68	0.59	0.64
秀丽水柏枝、赖草	Ⅲ 8	1.43	1.39	16.62	23.08	6.32	8.77	0.01	0.01	0.01
（Ⅱ）低地盐化草甸亚类		2.92	2.74	46.06	126.41	17.50	48.03	0.06	0.05	0.06
芦苇、赖草	Ⅲ 8	2.92	2.74	46.06	126.41	17.50	48.03	0.06	0.05	0.06
（Ⅲ）低地沼泽化草甸亚类		12.55	12.29	366.24	4 500.42	110.48	1 357.55	1.67	1.58	1.64
芒尖苔草、蕨麻委陵菜	Ⅱ 4	12.55	12.29	366.24	4 500.42	110.48	1 357.55	1.67	1.58	1.64
ⅩⅤ山地草甸类		30.88	29.70	250.51	7 441.24	84.55	2 511.61	3.23	2.76	2.97
（Ⅰ）山地草甸亚类		6.62	6.43	319.41	2 055.15	96.36	620.03	0.80	0.70	0.76
中亚早熟禾、苔草	Ⅱ 5	6.44	6.25	322.89	2 017.55	97.42	608.75	0.78	0.69	0.74
圆穗蓼	Ⅱ 6	0.19	0.19	202.37	37.60	60.71	11.28	0.01	0.01	0.01
（Ⅱ）亚高山草甸亚类		24.25	23.27	231.46	5 386.09	81.29	1 891.58	2.43	2.05	2.22
矮生嵩草、杂类草	Ⅱ 6	4.04	3.96	192.89	763.42	70.20	277.86	0.36	0.30	0.33

（续）

草原类型	等级	草原面积	草原可利用面积	鲜草单产	鲜草总产	干草单产	干草总产	暖季总载畜量	冷季总载畜量	全年总载畜量
圆穗蓼、矮生嵩草	Ⅱ4	0.42	0.41	280.25	114.42	101.45	41.42	0.05	0.04	0.05
垂穗披碱草	Ⅱ7	0.21	0.20	420.34	85.23	152.19	30.86	0.04	0.03	0.04
具灌木的矮生嵩草	Ⅱ5	19.58	18.70	236.51	4 423.03	82.43	1 541.44	1.98	1.67	1.81
ⅩⅥ高寒草甸类		3 039.13	2 857.11	93.24	266 384.81	34.36	98 157.96	128.37	105.82	116.15
（Ⅰ）高寒草甸亚类		2 095.50	2 033.41	92.46	188 007.15	33.71	68 542.83	90.66	73.94	81.85
高山嵩草	Ⅱ7	101.99	88.24	66.84	5 897.78	25.40	2 241.16	2.96	2.48	2.67
高山嵩草、异针茅	Ⅱ7	57.90	56.74	80.56	4 571.24	29.59	1 678.82	2.22	1.81	1.93
高山嵩草、杂类草	Ⅱ7	920.30	901.89	89.22	80 465.14	33.15	29 895.93	39.54	32.05	35.71
高山嵩草、青藏苔草	Ⅲ7	531.45	516.29	79.28	40 933.51	29.93	15 452.88	20.44	16.51	18.42
圆穗蓼、高山嵩草	Ⅱ6	117.42	114.81	114.95	13 197.63	38.20	4 385.45	5.80	4.86	5.28
高山嵩草、矮生嵩草	Ⅱ6	114.35	112.06	94.41	10 579.56	34.67	3 885.54	5.14	4.15	4.48
矮生嵩草、青藏苔草	Ⅲ7	28.88	28.10	98.71	2 773.49	36.80	1 034.05	1.37	1.13	1.22
高山早熟禾	Ⅰ5	0.00	0.00		0.00		0.00	0.00	0.00	0.00
多花地杨梅	Ⅳ6	10.21	9.59	157.81	1 514.01	47.34	454.20	0.60	0.49	0.57
具锦鸡儿的高山嵩草	Ⅲ6	0.31	0.31	98.21	30.15	37.32	11.46	0.02	0.01	0.01
金露梅、高山嵩草	Ⅲ6	80.43	76.83	130.11	9 996.12	48.55	3 730.05	4.93	3.99	4.48
香柏、高山嵩草	Ⅲ5	2.62	2.57	201.78	518.42	74.66	191.82	0.25	0.21	0.22
雪层杜鹃、高山嵩草	Ⅲ6	113.48	110.14	142.77	15 724.16	44.45	4 895.23	6.47	5.52	6.05
具灌木的高山嵩草	Ⅲ6	16.17	15.84	113.99	1 805.94	43.32	686.26	0.91	0.73	0.80
（Ⅱ）高寒盐化草甸亚类		378.16	320.02	42.44	13 582.99	16.10	5 151.08	5.35	4.66	4.90
喜马拉雅碱茅	Ⅱ8	108.30	94.81	22.42	2 126.06	8.41	797.45	0.83	0.72	0.76
匍匐水柏枝、青藏苔草	Ⅲ8	3.07	2.55	16.25	41.51	6.17	15.77	0.02	0.01	0.02
赖草、青藏苔草、碱蓬	Ⅱ7	266.79	222.65	51.27	11 415.43	19.48	4 337.86	4.51	3.92	4.13
（Ⅲ）高寒沼泽化草甸亚类		565.46	503.69	128.64	64 794.67	48.57	24 464.05	32.36	27.23	29.40
藏北嵩草	Ⅱ5	366.84	325.65	165.94	54 037.09	62.63	20 396.03	26.98	22.73	24.51
西藏嵩草	Ⅱ7	16.52	14.88	32.38	481.88	11.81	175.75	0.23	0.19	0.20
藏西嵩草	Ⅱ6	25.72	21.79	131.24	2 859.57	49.87	1 086.64	1.44	1.25	1.32

（续）

草原类型	等级	草原面积	草原可利用面积	鲜草单产	鲜草总产	干草单产	干草总产	暖季总载畜量	冷季总载畜量	全年总载畜量
川滇嵩草	Ⅲ5	15.58	14.18	227.66	3 227.29	86.51	1 226.37	1.62	1.31	1.49
华扁穗草	Ⅱ8	140.80	127.19	32.93	4 188.83	12.42	1 579.26	2.09	1.75	1.88
ⅩⅧ沼泽类		1.54	1.06	423.20	450.24	160.72	170.99	0.18	0.16	0.16
水麦冬	Ⅲ5	0.57	0.37	225.95	84.00	85.58	31.82	0.03	0.03	0.03
芒尖苔草	Ⅲ2	0.97	0.69	529.16	366.23	201.08	139.17	0.14	0.13	0.13

1. 羌塘国家级草原实验区资源统计表

万亩、千克/亩、万千克、万羊单位

草原类型	等级	草原面积	草原可利用面积	鲜草单产	鲜草总产	干草单产	干草总产	暖季总载畜量	冷季总载畜量	全年总载畜量
合 计		8 708.39	6 930.84	26.38	182 827.82	10.02	69 474.57	81.70	71.94	75.32
Ⅲ温性荒漠草原类		0.00	0.00		0.00		0.00	0.00	0.00	0.00
沙生针茅、固沙草	Ⅲ8		0.00	23.55	0.00	8.95	0.00	0.00	0.00	0.00
变色锦鸡儿、沙生针茅	Ⅲ7		0.00	71.18	0.00	27.05	0.00	0.00	0.00	0.00
Ⅳ高寒草甸草原类		114.97	94.85	38.84	3 683.92	14.76	1 399.89	1.80	1.50	1.60
紫花针茅、高山嵩草	Ⅱ8	56.02	46.50	41.54	1 931.41	15.79	733.93	0.94	0.78	0.84
青藏苔草、高山嵩草	Ⅲ8	57.81	47.41	36.67	1 738.38	13.93	660.59	0.85	0.71	0.75
金露梅、紫花针茅、高山嵩草	Ⅲ8	1.14	0.95	14.93	14.13	5.67	5.37	0.01	0.01	0.01
Ⅴ高寒草原类		6 832.52	5 384.32	20.08	108 103.22	7.63	41 079.22	50.45	43.89	46.20
紫花针茅	Ⅲ8	2 489.11	2 065.96	18.22	37 648.06	6.92	14 306.26	17.57	15.29	16.09
紫花针茅、青藏苔草	Ⅱ8	1 981.86	1 605.31	15.39	24 708.43	5.85	9 389.20	11.53	10.03	10.56
紫花针茅、杂类草	Ⅱ8	263.93	216.42	26.33	5 697.89	10.00	2 165.20	2.66	2.31	2.43
昆仑针茅	Ⅱ8	0.26	0.21	10.78	2.26	4.10	0.86	0.001	0.001	0.001
羽柱针茅	Ⅲ8	274.11	214.21	22.42	4 802.71	8.52	1 825.03	2.24	1.95	2.05
固沙草、紫花针茅	Ⅲ8	43.27	35.33	25.29	893.64	9.61	339.58	0.42	0.36	0.38
青藏苔草	Ⅲ8	1 428.85	957.09	24.55	23 496.24	9.33	8 928.57	10.97	9.54	10.04
藏沙蒿、紫花针茅	Ⅲ8	110.98	92.36	26.34	2 432.89	10.01	924.50	1.14	0.99	1.04
冻原白蒿	Ⅲ8		0.00	36.19	0.00	13.75	0.00	0.00	0.00	0.00
垫型蒿、紫花针茅	Ⅲ8	0.26	0.21	38.46	8.26	14.61	3.14	0.004	0.003	0.004
变色锦鸡儿、紫花针茅	Ⅱ8	68.69	56.47	30.42	1 718.10	11.56	652.88	0.80	0.70	0.73
小叶金露梅、紫花针茅	Ⅱ7	171.19	140.73	47.57	6 694.74	18.08	2 544.00	3.12	2.72	2.86
Ⅵ高寒荒漠草原类		923.28	737.91	22.83	16 849.67	8.68	6 402.87	4.23	4.74	4.53
沙生针茅	Ⅲ8	692.43	569.23	23.77	13 528.48	9.03	5 140.82	3.40	3.80	3.64
戈壁针茅	Ⅱ8		0.00	20.28	0.00	7.71	0.00	0.00	0.00	0.00
青藏苔草、垫状驼绒藜	Ⅲ8	129.73	94.80	14.24	1 349.86	5.41	512.95	0.34	0.38	0.36
垫状驼绒藜、昆仑针茅	Ⅲ8	17.97	13.13	32.93	432.37	12.51	164.30	0.11	0.12	0.12
变色锦鸡儿、驼绒藜、沙生针茅	Ⅲ8	83.15	60.76	25.33	1 538.96	9.63	584.81	0.39	0.43	0.41

（续）

草原类型	等级	草原面积	草原可利用面积	鲜草单产	鲜草总产	干草单产	干草总产	暖季总载畜量	冷季总载畜量	全年总载畜量
Ⅶ温性草原化荒漠类		14.88	11.03	19.55	215.59	7.43	81.92	0.08	0.07	0.07
灌木亚菊、驼绒藜、沙生针茅	Ⅳ8	14.88	11.03	19.55	215.59	7.43	81.92	0.08	0.07	0.07
Ⅷ温性荒漠类		32.19	27.22	17.26	469.86	6.56	178.55	0.16	0.14	0.15
驼绒藜、灌木亚菊	Ⅲ8	26.82	23.00	18.12	416.89	6.89	158.42	0.14	0.12	0.13
灌木亚菊	Ⅲ8	5.37	4.22	12.55	52.97	4.77	20.13	0.02	0.02	0.02
Ⅸ高寒荒漠类		92.85	80.61	18.47	1 488.94	7.02	565.80	0.05	0.01	0.01
垫状驼绒藜	Ⅲ8	92.32	80.15	18.45	1 478.95	7.01	562.00	0.05	0.01	0.01
高原芥、燥原荠	Ⅳ8	0.53	0.46	21.68	9.99	8.24	3.80	0.000 4	0.000 1	0.000 1
ⅩⅣ低地草甸类		0.09	0.09	49.48	4.34	18.80	1.65	0.002	0.002	0.002
（Ⅰ）低湿地草甸亚类		0.09	0.09	49.48	4.34	18.80	1.65	0.002	0.002	0.002
秀丽水柏枝、赖草	Ⅲ7	0.09	0.09	49.48	4.34	18.80	1.65	0.002	0.002	0.002
ⅩⅥ高寒草甸类		697.45	594.70	87.36	51 951.76	33.20	19 741.67	24.90	21.58	22.74
（Ⅰ）高寒草甸亚类		125.98	111.42	60.89	6 784.95	23.14	2 578.28	3.41	2.88	3.06
高山嵩草	Ⅱ7	85.09	71.68	61.72	4 423.81	23.45	1 681.05	2.22	1.88	2.00
高山嵩草、异针茅	Ⅱ7	9.97	9.77	70.23	686.02	26.69	260.69	0.34	0.29	0.31
高山嵩草、杂类草	Ⅱ7	28.89	28.31	54.41	1 540.23	20.67	585.29	0.77	0.65	0.70
高山嵩草、矮生嵩草	Ⅱ7		0.00	51.88	0.00	19.71	0.00	0.00	0.00	0.00
金露梅、高山嵩草	Ⅲ7	2.03	1.67	80.67	134.89	30.65	51.26	0.07	0.06	0.06
（Ⅱ）高寒盐化草甸亚类		294.60	243.44	46.14	11 231.53	17.53	4 267.98	4.44	3.86	4.06
喜马拉雅碱茅	Ⅱ8	66.80	54.23	26.11	1 416.28	9.92	538.18	0.56	0.49	0.51
匍匐水柏枝、青藏苔草	Ⅲ8	3.07	2.55	16.25	41.51	6.17	15.77	0.02	0.01	0.02
赖草、青藏苔草、碱蓬	Ⅱ7	224.73	186.66	52.36	9 773.75	19.90	3 714.02	3.86	3.36	3.53
（Ⅲ）高寒沼泽化草甸亚类		276.88	239.83	141.50	33 935.29	53.77	12 895.41	17.06	14.84	15.61
藏北嵩草	Ⅱ5	143.33	120.73	243.90	29 446.65	92.68	11 189.73	14.80	12.88	13.55
藏西嵩草	Ⅱ6	19.14	16.13	155.79	2 512.17	59.20	954.63	1.26	1.10	1.16
华扁穗草	Ⅱ8	114.41	102.97	19.19	1 976.46	7.29	751.06	0.99	0.86	0.90
ⅩⅧ沼泽类		0.16	0.11	529.16	60.51	201.08	23.00	0.02	0.02	0.02
芒尖苔草	Ⅲ2	0.16	0.11	529.16	60.51	201.08	23.00	0.02	0.02	0.02

2. 色林错黑颈鹤国家级草原实验区资源统计表

万亩、千克/亩、万千克、万羊单位

草原类型	等级	草原面积	草原可利用面积	鲜草单产	鲜草总产	干草单产	干草总产	暖季总载畜量	冷季总载畜量	全年总载畜量
合 计		521.99	459.71	41.69	19 165.05	15.22	6 995.24	8.97	7.40	7.80
Ⅳ高寒草甸草原类		61.91	51.29	26.06	1 336.63	9.51	487.87	0.63	0.52	0.55
紫花针茅、高山嵩草	Ⅱ8	46.26	38.39	26.65	1 023.32	9.73	373.51	0.48	0.40	0.42
丝颖针茅	Ⅱ8	10.10	8.28	30.70	254.28	11.21	92.81	0.12	0.10	0.10
金露梅、紫花针茅、高山嵩草	Ⅲ8	5.56	4.61	12.80	59.03	4.67	21.55	0.03	0.02	0.02
Ⅴ高寒草原类		241.47	199.03	28.65	5 702.63	10.46	2 081.46	2.56	2.19	2.28
紫花针茅	Ⅲ8	96.69	80.25	28.68	2 301.73	10.47	840.13	1.03	0.88	0.92
紫花针茅、青藏苔草	Ⅲ8	56.25	45.57	31.13	1 418.50	11.36	517.75	0.64	0.54	0.57
紫花针茅、杂类草	Ⅱ8	46.85	38.42	21.79	837.18	7.95	305.57	0.38	0.32	0.34
羽柱针茅	Ⅲ8	25.26	20.96	34.70	727.40	12.66	265.50	0.33	0.28	0.29
青藏苔草	Ⅲ8		0.00	22.92	0.00	8.36	0.00	0.00	0.00	0.00
藏沙蒿、紫花针茅	Ⅲ8	4.58	3.80	32.33	122.83	11.80	44.83	0.06	0.05	0.05
垫型蒿、紫花针茅	Ⅲ8	7.77	6.37	11.25	71.69	4.11	26.17	0.03	0.03	0.03
青海刺参、紫花针茅	Ⅲ7	3.19	2.94	70.06	205.91	25.57	75.16	0.09	0.08	0.08
小叶金露梅、紫花针茅	Ⅱ8	0.88	0.72	24.22	17.39	8.84	6.35	0.01	0.01	0.01
ⅩⅤ山地草甸类		0.05	0.05	29.37	1.51	10.72	0.55	0.001	0.001	0.001
（Ⅱ）亚高山草甸亚类		0.05	0.05	29.37	1.51	10.72	0.55	0.001	0.001	0.001
垂穗披碱草	Ⅲ8	0.05	0.05	29.37	1.51	10.72	0.55	0.001	0.001	0.001
ⅩⅥ高寒草甸类		218.55	209.34	57.92	12 124.27	21.14	4 425.36	5.79	4.69	4.97
（Ⅰ）高寒草甸亚类		121.24	118.81	86.75	10 306.50	31.66	3 761.87	4.98	4.02	4.26
高山嵩草、异针茅	Ⅱ7	14.33	14.05	64.81	910.34	23.66	332.27	0.44	0.36	0.38
高山嵩草、杂类草	Ⅲ8	17.34	16.99	23.68	402.35	8.64	146.86	0.19	0.16	0.17
高山嵩草、青藏苔草	Ⅲ6	20.00	19.60	145.67	2 854.48	53.17	1 041.89	1.38	1.11	1.18
圆穗蓼、高山嵩草	Ⅱ6		0.00	95.96	0.00	35.02	0.00	0.00	0.00	0.00
高山嵩草、矮生嵩草	Ⅱ6	67.38	66.03	92.43	6 103.21	33.74	2 227.67	2.95	2.38	2.52
矮生嵩草、青藏苔草	Ⅱ5		0.00	254.74	0.00	92.98	0.00	0.00	0.00	0.00
金露梅、高山嵩草	Ⅲ8	2.19	2.15	16.80	36.13	6.13	13.19	0.02	0.01	0.01

（续）

草原类型	等级	草原面积	草原可利用面积	鲜草单产	鲜草总产	干草单产	干草总产	暖季总载畜量	冷季总载畜量	全年总载畜量
（Ⅱ）高寒盐化草甸亚类		36.80	36.07	16.81	606.13	6.13	221.24	0.23	0.20	0.21
喜马拉雅碱茅	Ⅱ8	36.80	36.07	16.81	606.13	6.13	221.24	0.23	0.20	0.21
（Ⅲ）高寒沼泽化草甸亚类		60.51	54.46	22.25	1 211.64	8.12	442.25	0.58	0.47	0.50
藏北嵩草	Ⅱ8	39.05	35.15	19.73	693.37	7.20	253.08	0.33	0.27	0.29
西藏嵩草	Ⅱ8	16.07	14.46	30.09	435.04	10.98	158.79	0.21	0.17	0.18
华扁穗草	Ⅱ8	5.39	4.85	17.15	83.23	6.26	30.38	0.04	0.03	0.03

3. 珠穆朗玛峰国家级草原实验区资源统计表

万亩、千克/亩、万千克、万羊单位

草原类型	等级	草原面积	草原可利用面积	鲜草单产	鲜草总产	干草单产	干草总产	暖季总载畜量	冷季总载畜量	全年总载畜量
合 计		2 313.07	2 229.01	74.81	166 761.43	28.43	63 369.34	79.38	65.43	73.18
Ⅰ温性草甸草原类		1.61	1.46	114.23	167.01	43.41	63.47	0.08	0.07	0.08
丝颖针茅	Ⅱ6	0.83	0.76	89.86	68.34	34.15	25.97	0.03	0.03	0.03
细裂叶莲蒿、禾草	Ⅲ6	0.78	0.70	140.66	98.68	53.45	37.50	0.05	0.04	0.04
Ⅱ温性草原类		33.53	30.90	50.49	1 560.23	19.19	592.89	0.59	0.53	0.56
固沙草	Ⅲ8	17.13	16.10	35.59	573.08	13.52	217.77	0.14	0.14	0.14
毛莲蒿	Ⅲ7	2.07	1.90	72.82	138.66	27.67	52.69	0.05	0.05	0.05
砂生槐、蒿、禾草	Ⅲ7	14.33	12.89	65.80	848.49	25.01	322.42	0.40	0.34	0.37
Ⅳ高寒草甸草原类		137.58	133.27	64.72	8 625.70	24.59	3 277.77	4.03	3.50	3.79
紫花针茅、高山嵩草	Ⅱ7	34.37	33.68	81.16	2 733.61	30.84	1 038.77	1.28	1.11	1.20
丝颖针茅	Ⅱ7	77.09	74.78	62.96	4 707.73	23.92	1 788.94	2.20	1.91	2.07
金露梅、紫花针茅、高山嵩草	Ⅲ7	26.11	24.81	47.74	1 184.35	18.14	450.05	0.55	0.48	0.52
Ⅴ高寒草原类		861.66	823.99	51.35	42 309.28	19.51	16 077.53	17.40	15.01	16.53
紫花针茅、青藏苔草	Ⅲ8	158.55	155.38	34.91	5 424.59	13.27	2 061.35	2.53	2.17	2.40
紫花针茅、杂类草	Ⅱ7	81.12	77.06	60.61	4 670.77	23.03	1 774.89	2.18	1.87	2.07
昆仑针茅	Ⅱ8	8.00	7.84	41.04	321.85	15.59	122.30	0.15	0.13	0.14
固沙草、紫花针茅	Ⅳ7	360.89	342.85	47.71	16 358.96	18.13	6 216.41	5.87	5.11	5.60
藏沙蒿、青藏苔草	Ⅲ7	19.75	19.36	87.52	1 694.39	33.26	643.87	0.61	0.53	0.58
藏白蒿、禾草	Ⅴ6	43.43	41.70	89.21	3 719.71	33.90	1 413.49	1.34	1.16	1.27
冻原白蒿	Ⅳ7	0.04	0.04	67.76	2.70	25.75	1.02	0.001	0.001	0.001
变色锦鸡儿、紫花针茅	Ⅲ7	12.33	11.09	44.75	496.47	17.01	188.66	0.23	0.20	0.22
小叶金露梅、紫花针茅	Ⅲ7	128.26	121.84	53.05	6 464.40	20.16	2 456.47	3.02	2.58	2.86
香柏、藏沙蒿	Ⅲ7	49.28	46.82	67.40	3 155.44	25.61	1 199.07	1.47	1.26	1.40
ⅩⅣ低地草甸类		14.68	14.04	112.76	1 583.03	42.85	601.55	0.74	0.64	0.70
（Ⅰ）低湿地草甸亚类		11.77	11.29	128.97	1 456.62	49.01	553.52	0.68	0.59	0.64
无脉苔草、蕨麻委陵菜	Ⅱ6	11.77	11.29	128.97	1 456.62	49.01	553.52	0.68	0.59	0.64
（Ⅱ）低地盐化草甸亚类		2.92	2.74	46.06	126.41	17.50	48.03	0.06	0.05	0.06

（续）

草原类型	等级	草原面积	草原可利用面积	鲜草单产	鲜草总产	干草单产	干草总产	暖季总载畜量	冷季总载畜量	全年总载畜量
芦苇、赖草	Ⅲ7	2.92	2.74	46.06	126.41	17.50	48.03	0.06	0.05	0.06
ⅩⅤ山地草甸类		0.45	0.40	109.85	43.56	41.74	16.55	0.02	0.02	0.02
（Ⅰ）山地草甸亚类		0.45	0.40	109.85	43.56	41.74	16.55	0.02	0.02	0.02
中亚早熟禾、苔草	Ⅱ6	0.45	0.40	109.85	43.56	41.74	16.55	0.02	0.02	0.02
ⅩⅥ高寒草甸类		1 263.57	1 224.95	91.82	112 472.61	34.89	42 739.59	56.53	45.67	51.51
（Ⅰ）高寒草甸亚类		1 151.24	1 122.74	84.94	95 364.24	32.28	36 238.41	47.93	38.72	43.59
高山嵩草	Ⅲ6	4.25	4.17	102.72	428.34	39.03	162.77	0.22	0.17	0.20
高山嵩草、异针茅	Ⅱ7	0.39	0.38	58.82	22.56	22.35	8.57	0.01	0.01	0.01
高山嵩草、杂类草	Ⅲ6	614.10	601.82	89.89	54 099.04	34.16	20 557.64	27.19	21.97	24.72
高山嵩草、青藏苔草	Ⅱ7	441.74	428.49	77.57	33 239.47	29.48	12 631.00	16.71	13.50	15.19
高山嵩草、矮生嵩草	Ⅱ7	28.20	27.63	64.14	1 772.41	24.37	673.52	0.89	0.72	0.82
矮生嵩草、青藏苔草	Ⅲ8	20.13	19.52	38.61	753.69	14.67	286.40	0.38	0.31	0.34
金露梅、高山嵩草	Ⅲ6	42.43	40.73	123.95	5 048.72	47.10	1 918.51	2.54	2.05	2.31
（Ⅲ）高寒沼泽化草甸亚类		112.34	102.21	167.39	17 108.36	63.61	6 501.18	8.60	6.95	7.92
藏北嵩草	Ⅱ6	96.28	87.61	158.71	13 905.29	60.31	5 284.01	6.99	5.65	6.44
川滇嵩草	Ⅲ5	15.23	13.85	225.39	3 122.75	85.65	1 186.64	1.57	1.27	1.45
华扁穗草	Ⅱ6	0.83	0.74	108.41	80.32	41.20	30.52	0.04	0.03	0.04

4. 雅鲁藏布江中游河谷黑颈鹤国家级草原实验区资源统计表

万亩、千克/亩、万千克、万羊单位

草原类型	等级	草原面积	草原可利用面积	鲜草单产	鲜草总产	干草单产	干草总产	暖季总载畜量	冷季总载畜量	全年总载畜量
合 计		301.33	286.86	98.19	28 168.00	37.31	10 703.84	13.65	11.40	12.50
Ⅰ温性草甸草原类		0.24	0.22	138.21	30.35	52.52	11.53	0.01	0.01	0.01
丝颖针茅	Ⅱ6	0.24	0.22	138.21	30.35	52.52	11.53	0.01	0.01	0.01
Ⅱ温性草原类		68.66	63.16	60.09	3 795.23	22.83	1 442.19	1.69	1.53	1.62
长芒草	Ⅲ6	5.54	5.43	155.68	845.30	59.16	321.21	0.39	0.38	0.39
固沙草	Ⅲ6	3.03	2.96	125.47	372.00	47.68	141.36	0.15	0.14	0.14
白草	Ⅲ8	9.11	8.65	19.58	169.49	7.44	64.41	0.08	0.06	0.07
草沙蚕	Ⅲ7	0.96	0.91	61.87	56.55	23.51	21.49	0.02	0.02	0.02
毛莲蒿	Ⅲ7	0.08	0.07	78.16	5.68	29.70	2.16	0.002	0.002	0.002
藏沙蒿	Ⅲ7	0.11	0.11	89.35	9.49	33.95	3.61	0.004	0.004	0.004
日喀则蒿	Ⅲ7	6.20	5.58	44.34	247.48	16.85	94.04	0.09	0.09	0.09
砂生槐、蒿、禾草	Ⅲ6		0.00	123.32	0.00	46.86	0.00	0.00	0.00	0.00
砂生槐、蒿、禾草	Ⅲ7	41.65	37.56	50.70	1 904.04	19.27	723.54	0.89	0.76	0.83
小叶野丁香、毛莲蒿	Ⅲ6	1.98	1.88	98.35	185.20	37.37	70.37	0.07	0.07	0.07
Ⅳ高寒草甸草原类		31.86	29.95	91.41	2 738.12	34.74	1 040.49	1.28	1.11	1.18
紫花针茅、高山嵩草	Ⅱ7	4.01	3.93	65.26	256.15	24.80	97.34	0.12	0.10	0.11
丝颖针茅	Ⅱ6	6.67	6.54	90.53	591.79	34.40	224.88	0.28	0.24	0.26
金露梅、紫花针茅、高山嵩草	Ⅲ6	3.84	3.54	161.12	569.79	61.22	216.52	0.27	0.23	0.24
香柏、臭草	Ⅲ7	17.34	15.96	82.75	1 320.38	31.45	501.75	0.62	0.54	0.57
Ⅴ高寒草原类		56.99	54.40	97.67	5 313.23	37.11	2 019.03	2.48	2.12	2.31
紫花针茅	Ⅲ8	7.48	7.33	42.61	312.13	16.19	118.61	0.15	0.12	0.14
紫花针茅、杂类草	Ⅱ7	1.87	1.78	74.89	133.00	28.46	50.54	0.06	0.05	0.06
固沙草、紫花针茅	Ⅳ7	2.19	2.08	59.61	123.77	22.65	47.03	0.06	0.05	0.05
黑穗画眉草、羽柱针茅	Ⅱ7	2.40	2.35	67.93	159.63	25.81	60.66	0.07	0.06	0.07
藏沙蒿、紫花针茅	Ⅳ6	5.17	4.91	147.78	726.26	56.16	275.98	0.34	0.29	0.31
藏沙蒿、青藏苔草	Ⅲ7		0.00	79.34	0.00	30.15	0.00	0.00	0.00	0.00
藏白蒿、禾草	Ⅴ6	18.32	17.41	144.28	2 511.38	54.83	954.32	1.17	1.00	1.10

（续）

草原类型	等级	草原面积	草原可利用面积	鲜草单产	鲜草总产	干草单产	干草总产	暖季总载畜量	冷季总载畜量	全年总载畜量
冻原白蒿	Ⅳ6	1.06	0.97	102.55	99.57	38.97	37.84	0.05	0.04	0.04
小叶金露梅、紫花针茅	Ⅲ7	18.50	17.58	70.96	1 247.25	26.96	473.95	0.58	0.50	0.54
香柏、藏沙蒿	Ⅲ7	0.00	0.00	77.81	0.25	29.57	0.09	0.00	0.00	0.00
ⅩⅣ低地草甸类		0.50	0.47	198.91	94.29	75.59	35.83	0.05	0.04	0.04
（Ⅰ）低湿地草甸亚类		0.02	0.02	78.67	1.45	29.89	0.55	0.001	0.001	0.001
无脉苔草、蕨麻委陵菜	Ⅱ7	0.02	0.02	78.67	1.45	29.89	0.55	0.001	0.001	0.001
（Ⅲ）低地沼泽化草甸亚类		0.48	0.46	203.79	92.83	77.44	35.28	0.05	0.04	0.04
芒尖苔草、蕨麻委陵菜	Ⅲ5	0.48	0.46	203.79	92.83	77.44	35.28	0.05	0.04	0.04
ⅩⅤ山地草甸类		0.30	0.29	288.72	83.52	109.71	31.74	0.04	0.04	0.04
（Ⅱ）亚高山草甸亚类		0.30	0.29	288.72	83.52	109.71	31.74	0.04	0.04	0.04
矮生嵩草、杂类草	Ⅱ4	0.30	0.29	288.72	83.52	109.71	31.74	0.04	0.04	0.04
ⅩⅥ高寒草甸类		142.31	138.03	116.20	16 039.65	44.16	6 095.07	8.06	6.51	7.26
（Ⅰ）高寒草甸亚类		132.32	129.00	107.01	13 804.89	40.66	5 245.86	6.94	5.61	6.24
高山嵩草	Ⅲ6	11.48	11.25	91.60	1 030.19	34.81	391.47	0.52	0.42	0.47
高山嵩草、杂类草	Ⅲ6	32.70	32.05	98.87	3 168.77	37.57	1 204.13	1.59	1.29	1.45
高山嵩草、青藏苔草	Ⅱ7	10.79	10.47	84.20	881.63	32.00	335.02	0.44	0.36	0.40
圆穗蓼、高山嵩草	Ⅲ6	32.21	31.57	110.33	3 482.69	41.92	1 323.42	1.75	1.41	1.54
高山嵩草、矮生嵩草	Ⅱ6		0.00	103.67	0.00	39.39	0.00	0.00	0.00	0.00
矮生嵩草、青藏苔草	Ⅲ8	0.77	0.75	41.81	31.37	15.89	11.92	0.02	0.01	0.01
具锦鸡儿的高山嵩草	Ⅲ6	0.31	0.31	98.21	30.15	37.32	11.46	0.02	0.01	0.01
金露梅、高山嵩草	Ⅲ6	27.89	26.77	126.04	3 374.17	47.90	1 282.18	1.70	1.37	1.55
具灌木的高山嵩草	Ⅲ6	16.17	15.84	113.99	1 805.93	43.32	686.25	0.91	0.73	0.80
（Ⅲ）高寒沼泽化草甸亚类		9.98	9.03	247.54	2 234.76	94.06	849.21	1.12	0.91	1.03
藏北嵩草	Ⅱ5	4.07	3.71	224.76	832.89	85.41	316.50	0.42	0.34	0.39
川滇嵩草	Ⅲ4	0.35	0.32	325.39	104.54	123.65	39.73	0.05	0.04	0.05
华扁穗草	Ⅱ5	5.56	5.00	259.42	1 297.33	98.58	492.99	0.65	0.53	0.59
ⅩⅧ沼泽类		0.49	0.33	223.98	73.62	85.11	27.97	0.03	0.03	0.03
水麦冬	Ⅲ5	0.49	0.33	223.98	73.62	85.11	27.97	0.03	0.03	0.03

5. 拉鲁湿地国家级草原实验区资源统计表

万亩、千克/亩、万千克、万羊单位

草原类型	等级	草原面积	草原可利用面积	鲜草单产	鲜草总产	干草单产	干草总产	暖季总载畜量	冷季总载畜量	全年总载畜量
合　计		0.09	0.04	241.04	10.39	89.19	3.84	0.004	0.004	0.004
Ⅱ温性草原类		0.00	0.00		0.00		0.00	0.00	0.00	0.00
长芒草	Ⅲ6		0.00	122.29	0.00	45.25	0.00	0.00	0.00	0.00
ⅩⅥ高寒草甸类		0.00	0.00		0.00		0.00	0.00	0.00	0.00
（Ⅰ）高寒草甸亚类		0.00	0.00		0.00		0.00	0.00	0.00	0.00
圆穗蓼、高山嵩草	Ⅲ6		0.00	130.85	0.00	48.41	0.00	0.00	0.00	0.00
ⅩⅧ沼泽类		0.09	0.04	241.04	10.39	89.19	3.84	0.004	0.004	0.004
水麦冬	Ⅲ5	0.09	0.04	241.04	10.39	89.19	3.84	0.004	0.004	0.004

6. 雅鲁藏布江大峡谷国家级草原实验区资源统计表

万亩、千克/亩、万千克、万羊单位

草原类型	等级	草原面积	草原可利用面积	鲜草单产	鲜草总产	干草单产	干草总产	暖季总载畜量	冷季总载畜量	全年总载畜量
合 计		73.63	70.55	169.38	11 949.91	50.81	3 584.97	4.66	3.83	4.29
Ⅹ 暖性草丛类		0.48	0.46	260.19	119.38	78.06	35.81	0.04	0.04	0.04
细裂叶莲蒿	Ⅲ5	0.48	0.46	260.19	119.38	78.06	35.81	0.04	0.04	0.04
Ⅺ暖性灌草丛类		3.33	3.08	219.55	676.55	65.86	202.96	0.25	0.22	0.23
白刺花、禾草	Ⅱ6	0.34	0.32	184.85	59.93	55.46	17.98	0.02	0.02	0.02
具灌木的禾草	Ⅲ5	3.00	2.76	223.63	616.61	67.09	184.98	0.23	0.20	0.21
Ⅻ热性草丛类		4.35	4.27	403.69	1 722.66	121.11	516.80	0.63	0.55	0.60
白茅	Ⅲ3	0.01	0.01	529.23	3.70	158.77	1.11	0.001	0.001	0.001
蕨、白茅	Ⅳ4	4.35	4.26	403.49	1 718.96	121.05	515.69	0.63	0.55	0.60
ⅩⅤ山地草甸类		2.03	1.96	322.87	633.56	96.86	190.07	0.24	0.20	0.22
（Ⅰ）山地草甸亚类		1.77	1.72	346.67	596.82	104.00	179.05	0.23	0.19	0.21
中亚早熟禾、苔草	Ⅱ4	1.77	1.72	346.67	596.82	104.00	179.05	0.23	0.19	0.21
（Ⅱ）亚高山草甸亚类		0.25	0.24	152.63	36.74	45.79	11.02	0.01	0.01	0.01
具灌木的矮生嵩草	Ⅱ6	0.25	0.24	152.63	36.74	45.79	11.02	0.01	0.01	0.01
ⅩⅥ高寒草甸类		63.43	60.78	144.75	8 797.77	43.42	2 639.33	3.49	2.82	3.19
（Ⅰ）高寒草甸亚类		63.43	60.78	144.75	8 797.77	43.42	2 639.33	3.49	2.82	3.19
高山嵩草、杂类草	Ⅱ7	20.98	20.56	109.27	2 246.66	32.78	674.00	0.89	0.72	0.81
圆穗蓼、高山嵩草	Ⅱ6	12.96	12.44	128.16	1 594.10	38.45	478.23	0.63	0.51	0.58
多花地杨梅	Ⅳ6	10.21	9.59	157.81	1 514.01	47.34	454.20	0.60	0.49	0.57
金露梅、高山嵩草	Ⅲ4	1.88	1.82	396.73	722.43	119.02	216.73	0.29	0.23	0.26
雪层杜鹃、高山嵩草	Ⅲ6	17.41	16.37	166.23	2 720.56	49.87	816.17	1.08	0.87	0.98

7. 察隅慈巴沟国家级草原实验区资源统计表

万亩、千克/亩、万千克、万羊单位

草原类型	等级	草原面积	草原可利用面积	鲜草单产	鲜草总产	干草单产	干草总产	暖季总载畜量	冷季总载畜量	全年总载畜量
合 计		5.13	4.94	146.65	724.24	43.99	217.27	0.29	0.23	0.27
Ⅻ热性草丛类		0.00	0.00		0.00		0.00	0.00	0.00	0.00
蕨、白茅	Ⅳ4		0.00	353.69	0.00	106.11	0.00	0.00	0.00	0.00
ⅩⅥ高寒草甸类		5.13	4.94	146.65	724.24	43.99	217.27	0.29	0.23	0.27
（Ⅰ）高寒草甸亚类		5.13	4.94	146.65	724.24	43.99	217.27	0.29	0.23	0.27
高山嵩草、杂类草	Ⅱ6	2.97	2.91	135.28	393.53	40.58	118.06	0.16	0.13	0.14
雪层杜鹃、高山嵩草	Ⅲ6	2.16	2.03	162.95	330.71	48.88	99.21	0.13	0.11	0.12

8. 芒康滇金丝猴国家级草原实验区资源统计表

万亩、千克/亩、万千克、万羊单位

草原类型	等级	草原面积	草原可利用面积	鲜草单产	鲜草总产	干草单产	干草总产	暖季总载畜量	冷季总载畜量	全年总载畜量
合　计		26.18	25.22	243.07	6 131.14	87.99	2 219.47	2.89	2.37	2.61
Ⅱ温性草原类		4.55	4.36	228.26	996.02	82.63	360.56	0.44	0.39	0.41
白刺花、细裂叶莲蒿	Ⅳ5	4.55	4.36	228.26	996.02	82.63	360.56	0.44	0.39	0.41
Ⅺ暖性灌草丛类		3.44	3.24	494.41	1 600.10	178.98	579.24	0.77	0.62	0.68
白刺花、禾草	Ⅲ3	3.44	3.24	494.41	1 600.10	178.98	579.24	0.77	0.62	0.68
ⅩⅤ山地草甸类		2.70	2.65	208.63	552.67	75.52	200.07	0.26	0.21	0.23
(Ⅱ)亚高山草甸亚类		2.70	2.65	208.63	552.67	75.52	200.07	0.26	0.21	0.23
矮生嵩草、杂类草	Ⅱ5	2.70	2.65	208.63	552.67	75.52	200.07	0.26	0.21	0.23
ⅩⅥ高寒草甸类		15.49	14.97	199.16	2 982.35	72.10	1 079.61	1.43	1.15	1.28
(Ⅰ)高寒草甸亚类		15.49	14.97	199.16	2 982.35	72.10	1 079.61	1.43	1.15	1.28
高山嵩草、异针茅	Ⅲ4	0.36	0.35	290.39	102.57	105.12	37.13	0.05	0.04	0.04
高山嵩草、杂类草	Ⅲ6	2.11	2.07	181.57	375.67	65.73	135.99	0.18	0.15	0.16
圆穗蓼、高山嵩草	Ⅰ5		0.00	219.27	0.00	79.37	0.00	0.00	0.00	0.00
高山嵩草、矮生嵩草	Ⅱ5	2.85	2.79	201.53	562.82	72.95	203.74	0.27	0.22	0.24
金露梅、高山嵩草	Ⅱ5	1.94	1.86	246.85	459.74	89.36	166.42	0.22	0.18	0.20
雪层杜鹃、高山嵩草	Ⅲ5	8.23	7.90	187.60	1 481.56	67.91	536.32	0.71	0.57	0.63

9. 纳木错自治区级草原实验区资源统计表

万亩、千克/亩、万千克、万羊单位

草原类型	等级	草原面积	草原可利用面积	鲜草单产	鲜草总产	干草单产	干草总产	暖季总载畜量	冷季总载畜量	全年总载畜量
合 计		651.20	617.65	68.39	42 242.62	24.98	15 431.09	20.02	16.47	17.49
Ⅳ高寒草甸草原类		171.07	157.00	47.18	7 407.45	17.22	2 703.72	3.47	2.89	3.06
紫花针茅、高山嵩草	Ⅱ7	132.66	122.05	52.51	6 408.31	19.16	2 339.03	3.01	2.50	2.65
金露梅、紫花针茅、高山嵩草	Ⅲ8	38.41	34.96	28.58	999.15	10.43	364.69	0.47	0.39	0.41
Ⅴ高寒草原类		165.27	155.32	53.95	8 379.94	19.69	3 058.68	3.76	3.22	3.38
紫花针茅	Ⅲ7	94.06	89.35	49.97	4 465.06	18.24	1 629.75	2.00	1.71	1.80
紫花针茅、青藏苔草	Ⅲ7	6.98	6.63	59.00	391.07	21.53	142.74	0.18	0.15	0.16
紫花针茅、杂类草	Ⅱ8	23.93	22.25	41.60	925.56	15.18	337.83	0.41	0.36	0.37
青海刺参、紫花针茅	Ⅲ7	40.31	37.08	70.06	2 598.25	25.57	948.36	1.16	1.00	1.05
ⅩⅥ高寒草甸类		314.86	305.33	86.65	26 455.22	31.67	9 668.69	12.79	10.37	11.06
（Ⅰ）高寒草甸亚类		233.89	229.21	83.05	19 035.52	30.37	6 960.50	9.21	7.47	7.97
高山嵩草、异针茅	Ⅱ7	32.85	32.19	88.52	2 849.75	32.31	1 040.16	1.38	1.11	1.19
高山嵩草、杂类草	Ⅲ7	111.77	109.54	71.66	7 849.90	26.16	2 865.21	3.79	3.06	3.27
高山嵩草、青藏苔草	Ⅲ7	58.54	57.37	68.60	3 935.96	25.04	1 436.63	1.90	1.54	1.64
圆穗蓼、高山嵩草	Ⅱ6	20.14	19.73	95.96	1 893.50	35.02	691.13	0.91	0.74	0.79
高山嵩草、矮生嵩草	Ⅱ6		0.00	92.43	0.00	33.74	0.00	0.00	0.00	0.00
矮生嵩草、青藏苔草	Ⅱ5	7.96	7.80	254.74	1 987.99	94.25	735.56	0.97	0.81	0.86
高山早熟禾	Ⅱ5		0.00	227.13	0.00	84.04	0.00	0.00	0.00	0.00
香柏、高山嵩草	Ⅲ5	2.62	2.57	201.78	518.42	74.66	191.82	0.25	0.21	0.22
（Ⅲ）高寒沼泽化草甸亚类		80.98	76.12	97.48	7 419.70	35.58	2 708.19	3.58	2.89	3.09
藏北嵩草	Ⅱ6	68.94	64.81	103.67	6 718.71	37.84	2 452.33	3.24	2.62	2.80
华扁穗草	Ⅱ7	12.03	11.31	61.97	700.99	22.62	255.86	0.34	0.27	0.29

10. 班公错湿地草原实验区资源统计表

万亩、千克/亩、万千克、万羊单位

草原类型	等级	草原面积	草原可利用面积	鲜草单产	鲜草总产	干草单产	干草总产	暖季总载畜量	冷季总载畜量	全年总载畜量
合 计		22.19	19.46	52.62	1 023.75	19.99	389.02	0.41	0.36	0.38
V 高寒草原类		0.00	0.00		0.00		0.00	0.00	0.00	0.00
紫花针茅、青藏苔草	Ⅱ8		0.00	18.62	0.00	7.08	0.00	0.00	0.00	0.00
Ⅵ 高寒荒漠草原类		0.37	0.32	15.40	4.94	5.85	1.88	0.002	0.002	0.002
沙生针茅	Ⅲ8	0.29	0.25	13.18	3.27	5.01	1.24	0.001	0.001	0.001
戈壁针茅	Ⅱ8	0.07	0.06	21.86	1.27	8.31	0.48	0.001	0.000 5	0.001
变色锦鸡儿、驼绒藜、沙生针茅	Ⅲ8	0.02	0.01	27.30	0.40	10.37	0.15	0.000 2	0.000 2	0.000 2
Ⅷ 温性荒漠类		3.76	3.22	17.98	57.93	6.83	22.01	0.02	0.02	0.02
驼绒藜、灌木亚菊	Ⅲ8	3.66	3.14	18.12	56.90	6.89	21.62	0.02	0.02	0.02
灌木亚菊	Ⅲ8	0.10	0.08	12.55	1.03	4.77	0.39	0.000 4	0.000 3	0.000 3
Ⅸ 高寒荒漠类		0.89	0.77	18.45	14.23	7.01	5.41	0.001	0.000 1	0.000 1
垫状驼绒藜	Ⅲ8	0.89	0.77	18.45	14.23	7.01	5.41	0.001	0.000 1	0.000 1
ⅩⅣ 低地草甸类		1.34	1.30	14.40	18.73	5.47	7.12	0.01	0.01	0.01
（Ⅰ）低湿地草甸亚类		1.34	1.30	14.40	18.73	5.47	7.12	0.01	0.01	0.01
秀丽水柏枝、赖草	Ⅲ8	1.34	1.30	14.40	18.73	5.47	7.12	0.01	0.01	0.01
ⅩⅥ 高寒草甸类		15.02	13.27	46.90	622.19	17.82	236.43	0.26	0.23	0.24
（Ⅱ）高寒盐化草甸亚类		12.68	11.23	43.05	483.42	16.36	183.70	0.19	0.17	0.17
赖草、青藏苔草、碱蓬	Ⅱ8	12.68	11.23	43.05	483.42	16.36	183.70	0.19	0.17	0.17
（Ⅲ）高寒沼泽化草甸亚类		2.35	2.04	68.15	138.78	25.90	52.74	0.07	0.06	0.06
藏西嵩草	Ⅱ7	2.35	2.04	68.15	138.78	25.90	52.74	0.07	0.06	0.06
ⅩⅧ 沼泽类		0.81	0.58	529.16	305.72	201.08	116.17	0.12	0.11	0.11
芒尖苔草	Ⅲ2	0.81	0.58	529.16	305.72	201.08	116.17	0.12	0.11	0.11

11. 玛旁雍错湿地草原实验区资源统计表

万亩、千克/亩、万千克、万羊单位

草原类型	等级	草原面积	草原可利用面积	鲜草单产	鲜草总产	干草单产	干草总产	暖季总载畜量	冷季总载畜量	全年总载畜量
合 计		25.05	21.38	60.80	1 300.19	23.11	494.07	0.63	0.54	0.58
Ⅳ高寒草甸草原类		4.51	3.67	50.18	184.35	19.07	70.05	0.09	0.07	0.08
紫花针茅、高山嵩草	Ⅱ7	3.10	2.82	57.87	163.10	21.99	61.98	0.08	0.07	0.07
青藏苔草、高山嵩草	Ⅲ8	1.41	0.86	24.84	21.25	9.44	8.07	0.01	0.01	0.01
Ⅴ高寒草原类		18.94	16.28	36.58	595.66	13.90	226.35	0.28	0.24	0.26
紫花针茅	Ⅲ8	5.69	4.78	23.37	111.74	8.88	42.46	0.05	0.05	0.05
紫花针茅、青藏苔草	Ⅱ7	4.53	3.95	54.75	216.12	20.80	82.13	0.10	0.09	0.09
紫花针茅、杂类草	Ⅱ8	2.69	2.29	32.58	74.44	12.38	28.29	0.03	0.03	0.03
藏沙蒿、紫花针茅	Ⅲ7		0.00	51.94	0.00	19.74	0.00	0.00	0.00	0.00
变色锦鸡儿、紫花针茅	Ⅱ8	6.04	5.27	36.70	193.37	13.94	73.48	0.09	0.08	0.08
Ⅵ高寒荒漠草原类		0.00	0.00		0.00		0.00	0.00	0.00	0.00
沙生针茅	Ⅲ8		0.00	28.31	0.00	10.76	0.00	0.00	0.00	0.00
变色锦鸡儿、驼绒藜、沙生针茅	Ⅲ7		0.00	55.42	0.00	21.06	0.00	0.00	0.00	0.00
ⅩⅣ低地草甸类		0.00	0.00		0.00		0.00	0.00	0.00	0.00
（Ⅱ）低地盐化草甸亚类		0.00	0.00		0.00		0.00	0.00	0.00	0.00
芦苇、赖草	Ⅲ8		0.00	21.15	0.00	8.04	0.00	0.00	0.00	0.00
ⅩⅥ高寒草甸类		1.60	1.43	364.61	520.18	138.55	197.67	0.26	0.23	0.24
（Ⅱ）高寒盐化草甸亚类		0.05	0.04	67.77	2.75	25.75	1.05	0.001	0.001	0.001
赖草、青藏苔草、碱蓬	Ⅱ7	0.05	0.04	67.77	2.75	25.75	1.05	0.001	0.001	0.001
（Ⅲ）高寒沼泽化草甸亚类		1.56	1.39	373.31	517.43	141.86	196.62	0.26	0.23	0.24
藏北嵩草	Ⅱ3	1.51	1.35	382.15	514.51	145.22	195.51	0.26	0.22	0.24
藏西嵩草	Ⅱ7	0.04	0.04	73.52	2.92	27.94	1.11	0.001	0.001	0.001

12. 洞错湿地草原实验区资源统计表

万亩、千克/亩、万千克、万羊单位

草原类型	等级	草原面积	草原可利用面积	鲜草单产	鲜草总产	干草单产	干草总产	暖季总载畜量	冷季总载畜量	全年总载畜量
合 计		23.87	19.64	44.87	881.46	17.05	334.96	0.36	0.31	0.33
Ⅳ高寒草甸草原类		0.15	0.09	15.85	1.38	6.02	0.52	0.001	0.001	0.001
青藏苔草、高山蒿草	Ⅲ8	0.15	0.09	15.85	1.38	6.02	0.52	0.001	0.001	0.001
Ⅴ高寒草原类		5.49	4.41	23.80	104.87	9.05	39.85	0.05	0.04	0.04
紫花针茅	Ⅲ8	0.77	0.62	18.22	11.23	6.92	4.27	0.01	0.005	0.005
紫花针茅、杂类草	Ⅱ8	3.93	3.15	26.33	82.90	10.00	31.50	0.04	0.03	0.04
昆仑针茅	Ⅱ8	0.49	0.39	10.78	4.21	4.10	1.60	0.002	0.002	0.002
青藏苔草	Ⅲ8	0.05	0.03	24.55	0.76	9.33	0.29	0.000 4	0.000 3	0.000 3
藏沙蒿、紫花针茅	Ⅲ8	0.26	0.22	26.34	5.77	10.01	2.19	0.003	0.002	0.002
Ⅵ高寒荒漠草原类		0.82	0.68	23.77	16.05	9.03	6.10	0.004	0.005	0.004
沙生针茅	Ⅲ8	0.82	0.68	23.77	16.05	9.03	6.10	0.004	0.005	0.004
ⅩⅥ高寒草甸类		17.40	14.48	52.44	759.16	19.93	288.48	0.30	0.26	0.28
(Ⅱ)高寒盐化草甸亚类		17.17	14.28	51.47	734.76	19.56	279.21	0.29	0.25	0.27
喜马拉雅碱茅	Ⅱ8	0.60	0.49	26.11	12.71	9.92	4.83	0.01	0.00	0.00
赖草、青藏苔草、碱蓬	Ⅱ7	16.57	13.79	52.36	722.05	19.90	274.38	0.29	0.25	0.26
(Ⅲ)高寒沼泽化草甸亚类		0.23	0.20	122.22	24.40	46.44	9.27	0.01	0.01	0.01
藏北嵩草	Ⅱ5	0.07	0.06	243.90	14.00	92.68	5.32	0.01	0.01	0.01
藏西嵩草	Ⅱ6	0.06	0.05	155.79	8.49	59.20	3.23	0.004	0.004	0.004
华扁穗草	Ⅱ8	0.10	0.09	21.80	1.91	8.28	0.73	0.001	0.001	0.001

13. 扎日楠木错湿地草原实验区资源统计表

万亩、千克/亩、万千克、万羊单位

草原类型	等级	草原面积	草原可利用面积	鲜草单产	鲜草总产	干草单产	干草总产	暖季总载畜量	冷季总载畜量	全年总载畜量
合 计		41.51	36.15	46.98	1 698.49	17.85	645.42	0.77	0.67	0.71
Ⅳ高寒草甸草原类		4.38	4.30	64.34	276.36	24.45	105.02	0.13	0.11	0.12
紫花针茅、高山嵩草	Ⅱ7	4.38	4.30	64.34	276.36	24.45	105.02	0.13	0.11	0.12
Ⅴ高寒草原类		18.82	16.20	41.59	673.65	15.80	255.99	0.31	0.27	0.29
紫花针茅	Ⅲ7	16.65	14.10	44.77	631.08	17.01	239.81	0.29	0.26	0.27
紫花针茅、青藏苔草	Ⅲ8	1.47	1.45	15.49	22.38	5.89	8.51	0.01	0.01	0.01
紫花针茅、杂类草	Ⅱ8	0.33	0.31	36.35	11.23	13.81	4.27	0.01	0.00	0.00
固沙草、紫花针茅	Ⅳ8	0.35	0.34	24.86	8.34	9.45	3.17	0.003	0.003	0.003
青藏苔草	Ⅲ7	0.01	0.00	52.88	0.26	20.09	0.10	0.000 1	0.000 1	0.000 1
冻原白蒿	Ⅳ7	0.01	0.01	56.03	0.35	21.29	0.13	0.000 2	0.000 1	0.000 2
ⅩⅥ高寒草甸类		18.31	15.66	47.80	748.48	18.16	284.42	0.33	0.29	0.30
（Ⅰ）高寒草甸亚类		1.42	1.19	99.19	117.80	37.69	44.76	0.06	0.05	0.05
高山嵩草、青藏苔草	Ⅱ7	0.02	0.02	60.02	1.25	22.81	0.48	0.001	0.001	0.001
金露梅、高山嵩草	Ⅲ6	1.39	1.17	99.90	116.54	37.96	44.29	0.06	0.05	0.05
（Ⅱ）高寒盐化草甸亚类		12.77	10.94	39.63	433.46	15.06	164.72	0.17	0.15	0.16
赖草、青藏苔草、碱蓬	Ⅱ8	12.77	10.94	39.63	433.46	15.06	164.72	0.17	0.15	0.16
（Ⅲ）高寒沼泽化草甸亚类		4.12	3.53	55.82	197.21	21.21	74.94	0.10	0.09	0.09
藏西嵩草	Ⅱ7	4.12	3.53	55.82	197.21	21.21	74.94	0.10	0.09	0.09

14. 昂孜错—马尔下错湿地草原实验区资源统计表

万亩、千克/亩、万千克、万羊单位

草原类型	等级	草原面积	草原可利用面积	鲜草单产	鲜草总产	干草单产	干草总产	暖季总载畜量	冷季总载畜量	全年总载畜量
合 计		42.60	37.63	33.35	1 254.79	12.17	458.00	0.56	0.48	0.50
Ⅴ高寒草原类		34.96	30.42	35.63	1 083.91	13.01	395.63	0.49	0.42	0.43
紫花针茅	Ⅲ8	17.16	14.93	32.73	488.60	11.95	178.34	0.22	0.19	0.20
紫花针茅、青藏苔草	Ⅲ8	4.49	3.82	38.06	145.29	13.89	53.03	0.07	0.06	0.06
羽柱针茅	Ⅲ8	4.80	4.18	36.44	152.17	13.30	55.54	0.07	0.06	0.06
藏沙蒿、紫花针茅	Ⅲ8	3.66	3.19	44.52	141.91	16.25	51.80	0.06	0.05	0.06
冻原白蒿	Ⅲ8	4.84	4.31	36.19	155.94	13.21	56.92	0.07	0.06	0.06
ⅩⅥ高寒草甸类		7.64	7.21	23.70	170.87	8.65	62.38	0.07	0.06	0.06
（Ⅰ）高寒草甸亚类		0.02	0.02	22.60	0.44	8.59	0.17	0.000 2	0.000 2	0.000 2
矮生嵩草、青藏苔草	Ⅲ8	0.02	0.02	22.60	0.44	8.59	0.17	0.000 2	0.000 2	0.000 2
（Ⅱ）高寒盐化草甸亚类		4.10	4.02	22.62	90.94	8.26	33.19	0.03	0.03	0.03
喜马拉雅碱茅	Ⅱ8	4.10	4.02	22.62	90.94	8.26	33.19	0.03	0.03	0.03
（Ⅲ）高寒沼泽化草甸亚类		3.52	3.17	25.09	79.49	9.16	29.02	0.04	0.03	0.03
藏北嵩草	Ⅱ8	1.05	0.94	32.87	30.92	12.00	11.29	0.01	0.01	0.01
华扁穗草	Ⅱ8	2.48	2.23	21.80	48.57	7.96	17.73	0.02	0.02	0.02

15. 昂仁搭格架地热间歇喷泉草原实验区资源统计表

万亩、千克/亩、万千克、万羊单位

草原类型	等级	草原面积	草原可利用面积	鲜草单产	鲜草总产	干草单产	干草总产	暖季总载畜量	冷季总载畜量	全年总载畜量
合 计		0.00	0.00		0.00		0.00	0.00	0.00	0.00
Ⅳ高寒草甸草原类		0.00	0.00		0.00		0.00	0.00	0.00	0.00
紫花针茅、高山嵩草	Ⅱ7		0.00	64.34	0.00	24.45	0.00	0.00	0.00	0.00
ⅩⅥ高寒草甸类		0.00	0.00		0.00		0.00	0.00	0.00	0.00
（Ⅲ）高寒沼泽化草甸亚类		0.00	0.00		0.00		0.00	0.00	0.00	0.00
藏北嵩草	Ⅱ5		0.00	181.75	0.00	69.06	0.00	0.00	0.00	0.00

16. 桑桑湿地草原实验区资源统计表

万亩、千克/亩、万千克、万羊单位

草原类型	等级	草原面积	草原可利用面积	鲜草单产	鲜草总产	干草单产	干草总产	暖季总载畜量	冷季总载畜量	全年总载畜量
合 计		2.91	2.80	70.45	197.33	26.77	74.99	0.10	0.08	0.09
Ⅳ高寒草甸草原类		0.66	0.65	64.35	41.59	24.45	15.81	0.02	0.02	0.02
紫花针茅、高山嵩草	Ⅱ7	0.66	0.65	64.34	41.58	24.45	15.80	0.02	0.02	0.02
金露梅、紫花针茅、高山嵩草	Ⅲ6	0.000 2	0.000 2	108.26	0.02	41.14	0.01	0.00	0.00	0.00
Ⅴ高寒草原类		0.01	0.01	39.74	0.28	15.10	0.11	0.000 1	0.000 1	0.000 1
鬼箭锦鸡儿、藏沙嵩	Ⅲ8	0.01	0.01	39.74	0.28	15.10	0.11	0.000 1	0.000 1	0.000 1
ⅩⅥ高寒草甸类		2.25	2.15	72.39	155.46	27.51	59.07	0.08	0.06	0.07
（Ⅰ）高寒草甸亚类		1.53	1.49	24.24	36.15	9.21	13.74	0.02	0.01	0.02
高山嵩草	Ⅲ8	1.17	1.15	13.47	15.44	5.12	5.87	0.01	0.01	0.01
高山嵩草、青藏苔草	Ⅱ7	0.36	0.35	60.02	20.71	22.81	7.87	0.01	0.01	0.01
（Ⅲ）高寒沼泽化草甸亚类		0.72	0.66	181.75	119.31	69.06	45.34	0.06	0.05	0.05
藏北嵩草	Ⅱ5	0.72	0.66	181.75	119.31	69.06	45.34	0.06	0.05	0.05

17. 热振草原实验区资源统计表

万亩、千克/亩、万千克、万羊单位

草原类型	等级	草原面积	草原可利用面积	鲜草单产	鲜草总产	干草单产	干草总产	暖季总载畜量	冷季总载畜量	全年总载畜量
合 计		0.72	0.70	128.98	90.46	47.72	33.47	0.04	0.04	0.04
Ⅱ温性草原类		0.67	0.65	126.91	83.00	46.96	30.71	0.04	0.04	0.04
白草	Ⅲ6	0.67	0.65	126.91	83.00	46.96	30.71	0.04	0.04	0.04
ⅩⅥ高寒草甸类		0.05	0.05	157.72	7.46	58.36	2.76	0.004	0.003	0.003
（Ⅰ）高寒草甸亚类		0.05	0.05	157.72	7.46	58.36	2.76	0.004	0.003	0.003
高山嵩草、杂类草	Ⅲ6	0.05	0.05	158.04	7.19	58.47	2.66	0.004	0.003	0.003
圆穗蓼、高山嵩草	Ⅲ6	0.002	0.002	152.40	0.25	56.39	0.09	0.000 1	0.000 1	0.000 1
具灌木的高山嵩草	Ⅲ6	0.000 1	0.000 1	113.99	0.01	42.18	0.01	0.000 01	0.000 01	0.000 01

18. 麦地卡湿地草原实验区资源统计表

万亩、千克/亩、万千克、万羊单位

草原类型	等级	草原面积	草原可利用面积	鲜草单产	鲜草总产	干草单产	干草总产	暖季总载畜量	冷季总载畜量	全年总载畜量
合 计		45.26	43.41	120.41	5 226.51	43.95	1 907.68	2.52	2.04	2.20
ⅩⅥ高寒草甸类		45.26	43.41	120.41	5 226.51	43.95	1 907.68	2.52	2.04	2.20
（Ⅰ）高寒草甸亚类		33.43	32.77	105.75	3 465.06	38.60	1 264.75	1.67	1.35	1.46
高山嵩草、杂类草	Ⅲ7	15.77	15.45	75.43	1 165.63	27.53	425.45	0.56	0.45	0.49
圆穗蓼、高山嵩草	Ⅱ6	3.21	3.14	119.73	376.13	43.70	137.29	0.18	0.15	0.16
高山嵩草、矮生嵩草	Ⅱ6	13.79	13.52	136.23	1 841.42	49.72	672.12	0.89	0.72	0.77
雪层杜鹃、高山嵩草	Ⅲ6	0.67	0.65	125.17	81.89	45.69	29.89	0.04	0.03	0.03
（Ⅲ）高寒沼泽化草甸亚类		11.82	10.64	165.54	1 761.45	60.42	642.93	0.85	0.69	0.74
藏北嵩草	Ⅱ6	11.82	10.64	165.54	1 761.45	60.42	642.93	0.85	0.69	0.74

19. 工布草原实验区资源统计表

万亩、千克/亩、万千克、万羊单位

草原类型	等级	草原面积	草原可利用面积	鲜草单产	鲜草总产	干草单产	干草总产	暖季总载畜量	冷季总载畜量	全年总载畜量
合　计		197.10	193.07	141.43	27 306.11	42.43	8 191.83	10.62	9.54	10.23
Ⅰ温性草甸草原类		0.29	0.26	188.43	49.34	56.53	14.80	0.02	0.02	0.02
细裂叶莲蒿、禾草	Ⅲ6	0.29	0.26	188.43	49.34	56.53	14.80	0.02	0.02	0.02
Ⅱ温性草原类		0.14	0.14	222.80	30.80	66.84	9.24	0.01	0.01	0.01
白刺花、细裂叶莲蒿	Ⅳ5	0.14	0.14	222.80	30.80	66.84	9.24	0.01	0.01	0.01
Ⅹ暖性草丛类		3.60	3.46	103.77	359.01	31.13	107.70	0.13	0.12	0.12
黑穗画眉草	Ⅱ7	3.60	3.46	103.77	359.01	31.13	107.70	0.13	0.12	0.12
Ⅺ暖性灌草丛类		8.55	8.38	232.78	1 951.39	69.83	585.42	0.72	0.68	0.71
具灌木的禾草	Ⅲ5	8.55	8.38	232.78	1 951.39	69.83	585.42	0.72	0.68	0.71
ⅩⅣ低地草甸类		12.07	11.83	372.50	4 407.59	111.75	1 322.28	1.62	1.54	1.60
(Ⅲ)低地沼泽化草甸亚类		12.07	11.83	372.50	4 407.59	111.75	1 322.28	1.62	1.54	1.60
芒尖苔草、蕨麻委陵菜	Ⅱ4	12.07	11.83	372.50	4 407.59	111.75	1 322.28	1.62	1.54	1.60
ⅩⅤ山地草甸类		11.65	11.41	205.10	2 340.86	61.53	702.26	0.90	0.82	0.87
(Ⅰ)山地草甸亚类		4.40	4.32	327.78	1 414.77	98.34	424.43	0.55	0.49	0.53
中亚早熟禾、苔草	Ⅱ4	4.21	4.13	333.43	1 377.16	100.03	413.15	0.53	0.48	0.51
圆穗蓼	Ⅱ6	0.19	0.19	202.37	37.60	60.71	11.28	0.01	0.01	0.01
(Ⅱ)亚高山草甸亚类		7.24	7.10	130.49	926.10	39.15	277.83	0.36	0.32	0.35
具灌木的矮生嵩草	Ⅱ6	7.24	7.10	130.49	926.10	39.15	277.83	0.36	0.32	0.35
ⅩⅥ高寒草甸类		160.80	157.58	115.29	18 167.12	34.59	5 450.14	7.21	6.36	6.90
(Ⅰ)高寒草甸亚类		160.80	157.58	115.29	18 167.12	34.59	5 450.14	7.21	6.36	6.90
高山嵩草、杂类草	Ⅱ7	32.82	32.17	78.03	2 509.92	23.41	752.98	1.00	0.88	0.95
圆穗蓼、高山嵩草	Ⅱ6	48.91	47.93	122.07	5 850.97	36.62	1 755.29	2.32	2.05	2.22
多花地杨梅	Ⅳ5		0.00	299.46	0.00	89.84	0.00	0.00	0.00	0.00
金露梅、高山嵩草	Ⅲ4		0.00	356.43	0.00	106.93	0.00	0.00	0.00	0.00
雪层杜鹃、高山嵩草	Ⅲ6	79.06	77.48	126.56	9 806.23	37.97	2 941.87	3.89	3.43	3.73
(Ⅲ)高寒沼泽化草甸亚类		0.00	0.00		0.00		0.00	0.00	0.00	0.00
西藏嵩草	Ⅱ4		0.00	321.80	0.00	96.54	0.00	0.00	0.00	0.00

20. 类乌齐草原实验区资源统计表

万亩、千克/亩、万千克、万羊单位

草原类型	等级	草原面积	草原可利用面积	鲜草单产	鲜草总产	干草单产	干草总产	暖季总载畜量	冷季总载畜量	全年总载畜量
合 计		61.40	59.55	203.25	12 103.38	73.58	4 381.42	5.74	4.68	5.12
ⅩⅤ山地草甸类		13.71	12.94	292.50	3 785.55	105.88	1 370.37	1.76	1.46	1.59
（Ⅱ）亚高山草甸亚类		13.71	12.94	292.50	3 785.55	105.88	1 370.37	1.76	1.46	1.59
矮生嵩草、杂类草	Ⅱ6	1.04	1.02	124.79	127.23	45.17	46.06	0.06	0.05	0.05
圆穗蓼、矮生嵩草	Ⅱ4	0.42	0.41	280.25	114.42	101.45	41.42	0.05	0.04	0.05
垂穗披碱草	Ⅱ2	0.16	0.15	553.47	83.71	200.36	30.30	0.04	0.03	0.04
具灌木的矮生嵩草	Ⅲ4	12.09	11.36	304.51	3 460.19	110.23	1 252.59	1.61	1.34	1.45
ⅩⅥ高寒草甸类		47.69	46.61	178.47	8 317.83	64.60	3 011.06	3.98	3.22	3.53
（Ⅰ）高寒草甸亚类		47.69	46.61	178.47	8 317.83	64.60	3 011.06	3.98	3.22	3.53
高山嵩草、杂类草	Ⅲ6	39.26	38.47	172.53	6 638.01	62.46	2 402.96	3.18	2.57	2.82
高山嵩草、矮生嵩草	Ⅱ6	1.81	1.77	154.25	273.09	55.84	98.86	0.13	0.11	0.12
金露梅、高山嵩草	Ⅱ6	0.68	0.65	158.34	103.52	57.32	37.47	0.05	0.04	0.04
雪层杜鹃、高山嵩草	Ⅲ5	5.95	5.71	228.29	1 303.21	82.64	471.76	0.62	0.50	0.55

21. 然乌湖湿地草原实验区资源统计表

万亩、千克/亩、万千克、万羊单位

草原类型	等级	草原面积	草原可利用面积	鲜草单产	鲜草总产	干草单产	干草总产	暖季总载畜量	冷季总载畜量	全年总载畜量
合 计		2.32	2.25	63.05	141.67	22.82	51.28	0.07	0.05	0.06
ⅩⅥ高寒草甸类		2.32	2.25	63.05	141.67	22.82	51.28	0.07	0.05	0.06
（Ⅰ）高寒草甸亚类		1.86	1.83	51.95	94.83	18.80	34.33	0.05	0.04	0.04
高山嵩草、杂类草	Ⅲ8	1.54	1.51	45.23	68.23	16.37	24.70	0.03	0.03	0.03
高山嵩草、矮生嵩草	Ⅱ7	0.32	0.32	83.88	26.60	30.37	9.63	0.01	0.01	0.01
（Ⅲ）高寒沼泽化草甸亚类		0.46	0.42	111.16	46.84	40.24	16.96	0.02	0.02	0.02
西藏嵩草	Ⅱ6	0.46	0.42	111.16	46.84	40.24	16.96	0.02	0.02	0.02